Heinrich Martin

Transport- und Lagerlogistik

Planung, Struktur, Steuerung und Kosten von Systemen der Intralogistik

6., vollständig überarbeitete Auflage

Mit 569 Abbildungen und 38 Tabellen

Viewegs Fachbücher der Technik

Bibliografische Information Der Deutschen Nationalbibliothek
Die Deutsche Nationalbibliothek verzeichnet diese Publikation in der
Deutschen Nationalbibliographie; detaillierte bibliografische Daten sind im Internet über
<http://dnb.d-nb.de> abrufbar.

1. Auflage 1995
2., überarbeitete und erweiterte Auflage 1998
3., überarbeitete und erweiterte Auflage 2000
4., überarbeitete und erweiterte Auflage 2002
5., überarbeitete und erweiterte Auflage Juni 2004
6., vollständig überarbeitete Auflage September 2006

Lektorat: Thomas Zipsner

Der Vieweg Verlag ist ein Unternehmen von Springer Science+Business Media.
www.vieweg.de

Umschlaggestaltung: Ulrike Weigel, www.CorporateDesignGroup.de
Satz und Technische Redaktion: Hartmut Kühn von Burgsdorff, Wiesbaden
Druck und buchbinderische Verarbeitung: MercedesDruck, Berlin
Gedruckt auf säurefreiem und chlorfrei gebleichtem Papier.
Printed in Germany

ISBN-10 3-8348-0168-2
ISBN-13 978-3-8348-0168-5

Vorwort zur 6. Auflage

Das Fachbuch „Transport- und Lagerlogistik" wurde zur 6. Auflage grundlegend überarbeitet und gibt in knapper und systematischer Form einen vertiefenden Überblick über

- Unternehmenslogistik
- Materialflusstechnik und Einheitenbildung
- Transport- und Umschlaglogistik
- Lager- und Kommissionierlogistik
- Planungssystematik und Planungsmanagement
- Informationslogistik

Dieses Lehr- und Arbeitsbuch richtet sich an Studenten der technischen Fachrichtungen und an im Beruf stehende Praktiker, Produktions-, Planungs- und Wirtschaftsingenieure, die sich in erster Linie mit der planerischen Seite dieses Fachgebietes beschäftigen müssen.

Der Schwerpunkt bei der Ausarbeitung des Buches lag auf der planerischen Transport- und Lagertechnik mit notwendigen Vordimensionierungen und nicht auf maschinenbauspezifischen und konstruktiven Berechnungen. Im Vordergrund standen für die behandelnden Gebiete die Vermittlung von umfassendem und detailliertem Wissen durch Aufzeigen des konstruktiven und funktionellen Aufbaus der Einzelgrößen mit Vor- und Nachteilen, Einsatzgebieten und planerisch wichtigen Größen sowie der Darlegung des Zusammenhanges und der Abhängigkeiten untereinander. Die logistische Betrachtungsweise durchzieht – wenn auch oft nicht direkt sichtbar – das ganze Buch. Beispiele und Fragen sollen den dargebotenen Stoff ergänzen und festigen. Die Fülle der Bilder, der technischen Zeichnungen, Strukturbilder und Tabellen dienen dem Planer in seiner kreativen Arbeitsphase, Variantenmöglichkeiten zu erkennen und mögliche Lösungen aufzuzeigen.

In der vorliegenden Auflage wurden alle Kapitel auf den derzeitigen Stand der Technik gebracht. Diese Aktualisierung und Umgestaltung betrifft Abbildungen, Text und Beispiele, insbesondere die Kapitel 11 Kommissioniersysteme sowie Kapitel 13 Informationslogistik.

Das Buch soll Anregungen und Hilfen bei der Durchführung von Studien- und Diplomarbeiten, bei der Erstellung von Planungen, bei der Lösungsfindung und der Auswahl von Materialflusssystemen für die Optimierung der innerbetrieblichen Systeme bieten.

Den im Quellennachweis genannten Firmen möchte ich für die Unterstützung mit Informationen und Veröffentlichungsmaterial herzlich danken, ebenso den Firmen, die durch eine Anzeige die Buchkosten reduziert haben. Dem Vieweg Verlag danke ich für die Umsetzung meiner Arbeit.

Kritische Anregungen nehmen Verlag und Verfasser jederzeit dankend entgegen.

Hamburg, im August 2006   *Heinrich Martin*

Inhaltsverzeichnis

**BEI SCHWERGEWICHTEN
BESONDERS WICHTIG:
ORIGINAL ERSATZROLLEN
AUS VULKOLLAN®**

Die Räder und Rollen in der Fördermittelindustrie müssen in jeder Schwergewichtsdisziplin permanent Höchstleistungen bringen. Darum entscheiden sich qualitätsbewusste Hersteller von Gabelstaplern und Regalbediengeräten, von Elektrohängebahnen und Fördereinrichtungen für Vulkollan®.

Genauso wichtig ist die Entscheidung für Vulkollan®, wenn Ersatz- und Austauschteile erforderlich sind. Auch dabei profitieren Sie von den beeindruckenden wirtschaftlichen Vorteilen durch erheblich reduzierte Wartungskosten, wesentlich seltenere Werkstattbesuche und eine schnelle Amortisation Ihrer Investition in Original-Qualität. Denn Vulkollan®-Radbeläge zeichnen sich durch hohe Zuverlässigkeit, einen geringen Abriebverlust und besonders lange Einsatzzeiten aus. **Vulkollan®: Höchste mechanische Belastbarkeit und höchste dynamische Tragfähigkeit; hergestellt aus Desmodur® 15.**

Informieren Sie sich: bei den Herstellern und Ersatzteillieferanten oder per E-Mail direkt bei Peter Plate, **peter.plate@bayerbms.com**

Abkürzungsverzeichnis

ADLZ	Auftragsdurchlaufzeit
AE	Auswerteinheit
AKL	Automatisches Kleinteilelager
AT	Arbeitstag
AWF	Ausschuss für wirtschaftliche Fertigung
BG	Brandgefahrenklasse
Bl	Blatt
CAM	Computer Aided Manufacturing
CCD	Charge Coupled Device
CEN	Comitee Europeen de Normalisation
CIM	Computer Integrated Manufacturing
DIN	Deutsches Institut für Normung
DÜ	Datenübertragung
DZ	Distributionszentrum
EAN	European Article Number
ED	Einschaltdauer
EHB	Einschienenhängebahn
EL	Einheitenlager
EN	Europäische Norm
ERP	Enterprise Ressource Planning
EWP	Einwegverpackung
FIFO	First-in-fist-out
FTF	Fahrerloses Transport Fahrzeug
FTS	Fahrerloses Transport System
GLT	Großladungsträger
GPS	Globel Positioning System
i.d.R.	in der Regel
I-Punkt	Identifikationspunkt
ISO	International Organisation for Standardisation
JIS	Just-In-Sequence
JIT	Just-In-Time
Kap.	Kapitel
KL	Kommissionierlager
KLT	Kleinladungsträger
K-Punkt	Kontrollpunkt

KVP	Kontinuierliches Verbesserungssystem
LAM	Lastaufnahmittel
LAN	Local Area Network
LBG	Lagerbediengerät
LCD	Liquid Crystal Display
LE	Ladeeinheit
LIFO	Last-in-first-out
LVS	Lagerverwaltungssystem
MDS	Mobile Datenspeicher
MF	Materialfluss
Mio.	Million
Pal	Palette
PH	Peripherie
PPS	Produktionsplanung und -steuerung
Pst	Packstücke
RBG	Regalbediengerät
RFID	Radio Frequency Identification
s.	siehe
SLG	Schreib-/Leseeinheit
SLS	Staplerleitsystem
SPS	Speicher Programmierbare Steuerung
St	Stück
Tab.	Tabelle
TLS	Transportleitsystem
TUL	Transport, Umschlag, Lager
UVV	Unfallverhütungsvorschriften
VBG	Verband der Berufsgenossenschaften
VDI	Verein Deutscher Ingenieure
VDMA	Verband Deutscher Maschinenbau Anstalten
VdS	Verband der Sachversicherer
WA	Warenausgang
WE	Wareneingang
WWS	Warenwirtschaftssystem
ZE	Zeiteinheit

1 Unternehmen und Logistik

1.1 Schnittstellen eines Unternehmens

Ein Unternehmen ist ein offenes, sozio-technisches System, das eine Organisation besitzt und den Zweck verfolgt, Leistungen für Dritte bei Erzielung eines Gewinnes zu erbringen. Als offenes System sind Abhängigkeiten und Beziehungen zum Umfeld vorhanden, die über Schnittstellen ausgedrückt werden können (Bild 1.1).

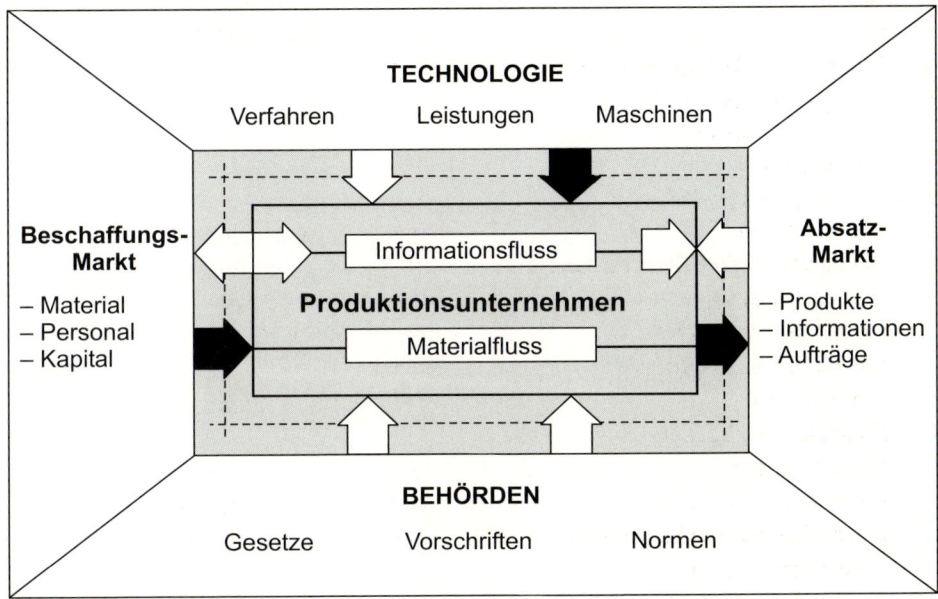

Bild 1.1   Schnittstellen eines Unternehmens

Schnittstelle Absatzmarkt ist die wichtigste Schnittstelle, denn ohne den Verkauf von Produkten ist kein Unternehmen lebensfähig. Ob die Produkte den Bedürfnissen, Wünschen und Vorstellungen der Kunden entsprechen, ist an der Zahl der Aufträge, also am Absatz der Produkte abzulesen. Aufträge sowie positive und negative Informationen über die Produkte gelangen von den Abnehmern und Kunden über Verkäufer und Akquisiteure ins Unternehmen zurück.

Schnittstelle Beschaffungsmarkt gibt Auskunft, zu welchen Bedingungen Kapital, Material und Personal am Markt beschafft werden können.

Schnittstelle Behörden zeigt einzuhaltende Vorschriften und Gesetze auf sowie zu erfüllende Bedingungen bei Einsatz von Maschinen und Beschäftigung von Personen.

Schnittstelle Technologie lässt erkennen, welche Verfahren, Methoden, Maschinen, Anlagen usw. vom Markt auf allen für das Unternehmen wichtigen Gebieten angeboten werden, um Produktion, Transport, Lagerung und Informationsübermittlung kostengünstig durchführen zu können.

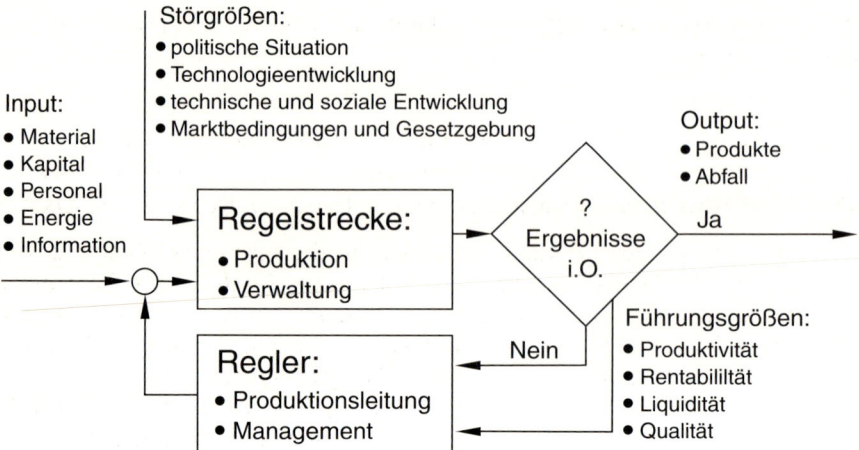

Bild 1.2   Das Unternehmen als Regelkreis

Ein Unternehmen, das nicht ständig diese Schnittstellen beobachtet und kontrolliert, um nach modernsten Verfahren wirtschaftlich produzieren, transportieren, steuern und informieren zu können, wird unweigerlich ins Abseits geraten. Daher analysieren Stabs- und Planungsabtei lungen (s. Beispiel 12.1) das Umfeld der Unternehmung und vergleichen die Ergebnisse mit der innerbetrieblichen Situation. So ist die Wandlung des Absatzmarktes vom Verkäufermarkt zum Käufermarkt ein Beispiel dafür, wie die Ansprüche der Käufer bezüglich Lieferservice, Termineinhaltung, Qualität und Produktdiversifikation die Fertigungs-, Transport- und Lager-systeme beeinflussen, auf sie einwirken und Entwicklungen von neuen Systemen auslösen. Ein Unternehmen kann auch als Regelkreis verstanden werden (Bild 1.2).

1.2 Ziele und Funktionen der Logistik

Um wirtschaftlich produzieren zu können, müssen am Arbeitsplatz bzw. beim Verbraucher Materialien bzw. Güter bereitgestellt werden, und zwar:

- die richtigen Materialien und Güter
- in der richtigen Menge
- mit der richtigen Qualität
- zur richtigen Zeit
- am richtigen Ort
- zu minimalen Kosten.

Dieser Zielsetzung hat sich die Logistik verschrieben. Sie ist die wissenschaftliche Lehre von Planung, Gestaltung, Steuerung und Kontrolle der Material- und Informationsflüsse in Syste-men und basiert auf:

- der *Technik* (fertigungs-, transport- und lagertechnische Komponente des Materialflusses)
- der *Informatik* (Elemente des Informationsflusses)
- der *Betriebs- und Volkswirtschaft* (wirtschaftliche Komponente).

Hinter dem Begriff der Logistik verbirgt sich ein bereichsübergreifendes Systemdenken, ein Denken in Gesamtkosten. Gegenstände der Logistik sind Güter, Waren, Materialien, Werkstü-cke und Informationen. Zur Erfüllung des oben genannten Leitgedankens der Logistik dienen technische, informatorische und betriebswirtschaftliche Funktionen, die ständig zu verbessern und zu optimieren sind.

Es handelt sich um operative Funktionen wie z. B. für den

- *Material- und Güterfluss:* Transportieren, Lagern, Kommissionieren, Verpacken
- *Daten- und Informationsfluss*: Erfassen, Speichern, Übertragen, Verarbeiten, Ausgeben
- und um *Führungsfunktionen*: Planen, Bewerten, Entscheiden, Kontrollieren, Überwachen.

Ziele der Logistik sind die Reduzierung der Kosten für den operativen Materialfluss und den dazugehörenden Informationsfluss sowie die Erhöhung der Leistung. Die Logistikkosten (s. Beispiel 1.5; s. Bild 12.19b) lassen sich gliedern in die Kosten für die Lagerhaltung (s. Kap. 9.6), für Transport und Handling (Kosten für externe und interne Transporte, Frachtkosten an Dienstleister, Verpackungskosten), sowie Kosten für Systeme und Steuerung, wie z. B. Produktionsprogrammplanung und Auftragsabwicklung. Die Logistikleistung zeigt sich in der Qualität der Zuverlässigkeit, der Lieferzeit, -treue, -flexibilität und -genauigkeit.

Die Merkmale der Logistik sind funktions- und unternehmensübergreifend, ganzheitlich sowie nutzungs- und serviceorientiert.

Die Logistik ist der Schlüssel zur Verbesserung und Optimierung der betrieblichen Infrastruktur mit der Zielsetzung, die Marktleistungsfähigkeit zu erhöhen, Rationalisierungspotenziale aufzudecken und einen hohen Lieferservice zu gewährleisten. Logistik ist auch ein Planungsinstrument zur Gestaltung innerbetrieblicher und unternehmensübergreifender Abläufe. Sie bezieht die Leistungsmöglichkeiten von Produktionsunternehmen und Dienstleistern mit in ihre Handlungen ein, sowohl auf der Beschaffungs- wie auch auf der Absatzseite.

1.3 Unternehmenslogistik

Zielsetzung der Unternehmenslogistik ist, ein optimales Zusammenspiel von Mensch, Technik, Steuerung und Information zu erreichen. Ihre Aufgabe ist, den Material-, Waren- und Produktionsfluss sowie den dazugehörenden Informationsfluss vom Lieferanten zum Unternehmen, im Unternehmen und vom Unternehmen zum Kunden wirtschaftlich zu planen, zu gestalten, zu steuern und zu kontrollieren.

Hieraus ergibt sich eine horizontale Gliederung der Aufgabenbereiche der Unternehmenslogistik für ein Produktionsunternehmen in (Bild 1.3):

- Beschaffungslogistik
- Produktionslogistik
- Distributionslogistik
- Entsorgungslogistik.

Ein *Handelsunternehmen* besitzt eine Beschaffungs- und Distributionslogistik, ein *Dienstleistungsunternehmen* in der Regel nur die Distributionslogistik. Die Unternehmenslogistik hat aber auch eine vertikale Querschnittsfunktion, die in eine administrative, dispositive und operative Ebene gegliedert werden kann und auf die Bereiche Technik, Informatik und Betriebswirtschaft zu beziehen ist (Bild 1.4).

Damit umfasst die Unternehmenslogistik den operativen Material- und Warenfluss mit den dazugehörenden dispositiven und administrativen Funktionen, die zur Erfüllung aller Unternehmensaufgaben erforderlich sind. Die Unternehmenslogistik bezieht sowohl die Elemente der innerbetrieblichen Logistik als auch Elemente der vom Unternehmen bestimmten externen Logistik ein wie z. B. Lagerung, Kommissionierung und Bereitstellung der Waren nach dem JIT-Prinzip über den Spediteur.

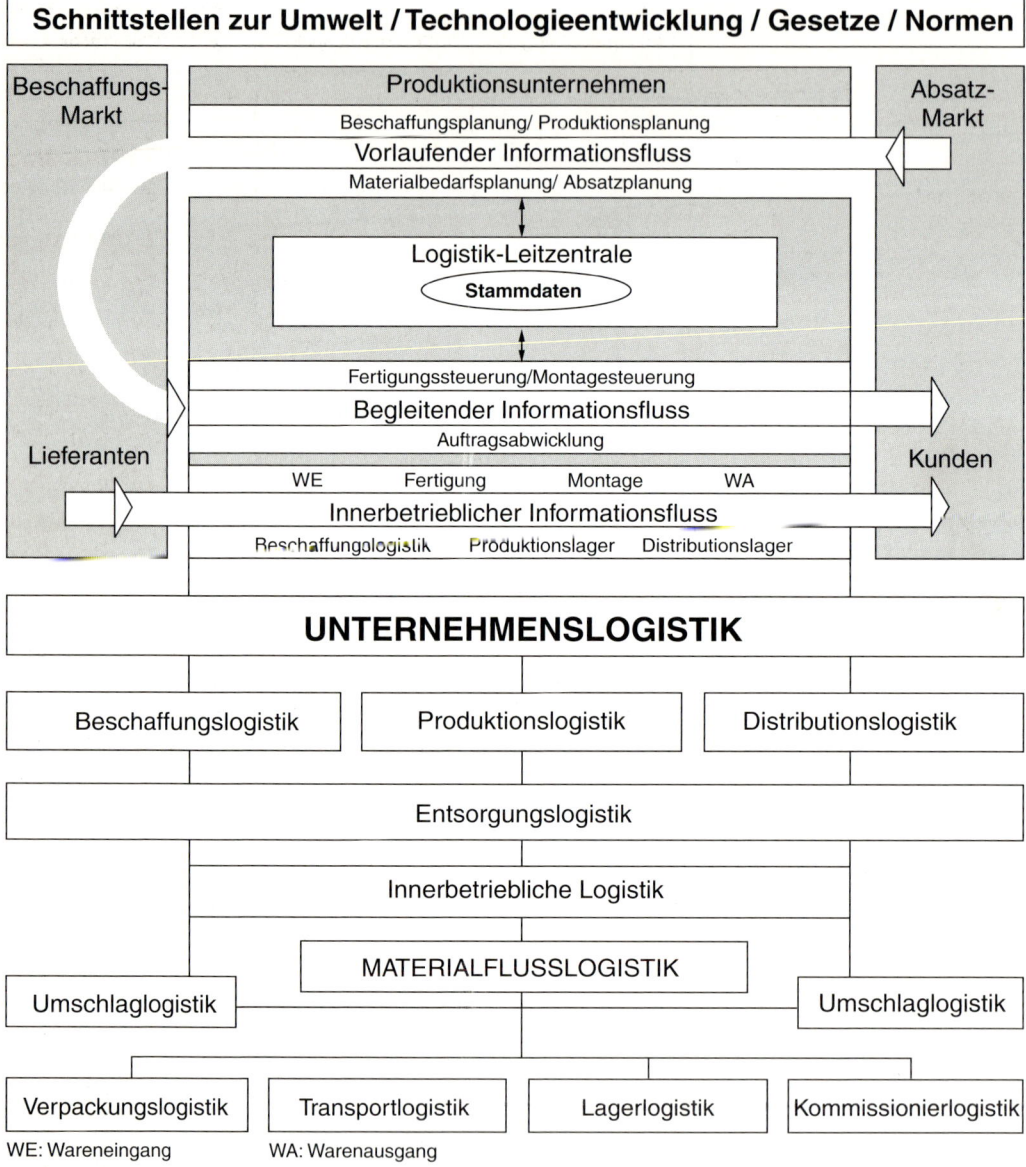

Bild 1.3   Struktur der Unternehmenslogistik

Intralogistik ist ein bisher nicht fest definierter Begriff. Es ist darunter die innerbetriebliche Logistik mit der gesamten Distributionslogistik zu verstehen, also einschließlich der Verkehrslogistik. Im Rahmen der Supply Chain umfasst die Intralogistik den gesamten Materialfluss entlang der Wertschöpfungskette (s. Beispiel 1.4).

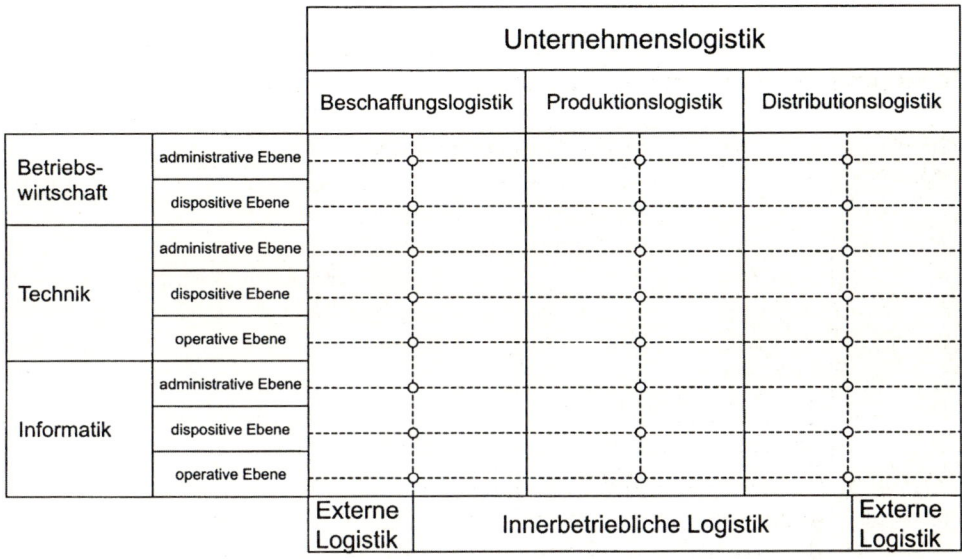

Bild 1.4 Querschnittsfunktionen der Logistik

1.3.1 Beschaffungslogistik

Die Individualisierung der Bedarfswünsche hat zu einer Vielzahl an Modellvarianten geführt. Die Folge ist ein ungeheures Wachstum an Artikeln und Mengen. Bei einem Automobilhersteller erhöhte sich die Anzahl der Einzelartikel für das gesamte Produktionsprogramm von ca. 30.000 Teilen im Jahre 1965 auf ca. 90.000 Teile im Jahr 2000. Dies bedeutet für das Unternehmen eine gewaltige Zunahme an Transport, Lagerung, Bereitstellung, Verwaltung und Beschaffung von Material.

Um die Teilevielfalt trotz steigender Typenvielfalt einzuschränken (Bild 1.5), reduzieren die Unternehmen z. B. ihre *Eigenfertigungstiefe*, bilden technologieorientierte und produktorientierte Fertigungszentren, arbeiten nach dem Baukastensystem oder mit Komponentenfertigung. Die sich aus der Teile- und Materialvielfalt ergebenden Beschaffungsaktivitäten erhielten durch die Beschaffungslogistik eine neue Organisationsstruktur und veränderte Arbeitsweisen, um die Versorgung von Fertigung und Montage mit Material sicherzustellen.

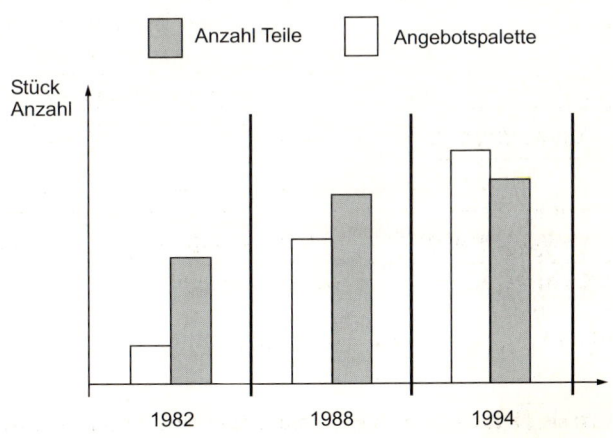

Bild 1.5 Entwicklung von Typen- und Teilevielfalt

Ziel der Beschaffungslogistik ist, den Waren- und Materialfluss mit dem dazugehörenden Informationsfluss vom Lieferanten bis zum Unternehmen zu optimieren bezüglich der Funktionen Planen, Gestalten, Steuern und Kontrollieren. Dies bedeutet, dass die Beschaffungslogistik für die bedarfsgerechte Versorgung des Unternehmens vom Lieferanten bis zur Bereitstellung in der Produktion über Wareneingang und Beschaffungslager zuständig ist. Sie bezieht in ihre Überlegungen, Maßnahmen und Handlungen z. B. den Spediteur und seine Lager ebenso ein, wie sie auch Vorgaben und Vorschriften erlässt, in welchem Zustand zu welchem Zeitpunkt und an welchem Ort die Güter anzuliefern sind. (Aufgaben und Ziele der Beschaffungslogistik: s. Beispiel 1.1; Kosten: s. Beispiel 1.5).

Eine Möglichkeit der Beschaffungslogistik zur Reduzierung von Lagerbeständen und Auftragsdurchlaufzeiten (s. Bild 2.25) ist die *Just-in-time-Versorgung* von Fertigung und Montage. JIT ist eine Bereitstellungsstrategie in Form der bedarfssynchronen Materialanlieferung, bei der das Material oder die Ware ohne Zwischenlagerung unmittelbar vor der Weiterverarbeitung bereitgestellt wird. Eine Folge dieser Strategie ist die Änderung von zentralem Wareneingang in dezentrale Anlieferungsstellen (vgl. Kap. 9.1).

Die Beschaffungslogistik ist eine auf den Prozess der Beschaffung bezogene Logistik, um auf den Märkten die für die Leistungserstellung erforderlichen Sachgüter, wie Rohstoffe und Maschinen, aber auch Informationen, Geld, Energie, Personal und Dienstleistungen einzukaufen.

Betriebswirtschaftlich wird die Beschaffung der Marktwirtschaft zugeordnet. Die Beschaffung von materialflusstechnischen Systemen, Maschinen und Betriebsmittel gelten als Investitionsgüter und sind meistens an eine Investitionsentscheidung gebunden.

1.3.2 Produktionslogistik

Die Produktionslogistik ist ein Teil der Unternehmenslogistik und umfasst den operativen Material- und Warenfluss mit dem begleitenden Informationsfluss und den dazugehörenden dispositiven und administrativen Funktionen, die für die Erfüllung der Produktionsaufgaben erforderlich sind (Kosten der Produktionslogistik: s. Beispiel 1.5).

Ziel der Produktionslogistik ist die termingerechte und kostengünstige Bereitstellung der richtigen Materialien am richtigen Ort, zur richtigen Zeit und in der richtigen Menge. Die Aufgabe der Produktionslogistik besteht in der Bereitstellung der Materialien an den Produktionsstellen, sie hat den Transport zu und zwischen den Betriebsmitteln und Arbeitsplätzen mit dem innerbetrieblichen Materialfluss zu gewährleisten, zu optimieren und durchzuführen. Die Produktionslogistik plant, gestaltet, steuert und kontrolliert den Material- und Informationsfluss in der Produktion bis zum Distributionslager über die unterschiedlichen Fertigungs- und Montagestufen mit dem dazugehörenden Produktionslager.

1.3.3 Distributionslogistik

Die Distributionslogistik ist ein Teil der Unternehmenslogistik, kann zur Beschaffungslogistik komplementär gesehen werden und umfasst den Waren- und Materialfluss sowie den zugehörenden Informationsfluss vom Ende der Produktion mit der Bildung der Ladeeinheiten (s. Kap. 3.3) über das Distributionslager bis zu dem Kunden, stellt also die räumliche und zeitliche Überbrückung zwischen Produktion und Kunden dar. Die Distributionslogistik ist eine auf den Prozess der Distribution bezogenen Logistik, bedient sich dabei verschiedener Verkehrsmittel zur Verteilung der Güter an die Kunden.

Die *Aufgabe* der Distributionslogistik ist die art- und mengenmäßige Bereitstellung von Produkten und/oder Handelswaren für die nachfragenden Kunden und Abnehmern. Zur Distributionslogistik gehören aber auch die Standortwahl des Distributionslagers, die Lager- und Transportplanung sowie die Kommissionierung und Verpackung der Güter. Durch die verbrauchs-synchrone Materialanlieferung und oft vorgegebener Verpackungsvorschriften steigen die Anforderungen an die Distributionslogistik.

Ziel der Distributionslogistik ist die termingerechte und kostengünstigste Bereitstellung der Güter beim Kunden durch Planung, Gestaltung, Steuerung und Kontrolle des Material- und Informationsflusses vom Unternehmen zum Kunden. Die Distributionslogistik übernimmt also die Versorgung der Kunden mit den Produkten des Unternehmens. Ihr werden die im Bild 1.6 dargestellten Funktionen zugeordnet, die sie zu optimieren hat. Einflussgrößen auf die Gestaltung der Distributionslogistik haben u. a.:

- Produktsortiment: Anzahl, Abmessungen, Gewicht etc.
- Fertigungsart: Auftrags- oder Serienfertigung
- Kundenstruktur: Großabnehmer, Einzelhandel
- Verteilungsprinzip: Zentral- und/oder Regionallager
- Produktionsstandort: ein Werk, mehrere Werke, Produktionsprogramm (Bild 1.7).

Die Bedeutung der Distributionslogistik ist in der Höhe der Kosten und in der Eignung zur Stärkung der Wettbewerbsfähigkeit zu sehen (Kosten Distributionslogistik s. Beispiel 1.5).

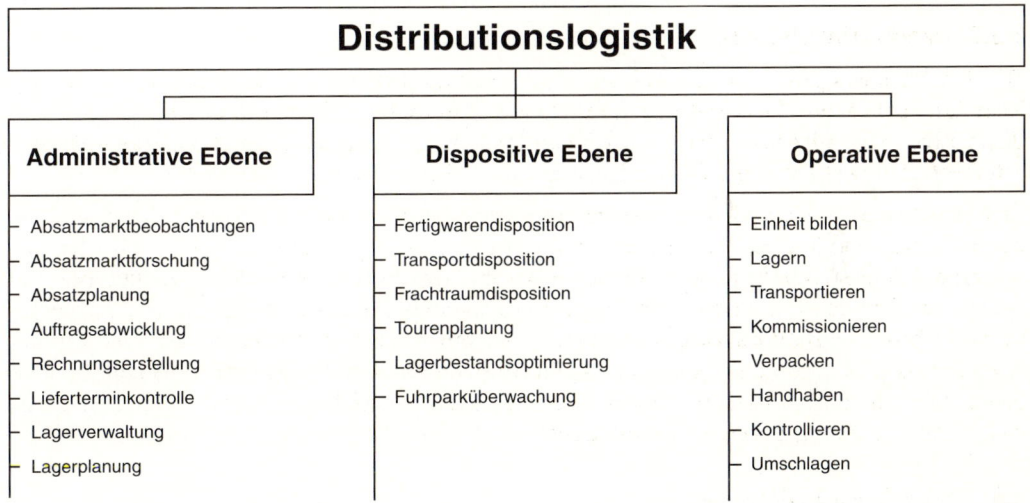

Bild 1.6 Funktionen der Distributionslogistik

1.3.4 Entsorgungslogistik

Die 1991 erlassene Verpackungsverordnung zum Abfallgesetz des Jahres 1986 verpflichtet die Unternehmen aller Branchen, die in den Verkehr gebrachten Verpackungen nach Gebrauch vom Kunden zurückzunehmen und diese einer stofflichen Verwertung oder Wiederverwendung zuzuführen. Die Verantwortung für die Entsorgung der Verpackungsabfälle wird von der öffentlichen Abfallwirtschaft auf die Industrie übertragen. Abfälle aus Verpackungsmaterialien dürfen weder deponiert noch thermisch verwertet werden, sondern sind nach Stoffen zu sortieren und recyclefähig aufzuarbeiten. Solche Vorschriften gibt es für eine Vielzahl von Stoffen, die als Rest- oder Abfallstoffe in einem Unternehmen auftreten (Bild 1.8). Die Entsorgungskosten für alle in einem Unternehmen anfallenden Abfälle stellen einen bedeutenden Faktor in der betrieblichen Kostenplanung dar. Die Entsorgungslogistik nimmt sich dieser Problematik an, steuert und überwacht die Entsorgungsabläufe im Rahmen eines eigenständigen Bereiches. Hier wird die logistische Kette der Reststoffe von ihrer Entstehung bis zu ihrer Entsorgungs- und Verwertungsmöglichkeit betrachtet sowie Einflussfaktoren auf Mengen, Art und Behandlung des Abfallmaterialflusses bestimmt. Die Aufgabenstellung der Entsorgungslogistik weisen Parallelen und Ähnlichkeiten zur Produktions- und Distributionslogistik (Materialflussfunktionen, Fahrzeugdisposition) auf. Die Entsorgungskosten für die Abfälle können reduziert werden durch:

- Abfallvermeidung, Verzicht auf nicht recyclingfähiger Verpackung
- Abfallverminderung
- Weiterverwendung, z. B. Mehrwegebehälter (s. Beispiel 3.8)
- Wiederverwendung, z. B. Altpapier, Schrott
- Weiterverwendung, z. B. als Baumaterialzuschlag, Verbrennung.

Die Versorgungs- und Entsorgungslogistik kann als Kreislauf angesehen werden und versucht wie folgt zu handeln: Vermeiden vor Verwerten und Verwerten vor Beseitigen. Sie erreicht mittels wirtschaftlicher Abfallerfassungssysteme je nach Abfallmenge und mit aufeinander abgestimmten Behälter-, Lager- und Transportsystemen (s. Kap. 3.1.4.3, Kap. 3.2.3 und Kap. 7.3.4) eine weitere Reduzierung der Entsorgungskosten (s. Beispiel 1.5).

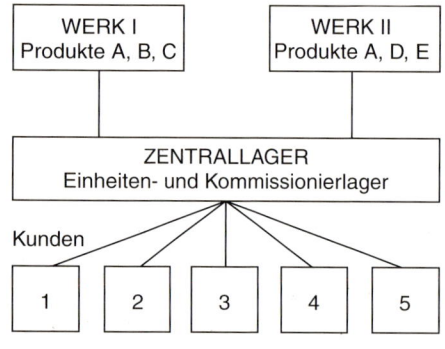

a) Einstufiger Distributionsaufbau

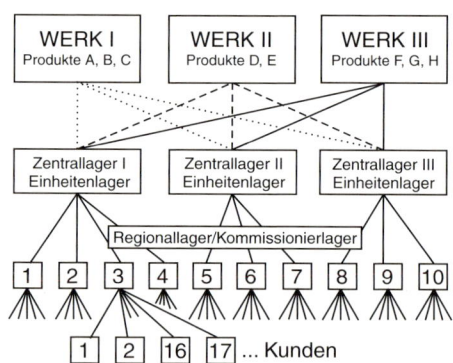

b) Zweistufiger Distributionsaufbau

Bild 1.7   Mögliche Distributionsstrukturen mit Zentrallager

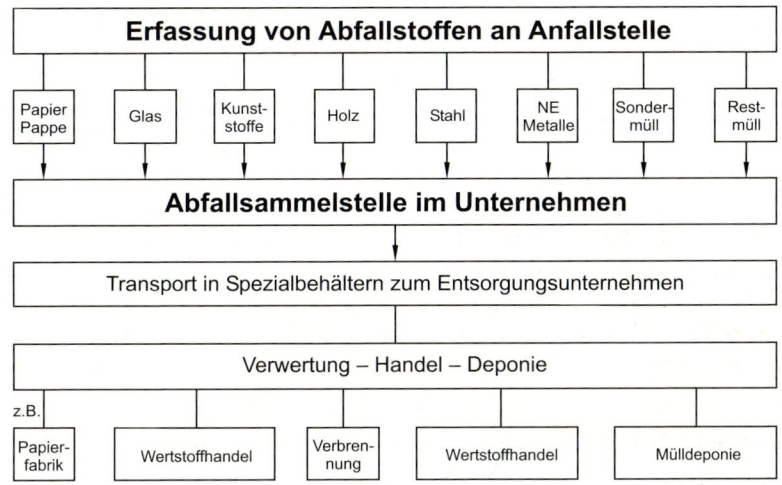

Bild 1.8   Entsorgungsstruktur der Wert- und Reststoffe

1.4 Innerbetriebliche Logistik

Die innerbetriebliche Logistik (s. Bild 1.3) ist ein Teilbereich der Unternehmenslogistik, deckt die betriebsstättenbezogenen Aufgabenbereiche der Beschaffungs- und Distributions- sowie die Produktionslogistik ab. Die wichtigsten operativen Funktionen der innerbetrieblichen Logistik sind Umschlagen, Lagern, Transportieren, Kommissionieren und Verpacken. Diese Funktionen sind Materialflussfunktionen (vgl. Kap. 2.1). Bei logistischer Betrachtung dieser Funktionen bezüglich ihrer operativen, dispositiven und administrativen Ebenen und unter Einbeziehung der dazugehörenden Informationsflüsse wird unterschieden in:

- Transportlogistik (s. Kap. 4.2); Umschlaglogistik (s. Kap. 7.1)
- Lager- und Kommissionierlogistik (s. Kap. 9.5 und 11.1)
- Entsorgungslogistik (s. Kap. 1.3.4)
- Informationslogistik (s. Kap. 13).

Ziel der innerbetrieblichen Logistik ist die Bereitstellung des richtigen Werkstückes und des richtigen Werkzeuges in der richtigen Menge und Qualität, zur richtigen Zeit und am richtigen Ort zu minimalen Kosten. Dabei sind zu unterscheiden, dass das Handhaben eines Werkstückes auf einer Bearbeitungsmaschine kein Element der innerbetrieblichen Logistik ist, wohl aber die vorlaufenden und nachlaufenden Tätigkeiten für das Bearbeiten, wie z. B. die Produktionsplanung und -steuerung.

1.5 Betriebswirtschaftliche Logistik

Die Betriebswirtschaft ist in einem Logistiksystem verantwortlich für die Wirtschaftlichkeit z. B. der Transport- und Lagersysteme durch ständiges Überwachen, Kontrollieren, Planen, Bewerten, Informieren und Eingreifen. Damit die dabei zu treffenden Entscheidungen nicht nur technisch richtig, sondern auch wirtschaftlich vertretbar sind,

- formuliert die Betriebswirtschaft ökonomische Rahmenbedingungen z. B. mittels Kennzahlen
- ermittelt sie die beste Lösung aus Planungsalternativen mittels Wirtschaftlichkeitsrechnung und Nutzwertanalyse
- beeinflusst sie den Aufbau der Unternehmensorganisation durch Einsetzen z. B. einer Hauptabteilung Logistik.

Die kurz-, mittel- und langfristigen Logistikstrategien müssen von betriebswirtschaftlichen Aspekten aus entwickelt und formuliert werden. Aufgaben der betriebswirtschaftlichen Logistik sind z. B.:

- Analysieren und planen
- Aufstellen von Investitionsrechnungen
- Entwickeln von Strategien
- Festlegen von Kennzahlen

- Bewerten von Alternativen
- Aufbauen der Unternehmensorganisation
- Bearbeiten des Controlling.

Besondere Bedeutung hat das *Controlling*. Ziel des Controllings ist es durch die finanzielle Überwachung des Unternehmens oder einer Teilfunktion z. B. der Logistik Informationen und Daten – oft in grafischer Form – für die Entscheidungsträger sowohl auf der strategischen als auch auf der operativen Ebene bereitzustellen, um darauf aufbauend Entscheidungen fällen zu können. Das Controlling nimmt Planungs-, Kontroll- und Koordinationsaufgaben wahr. Es arbeitet mit Verfahren und Methoden, wie z. B. Input-Output-Analyse, Analyse von Produktionszyklen, Break-even Analyse und Kennzahlenanalyse. Die Basis sind Daten des Rechnungswesens , die aus der EDV stammen und für den jeweiligen Zweck aufbereitet werden.

Die betriebswirtschaftliche Logistik hat sich auch mit dem Lieferservice zu beschäftigen. Darunter ist das Ergebnis eines Logistiksystems zu verstehen. Der Output soll den Anforderungen des Kunden entsprechen. So gehören zum Lieferservice die folgenden Komponenten:

- Lieferzeit (s. Auftragsdurchlaufzeit Bild 2.25), Zeit von der Einlastung eines Auftrages bis Ablieferung beim Kunden

- Lieferzuverlässigkeit bezogen auf Zuverlässigkeit der Arbeitsabläufe und auf die Lieferbereitschaft (Verfügbarkeit eines Systems), Wahrscheinlichkeit der Einhaltung der Lieferzeit; identisch mit Termintreue, Liefertreue

- Lieferbeschaffenheit (Lieferqualität) Zustand der Lieferung bzgl. Art und Menge

- Lieferflexibilität, Eingehen auf Kundenwünsche bzgl. der Auslieferung.

1.5.1 Kennzahlen

Unter einer Kenngröße ist die Definition eines speziellen Zustandes ohne Zahlenwert zu verstehen. Erst eine Quantifizierung führt zur Kennzahl. Kennzahlen sind absolute Zahlen oder Verhältniszahlen. Sie können dimensionslos oder mit einer Dimension behaftet sein und quantifizieren betriebliche Ist- und Sollzustände. Kennzahlen dienen zum Vergleichen, Beurteilen, Kontrollieren und Planen, stellen eine wesentliche Informationsbasis und Planungsgrundlage für Geschäftsführer, Abteilungsleiter und Planer dar.

Absolute Zahlen sind Zahlen, die durch Summen-, Differenz- oder Mittelwertbildung entstehen.

Verhältniszahlen sind Relativzahlen, die immer aus einem Vergleich entsteht und in Gliederungs-, Beziehungs- und Indexzahlen unterteilt werden.

Gliederungszahlen sind unterschiedliche Größen, die einander untergeordnet sind. Teilmengen werden zur entsprechenden Gesamtmenge in Beziehung gesetzt, z. B. Umsatz eines Artikels zum Umsatz eines Sortiments.

Beziehungszahlen stellen das Verhältnis zweier Größen dar, die sachlich miteinander in Beziehung stehen, inhaltlich aber verschieden sind, z. B. Umsatz des Unternehmens zur Anzahl der Mitarbeiter.

Indexzahlen sind Ausdrücke für durchschnittliche Änderungen bestimmter Größen, die gleichartig, aber zeitlich verschoben sind, z. B. Umsatz in Periode 2 zu Umsatz in Periode 1.

Wesentliche logistische Kennzahlen sind

– für die Unternehmensführung
- Liquidität, Produktivität, Rentabilität
- Lieferbereitschaft, Servicegrad
- Return on Investment
- Logistikkosten
- Auftragsdurchlaufzeiten
- Entsorgungskosten
- Bestandsreichweite

– im Bereich des Materialflusses u. a.:
- Höhen-, Raum- und Flächennutzungsgrad
- Bestände
- Umschlagshäufigkeit, Lagerreichweite
- Lagerplatz-, Umschlagkosten
- Transportmittelauslastung
- Durchlaufzeiten, Verfügbarkeit

Kennzahlen für den Lagerbereich s. Kap. 9.7, Auftragsdurchlaufzeiten s. Beispiel 2.14.

1.5.2 Ziel, Strategien

Ziele geben einen anzustrebenden künftigen Zustand an (vgl. Kap. 1.2). Dabei stellt sich sofort die Frage, mit welchen Mitteln, auf welche Art und Weise die Zielerfüllung erreicht werden kann.

Strategien sind die Wege zur Erreichung eines Zieles. Ziele haben Lenkungsfunktionen bei der Auswahl von Alternativen. Strategien beschreiben die Vorgehensweise zur Erreichung des Zieles. Die Verbindung zwischen Ziel und Strategie ist zwangsläufig, wobei das Ziel angibt, „was" erreicht werden soll und die Strategie aussagt, „wie" bzw. „auf welchem Wege" die Zielerfüllung geschieht. Logistikstrategien gibt es in der Beschaffungs-, Produktions- und Distributionslogistik, wie z. B.

- Just-in-time-(JIT)-Strategie (s. Kap. 1.3.1/ 9.1)
- First-in-first-out (FIFO)-Strategie (s. Kap. 9.8)
- Doppelspielstrategie (s. Kap. 9.7)
- Kanban-Strategie (s. Kap. 2.1)
- Push-Strategie (s. Beispiel 2.15)
- Pull-Strategie (s. Beispiel 2.15)
- Just-in-Sequence-(JIS)-Strategie (s. Beispiel 2.15).

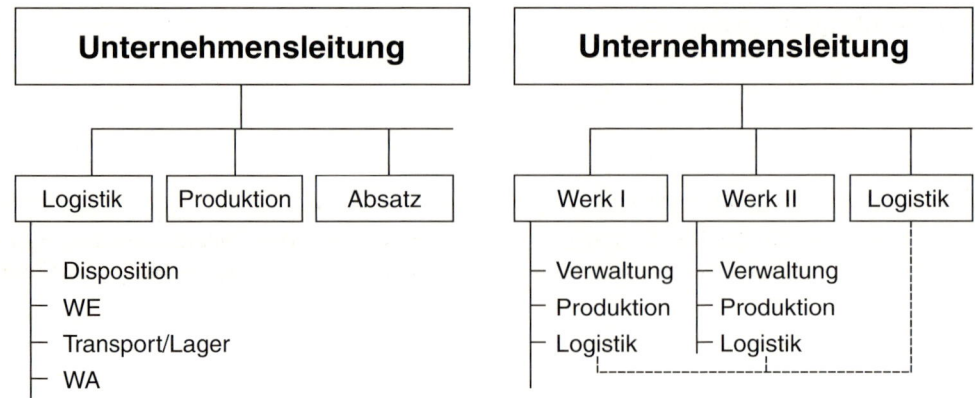

Bild 1.9   Logistikkonzeption bei einem zentral und einem dezentral gegliederten Unternehmen

1.6 Logistik und Unternehmensorganisation

Welchen Stellenwert die Logistik in einem Unternehmen erhält, ist von vielen Faktoren abhängig, wie z. B. Größe des Unternehmens, Aufgeschlossenheit der Unternehmensführung,
Situation des Unternehmens etc. Grundsätzlich kann eine zentrale oder dezentrale Eingliederung der Logistik in die Organisationsstruktur eines Unternehmens erfolgen. Zentral bedeutet
hierbei, dass die Logistikaufgaben in einer Abteilung zusammengefasst sind. Die dezentrale
Eingliederung der Logistik verteilt die Logistikaufgaben auf verschiedene Funktionsbereiche.
Je nach Aufbauorganisation des Unternehmens (Linien-, Funktions-, Stabliniensystem, Matrix-
oder Spartenorganisation) kann die Eingliederung der Logistik zentral oder dezentral erfolgen
(Bild 1.9).

1.7 VDI-Richtlinien

2520	Einführung einer Unternehmenslogistik; Arbeitsplan	12.90
2523	Projektmanagement für logistische Systeme der MF- und Lagertechnik	07.93
2525	Logistikkennzahlen für kleine und mittelständische Unternehmen	07.99
4400	Logistikkennzahlen für die Produktion	12.04
4414	Sanierungs- und Erweiterungsplanung von Logistiksystemen	12.95

1.8 Beispiele, Fragen

• **Beispiele**

Beispiel 1.1: Beschaffungslogistik

a) Welche Ziele verfolgt die Beschaffungslogistik?

Lösung: Die Ziele für die Beschaffungslogistik lassen sich aus den Unternehmenszielen zur Sicherung der Erfolgspotenziale ableiten. So gesehen gehören zu den Zielen der Beschaffungslogistik:

– Versorgungssicherheit gewährleisten
– Waren- und Materialfluss mit dem dazugehörenden Informationsfluss und den Steuerungssystemen verbessern
– Abhängigkeit von Lieferanten vermeiden
– Lieferantenpotenzial sichern
– Bestand minimieren
– Kapitalbindungs-, Versorgungs- und Bereitstellungskosten reduzieren
– Qualität des Beschaffungsmaterials sichern
– Anpassungsfähigkeit der Beschaffung auch bei geringer Vorhersagegenauigkeit erreichen.

b) Welche Aufgaben gehören zur Beschaffungslogistik?

Lösung: Die Aufgaben der Beschaffungslogistik reichen von dem Lieferanten bis zur Bereitstellung in der Produktion, umfassen also den externen Transport, die Anlieferung mit der Warenannahme und -prüfung, die Freigabe der Waren zur Einlagerung ins Beschaffungslager, die Herstellung der Lagereinheiten, die Lagerhaltung, -verwaltung und -disposition, die Kommissionierung der Aufträge für die Produktion mit den dazugehörenden innerbetrieblichen Transport und des Informationsflusses einschließlich Planung, Gestaltung, Steuerung und Kontrolle dieser Aufgaben.

Zusammenfassend ausgedrückt umfasst die Beschaffungslogistik den Versorgungsprozess von der Beschaffung (Quelle) bis zur Bereitstellung (Senke) in der Produktion gebildet durch

Materialfluss – Ablauforganisation und Informationsfluss.

Welche Rangfolge und Stellenwert die genannten Aufgaben in einen Unternehmen haben, ist abhängig von der Unternehmensgröße, seiner Struktur und der Bedeutung der Beschaffung.

c) Beschaffungslogistik am Beispiel der Bekleidungsindustrie

In der Bekleidungsindustrie kommen Oberstoffe, Zutaten wie z. B. Knöpfe, Faden, Reißverschlüsse sowie Fertigteile von den unterschiedlichsten Firmen aus aller Welt, d. h. es besteht ein physisches und informatorisches Netzwerk in der Beschaffung. Diese Beschaffungsabläufe globaler Art werden je nach Betrachtungsweise inkl. der Distribution mit Wertschöpfung oder Supply Chain bezeichnet. Für diese unternehmensübergreifenden Beschaffungsströme sind schnelle und genaue Informationen ausschlaggebend für die Steuerung und Kontrolle der Produktionsabläufe. . ein Sakko aus ca. 40 Teilen, eine Hose aus ca. 30 und eine Bluse aus ca. 15 Teilen. Ein Bekleidungsproduzent (Konfektionär) benötigt ca. 25.000 Teile. Bei großen Bekleidungsherstellern sind bis zu 20.000 Termine zu verwalten und mit den Lieferanten, Produzenten, Spediteuren und Agenten sind im Supply Chain Management bis zu 200 Firmen beteiligt. Dies Informationsflut kann nur mit der EDV bewältigt werden. Der Beschaffungslogistiker bezieht seinen Informationsbedarf über Telefon, E-Mail, Fax oder EDV. Schnittstellen bedeuten hierbei Störquellen, so dass IT-Lösungen zur Integration der verschiedenen Medien notwendig werden. Intelligente Tools müssen alle Informationen zentral erfassen, verarbeiten und steuern, dann ergeben sich transparente Abläufe in der Beschaffungslieferung.

Beispiel 1.2: Kennzahlensystem bei Distributionszentren

Wie könnte ein durchgängiges Kennzahlensystem für die innerbetriebliche Logistik bei einem Distributionszentrum aufgebaut sein?

Lösung: Nach Kapitel 1.5.1 können eine Reihe von Kennzahlen zu einem System zusammengestellt und Logistikleistung und Logistikkosten beurteilt werden. Mit repräsentativen Kennzahlen bezogen auf Kosten, Zeit und Service ist durchaus eine Beurteilung eines Distributionszentrums (DZ) möglich. Diese repräsentativen Kennzahlen sind (Bild 1.10):

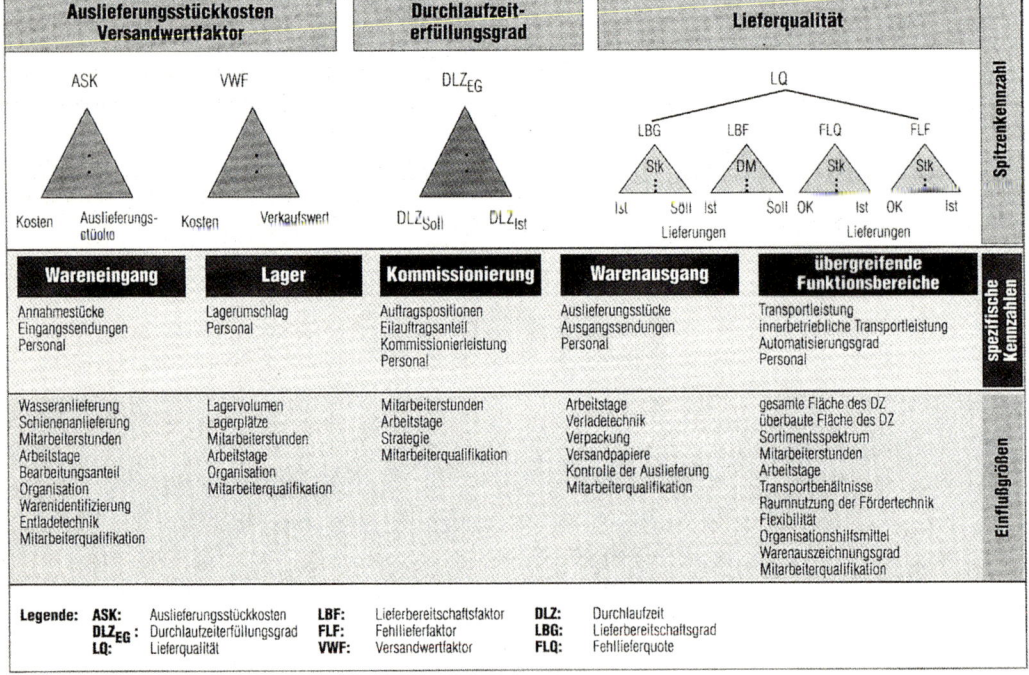

Bild 1.10   Kennzahlensystem für ein Distributionszentrum

- Auslieferungsstückkosten: Gesamtkosten DZ dividiert durch Anzahl Auslieferungsstücke pro Zeiteinheit
- Versandwertfaktor: Quotient aus Gesamtkosten und Verkaufswert der Waren pro Zeiteinheit
- Durchlaufzeiterfüllungsgrad: Quotient aus SOLL-IST-Auftragsdurchlaufzeit
- Lieferqualität: als Funktion von Lieferbereitschaftsgrad und -faktor sowie Fehllieferquote und -faktor.

Aus einer 1996/97 durchgeführten Befragung bei ca. 30 Unternehmen (Ersatzteilhandel) ergaben sich folgende Werte:

- Auslieferungsstückkosten: ca. 2,5 bis 4 €/St; Versandwertfaktor: 4 bis 8 %
- Durchlaufzeiterfüllungsgrad: 97 bis 99 %; Lieferqualität: 95 bis 99 %

Beispiel 1.3: Benchmarking

Was ist unter Benchmarking zu verstehen?

Lösung: Benchmarking bezeichnet eine Managementmethode, mittels Vergleich verschiedener Unternehmen einer Branche die beste Lösung für ein Problem oder einen Prozess zu erhalten. Ein Unternehmen lernt von einem anderen Unternehmen. Die Vorgehensweise basiert darauf, bei anderen Unternehmen bessere Methoden und Praktiken (Best Practice) zu erkennen und diese für das eigene Unternehmen aufzubereiten.

Beispiel 1.4: Supply Chain Management

Wie kann man Supply Chain Management definieren?

Lösung: Unter Supply Chain Management ist ein ganzheitlicher und prozessorientierter Ansatz zu verstehen für die Verbesserung der Unternehmensprozesse unter der Einbindung aller Lieferanten, Dienstleister und Kunden. Das Supply Chain Management beginnt bei den Rohstoffquellen und reicht bis hin zur Lieferung des Fertigproduktes an den Endverbraucher, d. h. die Unternehmenslogistik mit ihren Grundprozessen wie Planen, Steuern, Beschaffen, Produzieren und Verteilen ist ein Hauptelement des Supply Chain Managements, wie es das Bild 1.11 wiedergibt.

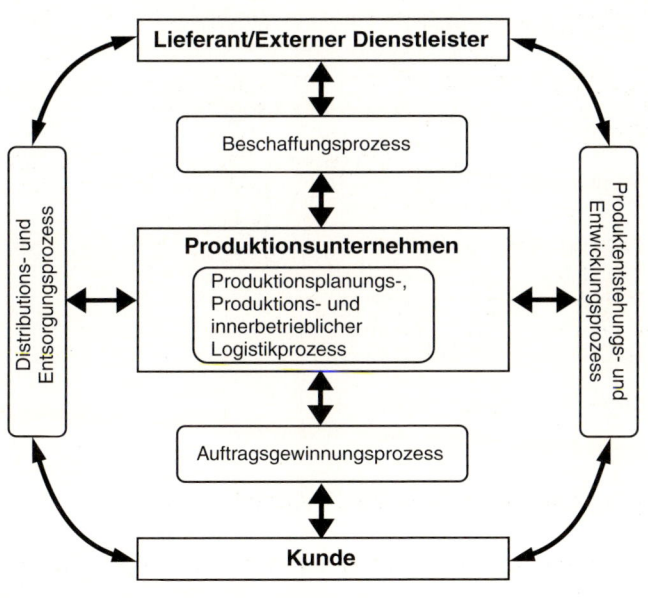

Bild 1.11
Strukturdiagramm eines
Supply Chain Management-
Systems

In Hinblick auf die Wertverbesserung der einzelnen Tätigkeiten im Supply Chain wird auch von der *Wertschöpfungskette* (Value Chain) gesprochen, die die einzelnen Aktivitäten und Funktionsweisen eines Unternehmens von der wertschöpfenden Seite betrachtet. Weit gefasst, können die Kunden der eigenen Kunden und die Lieferanten der eigenen Lieferanten zu der Wertschöpfungskette gehören.

Beispiel 1.5: Kosten der Unternehmenslogistik

Mit welchen Logistikkosten ist in den verschiedenen Branchen zu rechnen?

Lösung: Die Antwort gibt beispielhaft Bild 1.12 (Untersuchung von Prof. Dr. Baumgarten 2002, TU Berlin)

BRANCHE	Unter-nehmens-logistik-kosten %**	Beschaf-fungs-logistik %	Produk-tions-logistik %	Distribu-tions-logistik %	Entwick-lungs-kosten %	Entsor-gungs-kosten %	Sons-tige Kosten %
Automobil-industrie	8,2	Davon: 23,4 = 1,92	Davon: 27,2 = 2,23	Davon: 26,8 = 2,2	Davon: 7,8 = 0,64	Davon: 2,8 = 0,23	Davon: 12 = 0,98
Konsumgü-terindustrie	12,8	6,5 0,83	4,1 0,52	64,1 8,21	3,2 0,41	2,0 0,26	7,7 0,99
Handel	27,6	10,3 2,84	17,7 4,89	53,4 14,74	0,3 0,08	5,3 1,46	12,9 3,56

Bild 1.12   Aufteilung der Unternehmenslogistikkosten in verschiedenen Branchen

Beispiel 1.6: Outsourcing

a) Was ist unter Outsourcing zu verstehen?
b) Wie hängen Outsourcing und Kernkompetenzen eines Unternehmens zusammen?

Lösung:

a) Unter Outsourcing ist eine Strategie zur Verbesserung der Unternehmenssituation durch Vergabe von Unternehmensleistungen, die bisher im eigenen Unternehmen hergestellt wurden, an Fremdfirmen oder Dienstleister zu verstehen. Ursachen und Gründe für das Outsourcen von Unternehmensbereichen können z. B. sein, das Vermeiden von zukünftigen Investitionen, die Konzentration auf die eigenen Kernkompetenzen des Unternehmens und das Nutzen von Spezialisten anderer Unternehmen.

b) Lösung mit Hilfe einer Portfolio-Matrix (s. Bild 1.13)

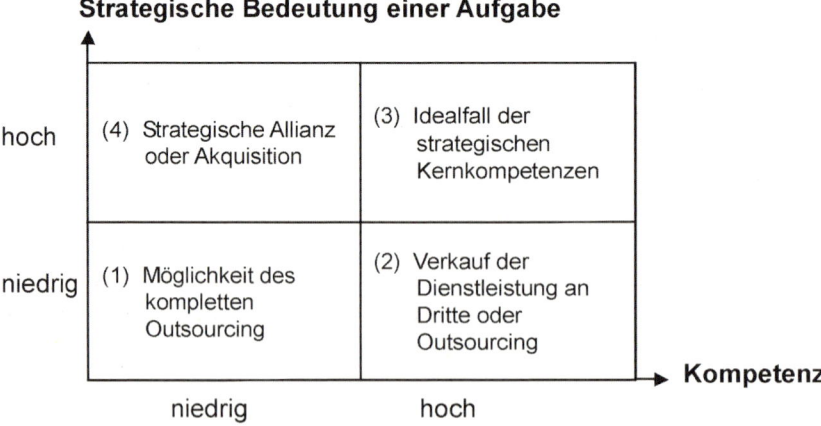

Bild 1.13   Entscheidungsmatrix zur Auswahl einer Outsourcingstrategie

Beispiel 1.7: Outsourcingkosten eines Distributionslagers

Spediteure sind heute in der Regel auch Dienstleister und übernehmen Distributionslager mit Kommissionierfunktionen von Firmen. Grundlage von Angeboten für die Übernahme eines Distributionslagers sind Kennzahlen für statische und dynamische Leistungen. Welche Kennzahlen für ein Übernahmeangebot sind bezogen auf DIN-Paletten 1200 x 800 mm erforderlich?

Lösung:

- **Palettenplatzkosten**   **ca. 5 €/Pal./Monat**

- **WE und Einlagerung**   **ca. 2,5 €/Palette**

Abladen vom LKW mit Stapler / Absetzen der Palette / Eingabe EDV mit Lagerplatzbestimmung / Label an Palette anbringen / Palette aufnehmen / zum Lagerplatz fahren / Einlagerung ins Regal oder Absetzen bei Bodenlagerung

- **Auslagerung / Versandbereitstellung /WA**   **ca. 2,5 €/Palette**

a) Kommissionierung ganzer Paletten aus Regal oder vom Bodenlager / Transport zum Bereitstellungsplatz Versand / EDV-Buchung / Versandlabel anbringen / Palette aufnehmen / Verladung auf LKW

b) Tätigkeiten **nach** Einzelkommissionierung und Verpackung (wie a): Palette aufnehmen / Transport zum Bereitstellungsplatz Versand / EDV- Buchung / Versandlabel anbringen / Palette aufnehmen/ Verladung auf LKW

- **Kommissionierung einschließlich Verpackung, z. B. Stretchen**

Abhängig von Art der Kommissionierung, vom Gewicht, Volumen, Abmessungen, Art der Verpackung, spezifischer Eigenschaften usw., z. B.:
a) Umpacken von Kartonagen aus Gitterbox in KLT-Behälter   **ca. 1,5 €/ umgepackten KLT**
b) Umpacken von Kartonage von Palette in Kunden-Großladungsträger GLT oder von größeren Einzelteilen in GLT   **ca. 6 € / umgepackten GLT**

Diese Werte für verschiedenen Kommissioniertätigkeiten sind für jedes Unternehmen in Abhängigkeit der Artikel zu bestimmen und festzulegen.

- **Administrativer Aufwand**   **ca. 1 €/Palette**

Hierzu gehören z. B.: Führen von Kundengesprächen; Führungspersonal (Overheadkosten); Gewinnzuschlag; aber ohne Versandabwicklungskosten: Disposition; Lieferpapiere; Export, Zoll etc.

Beispiel 1.7: Möglichkeiten der Zielerreichung

Der Wertschöpfungsprozess entsteht aus den Rohstoffen und Halbfabrikaten mit einer bestimmten Methode oder Verfahren unter Zuhilfenahme von Werkzeugen und ergibt Rohteile, Halbfabrikate und Fertigprodukte. Er benötigt eine Kombination von Ressourcen, die von der wirtschaftlichen Seite betrachtet, kritische Größen sind:

- Hallenfläche
- Personal
- Anlagen und Einrichtungen.

Eine Optimierung des Wertschöpfungsprozesses wird erreicht durch Reduktion dieser kritischen Ressourcen und speziell durch Verkleinerung von

- nicht wertschöpfenden Zeiten und
- wertschöpfenden Zeiten.

Mit Hilfe eines Fischgrätendiagramms (Fishbonediagramm) sollen auf strategischer und operativer Ebene Möglichkeiten zur obigen Zielerreichung aufgezeigt werden.

Lösung: Das Fishbonediagramm dient als Ursachen-Wirkungsdiagramm zum analytischen Überblick von Problemfeldern oder Einflussgrößen, die als „Fischgräten" an eine Achse in Pfeilrichtung angetragen werden. Das Problem oder die Zielsetzung entspricht dann dem „Fischkopf" (Bild 1.14: Zielsetzung ist hier die Reduzierung von Auftragsdurchlaufzeiten).

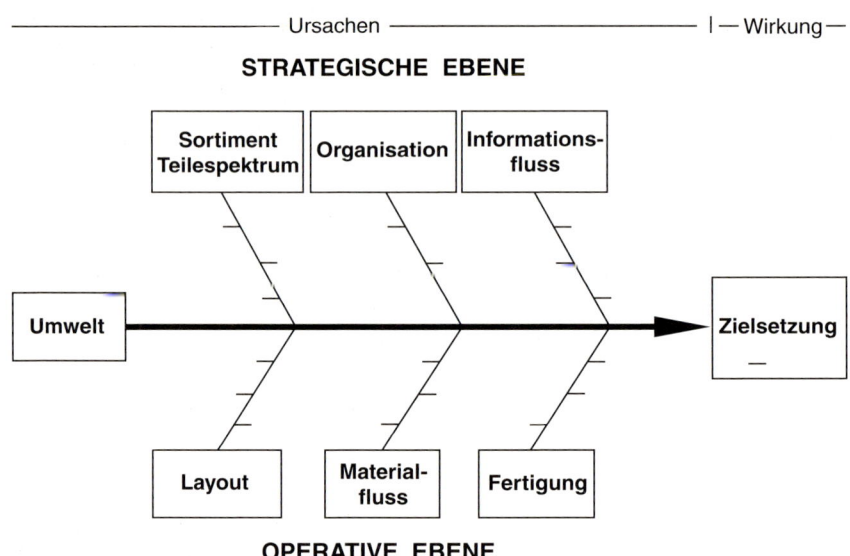

Bild 1.14   Möglichkeiten der Zielerreichung auf verschiedenen Ebenen

Beispiel 1.8: Vergleich von Zielerreichungen mittels Netzdiagramm

Das Netzdiagramm konzentriert sich auf wettbewerbsentscheidende Ziele und ist ein strategisches Steuerungsinstrument, um gleichzeitig die Veränderung vieler Ziele aufzuzeigen. Das Ergebnis von 12 Zielen in der Lagerlogistik eines Unternehmens für das Jahr 2003 soll im Vergleich mit 2002 (100%) dargestellt werden.

Lösung: s. Bild 1.15

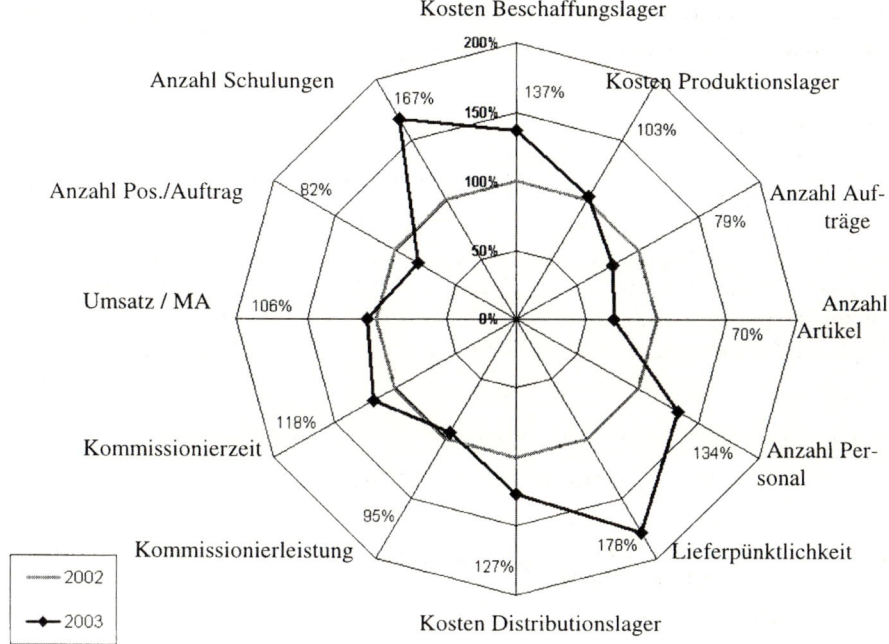

Bild 1.15 Vergleichende Darstellung der Erreichung von Zielen 2002 zu 2003

Beispiel 1.9: Entsorgung von Pappen und Kartonage

Bild 1.16
Vertikale Ballenpresse für Kartonage

Beim Auspacken und Umpacken sowie beim Kommissionieren von Waren in Handels- und Produktionsunternehmen entstehen hohe Volumina von Leerkartonage (Flächenbedarf) und hoher Zeitaufwand für die Entsorgung. Welche Möglichkeit zur Reduzierung dieser Größen gibt es?

Lösung: Eine Ballenpresse in Vertikalausführung (Bild 1.16). Sie kann an zentraler Stelle oder an der Entstehungsstelle von Leerkartonage aufgestellt werden. Sie benötigt wenig Grundfläche, soll eine große Einwurföffnung haben, um ohne Zerschneiden Leerkartons in die Presse werfen zu können. Kennzahlen einer Ballenpresse sind:

- Maße: 2000 x 1300 x 3000 mm; Einwurföffnung: 1200 x 600 mm; Presskraft: 550 kN

- Ballengewicht: 400 – 500 kg; Ballenabmessungen: 1200 x 800 mm; Leistung: 1-2 Ballen/h

- Zykluszeit: 45 s; Vergütung des Ballens: abhängig von Angebot und Nachfrage

- Nachteil: Zwischenlagerung der Ballen (kann im Freien erfolgen)

Eine Gegenüberstellung von Ausgaben und Einnahmen ohne Berücksichtigung von Energie-, internen Transport- und Flächenkosten ergibt:

- Ausgaben:

* Mietkosten Ballenpresse / Monat	230 €/Monat
* Externer Transport: 1 x / Monat Abholung	60 €/Monat
* Kosten Bindematerial: 6 Ballen / Monat	20 €/Monat

- Einsparungen:

* Personalkosten: 2 h/AT bei 15 €/h u. 22 AT/Monat	660 €/Monat
* Vergütung: 3 t/Monat = 6 Ballen,	ca. 90 €/Monat
* Wirtschaftlichkeit: Einsparungen – Ausgaben =	440 €/a.

Beispiel 1.10: Was ist unter Fertigungstiefe zu verstehen?

Lösung: Die Fertigungstiefe ist ein Kennzahl, wie viele aller erforderlichen Prozesse und Tätigkeiten für die Produktion in einem Unternehmen zu den tatsächlichen durchgeführt werden. Je geringer die Fertigungstiefe, also je weniger Prozesse vorhanden sind, um so mehr hat sich das Unternehmen auf seine Kernkompetenzen fokussiert. Dabei werden z. B. Teile der Wertschöpfungskette an Zulieferer abgegeben. Fertigungstiefe 0 ist ein Handelsunternehmen, es findet keine Wertverbesserung statt. Hat ein Unternehmen 35% Fertigungstiefe, werden 65% der Teile oder der Fertigungsstufen fremd bezogen.
In der Automobilindustrie z. B. werden eigenständige Bereiche innerhalb des Unternehmens gebildet, wie Speditionslager für Beschaffungsteile.

Beispiel 1.11: Lean-Production

Welche Merkmale und Ziele verfolgt „Lean-Production"?

Lösung: Bei Planungen in der Produktionslogistik wird Lean-Production (und auch Lean-Management) zur Vereinfachung komplexer Organisationsformen und zur Erreichung einer schlanken Produktion eingesetzt. Der Mensch steht im Mittelpunkt der Betrachtung. Mensch und Maschine werden aufeinander abgestimmt, dadurch entsteht eine höhere Leistungsfähigkeit und höhere Produktivität. Merkmale der Lean-Production sind Kundenorientierung, Konzentration auf Kernkompetenzen, bedarfsgerechter Ressourceneinsatz und Qualitätsorientierung, Teilefertigung in kleinen flexiblen Teams (Gruppenarbeit), Abbau hierarchischer Strukturen, Stärkung der Eigenverantwortung und Verringerung der Fertigungstiefe.

Beispiel 1.12: Logistik-Systemkosten

Welche Systemkosten werden in der Logistik benötigt und welcher Nutzen lässt sich dadurch erzielen?

Lösung: Die einzubringenden Kosten in ein Logistiksystem bedeuten eine Wertverbesserung und sind in den Lagerhaltungskosten (s. Kap. 9.6) zusammengefasst. Selbstverständlich gehören hier dazu die Transportkosten (Werksverkehr, Frachtkosten), die Steuerungskosten (Disposition, Fertigungssteuerung, Produktionsprogrammplanung) und die Planungskosten.

Als Ergebnis werden die im Kap. 1.5 aufgezählten Komponenten des Lieferservice verbessert werden.

• Fragen

1. Welche Schnittstellen hat ein Unternehmen zur Umwelt?

2. Auf welchen Säulen basiert die Logistik?

3. Welche Ziele und Aufgaben hat die Logistik?

4. Mit welchen Funktionen erreicht man die Erfüllung der Logistikziele?

5. Wie ist die Unternehmenslogistik strukturiert?

6. Es sind die Funktionen der Beschaffungs- und Distributionslogistik zu beschreiben.

7. Welche Einflussgrößen wirken auf die Gestaltung der Distributionslogistik?

8. Wie können die Entsorgungskosten reduziert werden?

9. Was umfasst die innerbetriebliche Logistik?

10. Welche Aufgaben hat die betriebswirtschaftliche Logistik im Rahmen der Unternehmenslogistik?

11. Was versteht man unter Kennzahlen?

12. Wie sind „Ziele" und „Strategien" zu definieren?

13. Wie kann die Logistik in die Unternehmensorganisation integriert werden?

14. Was ist unter einem Supply Chain Management zu verstehen?

15. Was kann man mit Outsourcing erreichen?

16. Wozu wird „Benchmark" eingesetzt?

17. Wie sind Netz- und Fishbonediagramme aufgebaut und wozu werden sie benutzt?

18. Was ist unter Wertschöpfung, Fertigungstiefe und Kernkompetenz zu verstehen?

19. Welche Ziele verfolgt Lean-Production und welche Merkmale besitzt es?

20. Was ist unter Vorwärts- und Rückwärtslogistik zu verstehen? Antwort selbst finden!

2 Materialfluss

2.1 Materialflussfunktionen und -logistik

Der Begriff des Materialflusses kann zunächst sehr weit gesehen werden. In Anlehnung an die VDI-Richtlinie 3300 ist der Materialfluss die *räumliche, zeitliche und organisatorische Verkettung* aller Vorgänge bei der Gewinnung, Bearbeitung und Verteilung von Gütern innerhalb festgelegter Bereiche. So gesehen, ist aus der Sicht des Unternehmens zwischen einem externen Güterfluss und einem innerbetrieblichen Materialfluss (MF) zu unterscheiden. Die hierfür eingesetzte Technik für den Stück- und Schüttguttransport ergibt sich aus Bild 2.1.

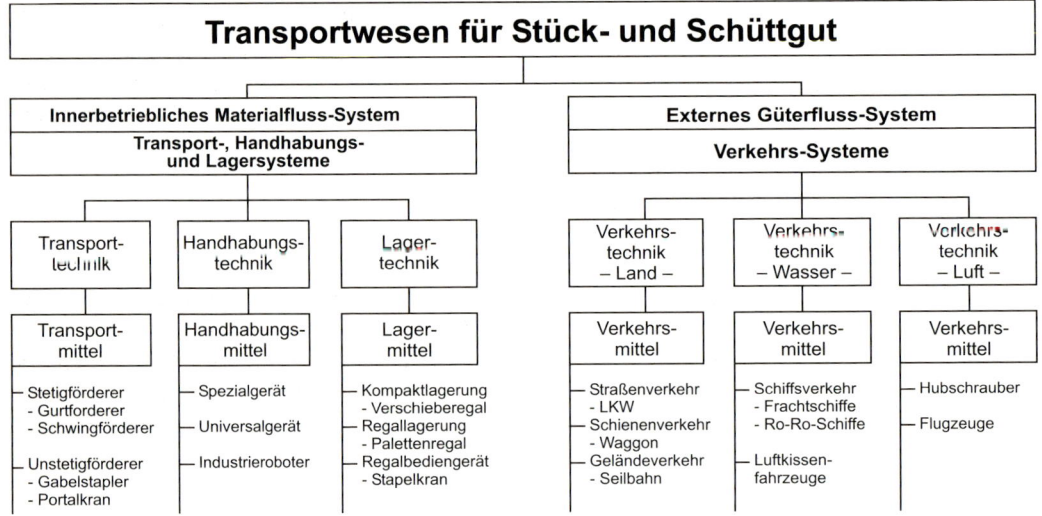

Bild 2.1 Gliederung des Transportwesens

Der Materialfluss umfasst also alle Vorgänge in einem betrieblichen Objektfluss, die mit den Aufgaben der Beschaffung, der Produktion und der Distribution in Zusammenhang stehen. Seine Objekte sind Roh-, Hilfs- und Betriebsstoffe, Halbfabrikate, Fertigprodukte und Werkzeuge. Der Materialfluss hat die Aufgabe, die Fertigungs- und Montageeinheiten zu verknüpfen, sowie die Versorgung und Entsorgung zu gewährleisten. Dies geschieht mit Hilfe der Basisfunktionen (Symbole s. Bild 2.4):

- Fertigen mit Bearbeiten und Prüfen
- Bewegen mit Transportieren und Handhaben
- Ruhen mit Lagern und ungewolltem Aufenthalt.

Der Materialfluss entsteht durch eine Aneinanderreihung von Vorgängen zur Erzielung des Endproduktes z. B. Bearbeiten – Handhaben – Prüfen – Transportieren – Montieren – Lagern – Verladen. Die physische Ausprägung des innerbetrieblichen Materialflusses ist zu erkennen

z. B. an den eingesetzten Transport- und Lagersystemen, die des externen Güterflusses an der eingesetzten Verkehrstechnik. Die ganzheitliche Betrachtungsweise des Materialflusses in seinen administrativen, dispositiven und operativen Ebenen ist die Aufgabe der Materialflusslogistik (vgl. Bild 1.3). Sie besteht in der physischen und informativen Bereitstellung des Materials im Rahmen des innerbetrieblichen Materialflusses (s. auch Bild 2.3).

Die **Materialflusssteuerung** kann nach dem Bring- oder Holprinzip (Beispiel 2.15) durchgeführt werden. Beim *Bringprinzip* (Pushprinzip) wird das Material vom Beschaffungs- oder Produktionslager den Produktionsstellen bedarfsorientiert durch Transportarbeiter und/oder Transportmittel gebracht, beim *Holprinzip* (Pullprinzip) müssen sich die Werker der Fertigungs- und Montagestellen die benötigten Materialien verbrauchsorientiert selber von den entsprechenden Lagerbereichen abholen. Bei dem Pullprinzip unterscheidet man das Ein-Behälter-System und das Zwei-Behälter-System. Beim *Ein-Behälter*-System (Kanban-System) ist jedem Behälter eine Materialkarte zugeordnet, die dem leeren Behälter entnommen wird und als Anforderungs- oder Bestellkarte für einen neuen vollen Behälter dient.

Beim *Zwei-Behälter*-System werden von jedem Material zwei Behälter an der Arbeitsstelle oft nach dem Prinzip eines Durchlauflagers hintereinander aufgestellt. Ist der erste Behälter leer, wird durch seinen Rücktransport mit der beiliegenden Materialkarte ein neuer Behälter der Verbrauchsstelle zugeführt. Die Verbrauchsstelle kann ohne Unterbrechung mittels des zweiten Behälters weiterarbeiten.

2.2 Unterteilung, Einteilung

Die Verkehrsanbindung eines Grundstücks an den Beschaffungs- und Absatzmarkt eines Unternehmens über Stadt-, Regional- und Bundesstraßen, Eisenbahnen und Flughäfen ist ausschlaggebend für die Auswahl von Verkehrsmitteln zum Transport von Beschaffungsgütern und für die Distribution der Unternehmenserzeugnisse zum Kunden. Die Verkehrsanbindung ist auch ein wichtiger Standortfaktor und dient der Standortfindung (s. Kap. 12.10.3). Der externe Güterfluss kann unterteilt werden in einen

- lokalen,
- regionalen und
- überregionalen Bereich.

Der innerbetriebliche Materialfluss, d. h. der Materialtransport innerhalb der Betriebs- und Grundstücksgrenzen, kann unterteilt werden in den

- *betriebsinternen Bereich:*
  dieser ist zuständig für die funktionsgerechte Gestaltung des Bauleitplans (Generalbebauungsplans) eines Grundstücks, für die zweckmäßige Zuordnung von Gebäuden inklusive Lagerbereichen nach materialflusstechnischen Gesichtspunkten, für die Festlegung der Verkehrswege auf dem Grundstück, für die Trennung von Material- und Personalfluss und für die Transporte zwischen Hallen und Gebäuden.

- *gebäudeinterner Bereich:*
  dieser beschäftigt sich mit der Abteilungszuordnung, z. B. in Hallen und Gebäuden, mit dem materialflussgerechten Einrichtungslayout der Abteilungen und mit den erforderlichen Umschlag-, Transport-, Lager- und Kommissioniersystemen (s. Bild 2.16/2.18).

- *Arbeitsplatzbereich (s. Beispiel 2.12; Kap. 8.2):*

  dieser Bereich hat die Aufgaben, den Arbeitsplatz nach materialflusstechnischen, ergonomischen und physiologischen Gesichtspunkten zu gestalten, Handhabungssysteme auszuwählen, Arbeitsabläufe zu optimieren und eine Humanisierung des Arbeitsplatzes zu erreichen.

Das Materialflusssystem übernimmt die Ver- und Entsorgung der Produktion durch Erfüllung der Funktionen Transportieren, Umschlagen, Lagern und Kommissionieren, und zwar für

- den Werkstückfluss: Werkstücke, Montageteile, Fertigwaren
- den Werkzeugfluss: Werkzeuge, Vorrichtungen, Prüfmittel
- Hilfsstoffe, Späne, Abfälle.

Somit ist das Materialflusssystem einzubinden in das Produktionssystem (Bild 2.2).

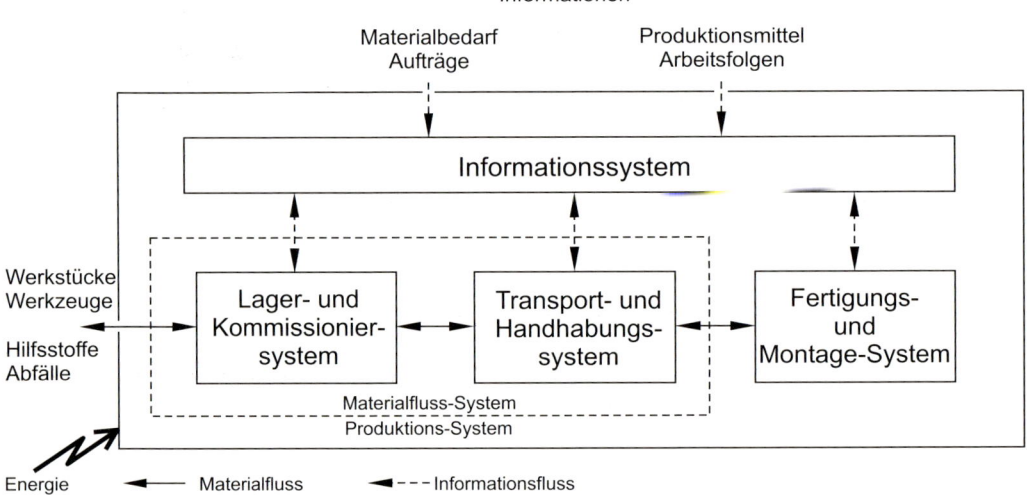

Bild 2.2   Integrale Betrachtung des Produktionssystems

Es stellt ein Element der rechnerunterstützten Fertigung CAM (Computer Aided Manufacturing) dar. CAM wiederum ist integriert als ein Baustein in CIM (Computer Integrated Manufacturing)

CIM kann als eine mögliche Realisierungsform der Produktionslogistik angesehen werden, somit wird auch verständlich, dass der Materialfluss bzw. die Materialflusslogistik Querschnittsaufgaben zu erfüllen hat.

Eine grafische Darstellung der administrativen, informatorischen und physischen Vorgänge im Produktionssystem gelingt durch die zeitliche Gegenüberstellung von Informations-, Beleg- und Materialfluss. Ein Beispiel hierfür zeigt Bild 2.3. Ein horizontaler Schnitt vermittelt, welche Informationen die EDV benötigt oder abgibt, wer zur selben Zeit einen Beleg erhält, druckt oder bereitstellt, und welche Funktionen oder Tätigkeiten im Materialfluss ausgeführt werden.

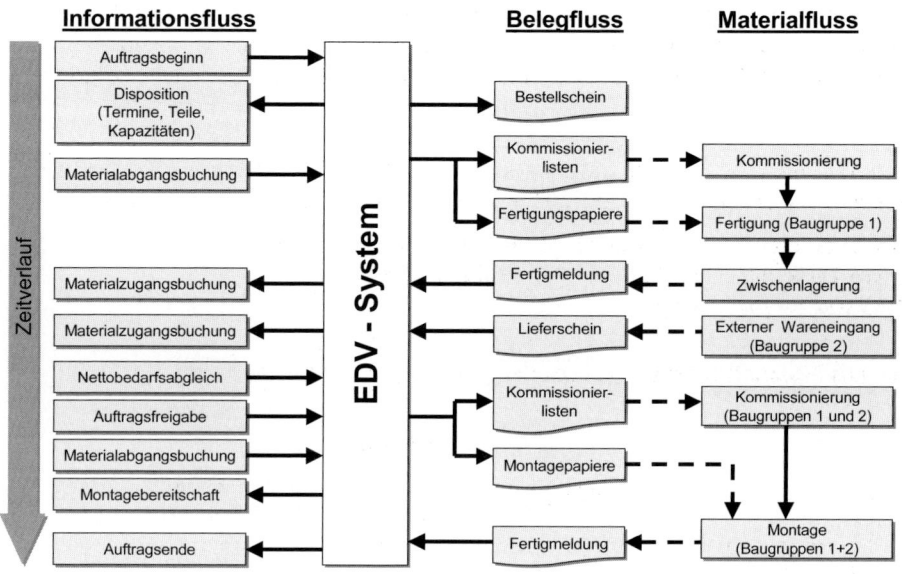

Bild 2.3   Integrale Betrachtung von Material-, Informations- und Belegfluss

2.3 Komponenten des Materialflusses

Der innerbetriebliche Materialfluss umfasst sämtliche Materialbewegungen innerhalb eines abgeschlossenen Bereiches. Er lässt sich beschreiben durch seine

- technische und räumliche,
- quantitative,
- zeitliche und organisatorische Komponente.

2.3.1 Technische und räumliche Komponente

Die technische und räumliche Ausprägung eines Materialflusses ist zu erkennen an den vorhandenen Lager-, Kommissionier-, Umschlag- und Transportsystemen. Um einen Materialfluss analysieren, beschreiben und beurteilen zu können, versucht man, ihn grafisch mit abstrakten, einfachen, allgemeinen oft geometrischen Grundstrukturen (Bild 2.4) darzustellen. In der Praxis ist in den Unternehmen meist eine Kombination der Grundelemente vorhanden.

Die tatsächliche Linienführung und Ausprägung des Materialflusses richtet sich nach einer Reihe von Faktoren und ist von einer Vielzahl von Größen abhängig. Diese Faktoren und Größen sind gegebene, unternehmensspezifische, beeinflussbare oder nicht beeinflussbare Einflussfaktoren (Bild 2.5). In der Praxis wirken diese Faktoren und Größen nicht einzeln, sondern in ihrer Kombination. Sie haben je nach Unternehmen und Situation unterschiedlich großen Einfluss und Auswirkung auf den Materialfluss und damit auf die MF-Kosten.

Die technische und räumliche Komponente des Materialflusses wird durch ingenieurmäßige Planungen ermittelt, verbessert und optimiert.

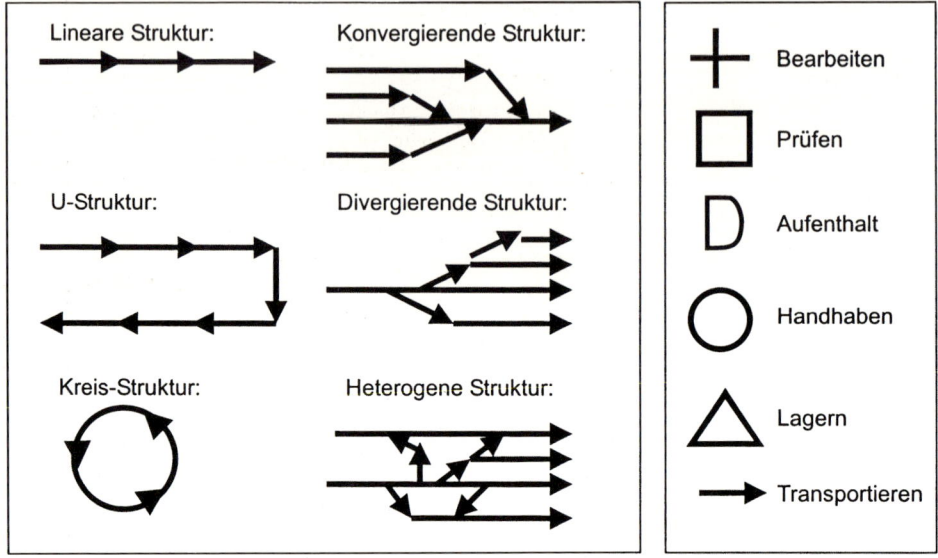

Bild 2.4   Grundstrukturen und Symbole des Materialflusses

2.3.2 Quantitative Komponente

Die quantitative Darstellung des Materialflusses geschieht durch die Angabe der Transportgut-ströme als Volumenstrom $\dot{V}$, Massenstrom $\dot{m}$ und Stückstrom $\dot{m}_{St}$. Dabei ist vom Trans-portgut als Stück- oder Schüttgut (Kap. 3.1) auszugehen und zwischen stetig und unstetig arbeitenden Transportmitteln zu differenzieren.

1   Transportgutstrom Stetigförderer $\dot{V}$

1.1   Schüttguttransport
           z. B. Sand mit Gurtförderer (s. Kap. 5.2.2 ff.)

- Volumenstrom $\dot{V}$ $\dot{V} = 3600\,A\,v$ (m³/h)   (2.1)
- Massenstrom $\dot{m}$ $\dot{m} = \dot{V}\,\Phi_S$ (t/h)   (2.2)

A m²   Gutquerschnitt
v m/s   Transportgeschwindigkeit
Φ_S t/m³   Schüttdichte der Bewegung

z. B. Mehl mit Gurtbecherwerk (s. Kap. 5.4.2 ff.)

- Volumenstrom $\overset{\circ}{V}$ $\overset{\circ}{V} = 3600\,V\,f\,v\,/\,a$ (m³/h)   (2.3)

V m³   Füllvolumen eines Behälters (Bechers)
f Füllgrad eines Bechers
a m   (mittlerer) Abstand der Behälter (Becher)

EINFLUSSFAKTOR	Auswirkungen auf MF durch	1	2	3

GRUNDSTÜCK:	- Standort
	  - Gewerbegebiet, - Industriegebiet
	- Grundstücksform
	  - rechteckig, - vieleckig
				X

GEBÄUDE:	- Gebäudeform
	  - Geschossbau, - Halle
	- Gebäudeeigenschaften
	  - Stützenraster, - Deckentragfähigkeit
			X	X

FERTIGUNG:	- Fertigungsprinzip
	  - Werkstättenprinzip, - Erzeugnisprinzip
	- Produkt
	  - Sortiment, - Stückzahl
	- Fertigungsart
	  - Einzelfertigung, - Losgrößenfertigung
		X	X	

TRANSPORT:	- Transportgut
	  - Stückgut, - Ladeeinheit
	- Transportmittel
	  - Stetigförderer, Unstetigförderer
	- Transportweg
	  - Linienführung, - horizontal
	- Transportgutstrom
	  - Massestrom, - Stückstrom
		X	X	

LAGER:	- Lagergut
	  - Lagereinheit
	- Lagerart
	  - Bodenlagerung, - Regallagerung
	- Lagertyp
	  - Palettenregal, - Durchlaufregal
		X	X	

STEUERUNG:	- Zentral/Dezentral - Automatisierungsgrad - Datenübertragung	X	X	
ABLAUFORGANISATION:	- Administrative Vorgaben - Dispositive Vorgaben - Strategien		X	
ZUORDNUNG:	- Gebäudezuordnung - Abteilungszuordnung - Arbeitsmittelzuordnung		X	

Bild 2.5   Einflussfaktoren auf den Materialfluss und deren Beeinflussbarkeit;
Spalte 1: kurzfristig, Spalte 2: mittelfristig, Spalte 3: langfristig beeinflussbar

1.2   Stückguttransport
z. B. Pakete auf Gurtförderer

- Massenstrom $\dot{m}$ $\dot{m} = 3600\, m\, v\, /a$ (t/h)   (2.4)

- Stückstrom $\dot{m}_{St}$ $\dot{m}_{St} = 3600\, v/a$ (St/h)   (2.5)

a m   (mittlerer) Abstand des Stückgutes (Pakete)
v m/s   Transportgeschwindigkeit
m t   (durchschnittliche) Masse des Einzelstückes (Pakete)

2   Transportgutstrom Unstetigförderer

2.1   Stückguttransport

z. B. Palettentransport mit Gabelstapler im Lager (Ein-/Auslagerung)

- Massenstrom eines Fahrzeugs $\dot{m}$ $\dot{m} = 60\, \dot{m}_e / t_s$ (t/h)   (2.6)

- Stückstrom eines Fahrzeugs $\dot{m}_{St}$ $\dot{m}_{St} = 60 / t_s$ (St/h)   (2.7)

t_s min   mittlere Spielzeit für ein Einfachspiel (s. Kap. 9.7)
$\dot{m}_e$ t   (durchschnittliche) Masse einer Transporteinheit

2.2   Fahrzeuganzahlberechnung

Anzahl Fahrzeuge z für gegebene Schüttgut/ Stückgut-Transportaufgabe:

$$\dot{m}_{Sch} = \dot{m}\, n \qquad\qquad m_{StSch} = m_{St}\, n \qquad\qquad (2.8)$$

$$z = \sum \dot{m} / \dot{m}_{Sch} = \sum \dot{m}_{St} / \dot{m}_{StSch} \qquad\qquad (2.9)$$

n h/Schicht   Anzahl Stunden einer Arbeitsschicht
$\dot{m}_e$ t   (durchschnittliche) Masse einer Transporteinheit
t_s min   (mittlere) Spielzeit (Be-, Entlade- und Fahrzeit)
$\sum \dot{m}$ t/Schicht   gesamter Massenstrom in einer Schicht
$\sum \dot{m}_{St}$ St/Schicht   gesamter Stückstrom in einer Schicht
$\dot{m}$ t/h   Massenstrom eines Fahrzeuges pro Stunde
$\dot{m}_{Sch}$ t/Schicht   Massenstrom eines Fahrzeuges pro Schicht
$\dot{m}_{St}$ St/h   Stückstrom eines Fahrzeuges pro Stunde
$\dot{m}_{StSch}$ St/Schicht   Stückstrom eines Fahrzeuges pro Schicht

Beispiel: 420 Paletten sollen bei Einfachspiel mit Gabelstapler ein- und ausgelagert werden (eine Schicht hat 7 Stunden; ein Einfachspiel dauert 3 Minuten). Berechnung:

$\dot{m}_{St} = 60 : 3 = 20$ Pal/h entspricht $\dot{m}_{StSch} = 20 \times 7 = 140$ Pal/Schicht; $z = 420 : 140 = 3$ Stapler

2.3.3 Zeitliche und organisatorische Komponente

Ausdruck für die zeitliche und organisatorische Komponente des Materialflusses ist z. B. die Größe der Auftragsdurchlaufzeit, die sich in der Fertigung zusammensetzt aus

- Auftragszeit (= Bearbeitungszeit einschließlich Rüst- und Verteilzeit)
- Kontrollzeit; Warte- und Liegezeit; Transportzeit.

Die Warte- und Liegezeit macht in der Regel bis zu 85 % der Auftragsdurchlaufzeit aus und unterteilt sich in

- arbeitsablaufbedingte Liegezeit
- Lagerungszeit
- störungsbedingte Liegezeit
- durch den Menschen bedingte Liegezeit

Auf die arbeitsablaufbedingte Liegezeit entfallen ca. 75 % der Warte- und Liegezeit.

Es gilt, diese Zeitanteile zu reduzieren z. B. durch organisatorische Maßnahmen wie montagesynchrone Fertigung oder die Kombination von produktionssynchroner Beschaffung und montagesynchroner Fertigung. Eine Reduzierung der Auftragsdurchlaufzeit bewirkt:

- Senkung der Herstellkosten
- Erhöhung der Produktivität
- Verringerung des gebundenen Umlaufvermögens
- Verringerung des Personalbedarfs für Transport und Lageraufgaben
- Zunahme des Kapitalumschlags
- Verbesserung der Kapitalrendite
- Erhöhung der Maschinenausnutzung
- Schnellere Marktbelieferung
- Verkürzung der Lieferzeiten

Eine exakte umfassende Betrachtung der Auftragsdurchlaufzeit (ADLZ) umfasst sowohl administrative Zeiten wie z. B. die Zeiten in der Arbeitsvorbereitung und im Betriebsbüro als auch Materialflusszeiten (s. Bild 2.23). Die ADLZ beginnt mit dem Auftragseingang und endet mit dem Eintreffen der Waren beim Kunden. Eine Reduktion der ADLZ wird erreicht durch Umwandlung von nicht wertschöpfenden Zeiten in wertschöpfende. Vor allem die Reduzierung von Schnittstellen z. B. durch prozessorientierte Fertigung bringt erhebliche Verbesserung, oft beträgt die Schnittstellenzeit einen Arbeitstag.

2.4 Materialflusskosten

Die Bedeutung des Materialflusses ist an den innerbetrieblichen Materialflusskosten abzulesen, die je nach Branche und Produkt einen Anteil von 50 % und mehr an den Selbstkosten erreichen können. In der betrieblichen Kostenrechnung werden die Materialflusskosten nur unzureichend erfasst, so kann z. B. eine Analyse der Materialflusskosten nach vier Hauptkostenarten durchgeführt werden:

- Materialflussbedingte Personalkosten
- Betriebsmittelkosten der Transportmittel- und Lagereinrichtungen
- Materialflussbedingte Raum- und Wegekosten
- Materialflussbedingte Kapitalbindungskosten.

Die innerbetrieblichen Materialflusskosten ergeben sich u. a. auf Grund der Einflussfaktoren (s. Bild 2.5) auf den Materialfluss. Wird eine Kostenuntersuchung nach diesen Kostenarten durchgeführt, so erhält man mit hinreichender Genauigkeit die tatsächlich in einem Betrieb anfallenden Materialflusskosten. Die in den Betriebsabrechnungen aufgeführten Transportkosten erfassen meist nur einen Teil der wirklichen Materialflusskosten. So werden Verlustzeiten durch mangelhafte Transportverhältnisse, Zwischenlagerkosten, Transportarbeitskosten durch Facharbeiter usw. nicht erfasst. Die Bedeutung und die Beurteilung des Materialflusses wird nur dann richtig erkannt, wenn alle vom Materialfluss verursachten Kosten ermittelt werden.

2.5 Materialflussuntersuchung

Unter den Begriffen Materialflussuntersuchung, Materialflussanalyse, Materialfluss-Ablauf-analyse oder Materialfluss-IST-Aufnahme versteht man die Erfassung des Transportvorganges und -ablaufes sowie alle gewollten und ungewollten Lagerungen aller Materialien des innerbe-trieblichen Bereiches des Unternehmens.

Die Abläufe des Materialflusses werden durch Beobachtungen vor Ort erhoben und erfassen Personal, Material, Fläche, Transport- und Lagerungsmittel, die am Materialfluss beteiligt sind.

2.5.1 Ursachen

Auslösende Momente für eine innerbetriebliche Materialflussuntersuchung sind z. B.:

- Mechanisierung und Automatisierung des Transport- und/oder Lagerbereiches
- geringe Auslastung der Transportmittel
- hohe Transport- und Lagerkosten;
- veraltete Transport- und Lagertechniken
- Erweiterung der Produktionsmenge und des Produktspektrums
- Engpässe, Unfälle, Störungen, hohe Auftragsdurchlaufzeiten
- hohe Personalkosten, umständliche Ablauforganisation.

Solche Ursachen (s. auch Beispiel 12.1) zwingen zu einer Untersuchung und Bewertung der vorhandenen Verhältnisse und lösen Materialflussoptimierungen und -planungen aus.

2.5.2 Ziel, Aufgabe, Vorgehensweise

Das Ziel jeder Materialflussuntersuchung ist das Erkennen von Schwachstellen, das Auffinden ihrer Ursachen sowie das Ermitteln und Aufteilen der Materialflusskosten, um danach durch Planung einen optimalen Materialfluss mit minimierten Materialflusskosten zu erreichen.

Um die Zuordnung der einzelnen Produktionsabteilungen oder den richtigen Standort des Lagers im Betrieb zu ermitteln, um die Fragen zu klären, welches Transportmittel für eine anstehende Transportaufgabe auszuwählen, wie die Auftragsdurchlaufzeiten zu verkleinern, wie Unfälle und Ausfälle im Transportbereich zu vermeiden, wie die Raumnutzung zu verbes-sern oder die Auslastung der Transportmittel zu vergrößern sind, dafür liefert eine Material-flussuntersuchung die entsprechenden Basisdaten. Die Aufgabe der Materialflussuntersuchung besteht im Gewinnen von Informationen und Daten zur Beurteilung und Planung des Material-flusses. Es sind u. a. zu ermitteln (s. Kap. 12.2):

- Daten des Produktsortimentes: z. B. Artikelstruktur

- Daten des Transport- und Lagergutes
  – Merkmale, Eigenschaften nach Bild 3.2; Transporteinheiten, Lagereinheiten
  – Transportgutströme nach Kap. 2.3.2, Transportfrequenz (Bild 2.7)
  – Transportorganisation, -Steuerung, Verwaltung der Bestände

- Daten der Transport- und Lagerhilfsmittel: nach Kap. 3.1.4; Handling (s. Beispiel 3.2)

- Informationsdaten
  – Materialflusssteuerung (s. Kap. 2.1)

– Lagerverwaltungssystem (s. Kap. 13.3)
– Datenübertragung (s. Kap. 13.2)
– Auftragdurchlaufzeiten (s. Bild 2.25)

- Daten der Transportmittel und Lagerarten
  – Kapazitäten, Leistungen, Durchsatz, Auslastung, Verfügbarkeit
  – Flächen- und Raumgrößen, Höhen
  – Geschwindigkeiten, Wege; Kommissioniersystem, Kommissionierzeiten, -leistung
  – Lagergrößen, -kapazität, -umschlag, -organisation, -steuerung;

- Daten der Betriebswirtschaft
  – Betriebskosten (Personalkosten, Instandhaltung)
  – Materialflusskosten, Lagerhaltungskosten (Kapitalbindungskosten)

- Daten der Gebäude und Hallen, des Grundstückes

Die Vorgehensweise der Materialflussuntersuchung geschieht nach Bild 12.5

2.5.3 Erfassen des Materialflusses

Die Erfassung der Materialflussdaten kann *direkt* (s. Bild 12.8) vor Ort erfolgen oder *indirekt* im Büro (statistische Analyse) über Betriebsunterlagen wie Fertigungspläne, Lagerkarteien, Kostenstellenverzeichnisse, EDV-Dateien. In der Praxis werden beide Methoden nebeneinander verwendet, um den Zeitaufwand für die Analyse zu reduzieren.

Nach der Art und der Aussagefähigkeit der vorliegenden Daten, nach dem Ziel, was mit diesen Daten erreicht werden soll, müssen die Erfassungsmethoden ausgewählt werden. Einfachste, aber effektivste Hilfsmittel sind Erhebungsbogen, Fragelisten, Tabellen oder Formulare. Bei der Aufstellung und Entwicklung solcher Listen muss der Materialflussplaner sich immer folgende W-Fragen stellen:

1. *Warum* wird transportiert oder gelagert? (Notwendigkeit des Transportes oder des Lagers)

2. *Was* und *wie viel* wird bewegt und gelagert? (Stückgut, Schüttgut, Fertigwaren, Rohstoffe, Abfall, Volumen- oder Massenstrom, Stückzahl, Volumen, Gewicht)

3. *Woher* und *wohin* wird transportiert? (vom Lager zur Fertigung, vom Wareneingang zum Lager, vom Arbeitsplatz zum nächsten Arbeitsplatz)

4. *Womit* und *wie* wird bewegt oder gelagert? (mit Hebezeugen, mit Stetigförderern, mit Flurförderzeugen, in gebündelter, gestapelter, palettierter Form, durch Lager- oder Transportarbeiter, Fach- oder Hilfsarbeiter)

5. *Wann* und *wie lange* wird transportiert oder gelagert? (Uhrzeit, Dauer).

Zur Erfassung der Zustandsdaten des Materialflusses können Kurzzeit- oder Daueraufnahmen durchgeführt werden. Um verbindliche Aussagen und Daten für eine anstehende Materialflussuntersuchung zu erhalten, muss die Untersuchung des IST-Zustandes nach unterschiedlichen Gesichtspunkten erfolgen, z. B. in Form von Ablaufstudien, von Auslastungs- oder Kostenstudien. Methoden und Verfahren der Materialflussuntersuchung sind z. B.

- das Multimoment-Verfahren
- der VDI-AWF-Materialflussbogen

- die VON-NACH-Matrix
- der Erhebungsbogen.

2.5.3.1 Multimoment-Verfahren

Um Zeitanteile von betrieblichen Vorgängen wie Auslastung von Werkzeugmaschinen oder Transportmitteln, von Arbeitskräften oder von Flächenbelegungen zu ermitteln, um Werkstoff-liegezeiten, Transportwege oder den Personaleinsatz zu bestimmen, dient das *Multimoment-Verfahren*.

Es handelt sich um ein statistisches Verfahren, das durch stichprobenweises Beobachten die Zeitanteile erfasst. Wenn die geforderte Genauigkeit bei einer Untersuchung nicht zu groß ist und die ermittelten Zeitanteile der einzelnen Vorgänge nicht zu klein sind (ab 2 %), ist das Multimoment-Verfahren einfach, schnell und wirtschaftlich.

Nach Festlegung des Beobachtungsobjektes, der zu beobachtenden Tätigkeiten und der Eignungsprüfung des Verfahrens für die gestellte Aufgabe, geschieht der Ablauf der Untersuchung durch:

- Festlegung des Beobachtungsweges
- Bestimmung der Rundgangszeit durch Probeaufnahmen
- Ermittlung der erforderlichen Beobachtungszahl N mit Hilfe der Multimoment-Hauptformel.

$$N = [3{,}84\, p\, (100 - p)] / f^2 \qquad \text{Anzahl der Beobachtungen} \qquad (2.10)$$

3,84   Faktor für eine statistische Sicherheit von 95 %

p in %   Anteil einer Teilgröße an der Gesamtheit der ermittelten Größen
          $p = [\text{n (Beobachtungen je Größe)} / N \text{ (Gesamtbeobachtungen)}]\ 100$

f in %   Streumaß (absolute Streuung) von n in Bezug auf N

Für die Praxis können als Anhaltswerte mit hinreichender Genauigkeit N = 1600 bis 2500 und f zwischen ± 1,0 % bis ± 2,5 % angenommen werden. Die Gleichung 2.10 gilt streng nur bei normal verteilten Größen: Die Häufigkeitsverteilung muss der Glockenkurve entsprechen.

- Errechnung des Gesamtzeitaufwandes
- Festlegung der Beobachtungszeiten mit Hilfe von Zufallszahlen (Stunden- und Minuten-Zufallszahlen z. B. aus VDI 2492)
- Durchführung der Beobachtungen mit Eintragung in Tabelle (Strichlistenform, Beispiel 2.3)
- Ermittlung des prozentualen Anteils p von den Teilgrößen
- Folgerungen, Maßnahmen, Entscheidungen (s. Beispiel 2.2).

Zur Analyse des Tätigkeitsfeldes im Versandbereich eines Lagers wurden für die Neuplanung mit Hilfe des Multimoment-Verfahrens die prozentualen Anteile der einzelnen Tätigkeiten des Lagerpersonals ermittelt und in Tabelle 2.1 dargestellt.

Tätigkeiten	Zeitanteile p in %
Prüfarbeiten	3
Wege und Transportarbeiten	43
Schreibarbeiten	17
Ein- und Auslagerungen	20
Verteil- und Totzeiten	15
Aufräumarbeiten	2
Summe Versandarbeiten	100

Tabelle 2.1   Zeitanteile im Versandbereich

Wege, Transportarbeiten, Ein- und Auslagerungen betragen 63 %, das bedeutet, dass hier eine Neuplanung mit transporttechnischen Maßnahmen einsetzen muss. Zu überlegen ist, ob durch EDV-Einsatz bzw. durch verbesserte Lagerlisten die 17 % Schreibarbeiten reduziert werden können. Das Multimoment-Verfahren liefert also die Basisdaten für die Planung und den Schwerpunkt für Rationalisierungsmaßnahmen.

2.5.3.2 VDI-AWF-Materialflussbogen

Zur Aufnahme des Materialflusses durch Beobachtungen und Messungen dient der in der VDI 3300 dargestellt Materialflussbogen (Bild 2.6). Dieses Formular ist speziell auf die Aufnahme von Betriebsvorgängen (Materialflussfunktionen) nach Transportmenge, Entfernung, Transportmittel, Arbeitskraft und Einzelzeiten entwickelt und gestattet zugleich eine Auswertung.

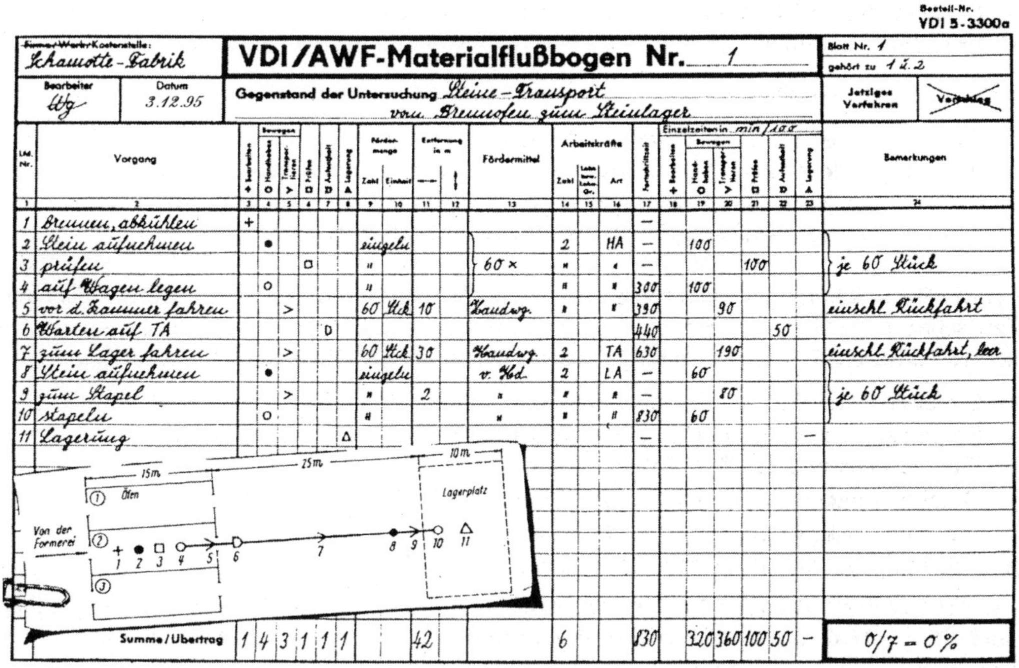
Bestell-Nr. VDI 5-3300a

Firma/Werk/Kostenstelle: Schamotte-Fabrik | VDI/AWF-Materialflußbogen Nr. 1 | Blatt Nr. 1 gehört zu 1 Z. 2

Bearbeiter: Wg | Datum: 3.12.95 | Gegenstand der Untersuchung: Steine-Transport vom Brennofen zum Steinlager | Jetziges Verfahren | ~~Vorschlag~~

Einzelzeiten in min/100

Lfd. Nr.	Vorgang	+ Bearbeiten	○ Handhaben	> Transportieren	□ Prüfen	D Aufenthalt	▽ Lagerung	Fördermenge Zahl	Fördermenge Einheit	Entfernung in m →	Entfernung in m ↕	Fördermittel	Arbeitskräfte Zahl	Lohngr.	Art	Fortschrittszeit	+ Bearbeiten	○ Handhaben	> Transportieren	□ Prüfen	D Aufenthalt	▽ Lagerung	Bemerkungen
1	2	3	4	5	6	7	8	9	10	11	12	13	14	15	16	17	18	19	20	21	22	23	24
1	Brennen, abkühlen	+														—							
2	Stein aufnehmen		●					einzeln					2		HA	—		100					
3	prüfen				□			″				60 ×	″		″	—				100			je 60 Stück
4	auf Wagen legen		○					″					″		″	300		100					
5	vor d. Kammer fahren			>				60	Stck	10		Handwg.	″		″	390			90				einschl. Rückfahrt
6	Warten auf TA					D										440					50		
7	zum Lager fahren			>				60	Stck	30		Handwg.	2		TA	630			190				einschl. Rückfahrt, leer
8	Stein aufnehmen		●					einzeln				v. Hd.	2		LA	—		60					
9	zum Stapel			>				″		2		″	″		″	—			80				je 60 Stück
10	stapeln		○					″				″	″		″	830		60					
11	Lagerung						△									—						—	
	Summe/Übertrag	1	4	3	1	1	1			42			6			830		320	360	100	50	—	0/7 = 0 %

Bild 2.6 VDI-AWF-Materialflussbogen

2.5.3.3 VON-NACH-Matrix

Die VON-NACH-Matrix oder auch Materialflussmatrix genannt, dient der Aufnahme von Transportfrequenzen (Anzahl Transporteinheiten pro Zeiteinheit zwischen Quellen und Senken und umgekehrt), Transportgewichten, Transportvolumen, Transportwegen, Transportkosten oder Transportmittel. Eine quadratische Matrix liegt vor, wenn alle Quellen auch gleichzeitig Senken sind (Bild 2.7).

Lfd. Nr.	NACH → ↓ VON	WE	F	PL	M	DL	WA	Summe
	1	2	3	4	5	6	7	8
1	Wareneingang WE		x_1LE	x_2LE	x_3LE			
2	Fertigung F			x_2LE	x_5LE	x_4LE		
3	Produktionslager PL		x_6LE					
4	Montage M		x_5LE	x_7LE		x_8LE		
5	Distributionslager DL						x_9LE	
6	Warenausgang WA							
7	Summen							

Bild 2.7   VON-NACH-Matrix für Transporte (x_n = Anzahl Transporteinheiten pro Zeiteinheit)

2.5.3.4 Erhebungsbogen

Der vom Bearbeiter einer Materialflussuntersuchung selbst aufgebaute Erhebungsbogen ist ein schriftliches Hilfsmittel, das für die Datenerfassung speziell auf den Beobachtungsgegenstand zugeschnitten ist. So können z. B. in einem Erhebungsbogen für Flurförderzeuge Daten zu erheben sein wie z. B. Kostenstelle, Bezeichnung, Typ, Hersteller, Baujahr, Bauart, Anzahl, Antriebsart, Tragfähigkeit, Hubhöhe, Fahr- und Hubgeschwindigkeit, Eigengewicht, Flächenbelastung, Abmessungen, Wenderadius, Arbeitsgangbreite, Auslastung, Betriebskosten pro Jahr, Einsatzbereich usw. Je nach der Aufgabenstellung werden nur bestimmte Größen benötigt, sodass ein spezieller Erhebungsbogen entsteht (Bild 2.8).

Firma:	ERFASSUNG von FLURFÖRDERZEUGEN									Blatt- Nr.: von Blättern			
Abteilung: Bearbeiter:	Projekt:									Datum:			
lfd. Nr.	Fahrzeug-typ Inv.-Nr.	Herstel-ler	Baujahr	Trag-fähig-keit [t]	Stapel-höhe [m]	Lade-fläche [m²]	Zug-kraft [t]	Beanspru-chungs-grad [%]	Aus-lastung [%]	Einsatz-zeit [h]	Stand-ort	Bemer-kungen
1	2	3	4	5	6	7	8	9	10	11	12	13
1												
2												
3												
. . . .												

Bild 2.8   Erhebungsbogen zur Erfassung von Flurförderzeugen

Bei der Aufstellung solch eines Erhebungsbogens muss bekannt sein, welche Größen den Materialfluss entscheidend beeinflussen (s. Bild 2.5). In vielen Fällen ist es gar nicht möglich, die Daten in der gewünschten Form zu erhalten.

Dies erkennt man, wenn vor dem Erheben der Daten mit dem Erhebungsbogen Probeaufnahmen durchgeführt werden. Dann ist der Erhebungsbogen entsprechend umzuändern und zu ergänzen.

2.5.4 Auswerten und Darstellen der Materialflussaufnahmen

Das Ziel der Auswertung besteht darin, die Fülle der ermittelten Daten und Informationen zu ordnen, zusammenzufassen, nach bestimmten Gesichtspunkten zu gliedern oder zu klassifizieren. Nach Möglichkeit sollten hierfür Programme der EDV genutzt werden, dafür ist z. B. der verwendete Erhebungsbogen auf die EDV-Bedingungen zuzuschneiden. Eine Auswertungsmethode stellt die *ABC-Analyse* (Bild 2.9) dar. Die aufgenommenen Daten werden nach irgendeinem Kriterium wie Umsatz, Gewinn, Transportkosten, Fläche in Abhängigkeit von Produkten oder Produktgruppen dargestellt (Klassifikation der Produkte oder Produktgruppen). Dabei ordnet man sie sinnvoll in abnehmender oder aufsteigender Weise und nimmt die Eintragungen in Prozent vor. Aus der prozentualen Darstellung des Umsatzanteiles bezogen auf die jeweilige Artikelgruppe (Artikel) entsprechen nach Bild 2.9 der Gruppe A 20 % der Artikel, die 80 % des Umsatzes umfassen, der Gruppe B 30 % der Artikel mit 15 % Umsatzanteil und der Gruppe C 50 % der Artikel, die nur noch mit 5 % am Umsatz beteiligt sind. Artikel der Gruppe A haben in der Regel eine hohe Umschlagshäufigkeit, die Gruppen B und C eine geringere. Die ABC-Analyse bietet also auch Rückschlüsse auf die für die Artikel zu verwendenden Lagersysteme und den vorzusehenden Mechanisierungsgrad.

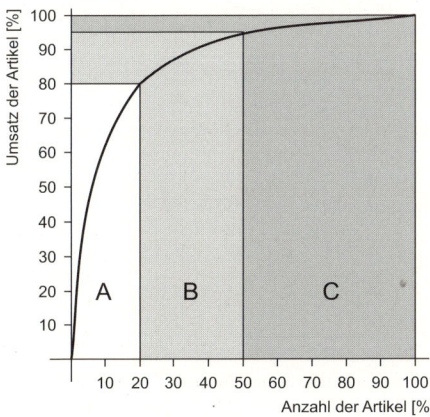

Auch die ausgewerteten Materialflussaufnahmen stellen oft eine unübersichtliche Datenmenge dar. So ist es sinnvoll, diese Daten durch *grafische Darstellung* visuell sichtbar wiederzugeben (s. Kap. 12.9.5). Ziel der Darstellung der Materialflussaufnahmen ist, eine *sichtbare* positive und negative Kritik des vorgefundenen Zustandes zu ermöglichen.

Bild 2.9
Diagramm einer ABC-Analyse

Dabei hängt die Wahl der Darstellung von der Zielsetzung der Untersuchung, vom Materialflussplaner selbst und vom Empfänger der Ausarbeitung ab. Die farbliche Gestaltung spielt eine wichtige Rolle, um die unterschiedlichen Betriebsbereiche, die verschiedenen Materialflussströme oder Besonderheiten besser hervortreten zu lassen. Darstellungsformen sind Tabellen, Diagramme, Zeichnungen, Ablaufpläne, Klebepläne, Flach- und Raummodelle. Die grafische Darstellung hat den Vorteil der Übersichtlichkeit und gewährleistet ein schnelles Aufnehmen des Wesentlichen. Besonders häufig benutzte qualitative und/oder quantitative Darstellungsformen für die Ergebnisse von Materialflussuntersuchungen sind:

- Qualitativer Materialflussablaufplan (Bild 2.10)
- Quantitativer Materialflussablaufplan (Bild 2.11 und Bild 2.12)
- IST-Materialflusslayout (Bild 2.13).

2.5.5 Schwachstellenerkennung, Beurteilung

Die grafische Darstellung erleichtert die Schwachstellenerkennung und Beurteilung der Zu-standsanalyse des Materialflusses. So lassen sich Engpässe, Gegenverkehr, Knotenpunkte, ungewollte Lagerung usw. leicht erkennen. Kennzahlen werden zur Diskussion der vorgefun-denen Verhältnisse benutzt, sie dienen dazu, betriebliche Vorgänge und Daten vor und nach der Materialflussplanung und während einer Materialflussuntersuchung zu vergleichen, zu beurteilen und den Erfolg einer Planung zu dokumentieren (s. Kap. 1.5.1/ Bild 12.29). Aus der Fülle möglicher Materialfluss-Kennzahlen sind zu nennen:

- Handarbeit zur Maschinenarbeit
- Materialflusskosten zur Auftragsdurchlaufzeit (entspricht dem Durchlaufleistungsgrad)
- Lagerkosten zur Lagernutzfläche
- Anzahl Lagerein-(aus-)gänge zur Zeiteinheit

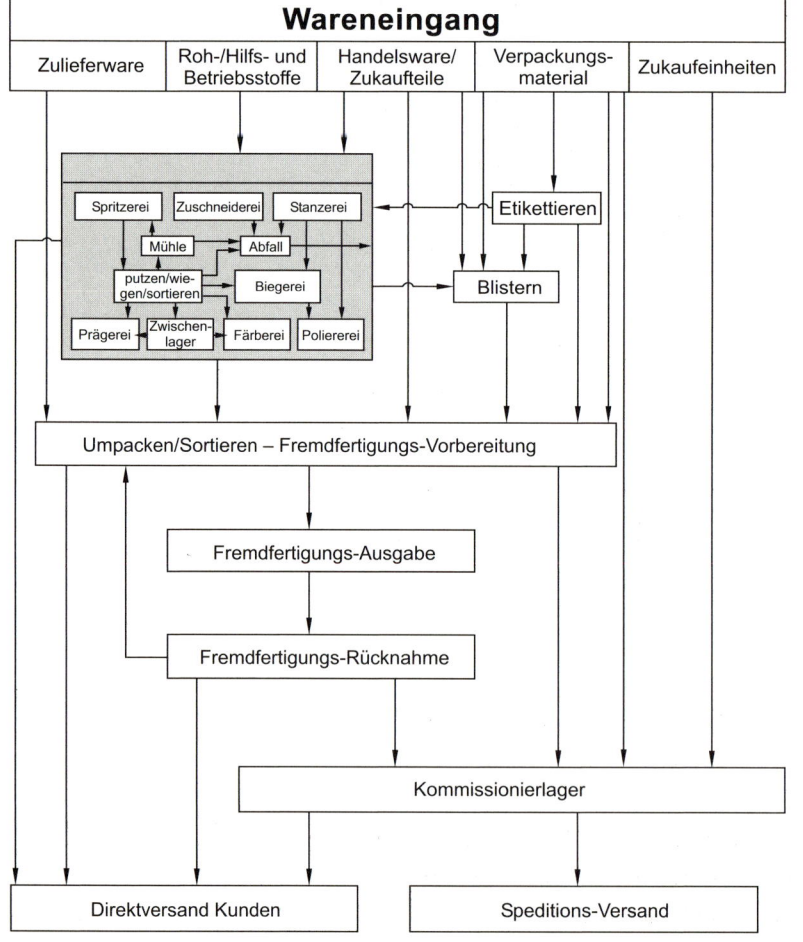

Bild 2.10
Qualitativer Materi-alflussablaufplan eines Versandhan-delunternehmens mit kleiner Kunststoff-eigenproduktion

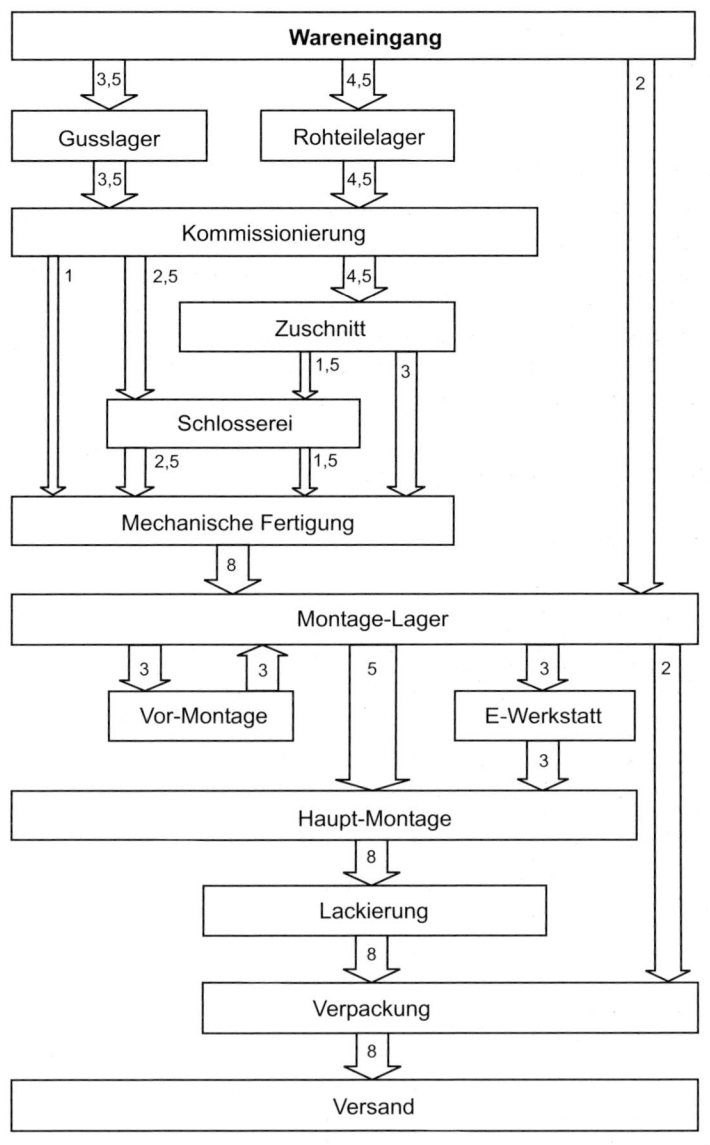

Bild 2.11
Quantitativer Materialfluss-
ablaufplan eines Produk-
tionsunternehmens

- Wert der Lagerbestände zum Kapital
- Flächen-, Raum- und Höhennutzungsgrad (s. Kap. 9.7)
- Lagerfläche zur Fertigungsfläche
- Verkehrsfläche zur Lagerfläche
- Personalkosten im MF-Bereich zu den Belegschaftskosten
- Arbeitskräfte im Materialfluss zur Gesamtbelegschaft
- Materialflussmengen zur Zahl der Transportarbeiter.

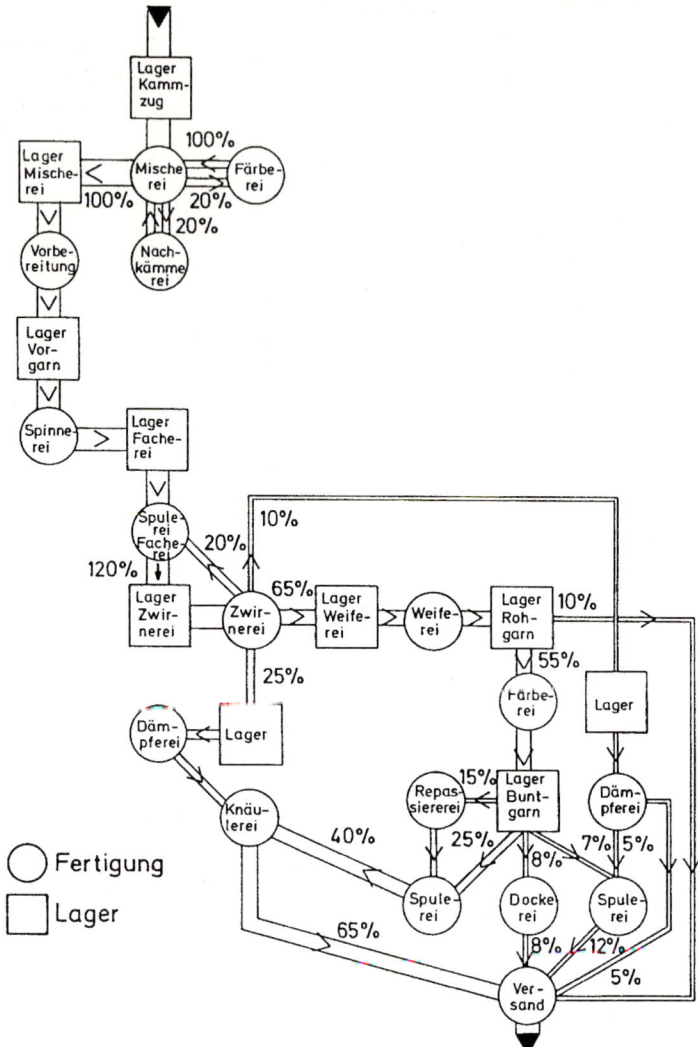

Bild 2.12   Quantitativer Materialflussablaufplan in einer Kammgarnweberei

Nach technischen und wirtschaftlichen Gesichtspunkten sind die Ergebnisse der Materialflussuntersuchung zu bewerten. Beurteilungskriterien können sein:

- Zuordnung der Gebäude zu den Abteilungen
- bauliche Gestaltung der Gebäude
- Durchlaufzeit von Material und Belegen
- Auslastung von Anlagen + Transportmitteln
- im Lager und im MF gebundenes Kapital
- Kosten im Transportbereich

- Erweiterungsmöglichkeit
- Flexibilität der Gebäude
- Abmessen und Zustand der Verkehrsflächen
- Mechanisierungs- oder Automatisierungsgrad
- Transporte durch Facharbeiter
- Übersichtlichkeit der Transportverhältnisse

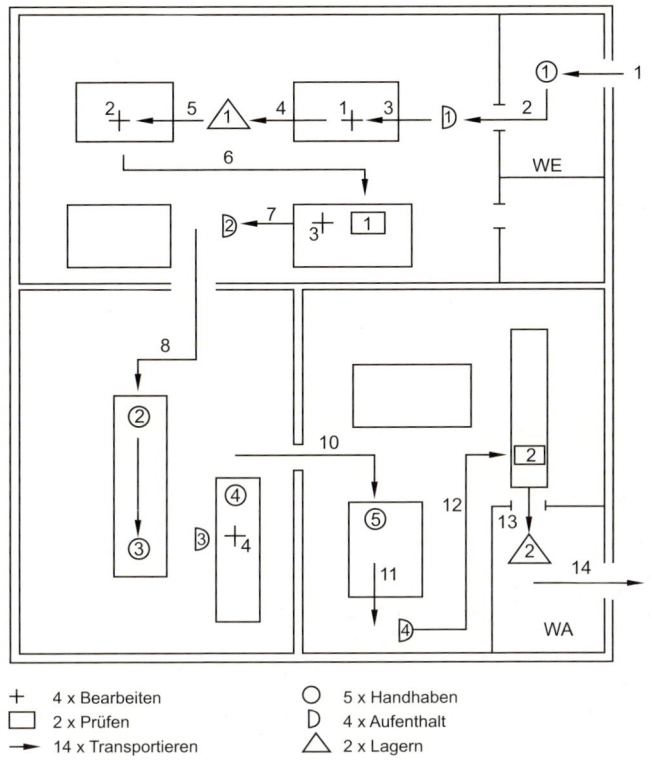

Bild 2.13
IST-Materialflusslayout für die
Erzeugung eines Produktes mit
fortlaufend nummerierten
Materialflussfunktionen und
-symbolen

+   4 x Bearbeiten   O   5 x Handhaben
▢   2 x Prüfen   D   4 x Aufenthalt
➤   14 x Transportieren   △   2 x Lagern

Die um die Schwachstellengrößen bereinigten Daten stellen das IST-Datenprofil des Materialflusses dar (s. Bild 12.5). Oft ergeben sich während der Materialflussuntersuchung und noch
vor der Materialflussplanung Lösungsansätze, die in einem vorläufigen Maßnahmenkatalog
zusammengefasst werden.

2.6 Materialflussplanung

2.6.1 Planungsdaten, Ziele, Gestaltungsgrundsätze

Nach der Materialflussuntersuchung muss die Entscheidung gefällt werden, ob eine Materialflussplanung durchgeführt werden soll. Diese Entscheidung lässt oft auf sich warten, so dass
ein mehr oder weniger großer Zwischenzeitraum entsteht.

So ist es notwendig, zu Beginn der Materialflussplanung die in der Materialflussuntersuchung
aufgenommenen Daten nochmals zu überprüfen. Das IST-Datenprofil muss nach der Prüfung
auf das SOLL-Datenprofil gebracht werden. Diese SOLL-Daten sind mit geschätzten oder
prognostizierten Werten auf die Zukunft ausgerichtete IST-Daten. Sie entsprechen den in die
Realisierung umzusetzenden SOLL-Planungsdaten (s. Kap. 12.5.2).

Die Zielsetzung jeder Materialflussplanung ist ein Materialfluss mit minimierten Kosten. Es ist
eine technisch funktionelle, wirtschaftliche und organisatorisch einfache Lösung zu erarbeiten.
Dem Materialflussplaner helfen bei der Lösungssuche Gestaltungsgrundsätze wie z. B.

- Vermeiden von Handtransporten; Flexibilität der Lösung anstreben
- Erweiterungsrichtung vorsehen, Zukunftsgrößen bedenken
- Transporte sinnvoll mechanisieren oder automatisieren und auslasten
- Flächen- und Raumnutzung erhöhen
- Kreuzungen und Gegenverkehr im Materialfluss vermeiden
- zweckmäßige Transporteinheit bilden nach dem Grundsatz
  Fertigungseinheit = Transporteinheit = Lagereinheit
- kurze Wege, hohe Transportgeschwindigkeiten, ausgelastete Transportmittel anstreben
- nach Möglichkeit Schwerkraft ausnützen
- vor- und nachgeschaltete Materialflusslinien beachten (Anschlussgrößen an externen Transport)
- kurze Auftragsdurchlaufzeiten anstreben
- Lager möglichst vermeiden, Lagerflächen einsparen
- Transport mit Fertigungsvorgang verknüpfen (z. B. Kühlen, Erwärmen, Mischen, Sortieren).

Ganz entscheidend für die Lösung einer Materialflussplanung ist die Art der Planung, ob eine Neugestaltung auf der grünen Wiese (Betriebsverlagerung) oder eine Umplanung des Materialflusses mit einer Vielzahl von Beschränkungen zu erarbeiten ist. Randbedingungen im Geschossbau sind z. B. Raumhöhe, Bodenbelastbarkeit, Stützenabstand, Abmessungen und Tragfähigkeit der Aufzüge.

Der Materialfluss hat höchste Bedeutung für Fabrik-, Transport-, Lager- oder Rationalisierungsplanung. Er darf nicht für sich alleine geplant werden, sondern ist zusammen ganzheitlich zu sehen mit dem

- *Informationsfluss:* dieser umfasst alle Kommunikationen in mündlicher und schriftlicher Form zwischen den Betriebsangehörigen mittels Telefon, Fax, Rohrpost, Boten oder E-Mail.
- *Personenfluss:* dieser umfasst die Wege der Beschäftigten und Besucher eines Unternehmens in zeitlicher und räumlicher Abhängigkeit von und zum Werkseingang (Parkplatz) und auf dem Werksgelände.
- *Energiefluss:* dieser umfasst die Versorgung der einzelnen Betriebsteile mit der benötigten Energieart und -menge wie Gas, Wasser, Elektrizität, Dampf, Druckluft usw.

2.6.2 Vorgehensweise

Der Ablauf der Materialflussplanung kann in den Schritten geschehen (vgl. Kap. 12.5):

- SOLL-Planungsdaten mit Randbedingungen und Restriktionen erarbeiten
- Idealplan für den Funktionsablauf entwickeln
- Alternative Lösungssysteme mit Transport- und Lagersystemen planen
- Grobkosten zusammenstellen
- Alternativen bewerten, Wirtschaftlichkeitsrechnung durchführen und optimale Alternative bestimmen
- Layout der ausgewählten Alternative darstellen.

Je nach Umfang ist zwischen Grob- und Feinplanung zu unterscheiden. Eine detaillierte Layoutdarstellung kann gleichzeitig Ausschreibungsunterlage für Anbieter sein. Der genannte Ausschreibungs- und Ausführungsvorgang bis zur Inbetriebnahme und Übernahme der Materialflussanlage ergibt sich aus Kapitel 12.6. Die Planungsphase des Materialflusses kann konventionell und/oder rechnerunterstützt erfolgen.

2.6.2.1 Konventionelle Materialflussplanung

Sie erfolgt nach der im vorhergehenden Kapitel beschriebenen Vorgehensweise als statische Planung (VDI 2498; Bild 12.3; Vorgehensweise zur Findung von Systemalternativen).

2.6.2.2 Rechnergestützte Materialflussplanung

Für umfangreiche und komplexe Materialflussbeziehungen mit vielen Randbedingungen kann das Layout eines Materialflusssystems z. B. einer Fertigungswerkstatt als räumliche Anordnung der Betriebsmittel und der Flächengrößen mit Hilfe eines PCs und bei entsprechender Software erstellt werden, wenn Flächengrößen, Flächenformen der Betriebsmittel bekannt und die Transportmatrix (s. Bild 2.7) vorhanden sind (s. Kap. 12.10.5, Materialflusssimulation s. Kap. 12.9.4).

Unter solchen Voraussetzungen hat eine Materialflussplanung mit Rechnerunterstützung große Vorteile, da einmal die notwendigen umfangreichen Rechenoperationen z. B. beim Dimensionieren und beim Kalkulieren sowie zum anderen die aufwändigen zeichnerischen Darstellungen von Layoutalternativen in kurzer Zeit ausgeführt werden können. Der Rechner vermeidet Planungsfehler, reduziert teure Planungszeiten und erhöht die Planungsqualität.

2.7 VDI-Richtlinien

Zur weiteren Vertiefung dieses Kapitels werden die folgenden VDI-Richtlinien empfohlen:

2339	Zielsteuerungen für Materialflußsysteme	05.99
2523	Projektmanagement für logistische Systeme MF- und Lagertechnik	07.93
2689	Leitfaden für Materialflußuntersuchungen	01.74
2693/1	Investitionsrechnung bei Materialflussplanungen mit Hilfe dynamischer Rechenverfahren	01.96
3300	Materialfluß-Untersuchungen	08.73
3300a	VDI/AWF-Materialflußbogen	1961
3628	Automatisierte Materialflußsysteme; Schnittstellen zwischen den Funktionsebenen	10.96
3633	Simulation von Logistik-, Materialfluss- und Produktionssystemen	08.03
3634	Mengenmessungen im Materialfluß	06.91
4422	Elektropalettenbahn EPB Elektrotragbahn ETB	09.00

2.8 Beispiele, Fragen

• **Beispiele**

Beispiel 2.1: Es soll ermittelt werden, wie viele Belegsendungen (Briefe, Faxe, Lieferscheine, Auftragsscheine, E-Mails usw.) pro Tag zwischen den Abteilungen eines Betriebes verteilt werden.

Lösung: Die Aufnahme der Daten geschieht mittels der VON-NACH-Matrix (Tab. 2.2). Die Abteilungen werden als Kriterien in waagerechter und senkrechter Richtung eingetragen und die entsprechende Anzahl der Sendungen eingeschrieben. Hier gehen z. B. vom Schreibzimmer 1 Sendung zur Werkstatt, 10 Sendungen zum Archiv und 15 zur Buchhaltung. Dagegen erhält das Schreibzimmer 3 Sendungen vom Labor, 2 von der Werkstatt, 3 vom Archiv und 25 von der Buchhaltung. Eine gute Kontrollmöglichkeit bieten die horizontalen und vertikalen Gesamtsummen, die übereinstimmen müssen.

Von \ Nach	Labor	Werkstatt	Archiv	Kaufmännisches Büro	Schreibzimmer	Summe
Labor		0	4	0	3	7
Werkstatt	0		0	7	2	9
Archiv	0	0		10	3	13
Kaufmännisches Büro	2	7	5		25	39
Schreibzimmer	0	1	10	15		26
Summe	2	8	19	32	33	94

Tabelle 2.2   VON-NACH-Matrix für Belegsendungen pro Tag (Verwaltung)

Beispiel 2.2: Durchführung einer Multimoment-Aufnahme

Die zeitliche Auslastung von 20 Pressen in einem Betrieb mit kleiner Losgrößenfertigung soll kontrolliert und insbesondere in Erfahrung gebracht werden, welche Ursachen die Unterbrechungen haben. Die *mittlere* Auslastung *aller* Pressen ist zu bestimmen.

Lösung: Diese Aufgabe wird nach Eignungsprüfung über das Multimoment-Verfahren gelöst. Am besten geht man so vor, dass eine Aussagegenauigkeit des zu beobachtenden Mittelwertes festgelegt und rückwärts auf die Anzahl der erforderlichen Aufnahmen geschlossen wird. Den Ergebnisanteil muss man nach Erfahrung schätzen und nach erfolgter Aufnahme korrigieren. Für kleinere Ergebnisanteile 1 % bis 5 %, die noch dazu einer erhöhten Genauigkeit bedürfen, wird eine große Anzahl von Beobachtungen erforderlich, was mit höheren Kosten und längerer Aufnahmedauer verbunden ist. In den kleinen Ergebnisanteilen liegt auch die Grenze des Verfahrens.

Vorgehensweise:

1. Bestimmung der erforderlichen Beobachtungszahl N (Gleichung 2.10) nach geschätztem Ergebnisanteil für die einzelnen Tätigkeiten und nach sinnvoll geschätztem Streumaß f gemäß Tabelle 2.3 (Ergebnis: maximales N).

2. Ermittlung des Gesamt-Zeitaufwandes für die Multimoment-Aufnahmen (Beobachtungen). Nach festgelegtem Rundgangsweg ergeben Probenrundgänge eine mittlere Dauer von $t_R = 15$ Minuten. Die Anzahl der erforderlichen Rundgänge R für $N = 2380$ Beobachtungen und $n = 20$ Pressen beträgt.

Tätigkeit	Zeitanteil $\overline{p}$ geschätzt	Streumaß $\overline{f}$ gewünscht	Zahl der Beobachtungen N	
Produktion	$\overline{p_1} = 55\,\%$	$\pm\,2{,}0\,\%$	2380	größter N-Wert
Unterbrechung:				
Einrichten	$\overline{p_2} = 10\,\%$	$\pm\,1{,}5\,\%$	2540	
Reparatur	$\overline{p_3} = 5\,\%$	$\pm\,1{,}5\,\%$	810	
Material fehlt	$\overline{p_4} = 5\,\%$	$\pm\,1{,}0\,\%$	1830	
Personal fehlt	$\overline{p_5} = 15\,\%$	$\pm\,1{,}5\,\%$	2180	
undefinierbar	$\overline{p_6} = 10\,\%$	$\pm\,1{,}5\,\%$	1540	

Tabelle 2.3   Art und Anzahl der zu beobachtenden Tätigkeiten

Die gesamte Beobachtungszeit ist dann

$$R = \frac{N}{n} = \frac{2380}{20} = 120 \text{ Rundgänge}$$

$$R \cdot t_R = 120 \cdot 15 \text{ Minuten} = 30 \text{ Stunden}$$

Für einen Beobachter wären bei 10 Rundgängen pro Tag 12 Tage erforderlich. Die Beobachtungszeiten werden aus allgemeinen Zufallstabellen (Zufalls-Stundentafel, Zufalls-Minutentafel VDI 2492) entnommen.

3. Aufnahme und Auswertung: Ein Multimoment-Beobachtungsbogen (Beispiel 2.3) erfasst in Form einer Strichliste pro Tag bei allen Rundgängen die Tätigkeiten jeder Presse und kann gleichzeitig zur Auswertung benutzt werden. Die einzelnen Ergebnisanteile p erhält man aus der Anzahl der Beobachtungen je Tätigkeit dividiert durch die Gesamtzahl der Beobachtungen in Prozent. Diese Prozentsätze entsprechen auch den Zeitanteilen der betreffenden Tätigkeiten. Das tatsächliche Streumaß f (absolute Streuung) wird jetzt für die wirkliche Beobachtungszahl N und den ermittelten Ergebnisanteil p durch Auflösen der Formel 2.10 nach f errechnet.

$$p = \frac{n'}{N} \cdot 100$$

In Tabelle 2.4 werden die geschätzten und ermittelten Anteile gegenübergestellt, das ergibt für das aufgeführte Beispiel eine effektive Produktionszeit aller 20 Pressen bei einer statistischen Sicherheit von 95 % von $p_1 \pm f_1 = 57{,}4 \pm 1{,}98$, also einen Bereich von 55,4 % bis 59,4 %.

Tätigkeit	Zeitanteil p		Streumaß f	
	geschätzt	ermittelt	gewünscht	erreicht
Produktion	55 %	57,4 %	± 2,0 %	± 1,98 %
Einrichten	10 %	12,4 %	± 1,5 %	± 1,32 %
Reparatur	5 %	6,7 %	± 1,5 %	± 1,00 %
Material fehlt	5 %	4,2 %	± 1,0 %	± 0,8 %
Personal fehlt	15 %	17,1 %	± 1,5 %	± 1,51 %
undefinierbar	10 %	2,2 %	± 1,5 %	± 0,6 %
Summe	100 %	100 %	–	–

Tabelle 2.4   Ergebnisse der Multimoment-Aufnahmen bei N = 2380 Beobachtungen (Ausschnitt)

Beispiel 2.3: Beobachtungsbogen

Entwerfen Sie einen Beobachtungsbogen für eine Multimoment-Aufnahme in Anlehnung an das Beispiel 2.2 für 5 Pressen. Die Aufnahme soll in Strichlistenform durchgeführt werden. Die Ergebnisanteile p sind über den Erhebungsbogen auszurechnen.

Lösung: Tabelle 2.5

Beobachtungsbogen Nr.: 1						Beobachter: Meyer	
Untersuchungsaufgabe: Auslastung von Pressen							
Anzahl der Rundgänge: 12						Beobachtungstag: 4.3.04	
lfd. Nr.:	Vorgänge	Beobachtungsobjekte					Summe $1-5 \stackrel{\wedge}{=} n'$	$p = \dfrac{n'}{N}$ %
		Presse 1	Presse 2	Presse 3	Presse 4	Presse 5		
1	Produktion	ЖНТ /	ЖНТ	ЖНТ //	ЖНТ ////	ЖНТ /	33	55
2	Einrichten	/	///	//			6	10
3	Reparatur			/		///	4	7
4	Material fehlt				///		3	5
5	Personal fehlt	ЖНТ	//	//			9	15
6	undefinierbar		//			///	5	8
	Summe	12	12	12	12	12	60 = N	100

Tabelle 2.5   Beobachtungsbogen für Multimoment-Aufnahmen

Beispiel 2.4: Materialfluss-Ablaufplan

Der Materialfluss eines Produktes ist zu rationalisieren. Zeigen Sie den Rationalisierungserfolg in einer möglichen grafischen Darstellung auf.

Lösung: Zunächst ist der Materialfluss zu untersuchen und zu analysieren. Dies geschieht durch Aufgliederung in die Materialflussfunktionen und Darstellung in einem IST-Ablaufplan (Bild 2.14) mit Hilfe von Arbeitssymbolen (s. Bild 2.4 / 2.13) für die einzelnen Funktionen.

Dabei wird eine fortlaufende Nummerierung für jeden Einzelvorgang durchgeführt. Es ergeben sich 86 Vorgänge, die sich aufteilen in:

Bearbeiten: 19; Prüfen: 6; Transportieren: 31;

Handhaben: 12; Aufenthalt: 13 und Lagern: 5.

Nach möglichen Verbesserungen, Umstellungen und Änderungen von Produktions-, Transport- und Lagerabläufen ergibt sich ein neuer Materialflussablaufplan (SOLL-Ablaufplan Bild 2.15) mit nur noch 40 Einzelvorgängen, die sich aufteilen in:

Bearbeiten: 10; Prüfen: 3; Transportieren: 18;

Handhaben: 4; Aufenthalt: 0 und Lagern: 5.

Die Gegenüberstellung des IST- und SOLL-Ablaufplanes zeigt auf einen Blick den Rationalisierungserfolg an, ebenso die tabellarische IST-SOLL-Auflistung der Funktionen.

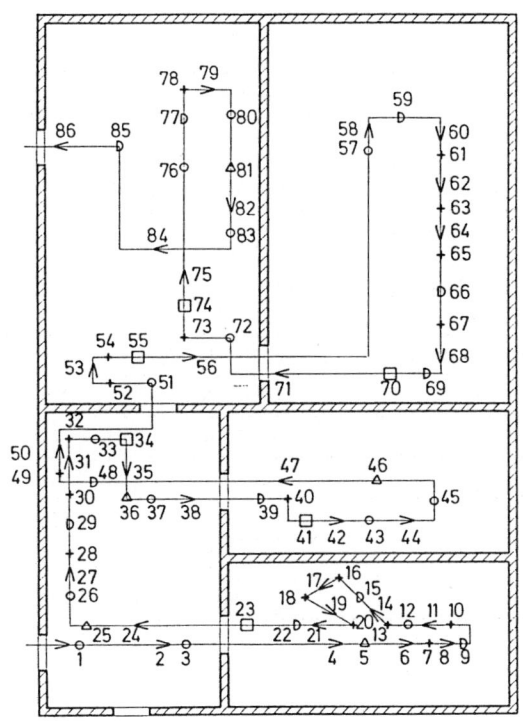
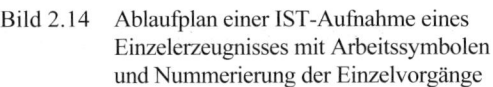
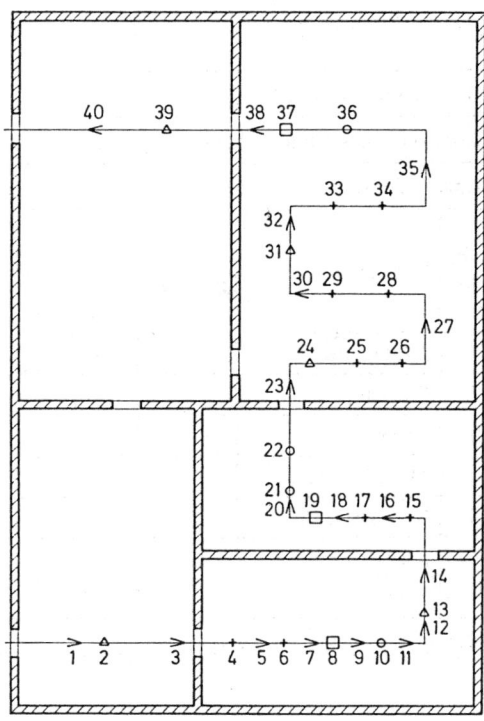

Bild 2.14   Ablaufplan einer IST-Aufnahme eines Einzelerzeugnisses mit Arbeitssymbolen und Nummerierung der Einzelvorgänge

Bild 2.15   Ablaufplan für den SOLL-Zustand auf der Basis des Bildes 2.14 nach Rationalisierungs- und Sanierungsmaßnahmen

Beispiel 2.5: Materialflussformen

Es sind mögliche Materialflussstrukturen zu skizzieren für ein Industrieunternehmen in Abhängigkeit der Lage des Grundstücks zur Straßen-(Schienen-)anbindung. Die Erweiterungsrichtung ist mit anzugeben.

a: Grundstück liegt an einer Straße

b: Grundstück liegt an dem Schnittpunkt zweier Straßen

c: Grundstück liegt zwischen zwei Straßen.

Der Ablauf des Materialflusses in Fertigung und Montage ist jeweils zu strukturieren.

Lösung: Bild 2.16.

Beispiel 2.6: Quantitativer Materialfluss-Ablaufplan

Gegeben ist aus einer MF-Untersuchung die Transportfrequenz zwischen den Abteilungen eines Industriebetriebes durch die erstellte VON-NACH-Matrix (Tab. 2.6). Gesucht ist der dazugehörende MF-Ablaufplan.

Lösung: Das Ergebnis der Untersuchung ist Bild 2.11.

lfd Nr.	VON	1	2	3	4	5	6	7	8	9	10	11	12	13	14
1	Wareneingang		3,5	4,5											
2	Gusslager				3,5										
3	Rohteilelager				4,5										
4	Kommissionierung					4,5	2,5	1							
5	Zuschnitt						1,5	3							
6	Schlosserei							2,5							
7	Mach. Fertigung						1.5		8						
8	Montage-Lager									3	3	S	2		
9	Vormontage								3						
10	E-Werkstatt														
11	Hauptmontage												8		
12	Lackierung													8	
13	Verpackung														8
14	Versand														

Tabelle 2.6   Transportfrequenz in t/Tag eines Betriebes aufgelistet in einer VON-NACH-Matrix

Beispiel 2.7: VON-NACH-Matrix

Bei der Analyse einer Fabrikplanung soll der Personenfluss zwischen den Abteilungen grafisch dargestellt werden.

Lösung: Der Personenfluss wird mit Hilfe einer VON-NACH-Matrix in Dreiecksform wiedergegeben (Bild 2.17).

Beispiel 2.8: Materialfluss-Blocklayout

In einem Einrichtungslayout ist der Materialfluss einzuzeichnen.

Lösung: Zu unterscheiden sind ein qualitativer oder quantitativer MF.

Im Bild 12.16 ist in einem Blocklayout ein qualitativer MF durch einfache Pfeile grob dargestellt. Einen quantitativen MF zeigt Bild 2.11, der je nach Größe unterschiedliche Pfeilstärken besitzen. In der Legende ist die Einheitsgröße angegeben.

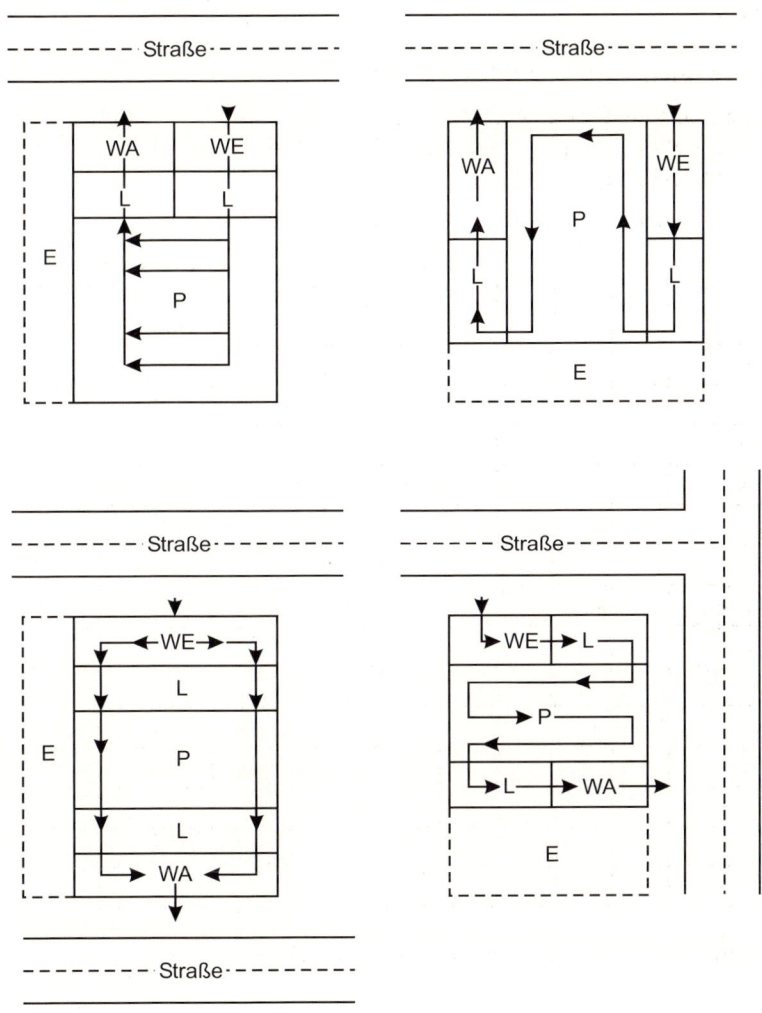

Legende: Gebäudeinterner MF: Abteilungszuordnung
WE: Wareneingang   WA: Warenausgang
L: Lager   P: Produktion   E: Erweiterung

Bild 2.16   Materialflussablauf in Abhängigkeit der Zuordnung von Grundstück und Verkehrsanbindung

Beispiel 2.9: Materialflussformen

Es sind fertigungs- und montageorientierte Materialflussformen sowie materialflussorientierte Hallenanordnungen zu skizzieren.

Lösung: Bild 2.18 und Bild 2.19

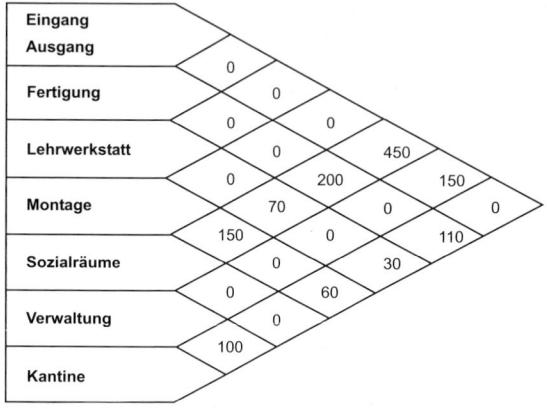

Bild 2.17   VON-NACH-Matrix für den Personenfluss

Beispiel 2.10:

Materialfluss-Darstellung

Im Bild 2.10 wurde der MF eines Handelsunternehmens mit eigener Kunststoffproduktion und Fremdfertigung von Montageteilen als quantitativer MF-Ablaufplan dargestellt. Für eine Planung kann es sinnvoll sein, den Materialfluss nach *funktionellen* Gesichtspunkten aufzubauen, z. B. um Abteilungen mit gleichen Funktionen zusammenzulegen. Es ist der MF in einen MF mit funktionaler Gliederung umzuformen.

Losung:

Die Gliederung des MF-Ablaufplanes geschieht in Spalten entsprechend den Funktionen: WE/WA, Lager, Kommissionieren, Fertigung, Fremdfertigung. Die Tätigkeiten werden wie in einem EDV Diagramm mit Abfragen eingesetzt und verbunden.

Beispiel 2.11: IST-Datenbeurteilung

Die ABC-Analyse gestattet zwei abhängige Größen miteinander zu vergleichen. Durch welche Möglichkeit kann die Zahl der gleichzeitig zu vergleichenden Abhängigkeiten vergrößert werden?

Lösung:

Der Aufbau einer ABC-XYZ-Analyse (Bild 2.20) in Matrixform ermöglicht die Eingruppierung z. B. von Artikeln mit ganz bestimmten Merkmalen. Das Gesamtspektrum der Artikel wird in „Felder" unterteilt, wobei sich dann Schwerpunkte analysieren.

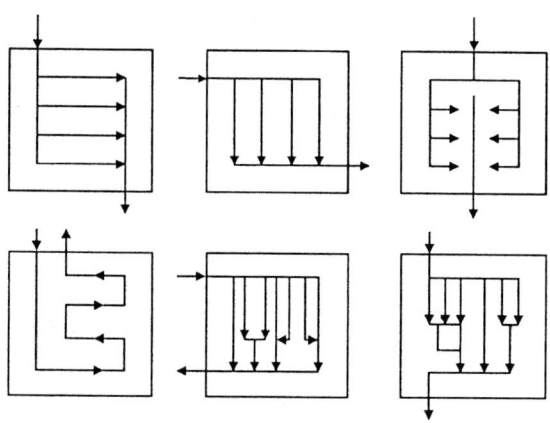

Bild 2.18   Fertigungs- und montageorientierte Materialflussformen (Betriebsmittelzuordnung)

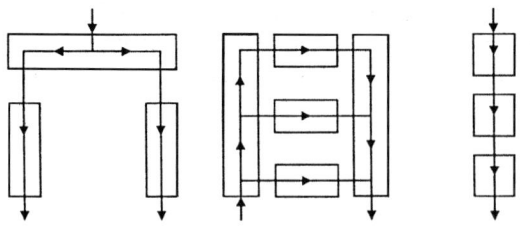

Bild 2.19   Materialflussorientierte Hallenzuordnung

	A	B	C
X	hoher Verbrauchswert (VW) hohe Vorhersagegenauigkeit (VG) stetiger Verbrauch (V)	mittlerer VW hohe VG stetiger V	niedriger VW hohe VG stetiger V
Y	hoher VW mittlere VG halbstetiger V	mittlerer VW mittlere VG halbstetiger V	niedriger VW mittlere VG halbstetiger V
Z	hoher VW niedrige VG stochastischer V	mittlerer VW niedrige VG stochastischer V	niedriger VW niedriger VG stochastischer V

Bild 2.20   ABC-XYZ-Analyse

Beispiel 2.12:

Materialfluss im Montagebereich

Der Materialfluss im Arbeitsplatzbereich ist gekennzeichnet durch eine physiologische, ergonomische und psychologische Gestaltung der technischen und organisatorischen Arbeits- und Transportmittel. Als vorteilhaft hat sich das Prinzip der taktunabhängigen Verkettung mit Werkstückträgern erwiesen. Die Anordnung der Arbeitsplätze spielt dabei eine große Rolle. So sind linienförmige, karreeartige und unsymmetrische Materialflussstrukturen zu unterscheiden. Welche Strukturen gibt es bei Montageförderern?

Lösung: Bild 2.21 vermittelt mögliche MF-Strukturen im Montagebereich, aufgebaut aus Elementen eines modularen Baukastensystems.

Die Mitnahme eines Werkstückträgers kann erfolgen durch:

– Eingurt-Förderer: Werkstückträger wird auf einer Seite von einem angetriebenen Gurt mitgenommen, auf der anderen Seite über eine nicht angetriebene Röllchenstrecke abgetragen.

– Doppelgurt-Förderer: Werkstückträger wird auf beiden Seiten von je einem schmalen Gurt angetrieben.

– Staurollenketten-Förderer: Werkstückträger läuft auf zwei angetriebenen Staurollenketten.

– Staurollen-Förderer: Werkstückträger läuft auf Staurollenförderer mit einstellbarer Rutschkupplung, Antrieb über Kette und Kettenrad (an Montageplätzen wegen Stoppen und Vereinzeln des Werkstückträgers Benutzung von Stummelrollen).

– Elektropalettenbahn: motorisch angetriebenes Fahrzeug in Profilrahmenkonstruktion mit 4 Laufradsätzen in Profilschienen laufend (Stromabnehmer gleiten über Schleifleitungen der Fahrschiene); Spurbreiten 500 – 2000 mm bis 1.000 kg Traglast; Aufbau und Einzelheiten s. VDI 4422.

Linienstruktur

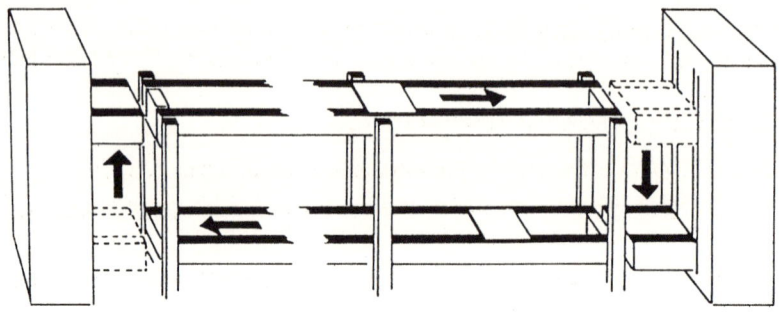

Karree-Struktur mit Kurven

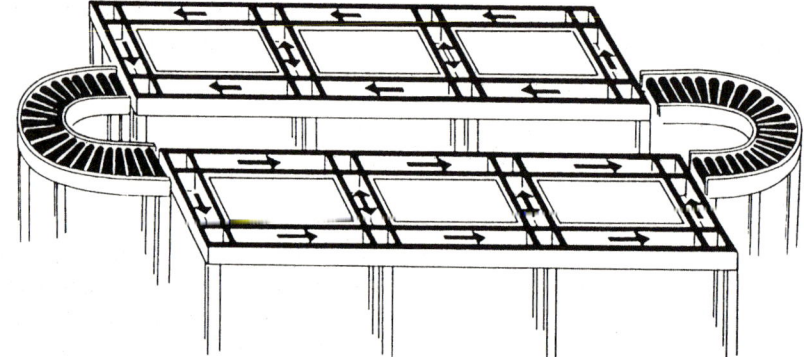

Karree-Struktur mit Ausschleusstrecke

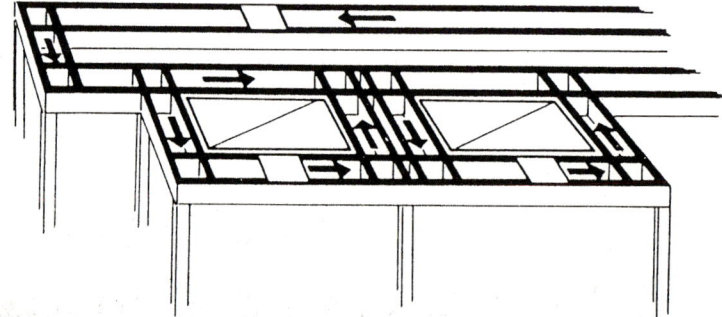

Bild 2.21   Verschiedene MF-Strukturen von Montageförderern für Arbeitsplätze

Beispiel 2.13: Rechnergestützte Materialflussplanung

Wo liegen die Anwendung einer rechnergestützten Materialflussplanung, wie ist die Vorgehensweise, welche Voraussetzungen müssen erfüllt sein und wie muss die Software aufgebaut sein?

Lösung: Eine rechnergestützte Planung wird angewandt bei

– komplexen Materialflusssystemen, um die Abhängigkeiten zu erfassen

– hohem Rechenaufwand, um Planungszeit zu sparen und die Planungsqualität zu erhöhen

    – großer Anzahl möglicher Alternativen, um in kurzer Zeit visuelle Layoutdarstellungen – auch dreidimensional – zu erhalten

    – häufig wiederkehrende Berechnungen, da der Rechner Routinearbeiten in kürzester Zeit erledigt.

Die Vorgehensweise der rechnergestützten Planung kann grob dargestellt werden. Zunächst muss das Anforderungsprofil festgelegt sein, dann führt der Rechner aus:

– die Auswahl der Systemalternativen

– die Dimensionierung und Kalkulation des Systems

– die Auswahl der Anordnungsalternativen

– die Darstellung der Planungsergebnisse.

Hierauf baut die Beurteilung der Planungsergebnisse auf. Ist sie noch unbefriedigend, beginnt der Rechner iterativ von vorne mit den bereits berechneten Daten eine weitere Optimierung. Voraussetzung zum rechnergestützten Planen ist die Aufstellung und Verabschiedung eines Anforderungsprofils mit vorgegebenen Basisdaten, Kennzahlen und Restriktionen.

Die Software für solch ein Materialfluss-Planungssystem muss modular aufgebaut sein, einmal um Teilaufgaben zu lösen, zum anderen um durchgängig und ganzheitlich eine Planungsaufgabe erfüllen zu können. Dabei ist es wichtig, dass jedes Modul in Form von Tools Systembibliotheken enthält, um jederzeit auf Elemente und Stammdaten zurückgreifen zu können. So z. B. um bei einer Transportstrecke bestehend aus verschiedenen Transportmitteln die maximale Leistung jedes Elementes zu errechnen und das schwächste Glied aufzuzeigen.

Beispiel 2.14: Auftragsdurchlaufzeit

a) Wie kann die durch die Analyse ermittelte und durch die Planung berechnete Reduzierung der Auftragsdurchlaufzeit ADLZ grafisch dargestellt werden?

b) Aus welchen Komponenten setzt sich die ADLZ mit welchen ungefähren prozentualen Werten bei Industriebetrieben zusammen?

Lösung:

a): s. Bild 2.22

b): s. Bild 2.23

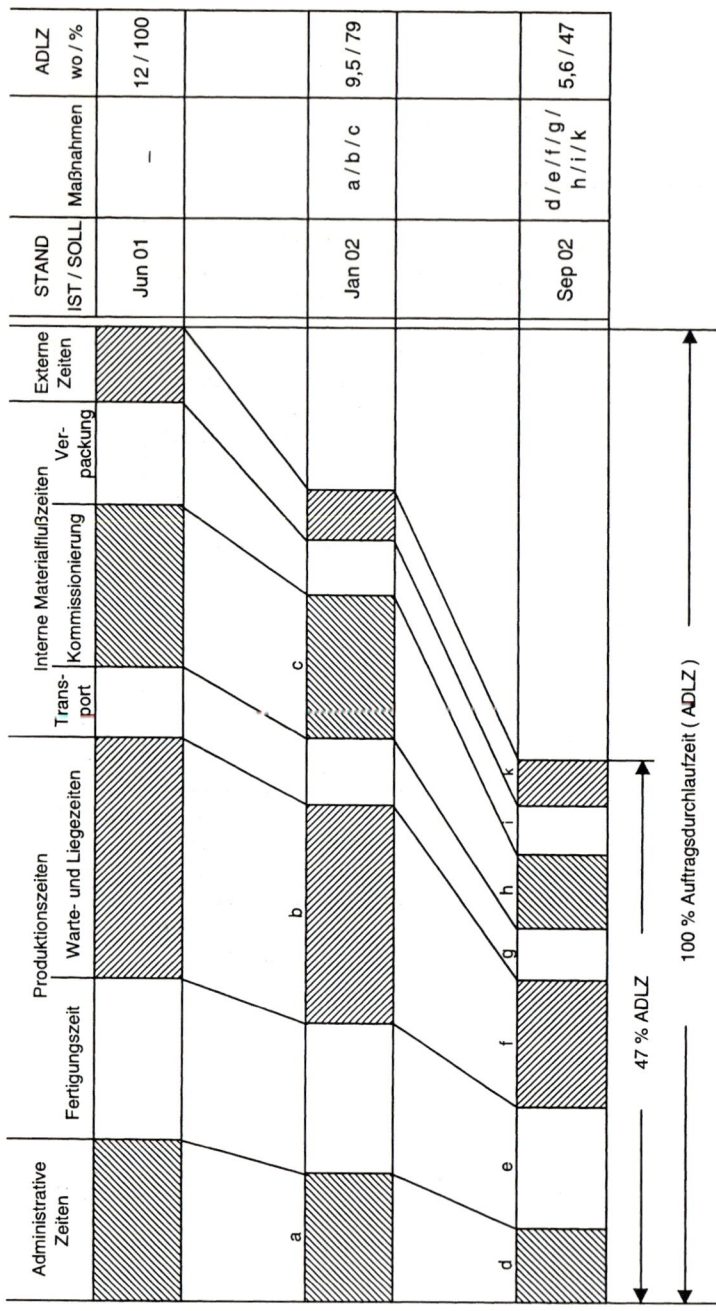

Bild 2.22 Darstellung der IST-SOLL-Auftragsdurchlaufzeit in Abhängigkeit durchgeführte Verbesserungsmaßnahmen

Legende: in Klammern sind die prozentualen Einsparungen bezogen auf die ADLZ angegeben a (5 %): Zusammenlegung von Abteilungen;

b (10 %): Einführung von Fertigungssteuerung;

c (5 %): Reduzierung von Tot- und Basiszeiten beim Kommissionieren, Einführung von artikelorientierter Kommissionierung;

d (3 %): Optimierung des Belegwesens, Änderung der Ablauforganisation;

e (5 %): Einführung von CNC-Maschinen;

f (10 %): Einführung von prozessorientierter Fertigung und von Gruppenarbeit;

g (2 %): Folge von f: optimale Zuordnung;

h (10 %): Änderung der Lagerart und Kommissionierung nach dem Prinzip „Ware zum Mann";

i (2 %): Optimierung der Verpackung durch Teilautomation;

k (2 %): neue Verträge mit Spediteuren

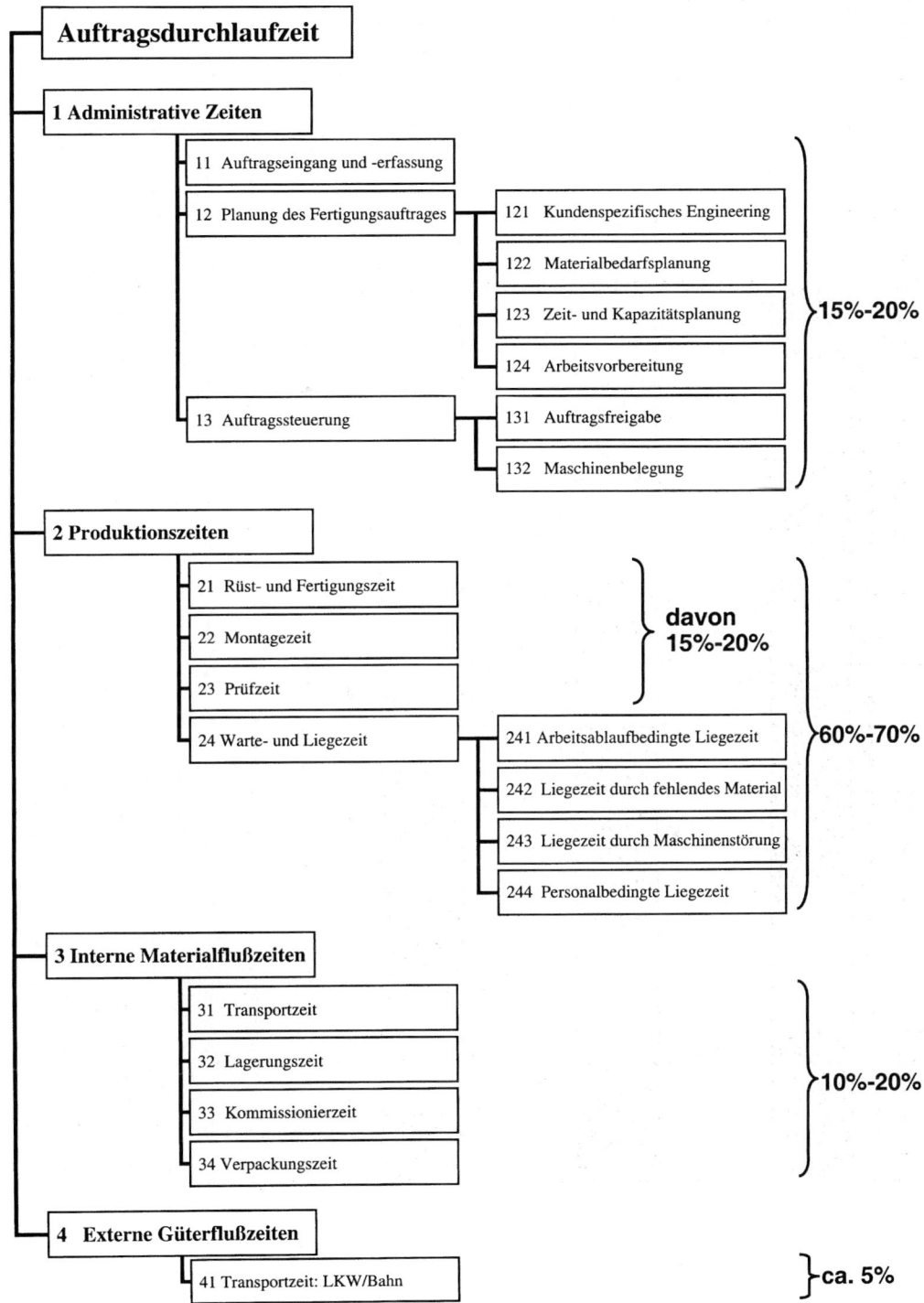

Auftragsdurchlaufzeit

1 Administrative Zeiten

11 Auftragseingang und -erfassung

12 Planung des Fertigungsauftrages
- 121 Kundenspezifisches Engineering
- 122 Materialbedarfsplanung
- 123 Zeit- und Kapazitätsplanung
- 124 Arbeitsvorbereitung

13 Auftragssteuerung
- 131 Auftragsfreigabe
- 132 Maschinenbelegung

15%-20%

2 Produktionszeiten

21 Rüst- und Fertigungszeit

22 Montagezeit

23 Prüfzeit

24 Warte- und Liegezeit
- 241 Arbeitsablaufbedingte Liegezeit
- 242 Liegezeit durch fehlendes Material
- 243 Liegezeit durch Maschinenstörung
- 244 Personalbedingte Liegezeit

davon 15%-20%

60%-70%

3 Interne Materialflußzeiten

31 Transportzeit

32 Lagerungszeit

33 Kommissionierzeit

34 Verpackungszeit

10%-20%

4 Externe Güterflußzeiten

41 Transportzeit: LKW/Bahn

ca. 5%

Bild 2.23   Komponenten der Auftragsdurchlaufzeit (ADLZ)

Beispiel 2.15: Materialbereitstellung / Materialflusssteuerung

Welche Materialbereitstellungsarten (-strategien) werden im Materialfluss eingesetzt?

Lösung: Die Art der Materialflusssteuerung ist abhängig von der Fertigungs-/Montageart. Als MF-Steuerungsarten kommen zum Einsatz verbrauchsgesteuerte und bedarfsgesteuerte Verfahren nach dem Hol-(Pull-)prinzip und Bring-(Push-)prinzip (s. Kap. 2.1), wie z. B. das Kanban-System und das PPS-System. Den Unterschied zwischen Push- und Pullprinzip zeigt Bild 2.24, beim Pullprinzip sind Materialbestand in Fertigung und Montage, die ADLZ sowie der Steuerungsaufwand geringer als beim Pushprinzip, die nachgelagerte Station bzw. der Kunde zieht den Prozess. Beim Pushprinzip wird der Warenstrom durch eine zentrale Größe z. B. ein PPS-Tool gesteuert.

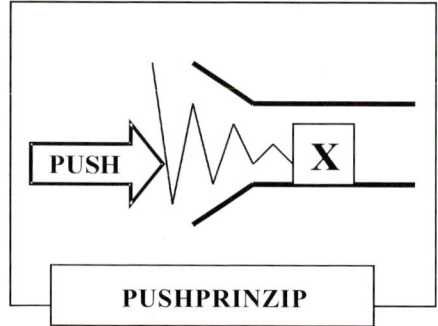 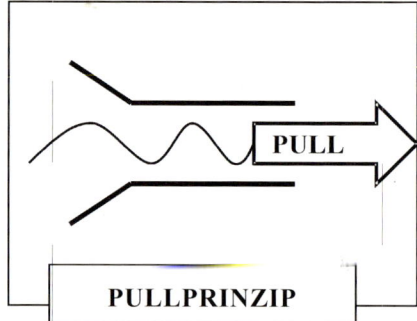

Bild 2.24   Effekte beim Push- und Pullprinzip

Die JIT-Beschaffung verfolgt die Ziele, das Material bedarfs- und zeitgerecht aber möglichst spät zu beschaffen, Liegezeiten zu vermeiden und erst bei der Bedarfsmeldung mit der Produktion zu beginnen. Um die Bildung von Lagerbeständen zu vermeiden, wird das Pull-Prinzip eingeführt, ein Vertreter ist das Kanban-System.

Das JIS-Prinzip (Just in Sequence) ist vollkommen lagerfrei, lässt höchstens eine produktionsnahe Zwischenpufferung zu. Allerdings erfordern die häufigen Materialabrufe eine Standardisierung der Abrufvorgänge, da sonst die bestellfixen Kosten ansteigen und die Kostenvorteile des JIS vernichtet würden.

C-Teile werden i.d.R. in einem Lager disponiert und bei Bedarf in größeren Einheiten an der Verbrauchsstelle gelagert.

Beispiel 2.16: Materialfluss mit Stetig- und Unstetigförderern

Anwendungsbeispiele mit Stetig- und Unstetigförderern für Tauchlackierungsanlagen sind in Bildform darzustellen.

Lösung: Tauchlackierungsanlagen können verschieden aufgebaut sein, z. B. im Bild 2.25a als Takt-Tauchanlage mit einem Power-&-Free-Förderer, im Bild 2.25b als Durchlauftauchanlage mit einem Kreisförderer oder im Bild 2.25c als Takt-Tauchanlage mit der Elektrohängebahn EHB (s. Kap. 6.3 EHB).

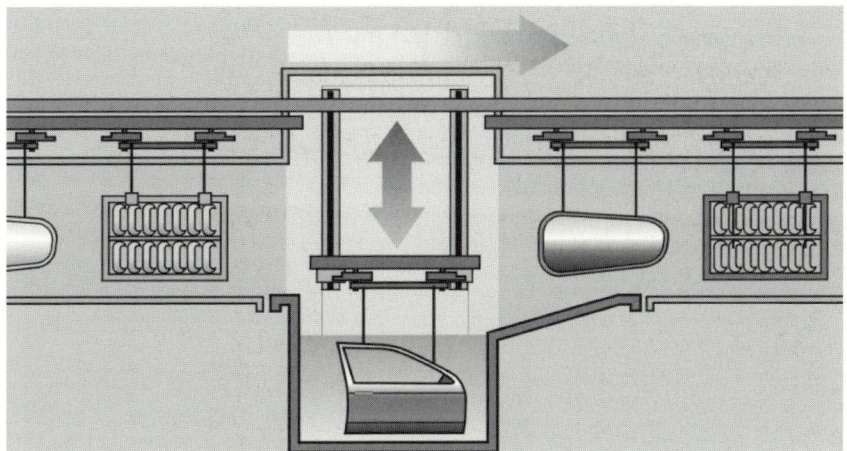

Bild 2.25a   Schema einer Takt-Tauchanlage mit einem Power-&-Free-Förderer

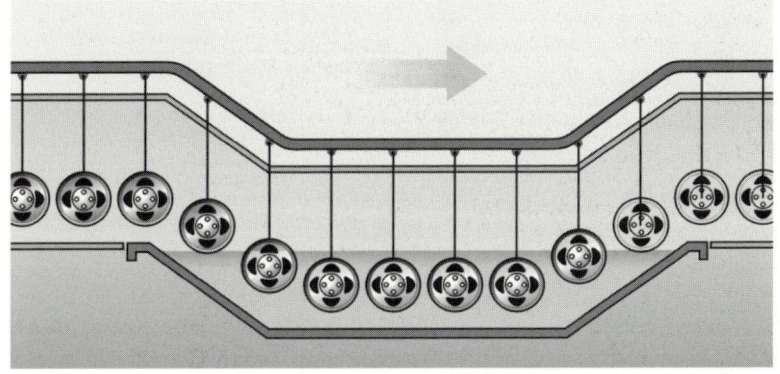

Bild 2.25b   Schema einer Durchlauf-Tauchanlage mit einem Kreisförderer

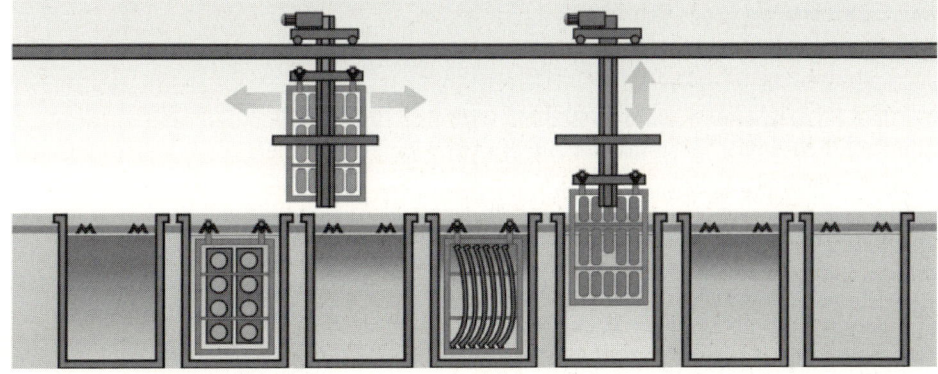

Bild 2.25c   Schema einer Takt-Tauchanlage mit einer Elektrohängebahn als Beschickungsautomat

Beispiel 2.17: Materialfluss

Es ist der Fahrkurs einer Power-&-Free-Förderanlage für eine Holzlackierungsanlage in Draufsichtdarstellung für Großfensterelemente zu skizzieren.

Lösung: s. Bild 2.26

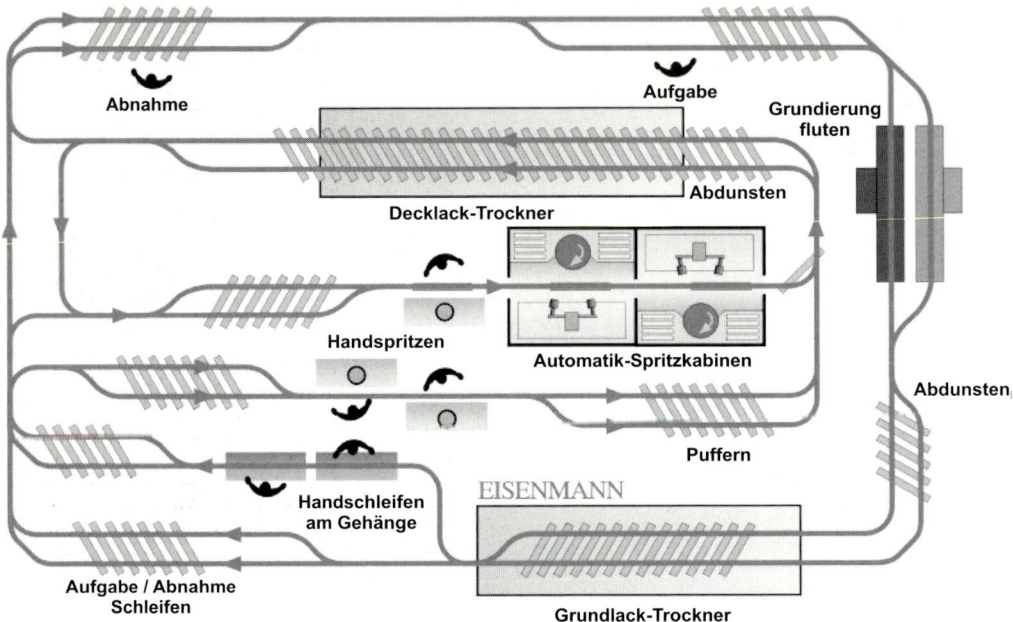

Bild 2.26 Fahrkurs einer Power-&-Free-Förderanlage für eine Fensterlackierungsstraße

Beispiel 2.18: Analyse eines Prozesses

Wie kann die grafische Aufnahme eines Prozesses durchgeführt werden?

Lösung: Der Prozess einer Katalogerstellung wird in 5 Einzelgrößen unterteilt; diese werden in der Tabelle 2.7 zusammengestellt. Die einzelnen Größen sind dabei:

- Klasse: Angabe der Klasse durch Symbole

- Zeitaufwand: Angabe der Dauer in Minuten oder Stunden

- Tätigkeiten: verbale Beschreibung

- Organisationseinheit / Werkzeug

- Verantwortlichkeit: Abteilung oder Mitarbeiter

Tätigkeiten	Durchlaufzeit [min]	Wartezeit [min]	Bearbeitungszeit [min]	Beschreibung der einzelnen Tätigkeiten
1	0		600	Versand von Fotomustern ins Design-Studio
2	600		3000	Weiterleitung der Muster-Kommentare an das Design-Studio
3	3600	4800		Erstellung von Zeichnungen im Design-Studio
4	8400			Erhalt der Katalogzeichnungen
5	8400	1800		Kontrolle der Zeichnungen
6	10200	600		ggf. Änderungen dem Design-Studio mitteilen
7	10800	450		Rückerhalt der Fotomuster vom Design-Studio
8	11250			Aufnahme der Fotomuster
9	11250	540		Absprache mit Fotografen über Aufnahmen
10	11790	300		Fotoaufnahmen für den Katalog
11	12090	0		Erhalt der Fotoaufnahmen vom Fotografen
12	12090	480		Auswahl der Fotos
13	12570	5		Weiterleiten der Fotografien und Zeichnungen an Layouterin
14	12575	0		Bündelung und Abgabe an Druckerei
Summe (min)	12575	4800	7775	
Stunden	209,6	80	129,6	
Arbeitstage	26,2	10	16,2	

Prozess: Katalogerstellung
Häufigkeit: 1x pro Saison
Kosten: 25 € / Stunde
Verantwortlich: Herr x
Datum: 05.04.2002   10:20 Uhr

Werkzeug: Mail mit Anhang, Free Hand, Adobe Fotoshop, Fotomuster
Durchführender: Produktentw.-team, Abteilungsleiter, Design-Studio, Fotograf, Layouterin

Anzahl Katalogerstellungen p.a.	2
Mitarbeiter Kosten p.a.	ca. 6.000,- €
Kosten einer Katalogerstellung	ca. 3.000,- €

Beispielhafte Darstellung eines Prozesses zur Katalogerstellung

Tabelle 2.7   Prozesschart der Analyse einer Katalogerstellung

Beispiel 2.19: Auftragsdurchlaufzeit und Umlaufbestand

Wie verringern sich der Umlaufbestand und damit die kalkulatorischen Zins-Bestandskosten des Materialflusses, wenn die Auftragsdurchlaufzeit z. B. durch Rationalisierung im WE, Kommissionierung und Qualitätssicherung um 2,5 Tage reduziert wird? Der durchschnittliche Umlaufbestand beträgt z. B. 1,4 Mio € und die durchschnittliche Auftragsdurchlaufzeit (ADLZ-Zyklus) sind 10 Tage; kalkulatorischer Zinssatz: 8%.

Lösung:

Der durchschnittliche Umlaufbestand /ADLZ-Zyklus ergibt sich zu 140 T€/Tag. Eine Verkür-zung der ADLZ um 2,5 Tagen verringert die Zins-Bestandskosten um 28.000 €.
Berechnung: Verringerung Umlaufbestand um: 1,4 Mio € x 0,25 = 350 T€
    Verringerung Zins-Bestandskosten um: 2,5 Tage sind 25% des ADLZ-Zyklus,
    8% von 350.000 € = 28.000 €.

- **Fragen**

1.   Wie lässt sich der Materialfluss (MF) definieren?

2.   Was versteht man unter dem Bring- und Holprinzip (Push- und Pullprinzip)?

3.   Wie kann die MF-Steuerung erfolgen?

4.   Wie lässt sich das MF-System unterteilen?

5.   Wie ist das MF-System im CIM einzugliedern?

6.   Wie lässt sich der MF beschreiben?

7.   Die Transportgutströme (Volumen-, Massen- und Stückstrom) sind zu definieren.

8.   Wie setzen sich die MF-Kosten zusammen?

9.   Auslösende Momente für eine MF-Untersuchung sind abzuleiten.

10.   Wie ist die Vorgehensweise einer MF-Untersuchung?

11.   Mit welchen Methoden und Verfahren werden MF-Untersuchungen durchgeführt?

12.   Welche Größen sind bei einer MF-Untersuchung zu ermitteln?

13.   Der VDI-AWF-MF-Bogen ist zu beschreiben.

14.   Wie ist die VON-NACH-Matrix aufgebaut und wofür wird sie eingesetzt?

15.   Welche grafischen Darstellungen werden zur Beurteilung des MF benutzt?

16.   Welches sind Kennzahlen zur Beurteilung und zum Vergleich des MF?

17.   Gestaltungsgrundsätze für die MF-Planung sind zu nennen.

18.   Welche Zielsetzung hat die MF-Planung?

19.   Wie ist die Vorgehensweise bei einer MF-Planung?

20.   Wann ist eine rechnergestützte MF-Planung der konventionellen vorzuziehen?

3 Transportgut – Verpackung – Ladeeinheit

3.1 Transport- und Lagergut

3.1.1 Einteilung

Für die Auswahl und Festlegung eines Transportmittels bei vorgegebener Transportaufgabe spielt das Transportgut eine entscheidende Rolle. Dies gilt gleichermaßen für die Planung eines Lagers. Transport- und Lagergut des innerbetrieblichen Materialflusses sind feste, flüssige und gasförmige Stoffe.

Zur Transporttechnik zählt *nicht* der Transport von Flüssigkeiten und Gasen, der in Rohrleitungen durchgeführt wird und in das Gebiet der Verfahrenstechnik fällt. Werden jedoch Flüssigkeiten drucklos oder Gase unter bestimmtem Druck in Behälter verschiedenster Art abgefüllt, so behandelt man sie wie feste Stoffe unter Beachtung entsprechender Transport- und Lagervorschriften.

Flüssigkeiten und Gase dienen in der Transporttechnik bei hydraulischen und pneumatischen Transportsystemen als Tragmedien für Sand, Granulat, Rohrpostbüchsen, Holzschnitzel usw. Die festen Transportgüter werden in Schüttgut und Stückgut unterteilt.

3.1.2 Schüttgut

Schüttgut ist stückiges, körniges oder staubiges Massengut, das eine Fließfähigkeit aufweist, während des Transportvorganges in der Regel seine Gestalt ändert und nicht ohne Hilfsmittel zu einer Einheit zusammengefasst werden kann. Typisches Schüttgut sind z. B. Erz, Kohle, Müll, Sand, Zement, Kies, Getreide, Kaffee.

Zur Festlegung von Transportmitteln oder Lagerungsarten müssen die charakteristischen, physikalischen und chemischen Eigenschaften des Schüttgutes möglichst genau bekannt sein (vgl. Bild 3.2). Diese Eigenschaften dienen zur Materialklassifikation. Im Einzelnen sind dies:

Einteilung von Stückgut nach:

Anzahl:
- Einzelstückgut: Werkstück
  Maschinenteil
  Packstück
- Massenstückgut: Postpakete
  Gussstücke
  Säcke

Funktion:
- Transport-, Lager- Behälter, Kasten
  und Ladehilfsmittel: Palette, Ladegestell

- Ladeeinheit: Palette + Ladegut
  Kasten + Transportgut

Form:
- Flachgut: Bleche
  Spanplatten
  Glasscheiben

- Langgut: Profile
  Rohre
  Stangen

- Wickelgut: Papierrollen
  Drahtbunde
  Coils

Bild 3.1   Einteilung von Stückgut

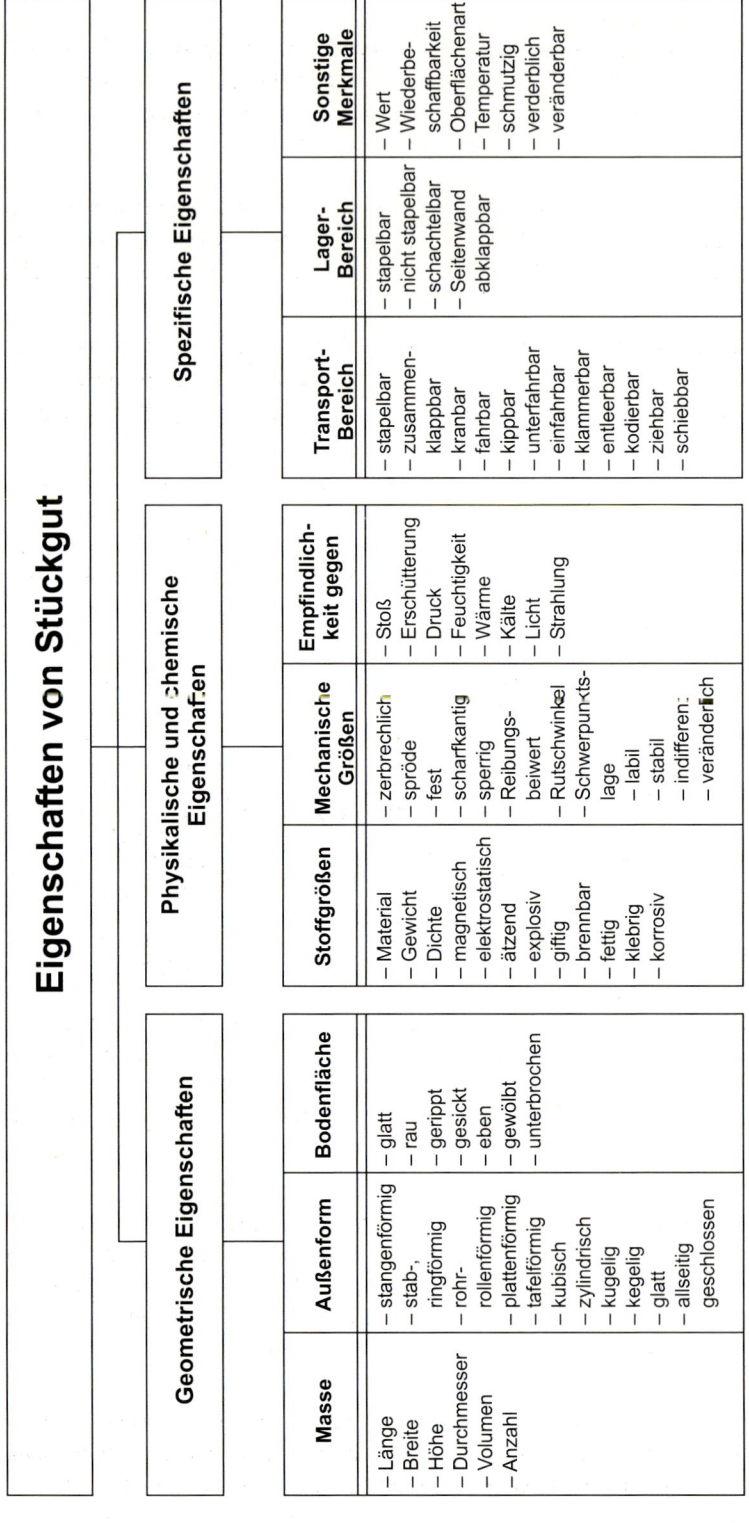

Eigenschaften von Stückgut

Geometrische Eigenschaften

Masse	Außenform	Bodenfläche
– Länge	– stangenförmig	– glatt
– Breite	– stab-,	– rau
– Höhe	ringförmig	– gerippt
– Durchmesser	– rohr-	– gesickt
– Volumen	rollenförmig	– eben
– Anzahl	– plattenförmig	– gewölbt
	– tafelförmig	– unterbrochen
	– kubisch	
	– zylindrisch	
	– kugelig	
	– kegelig	
	– glatt	
	– allseitig geschlossen	

Physikalische und chemische Eigenschaften

Stoffgrößen	Mechanische Größen	Empfindlichkeit gegen
– Material	– zerbrechlich	– Stoß
– Gewicht	– spröde	– Erschütterung
– Dichte	– fest	– Druck
– magnetisch	– scharfkantig	– Feuchtigkeit
– elektrostatisch	– sperrig	– Wärme
– ätzend	– Reibungs-	– Kälte
– explosiv	beiwert	– Licht
– giftig	– Rutschwinkel	– Strahlung
– brennbar	– Schwerpunkts-	
– fettig	lage	
– klebrig	– labil	
– korrosiv	– stabil	
	– indifferent	
	– veränderlich	

Spezifische Eigenschaften

Transport-Bereich	Lager-Bereich	Sonstige Merkmale
– stapelbar	– stapelbar	– Wert
– zusammen-	– nicht stapelbar	– Wiederbe-
klappbar	– schachtelbar	schaffbarkeit
– kranbar	– Seitenwand	– Oberflächenart
– fahrbar	abklappbar	– Temperatur
– kippbar		– schmutzig
– unterfahrbar		– verderblich
– einfahrbar		– veränderbar
– klammerbar		
– entleerbar		
– kodierbar		
– ziehbar		
– schiebbar		

Bild 3.2 Eigenschaften von Stückgut

- *Formbeschaffenheit des Schüttgutes*
  Unterteilung in Korngröße und Kornform, wie scharfe oder runde Kanten, faserig, faden-förmig. Je nach der Gleichmäßigkeit der Zusammensetzung spricht man von sortiertem (Verhältnis maximale zu minimale Korngröße *kleiner* 2,5) und unsortiertem (Verhältnis *größer* 2,5) Schüttgut. Als Korngröße ist der diagonal größte Kantenabstand zu verstehen.

- *Zusammenhalt des Schüttgutes*
  Das Fließverhalten kann in leicht und schwer fließend charakterisiert werden, was sich durch den Böschungswinkel ausdrücken lässt. Unter dem Böschungswinkel β_R der Ruhe versteht man den Neigungswinkel von Schüttgut, welches lose auf eine waagerechte Fläche geschüttet wurde.

  Der Böschungswinkel β_R ist die ausschlaggebende Größe bei der Planung und Festlegung der Haldenfläche für die Bodenlagerung von Schüttgut. Für die Bewegung des Schüttgutes auf Transportmitteln wie z. B. Gurtförderern ist der Böschungswinkel β_B der Bewegung maßgebend (Tab. 3.1).

Fördergut	Dichte ρ in t/m^3	Schüttdichte ρ_s in t/m^3	Böschungswinkel der Ruhe β_R in °	der Be-wegung β_B in °	bei Becherwerken: Füllfaktor φ	Förderge-schwindigkeit in m/s
Braunkohle	0,9	0,7	50	35	0,5	1,9
Asche (Schlacke)	2,5	0,9	45	35	0,7	2,5
Gerste	0,9	0,7	35	25	0,8	3,0
Kies (nass)	2,5	0,7	50	35	0,7	2,5
Kunststoffgranulat	1,3	0,7	25	5	0,7	2,0
Mehl	0,7	0,5	55	50	0,9	3,5
Sand (trocken)	2,5	1,6	35	20	0,7	2,5
Sägespäne	0,4	0,25	35	5	0,8	3,0
Zement	2,8	1,2	45	20	0,8	2,5

Tabelle 3.1 Schüttdichten und Böschungswinkel von Schüttgut

- *Verhalten des Schüttgutes*
  Die physikalischen, mechanischen und chemischen Eigenschaften sind zu beschreiben, wie schleifend (Koks, Quarz), angreifend (Kochsalz), explosiv (Kohlenstaub), brennbar (Holz-späne), staubend (Zement), klebrig (Ton), hydroskopisch (Gips) oder übel riechend (Müll). Weitere charakteristische Eigenschaften sind z. B. der Feuchtigkeitsgehalt, die Empfind-lichkeit gegen Druck und/oder Licht.

- *Schüttdichte ρ_s*
  Darunter ist das Gewicht einer Raumeinheit zu verstehen in t/m^3 (Tab. 3.1). Dieses Maß stellt eine wichtige Größe zur Bestimmung des Massenstromes und der Leistung einer Transportanlage dar. Zu unterscheiden ist die Schüttdichte von *losem* (Ruhe)und *verdichte-tem* (Bewegung) Schüttgut. Das Verhältnis der beiden Schüttdichten bezeichnet man als Verdichtungsgrad.

- *Temperatur*
  Diese Angabe ist besonders wichtig, weil das Transportmittel für die entsprechende Trans-porttemperatur ausgelegt werden muss. Zement verhält sich bei Raumtemperatur wie Mehl, dagegen bei 80 ° C und Luftemulgierung z. B. im Fertigungsprozess wie eine Flüssigkeit.

3.1.3 Stückgut

Alles feste Transportgut, das während des Transportvorganges seine Gestalt nicht ändert und einzeln als Einheit gehandhabt werden kann, wird als Stückgut bezeichnet. Es kann unverpackt oder verpackt sein, kleinste bis größte Abmessungen haben, aus einem Material oder mehreren Materialien zusammengesetzt sein.

Typisches Stückgut sind z. B. Fertigungs- und Montageteile, Pakete, Kisten, Dosen, Flaschen, Ringe, Ballen, Säcke, Behälter, Trays, Ladeeinheiten, Maschinen, Fahrzeuge, Container. Stückgut kann nach diversen Kriterien wie z. B. Anzahl, Funktion oder Form eingeteilt werden (Bild 3.1). Stückgut mit großer Länge und Breite aber geringer Dicke wird als Platte bzw. *Flachgut*, mit kleinem Querschnitt bei großer Länge (> 2,5 m) als *Langgut* bezeichnet. Große Mengen von Stückgut, wie z. B. Schrauben oder Postpakete, werden auch als *Massenstückgut* bezeichnet. In der Bekleidungsindustrie wird zwischen liegenden und hängenden Gut unterschieden. Es gilt wie bei Schüttgut auch bei Stückgut, sich die Kenntnis der geometrischen, chemischen und physikalischen Eigenschaften anzueignen als zwingende und notwendige Voraussetzungen für die Planung eines funktionalen und wirtschaftlichen Transport- oder Lagersystems (Bild 3.2).

3.1.4 Transport-, Lager- und Ladehilfsmittel

Transport-, Lager- und Ladehilfsmittel umfassen Hilfsmittel zur Bildung uniformer logistischer Einheiten. Sie schaffen die Voraussetzung für die Mechanisierung und Automatisierung im Material- und Güterfluss. Die Begriffe Transport-, Lager- und Ladehilfsmittel werden oft synonym benutzt. Eine Einteilung wird auf Bodenunterfahrbarkeit durchgeführt:

- nicht unterfahrbare Transport- und Lagerhilfsmittel
- unterfahrbare Transport- und Lagerhilfsmittel.

3.1.4.1 Nicht unterfahrbare Transport- und Lagerhilfsmittel

Dies sind Kleinladungsträger (KLT), wie z. B. Kisten, Schachteln, Kästen, Kleinbehälter. Teilweise sind sie genormt oder standardisiert, oft haben sie modulare Größenaufteilung. Sie bestehen aus Pappe, Holz, verzinktem oder lackiertem Stahlblech sowie aus farbigem Kunststoff.

Die Kästen und Kleinbehälter können Eigenschaften besitzen, wie z. B. stapelbar, ineinander schachtelbar, schlag- und stoßfest, faltbar, glatte Bodenfläche. Sie können mit Tragegriffen, Abdeckungen, Einsätzen, Unterteilungen versehen sein und haben Vorrichtungen für Identifikationsträger und Codiereinrichtungen, um einen begleitfreien Transport zu gewährleisten. Zu den nicht unterfahrbaren Transport- und Lagerhilfsmitteln (Bild 3.3) gehören:

- Stapel- und Sichtkasten (mit spez. Hubwagen unter Stapelrand anhebbar)
- Gitter-, Draht- und Vollwandbehälter (bis 1 m^3 Inhalt: Kleinbehälter)
- Drehstapelbehälter, falt- und zusammenklappbare Behälter
- Sonderbehältnisse, wie z. B. Tray, Korb, Sack, Fass, Tonne, Schachtel, Kiste, Werkzeugträger.

Die Entwicklung von nicht unterfahrbaren Transporthilfsmitteln ist weder stehen geblieben noch abgeschlossen. Es wurde in Zusammenarbeit von VDMA und Automobilindustrie der KLT-Behälter entwickelt, der gleichermaßen für manuelle, mechanische und automatische Handhabung sowie im Austausch (poolfähig) einzusetzen ist. Er gewährleistet nicht nur vertikalen Formschluss, wie z. B. der Stapelkasten, sondern besitzt horizontalen Formschluss durch

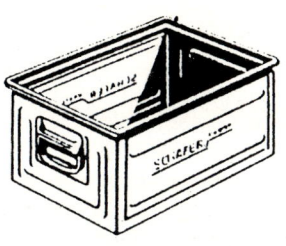

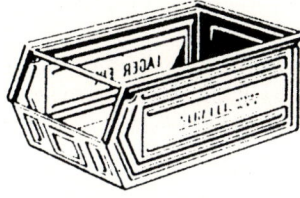

a) Stapel- und Sichtkasten

b) Fachbodenregal mit
Lagersichtkästen

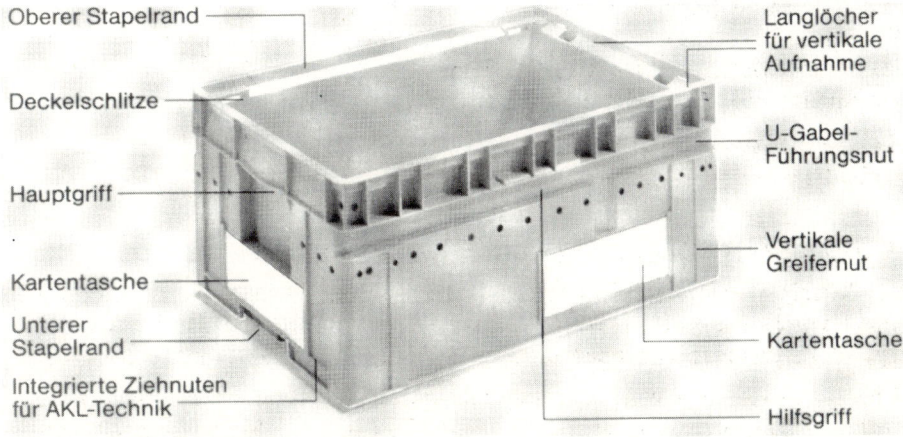

Oberer Stapelrand

Deckelschlitze

Hauptgriff

Kartentasche

Unterer
Stapelrand

Integrierte Ziehnuten
für AKL-Technik

Langlöcher
für vertikale
Aufnahme

U-Gabel-
Führungsnut

Vertikale
Greifernut

Kartentasche

Hilfsgriff

c) KLT-Behälter

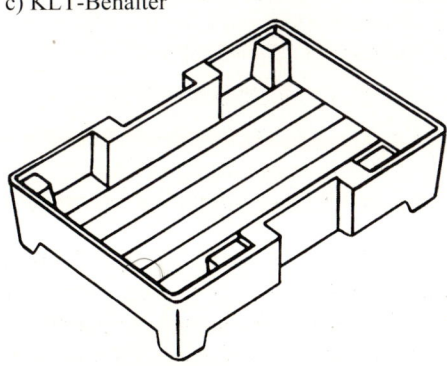

d) Tablar für Printplatten   e) Drehstapelbehälter

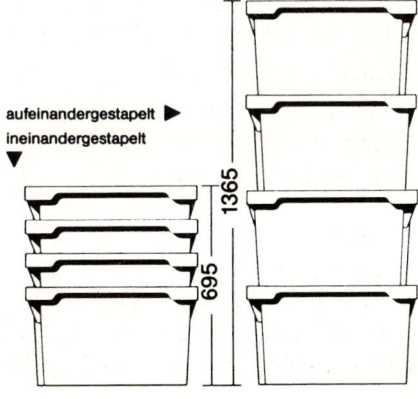

aufeinandergestapelt ▶
ineinandergestapelt ▼

1365

695

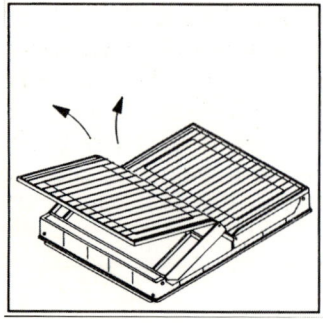 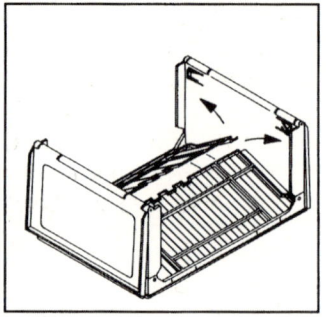 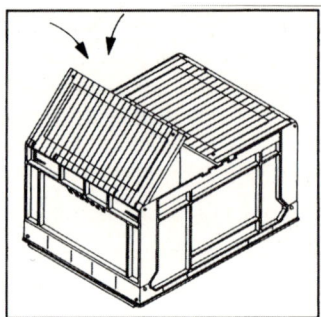

f) Zusammenklappbarer Mehrwegbehälter

Bild 3.3   Nicht unterfahrbare Transport- und Lagerhilfsmittel (a-f)

am Boden verteilte Stapelfüße, die durch kreuzweise Stapelung eine Verbundsicherung erreichen. An den KLT-Behälter können geschützte Codierleisten angebracht werden, er besitzt Wasserablaufflächen und Griffe, kann mechanisch oder automatisch entleert werden und hat Einfahrnuten für die Mitnehmerbolzen des Regalbediengerätes eines AKL (s. Kap. 11.6). Der KLT-Behälter ist durch Abmessungen, wie z. B. 600 × 400 mm Grundfläche oder 400 × 300 mm modular auf die Europalette aufgebaut. Seine Bezeichnung lautet z. B. 6428, d. h. dieser Behälter ist 600 mm lang, 400 mm breit und 280 mm hoch.

3.1.4.2 Unterfahrbare Transport- und Lagerhilfsmittel

Dies sind Großladungsträger (GLT), wie z. B. Paletten, Großbehälter und Ladegestelle mit tragender, tragender und umschließender oder mit geschlossener Plattform (Bild 3.4). Sie dienen

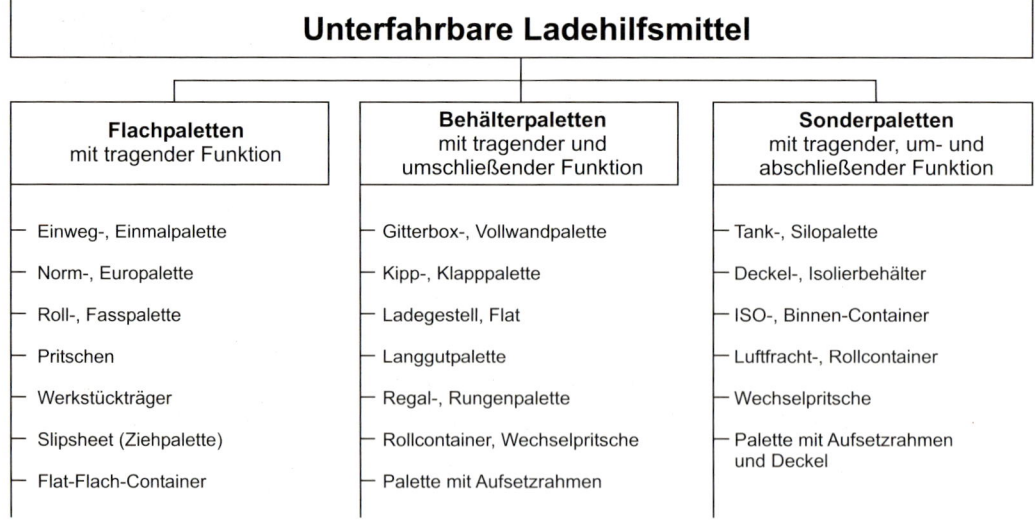

Bild 3.4   Einteilung der unterfahrbaren Ladehilfsmittel

einmal dem Zusammenfassen von Stückgut wie z. B. Kästen, Kleinbehälter, Schachteln, Packstücken zu größeren Ladeeinheiten und zum anderen, um nicht unterfahrbare Güter unterfahrbar zu machen, damit ein rationelles Transportieren und Lagern ermöglicht wird. Ladehilfsmittel bestehen aus Pressspan, Holz, Kunststoff, Stahlblech oder Aluminium, sind teilweise genormt, standardisiert und z.T. dem Transportgut angepasst. Ladehilfsmittel können Eigenschaften haben, wie z. B. stapelbar, zusammenklappbar und ineinander schachtelbar. Die Einteilung der Ladehilfsmittel kann nach verschiedenen Kriterien vorgenommen werden, z. B. nach

- der Unterfahrbarkeit: Zweiwege-/Vierwegepalette
- der Art der Verwendung: Einmalpalette, Poolpalette, Mehrwegpalette
- der Normung: DIN-Flachpalette, nicht genormte Palette.

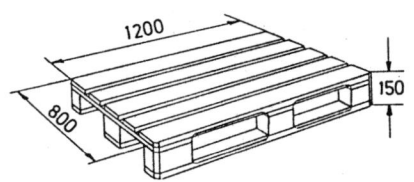 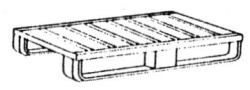 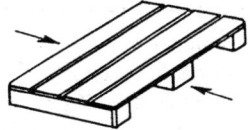

a) Vierwege-Palette (DIN-Palette)   b) Stahl-Flachpalette   c) Zweiwege-Palette

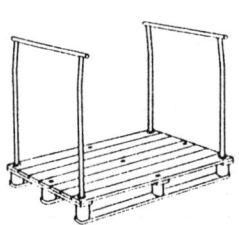 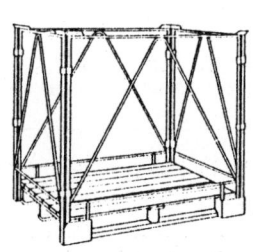 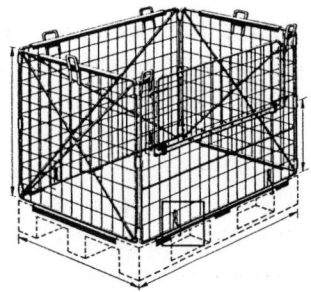

d) Flachpalette mit Rohrbügel   e) Flachpalette mit Aufsetzrahmen   f) Flachpalette mit
   (stapelbar)   (stapelbar)   Gitteraufsetzrahmen (stapelbar)

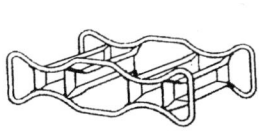 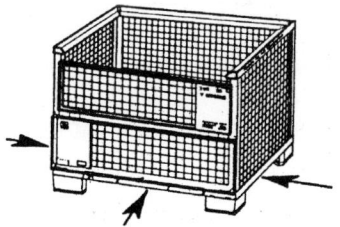 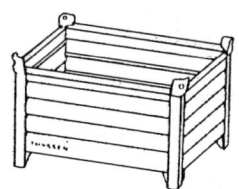

g) Fasspalette   h) Gitterboxpalette   i) Vollwand-Boxpalette

Bild 3.5   Unterfahrbare Ladehilfsmittel (a - t)

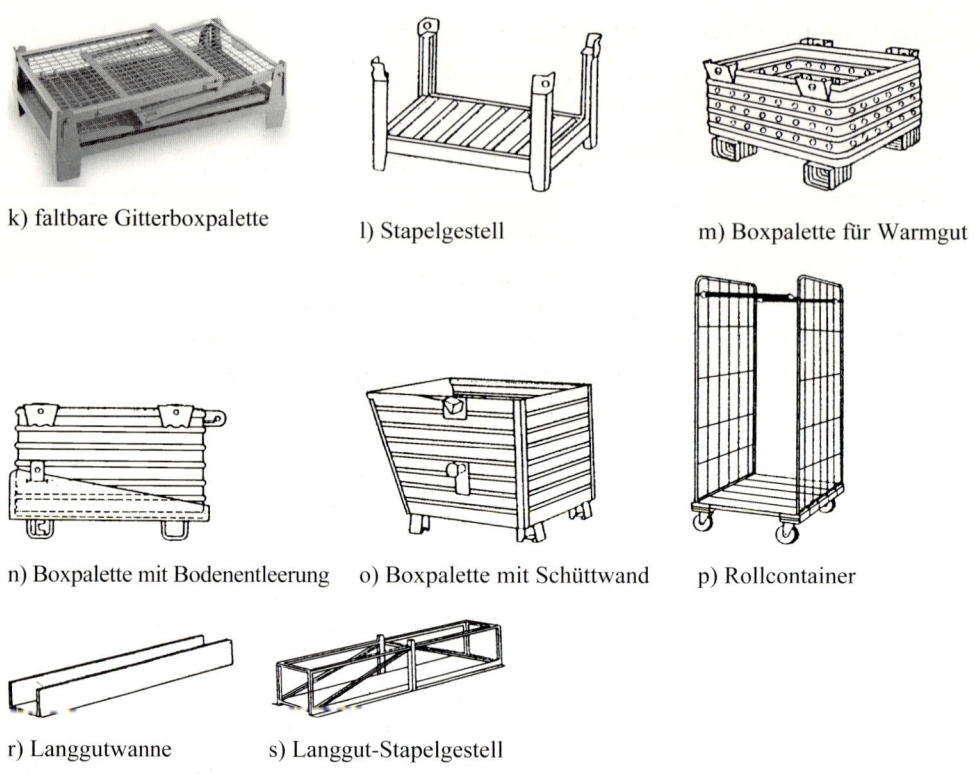

k) faltbare Gitterboxpalette   l) Stapelgestell   m) Boxpalette für Warmgut

n) Boxpalette mit Bodenentleerung   o) Boxpalette mit Schüttwand   p) Rollcontainer

r) Langgutwanne   s) Langgut-Stapelgestell

Bild 3.5   Unterfahrbare Ladehilfsmittel

Die wichtigsten *unterfahrbaren* Ladehilfsmittels sind (Bild 3.5, a - t):

1. **Flachpaletten:** (DIN 15 141 und DIN 15 146) zu unterscheiden sind folgende Bezeichnungen (s. Beispiel 3.1):

   - *Einwegpalette:* Einmalpalette, verlorene Palette für eine einmalige Verwendung, oft aus minderwertigem Holz hergestellt, z. B. als Flachpalette, bei Herd-, Kühlschrank- und Waschmaschinenfertigung als Montageträger benutzt.
   - *Zweiwege-*, *Vierwegepalette*: Bezeichnung der Palette auf Grund von zwei- oder vierseitiger Unter- bzw. Einfahrmöglichkeit der Gabelzinken eines Staplers, Einfahrhöhe bei Paletten 100 mm (Bild 3.5).

Ausführungsformen von Flachpaletten sind u. a.:

- *DIN-Palette*: Euro-Pool- bzw. Tauschpalette des europäischen Palettenpools (Bild 3.5a) mit den Abmessungen (L × B × H) 1200 × 800 × 150 mm als Flachpalette. Diese Palette aus Holz erfüllt besondere Anforderungen, wie z. B. Maßhaltigkeit, um im automatisch betriebenen Hochregallager eingesetzt zu werden. Sie hat eine Tonne Tragfähigkeit. Der 1961 gegründete Palettenpool des internationalen Eisenbahnverbandes (UIC) verfolgt das Ziel, die in allen Einzelheiten genormte Flachpalette, genannt Poolpalette, im Tauschverkehr (beladen gegen leer) zur Erreichung einer ununterbrochenen Transportkette einzusetzen. Bedingungen für die Teilnahme am Palettenpool legt die zentrale Transportleitung der DB AG, Mainz, fest.

Die Kennzeichnung der Pool-Flachpalette geschieht durch:

– EUR-Brandzeichen auf rechtem Eckklotz des Europäischen Paletten Pools,
– DB-Einbrennung im mittleren Klotz der Europäischen Bahngesellschaften hier für Deutschland, sowie der Länder- und Herstellercode,
– EPAL auf linkem Eckklotz: Brandzeichen als Qualitätsmerkmal der European Pallet Association.

Die genormten Ladeflächen der Flachpalette sind:

– 800 × 1200 mm: eingesetzt in allen Branchen
– 800 × 1000 mm: eingesetzt z. B. in der Getränkeindustrie
– 1000 × 1200 mm: eingesetzt z. B. in der chemischen Industrie, Brauerei
– 600 × 400 mm (Düsseldorfer Palette): in vielen Branchen benutzt.

- *Rollpalette:* ist eine Flachpaletten mit vier feststehenden Bockrollen, die in speziellen Rillenschienen geführt werden.
- *Fasspalette* dient der Aufnahme von zwei oder drei Fässern. Sie ist entweder als Rohrrahmen oder aus gekantetem Blech aufgebaut und hat Gabelschuhe zur Führung der Gabelzinken (Bild 3.5g).
- *Flachpaletten mit Bügeln, Aufsetz-* und *Aufsteckrahmen* werden für nicht stapelbares, druckempfindliches Gut verwendet, so dass eine 5-fache Stapelung möglich ist (Bild 3.5d und f) Aufsetzrahmen faltbar; Höhe bis 1,6 m; Rahmen auch als Gitterkonstruktion auf dem Markt.
- *Flachpalette mit faltbaren Holzaufsetzrahmen* unterschiedlicher Höhe benutzt für loses Stückgut, zusammenlegbarer Rahmen dient der Transportsicherung (Bild 3.5t).

2. Box-Paletten: sie dient sowohl dem Transport, der Bereitstellung am Arbeitsplatz und der Lagerung von Gütern, sie ist unterfahrbar, oft stapelbar und besitzt teilweise Seitenklappen oder Be- und Entladeöffnungen.

Ausführungsformen von Boxpaletten sind z. B.:

- *Gitterboxpalette* (DIN 15155) mit einem nutzbaren Innenmaß von 800 × 1200 × 800 mm (0,75 m^3) bei einer Transportfähigkeit von 1t. Fünffache Stapelung bei maximaler Belastung ist möglich. Formschlüssige Stapelung durch Winkelrahmen, Gut kann von außen erkannt werden. Eine Halb-Längswand ist herunterklappbar. Auf Grund von Eckfüßen kann die Aufnahme über Gabelzinken oder über einen Hubtisch erfolgen. Die Gitterboxpalette läuft auf Ketten- und Rollenförderer. Es gibt zusammenlegbare Ausführungsformen, um beim Rücktransport und bei der Leergutlagerung geringeres Volumen zu haben (Bild 3.5h und k).
- *Einweg-Boxpalette*: Flachpalette ist mit Kiste oder Großkartonage unlösbar verbunden und zu einmaliger Verwendung für Schüttgut- und Flüssigkeitstransport bestimmt. In zunehmendem Maße auch als *Mehrwegbehälter* eingesetzt, dann aber aus besserem Holz sorgfältiger hergestellt.
- *Vollwand-Boxpalette*: kann abklappbare halbe Seitenwände haben, besitzen für formschlüssige Stapelung Profilwinkelrahmen mit und ohne Fangecken, bei vorhandenen Kranösen mit Hebezeugen transportierbar. Tragfähigkeit 1 t, für fünffache Stapelung ausgelegt, Spezialausführungen als Schüttbehälter mit Fallboden oder Schüttkante; für Nass- oder Warmgut gelochte Bleche (Bild 3.5i).
- *Rungen- bzw. Stapelgestell* für sperriges Gut und Langgut (Bild 3.5*l*).
- *Langgutpalette*: Ausführungsformen als Langgutwanne (Bild 3.5r) und in der stapelbaren Version als Langgutstapelgestell (Bild 3.5s). Bei Anwendung für automatische Ein- und

Auslagerung von Langgut (Aufnahme auch von Restlängen) oft als selbsttragende Kassette ausgebildet.

- *Rollcontainer:* (Bild 3.5p) mit besonderer Anwendung für Lebensmitteltransport zwischen Kommissionierlager und Einzelhandel. Aufgebaut aus Plattform mit drehbaren Rollen (Lenkrollen) und zwei oder drei Seitenwänden aus Maschendraht.

3. Sonderpaletten sind in großer Vielfalt auf dem Markt. Beispiele für Sonderpaletten sind Silo- und Tankbehälter, die auf einer Stahlpalette montiert sind.

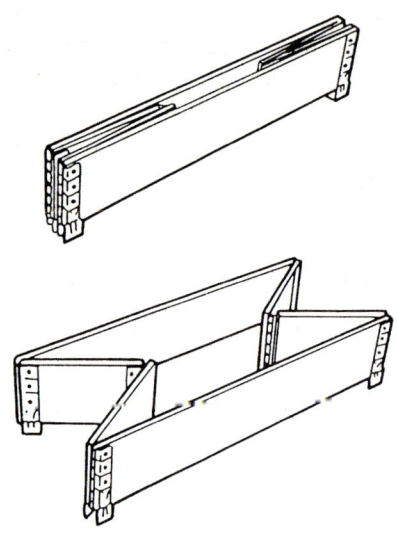

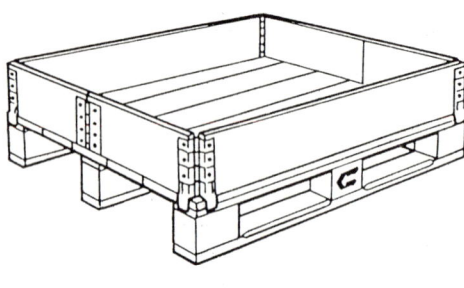

4. Ladegestelle sind nicht genormte, innerhalb eines Unternehmens standardisierte und in der Regel auf das Transportgut ausgerichtete Ladehilfsmittel. Sie erfüllen Schutzfunktionen, sind stapelfähig und können direkt am Arbeitsplatz bereitgestellt werden.

5. Pritschen sind unterfahrbare Ladehilfsmittel zur Aufnahme von Lasten im innerbetrieblichen Materialfluss. Die Ladepritsche besitzt vier Tragfüße (bis zu 400 mm hoch) aus Stahl und kann mit Stapler oder Plattformhubwagen aufgenommen werden. Sie hat keine Stapelbarkeit und ist ungeeignet als Lagerhilfsmittel wegen Volumenverlust durch Tragfüße. Vorteil als Arbeitspalette: geringeres Bücken des Mitarbeiters.

Werden zwei feste Tragfüße durch Bockrollen ersetzt, erhält man die *Rollpritsche*, die sich mit dem *Hebelroller* leicht manövrieren lässt (s. Bild 6.6.4c).

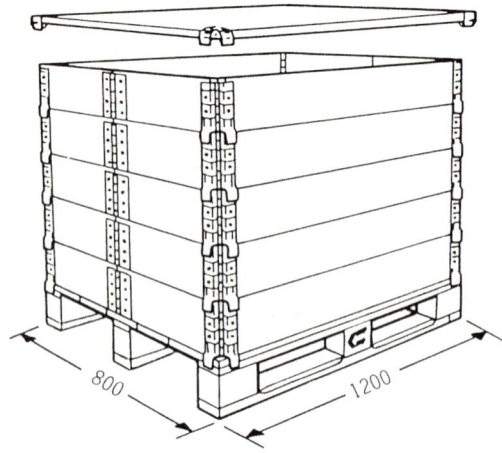

Bild 3.5t
Flachpalette mit Holz-Aufsetzrahmen
Stapelmöglichkeit mit Deckel

3.1.4.3 Container

Container sind genormte Großbehälter mit 10 bis 80 m^3 Ladevolumen für den Direktversand Hersteller - Kunde mit den Vorteilen der Kostenersparnis durch Umschlagrationalisierung, schnellen Transport über Schiff, Schiene und Straße, durch Stapelung der Container und Witterungsschutz für das Transportgut. Container sind mit Gabelstaplern befahrbar, werden manipuliert durch Stapler, Krane und Verladebrücken, die mit Greifrahmen (Spreader) ausgerüstet sein müssen (Kap. 7.3.4, Bild 7.10, 7.11, 7.16 u. 7.17). Zu unterscheiden sind:

- ISO-*Container* (DIN ISO 668) Überseecontainer, international einsetzbar (Bild 3.6), mit 10, 20, 30 und 40 Fuß (ca. 3, 6, 9 und 12 m Länge) und einem maximalen Gesamtgewicht von 5, 10, 20 und 25 t; größter Nachteil: nicht auf Europalettenmaß abgestimmt (Breite innen: 2,33m), Beladung in der Regel über Hecktür, im Schiff bis 10-fache, im Freien auf dem Boden bis 3-fache Vollgut- und wegen des Winddruck nur bis 5/6-fache Leergut-Stapelung.

  Im Schiff Verladung i.d.R. von 20 und 40 Fuß-Container, ebenso auf LKW (s. Beispiel 3.7 und 7.6). Umschlagmittel für Container Kap. 7.3.3, 7.3.4.

- *DB-Binnencontainer*
  Transporteinheit im Binnenverkehr, 3-fache Stapelung möglich, Heck- und Seitenbeladung, auf Europalettenmaß abgestimmt (Tab. 3.2).

- *Wechselcontainer*
  Hauptanwendung im Entsorgungsbereich für Reststoffe, Müll und Abfälle. Tauschbetrieb: voll gegen leer. Ausführungsformen s. Kap. 3.2.3.

- Wechselbrücke (LKW)

Bezeichnung der Container	Außen-/Innemaße			Brutto gewicht max. kg	Eigen- gewicht Stahl/ Aluminium kg
	Länge mm	Breite mm	Höhe mm		
B12	12192 12000	2500 2440	2600 2400	30480	3500 2600
B9	9125 8900	2500 2440	2600 2400	25400	3000 2200
B6	6058 5900	2500 2440	2600 2400	20320	2300 1800

Tabelle 3.2   Hauptdaten von Binnen-Containern

Bild 3.6   Container (1 Gabeltaschen; 2 Eckbeschläge; 3 zweiflüglige Tür; Bezeichnung)

Ein 40" Container mit einem max. Gewicht von 30 t besitzt ein Eigengewicht (Tara) von 3,6 t und hat bei ca. 68 m³ Volumen ein Zuladungsgewicht von 26,2 t. Ladungssicherung Kap. 3.3.6.

3.2 Verpackung

3.2.1 Packstück, Sammelpackung

Packstück und Sammelpackung sind Stückgüter.

Das *Packstück*, auch Packung genannt, entsteht durch Verpacken von Packgut mit der Verpakkung, d. h. das Verpacken umfasst alle Tätigkeiten zur Bildung eines Packstückes.

Packgut kann Schüttgut, Stückgut, Flüssigkeit oder Gas sein.

Die *Verpackung* besteht aus dem Packmittel und den Packhilfsmitteln.

Packmittel sind z. B. Papier, Folie, Schachtel, Kiste, Dose, Flasche, Tube, Beutel, Sack etc.

Packhilfsmittel werden in Verschließ- und Polstermittel eingeteilt. *Verschließmittel* sind Klebe- und Umreifungsbänder, Heftklammern etc. *Polstermittel* bzw. Leerraumfüllung sind Schaumstoffe, Holzwolle, Papierschnitzel, Styropor, Papiermatten/ -polsterkissen, Luftkissen etc.

Packstoffe, aus denen Packmittel und Packhilfsmittel bestehen, sind Papier, Karton, Glas, Pappe, Aluminium, Stahl, Kunststoff, Holz etc.

Die *Verpackung* erfüllt unterschiedliche Funktionen, die in Bild 3.7 zusammengestellt sind. Die Packstückbildung muss unter dem Gesichtspunkt der Minimierung der Verpackungskosten geschehen. Sie erfolgt für Stück- und Schüttgut, Flüssigkeiten und Gase über spezielle Abfüll-, Abpack- und Einschlagmaschinen. Das Ergebnis ist in der Regel eine Verbraucherpackung als Verkaufseinheit, wie z. B. eine Tafel Schokolade, eine Tüte Kaffee, eine Dose Bier oder ein Stück Butter. Verpackungsmaschinen packen automatisch Produkte in eine Schachtel ein, wie z. B. Zigaretten, Weinflaschen oder Eierkocher.

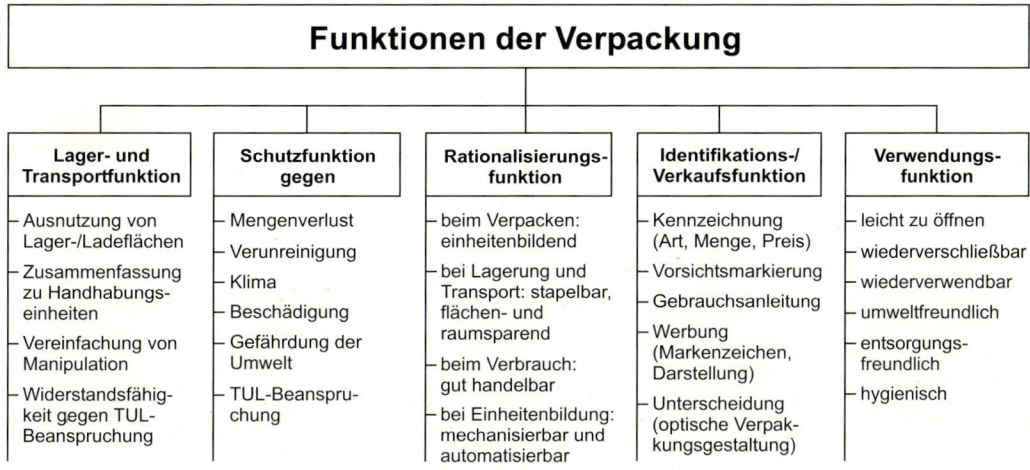

Funktionen der Verpackung

Lager- und Transportfunktion	Schutzfunktion gegen	Rationalisierungs-funktion	Identifikations-/ Verkaufsfunktion	Verwendungs-funktion
– Ausnutzung von Lager-/Ladeflächen	– Mengenverlust	– beim Verpacken: einheitenbildend	– Kennzeichnung (Art, Menge, Preis)	– leicht zu öffnen
– Zusammenfassung zu Handhabungs-einheiten	– Verunreinigung	– bei Lagerung und Transport: stapelbar, flächen- und raumsparend	– Vorsichtsmarkierung	– wiederverschließbar
– Vereinfachung von Manipulation	– Klima	– beim Verbrauch: gut handelbar	– Gebrauchsanleitung	– wiederverwendbar
– Widerstandsfähig-keit gegen TUL-Beanspruchung	– Beschädigung	– bei Einheitenbildung: mechanisierbar und automatisierbar	– Werbung (Markenzeichen, Darstellung)	– umweltfreundlich
	– Gefährdung der Umwelt		– Unterscheidung (optische Verpak-kungsgestaltung)	– entsorgungs-freundlich
	– TUL-Beanspru-chung			– hygienisch

Bild 3.7   Funktionen der Verpackung

Von *Sammelpackung* wird gesprochen, wenn mehrere Packstücke des gleichen Packgutes zu einer größeren Einheit zusammengefasst werden, wie z. B. 20 × 500 g Kaffeetüten zu einer 10-kg-Sammelpackung oder Dosenbier auf einem Tray. Dazu werden Packmittel und Packhilfs-mittel benötigt.

Ausführungen von verschiedenen Packtischen und Kartonagewagen s. Beispiel 9.10.

3.2.2 Verpackungsverordnung, Verpackungsarten

Das Selbstbedienungssystem, der Trend zu kleiner werdenden Haushalten, wachsende Quali-tätsanforderungen an das Produkt, das zunehmende Angebot an Gütern und die Veränderung im Konsumentenverhalten, haben den Bruttoproduktionswert der Verpackungsindustrie auf 35 Mrd. DM im Jahr 1990 ansteigen lassen.

Das 1993 zu entsorgende Gesamtmüllaufkommen von ca. 251 Mio. t enthält ca. 5 % Verpak-kungsmüll. Schon 1986 hat der Gesetzgeber ein Abfallgesetz erlassen mit der Zielsetzung, eine Vermeidung oder Reduzierung des Abfallaufkommens aus Verpackungen durch erneute Ver-wendung oder Verwertung zu erreichen. Die Entsorgung der Abfälle ist durch das Gesetz außerhalb der öffentlichen Abfallwirtschaft durchzuführen, d. h. die Abfälle aus Verpackungs-materialien dürfen weder deponiert noch thermisch verwertet werden. Stattdessen sind sie stofflich zu verwerten bzw. zu recyceln (vgl. Kap. 1.3.4 Entsorgungslogistik). Seit dem 1.1.1993 können gebrauchte Verpackungsarten wie Transport-, Verkaufs- und Umverpackun-gen zurückgegeben werden. Am 7.10.96 ist das Kreislaufwirtschaftsgesetz in Kraft getreten.

Transportverpackung dient dem Schutz der Ware auf dem Transportweg.
Verkaufsverpackung dient der Haltbarkeit und dem Schutz der Ware bis zum Endverbraucher. Sie entspricht der unmittelbaren Umhüllung eines Produkts.

Die Abgrenzung zwischen Transport- und Verkaufsverpackung ist nicht immer eindeutig, denn eine zweite Verpackung um eine schon vorhandene Warenverpackung kann immer noch eine Verkaufsverpackung darstellen, wie z. B. eingewickelte Bonbons in einer Bonbontüte.

Umverpackung ist eine zusätzliche Verpackung um eine Verkaufsverpackungen, sie weist keine unmittelbaren Schutzfunktionen auf und verliert ihre Bedeutung beim Gebrauch der Ware, wie z. B. die Zahnpasta in der Tube, die wiederum in einer Faltschachtel steckt. Die Abgrenzungsschwierigkeit besteht oft auch zwischen Umverpackung und Verkaufsverpackung. Die Grenzen sind fließend. Bei Lebensmitteln entfallen im Durchschnitt 6 % des Warenwertes auf die Verpackung (Verpackungsermittlung s. Bild 3.15).

3.2.3 Abfall- und Verpackungsentsorgung

Mittels Behältersystemen erfolgt die Abfuhr der im Unternehmen anfallenden Abfallarten (vgl. Bild 1.8). Dabei unterscheidet man in Abhängigkeit von der Abfallmenge das Umleer- und das Wechselsystem:

- *Umleersystem*
  Es werden Müllgroßbehälter eingesetzt, die direkt an der Anfall- oder Abfallsammelstelle durch speziell ausgerüstete Entsorgungsfahrzeuge entleert werden. Die leeren Behälter verbleiben vor Ort. Das Umleersystem wird bei kleinen bis mittleren Abfallmengen eingesetzt. Die Behältergrößen gehen von 0,12 bis 0,6 m^3 als Haushalts- und Großmülltonne und von 0,8 bis 5,0 m^3 als Müllgroßbehälter.

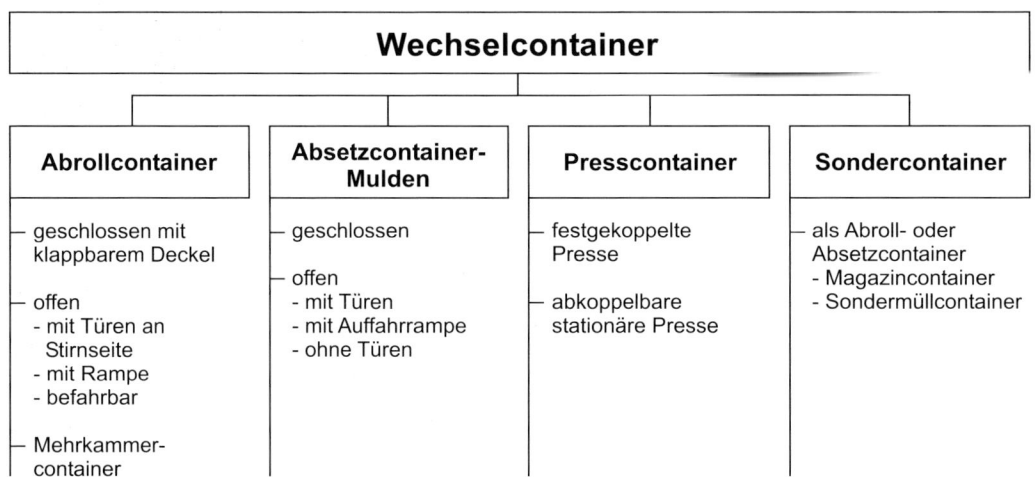

Bild 3.8   Einteilung der Wechselcontainer

- *Wechselsystem*
  Beim Wechselsystem erfolgt die Abfuhr der Abfälle durch Großcontainer. Die gefüllten Container werden bei der Abholung durch entsprechende leere Container ersetzt. Nach Größe, Ausführung und Aufnahmesystem für die Entsorgungsfahrzeuge sind Abrollcontainer, Absetzcontainer und Container mit eigener Pressvorrichtung zu unterscheiden (Bild 3.8).

  Abrollcontainer (Bild 3.9) werden über entsprechende Fahrzeugaufbauten auf die vorgesehene Standfläche abgerollt. Es gibt verschiedene Ausführungsformen der Abrollcontainer. Als Fahrzeug für den Transport und Umschlag des Abrollcontainers werden Abrollkipper eingesetzt, die über Seil- oder Kettenaufbauten verfügen und eine Hubvorrichtung besitzen, die den Container zunächst auf dem Fahrzeug ankippt. Der Abrollcontainer wird dann über die Seil- oder Kettenvorrichtung abgelassen. *Abrollkipper* mit Doppelknickhaken lassen den Container direkt über das hydraulisch bediente Hakensystem auf den Boden absetzen (s. Kap. 7.3.4).

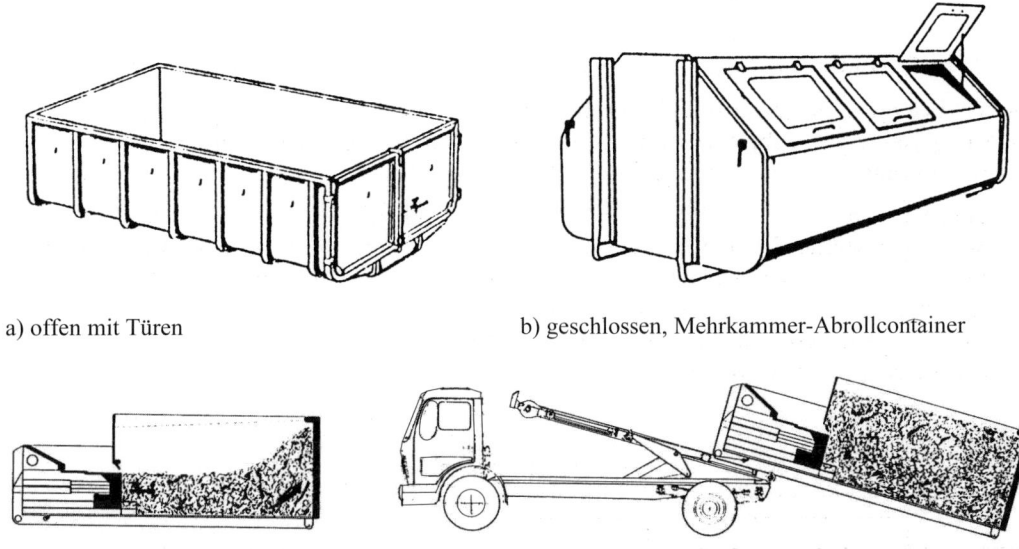

a) offen mit Türen

b) geschlossen, Mehrkammer-Abrollcontainer

c) Presscontainer mit Abrollkipper

Bild 3.9   Abrollcontainer

Absetzcontainer, auch als Mulden bezeichnet, werden über fahrzeugeigene Absetzvorrichtungen auf den Boden abgesetzt. Der Absetzcontainer hat verschiedene Ausführungsformen. Für den Transport und Umschlag der Mulden werden *Absetzkipper* eingesetzt, die Vorrichtungen zum Aufnehmen und Absetzen der Mulden haben (s. Bild 7.12).

Presscontainer verdichten die Abfälle mittels eigener Pressvorrichtungen, die fest oder in gekoppelter Form mit dem Container verbunden sind (Bild 3.9c).

Verpackungsabfälle, z. B. in Form von Schachteln oder Kartonagen, werden oft vor Ort über eine *Ballenpresse* (s. Bild 1.16) zu Ballen unterschiedlicher Größe zusammengepresst, um so das anfallende Abfallvolumen möglichst klein zu halten und eine gut transportierbare und umschlagbare Stückguteinheit zu erhalten.

3.3 Ladeeinheit, Ladung, Transportsicherung

3.3.1 Logistische Einheit, Ladeeinheit

Im logistischen Sinn ist jedes Stückgut mit einem genügend großen Gewicht, Volumen und Abmessungen dann eine Einheit, wenn es sich mit mechanischen oder automatischen Transport- oder Lagermitteln bewegen, handhaben, lagern oder kommissionieren lässt. Solche logistische Einheiten sind z. B. Werkstücke, Werkzeuge, Schachteln, Kästen, Kleinbehälter.

Größere logistische Einheiten entstehen durch Zusammenfassen von Stückgütern, z. B. von kleinen logistischen Einheiten mittels Ladehilfsmittel zu standardisierten Transport- und Lagereinheiten. Durch Festlegung von Form und Abmessung werden der innerbetriebliche Materialfluss vereinfacht, die Laderaumausnutzung erhöht und die Materialflusskosten reduziert. Im Einzelnen hat die Bildung von Ladeeinheiten folgende Vorteile:

- Einsparung von Umladevorgängen; Reduzierung von Handhabungszeiten
- Schonung des Transportgutes; Erhöhung der Umschlagsleistung
- Kostenersparnis durch Abstimmen der Transportmittel auf Ladeeinheitsgröße
- Bildung von Transportsystemen und Transportketten; Verringerung der Unfallgefahr
- Erleichterung der Mechanisierung/Automatisierung
- Senkung des Lagerflächenbedarfs durch stapelfähige Einheiten
- Erreichung des wirtschaftlichen Zieles: Ladeeinheit entspricht der Produktionseinheit, Transporteinheit, Lagereinheit und Verkaufseinheit
- Einsparung an Verpackungskosten; Sicherung gegen Diebstahl
- Reduzierung der Zeiten für Lagerbestandsaufnahmen und von Materialflusskosten
- Mechanisierung der Ladungszusammenstellung; Reduzierung von Versicherungskosten
- Optimale Abstimmung von Ladeeinheit und Ladung; Vereinfachung der Identifizierung

Nachteile entstehen bei der Bildung von Ladeeinheiten durch Kosten der Ladehilfsmittel sowie für Lagerung, Leergutplatzbedarf und Verwaltung der Ladehilfs- und Sicherungsmittel. Mehrgewicht durch die Ladehilfsmittel (Taragewicht) sowie deren Rücktransport erfordern zusätzliche Kosten. Weitere Kosten entstehen durch Anlagen und Geräte zur Herstellung der Ladeeinheit, z. B. Palettiermaschinen. Außerdem werden zum Umschlag und Transport der Ladeeinheiten Transportmittel, wie z. B. Gabelstapler, Schlepper oder Wagen mit entsprechendem Personal sowohl auf der Belade- wie Entladeseite benötigt. Erst die Abstimmung zwischen Stückgut bzw. Packstück und Transporthilfsmittel mit dem Ladehilfsmittel und dem Laderaum gewährleistet niedrige Transportkosten (Bild 3.10). Wenn möglich, sollte versucht werden, dass Montageeinheit = Transporteinheit = Versandeinheit = Verkaufseinheit ist. Bei bestimmten Produkten ist dies durchzuführen, wie z. B. beim Kühlschrank, Gefrierschrank, bei der Waschmaschine, Geschirrspülmaschine usw. Ein Kühlschrank wird auf einer Einwegpalette montiert, mit Schrumpffolie zur Transportsicherung ummantelt und als Einheit über Distributionslager und Regionallager zum Kunden als Verkaufseinheit transportiert (Mehrwegsystem Beispiel 3.8).

3.3.2 Ladeeinheitenbildung

Den größten Einfluss auf die Art und die Bildung von Ladeeinheiten hat das Transport- und Lagergut. Form und Abmessungen der Ladeeinheit hängen u. a. ab von

- Art, Form und Abmessungen des Stückgutes bzw. Packgutes
- Transport-, Ladehilfsmittel
- modularer/nicht modularer Packungseinheit
- Abmessungen Laderaum (s. Beispiel 3.3 und 3.4).

In Abhängigkeit von der Anzahl der pro Zeiteinheit zu verpackenden und/oder zusammenzufassenden Güter, wird der Vorgang zur Bildung der Ladeeinheit manuell, mechanisiert, teilautomatisiert, vollautomatisiert oder mittels Industrieroboter durchgeführt (Bild 3.11). Ein Industrieroboter als Linien-, Portal- oder Knickarmroboter ist in der Lage, eine Ladeeinheit mit sortengleichem und sortenungleichem, sowie sortenreinem und sortenunreinem Packgut auf eine Palette oder eine beliebig gestaltete Packfläche zu stapeln. Je nach Art des Stückgutes muss die Greifeinrichtung ausgebildet sein, z. B. Greifen einer verschlossenen Schachtel mit Saugnäpfen (s. Kap. 8.2).

3.3.3 Palettierung, Packmuster, Palettiermaschine

Die Paletten-Ladeeinheit, bestehend aus Ladung und Ladehilfsmittel (z. B. Palette), ist die heute vorherrschende Ladeeinheit. Den Vorgang der Bildung der Ladeeinheit nennt man Palettierung. Hierbei werden die zu palettierenden Stückgüter, wie z. B. Kästen, Schachteln, Säcke, Eimer oder Packstücke, in Lagen mit vorgegebenem Muster zueinander angeordnet und übereinander gestapelt.

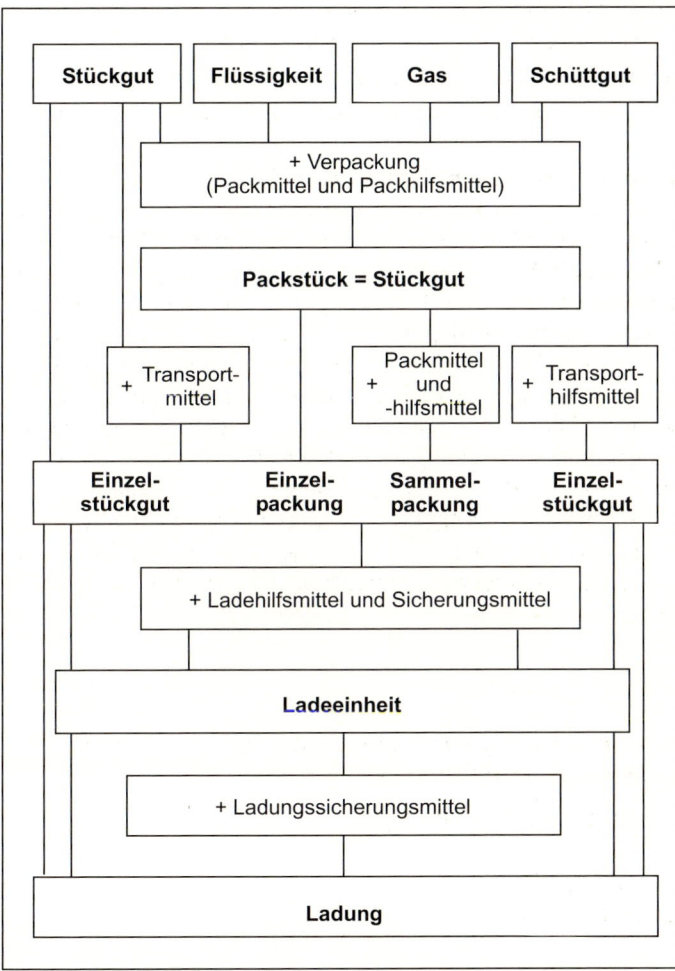

Das *Packmuster* (Packschema) und das *Stapelschema* haben die Aufgabe, die Packfläche der Palette möglichst optimal auszunutzen und bereits eine Ladungssicherung zu erreichen. Werden Lagen mit ungleichem Packmuster übereinander gestapelt, ergibt sich die *Verbundstapelung* (Bild 3.12a); werden Lagen mit gleichem Packmuster identisch übereinander gestapelt, entsteht die *Säulenstapelung* (Turmstapelung; Bild 3.12b). Handelt es sich hierbei um Stapelkästen oder z. B. Kunststoffkästen der Getränkeindustrie, entsteht in der Säule ein vertikaler Formschluss, die horizontale Sicherung muss ein Sicherungselement, z. B. Gummiband, übernehmen. Die optimale Ausnutzung der Packfläche gelingt nur mit modular aufgeteilten Packstückabmessungen (Bild 3.13a).

Bild 3.10   Systematik zur Ladungsbildung

Bild 3.11
Knickarmroboter zur Bildung
von 3 Ladeeinheiten und
gleichzeitigem Kommissio-
nieren durch pneumatische
Abnahme der Kartons von
einem Rollenförderer
(Bottom-up-Prinzip)

In Abhängigkeit von der Zusammensetzung des Palettiergutes (gleichartig, ungleichartig, Oberflächenbeschaffenheit, Form) und je nach Anzahl der zu palettierenden Stückgütern pro Stunde kann der Palettiervorgang manuell, teil- oder vollautomatisiert erfolgen. Palettierma- schinen und Portalroboter mit Palettierkapazitäten bis zu 5.000 Stückgüter pro Stunde werden zur Bildung von Ladeeinheiten eingesetzt. Bei automatischer Arbeitsweise werden Pack- und Stapelschema an der Palettiermaschine gewählt. Die Maschinen bestehen aus folgenden Bau- gruppen:

• *Ausrichtstation* mit Anschlägen, Wender, Drehvorrichtungen und Schiebern zur Erreichung einer definierten Lage des Stückgutes (Packschema);

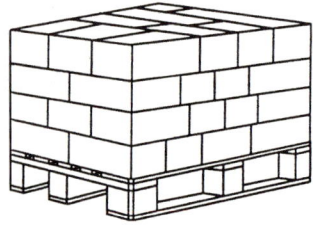

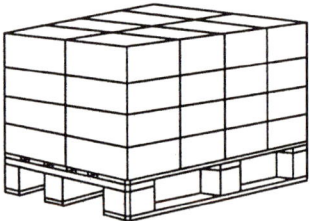

a) Verbundstapelung   b) Säulenstapelung

Bild 3.12   Stapelarten

a) mit einer
   modularen Packstückeinheit

b) mit einer
   nicht modularen Packstückeinheit

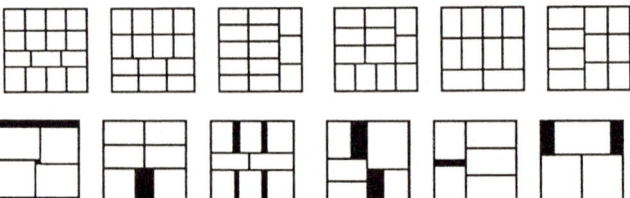

Bild 3.13   Packschema (-muster, Lagenschema) auf DIN-Palette

- *Lagensammelstation*, z. B. mit Rechen zur Erzeugung der gesamten Stückgutlage nach dem vorgegebenen Packschema;
- *Abgabenstation* der Lage auf der zu bildenden Paletteneinheit, z. B. nach dem *Schubprinzip* (Wegziehen des unter der Lage befindlichen geteilten Bleches) oder nach dem *Aufsetzprinzip* (mit Greifersystem: *Bottom-up-Prinzip*, wie z. B. Sauger, Klemme oder Haken);
- *Hubstation* zur Anpassung der zu bildenden Paletteneinheit an die ungefähre Höhe der Lagensammelstation: *Top-down-Prinzip*.

Außerdem gehören zu einer Palettiermaschine Zuführtransporteinrichtungen für Stückgut, wie z. B. Rollen- und Röllchenförderer, Gurtförderer, sowie Leerpalettenmagazin und Abführtransporteinrichtungen für die fertige Paletteneinheit, z. B. in Form eines Schwerlast-Rollenföderers.

Zu unterscheiden sind:

- *Vollpalettierer* (Bild 3.14), die eine Palettenladung auf *einmal* fertig palettieren. Anwendung bei großen Packstückzahlen pro Stunde und geringer Artikelzahl. Der Vollpalettierer benötigt lange Zuführbahnen: Länge entspricht der Länge aller Packstücke einer Palettenladung.

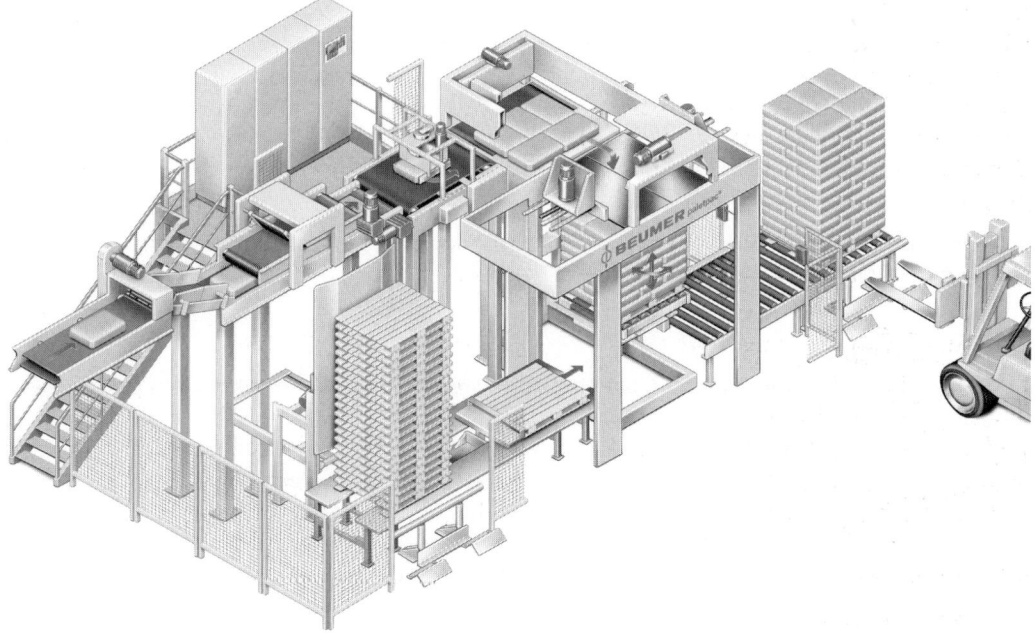

Bild 3.14   Palettiermaschine: Vollpalettierer, Palettierung nach dem Top-down-Prinzip mit Leerpalettenmagazin

- *Lagenpalettierer*, die mehrere Palettenladungen parallel *lagenweise* palettieren. Anwendung bei kleineren Packstückzahlen pro Stunde und größerer Artikelzahl sowie z. B. bei unterschiedlicher Leistung von Abfüllmaschinen oder zur Erzeugung von *Auftragspaletten* sowie *Mischpaletten (Sortimentspaletten)* mit verschiedenen Artikeln. Der Lagenpalettierer benötigt kurze Zuführbahnen: Länge entspricht der Länge der Packstücke einer Packlage. Bei den Lagenpalettierern wird nach zwei Prinzipien gearbeitet:

- – fahrbare Palettiermaschine und stationäre Palettenstellplätze
- – und umgekehrt.

Die erstellte Paletteneinheit muss eine rechtwinklige Stapelkontur, eine glatte Außenfläche und eine waagerechte Stapeloberfläche besitzen, der Palettiervorgang eine schonende Güterbehandlung gewährleisten.

Das Palettieren wird auch mit Palettierroboter durchgeführt, wobei einzeln das Stückgut oder eine ganze Lage vom Roboter zur Bildung einer Mischpalette gegriffen und palettiert werden kann (vgl. Bild 3.11; Kap. 8.2.1).

Zur *Depalettierung* der Ladeeinheiten werden in Abhängigkeit vom Ladegut verschiedene Möglichkeiten benutzt, z. B. Schrägstellen der Ladeeinheit bei Säcken, Roboter mit Greifsysteme wie Saug-, Klammer- oder Hubeinrichtungen bei Schachteln, Kisten oder Kästen, sowie Linien-, Knick- oder Portalroboter für unterschiedlichste Güter (Bild 8.1).

3.3.4 Transportsicherung von Ladeeinheiten

Jede Transport- und Lagereinheit, jede Verpackung und Ladeeinheit muss nach den im Voraus abzuschätzenden *Transport-, Umschlag- und Lagerbeanspruchungen* (TUL-Beanspruchungen) gesichert werden.

3.3.4.1 Verpackungsermittlung

Um die erforderliche Verpackung für einen Transport-, Umschlag- und/oder Lagervorgang zu ermitteln, kann nach Bild 3.15 vorgegangen werden.

3.3.4.2 Ladungssicherung für Paletten

Zur Sicherung von Paletten-Ladeeinheiten gibt es verschiedene Möglichkeiten und Verfahren, die einmal während, zum anderen nach dem Palettiervorgang durchgeführt werden. Man benutzt Ladungssicherungsmittel, wie z. B. Papier, Folien, Gummi, Kunststoffband, Klebstoff.

Sicherungsmöglichkeiten sind:

- beim Palettiervorgang
  - Verbundstapelung
  - Papier, Reibmatten zwischen den Lagen
  - Gleitschutzmittel
  - Punktverklebung der Lagen
  - Traybildung

- nach dem Palettieren
  - Netze, Aufsetzrahmen
  - Gummibänder
  - Umreifung
  - Schrumpffolien
  - Dehnfolien

Welche Sicherungsart eingesetzt wird, ist abhängig u. a. von der Anzahl der zu sichernden Ladeeinheiten pro Zeiteinheit, den TUL-Beanspruchungen und der Form des Ladegutes. Die Verfahren können manuell, teil- oder vollautomatisch angewandt werden.

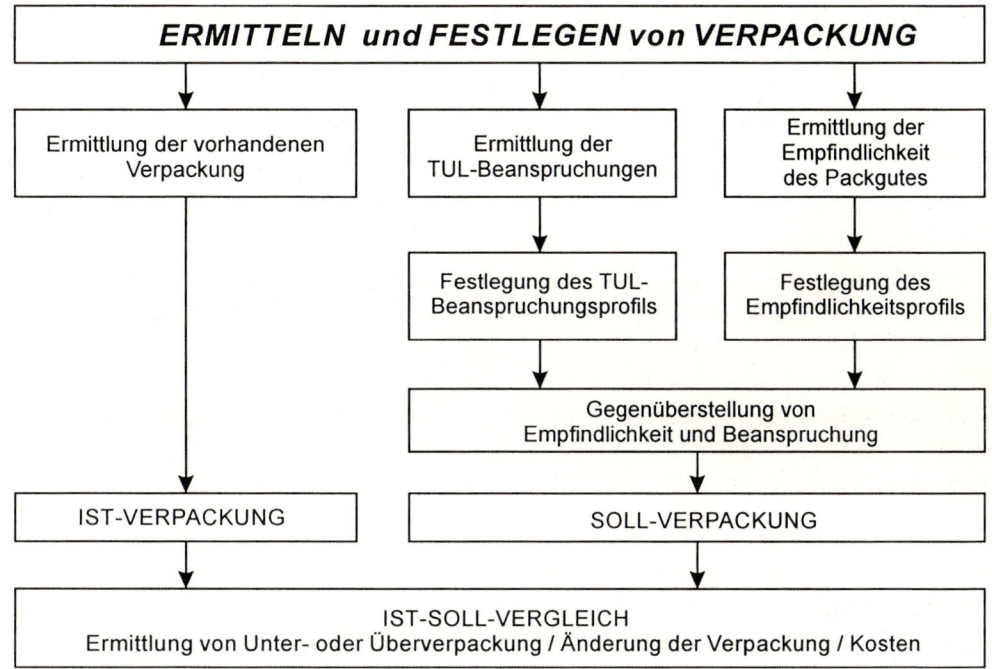

Bild 3.15   Vorgehensweise zur Ermittlung der erforderlichen Verpackung

3.3.4.3 Schrumpfen

Beim Schrumpfen wird eine Kunststofffolie (Dicke 50 – 150 µm) über oder um eine Ladeeinheit gelegt und einer Erwärmung von 180 – 220 °C unterzogen. Die beim Erwärmen weich gewordene Folie zieht sich beim Erkalten zusammen, legt sich fest an das Ladegut an, stabilisiert es und stellt bei einer Palettenladeeinheit die Verbindung der Ladung zur Palette her.

Kunststofffolien sind aus PE oder PP und werden als Umwicklungsfolie, in Schlauchform zum Überziehen und als Hauben angeboten. Die Erwärmung der Folien geschieht in einem Schrumpfofen, Schrumpftunnel oder über einen Schrumpfrahmen mittels Heißluft oder Gasflamme. Obwohl die Schrumpffolie eine ausgezeichnete Transport- und Diebstahlsicherung durch hohe Festigkeit darstellt, den Vorteil der Transparenz hat und universell einsetzbar ist (Werbeträger, Barcode, Präsentierbarkeit, Schutz gegen Staub und Feuchtigkeit bietet), geht ihr Anteil gegenüber der Dehnfolie erheblich zurück. Dies beruht im Gegensatz zur Dehnfolie auf:

- hohen Kosten, Schrumpffolie pro Palletladung 1.10 bis 1.30 €
- großer Abfallmenge, hohen Entsorgungskosten (ca. 500 bis 1000 g/LE)
- Energiekosten von ca. 0,30 €/Palettenladung (ca. 2,6 KWh/LE)
- großem Platzbedarf; hohem Zeitaufwand.

Die Anwendung ist in erster Linie bei Paletten mit schweren und stapelbarem Gut, wie z. B. Klinkersteinen, oder für kleines und leichtes Gut, wie z. B. Bücher (Bild 3.16). Paletten-Ladeeinheiten können mittels Hauben wasserdicht gemacht werden, z. B. für Lagerung im

Freien (Kondenswasserbildung möglich). Zu beachten ist noch, ob das Packgut die meist minimale Erwärmung verträgt und ob es sich mit der Schrumpffolie verschweißen könnte, z. B. bei Folienbeuteln, Kunststoffsäcken (Abhilfe: Einpudern des Packgutes).

Werden nur selten Ladeeinheiten geschrumpft, so kann man mit Haubenfolien und manuell bedienten Heißluftgeräten das Schrumpfen durchführen.

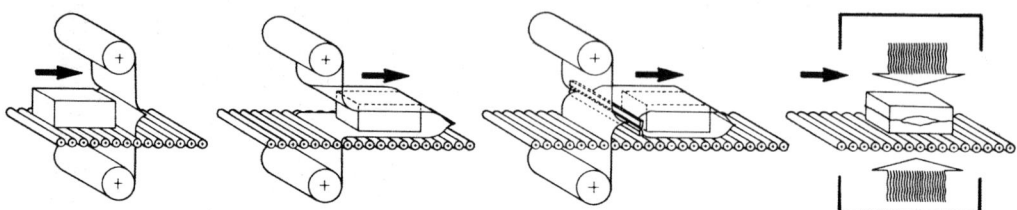

Bild 3.16   Ablauf des Einschrumpfvorganges einer kleinen Packung

3.3.4.4 Stretchen

Beim Stretchen ist das Wickelstretch- und das Haubenstretchverfahren zu unterscheiden.

Wickelstretchverfahren

Die auf einem Drehteller stehende Palettenladung dreht sich gleichförmig und wickelt dabei eine einlagige Dehnfolie von einer Folienrolle ab. Diese Folienrolle (500, 750 und 1000 mm breit) bewegt sich an einer Säule nach oben, so dass eine spiralförmige Umwicklung entsteht. Durch Abbremsen der Folienrolle wird die Folie bis zu 80 % gedehnt (Bild 3.17a), wobei die Folienbreite sich verringert. Durch eine Vorrichtung kann eine Lochfolie bis auf 400% vorgereckt und dann spannungsfrei um das Packgut gelegt werden. Die Ladungssicherung geschieht durch die Rückstellkräfte der Folie mit einer Restspannung von weniger als 30 %. Im oberen Bereich der Ladung wird mehr gewickelt als im unteren.

Eigenschaften des Wickelstretchverfahrens:

- keine Erwärmung des Packgutes, dadurch keine Qualitätsbeeinträchtigung
- vernachlässigbare Energiekosten
- geringere Folienkosten gegenüber Schrumpfen:
  Wickelstretchen 20 bis 50 μm Folienstärke, bei 1,80 m hohen Palettenladung sowie 3 Fuß- und 2 Kopfwicklungen bei 50 % Überlappung ca. 0,80 €; geringe Abfallmenge Verbrauch ca. 300 bis 500 g
- geringer Platzbedarf; Beschädigungs-/ Diebstahlsicherung geringer als beim Schrumpfen
- für atmende Produkte z. B. Lebensmittel, benutzt man Lochwickelfolie
- hohe Verpackungsleistung: 60 bis 80 Palettenladeeinheiten/h.

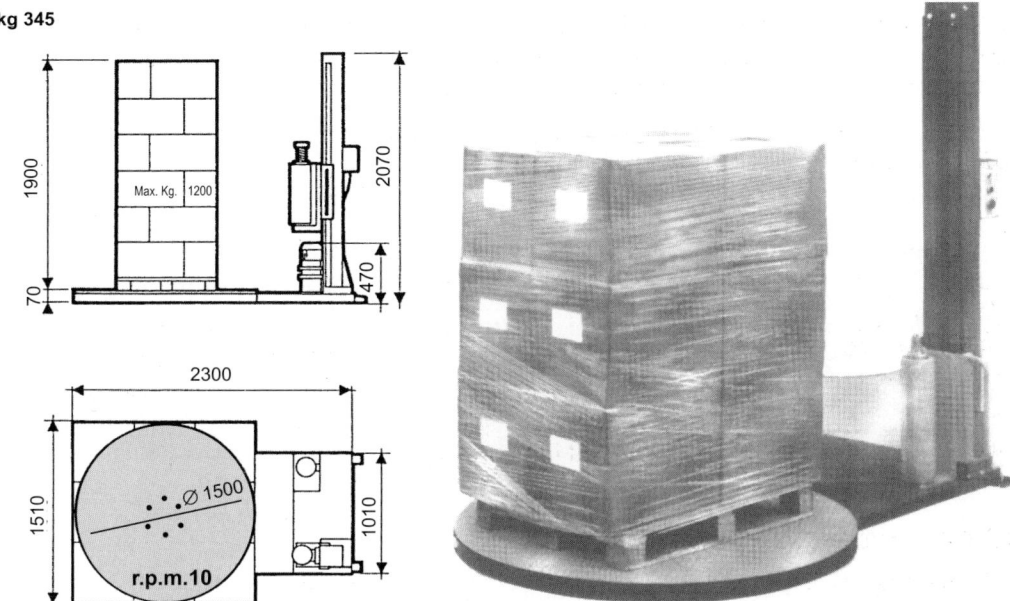

Bild 3.17a Ladungssicherung mit Dehnfolie: Palettenladung auf Drehteller, Folienrolle an Säule

Nachteilig ist eine eingeschränkte Transparenz bei milchiger Folie (Barcode schlecht zu lesen). Handfolie wird manuell um die Ladeeinheit gewickelt (vorgereckte Folie). Stretchen ohne Drehteller: Satellitenstretch-Verfahren (s. Beispiel 3.6), Cast-Folie beidseitig beleimt: hohe Rückdehnung; Blasfolie einseitig beleimt.

Beispiel Berechnung und Vergleich Abfallmenge und Kosten von Dehnfolie s. Beispiel 3.9.

Haubenstretchverfahren

Ein Seitenfaltenfolienschlauch wird gemäß Bild 3.17b über die Ladeeinheit gedehnt und gestülpt.

Bild 3.17b Ablauf des Haubenstretchverfahrens: Nach dem Aufspannen der Folienhaube und Übergabe in die Reff- und Reckeinrichtung wird der Seitenfaltenfolienschlauch nach Abtasten der Stapelhöhe abgelängt und abgeschweißt. Über Reckeinrichtungen wird die Haube an den 4 Ecken ausgereckt und über die Ladung gezogen bei gleichzeitiger Reckung in vertikaler Richtung (biaxialer Stretch). Anschließend geschieht die Ausbildung des Unterstretches.

Eigenschaften des Haubenstretchverfahrens:

- keine Erwärmung des Packgutes, dadurch keine Qualitätsbeeinträchtigung
- vernachlässigbare Energiekosten; geringer Platzbedarf;
- geringere Folienkosten gegenüber Schrumpfen (ca. 0,70 €/Palettenladung):
  Haubenstretchen 60 bis 150 µm Folienstärke; Haubenkosten bei 1,80 m hoher Palettenladung ca. 0,50 €; geringe Abfallmenge Verbrauch ca. 300 bis 700g
- Beschädigungs- und Diebstahlsicherung höher als beim Wickelstretchverfahren
- Haubenfoliensicherung höher als bei Wickelfolie, Haubenfolie wasserdicht
- hohe Verpackungsleistung: 60 bis 80 Ladeeinheiten/h.

3.3.5 Palettenlose Ladeeinheit

Der Vorteil von palettiertem Gut liegt u. a. in dem einfachen Aufnehmen, Transportieren und Abgeben der Einheit mittels Stapler. Nachteilig sind u. a. die Kosten des Ladehilfsmittels, des Rücktransportes und des Platzbedarfes für Leerpaletten.

Um diese Nachteile zu reduzieren oder zu eliminieren, wurden unterfahrbare, palettenlose Ladeeinheiten mit Schrumpffolie entwickelt. Im Palettierer oder von Hand wird bei Handpalettierung, z. B. von Sackware, die *letzte* Lage so aufgebaut, dass Aussparungen am rechten und linken Lagenrand für die Gabelaufnahme entstehen. Unmittelbar nach dem Schrumpfvorgang wird über eine Andrückvorrichtung die Gabelaussparung auch in der Schrumpffolie hergestellt und die Einheit um 180° im Wendegerät gedreht, so dass der Stapler die Einheit unterfahren und aufnehmen kann. Durch eine zusätzliche Schrumpfhaube kann die unterfahrbare, palettenlose Einheit noch wasserdicht gemacht werden. Je nach Gut, ist sie ohne Hilfsmittel stapelbar.

3.3.6 Zusammenstellung und Sicherung von Ladungen

Die Bildung der Ladeeinheiten wie auch der Aufbau der Ladung (vgl. Bild 3.10), z. B. in einem LKW, Container oder Bahnwagon, geschieht immer nach dem Grundsatz, so wenig wie möglich Verlustvolumen zu erhalten. Dies wird am ehesten durch eine Abstimmung der Einheitenabmessungen auf die Ladefläche des Verkehrsmittels erreicht.

Unter der Voraussetzung, dass die Ladefläche so dimensioniert ist, um Ladungsgewicht und die für die Beladung (Entladung) erforderlichen Gewichte der Flurförderzeuge aufzunehmen, wird ein Stauplan (Staumuster, Beladekonzept, Ladeliste) zur gleichmäßigen Gewichtsverteilung erstellt. Der Stauplan für Motorwagen mit Hänger geht in der Regel von Seitenbeladung (s. Kap. 7.3.2) aus. Die Lage der Ladeeinheiten muss bei nicht sortenreiner Ladung für die Entladung genau festgelegt sein. Dies ist wichtig für JIT-Anlieferung, für die Einhaltung einer bestimmten Reihenfolge bei der Entladung, für die Entladeseite und bei einem engen Entladezeitfenster. Das Abladen erfolgt mit Staplern, die mit einer Teleskop- oder Langgabel ausgerüstet sind. Bezogen auf die Europalette, ergibt sich bei 2,45 - 2,50 m lichter Breite von LKW, Container und Bahnwagon ein Staumuster in der Breite von entweder drei Paletten in Längsrichtung (3 × 0,8 m = 2,4 m) oder zwei Paletten in Querrichtung (2 × 1,2 = 2,4 m).

Bei LKW-Ladungen ergeben sich für Europaletten (Bild 3.18a bis c) und für Ladegestelle (Bild 3.18d):

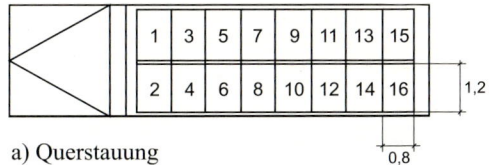

a) Querstauung

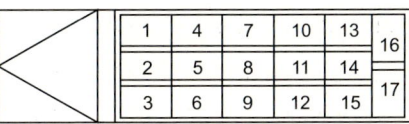

b) Längsstauung

Bild 3.18
Staumuster von DIN-Palettenladungen auf
LKW-Motorwagen (7 m Länge der Ladefläche)

c) Mischstauung

- Motorwagen mit 7 m Länge der Ladefläche
  - bei Querstauung: 16 Paletten (17 bei Längslage von Palette 15 + 16)
  - bei Längsstauung: 17 Paletten
  - bei Mischstauung: 14 Paletten.

Das Gleiche gilt für Hänger mit 7 m Ladeflächenlänge. Motorwagen und Hänger bilden einen LKW-Zug (Gliederzug) mit 18,75 m Gesamtlänge.

- Sattelzug mit Auflieger, dessen Plattformlänge 13,6 m beträgt, kann an Paletten aufnehmen:
  - bei Längsstauung: 33 Paletten
  - bei Querstauung: 34 Paletten.

Die Gesamtlänge von Sattelzug mit Auflieger beträgt 16,5 m. Die maximale Fahrzeughöhe ist 4 m, die Höhe von Palette und Ladung bis zu 3 m.

Zur Transportsicherung der Ladeeinheiten im LKW, Container und Bahnwagon sind sowohl Lastverteilung als auch ein lückenloses Stauen durchzuführen. Je nachdem, welches Transportgut (Form, Abmessungen) zu transportieren ist, werden Ladungssicherungsmittel (Bild 3.19) benötigt, wie z. B.

- Festlegehölzer, Keile zum Festlegen; Hölzer zum Verspreizen
- Staupolster, Schaumstoffe, Luftkissen und Gestelle zur Lückenfüllung
- Bänder zum Verzurren (Arten: Schräg-, Diagonal- und Schwerpunktzurrung).

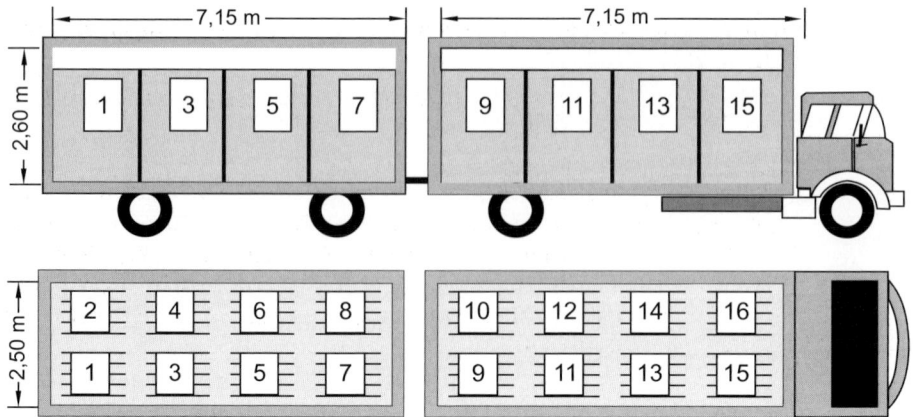

Bild 3.18 d Beladekonzept eines Motorwagens mit Hänger für rechte Entladeseite in Fahrtrichtung und
großen Ladegestellen

Die Be- und Entladung von LKW kann in Abhängigkeit von Seiten- oder Heckbeladung manuell, mechanisiert oder automatisiert erfolgen (s. Kap. 7.3.3).

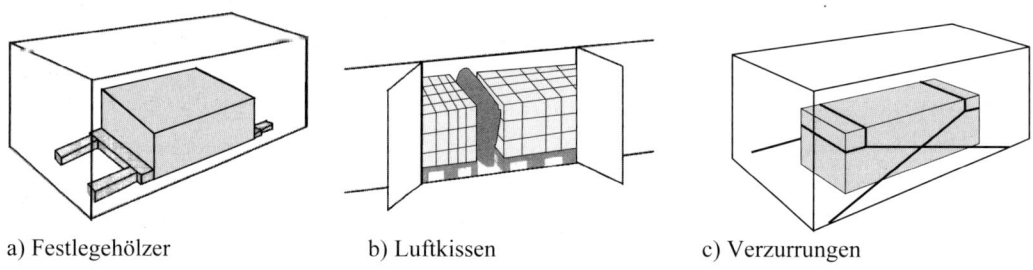

a) Festlegehölzer   b) Luftkissen   c) Verzurrungen

Bild 3.19   Ladungssicherungen für Transportgut im Container

3.4 Planung von Verpackung und Ladeeinheitenbildung

Bevor mit der eigentlichen Planung der Verpackung oder der Bildung von Ladeeinheiten begonnen werden kann, muss das Transporthilfsmittel und/oder das Ladehilfsmittel festgelegt
werden. Bei der Suche nach dem geeignetsten Transport- und Lagerhilfsmittel sind eine Reihe
von Fragen zu analysieren und zu beantworten, wie z. B.:

- Welche *Eigenschaften* muss das Transporthilfsmittel haben (offen/geschlossen; luft-, was-
  ser- oder geruchsdicht; zerlegbar; stapelbar; wiederverwendbar)?

- Welches *Material* muss das Transporthilfsmittel haben (Papier, Holz, Pappe, Metall, Textil,
  Kunststoff)?

- Welche *Art* und welche *Maße* muss das Transporthilfsmittel haben (Behälter, Palette; Abmessungen nach DIN, Ladegewicht, Ladehöhe, Behältervolumen)?

- Wie wird das Transporthilfsmittel *vom Transportmittel* aufgenommen (längs, quer, von
  beiden Seiten, von oben, von unten)?

- Welchen *Umwelteinflüssen* ist das Transporthilfsmittel ausgesetzt (Temperatur, Feuchtigkeit, Staub, Witterung)?
- Muss das Transporthilfsmittel *gereinigt* werden (Desinfektion im Krankenhaus, Lebensmittelbetrieb; pharmazeutische Industrie)?

Die Planung von Verpackung und die Bildung von Ladeeinheiten werden heute zunehmend rechnerunterstützt durchgeführt. Beispielsweise wird mit Hilfe von Expertensystemen die Packmittelauswahl getroffen, mittels Simulationsprogrammen werden Packmitteleigenschaften getestet sowie die TUL-Belastungen an den Packstücken simuliert. Die Bildung von Ladeeinheiten, die Gestaltung der Verpackung, die Optimierung von Ladeeinheit und Transportsicherung wird rechnerunterstützt mit Softwareprogrammen ermittelt und festgelegt.

3.5 VDI-Richtlinien, DIN-Normen, Empfehlungen s. Kap. 4.10

3.6 Beispiele, Fragen

- **Beispiele**

Beispiel 3.1: Ausführungsformen einer Palette
Eine Palette ist eine unterfahrbare Plattform zur Aufnahme von Stückgut unterschiedlichster Art, kann durch Aufsetz- oder Aufsteckrahmen nicht stapelbares Gut stapelbar machen und durch aufsetzbare Seitenwände loses Gut aufnehmen bzw. das Gut wie bei einer Gitterboxpalette schützen und stapelbar machen. Welche Ausführungsmöglichkeiten kann eine Palette besitzen?

Lösung: Die Palette kann aus unterschiedlichen Werkstoffen (s. Kap. 3.1.4.2) als Zwei- oder Vierwege-Ausführung konstruiert werden und verschiedene Gestaltungsformen besitzen:

- mit sechs bis neun Füßen ineinander stapelbar (meist aus Pressspan, Kunststoff oder Stahlblech)
- mit durchgehenden Kufen oder Stützbalken und Klötzen (meist aus Holz oder Stahlblech); die Anbringung der Kufen/Stützbalken in Längs- oder Querrichtung auf der Unterseite der Plattform spielt für den Transport mit Stetigförderern und für die Lastaufnahme mit dem Stapler eine große Rolle.

Daher sind für die Transportmittelwahl zu beachten: Art, Aufbau und Ausführungsform einer Palette.

Beispiel 3.2: Transport- und Handlingmöglichkeiten für Transporteinheiten
Es sind prinzipielle Möglichkeiten aufzuzeigen, wie Ladegut mit/ohne Ladehilfsmittel als Einheit vom Boden aufgenommen und transportiert werden kann.

Lösung: Die Funktionen, die ein Transportmittel bei einer Transporteinheit ausführen muss, sind:

- Aufnehmen – Handhaben – Transportieren – Stapeln – Abgeben.

Das Transportgut als Einheit kann gebildet sein

- ohne Transporthilfsmittel, z. B. Bündel, Ballen, Papierrolle, für Gabeltransporte geformte Ladeeinheit
- mit Transporthilfsmittel, z. B. auf Blech, auf Plattform, Palette, in einem Behälter, in einem Gestell.

Die möglichen Handlingfunktionen sind für das Transportgut:

- unterfahren + anheben: Gabel – Palette
- einfahren   + anheben: Dorn – Drahtrolle
- klammern   + anheben: Ballenklammer – Ballen
- greifen   + anheben: Greifer – Schrott
- anhängen   + anheben: Kranhaken/Seil – Behälter
- ansaugen   + anheben: Vakuumsauger – Karton
- anziehen   + anheben: Seil/Magnet – Stahlrohr
- klammern   + anheben + drehen: Drehrollenklammer – Papierrolle.

Durch Kombination der Funktionen und Zusatzfunktionen lassen sich die unterschiedlichsten Transport- und Handlingmöglichkeiten erzeugen. Es gibt meistens mehrere Transportmöglichkeiten für eine Transporteinheit. z. B. kann eine Kabeltrommel (Zylinder mit Innenbohrung) aufgenommen werden durch Dorn, Klammer, Seil, Gabel, Achse + Traverse.

Beispiel 3.3: Bildung von Ladeeinheiten

Welche Faktoren sind bei einer ganzheitlichen Betrachtung der Planung einer Ladeeinheit zu beachten?

Lösung: Ausgehend von den in Kap. 3.4 gestellten Fragen, ergeben sich u. a. die folgenden Faktoren, die einen Einfluss auf die Bildung der Ladeeinheit haben und sehr oft Beziehungen untereinander besitzen:

- *Ladegut, Handling, Eigenschaften*:
  s. Bild 3.2 (Unterscheidung: Schütt- oder Stückgut)
- *Einsatzbedingungen*:
  – Gewichtsbegrenzungen: Deckentragfähigkeit, Tragfähigkeit des Aufzuges, Stapelhöhe, Flurförderzeuge
  – Gebäuderestriktionen: Aufzugsabmessungen, Tordurchfahrten, Arbeitsgangbreiten, Raumhöhe, Stützenabstand, Rampenart, Verladetore
  – Umfeld: Temperatur, Feuchtigkeit, Innen- und/oder Außeneinsatz, Lärm, Abgase, Beleuchtung
  – innerbetrieblicher und externer Transport, Handling am Bestimmungsort
- *Art des Transporthilfsmittels (Ladehilfsmittel)*:
  s. z. B. Bild 3.5.
- *Kosten von*:
  – Transportmittel, Transporthilfsmittel; Verpackung, Transportsicherung
  – Zeitgrößen; Personal; Flächenbedarf; Transport

Beispiel 3.4: Bildung einer Ladeeinheit

Welche Faktoren sind bei der Bildung einer Ladeeinheit als Grundsätze anzustreben?

Lösung:
- geringe Erstellungskosten; schnelle und einfache Herstellung
- einfache Identifikation; maximale Raumausnutzung
- einfache Handhabung und Transport; stapelbar; palettenlose Transporteinheit
- Sicherheit gegen TUL-Beanspruchungen; geringe Wartung der Einrichtungen
- geringes Gewicht; optimale (genormte) Abmessungen
- austauschbares, wiederverwendbares, wegwerfbares Transporthilfsmittel
- hoher Diebstahlschutz und optimaler Schutz gegen Beschädigungen

Beispiel 3.5: Verpackung mit Schachteln /Schachtelarten

Welche Schachtelarten gibt es und worauf ist bei der Verpackung von Gütern in Schachteln zu achten und was ist zu bedenken ?

Lösung: Schachteln (Umgangssprache Kartons) gibt es vielen Varianten: Faltschachteln, Falthüllen, Stülpschachteln, Schiebeschachtel und Aufrichtschachtel z. B. mit Deckel als Stülpschachtel oder ohne Deckel aus einem Stück konstruiert; zum Aufstellen ohne oder mit Bodenverklebung durch Klebstreifen. Eine weitere Einteilungsmöglichkeit geschieht durch die Materialdicke: ein- oder zweiwelliger Karton. Um Platz zu sparen für Transport und Lagerung werden die Schachteln zusammengefaltet geliefert.

Aufgabe und Funktion der Verpackung: s. Bild 3.7; Schachtel soll nach Möglichkeit modular auf ein Ladehilfsmittel passen. Eine Stülpschachtel garantiert schnelles Verschließen, verhindert Hineingreifen (Diebstahl), muss für den Transport, beim Handling z. B. mit einem Roboter zum Palettieren mit automatischen Sauggreifern umreift werden: teuer, lohnt sich nur bei hohen Stückzahlen.

Beispiel 3.6: Stretch-Folienwickler

Wie geschieht das Sichern einer LE mit Stretchfolie ohne Benutzung eines Drehtellers?

Lösung:

a) Mit dem Satellitenstretch-Verfahren

An einer Wand, Säule oder an einem Ständer ist ein Winkelarm montiert, der frei über dem Boden kreist. Ohne Breitenverlust wird die Folie in einer Reckvorrichtung bis auf 400 % vorgereckt und spannungsfrei um das Packgut – i.d.R. eine Palette – gewickelt. Bei Nichtgebrauch der Wickelmaschine ist die Arbeitsfläche frei, da weder Drehteller noch Auffahrrampen erforderlich sind. Die elastische Rückstellung der Folie sorgt für eine formstabile Ladeeinheit sowohl bei schweren als auch leichtem Gut (Bild 3.20).

b) Mit einem automatischen Folienwickler – eingebaut z. B. in einen Rollenförderer einer Transportstrecke – zur Transportsicherung einer Palette mittels Stretchfolie.

Beispiel 3.7: Paletten-Poolsystem

Welchen Ablauf nimmt ein Paletten-Poolsystem?

Lösung:

Die Ablauffolge ist: Leerpaletten-Lagerpool – Leerpaletten-Anlieferung z. B. bei der Industrie – Vollpaletten-Transport z. B. mit Spedition – Abgabe Industrie/Handel – Leerpaletten-Rückholung, Transport zum Leerpaletten-Lagerpool. Zu zahlen ist nur die Zeit der Benutzung: schnelles Be- und Entladen.

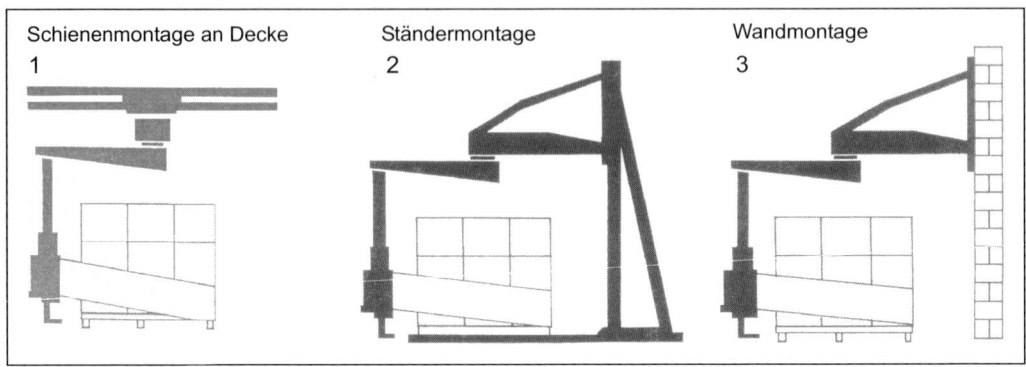

Bild 3.20   Stretch-Folienentwickler nach dem Satellitenstretch-Verfahren

Beispiel 3.8. Einweg- und Mehrwegverpackung

Was ist unter Einweg- und Mehrwegverpackung zu verstehen, welche Abläufe ergeben sich dabei und welche Aufgaben übernimmt ein Verpackungs-Pool?

Lösung: Die Verpackungsverordnung geht von der *Vermeidung, Verminderung, Wiederverwertung* und der *Wiederverwendung* der Verpackung aus. Die Verpackungs-Verminderung besteht in einem reduzierten Materialverbrauch. Dies ist i. d. R. möglich, wenn die Verpackung überdimensioniert vorliegt. Reduziert man die Materialdicke z. B. bei Wellpappe unter die erforderliche Festigkeit der Transportsicherung, so kann der Festigkeitsverlust nur durch konstruktive Maßnahmen ausgeglichen werden, denen meist höhere Einpackungskosten gegenüberstehen.

Die Verpackungs-Wiederverwertung besteht im Rahmen der Einwegverpackung (EWP) einmal in der Verwendung nur eines homogenen Materials oder im Ersatz von nicht wieder verwertbaren Materialien. Ein Beispiel für den ersten Fall ist eine Kartonage aus Wellpappe, die ohne Verschließmittel, wie z. B. Leim, Klebstreifen oder Heftklammern, hergestellt ist; im zweiten Fall kann z. B. Folien- oder Styropor-Verpackung durch Wellpappe ersetzt werden. Unter *Einwegverpackung* ist bezüglich Herstellung und Verwendung der folgende Ablauf zu verstehen:

– Rohstoffherstellung; Packstofffertigung (Wellpappe)
– Packmittelkonfektion (Schachtel $\stackrel{\Delta}{=}$ EWP); Einpacken des Packgutes in die EWP
– Versenden des Packstückes ($\stackrel{\Delta}{=}$ EWP); Auspacken des Packgutes aus der EWP
– Recyceln des Packstoffes; Rohstoffherstellung.

Die Verpackungswiederverwendung besteht in der mehrmaligen, wiederholten Benutzung des gleichen Packmittels als *Mehrwegverpackung*. Dabei muss die Verpackung vom Empfänger zurückgeholt werden, muss nach Art und Größe sortiert, gereinigt z. B. entetikettiert, also wieder aufbereitet werden. Nach einem Lagervorgang erfolgt ein Transportvorgang zu einem Versender. Um zu wissen, wo, wie viel und in welchem Zustand Verpackung vorhanden ist, gehört eine entsprechende Buchführung zur Mehrwegverpackung. Alle diese Kosten mindern erheblich oder benötigen ganz den Kostenvorteil der Wiederverwendung auf.

Bei der Mehrweg-Verpackung unterscheidet man zwei Systeme:

– das *geschlossene* und

– das *offene Mehrwegverpackungssystem*.

Beim geschlossenen System pendelt der Kasten, der Behälter, die Spezialpalette oder der Ladungsträger nur zwischen Versender und Empfänger, wie z. B. zwischen Zulieferwerk und dem Automobilwerk (Bild 3.21).

Beim offenen System wird die Verpackung immer wieder einen neuen Versender und Empfänger haben, denn das Packmittel wird einem Verpackungs-Pool entnommen. Das *Retourenmanagement (Retourenlogistik)* hat die Aufgaben, die Mehrwegverpackungen zurückzuholen, zu sortieren, zu reinigen, zu lagern, auszuliefern oder gegebenenfalls zu entsorgen sowie zu verwalten (Bild 3.22).

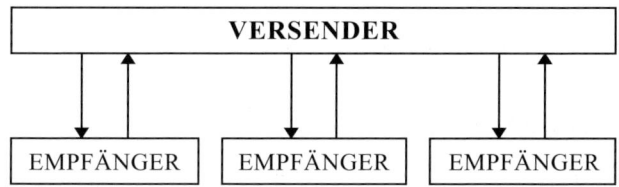

Bild 3.21   Geschlossenes Mehrweg-Verpackungssystem

Als wirtschaftlich kann die Mehrwegverpackung angesehen werden in der Anwendungskombination von:
      – Industriewerk zu Industriewerk
      – Industriewerk zum Großhandel
      – Industriewerk/Großhandel zum Einzelhandel.

Es gibt verschiedene organisatorische Mehrwegverpackungssysteme zwischen Dienstleister und Produktions-/Handelsunternehmen als Warenempfänger für Voll- und Leergut.

Gegenüber einer Kartonagen-Faltschachtel hat ein Kunststoffbehälter die Vorteile von Robustheit, Verplombungsmöglichkeit, wesentlich höhere Umläufe – dadurch Vermeidung von Verpackungsabfall sowie Einsparung von Umpackzeiten. Der Mehrwegbehälter besitzt durch Klappdeckel glatte Wände (Bild 3.23), ist im Leerzustand ineinander stapelbar und kann gefüllt über dem Deckel gestapelt werden (Multifunktionsbehälter).

Bild 3.24 zeigt den KLT-Mehrwegbehälter (s. Bild 3.3c / zusammenklappbar: Bild 3.3f) in einer Block-Ladeeinheit (formschlüssige Säulen- und Verbundstapelung). Dem größeren Volumen steht ein hoher Leervolumenbedarf gegenüber: keine Ineinanderstapelung möglich.

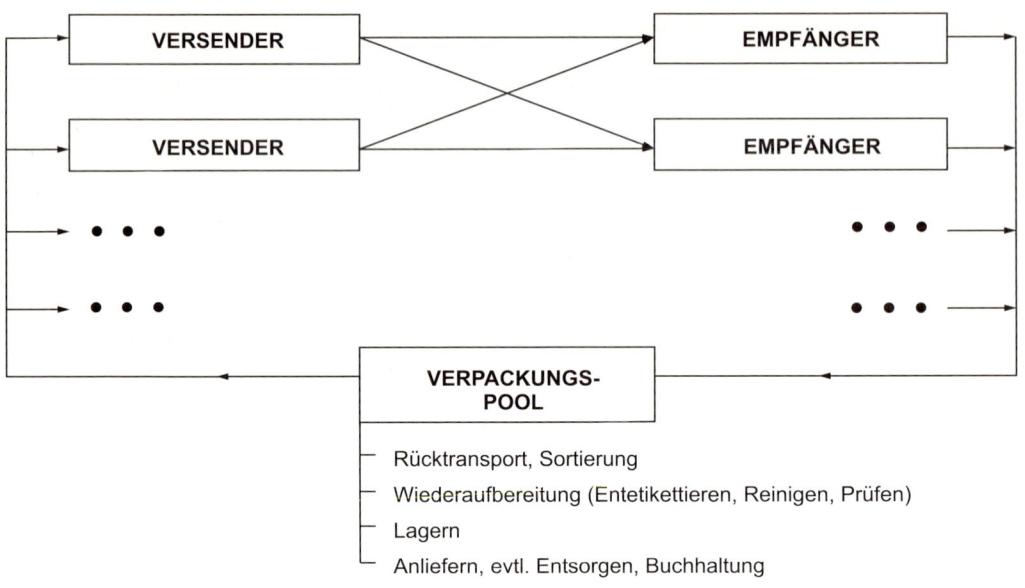

Bild 3.22   Offenes Mehrweg-Verpackungssystem (Poolbildung)

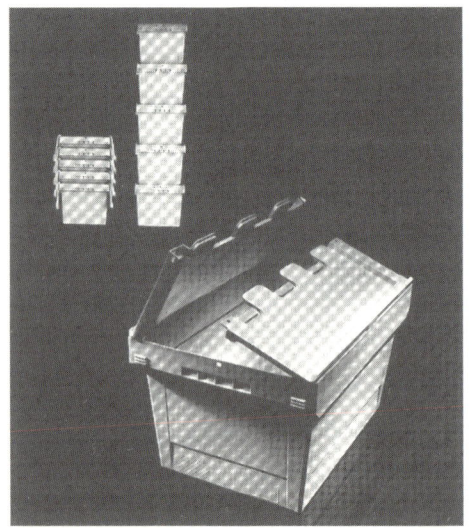
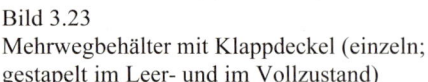

Bild 3.23
Mehrwegbehälter mit Klappdeckel (einzeln;
gestapelt im Leer- und im Vollzustand)

Bild 3.24
Modular aufgebaute Ladeeinheit mit KLT-Behälter auf
DIN-Palette 800×1200 mit Abdeckhaube (Umreifung in
mittiger Führungsnut)

Beispiel 3.9: Dehnfolie: Berechnung Abfallmenge, Kosten, Vergleich verschiedener Folien

Welche Abfallmenge und welche Kosten für eine DIN-Paletten-Transportsicherung mit verschiedenen Dehnfolien ergeben sich und wie kann der Kostenvergleich zwischen Dehn- und Schrumpffolie berechnet werden? Die DIN-Palette (800 x 1.200 mm) ist 1,65 m hoch beladen. Normale Dehnfolien haben Dicken zwischen 0,017 bis 0,023 mm; vorgedehnte Folien liegen zwischen 0,008 und 0,011 mm und Schrumpffolien sind zwischen 0,08 und 0,150 mm dick.

Lösung: Für die Transportsicherung wird von 11 Wicklungen ausgegangen.

a) Bei normaler Dehnfolie (0,017 mm) und 0 % Vordehnung mit 0,5 m Folienbreite bei einem Preis von 1,20€/kg (Preise schwanken stark: bis zu 1,8€/kg; hier ist entscheidend die Vorgehensweise der Berechnung) und einer Foliendichte von 920kg/m³ errechnet sich das benötigte Foliengewicht FG zu:
FG = Foliendicke x Foliendichte x Folienlänge x Folienbreite.

Die Folienlänge beträgt: $(1,2 + 0,8) \times 2 \times 11 = 44$ m.

Das Foliengewicht FG ist: $17 \cdot 10^{-6}$ m $\cdot 0,5$ m $\cdot 44$ m $\cdot 920$ kg $/$ m$^3 = 0,344$ kg

Die Kosten betragen: 0,344 kg x 1,20 €/kg = 0,41 €

Ergebnis: 1 Palettenladung mit **normaler Dehnfolie** zu sichern kostet **0,41 €.**

b) Tatsächlich wird aber die Folie um ca. 30 % gedehnt (auf 130 %), d. h. statt 0,344 kg werden nur 0,344 : 1,30 = 0,265 kg benötigt. Dies ergibt dann eine mittlere Foliendicke an der Palettenladung von :   0,265 : (0,92 x 44 x 0,5) = 0,0131 mm

Ergebnis: 1 Palettenladung mit **vorgereckter Dehnfolie von 30 %** zu sichern kostet nur 0.265 kg x 1,2 €/kg = **0,32 €.**

c) Mit vorgereckter Folien von 0,008 mm Dicke ergibt sich ein Foliengewicht pro Palette von: 0,008 x 0,92 x 44 x 0,5 = 0,162 kg

Die Dehnung ist jetzt 10 % (110 %), also tatsächliches Gewicht: 0,162 : 1,10 = 0,147 kg/Pal

Die Kosten (Preis vorgereckte Folie: 1,87 €/kg) : 0,147 kg/Pal x 1,87 €/kg Folie = 0,27 €

Ergebnis: 1 Palettenladung mit **vorgereckter Dehnfolie von 10 %** zu sichern kostet **0,27 €.**

d) Welche Einsparung in % wird durch das Vorrecken von 30 % gegenüber der normalen Folie erzielt?

Die Einsparung beträgt: (0,32 x 100) : 0,41 = 78 %, d. h. **22 % Kostenreduzierung**

Welche Einsparung in % wird mittels vorgereckter Folie von 10 % gegenüber der normalen Folie erzielt?

Die Einsparung beträgt: (0,275 x 100) : 0,41 = 67 %, d. h. **33 % Kostenreduzierung**

Welche Einsparung in % wird mit der vorgereckten Folie von 10 % gegenüber dem Vorrecken von 30 % erzielt?

Die Einsparung beträgt : (0,275 x 100) : 0,32 = 0,86, d. h. **14 % Kostenreduzierung**

Das Verhältnis von Schrumpffolie zu Dehnfolie lässt sich aus den Foliendicken ermitteln!

Beispiel 3.10: Rechnerunterstützte Stauraum- und Verpackungsoptimierung

Welche Vorteile bietet eine rechnerunterstützte Stauraum- und Verpackungsoptimierung mit heterogenen Gütern und wie wird eine Palettenladung automatisch erzeugt?

Lösung: Bild 3.25. Mit einem modular aufgebauten Softwareprogramm ist es möglich, Staupläne zur Stauraumoptimierung bei heterogenen Gütern (Paletten, Fässern, Schachteln usw.) im LKW oder Container unter Einbeziehung von Nachbarschaftsproblemen zu ermitteln. Dadurch wird die Ladezeit verkürzt und die Ladungssicherheit erhöht, das Verpackungsvolumen und -material minimiert, Lagenmuster für Paletten und Mischpaletten generiert und optimiert: also Kosten eingespart. Die automatische Erzeugung einer Mischpalette z. B. kann sowohl mit einem Knickarm- wie auch mit einem Portalroboter erfolgen (Bild 3.26).

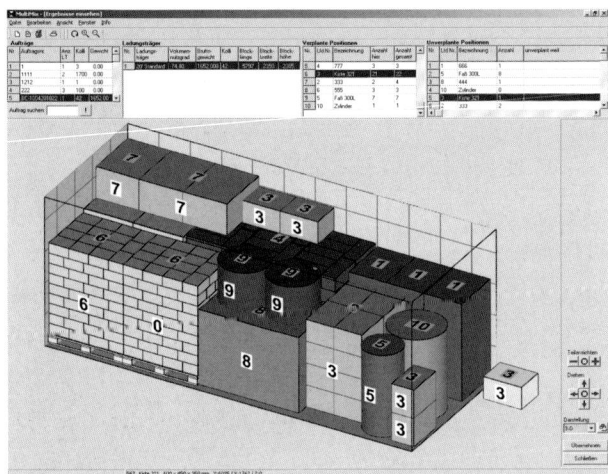

Bild 3.25
Multimix Stauplaneditor:
Interaktives Einfügen von
Packstücken

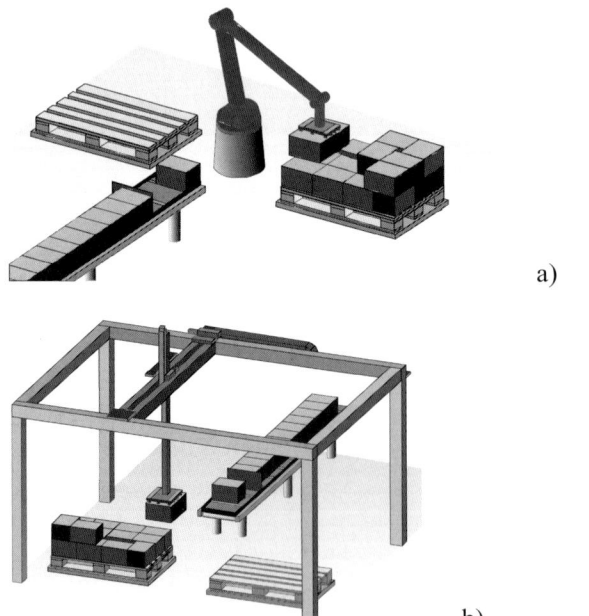

a)

b)

Bild 3.26
Erzeugung einer Palettenladung
(*Multipack*)
a) mittels Knickarmroboter
b) mittels Portalarmroboter

● **Fragen**

1. Nach welchen Kriterien kann Schüttgut klassifiziert werden?

2. Wie kann Stückgut unterteilt werden?

3. Was ist ein KLT-Behälter?

4. Wie unterteilt man die unterfahrbaren Ladehilfsmittel?

5. Was sind Ladegestelle, was Pritschen?

6. Welche Container sind auf Euro-Paletten-Maße abgestimmt?

7. Aus welchen Elementen besteht die Verpackung?

8. Welche Funktionen erfüllt die Verpackung?

9. Wie sind Transport-, Verkaufs- und Umverpackung zu definieren?

10. Der Unterschied zwischen dem Umleer- und dem Wechselsystem ist zu erklären.

11. Welche Transportmittel werden für Abroll- und Absetzcontainer benutzt?

12. Welche Vorteile hat die Bildung von Ladeeinheiten, welche Nachteile entstehen?

13. Was ist unter Palettierung, Packmuster und Stapelschema zu verstehen?

14. Die Vorgehensweise bei der Ladungsbildung ist schematisch zu skizzieren.

15. Welche Arten von Palettiermaschinen gibt es?

16. Welche Ladungssicherungen für Paletten kennt man, wie kann man sie unterteilen?

17. Welche Vor- und Nachteile haben das Schrumpfen und das Streichen?

18. Welche Planungsdaten sind zur Festlegung eines Transporthilfsmittels für den innerbetrieblichen Materialfluss erforderlich?

4 Grundlagen Transport

4.1 Innerbetrieblicher Transport

Die primäre Aufgabe des innerbetrieblichen Transportes ist die Raumüberbrückung zwischen dem Transportursprung, der Quelle, und dem Transportziel, der Senke. Die Raumüberbrückung entspricht der Funktion Transportieren (synonym hierfür ist Fördern) als logistische Funktion des Materialflusses (vgl. Kap. 2.1).

Das Transportieren kann waagerecht, geneigt oder senkrecht ausgeführt werden. Transportvorgänge sind auch die logistischen Funktionen, wie Stapeln, Umschlagen, Übergeben, Aufnehmen, Abgeben, Verteilen, Sammeln, Sortieren, Kommissionieren. Da Transportieren keinen Wertzuwachs für das Transportgut bedeutet, sondern im Gegenteil eine Verteuerung darstellt, sollte nach Möglichkeit das Transportgut während des Transports einem Arbeitsvorgang unterworfen werden, wie z. B. Erwärmen. Kühlen, Befeuchten, Trocknen, Mischen, Lackieren, Montieren etc.

Transporte können durch Personen, mannbediente Techniken (Handgabelhubwagen) oder automatisiert (FTS) ausgeführt werden. Die Transportmenge wird beschrieben durch den Transportgutstrom als Volumenstrom $\dot{V}$, Massenstrom $\dot{m}$ und/oder Stückstrom $\dot{m}_{St}$ (vgl. Kap. 2.3.2).

4.2 Transportlogistik

Transportlogistik bedeutet die ganzheitliche Betrachtungsweise aller für einen Transportvorgang notwendigen Arbeits- und Informationsweisen. Man versteht darunter das Zusammenwirken (Bild 4.1) von:

- administrativen Größen: z. B. Personalverwaltung, Transport, Fahrzeugverwaltung
- dispositiven Größen: z. B. Transportstrategien, Transportsteuerung und
- operativen Größen: z. B. Transporttechnik, Datenübertragungstechnik.

Die Aufgabe der Transportlogistik ist die Verteilung und Bereitstellung der Güter im innerbetrieblichen Produktionsablauf zu den geringstmöglichen Kosten. Die Transportkosten werden sinken, wenn der Wert pro Gewichts- bzw. der Wert pro Volumeneinheit ansteigt, weil dadurch die Transportkapazitäten besser ausgelastet sind. Die Transportlogistik ist auf das Ziel ausgerichtet, die Transporte bezüglich Beladung, Entladung, Auslastung, Übergabe sowie Identifizierung zu optimieren.

4.3 Transportsystem, Transporttechnik, Transportkette

Ein System besteht aus Elementen, die Beziehungen untereinander und zur Umwelt aufweisen. So gesehen, besteht ein Transportsystem (Bild 4.2) aus den Komponenten Transporteinheit (Kap. 3.3), Transporttechnik (Kap. 4.4) und Transportsteuerung (Kap. 13).

Hier das ideale Einsatzgebiet unserer Intralogistik-Lösungen.

Zukunft made by STILL.

STILL versteht sich als offener und kompetenter Intralogistik-Anbieter, der eine langlebige und effiziente Partnerschaft mit seinen Kunden anstrebt. Vorbei sind die Zeiten, in denen die einzige Leistung darin bestand, die Ware von A nach B zu bringen. Hinter dem Begriff Intralogistik steht ein umfassendes Leistungsnetzwerk, das für unseren Kunden den gesamten innerbetrieblichen Waren- und Informationstransport überwacht, verwaltet und optimiert. Die zukunftsorientierten Intralogistik-Konzepte von STILL sind die Antwort auf die Anforderungen und Wünsche von Unternehmen in der ganzen Welt, mit denen wir bereits seit 85 Jahren in ständigem wechselseitigem Dialog stehen. Nur durch diese Kompetenz sind wir in der Lage Lösungen anzubieten, die weiter reichen. Ob bei der Neudefinierung von Servicestandards, innovativen Produktvisionen oder komplexen branchenspezifischen Gesamtlösungen.
Informieren Sie sich jetzt unter **www.still.de**

STILL

Mehr erreichen.

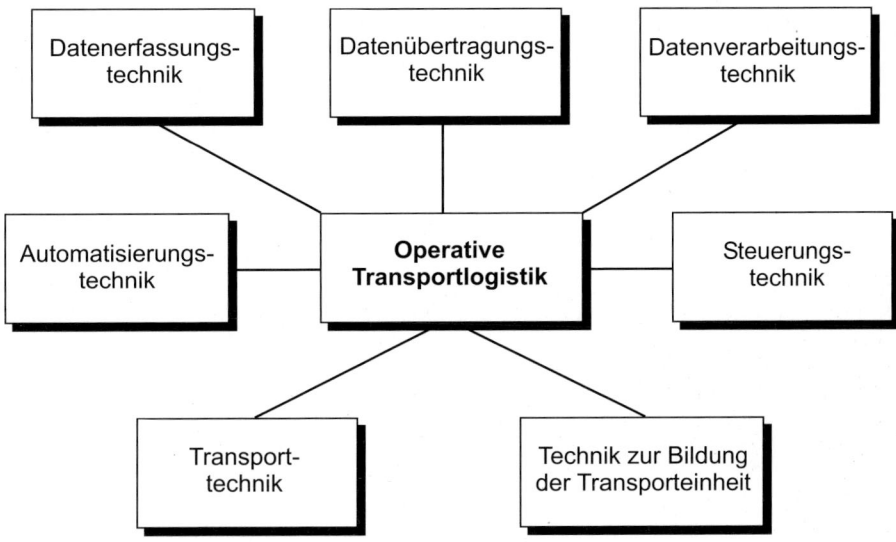

Bild 4.1   Bausteine der operativen Transportlogistik

Ein *Transportsystem* kann aus gleichen oder unterschiedlichen Transportmitteln bestehen, die zusammen eine innerbetriebliche Transportaufgabe erfüllen. Diese enthält u. a. die Beschreibung des durchzuführenden Transportes mit Angabe der Quelle und Senke, der Transportzeit und des Mengenstromes (s. Kap. 2.3.2). Transportsysteme erfüllen Materialflussaufgaben. Sie verbinden z. B. funktional zusammenhängende Bereiche, verketten Fertigungs- und Montageplätze, dienen der Ver- und Entsorgung der Produktion und verknüpfen Beschaffungslager und Produktion.

Der *Transportprozess* beinhaltet die Leistungsanforderungen der Transportaufgabe.

Als *Transportkette* bezeichnet man eine nach technischen und organisatorischen Gesichtspunkten aufeinander abgestimmte und verknüpfte Folge von Transportvorgängen von einer externen Quelle zu einer innerbetrieblichen Senke und umgekehrt. Die Transportkette kann dabei einen ein- oder mehrgliedrigen Aufbau haben. Bei einem eingliedrigen Aufbau geschieht der Transport ohne Wechsel des Verkehrs-/Transportmittels, bei einem mehrgliedrigen finden ein oder mehrere Wechsel des Verkehrs-/Transportmittels statt. Bleibt die Transporteinheit beim Transportmittelwechsel erhalten, so spricht man vom *kombinierten Verkehr* (Containerverkehr; s. Beispiel 7.9).

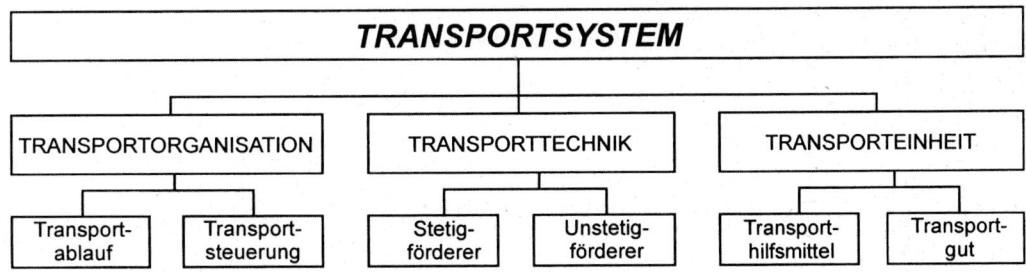

Bild 4.2   Komponenten eines Transportsystems

Ein Transportsystem erfüllt nicht nur die Aufgabe der Raumüberbrückung für die Transportgüter, sondern kann auch eine gewollte oder erzwungene Kurzzeitüberbrückung übernehmen. Planmäßige Unterbrechungen des Transportflusses sind erforderlich, z. B.

- bei Prüfvorgängen; vor einer Bearbeitungsmaschine
- bei Handhabungsvorgängen; an Verzweigungen und Übergabestellen
- beim Wechsel von stetigem in unstetigen Transport; beim Takten und Vereinzeln.

Diese Pufferungsmöglichkeiten erhöhen die Flexibilität des Transportsystems.

Die *Transporttechnik* ist ein Teilgebiet des Maschinenbaus, die sich mit der Entwicklung, dem Bau und dem Einsatz von Transportmitteln befasst. Transporttechnik bedeutet aber auch das Transportmittel inkl. des Transportweges, der Linienführung und der Umfeldverhältnisse.

4.4 Innerbetriebliche Transportmittel

Die Transportmittel realisieren die logistischen Funktionen Transportieren, Umschlagen, Stapeln, Lagern und Kommissionieren. Sie lassen sich nach einer Vielzahl von Merkmalen und Kriterien gliedern wie z. B. Antrieb, Tragfähigkeit oder nach

- Transportbereich (Linie, Fläche, Raum) / Transportgut (Schüttgut, Stückgut)
- Transportrichtung (waagerecht, geneigt, senkrecht)
- Beweglichkeit (ortsfest, geführt, frei) /
- Technisierungsgrad (manuell, mechanisiert, automatisiert)
- Arbeitsprinzip: stetig, unstetig / Transportebene: Flur, Unterflur, Oberflur.

Es ist aber auch möglich, mehr als ein Kriterium gleichzeitig zur Gliederung der Transportmittel zu benutzen (Bild 4.3). Die Begriffe bodengebunden und flurgebunden sowie bodenfrei und flurfrei sind identisch. *Flurgebundene* Transportmittel erfordern im Gegensatz zum flurfreien eine Fußbodenfläche. *Flurfreie* Transportmittel sind in der Regel *schienengebunden*, z. B. Kreisförderer, Brückenkran und Elektrohängebahn. Flurgebundene Transportmittel können *schienenfrei* sein, z. B. Gabelstapler, Rollenbahn, Schlepper oder sie sind schienengebunden, z. B. Portalkran, Regalbediengerät und Verschiebewagen. Auf Grund unterschiedlicher Führungstechniken kann ein fahrerloses Transportsystem schienengebunden oder schienenfrei sein (vgl. Kap. 6.7). Daher kann es je nach Ausführung zu der einen oder anderen Gruppe der Flurförderzeuge gezählt werden.

4.5 Antriebsarten

Die Antriebsart entspricht einer bestimmten Form der Energieumwandlung zur Erzeugung von Bewegungsenergie für die Transportmittel. Der Begriff Antrieb beinhaltet auch seine Baugruppen, wie z. B. Motor (Energieumwandler), Getriebe, Übertragungselemente und Steuerung. Zu unterscheiden sind manueller Antrieb, Schwerkraftantrieb und motorischer Antrieb (Bild 4.4).

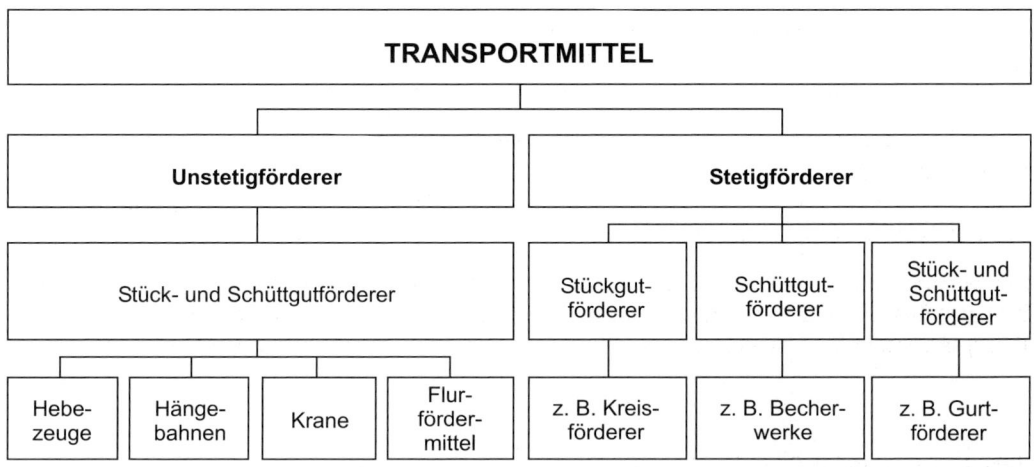

Bild 4.3 Einteilung der Transportmittel

4.5.1 Manueller Antrieb

Merkmale: nur bei Unstetigförderern, Antrieb erfolgt durch den Bediener von Hand für Fahr- und Hubbewegungen über Deichsel oder festen Griff. Ziehen, Schieben mit zusätzlichem Lenken beim Handgabelhubwagen, Karren, Wagen, Hubroller etc. Geeignet für kurze Wegstrecken bei geringen Lasten, unbedeutenden Steigungen, guter Fahrbahn und geringer Einsatzhäufigkeit. Bei Stetigförderern ist manueller Antrieb unbedeutend.

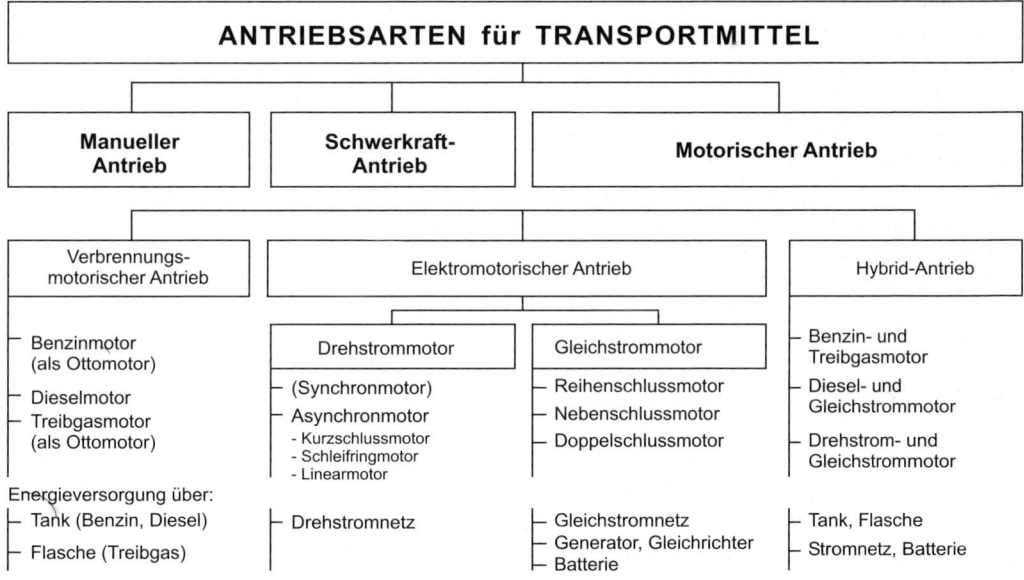

Bild 4.4 Strukturierung der Antriebsarten von Transportmitteln

4.5.2 Schwerkraftantrieb

Merkmale: nur bei Stetigförderern, z. B. Rollenförderer, Röllchenbahnen, Rutschen und in der Lagertechnik bei Durchlaufregalen. Billigste Energieart, keine Verwendung in automatischen Anlagen, da durch stetig wirkende Beschleunigung eine konstante Geschwindigkeit schwierig zu erreichen ist.

4.5.3 Verbrennungsmotorischer Antrieb

Verbrennungsmotoren setzen über Kolben und Kurbeltrieb die in einem Zylinder durch Verbrennung eines Brennstoffes freigesetzte Wärme in mechanische Energie um. Die Kraftstoffe sind Benzin, Diesel und Treibgas (Propan, Butan), die in flüssiger Form mitgeführt werden und einem großen Energievorrat bei geringem Volumen entsprechen. Verbrennungsmotoren haben durch ihre kompakte Bauweise ein hohes Leistungsgewicht und bezogen auf den Elektromotor aber eine geringe Lebensdauer (Betriebsstundenverhältnis 5000 bis 10000 h).

Ausführungsformen sind

- der Benzin-(Otto-)motor und Treibgasmotor als Ottomotor
- der Dieselmotor.

Bei Benzinmotoren wird das Gas-Luftgemisch auf 7 bis 10 bar verdichtet und dann gezündet. Die Drehzahlen liegen höher als beim Dieselmotor. Der Dieselmotor wird in der Transporttechnik überwiegend eingesetzt. Über eine Einspritzpumpe wird der Dieselkraftstoff mit hohem Druck dem Verbrennungsraum zugeführt und entzündet sich selbstständig durch die beim Kompressionsvorgang auf 50 bar komprimierte und ca. 600 °C erhitzte Luft.

Die Kraftübertragung kann mechanisch, hydrodynamisch und hydrostatisch erfolgen. Mechanisch mittels Schaltkupplung und -getriebe (hoher Bedienaufwand, viele Verschleißteile, aber einfach und guter Wirkungsgrad), hydrodynamisch mit Strömungsgetriebe durch stufenlose Drehmomentenwandlung (hoher Bauaufwand, teuer, schlechter Wirkungsgrad, aber beste Annäherung an den verlangten Drehmomentenverlauf). Hydrostatische Kraftübertragung s. Kap. 4.5.7.

Vorteile des verbrennungsmotorischen Antriebs sind:

schnelle Betriebsbereitschaft, hohe Fahr- und Hubleistungen, großer Fahrbereich, gute Wirtschaftlichkeit, Überwindungen großer Steigungen, hohe Antriebs- und Transportleistung, kompakte Einheit. *Einsatz* im Außenbetrieb auch bei schlechten Wegverhältnissen.

Nachteile sind:

geringe Überlastbarkeit, Lastanpassung durch Getriebe, hoher Bedienungsaufwand bei mechanischer Kraftübertragung, keine direkte Umsteuerbarkeit, Anlaufen nur im Leerlauf, Lärmbelästigung, Erschütterungen, denen der Fahrer ausgesetzt ist, Verunreinigungen der Luft, gesundheitsschädigende Abgase (gilt nicht für Treibgas), Abgasreinigung beim Otto- und Treibgasmotor mit Katalysatoren, beim Dieselmotor mit Rußfiltersystemen (Partikelfilter). *Einsatz* nur bedingt in geschlossenen Räumen, wie z. B. Hallen.

4.5.4 Elektromotorischer Antrieb

Merkmale: Der Elektromotor ist eine Maschine zur Umwandlung von elektrischer Arbeit in mechanische. In der Transporttechnik kommen Drehstrom- und Gleichstrommotore zum Einsatz.

4.5.4.1 Drehstrommotoren

Drehstrom ist eine Form des Wechselstromes, die bei einer bestimmten Verkettung von drei verschiedenen Wechselströmen entsteht. Sie arbeiten mit 400 (230) V Spannung und werden besonders dort eingesetzt, wo keine allzu großen Anforderungen an die Regelung der Arbeitsgeschwindigkeit gestellt werden. Richtungsänderung erhält man durch Vertauschen zweier Ständeranschlüsse. Drehstrommotoren beziehen den Strom aus dem überall vorhandenen öffentlichen Stromnetz (Netzfrequenz 50 Hz). Drehstrom kann *nicht* gespeichert werden, lässt sich aber mit dem Trafo umspannen.

Drehstrommotoren gibt es als Synchron- und Asynchronmotor. In der Transporttechnik spielen nur Asynchronmotoren eine Rolle. Zu unterscheiden sind der *Kurzschlussläufer-*, der *Schleifringläufer-* und der *Linearmotor*. Asynchronmotoren haben ca. 5 bis 10 % Schlupf gegenüber der Synchrondrehzahl.

Synchrone Drehzahl n_s:

$$n_s = \frac{60 \cdot f}{p} = \frac{60 \cdot 50}{1} = 3000 \text{ min}^{-1} \tag{4.1}$$

f in [Hz]   Netzfrequenz
p Polpaarzahl

Schlupf s in %:

$$s = \frac{n_s - n}{n_s} \cdot 100 \tag{4.2}$$

für $s = 8$ % und $p = 1$ ergibt sich $n = n_s - s \cdot n_s = 2760 \text{ min}^{-1}$

Polumschaltbare Motoren entstehen durch Einbau mehrerer Polpaare, es ergeben sich dann Motoren mit $n_s = 3000 - 1500 - 1000 - 750 \text{ min}^{-1}$.

- *Kurzschlussläufermotor*

Der Anker hat eine kurzgeschlossene Wicklung, in der durch Induktion Ströme fließen, die in Verbindung mit dem Drehfeld des Stators ein Drehmoment erzeugen. Der Motor ist einfach aufgebaut (keine Schleifringe, keine Bürsten), robust, wartungsarm, betriebssicher, leicht umsteuerbar, preiswert. Nachteilig sind der hohe Anlaufstrom (Minderung durch Anfahren mit Stern-Dreieck-Schaltung) und keine Regulierbarkeit der Drehzahl. Kurzschlussläufermotoren sind der Standardantrieb für Stetigförderer.

- *Schleifringläufermotor*

Er besitzt dem Läuferstromkreis vorgeschaltete Widerstände, die einmal den hohen Anlaufstrom reduzieren und zum anderen verschiedene Anfahrkennlinien ergeben. Bei Nenndrehzahl (Vorwiderstand Null) hat der Motor die Charakteristik des Kurzschlussläufers. Durch stufenweises Abschalten des Läufervorwiderstandes erzielt man eine gute Momentenanpassung an die Anlaufverhältnisse. Der Motor besitzt Schleifringe und Bürsten, ist teurer und empfindlicher als der Kurzschlussläufermotor. Einsatz bei hoher Schalthäufigkeit, sanftem Anfahren und höherer Geschwindigkeit, somit geeignet für Hubwerke.

- *Linearmotor*

Spezielle Bauart, bei dem das Drehfeld durch ein elektrisches Wanderfeld längs einer Führungsschiene ersetzt ist (Rotor und Stator haben unendlichen Durchmesser). Ein Motorteil verschiebt sich geradlinig gegenüber dem anderen Motorteil durch den Einfluss elektromagnetischer Kräfte. Dadurch entsteht eine Vorwärtsbewegung. Der Linearmotor erzeugt eine Schubkraft und ist daher für Fahrwerke geeignet. Der Motor ist wartungsfrei, hat keine mechanisch bewegten Teile, verschleißfrei, geräuscharm, hat geringen Wirkungsgrad und geringe Wärmeentwicklung, gewinnt zunehmend an Bedeutung.

4.5.4.2 Gleichstrommotoren

Gleichstrom fließt ständig in einer Richtung, lässt sich *nicht* mit dem Trafo umspannen, ist über weite Strecken relativ verlustarm zu transportieren und kann in chemischer Energie gespeichert werden. Gleichstrommotoren arbeiten mit 230 (460) V Spannung und können die Arbeitsgeschwindigkeit gut steuern. Sie beziehen den Gleichstrom:

- aus einem Gleichstromnetz, das von einem Gleichstrom-Generator oder einem Gleichrichter gespeist wird. Der Generator wandelt mechanische Energie in elektrische um, der Gleichrichter Wechselstrom in Gleichstrom.
- direkt von einem Gleichstrom-Generator oder Gleichrichter, die z. B. zu einem dieselelektrischen Antrieb eines Fahrzeuges gehören.
- aus einer Batterie, die elektrische Energie in Form von chemischer Energie speichert.

Der Einsatz von Gleichstrommotoren geschieht in der Regel bei Unstetigförderern. Man unterscheidet je nach der Schaltung der Wicklung den Reihenschluss- und den Nebenschlussmotor:

- *Reihen-(Haupt-)schlussmotor*

Anker- und Feldwicklung sind hintereinander geschaltet. Der Motor besitzt ein hohes Anlaufdrehmoment, die Drehzahl ist stark lastabhängig. Durch Umpolen der Ankerwicklung erreicht man Drehrichtungsänderung. Wegen der selbsttätigen Drehzahlanpassung an die jeweilige Belastung und des hohen Anlaufmoments wird der Reihenschlussmotor bei Flurförderzeugen eingesetzt.

- *Nebenschlussmotor*

Rotor- und Statorwicklung sind parallel geschaltet. Die Drehzahl ist relativ wenig lastabhängig, geringes Anlaufdrehmoment, aber feinfühlige Drehzahlregulierbarkeit; Einsatz bei Aufzügen und Schachtförderanlagen, auch bei Flurförderzeugen, die aber zunehmend mit Frequenzumrichter und Drehstrommotoren ausgerüstet werden.

4.5.4.3 Stromzuführungen

Als Stromzuführungen von Elektromotoren für begrenzt verfahrbare Unstetigförderer, wie z. B. Krane, Regalbediengeräte, Einschienenhängebahnen, kommen Schleifleitungen oder bewegliche Kabel in Frage (s. Bild 6.4.2), die den Sicherheitsvorschriften VBG 8 c genügen müssen. Ausführungsformen von *Schleifleitungen* sind:

- *Drahtschleifleitungen*: Sie bestehen aus Kupfer-Runddrähten, die über Isolatoren ca. alle 8 m abgestützt werden. Die aus Rollen oder Schleifstücken bestehenden Stromabnehmer heben beim Verfahren den Runddraht von den Isolatoren ab.
- *Schienenschleifleitungen*: Sie bestehen aus fest montierten Schienen und werden besonders bei hohen Leistungen und hohen Fahrgeschwindigkeiten der Fahrzeuge benutzt. Die Stromabnehmer

sind federnd gelagert. Bei Kleinschleifleitungen sind die Stromschienen in einem Blech- oder Kunststoffgehäuse untergebracht (Berührungsschutz), in dem der Stromabnehmerwagen läuft.

Ausführungsformen von *beweglichen Kabeln* sind:

- *Schleppkabel*: Oft als Flachkabel ausgebildet, wird für kurze bis mittlere Strecken eingesetzt. Die Abstützung der Kabel geschieht über einen in Stahlprofilen laufenden Kabelwagen, in dessen Sätteln die Kabel geklemmt sind und in Schleifen herunterhängen.

- *Kabeltrommel*: Sie benutzt man bei mittleren bis langen Strecken. Die Kabel werden auf eine Trommel aufgewickelt, die entweder durch Feder- oder Elektromotoren angetrieben wird.

Berührungslose Energieübertragung: s. Beispiel 6.6-15.

4.5.5 Hybridantrieb

Antriebsform, die den Wechsel von einem Energieträger zu einem zweiten ermöglicht, also Kombination aus verschiedenen Antriebsarten. Das Umschalten erfolgt ohne Fahrtunterbrechung, z. B. kann gewechselt werden zwischen batterieelektrischem Antrieb bei Inneneinsatz und verbrennungsmotorischem Antrieb bei Außeneinsatz. Eine andere Form des Hybridantriebs beinhaltet das Umschalten von Wechselstrom im Regalgang auf Gleichstrom außerhalb des Regalganges.

4.5.6 Batterieelektrische Antriebseinheit

Wird von einem batterieelektrischen Antrieb gesprochen, versteht man darunter einen Elektromotor, gespeist von einer Batterie. Richtiger wäre die Bezeichnung batterieelektrische Antriebseinheit. Sie besteht aus der Batterie als Gleichstromlieferant, dem Gleichstrommotor, dem Getriebe, der Steuerung und Zubehör, wie z. B. einem Batterieladegerät und einem Batterieladeanzeiger.

Es gibt *nicht* wiederaufladbare und wiederaufladbare Batterien, genannt Akkumulatoren. Diese werden unterschieden in *Starterbatterien* zum Anlassen von Verbrennungsmotoren und in *Antriebsbatterien* zum Antrieb von Fahr- und Hubmotoren. Starterbatterien werden für kleine Leistungen auch als Antriebsbatterien eingesetzt.

Die Batterie speichert elektrische Energie in Form von chemischer Energie. Sie liefert Gleichstrom für Flurförderzeuge, die keine Verbindung zu einem Stromnetz haben. Die Energiespeicherung wird als Ladung, die Energieabgabe als Entladung bezeichnet. Die Batteriezelle ist die kleinste abgeschlossene stromliefernde Einheit der Batterie, die aus positiven und negativen Elektrodenplatten, dazwischen liegenden mikroporösen Separatoren, den Polen und dem Elektrolyt besteht. Die Nennspannung pro Zelle beträgt zwischen 1,2 V und 2 V. Durch *Hintereinanderschaltung* von Zellen wächst die Spannung, durch *Parallelschaltung* die Kapazität. Die üblichen Batteriespannungen sind 24 V, 48 V und 80 V, die Kapazität liegt zwischen 100 Ah bis 1000 Ah.

Zu unterscheiden sind *Blei-Akkumulatoren* mit verdünnter Schwefelsäure (2 V/Zelle) und *alkalische Batterien* mit verdünnter Kalilauge (1,2 V/Zelle) als Elektrolyt (Bild 4.5a).

Bleibatterien gibt es in Gitterplattentechnik und in der vorherrschenden Panzerplattentechnik (Tabelle 4.1). Die Gitterplattenbatterie ist für leichte Einsatzbedingungen eine kostengünstige Batterie mit einer durchschnittlichen Lebensdauer von ca. 700 Lade- und Entladezyklen.

Die Panzerplattenbatterie ist für normale und schwere Einsätze geeignet. Ihre Lebensdauer umfasst ca. 1500 Ladungen. Dies entspricht bei einschichtigem Betrieb und 300 Ladungen pro Jahr einer Lebensdauer von fünf Jahren. Ausführungsformen von den heute und in Zukunft vorherrschenden Bleibatterien sind im Folgenden zusammengestellt:

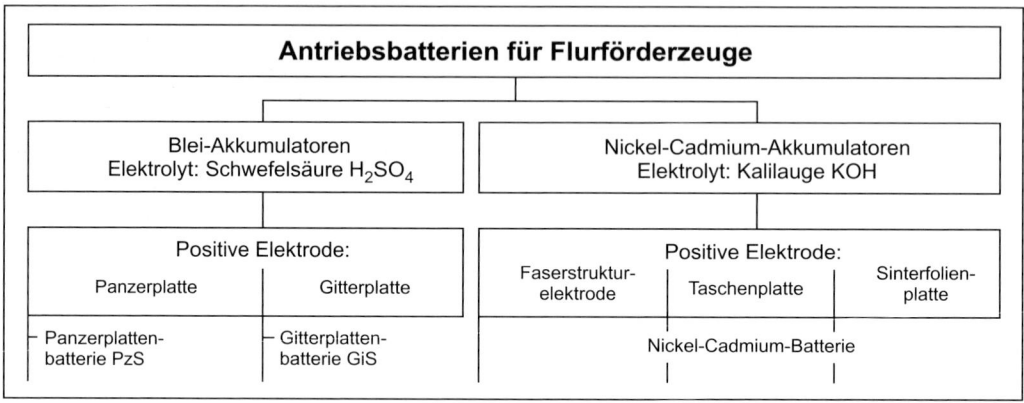

Bild 4.5a   Gliederung der Antriebsbatterien für Flurförderzeuge

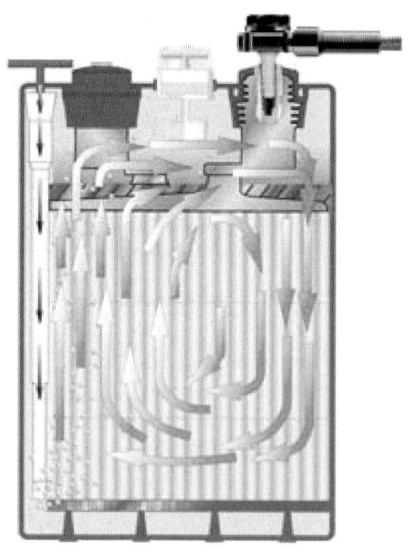

Bild 4.5b   Elektrolytumwälzung

Durch anderen Zellenaufbau mit mehr aktiver Masse und erhöhter Säuredichte entsteht die *leistungsgesteigerte* Panzerplattenbatterie mit einer um 25 % höheren Leistung.

Batterien mit *Elektrolytumwälzung* (Bild 4.5b) gewährleisten während der Aufladung eine optimale Elektrolytdurchmischung und eine gleichmäßige Elektrolytdichte in der Batterie. Dies hat folgende Vorteile:

- verkürzte Ladezeit: statt 8 bis 12 h reduziert auf 6 bis 8 h
- geringerer Energiebedarf: statt 20 bis 25 A/100 Ah reduziert auf 13 A/100 Ah
- geringere Temperaturentwicklung beim Laden
- weniger Wartung: nach ca. 12 Monaten oder 200 Ladezyklen; höhere Lebensdauer
- bei 3-Schichtbetrieb: nur 2 Batterien erforderlich.

Die Elektrolytumwälzung wird erreicht durch Eindrücken von Luft in den unteren Teil der Batterie mittels einer im Ladegerät integrierten Luftpumpe. Die aufsteigenden Luftblasen erzeugen einen Kreisstrom des Elektrolyts und damit eine intensive Durchmischung.

Eine weitere Voraussetzung für eine lange Lebensdauer der Batteriezellen ist das regelmäßige Versorgen mit gereinigtem Wasser zum Ausgleich des Wasserverlustes beim Ladevorgang. Eine teilautomatisierte Lösung ist das Batteriefüllsystem *Aquamatik*, das die erforderliche Wassermenge aus einem Reservoir anfordert und die Säuredichtemessung ermöglicht. Es verhindert beim Nachfüllen der Batterie mit Wasser ein Überlaufen des Elektrolyts.

Batterieart	Spannung [V]	Betriebstemp. [°C]	Energiedichte [Wh/kg]	Leistungsdichte [W/kg]	Wirkungsgrad [%]
Bleisäure	2,0	30	30	100	72
Alkalisch	1,2	30	40	90	70

Tabelle 4.1   Kenndaten für Batteriearten

Für den Einsatz von Flurförderzeugen in explosionsgefährdeten Räumen gibt es eine *exgeschützte* Batterie.

Bei der *wartungsarmen(-freien)* Batterie ist die Schwefelsäure in einem Gel gebunden, so dass ein Nachfüllen der Batterie oder wartungstechnische Maßnahmen nicht erforderlich sind. Weitere Vorteile sind:

- keine Elektrolytverschmutzung der Umgebung; Elektrolytkontrollen entfallen
- keine separate Ladestationen; keine Zwangsentlüftung, da kein Knallgas austritt

Diese sauberen Gel-Batterien erfordern 20 - 40 % Restkapazität, haben eine Lebensdauer von ca. 900 - 1000 Ladungen, eine lange Ladezeit von 11 - 14 Stunden und sind gering belastbar. Das Problem stellt sich beim Laden: Erwärmung, die nicht so schnell abgeführt werden kann.

Nickel-Cadmium-Batterien (NiCd-Batterien) sind besonders bei Taktbetrieb einsetzbar, da sie ständig nachgeladen werden müssen. Ca. 25 % von der zur Verfügung stehenden Zeit geht für das Laden verloren. Von einer 80 Ah Kapazität können ca. nur 25 % genutzt werden, also 20 Ah. Teuer, nur für kleinere Fahrzeuge eingesetzt.

Die DIN-Bezeichnung einer Panzerplattenbatterie ist z. B. 80 V 6 PzS 600. Es handelt sich um eine 80 Volt-Batterie mit 6 positiven Elektroden (Bleiplatten) je Zelle; PzS steht für Standard Panzerplattenbatterie (GiS $\triangleq$ Gitterplattenbatterie); die Nennkapazität beträgt 600 Ah. Die Nennkapazität ist die Kapazität bei fünfstündiger ununterbrochener Entladung mit konstantem Entladestrom, hier von 120 A pro Stunde.

Die Einsatzdauer einer Batterie beträgt eine oder zwei Schichten, Untersuchungen finden z.Z. mit Zwischenladungen zum 3-schichtigen Einsatz statt. Eine Panzerplatten-Batterie darf nicht unter 20 % Restkapazität der gespeicherten Energie entladen werden, da sonst bei häufiger Tiefentladung die Lebensdauer sinkt.

Außer den Bleiakkumulatoren gibt es noch andere elektrochemische Systeme, wie z. B. die Nickel-Cadmium-Batterie, die für Flurförderzeuge eingesetzt werden (Bild 4.5a). Diese Batterien besitzen eine größere Energie- und Leistungsdichte, längere Gebrauchsdauer, sind wartungsfreundlicher, haben höhere mechanische und thermische Festigkeit und eine geringere Umweltbelastung bei Herstellung, Anwendung und Entsorgung. Nickel-Cadmium-Batterien besitzen die Vorteile der jederzeitigen Schnellaufladung und des nichtätzenden Elektrolyts Kalilauge. Nachteilig ist die hohe Restkapazität von 40 %. Durch die geringe Zellenspannung von 1,2 V besteht eine 24 V-Batterie aus 20 Zellen, trotzdem ist der Raumbedarf nicht größer als bei einer 24 V-Bleibatterie. Zellenaufbau/-schaltung: s. Beispiel 4.4.

Die für ein Elektro-Flurförderzeug nutzbare Energie einer Batterie ist ($U \times K \times 0{,}8$) : 1000 in kWh. Für die Ladung einer leeren Batterie sind erforderlich (vgl. VDI-2695, s, Kap. 6.6.7.8):

$$E = \frac{U \cdot K \cdot 0{,}8 \cdot 1{,}5}{1000} \tag{4.3}$$

E	kWh	Energiebedarf
U	V	Batteriespannung (Betriebsspannung)
K	Ah	Kapazität der Batterie (K_5-Wert)
0,8	$\hat{=}$	80 % Entladung der Batterie
1,5	$\hat{=}$	Ladefaktor: Verluste im Ladegerät und in der Batterie; bei Elektrolytumwälzung Faktor nur 1,15

Die Lebensdauer einer Batterie mindert sich durch falsche Entladung, zu niedrigen Säurestand, durch zu häufige Tiefentladung und schlechte Wartung. Die Wahl des richtigen Ladegerätes ist eine Funktion der Anzahl der vorhandenen Flurfördermittel, der Batteriespannung und der zur Verfügung stehenden Ladezeit.

Die Ladezeit lässt sich überschlägig bestimmen zu

$$t_1 = \frac{1000 \cdot E_5}{I \cdot U} \ [\text{h}] \tag{4.4}$$

t_1	h	Ladezeit
E_5	kWh	Energiemenge (5-Stunden-Kapazität $\hat{=} K_5$)
I	A	Ladestrom
U	V	Ladespannung

Zur Batterieschonung sollte der Ladestrom nicht mehr als 200 % des fünfstündigen Entladestromes betragen. Als Ladeform bietet sich der *Ladebetrieb* und der *Wechselbetrieb* an. Der Wechselbetrieb besteht im Austausch einer entladenen Batterie. Der Ladebetrieb geschieht mit einer Ladestation in Einzelaufstellung oder in einer Sammelstation. Möglich ist auch eine Integration des Ladegerätes im Flurförderzeug (s. Beispiel 4.5). Zwischenladungen bei Bleibatterien mit Elektrolytumwälzungen sind möglich; die Ladezeit muss aber über 30 Minuten liegen.

Vorteile des batteriebetriebenen Elektroantriebes sind: unabhängig vom Stromnetz, überlastbar, unter Last anfahrbar, leicht regelbar, geruchlos, abgasfrei, geräuscharm, verschleißarm, einfache Bedienung, problemlose Richtungsumkehr, besonders wirtschaftlich bei Batterieladung mit Nachtstrom, keine Kupplung, kein Schaltgetriebe, hohe Lebensdauer.

Nachteile sind: begrenzte Kapazität, Batteriewartung (Pflege der Kontakte, Kontrolle von Säuredichte und Zellenspannung), Verlustzeiten durch Batterieladung bzw. Batteriewechsel, geringe Höchstgeschwindigkeit (max. 18 km/h), relativ hohe Anschaffungskosten, abfallendes Leistungsvermögen über die Nutzzeit, Ladevorschriften, Tiefentladung, Batterieraum.

Einsatz bei Kurzstrecken, geringen Steigungen, gut befestigten Wegen, normale Anzahl von Hub- und Zusatzbewegungen pro Stunde sowie bei kleinen bis mittleren Lasten: also bevorzugt bei Halleneinsatz benutzt.

4.5.7 Hydraulische Antriebseinheit

Hydraulische Antriebe (pneumatische Antriebe) benutzen zur Leistungsübertragung Druckenergie in strömenden Flüssigkeiten (Gasen), die die Medien durch Umwandlung von mechanischer Energie erhalten. Dabei ist mittels Steuerung und Regelung die Leistung jederzeit in die Faktoren Kraft und Geschwindigkeit bzw. Moment und Winkelgeschwindigkeit umwandelbar. Eine geradlinige Arbeitsbewegung wird durch *Arbeitszylinder* (Schubmotor), eine drehende Bewegung mit *Drehmotoren* ermöglicht.

Bei der hydrostatischen Leistungsübertragung sind der Primärteil (Druckerzeugung: Elektro-(Diesel-)Motor und Pumpe), die Steuer- und Regelungsorgane und der Sekundärteil (Arbeitszylinder oder Drehmotor) zu unterscheiden (Bild 4.6). Die Schaltung von Hydraulikkreisläufen wird mit Hilfe von Schaltungssymbolen (DIN 24 300) vereinfacht dargestellt (Bild 4.7), die Sinnbilder für Ölhydraulik und Pneumatik unterscheiden sich nur durch die Zeichen in der Leitung und durch die Art der Auslasse.

Bauelemente von Hydraulikantrieben sind Hydropumpen, Hydromotore und Hydroventile. Pumpen und Motoren sind Verdrängermaschinen, die je nach Bauart einen konstanten oder verstellbaren Ölstrom liefern können (Betriebsdruck für Zahnradpumpen bis 120 bar, für Kolbenpumpen bis 300 bar). Diese hydrostatische Kraftübertragung ist teuer und hat einen schlechteren Wirkungsgrad gegenüber der mechanischen Kraftübertragung, aber der Bedienungsaufwand ist geringer und eine feinfühlige Regelung der Arbeitsbewegungen ist gewährleistet.

In einer großen Zahl von Unstetigförderern (Mobilkran, Gabelstapler, Kränen) werden hydraulische Antriebseinheiten zum Antrieb von Hub-, Fahr-, Dreh- oder Schwenkwerken, zur Neigung des Hubgerüstes und zum Antrieb von Anbaugeräten bei Staplern benutzt (s. Bild 4.16).

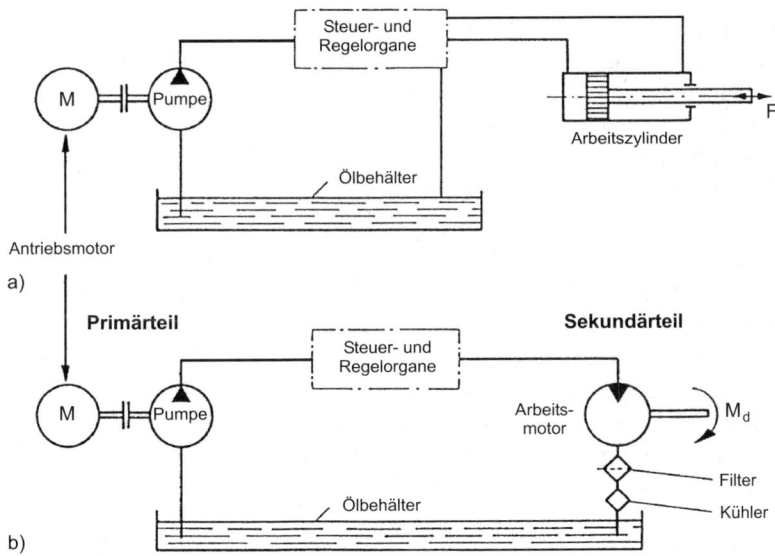

Bild 4.6 Hydrostatische Leistungsübertragung
a) für geradlinige Bewegung
b) für drehende Bewegung

Sinnbild	Benennung und Erklärung	Sinnbild	Benennung und Erklärung
Hydroventile (allgemein)		Hydrostromventile	
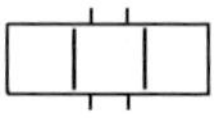	Ventile werden durch ein Rechteck dargestellt; Zahl der Felder = Schaltstellungen; Leitungen werden an Nullstellung herangezogen		Drosselventil, dessen Einschnürung verstellbar und in beiden Richtungen wirksam ist
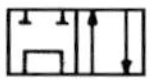	Innerhalb der Felder geben Pfeile die Durchflussrichtung an; Absperrungen werden durch Querstriche gekennzeichnet		Stromregelventil (2-Wege-) a) Kurzdarstellung b) Funktionsschema
		Hydropumpen	
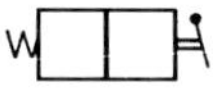	Sinnbilder der Betätigungsarten werden rechtwinklig zu den Anschlüssen außerhalb des Rechtecks angeordnet		Pumpe mit konst. Verdrängungsvolumen a) mit einer Förderrichtung b) mit zwei Förderrichtungen
Hydrowegeventile			
	2/2-Wegeventil in Nullstellung gesperrt, handbetätigt mit Hebel		Pumpe mit verstellbarem Verdrängungsvolumen a) mit einer Förderrichtung b) mit zwei Förderrichtungen
	4/2-Wegeventil magnetbetätigt – vorgesteuert, mit Federrückstellung	Hydromotoren	
Hydrosperrventile			Motor mit konst. Verdrängungsvolumen a) mit einer Strömungsrichtung b) mit zwei Strömungsrichtungen
	Sperrventil, federbelastet, das Druckfluss in einer Richtung sperrt		
Hydrodruckventile			Schwenkmotor (mit begrenztem Drehwinkel)
	Druckventil (allgemein) a) Einkantenventil mit geschlossener Nullstellung b) Einkantenventil mit offener Nullstellung	Hydrozylinder	
			Zylinder (einfachwirkend) Rückbewegung durch äußere Kraft
	Druckbegrenzungsventil begrenzt Druck im Zulauf durch Öffnen des Auslasses gegen Federkraft		Zylinder (doppelt wirkend) mit einseitiger Kolbenstange

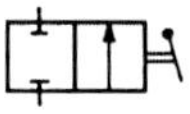

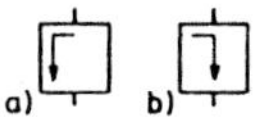

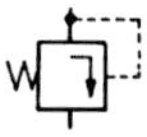

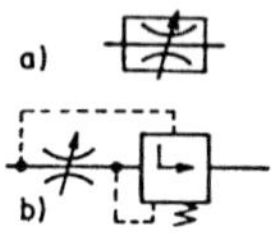

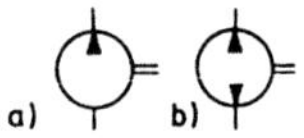

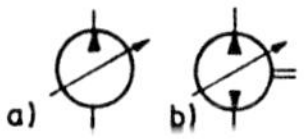

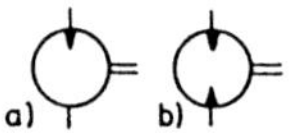

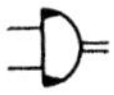

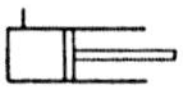

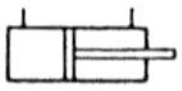

Bild 4.7   Symbole für ölhydraulische Elemente

4.6 Rad, Bereifung, Fahrbahn

Das Rad setzt eine Drehbewegung in eine translatorische Bewegung um und überträgt Kräfte zwischen seiner Aufstandsfläche und dem Fahrweg. Es besteht aus Nabe, Felgen und Reifen, aus Nabe und Reifen oder nur aus einem homogenen Werkstoff, z. B. als Stahlrad oder Kunststoffrad. Der Fahrweg kann eine Fahrbahn oder eine Schiene sein. Der Reifen stellt ein Verschleißelement dar und muss austauschbar sein.

4.6.1 Bereifung und Fahrbahn

Je nach Einsatzbedingung, ist der entsprechende Reifen für ein Flurförderzeug auszuwählen. Solche Einsatzbedingungen sind z. B.

- Bodenbeschaffenheit, Fahrbahnverhältnisse
- Einsatzort, z. B. Innen- und/oder Außeneinsatz
- Umgebungsverhältnisse: Staub, Temperatur, Feuchtigkeit
- Bodenverschmutzung: Öl, Fett, Laugen, Säure, Späne, Glas
- Art des Flurförderzeuges: Stapler, Wagen, Schlepper
- Geschwindigkeitsgrößen.

Von einem Reifen werden je nach Einsatzfall die unterschiedlichsten Eigenschaften verlangt, wie z. B.

- hohe Tragfähigkeit und Reibungsbeiwert; hohe Elastizität, Federung und Härte
- geringer Rollwiderstand und Abrieb; gutes Kurvenverhältnis und geringer Lärm
- gute Flächenpressung; hohe Lebensdauer und geringe Kosten
- hohe Betriebssicherheit; Pannensicherheit; Wartungsarmut.

Der ausgewählte Reifen stellt die Verbindung zwischen Flurförderzeug und Fahrbahn dar, muss Kräfte übertragen und aufnehmen, Stöße abfangen und den Anforderungen aus den Einsatzbedingungen genügen. Ausführungsformen von Reifen sind *Luftreifen*, *Superelastikreifen*, *Vollgummireifen* und *Kunststoffreifen*.

4.6.1.1 Luftreifen

Der Reifenkörper besteht aus der Lauffläche und dem Unterbau. Die Lauffläche ist profiliert. Die Profilierung dient der besseren Kurvengängigkeit und Haftfähigkeit bei nasser Fahrbahn. Nach dem Aufbau der Gewebelagen ist zwischen *Diagonal-(Gürtel-)reifen* und *Radialreifen* (Bild 4.8a) zu unterscheiden. Der Diagonalreifen hat eine bessere Standsicherheit durch steife Seitenwände und günstigere Dämpfungseigenschaften, aber höheren Rollwiderstand. Der Radialreifen besitzt bessere Federungseigenschaften.

Vorteile: gute Federungseigenschaften, geringe Bodenpressung, Möglichkeit der Runderneuerung, Profilierung.

Nachteile: Pannenanfälligkeit, regelmäßige Luftdruckkontrollen, große Abmessungen.

a) Schlauchloser Radialreifen
   für Gabelstapler

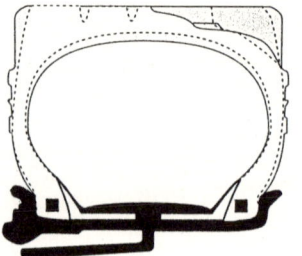

b) Querschnitt Superelastikreifen mit einteiliger und
   seitengeteilter Felge

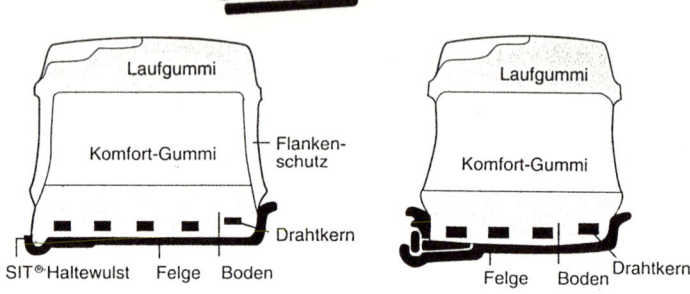

c) Fußausführungen für Vollgummireifen mit Felgen

Bandagen mit Stahlboden	Bandagen mit Stahldrahtarmierung		
zylindrischer Fuß (STB)	zylindrischer Fuß (Z)	konischer Fuß, mittengeteilt (km 8, km 10, km 15)	konischer Fuß, seitengeteilt (ks 15/6, ks 15/8)

d) Felgenausführungen für
   Luft- und Superelastikreifen

Fußversionen	Felgenversionen
• CSE ROBUST-SIT Passgenau für die einteilige Lemmerz-Grundfelge ohne Verschluss-, Hörn-, Schrägschulterring	
• CSE-ROBUST Für die seitengeteilte Felge mit Felgen-ringen und die mittengeteilte Felge.	

Bild 4.8 Reifen- und Felgen-
         ausführungen

Zu hoher oder zu niedriger Luftdruck beeinträchtigt die Lebensdauer des Reifens durch hohe Belastung (Wölbung der Lauffläche bzw. hohe Walkarbeit in den Seitenwänden). Einsatz: Innen- und Außeneinsatz.

Ausführungsformen von Luftreifen als Radial- und Diagonalreifen sind:

• *Normal- und Breitreifen* (Verhältnis von Seitenwandhöhe zur Reifenbreite 1:1, bei Breitrei-fen um 0,7)
• *Niederdruck- oder Hochdruckreifen* (Reifeninnendruck bei Niederdruckreifen bis 3,5 bar; Hochdruckreifen ab 5 bar).

4.6.1.2 Superelastikreifen

Der Superelastikreifen (Bild 4.8b) ist ein Vollgummireifen mit unterschiedlichen radial ange-brachten Gummimischungen. Er vereint die Vorteile des Luft- und Vollgummireifens. Die profilierte Lauffläche besteht aus verschleißfestem Gummi, der Zwischenbau aus hochelasti-schem Gummi, der gute Stoß- und Schwingungsdämpfungen gewährleistet und ca. 80 % der Federung eines Luftreifens aufweist.

Stahldrahtkerne – eingebettet im zähharten Gummi des Reifenfußes – gewährleisten einen festen Felgensitz.

Vorteile: pannensicher, wartungsfrei, stoß- und schwingungsdämpfend, standsicher, hoch be-lastbar, hohe Lebensdauer, gleiche Felgen wie Luftreifen, Profilierung.

Nachteile: teuer, empfindlich gegen Öl und Fett.

Einsatz: geeignet für harten Einsatz und schwierige Umfeldbedingungen.

4.6.1.3 Vollgummireifen

In der Regel ist die Lauffläche des aus zähhartem Gummi bestehenden Vollgummireifens nicht profiliert (Bild 4.8c, s. Beispiel 4.6).

Vorteile: pannensicher, große Tragfähigkeit, kleine Abmessungen, wartungsfrei, geringer Roll-widerstand.

Nachteile: geringe Federung, hohe Punktbelastung, zugelassen bis 16 km/h Fahrgeschwindig-keit. Einsatz: geeignet für feste Böden und raue Umfeldbedingungen.

4.6.1.4 Kunststoffreifen

Der unprofilierte Kunststoffreifen besteht aus zähhartem Kunststoff (Polyurethan) und kann aufgebaut sein als:

- Kunststoffbandage unlösbar mit Stahlring verbunden
- Reifen mit Stahldrahtkernen im Fuß (Fußausführungen zylindrisch oder konisch)
- massives Kunststoffrad.

Vorteile: hohe Tragfähigkeit, hohe Abriebfestigkeit, hohe Lebensdauer, pannensicher, war-tungsfrei, kleine Abmessungen, beständig gegen Öl, Fett, Benzin, Diesel.

Nachteile: begrenzte Fahrgeschwindigkeit bis 10 km/h, empfindlich gegen Säure und Laugen.

Einsatz: fast ausschließlich in Gebäuden.

4.6.1.5 Felgen

Felgen sind aus gepresstem, gegossenem oder geschmiedeten Stahl bzw. Leichtmetall herge-stellt. Luft- und Superelastikreifen benutzen Felgen (Bild 4.8d), die mitten- und seitengeteilt sind. Die seitengeteilte Felge kann zwei-, drei- und vierteilig sein. Superelastikreifen haben auch spezielle einteilige Felgen (Bild 4.8b). Vollgummi- und Kunststoffreifen (Bild 4.8c) benutzen einteilige zylindrische und zweiteilige konische Felgen, die mitten- oder seitengeteilt sind. In der Regel werden Vorrichtungen und Pressen zum Aufziehen des Reifenkörpers benö-tigt.

4.6.2 Räder für Schienen

Rad-/Fahrbahnkombination		Reibzahl μ_0
Stahl/Stahl		0,1 – 0,35
Gummi/Asphalt	vereist	0,1 – 0,2
Gummi/Asphalt	trocken	0,6 – 0,8
Luftreifen/Beton	nass	0,7
	trocken	0,9
Luftreifen/Kopfsteinpflaster	nass	0,5
	trocken	0,7

Tabelle 4.2
Haftreibungszahlen zwischen Rad/Reifen
und Fahrbahn/Schiene

Es wird zwischen nicht angetriebenen *Laufrädern* und *Antriebsrädern* unterschieden. In der Regel sind die Räder aus Stahlguss mit zylindrischer, balliger oder konischer Lauffläche ausgeführt und mit zweiseitigem, einseitigem oder ohne Spurkranz je nach Führungsaufgabe und Schienenprofil versehen.

Die Reibzahlen für die Rad-Schienen-Kombination Stahl auf Stahl liegen bei 0,1 bis 0,35 (vgl. Tab. 4.2). Der Fahrwiderstand für den Volllastbeharrungszustand lässt sich genau ermitteln aus der Zapfenreibung, dem Rollwiderstand, der Spurkranzreibung, der Nabenstirnflächenreibung und dem Widerstand für eventuell seitlich angebrachte Führungsrollen.

In der Praxis wird eine schnelle, überschlägige Berechnung des Fahrwiderstandes F_{wf} mit Hilfe des Einheitsfahrwiderstandes w_{ges} in ‰ durchgeführt

$$F_{wf} = w_{ges}G \quad \text{in } N \tag{4.5}$$

w_{ges} $\approx 20\ \%$ bei Laufrad-Schiene aus Stahl für Gleitlagerung
w_{ges} $\approx 5\ ‰$ bei Laufrad-Schiene aus Stahl für Wälzlagerung
G in N   Gewichtskraft der Radbelastung

Berechnung des Fahrwiderstandes für Flurförderer s. Kap. 6.6.3.

4.6.3 Fahrbahn, Schiene

Die Fahrbahn ist die Fußbodenoberfläche, auf der sich die Fahrzeuge wie Wagen, Schlepper, Stapler oder Kommissionierfahrzeuge bewegen. Art und Zustand der Fahrbahn sind entscheidend für die Art der Bereifung des Transportmittels. Im Freien gilt für Luftbereifung: die Hochdruckreifen sind kleinvolumig, haben dadurch einen hohen Flächendruck, aber geringen Rollwiderstand. Sie benötigen gut befestigte Straßen.

Bei Niederdruckreifen ist durch die große Aufstandsfläche ein geringerer Flächendruck vorhanden. Das Einsatzgebiet ist das unbefestigte Gelände (höherer Rollwiderstand). Mit Doppelbereifung ist ebenfalls eine Verringerung des Flächendruckes möglich. In Hallen mit Asphalt-, Beton-, Kunststoff- und Industriefußboden kann Vollgummibereifung gewählt werden. Bei Estrichboden ist Dicke und Tragfähigkeit des Estrichs zu beachten.

Schienen sind eine Möglichkeit zur Zwangsführung von Transportmitteln. Sie sind paarweise, z. B. beim Verschiebewagen oder einzeln, z. B. beim Regalbediengerät angeordnet. Eine Fülle von Schienenformen sind bei Kreis-, Schleppkreis- und Schleppkettenförderern vorhanden, die entweder aus warmgewalzten Fertigerzeugnissen (z. B. I-Träger) oder aus durch spanlose Umformung von Blechen hergestellten Schienenprofilen bestehen. Für Einschienenhängebahnen werden ein- oder doppelseitige Wulstprofile benutzt (Bild 4.9, s. Bild 6.3.1 und 6.3.2).

Gerade an Schienen von Kreisförderern und Einschienenhängebahnen werden durch Weichen, Abzweigungen und Kurven hohe Anforderungen gestellt.

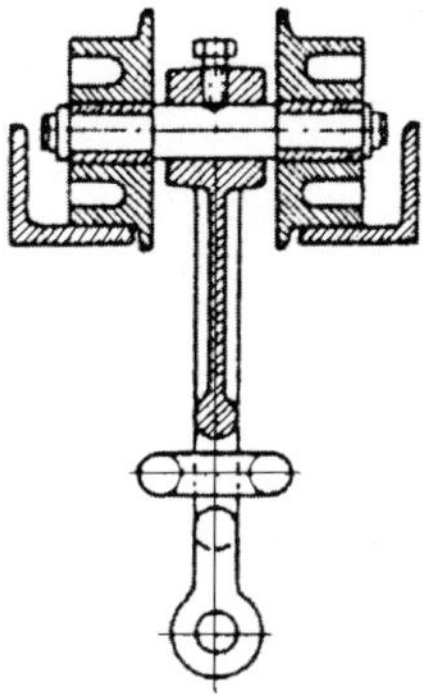

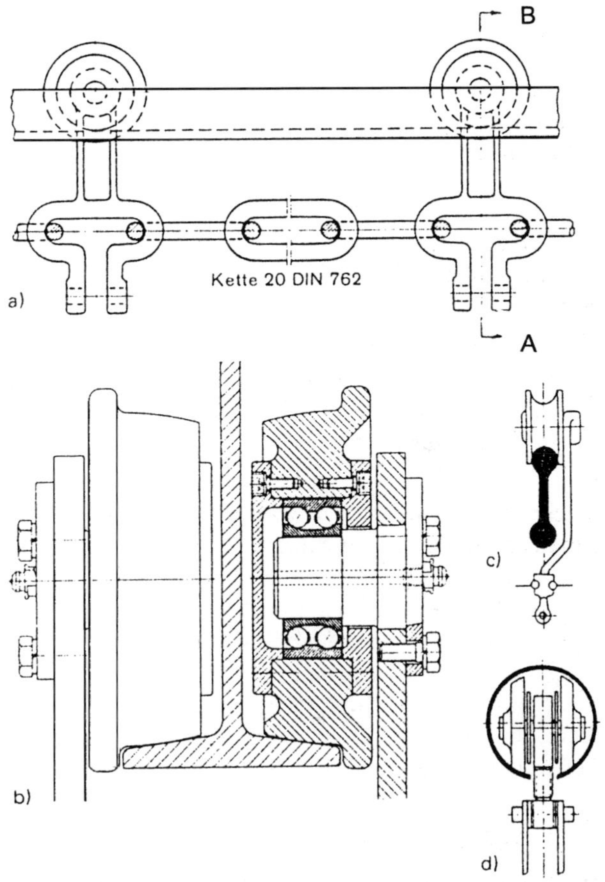

Kette 20 DIN 762

Schnitt: A-B

a) Schiene aus L-Profilstahl
b) Schiene aus I-Profilstahl
c) Schiene aus Wulstprofil
d) Schiene mit Kreisquerschnitt

Bild 4.9   Laufräder von Stetigförderern und Einschienenhängebahnen mit verschiedenen Schienenprofilen

Für bodengebundene Transportmittel werden Flach- und Kranschienen eingesetzt (Bild 4.10). Reibzahlen für Rad-Fahrbahnkombinationen liegen zwischen 0,1 und 0,8 (Tab. 4.3).

a) Flachschienenprofil
   Form F

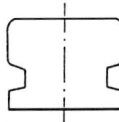

b) Fußflanschschiene
   Form A

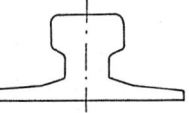

Bild 4.10   Kranschienen nach DIN 536

4.7 Dimensionierungsgrundlagen

Im Rahmen der planerischen Transport- und Lagertechnik sollen nur mechanische und technische Größen behandelt werden, die für das Verständnis von Transportmitteln und deren Vordimensionierung von Bedeutung sind.

4.7.1 Grundlegende Begriffe

Die Berechnungsgleichungen für die Leistung sind für gleichförmige, geradlinige und drehende Bewegungen zu unterscheiden.

Geradlinige Bewegung

$$P = \frac{F \cdot v}{1000} = \frac{mv^2}{1000\, t} \ [\text{kW}]$$ (4.6)

P	in kW	Leistung
F	in N	Kraft $[F = ma = m \cdot (v/t)]$
v	in m/s	Geschwindigkeit
m	in kg	Masse
t	in s	Zeit

Drehende Bewegung

$$P = \frac{M \cdot \omega}{1000}$$ (4.7)

und mit $\omega = 2\pi n$

P	in kW	Leistung
M	in Nm	Moment ($M = J\, \alpha$)
ω	in rad/s	Winkelgeschwindigkeit ($\omega = \alpha\, t$)
n	in 1/min	Nenndrehzahl
J	in kgm^2	Massenträgheitsmoment
α	in s^{-2}	Winkelbeschleunigung

Bei konstanter Leistung eines Motors erhält man den Drehmomentenverlauf über der Drehzahl als Hyperbel (Bild 4.11).

Unter der *Standsicherheit* ν eines Transport- und Lagermittels versteht man, dass in Bezug auf die Kippkante die Summe der Standmomente M_{St} größer ist als die Summe der Kippmomente M_K.

$$\nu = \frac{M_{St}}{M_K} > 1$$ (4.8)

Das Kippverhalten muss z. B. bei Staplern, Kranen, Wagen und Verschieberegalen untersucht werden.

Die *Steigfähigkeit* p eines Fahrzeuges ist eine Kennzahl und wird in Prozent angegeben. Sie stellt ein Maß für die noch überwundene Steigung einer schiefen Ebene dar.

$$p = \frac{h}{l} \times 100 \, [\%] \tag{4.9}$$

l in m   Länge der schiefen Ebene

Die Steigfähigkeit ist erreicht, wenn die Räder gerade noch nicht durchdrehen.

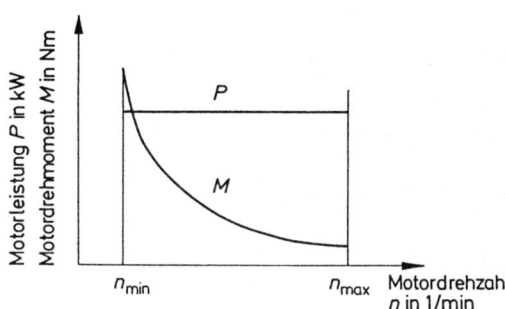

Bild 4.11
Darstellung der Drehmomentenformel bei konstanter Leistung

Unter *Totlast* (-masse) sind alle Massen eines Transportmittels zu verstehen, die bei einem Bewegungsvorgang (Heben, Senken, Fahren) zusätzlich zur jeweiligen Nutzlast bewegt werden müssen. Das Totlastverhältnis v_0 ist definiert zu

$$v_0 = \frac{\text{Nutzmasse}}{\text{Nutzmasse} + \text{Totmasse}} \tag{4.10}$$

Stetigförderer zeichnen sich durch kleinere Totlasten gegenüber den Unstetigförderern aus, was eine geringere Antriebsleistung zur Folge hat.

4.7.2 Form- und reibschlüssige Kraftübertragung

Formschlüssig wird die Kraft (Umfangskraft) zwischen Kette und Kettenrad, zwischen Zahnrädern, zwischen Mitnehmern und Nocken übertragen.

Kraft- oder *reibschlüssige* Übertragung der Umfangskraft ist vorhanden zwischen Gummigurt und Trommel, zwischen Seil und Seilscheibe, zwischen Keilriemen und Keilriemenscheibe, zwischen Rad und Fahrbahn, im Fall der Bandbremse und bei der Spillwinde (s. Beispiel 4.7).

Rad und Fahrbahn: Beim Abbremsvorgang eines Fahrzeuges (Mobilkran, Stapler, Elektrokarren) ist die Höhe der Bremsverzögerung erst in sekundärer Linie von der Bremsbauart abhängig. Maßgebend ist die zwischen Fahrzeugrad und Fahrbahn vorhandene Reibungszahl. Analog gilt dies auch für den Anfahrvorgang: Zu große Beschleunigung hat Durchdrehen der Räder zur Folge. Die größtmögliche Verzögerung (Beschleunigung) ergibt sich aus der Gleichung 4.11:

$$F_a = ma \qquad und \, F_W = G\mu_0 \tag{4.11}$$

$$F_a \leq F_W \qquad oder \, ma < mg\mu_0$$

$$a \leq g\mu_0 \qquad \text{in m/s}^2$$

F_a in N   Beschleunigungs-(Verzögerungs-)Kraft
F_W in N   Widerstands-(Reibungs-)Kraft

m	in kg	zu beschleunigende Masse
G	in N	Gewichtskraft (Normalkraft)
a	in m/s^2	Beschleunigung/Verzögerung
g	in m/s^2	Erdbeschleunigung
μ_0		Reibungszahl zwischen Rad und Fahrbahn.

Die Reibungszahl zwischen Rad und Fahrbahn hat viele Einflussfaktoren (Fahrbahnmaterial, Fahrbahnoberfläche, Radmaterial) und schwankt deshalb sehr stark. Nach den in Tabelle 4.2 angegebenen Werten beträgt die erzielbare Verzögerung 1 bis 8 m/s^2.

Treibscheiben: Umschließt das Seil (Band, Riemen) die Scheibe (Trommel) mit dem Umschlingungswinkel α (Bild 4.12), dann wird das auf die Scheibe wirkende Moment versuchen, über die Umschlingungsreibung – bei vorhandener Vorspannung – das Seil in seinem Sinne zu bewegen und mitzunehmen.

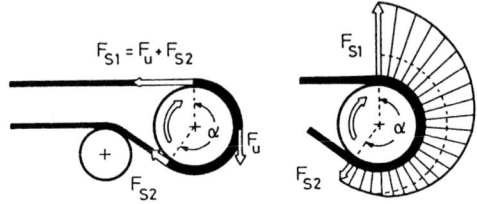

Die im Seil auftretenden Kräfte werden durch das Gesetz der Seilreibung (Eytelweinsche Gleichung) beschrieben:

Bild 4.12   Kraftübertragung an Treibscheiben

$$\frac{F_{S_1}}{F_{S_2}} = e^{\mu_0 \alpha} \qquad (4.12)$$

$$F_u = F_{S_1} - F_{S_2} \quad [\text{N}] \qquad (4.13)$$

F_u	in N	Umfangskraft, resultiert aus der Widerstandskraft; leitet sich von dem zu übertragenden oder abzubremsenden Moment M ab: $F_u = M/r$, r in m; Radius der Seil-, Riemen- oder Bremsscheibe, Trommel
M	in Nm	siehe Gleichung
F_{S_1}	in N	auflaufende Seilzugkraft (groß)
F_{S_2}	in N	ablaufende Seilzugkraft (klein)
α	in°	Umschlingungswinkel
μ_0		Reibungswert zwischen Seil und Seilscheibe
e		Eulersche Zahl e = 2,718.

Zur besseren Darstellung werden die in der Seilebene liegenden Zugkräfte in ihrem Angriffspunkt um 90° gedreht gezeichnet (Bild 4.12).

Durch Einsetzen von Gleichung 4.13 in Gleichung 4.12 erhält man folgende Formeln für die Seilzugkräfte:

$$F_{S_1} = F_u \frac{e^{\mu_0 \alpha}}{e^{\mu_0 \alpha} - 1} = F_u \left(1 + \frac{1}{e^{\mu_0 \alpha} - 1} \right) = F_u k_1 \quad [\text{N}] \qquad (4.14)$$

$$F_{S_2} = F_u \left(\frac{1}{e^{\mu_0 \alpha} - 1} \right) = F_u k_2 \qquad (4.15)$$

Die gebildeten Antriebsfaktoren k_1 und k_2 können in Abhängigkeit von der Reibungszahl μ_0 und vom Umschlingungswinkel α (als Parameter) aus dem Diagramm Bild 4.13 abgelesen werden. Die reibschlüssige Kraftübertragung von der Antriebsseite (Scheibe, Trommel) auf das elastische Zugmittel (Seil, Band, Riemen) der Abtriebsseite ist abhängig

- von der Größe des Umschlingungswinkels α
- vom Reibungsbeiwert μ_0
- von der Seilzugkraft F_{S_2} im ablaufenden Seil (Vorspannkraft).

4.7.3 Transportgutströme

Berechnung s. Kap. 2.3.2

- Volumenstrom $\dot{V}$
- Massenstrom $\dot{m}$ und
- Stückstrom $\dot{m}_{St}$.

4.7.4 Motorauslegung

4.7.4.1 Gesichtspunkte zur Auswahl des Antriebes

Um aus den verschiedensten Antriebsarten die bestmögliche für ein Transportmittel auswählen zu können, müssen die Anforderungen an den Antrieb bekannt sein. Diese Anforderungen stellen bereits Auswahlkriterien dar wie:

Betriebsdauer (gelegentlich, ständig, ein- oder mehrschichtig), Geschwindigkeit (gering, hoch, regelbar), Anfahrmoment, Volllastmoment, Überlastbarkeit, Beschleunigung, Betriebsbereitschaft, Austauschbarkeit, Bedienung, Wartung, Steuerbarkeit, Raumbedarf, Lärmgröße, Abgaszusammensetzung, Geruchsbelästigung, Energieverbrauch, Wirkungsgrad, Anschaffungspreis, Betriebskosten.

Zur Antriebsauswahl sollten das Einsatzgebiet (im Freien, in der Halle), die Umgebungseinflüsse (Temperatur, Feuchtigkeit, Staub, Explosionsgefahr) und die zulässigen Emissionen (Lärm, Abgase) festlegen. Der Zustand, die Art und die Länge des Transportweges (Horizontaltransport, Vertikaltransport) sind wichtige Auswahlkriterien.

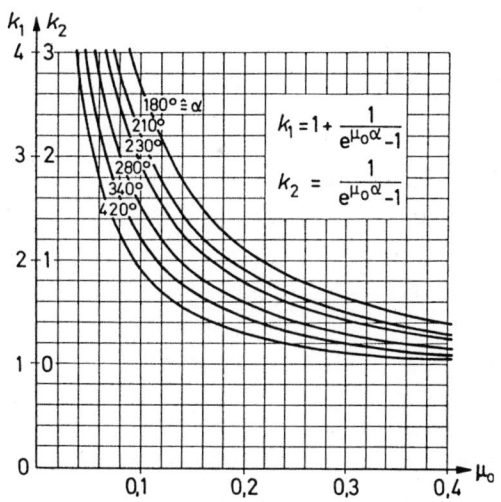

Bild 4.13   Antriebsfaktoren k_1 und k_2 in Abhängigkeit von μ_0 und α

Der Planer oder Konstrukteur muss die Vor- und Nachteile sowie den Drehmomenten-Drehzahl-Verlauf der einzelnen Antriebsarten kennen. Es gibt Antriebsmaschinen, die fast gleich bleibende Drehmomente liefern, z. B. Elektromotoren, oder Antriebsmaschinen, die ein periodisch verändertes Drehmoment abgeben wie Kolbenmotoren. Arbeitsmaschinen können ein gleich bleibendes Drehmoment verlangen, z. B. Stetigförderer, oder ein periodisch verändertes Drehmoment fordern, z. B. Kolbenpumpen für pneumatischen Transport.

Hebezeuge dagegen werden stoßartig belastet. Für die Antriebsauswahl ist also immer das Betriebsverhalten von Antriebs- und Arbeitsmaschine maßgebend, und zwar müssen der Anfahrvorgang und der Beharrungszustand untersucht und Überlegungen angestellt werden, ob unter Last oder im Leerlauf angefahren werden kann.

4.7.4.2 Beharrungs- und Beschleunigungsgrößen

An die Antriebsmotoren von Unstetigförderern werden hohe Anforderungen durch große Anfahrmomente, häufiges Schalten, Bremsen und Drehrichtungswechsel gestellt. Sie arbeiten im Aussetzbetrieb. Die Antriebsmotore von Stetigförderern arbeiten in der Regel in Dauerbetrieb, werden daher selten geschaltet. Die Motorauslegung geschieht nach der relativen Einschaltdauer ED, bezogen auf eine Zeitdauer, z. B. Arbeitsspiel.

$$ED = \frac{\sum \text{Einschaltzeiten}}{\sum \text{Einschaltzeiten} + \text{Pausen}} \cdot 100 \ [\%] \tag{4.16}$$

Für Unstetigförderer liegen die ED-Werte zwischen 20 und 60 %, bei Stetigförderern bei 100 %. Werden Drehstromasynchronmotoren z. B. als Kurzschlussläufer verwendet, so reicht es häufig, sie nach der Volllastbeharrungsleistung P_V auszulegen, da ihr Anlaufmoment kurzfristig mindestens 1,6 mal so groß ist wie das Nennmoment.

Es gilt

$$P_n = \frac{P_{An}}{1,6 \ / \ 2,0} \geq P_V \ [\text{kW}] \tag{4.17}$$

Die Nennleistung P_N ist die auf dem Typenschild des Antriebsmotors angegebene Leistung. Die Anlaufleistung P_{An} ist die zum Anlauf erforderliche Leistung und ergibt sich aus der Summe von Volllastbeharrungsleistung und der Beschleunigungsleistung P_B.

$$P_N \geq P_{An} = P_V + P_B \tag{4.18}$$

Unter der Volllastbeharrungsleistung P_V versteht man die bei Volllast im stationären Betrieb erforderliche Antriebsleistung. P_B ist der Leistungsanteil, um die geradlinig und drehend zu bewegenden Massen aus dem Ruhezustand in den stationären Betriebszustand zu bringen.

$$P_B = P_{B \ \text{gerade}} + P_{B \ \text{rotierend}} \tag{4.19}$$

$$P_B = m \cdot a \cdot v + M_B \cdot \omega \tag{4.20}$$

m	kg	geradlinig zu beschleunigende Massen
$a = v/t_A$	m/s^2	geradlinige Beschleunigung (v: Geschwindigkeit, t_A: Anlaufzeit)
M_B	Nm	Beschleunigungsmoment für drehend bewegte Massen
ω	rad/s	Winkelgeschwindigkeit.

4.7.4.3 Fahr- und Hubmotore

Zu unterscheiden sind die Leistungsberechnungen für Fahr- und Hubmotoren sowie Antriebsmotoren von Lastaufnahmemitteln, wie z. B. einer Teleskopgabel. Die Dimensionierungsgleichung für die Volllastbeharrungsleistung P_V lautet:

$$P_V = \frac{F \cdot v}{1000 \cdot \eta_{ges}} \quad [\text{kW}] \tag{4.21}$$

Darin ist v die Fahr- bzw. Hubgeschwindigkeit in m/s und η_{ges} der Gesamtwirkungsgrad des Fahr- oder Hubwerkes. Die Kraft F in N entspricht bei Fahrantrieb den Widerstandskräften (im Wesentlichen Reibungswiderstände), beim Hubantrieb der Hubkraft, die sich zusammensetzt aus der Nenntragfähigkeit des Transportmittels und aller Eigengewichte, die notwendigerweise mitgehoben werden müssen, wie z. B. das Lastaufnahmemittel. Bei der Berechnung des Motors für die Bewegung des Lastaufnahmemittels ist die Art der Bewegung (horizontal, vertikal) entscheidend.

Bei elektromotorischem Antrieb sind Fahr-, Hub- und Zusatzmotoren Einzelmotoren (separate Antriebe), oder Hub- und Zusatzmotoren werden durch einen Einzelantrieb elektrohydraulisch angetrieben. Bei verbrennungsmotorischem Antrieb werden Fahr-, Hub- und Zusatzbewegungen über einen Gesamtantrieb erreicht, wobei die Hub- und Zusatzbewegungen hydraulisch erfolgen.

4.8 Wirtschaftlichkeit, Betriebskosten

Transport-, Umschlag- und Lagervorgänge verursachen Kosten, ohne im Allgemeinen eine Wertverbesserung zu erzeugen. Um diese Materialflusskosten zu minimieren, muss eine rationelle Güterbewegung angestrebt werden. Von der richtigen Wahl des Transportmittels, des Transportsystems oder der gesamten Transportkette hängt das Resultat der Planung ab, denn mit der Wahl des Transportmittels liegen auch die laufenden Kosten (Betriebskosten) fest. Nach der Prüfung, ob sich nicht der Transport des Transportgutes durch irgendwelche Maßnahmen vermeiden lässt, sind Gesichtspunkte für eine wirtschaftliche Transportgestaltung:

- kurze Transportwege anstreben; geeignete Transport- und Lagereinheiten bilden
- Umladen von Transportgut vermeiden; hohe Auslastung von Transportmitteln anstreben
- Leerfahrten und Wartezeiten durch organisierten und geplanten Einsatz verhindern
- manuelle Transportarbeiten vermeiden
- Fertigungsvorgänge wie Sortieren, Erwärmen, Befeuchten oder Kühlen mit Transportvorgängen kombinieren
- typisierte, standardisierte Baueinheiten, Baukastensysteme verwenden
- Einsatz von Stetigförderern prüfen, die bei hohen Geschwindigkeiten kleine bauliche Maße erhalten und geringe Totmassen bewegen
- Zugänglichkeit zu auswechselbaren Bauteilen ermöglichen
- Randbedingungen beachten: internes und externes Transportsystem zweckmäßig verknüpfen.

Bei der Suche nach dem geeignetsten und wirtschaftlichsten Transportmittel für ein Transportproblem ergeben sich immer mehrere Lösungen.

Die beste Lösung kann einmal durch eine *Bewertungsmatrix* mit Hilfe gewichteter Kriterien (Kap. 12.9.4.2) ermittelt und muss über einen *Wirtschaftlichkeitsvergleich* gefunden werden. Dabei ist von einer bestimmten Lebensdauer auszugehen, die Umrechnung der Investitionen (Anschaffungskosten) in kalkulatorische Zinsen und kalkulatorische Abschreibung durchzuführen und zwischen fixen (festen), vom Transport unabhängigen, und variablen (beweglichen), vom Transport abhängigen Kosten zu unterscheiden. Zum Vergleich von Transportmittel und Transportzeiten dienen auch Kennzahlen (Kap. 1.5.1).

Die Vorgehensweise bei einer Wirtschaftlichkeits-Vergleichsrechnung von Alternativen ist:

1. die Ermittlung der fixen und variablen Kosten jedes Transportmittels
2. die Errechnung der Betriebskosten pro Zeiteinheit
3. der Vergleich der Betriebskosten, Bestimmung des optimalen Transportmittels.

Die Betriebskosten eines Transportmittels (Transportanlage) setzen sich aus den *fixen* Kosten, unterteilt in Kapitalkosten, Abschreibungen, fixe Reparaturkosten und fixe Lohnkosten, und aus den *variablen* Kosten, unterteilt in Unterhaltungs- und Reparaturkosten (Wartungskosten), Energie- und Lohnkosten zusammen.

Das eingesetzte Kapital (Investitionssumme aus Beschaffungskosten der Anlage, Bau- und Montagekosten, Kosten für die Ausbildung des Bedienungspersonals, Planungskosten, Vorfinanzierungskosten) muss verzinst und durch die Abschreibung abgetragen werden:

$$\text{Jährliche Kapitalkosten} = \frac{\text{Investitionssumme}}{2} \cdot \text{Zinsfuß} \qquad (4.22)$$

Diese Formel gilt

- für Durchschnittsrechnung: für alle Jahre wird ein als gleich angenommener Zinsfuß eingesetzt, der nicht der wirklichen Zinsbelastung pro Jahr entspricht,
- ohne Berücksichtigung von Zinseszinsen.

Die kalkulatorische Abschreibung entspricht dem effektiven Wertverbrauch und beträgt für die lineare Abschreibung:

$$\text{Jährliche Abschreibung} = \frac{\text{Investitionssumme}}{\text{wirtschaftliche Lebensdauer}} \qquad (4.23)$$

- bei wirtschaftlicher Lebensdauer = technischer Lebensdauer, wobei die wirtschaftliche Lebensdauer eine Funktion des Nutzens, des technischen Fortschritts und des Produktionsprogramms ist.
- bei wirtschaftlicher Lebensdauer, die unterschiedlich zur steuerlich anerkannten Lebensdauer ist. Fixe Reparaturkosten pro Jahr sind für die periodischen Kontrollen zu berücksichtigen, die unabhängig von der Betriebsstundenzahl durchgeführt werden. Fixe Lohnkosten treten bei der Betrachtung eines ganzen Transportsystems auf. Unterhaltungs- und Reparaturkosten enthalten die Kosten für Löhne, Material und Ersatzteile von Reparaturen und Wartung. Energiekosten beinhalten die Ladekosten bei Batteriebetrieb, die Stromkosten für elektrische Antriebe und Geräte, Brennstoffkosten bei Verbrennungsmotoren, außerdem Abschreibung und Verzinsung von Zusatzbatterien, Reifen, da deren Lebensdauer immer geringer ist als die des Transportmittels.

- bei Inflationsrate gleich Null

Zu den variablen Kosten gehören auch die Lohnkosten des Bedienungspersonals (Bild 4.14; Tab. 6.6.1; Kap. 6.6.7.8, Beispiel 4.8).

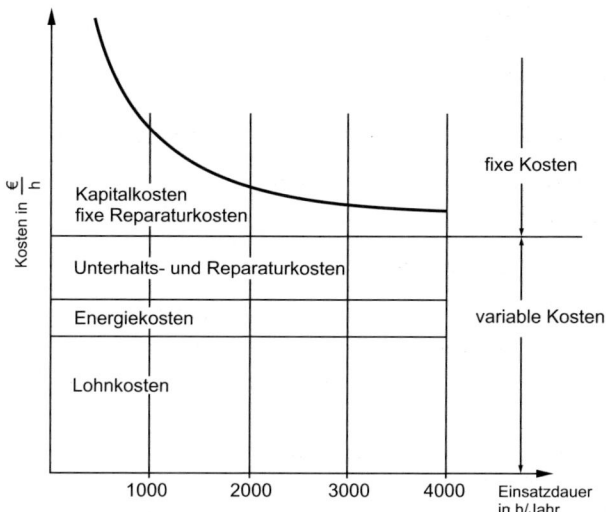

Bild 4.14
Kostenstruktur für Transportmittel

Diese Kostenbetrachtung ist unter der Voraussetzung zu sehen, dass für alle Investitionsobjekte die Ertragsseite (Leistung) gleich groß ist. Die Entscheidung für ein Transportmittel ist mithin eine Funktion der Einsatzzeit, denn Belastung, Produktionsprogramm, Kosten und Leistung sind Funktionen der Zeit. Aus Bild 4.15 geht das Einsatzgebiet von Handtransport, Flurförderer und Stetigförderer in Abhängigkeit von Kosten und Einsatzdauer (Auslastung) hervor. Die hier vereinfacht wiedergegebenen Methoden für eine Wirtschaftlichkeits- bzw. Kostenvergleichsrechnung reichen bei der Grobentscheidung auf der Basis von Richtangeboten aus, um Transportmittel, Transport- oder Lagersysteme in vielen Fällen auszuwählen.

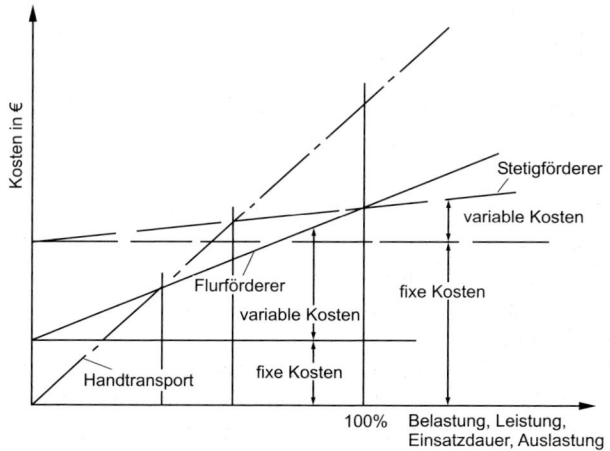

Bild 4.15
Einsatzgebiet von Handtransport, Flurförderer und Stetigförderer in Abhängigkeit

Handelt es sich nicht nur um die Auswahl oder den Kauf eines Transportmittels, sondern z. B. um einen Lagerneubau, so muss man über alle anfallenden Kosten Rechenschaft ablegen. Zu den Investitionen gehören hier die

- Grundstückskosten mit dem Kaufpreis, die Nebenkosten (Grunderwerbssteuer) und die Erschließungskosten für die *Baureifmachung* des Grundstückes
- Baukosten für Gebäude mit Heizung, Lüftung, Sanitärtechnik, Beleuchtung
- Kosten für Außenanlagen mit Ver- und Entsorgung, Beleuchtung, Abgrenzung
- Kosten für Sondereinrichtungen, wie Feuerlöscheinrichtungen, Sprinkleranlagen
- Kosten für die Lagereinrichtungen, wie Regale und Paletten
- Kosten für Transportanlagen mit Kaufpreis, Fracht, Montagematerial und Montagekosten
- Planungs- und Vorfinanzierungskosten.

Um die Betriebskosten zu erhalten, muss das auszuführende Lagersystem vorliegen. Über einen Wirtschaftlichkeitsvergleich ist das optimale Lagersystem aus den anstehenden Varianten zu ermitteln, wobei von den vorgegebenen statischen, dynamischen und strukturellen Daten auszugehen ist. Kostenvergleiche sind dabei mit sinnvoll gewählten Kennzahlen möglich, z. B. Tab. 11.4 im Beispiel 11.4.

4.9 Transportplanung

4.9.1 Gesichtspunkte zur Transportplanung

Die Erkenntnis der letzten Jahre zeigt, dass nur über eine ganzheitliche system- und entscheidungsorientierte Betrachtungsweise der Transportmöglichkeiten optimale Transportplanungen erreicht werden. Die Aufgabe der Planung und der Dimensionierung von Transportanlagen besteht darin, für alle im Betrieb vorkommenden Materialbewegungen das zweckmäßigste und geeignetste Transportmittel bezüglich Transportgut, Transportweg, Massen- und Stückstrom so auszuwählen, dass eine gute Auslastung bei optimaler Leistung erreicht wird. Die Transportprobleme sind vielschichtig und vielseitig, und um ein vorgegebenes Transportprogramm bewältigen zu können, müssen *technische*, *wirtschaftliche* und *organisatorische* Probleme betrachtet und gelöst werden. Zur Durchführung der Planung und Dimensionierung einer Transportaufgabe genügt ein rein funktionsbezogenes Denken nicht mehr, sondern es ist ein ganzheitliches logistisches Systemdenken, erforderlich. Planungsgrößen und Randbedingungen sind über eine genau zu formulierende Aufgabenstellung zu ermitteln, wie z. B.:

- *Art des Transportgutes* und seine mechanischen, physikalischen und chemischen Eigenschaften
- *Transportgutstrom* als Massenstrom in t/h oder Volumenstrom in m³/h. Maximaler und minimaler Transport, gleichmäßige, wechselnde oder stoßweise Zustellung des Transportgutes
- *Art des Transportweges*, Länge in m mit Angaben über Form, Neigung, Steigung (Linienführung), Vertikal- und Horizontaltransport, Anforderung an örtliche Gegebenheiten ohne Behinderung vorhandener Transportmittel
- *Art des Antriebes*, wie Schwerkraft, Handantrieb, Elektroantrieb, verbrennungsmotorischer Antrieb, pneumatischer oder hydraulischer Antrieb (Kap. 4.5); regelbare Geschwindigkeit, Reversierbarkeit, automatische Steuerung
- *Art der Energiezufuhr*, wie Batterie, Schleppkabel, Schleifleitungen, Druckluft

- *Länge der Betriebsdauer*, wie unterbrochener, stetiger, ein- oder mehrschichtiger Betrieb
- *Art der Be- und Entladung*, von Hand, mechanisch, automatisch, Zwischenabgaben, verstellbare Auf- und Abgaben
- *Art und Zahl der Übergabestellen*
- *Art der Bedienung und Wartung*, Narrensicherheit der Bedienung, leichte Austauschbarkeit von Verschleißteilen
- *Art des Umgebungseinflusses* je nach Einsatz im Freien, in der Halle, in den Tropen, Raumtemperatur, Feuchtigkeit, Wind, Vereisung, Feuer- und Explosionsgefahr, Staub, aggressive Dämpfe, Umgebungsverhältnisse, Bodenverhältnisse, Umweltschutz
- *Art der Sicherheitsvorkehrung* gegen Feuer, Diebstahl, Berührungsschutz, Betriebssicherheit
- *Art der konstruktiven Gestaltung* als Baukastensystem, in Leichtbauweise; Transport-, Montage- und Erweiterungsmöglichkeit
- *Höhe der Investitionen* und der *Betriebskosten*, Wirtschaftlichkeit (Kapitel 4.8)
- *Art des Anschlusses* an vorhandene Transportmittel, Transporthilfsmittel oder Transportsysteme bezüglich Anschlussmaße (Türen, Tore, Raumhöhe, Bodenbeläge, Deckentragfähigkeit), Gutauf- und Gutabgaben, Geschwindigkeit, Anbaugeräte, Schnittstellen
- *Kenntnis* der einzuhaltenden *gesetzlichen Bestimmungen*, besonders Vorschriften und Verordnungen für Lärm, Staubentwicklung, CO-Gehalt, Unfall-Verhütungs-Vorschriften, Arbeitsschutz-Bestimmungen, Sicherheitsvorschriften, Verpackungsvorschriften.

4.9.2 Vorgehensweise, Durchführung

Die Vorgehensweise bei einer Transportmittelwahl besteht zunächst darin, die soeben beschriebenen Planungsgrößen zu ermitteln, zu verarbeiten und festzulegen. Anschließend sind die für die vorliegende Aufgabe geeigneten Transportmittel zu bestimmen, und über eine Wirtschaftlichkeitsrechnung ist das optimale Transportmittel zu ermitteln. Ob es sich um eine Produktionsumstellung oder -erweiterung handelt, oder ob es die Neugestaltung des Materialflusses ist, in jedem Fall ist eine gründliche Vorplanung erforderlich mit dem Ziel, verbindliche Planungs- und Dimensionierungsdaten zu erhalten. Der Planer oder Konstrukteur muss Kenntnisse auf dem Gebiet des Maschinenbaues, der Elektrotechnik, der Werkstoffkunde und der Steuerungstechnik besitzen, um eine wirtschaftliche und kostengünstige Lösung einer Transportaufgabe anbieten und durch Benutzung von Baueinheiten möglichst kurze Bauzeiten erreichen zu können. Er muss einen Einblick in die Verpackungstechnik haben und im Materialfluss und in der Lagertechnik bewandert sein. Charakteristische Merkmale beim Einsatz und bei der Anwendung von Stetig- und Unstetigförderern in Verbindung mit automatischen Steuervorrichtungen sind Voraussetzung. Der Planer muss die Transportbeanspruchung während des Transportvorganges im Voraus abschätzen können und nach all diesen Kriterien die Transportplanung durchführen.

4.10 VDI-Richtlinien, DIN-Normen, Empfehlungen

Um dem Planer und Konstrukteur Hilfestellung beim Auslegen von Bau- und Maschinenteilen zu geben, ihn in Sicherheitsfragen zu beraten, Verantwortung abzunehmen, einheitliche und sinnvolle Größen festzulegen, Ersatzteilhaltung zu ermöglichen und Ersatzteillager zu minimieren, sind für alle Betriebs- und Wirtschaftsbereiche *Normen*, *Vorschriften*, *Richtlinien* und *gesetzliche Bestimmungen* erarbeitet worden, die teilweise internationale Bedeutung (DIN-EN; ISO-Normen) haben.

Obwohl alle diese Vorschriften keine Rechtsverbindlichkeit, sondern nur einen Empfehlungs-
charakter besitzen, werden sie fast allen Verträgen zu Grunde gelegt und bei gerichtlichen
Auseinandersetzungen als die allgemein gültigen Regeln der Technik betrachtet. Es ist daher
notwendig und erforderlich, sich vor jeder Planung, Konstruktion oder Ausarbeitung die für
das behandelte Gebiet entsprechenden Normen und Vorschriften zu besorgen. Normen und
Vorschriften werden laufend den neuesten Erkenntnissen der Technik angepasst, ergänzt, geändert oder aus dem Verkehr gezogen.

Die technische Richtlinie wird von Experten aus Industrie und Wirtschaft gemeinschaftlich
erarbeitet und beschreibt den Stand der Technik. Der Verein der Deutschen Ingenieure gibt die
VDI-Richtlinien heraus, z. B. für Fördertechnik, Materialfluss, Logistik als Loseblatt-Samm-
lung. Ebenso wie vom Verein Deutscher Maschinenbau-Anstalten (VDMA) werden vom Ausschuss für wirtschaftliche Fertigung (AWF) Richtlinienblätter für die unterschiedlichsten Bereiche herausgegeben.

Das DIN, Abkürzung für Deutsches Institut für Normung e.V., erstellt die DIN-Normen, deren
Ziel es ist, Rationalisierung, Qualitätssicherung, Sicherheit sowie Verständigung in Wissen-
schaft und Technik herzustellen und zu fördern. Mit dem gemeinsamen europäischen Binnen-
markt wird die Europanorm DIN-EN maßgebend. Die ISO, Abkürzung für International Organisation for Standardisation, stellt Normen über Europa hinaus auf internationaler Ebene für
alle zur Mitarbeit bereiten Länder auf.

Die Unfallverhütungsvorschriften UVV geben Vorschriften zur Vermeidung von Arbeitsunfäl-
len an. Sie zeigen die Pflichten von Arbeitgebern und Arbeitnehmern zur Erfüllung und Erreichung der Arbeitssicherheit auf. Die Berufsgenossenschaften (BG) haben den gesetzlichen
Auftrag, die UVV zu entwickeln und zu erlassen. Die Erarbeitung der UVV erfolgt in Fach-
ausschüssen.

Das Europäische Technische Komitee für Normung CEN (Comité Européen de Normalisation)
hat Normen unter der Bezeichnung Europäische Norm EN (davon z. B. Europäische Vornor-
men ENV; Technical Spezification TS; Harmonisierungsdokumente HD) in deutscher, engli-
scher und französischer Sprache erlassen. In den EN gehen z. B. internationale Normen wie
ISO auf oder es werden nationale Normen, wie z. B. die deutsche Norm DIN, übernommen.
Daraus resultieren Bezeichnungen wie z. B. DIN EN 27023, d. h. die Europäische Norm „EN
27023: 1992" hat den Status einer Deutschen Norm. DIN EN 27023 ist die deutsche Fassung
von EN 27023: 1992.

Für Gestaltung, Prüfung und Überwachung von Transportmitteln sind vom Verband der Berufsgenossenschaften (VBG) u. a. folgende Vorschriften erlassen worden:

UVV	„Elektrische Anlagen"	– VBG 4
UVV	„Winden"	– VBG 8a
UVV	„Leitern und Tritte"	– VBG 74

**Für Planung und Themenbearbeitung ist zu beachten, dass in vielen Normen, Richtlinien
und Empfehlungen weitere mit dem Thema in Verbindung stehende Normen, Richtlinien
und Empfehlungen angegeben sind.**

VDI-Richtlinien zu Kapitel 3 und 4:

VDI	2339	05.99	Zielsteuerungen für Förder- und Materialflusssysteme
	2415	04.96	Merkblatt: Behandlung von Paletten
	2496	08.03	Stahlpalette
	2698	03.95	Lagerung und Transport von Coils
	3960	03.98	Ermittlung der Betriebsstunden an Flurförderzeugen

DIN-Normen:

DIN	536 T1	09.91	Kranschienen; Form A (mit Fußflansch); Maße
	1301-1	10.02	Einheiten, Einheitennamen, Einheitenzeichen
	1304-1	03.94	Allgemeine Formelzeichen
	1305	01.88	Masse, Gewicht, Gewichtskraft, Fallbeschleunigung:
	1306	06.84	Dichte: Begriffe
	1343	01.90	Normzustand, Normvolumen
	15 147	08.01	Flachpaletten aus Holz; Gütebedingungen
	15 155	12.86	Flurfördergeräte; Gitterboxpalette mit 2 Vorderwandklappen; 800 mm × 1200 mm
	15 190 T 101	04.91	Frachtbehälter; Binnencontainer, Nenngrößen

4.11 Beispiele, Fragen

Beispiele

Beispiel 4.1: Von welchen Kriterien ist der Einsatz eines Transportmittels für eine gegebene Transportaufgabe abhängig?

Lösung: Die Beantwortung der Frage kann sehr weit gesehen werden. Hier sollen nur übergeordnete Kriterien aufgeführt werden:

- Vorgaben und Forderungen der Transportaufgabe
- Eigenschaften, Merkmale und Mengen des Transportgutes
- auf das Transportmittel bezogene Größen
- Einsatz- und Umfeldbedingungen
- auf Vorschriften bezogene Größen
  (vgl. Auswahlkriterien für Stapler: Kap. 6.6.2).

Beispiel 4.2: Skizzieren Sie schematisch mit Hydrauliksymbolen die Hydraulikanlage eines Staplers mit Hub- und Kipp(Neig)-zylinder.

Lösung: Bild 4.16

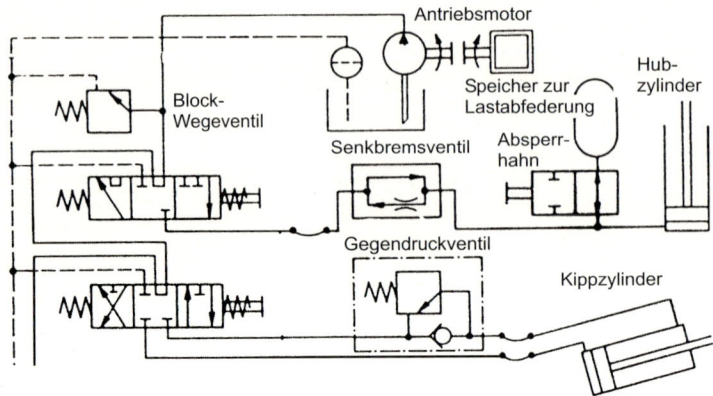

Bild 4.16   Hydraulikschaltplan eines Staplers ohne Anbaugerät mit 4/3 Wegeventil, handbetätigt mit
            Federrückstellung

Beispiel 4.3: Skizzieren Sie die Schaltungsmöglichkeiten einer 24-V-Antriebsbatterie für Flur-förderzeuge.

Lösung: Bild 4.17

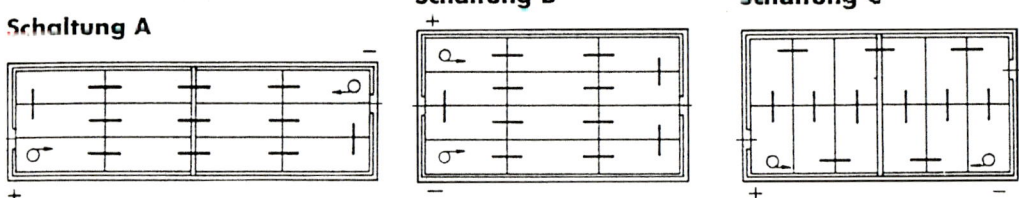

Bild 4.17   Genormte Schaltungen einer 24 V-Batterie

Beispiel 4.4:

a) Welche Größen sind für die Planung eines Batteriekonzeptes erforderlich?

b) In welche Richtung geht die Entwicklung der Antriebsbatterien?

Lösung:

zu a: Das Batteriekonzept ist abhängig von:
   - Einsatzdauer, Einsatzbedingungen
   - Batterieart, Batteriespannung
   - Automatisierungsgrad, Beanspruchungsgrad
   - Ladeform: Wechselbatterie/Ladebetrieb,

zu b: Die Batterieentwicklung geht zur Erhöhung von:
   - Energie- und Leistungsdichte, Nutzungsdauer, Kapazität
   - mechanischer und thermischer Festigkeit, Lagerfähigkeit im geladenen Zustand
   - Sicherheit, einfacher Entsorgung, Anzeigegenauigkeit des Restenergieinhaltes,

Reduktion von:

- Wartungsaufwand, Bauabmessungen, Gewicht
- Umweltbelastung bei Herstellung, Nutzung und Entsorgung
- Abhängigkeit bei hohen und tiefen Temperaturen.

Beispiel 4.5: Skizzieren Sie einen Ablaufplan zur Batterie- und Ladegeräteauswahl.

Lösung: Bild 4.18.

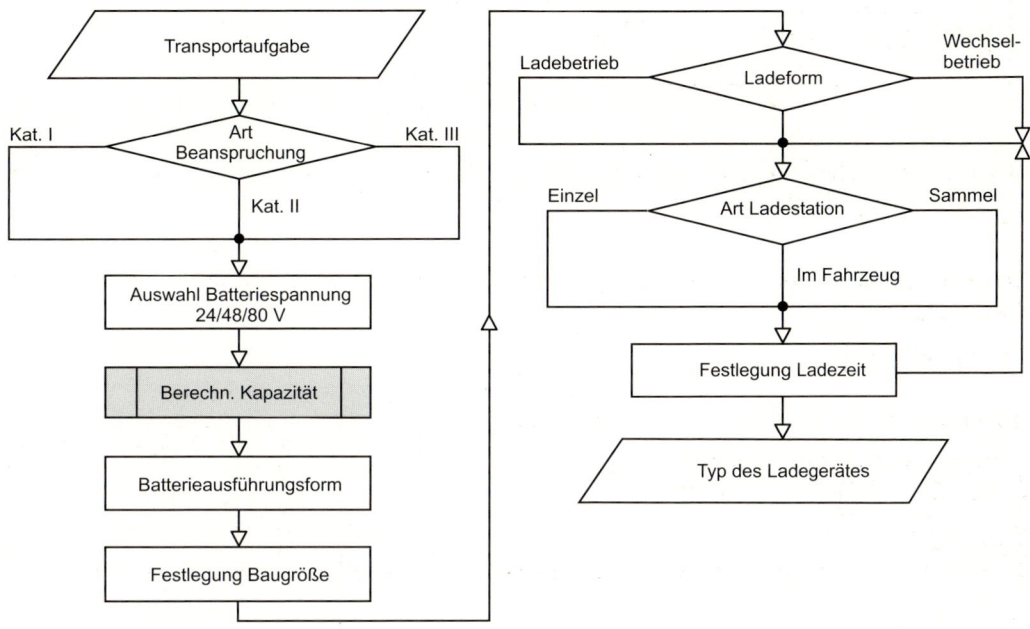

Bild 4.18   Ablaufplan zur Batterieauswahl

Beispiel 4.6: Das Aufpressen einer Elastikbandage auf einen Radkörper z. B. Staplerrad geschieht mittels hydraulischer Presse. Wie ist der Aufbau beim Aufpressvorgang?

Lösung: Bild 4.19

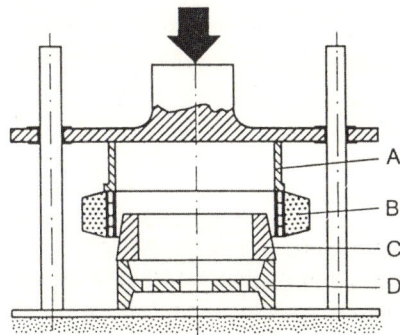

Bild 4.19
Aufpressen und Abziehen einer Bandage mit
Stahldrahtarmierung auf / von einen Radkörper
A: Pressring   B: Bandage
C: Weitungsring   D: Radkörper

Beispiel 4.7: Berechnung der Handzugkraft bei einer Spillwinde.

Die Spillwinde oder Spillkopf (Bild 4.20) findet man in Hafenanlagen zum horizontalen Bewegen schwerer Lasten, zum Verholen und Rangieren von Schiffen und Kähnen, aber auch im Industriebetrieb zum Umrücken von Wagen und Eisenbahnwagons. Mit Hilfe der Spillwinde ist es möglich, die menschliche Handzugkraft durch entsprechend vergrößerten Umschlingungswinkel beliebig zu verstärken.

Prinzip: reibschlüssige Kraftübertragung nach dem Gesetz der Umschlingungsreibung (Gleichung 4.12). Im Fuß der Winde ist ein Motor untergebracht, der die Spillwinde entsprechend übersetzt antreibt.

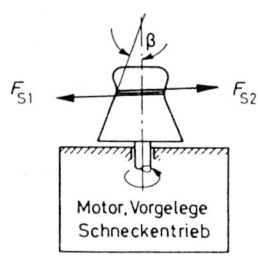

Motor, Vorgelege
Schneckentrieb

Bild 4.20 Spillwinde

Durch Anziehen des Seiles mit der Hand (Vorspannkraft F_{S_2}), bei gegebenem Reibungswert und gewählter Umschlingungszahl ergibt sich die Lastzugkraft F_{S_1} zu

$$F_{S_1} = F_{S_2} e^{\mu_0 \alpha}$$

$\mu_0 = 0{,}14$ für Drahtseile

$\mu_0 = 0{,}2$ für Hanfseile.

Welche Umschlingungszahl n $(\alpha - n \cdot 2\pi)$ muss gewählt werden, um bei einer Handzugkraft von 150 N eine Lastzugkraft von 3000 N mit einem Drahtseil zu erhalten? Welche Umfangskraft ist am Spillkopf vom Motor aufzubringen?

Lösung:

$$e^{0{,}14 n \cdot 2\pi} = \frac{3000}{150} = 20$$

$$n = 1{,}14 \cdot \frac{\ln 20}{\ln e} \cdot \frac{1}{0{,}14 \cdot 2\pi} = 3{,}4$$

Es sind also vier Umschlingungen erforderlich.

Die Umfangskraft beträgt: $F_u = F_{S_1} - F_{S_2} = 3000 - 150 = 2850$ N. Die Spillwinden besitzen eine Hohlkehle. Sie hat die Aufgabe dafür zu sorgen, dass das Seil beim Auflaufen immer wieder in die Hohlkehle rutscht. Dies ist der Fall, wenn der Neigungswinkel β größer ist als der Reibungswinkel φ.

Beispiel 4.8: Amortisationsrechnung (s. auch Beispiele 11.3 und 11.4)

In einer groben Amortisationsrechnung soll die PAY-OFF-Periode für eine Rationalisierungsplanung eines Distributionslagers ermittelt werden, um über die Realisierung zu entscheiden. Hierbei werden die Energiekosten nicht berücksichtigt, dafür der Betrag für Unvorhergesehenes erhöht. Die Einsparungen setzen sich zusammen aus Erlösen von frei werdenden Betriebsmitteln und Reduktion von Personal. Die kalkulatorischen Abschreibungen sind nur zu ca. 80 % erfasst.

Lösung: In einer tabellarischen Rechnung wird die Amortisation = Investition : Einsparungen ermittelt. Da sie kleiner ist als 2 Jahre, wird die Realisierung der Planung durchgeführt.

Die Erlöse werden als Restbuchwert = Anschaffungswert minus Abschreibungen ermittelt. Nicht berücksichtigt wurden in der groben Amortisationsrechnung z. B. Gewinnsteuern, Subventionen oder subventionierte Personalkosten.

Lösung:
1. Anschaffungsauszahlung

1.1 Anschaffungswert (AW) Betriebsmittel	€
1 Schubmaststapler	– 30.000,-
1 Vertikal-Kommissionierer	– 30.000,-
ca. 35m Rollenbahnen	– 5.000,-
Palettenregale € 13.000,-/ Fachbodenregale € 42.000,-	– 55.000,-
Lagerverwaltungssystem (Soft- und Hardware)	– 15.000,-

1.2 Bauliche Maßnahmen (geschätzt)	
2 Türdurchbrüche inkl. Türe	– 7.000,-
2 Mauerdurchbrüche für Rollbahnen	– 2.000,-
I-Punkt	– 5.000,-

1.3 Erlöse freiwerdender Betriebsmittel (Restbuchwert)	
Rollenbahnen (2002: € 18.250,-), AFA = 8 Jahre	+ 6.850,-
Gabelstapler (2005: € 14.000,-), AFA = 10 Jahre	+ 11.200,-
Palettenregal (2002: € 48.500,-), AFA = 8 Jahre	+ 18.200,-

1.4 Gesamtsumme:	– 112.750,-
1.5 Unvorhergesehenes (Risikozuschlag): 15 %	– 16.912,-

1.6 Einmalige Anschaffungsauszahlung	– 129.662,-

2. Jährliche Einzahlungsüberschüsse	[€/a]

2.1 Betriebskosten Betriebsmittel	
Neue Rollenbahnen (5 % vom AW)	– 250,-
Schubmaststapler (10 % vom AW)	– 3.000,-
Vertikal-Kommissionierer (10 % vom AW)	– 3.000,-
Ersetzter Gabelstapler	+ 3.000,-
Ersetzte Rollenbahn	+ 1.000,-

2.2 Personalkosten	
9 Mitarbeiter im WE-, Lager- und WA-Bereich	– 315.000,-
5 Mitarbeiter freigesetzt für andere Aufgaben	+ 175.000,-

2.3 Kalkulatorische Zinsen von 1.1 u. 1.2 (8 %)	– 5.960,-

2.4 Kalkulatorische Abschreibungen
      Betriebsmittel (1.1) 20 % /a linear   – 27.000,-
      Baumaßnahmen (1.2) 3,4 % /a   –   476,-

2.5 Jährliche Einzahlungsüberschüsse   – 175.686,-

3. Amortisationsrechnung: PAY-OFF-Periode (Amortisationszeit) =

$$\frac{\text{Einmalige Anschaffungsauszahlungen}}{\text{Jährliche Einzahlungsüberschüsse}} = \frac{\text{Investition} - \text{freigesetzte Betriebsmittel}}{\text{Jährliche Einzahlungen} - \text{jährliche Betriebskosten}} =$$

$$\frac{\text{Investition}}{\text{Betriebskosten alt} - \text{Betriebskosten geplant}} = \frac{-129.662\ \text{€}}{-175.686\ \text{€/a}} = 0,74 \text{ Jahre}$$

- **Fragen**

1.   Welche Aufgaben hat der innerbetriebliche Transport?
2.   Welche Aufgabe hat die Transportlogistik?
3.   Was ist unter einem Transportsystem, einer -kette und der -technik zu verstehen?
4.   Nach welchen Kriterien werden die innerbetrieblichen Transportmittel gegliedert?
5.   Welche Vor- und Nachteile sowie Einsatzgebiete haben der verbrennungsmotorische und der elektromotorische Antrieb?
6.   Wie ist eine Batterie aufgebaut?
7.   Welche Lebensdauer hat eine Panzerplattenbatterie?
8.   Welche Vor- und Nachteile besitzt der mit einer Batterie gespeiste Elektroantrieb?
9.   In einer Systematik ist die Einteilung der Antriebsarten für Transportmittel anzugeben.
10.   Welche Antriebsbatterien für Flurförderzeuge gibt es?
11.   Wie ist die hydrostatische Leistungsübertragung für geradlinige Bewegung aufgebaut?
12.   Nach welchen Einsatzbedingungen werden die Reifen für Flurförderzeuge ausgewählt?
13.   Welche Eigenschaften werden von Reifen verlangt?
14.   Welche Reifentypen gibt es?
15.   Welche Vor- und Nachteile hat der Superelastikreifen?
16.   Welche Felgenformen gibt es für Vollgummireifen?
17.   Nennen Sie Stahllaufräder für Kreis- und Schleppkreisförderer.
18.   Wie lautet und was beschreibt die Eytelweinsche Gleichung?
19.   Es ist der Antriebsfaktor k_1 abzuleiten.
20.   Wie berechnet sich die Nennleistung P_N eines Antriebsmotors?
21.   Wie berechnen sich die jährlichen Kapitalkosten? Welche Voraussetzungen werden dabei angenommen?
22.   Welche Gesichtspunkte sind bei einer Transportplanung zu beachten?
23.   Wie ist die Amortisationszeit definiert?

5 Stetigförderer

5.1 Allgemeines

5.1.1 Definition, Vor- und Nachteile, Einsatz

Ein Stetigförderer erzeugt einen kontinuierlichen Transportgutstrom. Er arbeitet über einen längeren Zeitraum ununterbrochen, sodass sein Antrieb für Dauerbetrieb auszulegen ist. In der Regel besitzt ein Stetigförderer nur einen Antrieb und zeichnet sich durch geringen Energiebedarf, große Betriebssicherheit und einfache Bauweise aus. Die Be- und Entladung kann während des Betriebes, oft an allen Stellen der Transportstrecke erfolgen. Flurgebundene Stetigförderer transportieren das Gut waagerecht, geneigt und senkrecht, haben einen festgelegten Transportweg und benötigen viel Bodenfläche. Flurfreie Stetigförderer sind in der Regel schienengebunden.

Stetigförderer benötigen für den Transportvorgang kein Bedienpersonal. Ihre Automatisierung ist gegenüber Unstetigförderern einfach zu erreichen. Schwierigkeiten ergeben sich bei der Erweiterung der Leistungsfähigkeit, in der Anpassung an Einrichtungsumstellungen und bei Aufgabenänderung.

Für Massengutförderung wie Kohle, Erz, Sand usw. sind die Stetigförderer das rationellste Transportmittel bei relativ kleiner Antriebsleistung durch Vermeiden von Totzeiten und durch ein günstiges Totlastverhältnis (Formel 4.10). Stetigförderer können tragbar, fahrbar oder ortsfest ausgeführt sein. Sie können gut einem Produktionsvorgang unterworfen werden, wie Erwärmen, Kühlen, Befeuchten, Sortieren, Montieren oder Mischen. I.d.R. bedeutet Transport keinen Wertzuwachs, sondern nur eine Verteuerung. Durch kontinuierliche oder veränderliche Geschwindigkeit bzw. durch Takten sind Stetigförderer mittels Steuereinrichtungen (Zielsteuerung) hervorragend zum automatischen Transportablauf im innerbetrieblichen Materialfluss geeignet und können bei Automatisierungsprozessen in Fertigung und Lager eingesetzt werden.

Ortsfeste Anlagen benötigen viel Bodenfläche, und für Durch- oder Übergänge bedarf es zu der an sich schon hohen Investition noch zusätzlichen Aufwandes. Nachteilig sind außerdem

- der festgelegte Transportweg
- Schwierigkeiten bei einer Fertigungsumstellung
- der eng begrenzte Anwendungsbereich bezogen auf das Transportgut.

Die Stetigförderer werden für Stück- und/oder Schüttgut bei kleinsten und größten Massenströmen (Gurtförderer bis 20.000 t/h) für kurze, mittlere und auch große Entfernungen (außerbetrieblicher Bereich) bei festgelegtem Transportweg angewendet. Bedienungspersonal ist zum Transportvorgang nicht erforderlich. Auf Grund dieser Verwendungsmöglichkeit sind die Einsatzgebiete der Stetigförderer in allen Industriezweigen gegeben.

Durch die Verwendung von Baukastensystemen und durch Geschwindigkeitsänderung können Kapazitäts- oder Anlagenerweiterungen durchgeführt werden. Stetigförderer finden sich zum An- und Abtransport von Material und Erzeugnissen bei der chemischen Industrie, im Bergbau, im Tagebau, in der Metall verarbeitenden Industrie, in Kraftwerken, im Fertigungsablauf, im Lagerbereich, bei der Automobilmontage oder zum Verbinden von Produktionsprozessen.

5.1.2 Ein- und Unterteilung

Die Einteilung der Stetigförderer kann nach verschiedenen Gesichtspunkten durchgeführt werden. Einmal bietet sich der *konstruktive* Aufbau an nach der Art der Kraftübertragung und des Funktionsprinzips (Tab. 5.1), zum anderen kann die Einteilung nach der Art des Transportgutes (Kap. 4.4) erfolgen in:

- Stetigförderer für Schüttgut
- Stetigförderer für Schütt- und Stückgut
- Stetigförderer für Stückgut.

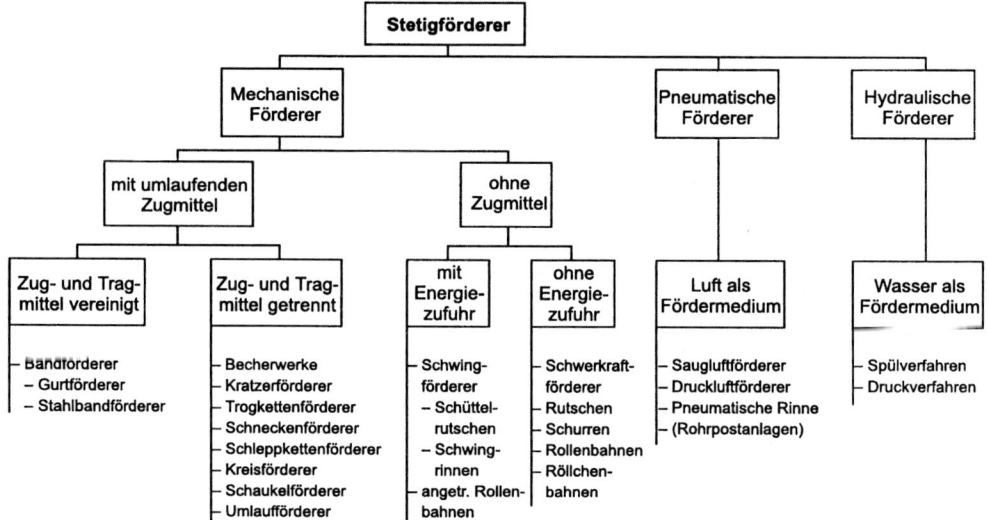

Tabelle 5.1   Einteilung der Stetigförderer nach konstruktiven und funktionalen Gesichtspunkten

Nach der in Tab. 5.2 gegebenen Einteilung werden die Stetigförderer bezüglich Aufbau, Vor- und Nachteilen, Anwendung und Berechnung behandelt. Gesichtspunkte zur wirtschaftlichen Transportplanung sind im Kap. 4.9.1 zusammengestellt.

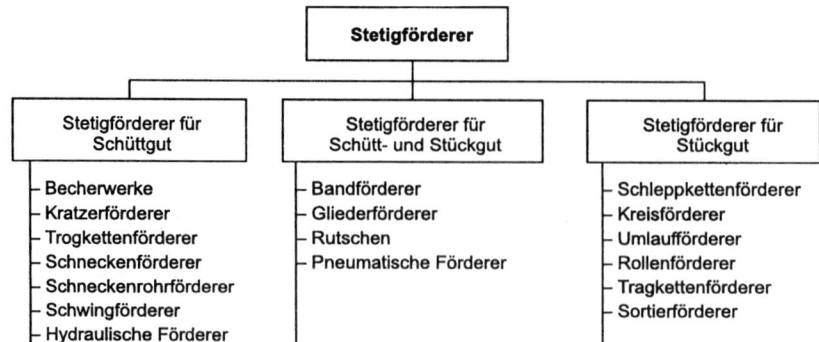

Tabelle 5.2   Einteilung der Stetigförderer nach der Art des Transportgutes

5.1.3 Dimensionierungsgrundlagen

Für eine Planungsdimensionierung von Stetigförderern sind notwendig:

- die Transportgutströme für Schütt- oder Stückgut (Volumen-, Massen- und Stückstrom s. Kap. 2.3.2).
- die Beharrungs- und Beschleunigungsgrößen (Momente, Leistungen, s. Kap. 4.7.4).

Der Gesamtwiderstand berechnet sich aus dem Hub- und Reibungswiderstand. Wird der Massenstrom auf die Höhe H gebracht, so ist der Hubwiderstand

$$F_{wh} = \frac{\dot{m}\,g\,H}{3,6 \cdot v} \ [N] \tag{5.1}$$

F_{wh} in N   Hubwiderstand
$\dot{m}$ in t/h   Massenstrom
g in m/s^2 Erdbeschleunigung
H in m   Hubhöhe
v in m/s   Transportgeschwindigkeit.

Beträgt die Höhendifferenz zwischen der Gutaufgabe und der Gutabgabe Null (waagerechter Transport), so ist $F_{wh} = 0$.

Für Dimensionierungszwecke ist es ausreichend, den Gesamtreibungswiderstand zu errechnen. Die dafür benötigte Gesamtreibungszahl f_{ges}, die vom Transportgut und von der Konstruktion des Transportmittels abhängt, ergibt sich zu

$$f_{ges} = \frac{F_R}{F_N} \tag{5.2}$$

f_{ges} Gesamtreibungszahl
F_R in N   Gesamtreibungskraft
F_n in N   Gesamtnormalkraft.

Der Gesamtreibungswiderstand ist:

$$F_{wR} = f_{ges} L (m_1 g + \frac{\dot{m}\,g}{3,6 v}) \ [N] \tag{5.3}$$

F_{wR} in N   Gesamtreibungswiderstand
f_{ges} Gesamtreibungszahl
L in m   Transportlänge
m_1 in kg/m   längenbezogenes Eigengewicht des Transportmittels
g in m/s^2 Erdbeschleunigung
$\dot{m}$ in t/h   Massenstrom
v in m/s   Transportgeschwindigkeit.

Das 1. Glied in der Klammer berücksichtigt die durch das Eigengewicht, das 2. Glied die durch den Massenstrom entstehende Reibung. Die Gesamtwiderstandskraft eines Stetigförderers ist damit F_w und entspricht bei Stetigförderern mit einem Zugorgan (Gurt, Seil, Kette) der Umfangskraft F_u

$$F_w = F_u = f_{ges} L \left(m_l g + \frac{\dot{m} g}{3,6v} \right) \pm \frac{m \dot{g} H}{3,6v} \quad [N] \tag{5.4}$$

Einheiten s. Gleichungen 5.1 und 5.3. „+" gilt für Aufwärts-, „−" für Abwärtsförderung. Die Auslegung des Motors geschieht nach den Gleichungen 4.21 (*ED* = 100 %).

5.2 Stetigförderer für Schütt- und Stückgut

5.2.1 Allgemeines

Die Gruppe der Stetigförderer für Schütt- und Stückgut unterteilt man in

- Bandförderer
- Gliederbandförderer
- Rutschen.

Bandförderer werden für waagerechten oder geneigten Schütt- und Stückguttransport verwendet, bei dem das Band zugleich Zug- und Tragorgan darstellen. Die Bandförderer lassen sich unterteilen in

- Gurtbandförderer (Gummi-, Textil- und Drahtgurt)
- Stahlbandförderer.

Gliederbandförderer sind Transportmittel, die aus sich überdeckenden, einzelnen oder gelenkig miteinander verbundenen Platten bestehen. Sie werden durch endlose, zweisträngige Ketten angetrieben. Versieht man die Platten mit Seitenwänden, so entstehen *Trogbandförderer*. Sind Quer- und Seitenwände vorhanden, so spricht man von *Kastenbandförderern*.

Rutschen sind Schwerkraftförderer und werden in gerade und gekrümmte Einweg- und Mehrwegrutschen sowie in Wendelrutschen unterteilt.

5.2.2 Bandförderer

Der bei weitem bedeutendste Vertreter in der Gruppe der Bandförderer ist der *Gummigurtförderer*, der in tragbarer, fahrbarer und stationärer Ausführung hergestellt wird. Beim Schüttguttransport läuft der Gurt in gemuldeter Form, um eine Erhöhung des Füllquerschnittes zu erzielen. Beim Stückguttransport wird der Gurt in flacher Form meist schleifend über eine Unterlage geführt. Die Größe des Schüttgutmassenstromes ergibt sich in Abhängigkeit von der *Gurtbreite*, der *Muldung* und der *Transportgeschwindigkeit*.

Der Gummigurtförderer ist zu finden beim Transport im Freien und in Hallen von Abraum, Steinen, Braunkohle, Erzen, Salzen, Sand, Kies, Zement, Getreide, Paketen, Kartons, Säcken, Schachteln, Behältern, Briefen, Werkstücken oder beim Hafenumschlag, in der Fließfertigung oder bei der Bunkerung von Schüttgut. Die Vorteile sind dabei

- einfache Bauart, hohe Transportgeschwindigkeit, geringer Energiebedarf
- wenige Antriebe bei langem Transportweg, gleichmäßiger Materialfluss
- geeignet für kurze bis sehr lange Transportwege, universell einsetzbar
- geringer Personalbedarf durch geringe Bedienung und Wartung
- geräuscharmer Lauf und schonender Transport
- Gefälle- und Steigungsmöglichkeit je nach Transportweg.

Nachteile sind

- zusätzliche Kosten für Hochlegen des Transportmittels bei Durchgängen und Übergängen
- Verschleiß des Gummigurtes je nach Transportgut
- teurer Gummigurt, Begrenzung durch Temperatur und bei schleißendem Transportgut
- festgelegter Transportweg, bei Schüttgut nur geradlinig, große Trommeldurchmesser.

Bild 5.1a zeigt den *Grundaufbau* eines Gummigurtförderers. Der endlose Gummigurt (a) läuft über gemuldete Tragrollenstationen (b), die auf dem Traggerüst (c) befestigt sind. Der Antrieb vom Motor über Kupplung, Bremse, Getriebe wirkt auf die Antriebstrommel (d). Durch Reibschluss zwischen Gurt und Trommel erfolgt die Kraftübertragung nur dann, wenn die Spannvorrichtung € über die Umlenktrommel eine Vorspannkraft im Gurt erzeugt. Die Schüttgutaufgabe (f) geschieht mittels Rutschen, Trichtern oder Schurren, der Abwurf des Gutes über Kopfabgabe (g). Reinigungseinrichtungen (h) sorgen für einen sauberen Gurt, Führungseinrichtungen für einen geraden, Überwachungseinrichtungen für einen sicheren Lauf.

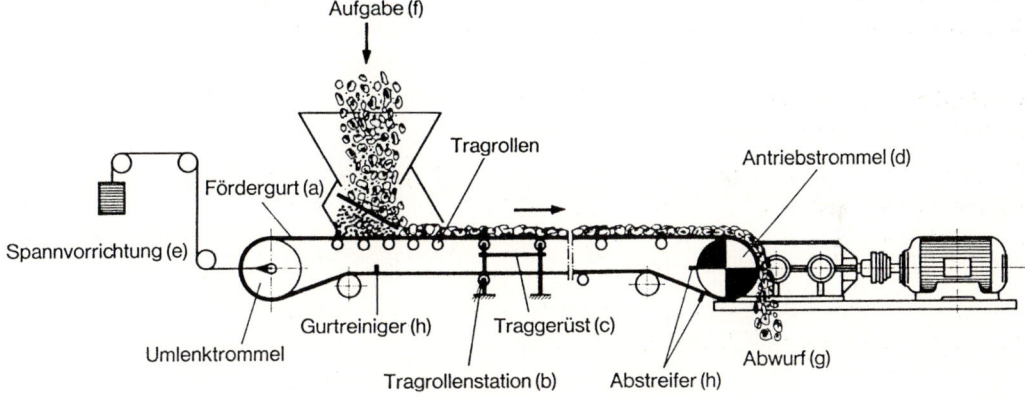

Bild 5.1a   Grundaufbau eines Gummigurtförderers (a bis h siehe Text)

Der Gurt läuft mit Geschwindigkeiten bis 10 m/s (Kettenförderer bis 1,5 m/s) bei Gurtbreiten bis 3,6 m, überwindet Neigungen je nach Transportgut bis + 20 ° und ist normalerweise bis 100 °C (180 °C) einsetzbar.

Ein 3,2 m breiter Gummigurt (Muldung 30°) transportiert bei einer Transportgeschwindigkeit von 8 m/s einen Volumenstrom von 34.000 m³/h, das entspricht bei Förderbraunkohle (ρ_s = 0,7t/m³) ca. 1.100 Güterwagen.

Ein 24.000 m langer und 1.800 m breiter Stahlseilgurt mit Querarmierungen nach DIN EN 10027-1 in der Kupfermine Los Pelambres (Bild 5.1b) transportiert in Abwärtsförderung Erz und erzeugt dabei bis zu 25 MW.

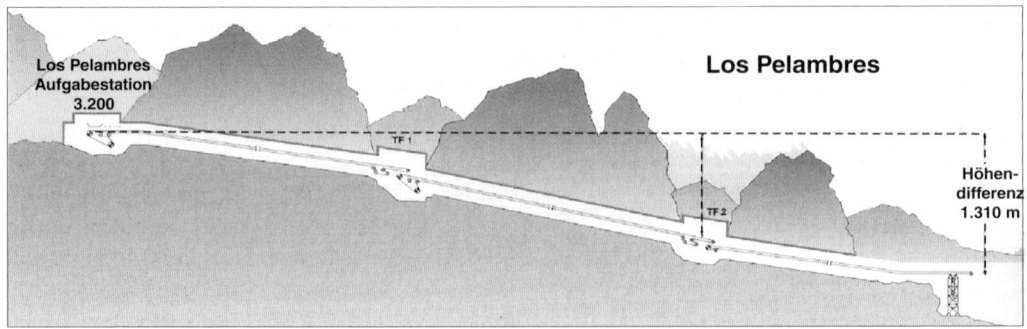

Bild 5.1b   Querschnittdarstellung einer aus 3 Stahlseilgurten bestehen Förderanlage für Erz

Die *Traggerüste* bestehen aus Längsträgern mit Pfosten (Abstand 2 bis 2,5 m) und Querver-
bänden und werden für trag- und fahrbare Gummigurtförderer aus Rund- oder Vierkantstahl
hergestellt, für ortsfeste Anlagen aus Walzprofilen zu Segmenten zusammengeschweißt. Lange
Anlagen entstehen durch Verschrauben von Segmenten. Die Traggerüste dienen zur Aufnahme
der Tragrollen. Dabei sind starre Anordnung der innen gelagerten Tragrollen und bewegliche
Ausführung mit Girlandentragrollen zu unterscheiden. Rückbare Transportmittel sind bei großen Erdbauprojekten wie Braunkohle- und Phosphatabbau eingesetzt. Sie lassen sich quer zur
Transportrichtung unabhängig von ihrer Länge verschieben.

Tragrollen – oft in Tragrollenstationen (Muldenrollenstation) zusammengefasst – tragen den
Gummigurt. Der Abstand der Tragrollen beträgt im Obergurt 0,8 bis 1,5 m (und mehr), im Untergurt 1,6 bis 4,0 m (und mehr). Um die Antriebsleistung und das Anfahrmoment klein zu halten,
müssen die Drehmasse und die Reibung von Tragrollen klein sein. Deshalb baut man Rillenkugellager mit niedriger Dichtreibung ein, die besonders gegen Staub und Feuchtigkeit zu schützen
sind. Tragrollen werden heute in Serienfertigung hergestellt. Die Anordnung der Tragrollen bewirkt einen flachen oder gemuldeten Obergurt durch eine flache, 2-teilige oder 3-teilige Muldenrollenstation (DIN 22 107, Bild 5.2 und 5.73). Ein 100 m langer Gummigurtförderer besitzt bei 3-
teilig gemuldetem Obergurt (1 m Abstand der Tragrollenstation) und bei flach geführtem Untergurt (2 m Abstand der geraden Tragrollenstation) insgesamt 700 Rillenkugellager!

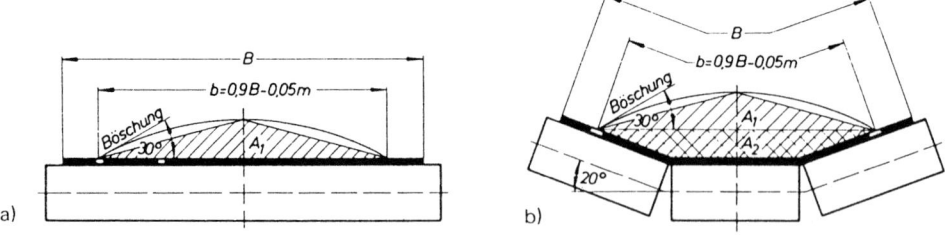

Bild 5.2   Mögliche Tragrollenanordnungen für den Obergurt: a) flach, b) 3-teilig gemuldet

Die Tragrollen mit feststehender Achse (Innenlagerung, Bild 5.3a) werden bevorzugt benutzt
(im Gegensatz zur *Kappenlagerung*: Außenlagerung). Die angefasten Enden der innen gelagerten Tragrollen liegen in einfachen Schlitzen. Die gebräuchlichsten Tragrollendurchmesser

sind 63,5, 88,9, 108, 133, 159 mm (DIN 15 207). Verbindet man die Tragrollen durch Ketten-, Kreuz-, Ösen-, Seil- oder Hakengelenke, ergeben sich Tragrollengirlanden, welche der Ideallinie der Muldenkrümmung und damit dem besten Füllquerschnitt am nächsten kommen (Bild 5.3b).

Antriebstrommeln sind in den Durchmessern 200 bis 2.000 mm genormt und in Stahlguss- oder Schweißkonstruktion hergestellt. Die Trommel ist 100 bis 200 mm länger als die Gummigurtbreite auszuführen. Die Größe der von der Trommel auf den Gummigurt zu übertragenden Kraft ist nach Gleichung 4.12 abhängig von einem möglichst großen Umschlingungswinkel, von einer hohen Reibzahl zwischen Trommel und Gurt (Tab. 5.3) und von der Vorspannkraft. Neben der zylindrischen Ausführung gibt es ballige Trommeln (gute Geradlaufeigenschaften durch Selbstzentrierung) und aus Stäben zusammengesetzte Trommeln (Reinigungseffekt). Je größer der Trommeldurchmesser ist, umso geringer ist die Beanspruchung des Gummigurtes.

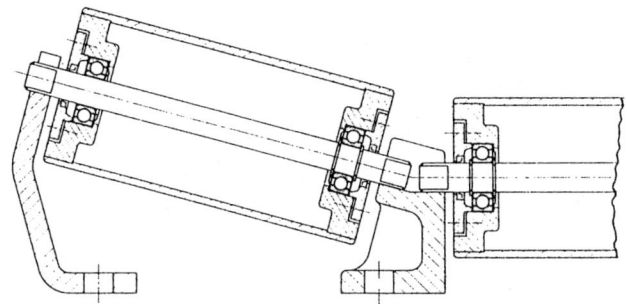

Tragrollenstation eines Förderbandes

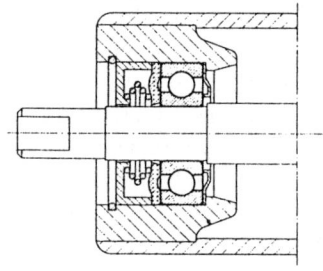 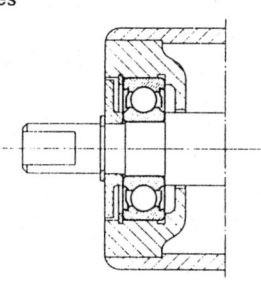 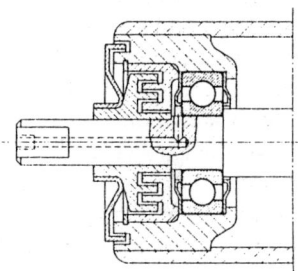

a) Tragrolle einer Sortieranlage   Tragrolle eines Bergbau-   Tragrolle einer Braunkohlen-
                                       Förderbandes   großbandanlage

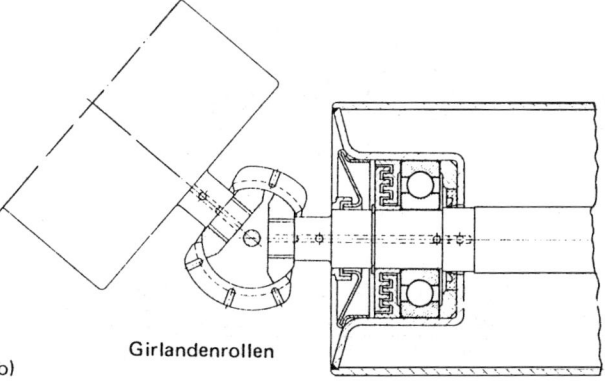

Girlandenrollen

b)

Bild 5.3
Aufbau und Anordnung verschiedener Tragrollenausführungen

Antriebe sind normalerweise an der Kopfseite (Gutabwurf) der Anlage, bei kleinen trag- oder fahrbaren Gurtförderern und bei Mehrtrommelantrieb am Schluss (Gutaufgabe) angeordnet. Es wird dann vom geschobenen Gurt gesprochen. Mögliche Anordnungen der Antriebe sind (Bild 5.4a bis f)

bei *Eintrommel*-Antrieb

- mit Kopfantrieb und direktem Abwurf a)
- mit Kopfantrieb und vorgebautem Abwurf b)
- mit Schlussantrieb c),

bei *Mehrtrommel*-Antrieb

- mit Zweitrommelantrieb und vorgebautem Abwurf d)
- mit Zweitrommel-Kopfantrieb e)
- mit Kopf- und Schluss-(Heck-)Antrieb f.)

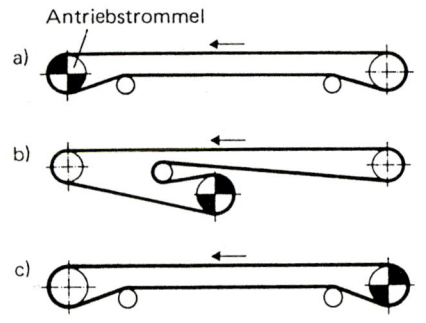 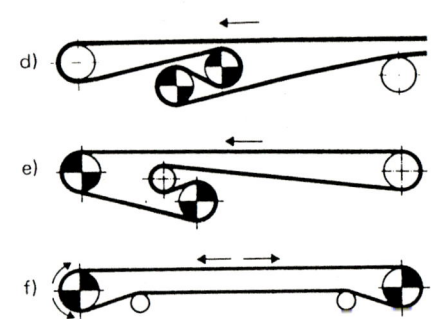

Bild 5.4   Anordnungsmöglichkeiten von Antrieben bei Gummigurtförderern: a) bis f) siehe Text

Der Eintrommel-Antrieb ist aufgebaut als

- *Trommelmotor* (Bild 5.5). Er stellt eine Kompaktbauart dar und wird von 0,05 kW bis 140 kW Leistung gebaut (Beispiel 5.8).
- *Getriebemotor* mit Antriebstrommel, Ablenktrommel, Getriebe, Kurzschluss- oder Schleifringläufermotor, elastischer Kupplung, Bremse mit Bremslüfter und Rücklaufsperre.
- *Zwillingsantrieb* (beidseitig).

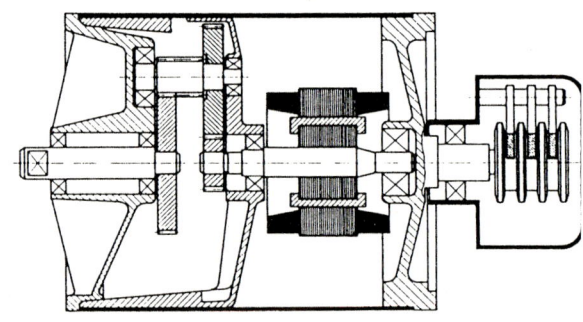

Bild 5.5   Elektro-Trommelmotor

Spannvorrichtungen sind erforderlich, da erst eine entsprechende Vorspannkraft (Kap. 4.7.2) eine Kraftübertragung zwischen Gurt und Trommel ermöglicht. Die Umlenk- oder Spanntrommel ist in der Längsrichtung des Transportmittels beweglich gelagert und lässt sich durch die Spannvorrichtung verschieben. Es werden unterschieden (Bild 5.6a bis e)

- *starre* Spannanlagen mit Spannwinden oder Schrauben-Spindel a) für kleinere Gummigurtförderer, wobei ein Nachspannen bei plastischer Gurtdehnung erforderlich wird;
- *selbstständige* Spannanlagen mit Gewichtsspannstation b), mit gewichtsbelasteter Spannschleife c), mit pneumatischen, hydraulischen d), elektrischen e) oder hydraulischen Spannanlagen.

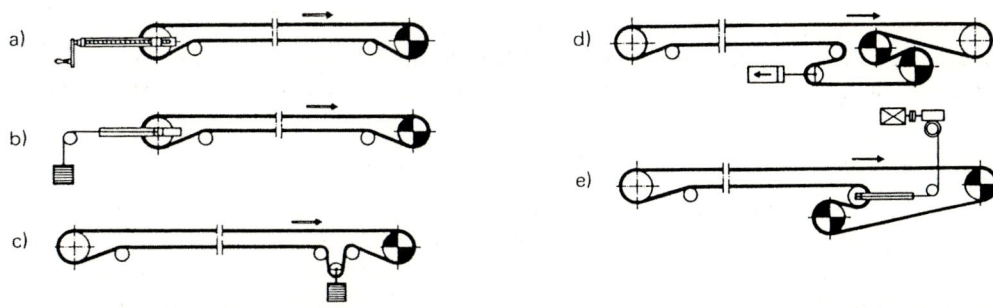

Bild 5.6   Spannvorrichtungen: a) bis e) siehe Text

Da die Betriebsdehnungen der Gurte mit Textileinlagen ca. 1,5 %, bei Stahlseilanlagen aber nur 0,1 % in Längsrichtung betragen, sind die Spannwege entsprechend unterschiedlich auszulegen.

Führungseinrichtungen dienen dem Geradlauf des Gurtes. Dies wird erreicht durch

- *Sturzstellung* um 1° bis 3° der äußeren Tragrollen eines 3-teiligen Muldenrollensatzes in Transportrichtung
- selbsttätigen *Lenkrollensatz* in Abständen von ca. 40 m (Bild 5.7); der Gurt läuft beim Schieflauf an die Seitenrollen, erzeugt ein Moment, was ein Schrägstellen des um die Mittelachse drehbaren Lenkrollenstuhles (-satzes) bewirkt. Diese entstehende Sturzstellung erzeugt ein neues Ausrichten des Gurtes durch zur Gurtmitte hin gerichtete Seitenkräfte.
- *ballige* Trommeln.

Das seitliche Ablaufen des Gurtes kann als Ursache haben

- einseitige Belastung durch das Transportgut
- ungenügende Reinigung der Trommeln und Tragrollen vom anhaftenden Transportgut
- unterschiedliche Spannungen im Gummigurt über die Gurtbreite im Zugträger
- Seitenkräfte, verursacht durch Regen, Wind, Schnee
- Knickstellen in der Endlosverbindung
- schlecht ausgerichtete Tragkonstruktion.

Reinigungseinrichtungen dienen zum Entfernen von anhaftendem Gut, um

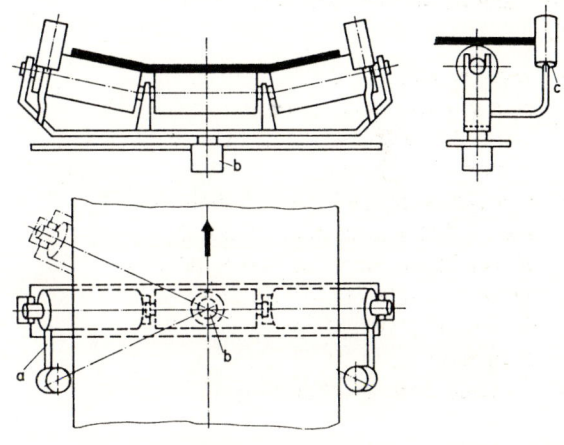

Bild 5.7   Lenkrollensatz
a) Gestänge
b) Drehpunkt
c) Anlaufrolle

besonders ein Verschmutzen der Tragrollen beim Untergurt, der gesamten Bandstrecke und der Antriebstrommel bei Mehrtrommelantrieb zu vermeiden. Reinigungseinrichtungen können sein: gewichtsbelastete Abstreifer, umlaufende Bürsten, Druckwasser, Stabtrommel und Gurtwendung bei langen Anlagen.

Den *Auf-* und *Abgabeeinrichtungen* ist besondere Aufmerksamkeit zu widmen. An der Aufgabestelle von Schüttgut aber auch von Stückgut muss der Gummigurt laufend die Fallenergie des Transportgutes vernichten und das Transportgut über Reibung auf Transportgeschwindigkeit bringen. Den geringsten Gurtverschleiß an der Aufgabenstelle erhält man

Trommelbelag Betriebsbedingungen	Blanke Stahltrommel	Gummibelag mit Pfeil-nuten	Keramikbelag
Trockener Betrieb	0,35 – 0,4	0,4 – 0,45	0,4 – 0,45
Sauberer Nassbetrieb	0,1	0,35	0,35 – 0,4
Lehm- oder tonver-schmierter Nassbetrieb	0,05 – 0,1	0,25 – 0,3	0,35

Tabelle 5.3   Reibungszahl zwischen Gurt und Trommel bei verschiedenen Betriebsbedingungen

- bei kleinen Fallhöhen und Aufgabe in Transportrichtung
- bei Aufgabe mit Transportgeschwindigkeit und in Abhängigkeit vom Transportgut.

Je nach Größe dieser Faktoren, wird ein günstig konstruierter Aufgabetrichter (Schurre) mit Fangrost und Polsterrollen (s. Bild 5.1a) oder ein kleiner Beschleunigungsförderer benutzt. Der Abwurf geschieht in der Regel direkt über die Antriebstrommel, über einen vorgebauten oder verstellbaren Ausleger.

Fördergurte sind zugleich Zug- und Tragorgane. Der Zugträger besteht aus mehreren *Textileinlagen* für kleine bis mittlere Zugkräfte und aus *Stahlseil-Einlagen* bei hohen Zugbeanspruchungen. Zum Schutz vor physikalischen und chemischen Angriffen (Verschleiß, Aufschlagbeanspruchungen, Feuchtigkeit) wird der Zugträger allseitig mit einem elastischen Werkstoff wie Gummi oder PVC (nur bei Textileinlagen) umhüllt (Bild 5.8a).

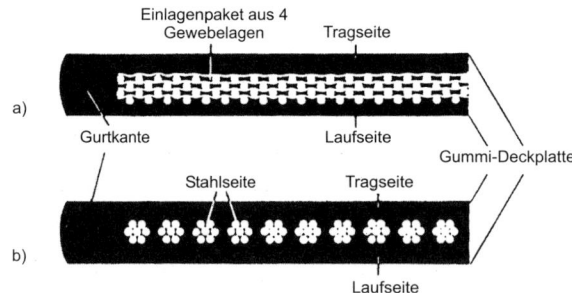

Bild 5.8a   Gummigurtquerschnitt:
a) Gewebegurt; b) Stahlseilgurt

Natur- und Kunstfasern aus Baumwolle B, Zellwolle Z, Reyon R, Polyamid P oder Polyester E stehen als Zugträger zur Verfügung. Aus der Geweheherstellung bezeichnet man den Längsfaden als *Kette* und den Querfaden als *Schuss*. Bei einer Gewebekombination bedeutet der erste Buchstabe die Kett- und der zweite Buchstabe die Schussrichtung. Die Bruchfestigkeit k_z des Zugträgers wird im Anschluss an die Gewebekurzbezeichnung angegeben, z. B. EP 160/65. D.h. dieses Gewebe hat pro Lage eine Bruch-festigkeit von 160 N/mm in Längs- und 65 N/mm in Querrichtung.

Während die Textilfördergurte in der Regel mehrlagig ausgebildet werden, ist der Stahlseilgurt nur einlagig (Bild 5.8b).

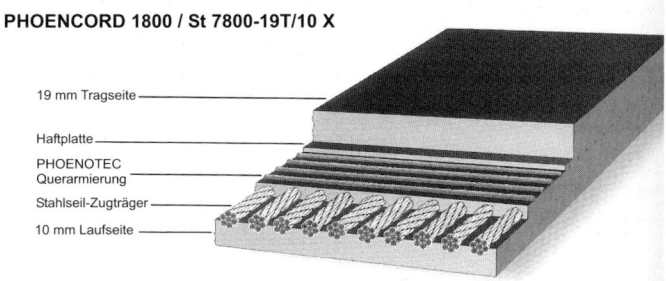

PHOENCORD 1800 / St 7800-19T/10 X

19 mm Tragseite
Haftplatte
PHOENOTEC Querarmierung
Stahlseil-Zugträger
10 mm Laufseite

Bild 5.8b
Aufbau eines
Stahlseilgurtes

Aufbau, Kennzeichnung und Berechnungswerte sowie Deckplattenqualitäten für Gummifördergurte mit Textil- oder Stahlseil-Einlagen sind den Tab. 5.4 bis 5.6 zu entnehmen. Der Fördergurt liegt endlos über den Trommeln der Transportanlage. Seine Endlosverbindung hat besondere Bedeutung für den Geradlauf des Gurtes. Heute werden Einzel-Gurtförderer mit 4000 m Achsabstand gebaut, dazu

Deckplattenqualität	M	N	P	Q
Zugfestigkeit längs N/mm^2	25	20	15	10
Bruchdehnung längs %	450	400	350	300
Abrieb mm^3 max.	150	200	250	300

Tabelle 5.4 Gummi-Deckplattenqualitäten

benötigt man 8000 m Gurt, die in Schüssen von ca. 100 m Länge zusammengesetzt sind (80 Verbindungsstellen!). Als Ausführungsarten von Verbindungsstellen von Gummigurten sind bekannt bei *Textileinlagen*

• mechanischer Verbinder in starrer und gelenkiger Form (Haken-, Stab- oder Gelenkverbinder)

Gewebe	Gewebetype	Bruchfestigkeit k_z		Dicke des Gewebes im fertigen Gurt	Gurtgewicht ohne Deck platten
		Kette	Schuss		
		N/mm	N/mm	mm	kg/m^2
Baumwolle (B)	B 18	18	15	0,7	0,85
	B 35	35	20	1,0	1,15
Baumwolle-Zellwolle (BZ)	BZ 50	50	30	1,2	1,44
	BZ 80	80	45	1,65	1,97
Zellwolle (Z)	Z 90	90	40	1,3	1,58
Polyester (E)	E 100	100	40	1,0	1,70
Polyester-Zellwolle (EZ)	EZ 100	100	40	11	1,65
	EZ 125	125	50	1,15	1,85
Polyester Polyamid (EP)	EP 160	160	65	1,30	1,97
	EP 200	200	80	1,40	2,13
	EP 250	250	80	1,60	2,31
	EP 315	315	80	1,85	2,40
	EP 400	400	1000	2,15	2,98

Tabelle 5.5 Technische Daten von Gummigurten mit Textileinlagen

Gurttype	Bruch-festigkeit k_Z je mm Gurtbreite mm	Seil-durch-messer max. in mm	Seil-Teilung in mm	Bruchkraft des Seiles F_B in N	Mindest Deck-plattendicke		Gurtgewicht ohne Deck platten in kg/m² ¹)
					Trag seite in mm	Lauf seite in mm	
St 1000²)	1000	4,3	12	13250	4	4	9,5
St 1250	1250	4,3	10	13750	4	4	10,5
St 1600	1600	6,0	15	26500	5	5	14,0
St 2000	2000	6,0	12	26500	5	5	16,0
St 2500	2500	7,5	15	41250	6	6	20,0
St 3150	3150	8,5	15	52000	6	6	25,0
St 4000	4000	9,5	15	66000	7	7	30,0

¹) Für je mm Deckplatte sind ca. 1,15 kg/m² zuzurechnen.
²) V-DIN 22131 Blatt 1

Tabelle 5.6   Technische Daten von Gummigurten mit Stahlseil-Einlagen

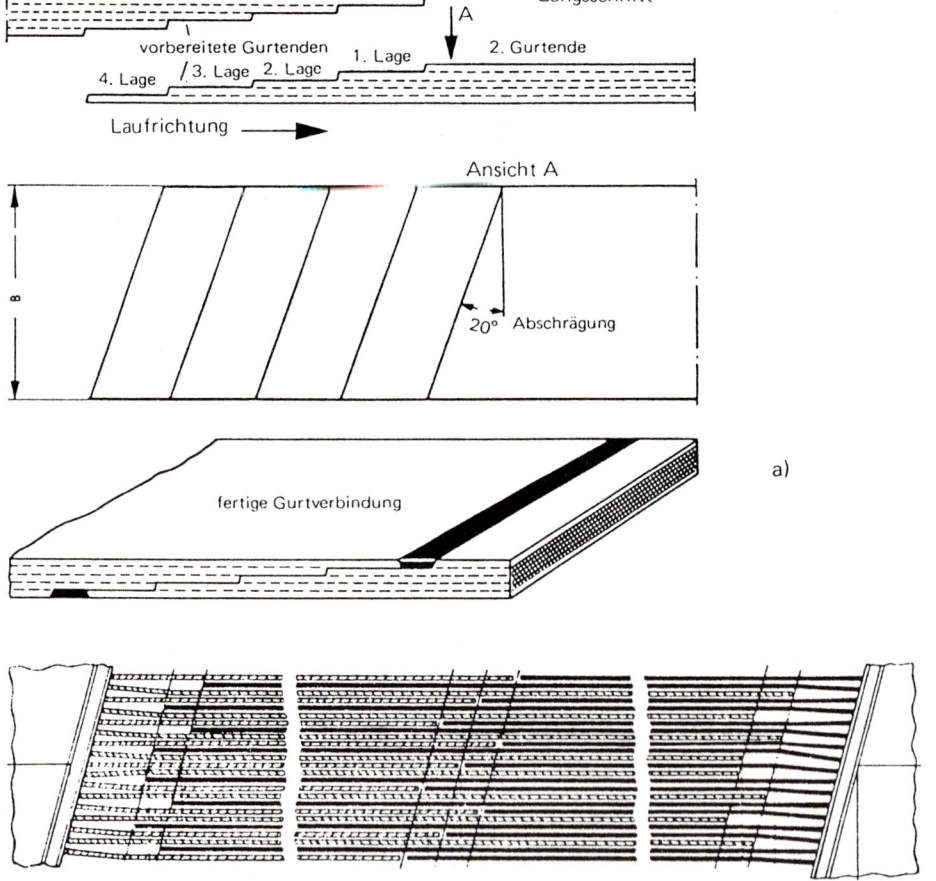

Bild 5.9   Verbindungsarten für Gummigurte:
             a) Schrägverbindung (Textileinlagen), vulkanisiert;
             b) zweistufige Verbindung (Stahlseil-Einlagen)

- kalt geklebte oder heiß vulkanisierte Verbindungen als Schrägverbindung (Bild 5.9a) oder als Zick-Zack-Verbindung (Überlappungsverbindungen)
- Fingerverbindung für ein- und zweitägige Gurte mit PVC-Beschichtung; man versteht darunter ein stumpfes Verbinden der Gurte, deren Enden lang eingeschnitten sind und dadurch „fingerartige" Spitzen bilden.

bei *Stahlseilanlagen*

- ein-, zwei- und dreistufige Verbindungen (Bild 5.9b; DIN 22 131, T 4).

Dem Abfall der Fördergurtfestigkeit in der Verbindungsstelle wird durch eine entsprechend große Sicherheitszahl Rechnung getragen.

Trägt man die in einem endlosen Gummigurt wirkenden Kräfte senkrecht zu ihrer Richtung (Laufrichtung) auf, so entsteht der *Gurtzugplan* Bild 5.10.

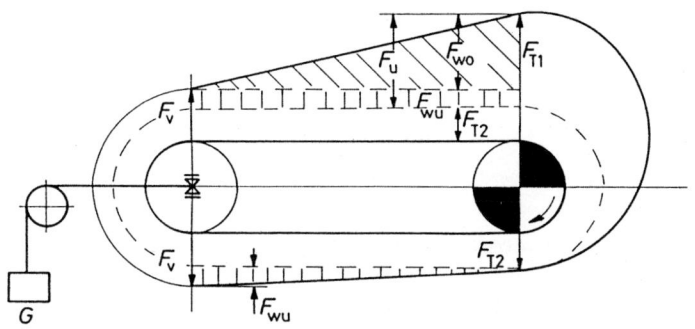

Bild 5.10
Gurtzugplan für horizontale
Förderung bei Kopfantrieb

Es gilt in Verbindung mit den Gleichungen 4.12 bis 4.15 des Kapitels 4.7.2 ($F_{S1} \stackrel{\Delta}{=} F_{T1}$)

$$F_{T1} = e^{\mu\alpha}\, F_{T2} = F_{T2} + F_{wo} + F_{wu}$$

$$F_u = F_{T1} - F_{T2}$$

$$F_u = F_{T2} + F_{wu}$$

$$G = 2\, F_v$$

F_{wu}	in N	notwendige Kraft zur Überwindung der Bewegungswiderstände im Untergurt
F_{wo}	in N	notwendige Kraft zur Überwindung der Bewegungswiderstände im Obergurt
G	in N	Spanngewichtskraft
F_v	in N	Vorspannkraft, an der Umlenktrommel aufgebracht.

Durch Gleichsetzen der auf den Gurt von außen wirkenden Kräfte und seiner inneren Kräfte erhält man unter Berücksichtigung einer entsprechenden Sicherheit und bei Vorwahl einer Gurtbreite die Einlagenzahl des Gurtes

$$F_{T1} v = z B k_z$$

$$z = \frac{F_{T_1} \cdot v}{B \cdot k_z}$$ (5.5)

Einlagenzahl z	3 bis 5	6 bis 9	10 bis 14
Sicherheitszahl v	11	12	13

Tabelle 5.7 Sicherheitszahlen für Gummigurte

F_{T_1}	in N	maximale Gurtzugkraft
k_z	in N/mm	Bruchfestigkeit des Werkstoffes; *je Einlage pro mm Breite*
z		Anzahl der Einlagen
v		Sicherheitszahl (Tab. 5.7)
B	in mm	Gurtbreite (Normbreiten in DIN 22101).

Beim Stahlseilgurt beträgt $z = 1$. Die Zahl der Stahlseile errechnet sich zu

$$z_s = \frac{F_{T_1} \cdot v}{F_B}$$ (5.6)

z_s		Anzahl der Stahlseile
F_B	in N	Bruchkraft eines Stahlseiles (Tab. 5.6).

Die hohe Sicherheitszahl berücksichtigt:

- Festigkeitsverlust in den Verbindungsstellen, Festigkeitsverlust durch Alterung
- zusätzliche Beanspruchung durch Gurtbiegung
- verschieden starke Beanspruchung in den einzelnen Lagen
- Beschleunigungskräfte beim Anlauf, hohe Anzahl von Verbindungsstellen
- nicht gleichmäßig über die Gurtbreite tragende Einlagen.

Normalerweise erhält ein Gurt bis 800 mm Breite mindestens 3 und über 800 mm 4 Einlagen. Mehr als 6 Einlagen sind zu vermeiden, da der Gurt zu biegesteif wird. Die Bruchdehnung von Baumwolleinlagen liegt bei 15 %, von Kunstfasern bei 10 % und die von Stahlseilen bei 2 %.

Der Trommeldurchmesser ist eine Funktion der Einlagenzahl, der Bruchdehnung der Einlagen, der Art der Endlosverbindung und deren Bruchfestigkeit sowie des zulässigen Flächendruckes zwischen Trommel und Gurt. Für Textil-Einlagen ist der Trommeldurchmesser nach DIN 22 101 zu errechnen (Mindesttrommeldurchmesser bei Fingerverbindung einlagig: 40 mm; zweilagig: 60 mm; bei Überlappungs-Schrägschnittverbindung einlagig: 60 mm; zweilagig 80 mm). Für Stahlseilanlagen ist D_{Tr} 800 bis 1.400 mm zu wählen.

Berechnung: Der Transportstrom von Schüttgut ist abhängig:

- von der Transportgeschwindigkeit v in m/s
- von der Schüttdichte ρ_s in t/m^3 (Tab. 3.1, Kap. 3.1.2)
- vom Neigungswinkel δ in ° des Gummigurtförderers
- vom Transportquerschnitt A in m^2, der wiederum eine Funktion von der Gummigurtbreite B in m, der Muldungsform des Gurtes und dem Fließverhalten des Schüttgutes ist.

Analog zur Kontinuitätsgleichung ergibt sich der Volumenstrom $\overset{\circ}{V}$ laut Gleichung 2.1

$$\dot{V} = 3.600 \; A \; vk \; [\text{m}^3/\text{h}] \tag{5.7}$$

k Minderungsfaktor in Abhängigkeit von der Neigung des Gummigurtförderers (Tab. 5.8) andere Einheiten siehe Gleichung 2.1.

δ in °	4	10	14	16	18	20	21	22	23	24
k	0,99	0,95	0,91	0,89	0,85	0,81	0,78	0,76	0,73	0,71

Tabelle 5.8   Minderungsfaktor k

Der Volumenstrom kann nach DIN 22 101 für mittleres Fließverhalten, bei gleichmäßiger Beschickung, in Abhängigkeit von der Gummigurtbreite B in m und der Muldenform angegeben werden zu

flach (Bild 5.2a) $\qquad\qquad\qquad \dot{V} = 240 \; v \; (0,9 \; B - 0,05)^2$

gemuldet 20° (Bild 5.2b) $\qquad\quad \dot{V} = 465 \; v \; (0,9 \; B - 0,05)^2 \; [\text{m}^3/\text{h}]$ $\qquad$ (5.8)

gemuldet 30° $\qquad\qquad\qquad \dot{V} = 545 \; v \; (0,9 \; B - 0,05)^2$

Für diese Gleichungen ergibt sich bei einer Transportgutgeschwindigkeit von 1 m/s theoretisch ein Volumenstrom in m³/h, der in der Tab. 5.9 aufgeführt ist.

B in m	0,4	0,5	0,65	0,8	1,0	1,2	1,4	1,6	1,8	2,0
$\dot{V}$ in m³/h	23	38	69	108	173	255	351	464	592	735

a)

B in m	0,4	0,5	0,65	0,8	1,0	1,2	1,4	1,6	1,8	2,0
$\dot{V}$ in m³/h	42	70	126	197	318	467	645	850	1085	1350

b)

Tabelle 5.9   Volumenstrom in m³/h bei v = 1 m/s: a) bei flachem Gurt, b) bei 20° gemuldetem Gummigurt

Der Massenstrom errechnet sich nach der Gleichung 2.2.

$$\dot{m} = \rho_s \dot{V} \quad [\text{t/h}] \tag{5.9}$$

Bei vorgegebener Schüttgutart und Volumenstrom pro Zeiteinheit ergeben sich bei der Ermittlung der Abmessungen des Gummigurtförderers Variationsmöglichkeiten durch Änderung

- der Gummigurtbreite
- der Muldungsform
- der Transportgutgeschwindigkeit.

Es gibt verschiedene Berechnungsverfahren, um die Antriebsleistung zu ermitteln. Am genauesten ist die Erfassung der Einzelwiderstände in der gesamten Anlage. Dies ist aber ein sehr umständliches und zeitaufwändiges Verfahren. Gebräuchlich und hinreichend genau ist die Möglichkeit, die Antriebsleistung über die Umfangskraft nach Gleichung 5.4 zu bestimmen.

$$F_u = f_{ges} L (m_1 g + \frac{\dot{m}}{3,6v}) \pm \frac{\dot{m} g H}{3,6v} \quad [N] \tag{5.10}$$

F_u	in N	Umfangskraft an der Antriebstrommel
$F_{ges} = f_N f_H$		Gesamtreibungszahl
f_N		Beiwert, dessen Größe von der Transportlänge abhängig ist; er berücksichtigt *Nebenwiderstände* wie Umlenkwiderstand des Gurtes an den Trommeln, Trommellagerungsreibung, Reibungswiderstand an der Gurtaufgabestelle (Tab. 5.10)
L	in mm	Länge der Gummigurttransportanlage (Achsabstand)
f_H		Reibungszahl, berücksichtigt die *Hauptwiderstände*, bestehend aus dem Walkwiderstand von Gurt und Gut sowie der Tragrollenreibung $f_H = 0,017$ für gut verlegte Anlagen mit leichtlaufenden Tragrollen und für Transportgut mit geringer innerer Reibung $f_H = 0,020$ für normal ausgeführte Anlagen $f_H = 0,023$ bei ungünstigen Betriebsbedingungen, staubigem Betrieb, Transportgut mit großer innerer Reibung
$\dot{m}$	in t/h	Massenstrom
m_1	in kg/m	längenbezogene Masse vom Gummigurt und den drehenden Rollenanteilen im Ober und Unterteil (-trum) der Transportanlage $m_1 = 2 m_g + m_{ro} + m_{ru}$

	m_g	in kg/m	Gewicht des Gurtes pro m
	m_{ro}	in kg/m	umlaufendes Rollengewicht beim Obergurt pro m
	m_{ru}	in kg/m	umlaufendes Rollengewicht beim Untergurt pro m

H	in m	Hub- oder Senkhöhe der Gurtförderanlage

L in m	3	5	10	20	50	100	200	500	1000
f_N	9	6,6	4,5	3,2	2,2	1,8	1,45	1,2	1,1

Tabelle 5.10   Beiwert f_N als Funktion der Förderlänge L

Das mit „±" bezeichnete Glied der Gleichung 5.10 stellt bei „+" die erforderliche Umfangskraft für die Hubhöhe, bei "–" für das Gefälle dar und ist bei horizontaler Transport gleich Null.
Die Volllastbeharrungsleistung ergibt sich nach Gleichung 4.21 zu

$$P_V = \frac{F_u v}{1000 \, \eta_{ges}} \quad [kW] \tag{5.10a}$$

Die Anlaufleistung P_{an} ergibt sich nach Gleichung 4.18

$$P_{an} = P_V + (1,1 \text{ bis } 1,2) P_g \quad [\text{kW}] \tag{5.11}$$

Beschleunigungsleistung für geradlinig zu beschleunigende Massen; der Faktor 1,1 bis 1,2 bedeutet einen 10 bis 20 %igen Zuschlag für die Beschleunigungsleistung der rotierenden Massen.

$$P_g = \frac{L\left(m_1 + \dfrac{\dot{m}}{3,6\,v}\right) v^2}{1000\,t_a\,\eta_{ges}} \quad [\text{kW}] \tag{5.12}$$

t_a in s   Anlaufzeit der Anlage; andere Einheiten siehe Gleichung 5.10.

Die Motorleistung P eines Asynchronmotors ist dann (Gleichung 4.17)

$$P = \frac{P_{an}}{1,7 - 2,0} > P_V \quad [\text{kW}] \tag{5.13}$$

Aus den Motorlisten ist der nächst höhere Motor auszuwählen.

Gurtfördervarianten

Um Transportgut möglichst steil transportieren zu können, wurden *Steilfördergurte* entwickelt. Der sichere Transport von Schüttgut mit gemuldetem Gummigurt oder von Stückgut mit flachem Gurt versagt je nach Transportgut bei einem Steigungswinkel zwischen 10° bis 20°. Um aber auch größere Steigungen überwinden zu können, benutzt man für Schüttgut Gurte in Muldenform mit besonderer Stollenausbildung wie Höckergurt, V-Mulden-Gurt oder einen *flachen* Gurt mit kalten, aufgeklebten, geraden oder schrägen T-Stollen, meist in Verbindung mit beidseitig aufgeklebten oder vulkanisierten Wellenkanten. Dadurch entsteht ein Kastengurt (Bild 5.11, s. Beispiel 5.3). Die Rückführung und die Reinigung dieser Gurtkonstruktionen bereiten Schwierigkeiten. Für die Stückgut-Steilforderung werden die Deckplatten der Gummigurte (Tragseite) profiliert, um eine bessere Haftung (μ-Wert!) des Transportgutes auf dem Gurt zu erreichen, wie Fischgrat-, Querriffel-, Warzen- oder Noppengurt.

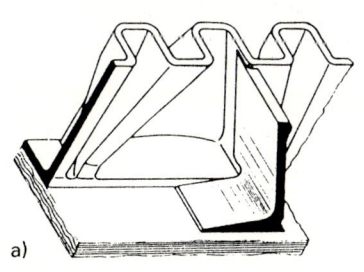

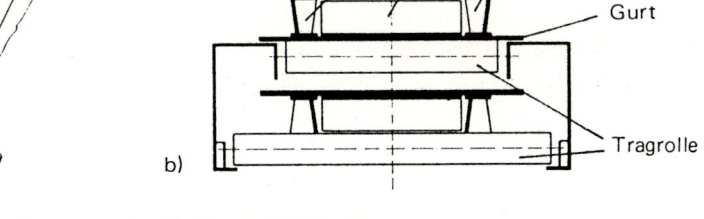

a)   b)

Bild 5.11   a) Kastengurt aus Stollen und Wellenkante
Steilfördergurt   b) Querschnitt einer Kastengurtförderanlage

Ersetzt man die Tragrollen eines Gurtförderers durch eine Unterlage aus Blech, Holz oder Kunststoff (Gleitbahn), und benutzt man einen Fördergurt ohne oder mit geringster Gummierung (bzw. PVC-Beschichtung) auf der Laufseite (μ-Wert!), so erhält man bei schleifend abgetragenem Gurt eine Transportanlage für *Stückgut*. Sie zeichnet sich besonders durch ruhigen durchhanglosen und erschütterungsfreien Lauf aus. Die Aufgabe bzw. Übergabe des Gutes erfolgt auf Tischen, Rutschen, Rollenbahnen, über Ausschleuseinrichtungen, wie Abweiser, Pusher, Abstreifer oder Abschieber mit Druckluft.

Kleinförderer mit Gurten werden als Handhabungsgeräte in Montage- und Fertigungswerkstätten zum Verbinden von Montagestellen, zum Niveauausgleich, zur Beschickung von Arbeitsplätzen, zur Pufferbildung und zur Vereinzelung, zum Verketten von Maschinen, zum Aussortieren und zum Transport von Kleinteilen eingesetzt. Sie besitzen Antriebe mit stufenlos regelbaren Geschwindigkeiten, können getaktet werden und sind verfahrbar und höhenverstellbar konstruiert. Als Gurte sind mit Gummi- oder PVC beschichtete bzw. unbeschichtete Textilgurte sowie Drahtgewebegurte im Einsatz, die sich in erster Linie nach dem zu transportierenden Transportgut richten. *Sonderausführungen* von Gummigurtförderern, die im innerbetrieblichen Materialfluss eine wichtige Rolle spielen, sind für Schüttgut der Schleudergurtförderer und für Stückgut der Teleskop- und der Kurvengurtförderer.

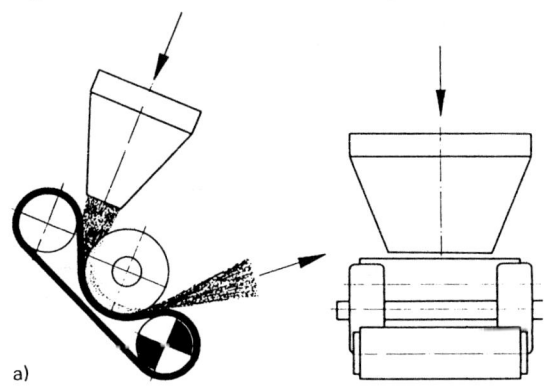

a)

Bild 5.12   Schleudergurtförderer: a) Prinzipskizze

Schleudergurtförderer (Bild 5.12a) bestehen aus einem kurzen endlosen Gummigurt, der mit hoher Geschwindigkeit (8 bis 25 m/s) umläuft. Das fein- bis mittelkörnige Schüttgut wird tangential über Kopf bis zu 22 m weit und bis zu 10 m hoch geschleudert (Massenströme bis 1000 t/h). Eingesetzt wird der Schleudergurtförderer bei großen Bunkern, auf Lagerplätzen oder zur Beschickung von Schiffsladeräumen (Bild 5.12b).

Teleskopgurtförderer sind Be- und Entladegeräte für LKW, Wagons oder Schiffe bei Stückgut wie Säcke oder Kartons. Der dreh- und höhenverstellbare Gurtförderer am Ende der Verladeanlage lässt sich teleskopartig verlängern. Mit diesem Transportmittel werden durch kurze Wege der Stauer und geringer Manipulation hohe Umschlagsleistungen erzielt (s. Bild 7.6a). in Sonderfällen über 360°; Bild 5.13).

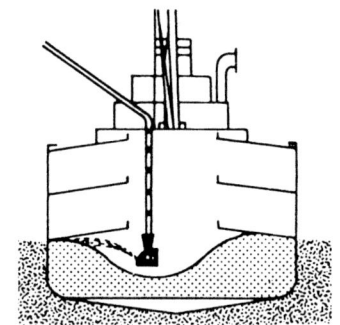

Bild 5.12
Schleudergurtförderer
b) Beschickung von Schiffsräumen

Kurvengurtförderer bieten die Möglichkeit, Stückgut um Kurven zu führen (30° bis 180°).Sie werden z. B. bei automatischen Systemen wie Gepäcktransport auf Großflughäfen eingesetzt. Der zwangsgeführte Gurt wird schleifend abgetragen und läuft über konische Trommeln. Beim Spannen des Gurtes entsteht eine zum Kurvenmittelpunkt hin gerichtete Kraft, die entweder über eine verstärkte Innenkante als Druckkraft von Stützrollen aufgenommen oder aber von der verstärkten Außenkante als Zugkraft auf Rollen oder Kugellagern übertragen wird (Bild 5.13).

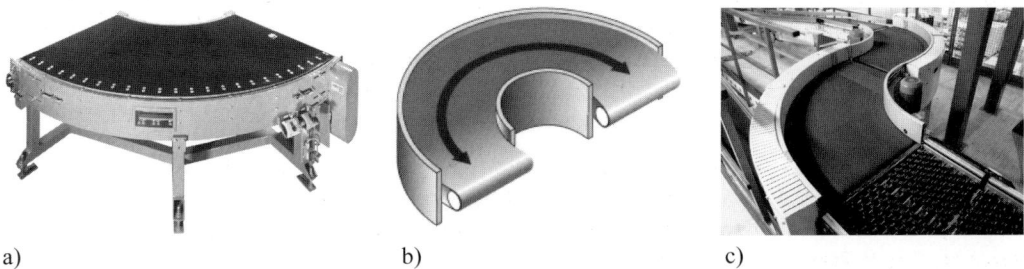

a)   b)   c)

Bild 5.13   Kurvengurtförderer: a) 90° ohne erhabenen Rand   b) 180° Rand   c) 2 x 90° in S-Form

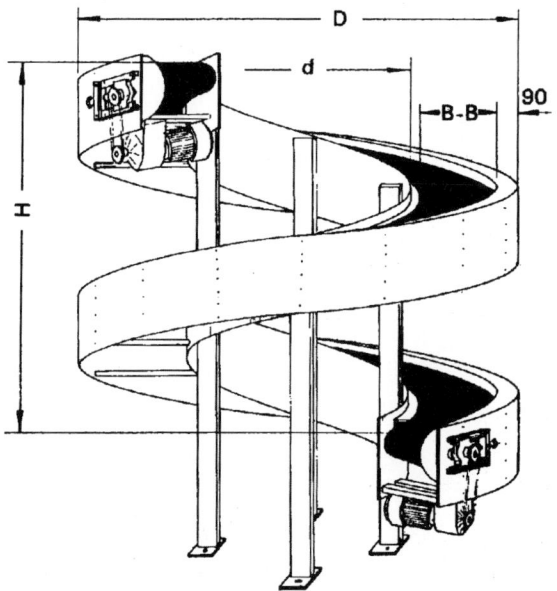

Zu den kurvengängigen Gurten zählen Sonderkonstruktionen wie z. B. ein 360°-*Wendelgurtförderer* (Bild 5.14a), der *Schlauchtaschengurtförderer* (Bild 5.14b) und der *Rohrgurtförderer* (Bild 5.14c), die beiden letzteren dienen zum Transport von feinkörnigen Schüttgut, das nicht den Umwelteinflüssen ausgesetzt werden darf oder das wie z. B. bei staubigem Gut der Umwelt nicht schaden darf. Beim Schlauchtaschengurtförderer wird das Schüttgut in eine Tasche eingebracht, die sich automatisch schließt.

Bild 5.14a
Wendelgurtförderer mit PVC-Gurt

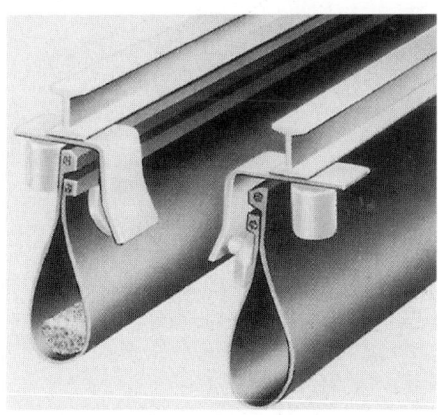

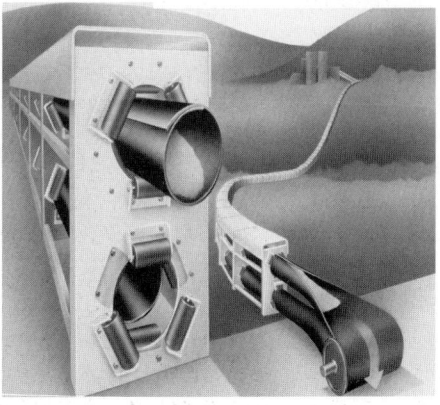

Bild 5.14b Schlauchtaschengurtförderer   Bild 5.14c Rohrgurtförderer

Der *Rohr- oder Rollgurtförderer* Bild 5.14c besteht aus einen Stahlseil- oder Textilgurt, der nach Aufgabe des Gutes zu einem Rohr gerollt wird. Die Rollen sind in Trag- und Führungsstationen enthalten, die in kurzen Abständen vorhanden sein müssen. Dies ergibt einen teure Transportanlage. Die Steigfähigkeit bis zu 30° resultiert aus der größeren Berührfläche.

Der *Riemenförderer* (Bild 5.14d) wird benutzt für Stückgüter unterschiedlicher Abmessungen, so z. B. auch für flache, große Güter wie Glasscheiben. Als Riemen werden verwendet: Zahn-, Rund- und Keilriemen. Hubriemenförderer dienen zum Ausschleusen von Transportgut von einem Förderer zum anderen (Bild 5.14e). Der Hub erfolgt dabei pneumatisch, mechanisch oder hydraulisch.

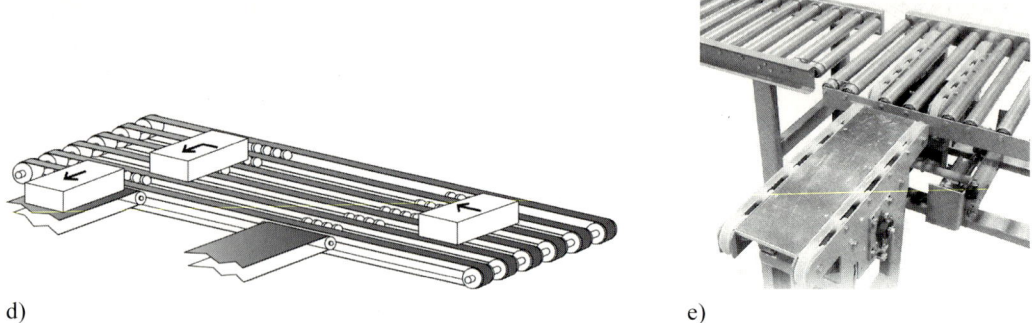

d)   e)

Bild 5.14   d: Riemenförderer mit Hubrollen zum Ausschleusen e: Hubriemenförderer

Drahtgurtförderer

Soll heißes oder sogar glühendes Stück- oder grobes Schüttgut transportiert werden, oder soll Transportgut entwässert, getrocknet, gebacken oder gekühlt werden, so sind *Drahtgurtförderer* im Einsatz. Dabei gibt es die verschiedensten *Ausführungsformen*, wie

- *Drahtgliedergurte*: aus Flachdraht mit S-Kanten und aus Runddraht in Weitspiralform mit verschweißten Kanten (Bild 5.15)
- *Drahtgeflechtgurte*: aus Rundspiraldraht und aus Flachspiraldraht (s. Bild 5.75b)
- *Drahtgewebegurte* aus Stangen mit glatten oder gewellten Querstangen oder aus Draht (s. Bild 5.75c, d).

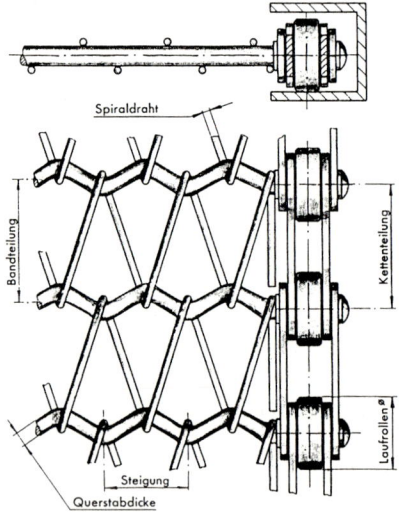

Ob zur Trocknung von Gummifäden, Pappe, Furnier, Seife, Tabak oder Nahrungsmitteln, ob beim Transport von Maschinenteilen durch Farbspritzanlagen, bei Siebdruckmaschinen, in der Wellpappen-, Asbest- und bei der Gummiherstellung, ob beim Transportieren durch Back-, Glasglüh-, Keramik-, Anlass- oder Glühöfen, in Kühlhäusern, beim Fertigungsprozess, wie Glühen, Härten, Hartlöten, Einbrennen usw., überall sind Drahtgurtförderer anzutreffen, die es auch als Kurvenförderer in allen Umlenkgraden gibt.

Bild 5.15
Runddrahtgliedergurt in Weitspiralausführung

Stahlbandförderer sind Stetigförderer für Stück- und Schüttgut, die aus Antriebs- und Spanntrommel geringer Breite, aber großem Durchmesser bestehen und mit einem endlosen Stahlband aus kaltgewalztem Kohlenstoff- oder rostbeständigem Stahl versehen sind, das über Gleitbahnen oder gerade Tragrollen abgestützt wird. Die Dicke des Stahlbandes schwankt zwischen 0,4 bis 1,6 mm und ist abhängig von der Bandbreite (bis 4,0 m), Bandlänge (Achsabstand bis 300 m) und vom Transportgut. Die Endlosverbindung geschieht durch kaltgeschlagene, versenkte Nieten. Sie besitzen hohe Festigkeit, eine harte und glatte Oberfläche, geringe Dehnung, Wärme-, Kälte- und Rostbeständigkeit. Die glatte Oberfläche gestattet eine leichte Reinigung, lässt nirgends Schmutz sich festsetzen und ist widerstandsfähig gegen Verschleiß und Abnutzung. Abstreifer können direkt auf das Stahlband einwirken, und an beliebiger Stelle der Transportstrecke ist mittels verschiedener Abstreifvorrichtungen eine Abgabe des Gutes möglich. Durch den ruhigen Lauf wird der Stahlbandförderer auch in der Fließfertigung eingesetzt. Weitere Einsatzgebiete liegen beim Transport von klebrigen Gütern, z. B. bei Lehm, bei Heißgut bis 550 °C, bei kontinuierlichen Ofen- und Trocknungsanlagen, besonders in der Nahrungsmittelherstellung wegen der guten Reinigungsmöglichkeit. Sonderausführungen sind gelochte Bänder für Trocknungs- und Entwässerungsanlagen, gummierte Bänder, z. B. für Personentransport und magnetisierbare Bänder für automatische Sortiersysteme.

5.2.3 Gliederbandförderer

Reiht man Platten, Tröge oder Kästen als Aufbauten endlos aneinander und verbindet sie mit einer zweisträngigen Kette, die als Zugmittel dient, so entstehen, nach dem Tragmittel benannt, *Platten-, Trog-* oder *Kastenbandförderer* sowie *Wendel-(Spiral-)gliederbandförderer*.

Der Antrieb für die beiden Ketten geschieht formschlüssig mit Hilfe zweier starr auf einer Welle sitzender Kettenräder (Turasse). Zum Transportmittel gehört eine Spanneinrichtung für die Kette, die entweder aus Federn oder aus Gewichten besteht. Als Kette werden u. a. benutzt: Stahlbolzenkette mit Befestigungselement für die Platten, Laschenkette nach DIN 8175 oder Buchsenkette (DIN 8165 Bl. 1, Bild 5.16a). Trog- und Kastenbandförderer sind meist für scharfkantiges (Schrott), verschleißendes (Koks, Schlacke) und heißes (Sinter) Schüttgut sowie für Massengut und schweres Einzelstückgut im Einsatz. Sie sind für Transportgutströme bis 1000 t/h, Transportlängen bis 400 m, Platten- oder Kastenbreiten von 0,2 bis 4,0 m und für Transportgeschwindigkeiten von 0,1 bis 1,0 m/s geeignet. Berechnungsgrundlagen für Platten- und Kastenbänder finden sich in DIN 22 200.

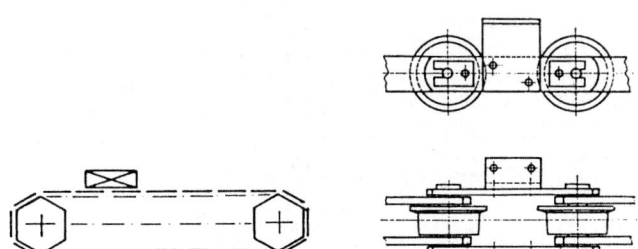

Bild 5.16a
Gliederbandförderer:
1) Prinzipskizze,
2) Doppelbuchsenkette mit Bundrolle und Befestigungselement für Platten

Der Wendelgliederbandförderer (Bild 5.16b) – kurz Spiralförderer genannt – besteht aus einer in einer Wendel verlaufenden endlosen umlaufenden Kette mit speziell geformten Platten. Er kann auf- oder abwärts Material kontinuierlich transportieren, wird aber auch als Speicher eingesetzt. Durch die senkrechte Bauweise benötigt er wenig Fläche (Bild 5.16c).

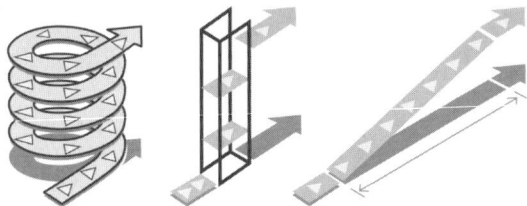

Bild 5.16b Spiralförderer: Rückführung
des Gliederbandes über unterste Ebene
und dann (rechts im Bild) senkrecht nach
oben, wo der Antrieb sich befindet

Bild 5.16c
Flächenvergleich für Senkrechttransport

5.2.4 Rutschen, Fallrohre

Für den geneigten oder senkrechten Abwärtstransport von Stück- und Schüttgütern werden
Rutschen, *Schurren* oder *Rohre* (Bild 5.17) benutzt, welche eine gerade oder gekrümmte Form
haben und in einfacher oder verzweigter Konstruktion gebaut werden.
Die Rutsche beruht auf dem Prinzip der schiefen Ebene. Ist der Neigungswinkel größer als der
Reibungswinkel zwischen Gut und Rutsche, gleitet das Transportgut mit Hilfe der Schwerkraft
auf einer Transportbahn. Bei gleich bleibender Gleitreibungszahl μ_g wird das Gut beim Transport immer schneller. Die Endgeschwindigkeit v_e des Gutes beim Austritt aus der Rutsche
errechnet sich aus der Energiebeziehung an der schiefen Ebene (Bild 5.18) zu

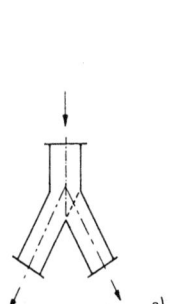

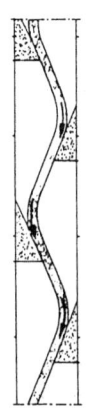

Bild 5.17   Rutschenformen:
a) Fallrohr mit Weiche
b) Falltreppe mit verstellbaren Querstegen
c) Ausführungsbeispiel Wendelrutsche

$$GH = \frac{mv_e^2}{2} + F_R L$$

mit $F_R = \mu_g\, G \cos \delta, \quad L = \dfrac{H}{\sin \delta}$.

und

$$G = m\,g$$

ergibt sich

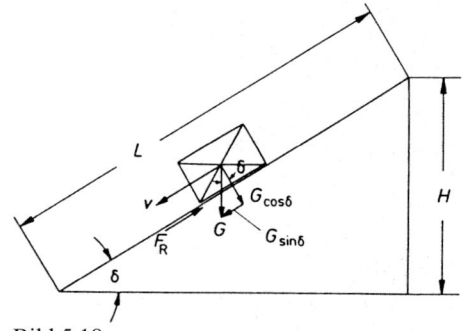

Bild 5.18
Kräfte an der schiefen Ebene bei Schwerkraft-förderung

$$v = \sqrt{2gH(1 - \mu_g \cot\delta)} \quad [ms] \qquad (5.14)$$

v_e	in m/s	Transportgutgeschwindigkeit am Ende der Rutsche
g	in m/s^2	Erdbeschleunigung
G	in N	Transportgutgewichtskraft
H	in m	Höhenunterschied
δ	in °	Neigungswinkel
μ_g		Gleitreibungszahl, die der mechanischen, chemischen und physikalischen Transportguteigenschafts-Änderung unterworfen ist.
L	in m	Länge der schiefen Ebene

Eine vorgegebene Endgeschwindigkeit kann bei einem vorhandenen Höhenunterschied H erreicht werden durch

- Veränderung von μ_g auf dem Transportweg
- Einbau von geschwindigkeitshemmenden Elementen
- Veränderung vom Neigungswinkel δ der Rutsche längs des Transportweges.

Aus Gleichung 5.14 leitet sich der Neigungswinkel δ ab

$$\tan \delta = \frac{\mu_g}{1 - \dfrac{v_e^2}{2gH}} \qquad (5.15)$$

Fördergut	Neigungswinkel α der Rutschen in °
Getreide	30 bis 35
Kohle	30 bis 40
Erz	≈ 45
Salz	≈ 50
staubförmige Güter	≈ 60
Postpakete	≈ 28

Neigungswinkel für gerade Rutschen aus Stahlblech sind für verschiedene Schutt- und Stückgüter in Tab. 5.11 als Erfahrungswerte zu finden.

Tabelle 5.11
Mindestneigungswinkel von Rutschen

Wendelrutschen sind offene Rutschen, bei denen sich um eine Säule ein kreis-, ellipsen- oder rechteckiger Rutschenboden in Form einer Schraubenlinie windet. Sie dienen zum Transport von Stückgut, wie Paketen, in tiefer gelegene Stockwerke oder Säcken zur kontinuierlichen

Schiffsbeladung. Der Schwerpunkt des Gutes beschreibt eine Schraubenlinie. Schüttgüter wie Kohle, Erz, Salze werden in Fallrohren, in Teleskop-Fallrohren, in geschlossenen Wendelrutschen (Wendel im Rohr) oder in senkrecht stehenden Rinnen (Rechteckquerschnitt) abwärts gefördert. In diesen Rinnen sind versetzte und wechselseitig angeordnete Querstege (Bild 5.17 b) in Treppenform vorhanden, um die Geschwindigkeit des Gutes abzubremsen und die kinetische Energie zu vernichten. Durch den Einbau von Klappen oder Weichen in die Fallrohre oder Wendelrutschen kann das Transportgut in verschiedene Richtungen gelenkt werden. Ein Beschicken der Rutsche oder des Rohres ist an beliebiger Stelle möglich. Oft werden diese Transportmittel auch als Puffer benutzt.

5.3 Stetigförderer für Stückgut

5.3.1 Allgemeines

Bei den Stetigförderern, die fast ausschließlich für den Stückguttransport eingesetzt werden, handelt es sich in erster Linie um *Kettenförderer*, d. h. das Zugmittel besteht aus einer endlosen Kette, das Tragmittel aus den unterschiedlichsten Gehängen oder aus Wagen, die durch Mitnehmer – an der Kette befestigt – geschoben oder gezogen werden. Zu dieser Stetigfördergruppe zählen die

- Schleppkettenförderer (Unterflurförderer)
- Tragkettenförderer
- Kreis- und Schleppkreisförderer
- Schaukelförderer / Umlaufförderer / Wandertische
- Rollenförderer.

5.3.2 Schleppketten- und Tragkettenförderer

Schleppkettenförderer dienen meist zum waagerechten oder leicht geneigten Transport von Stückgut und bestehen aus
- Ein- oder Zweistrangketten, die über oder üblicherweise unter Flur verlegt sind (Bodenförderer, Unterflurförderer)
- Gleit- oder Rollenbahnen, Wagen
- Mitnahmeeinrichtungen, die entweder an der Kette oder am Wagen angebracht sind (Prinzipskizzen Bild 5.19).

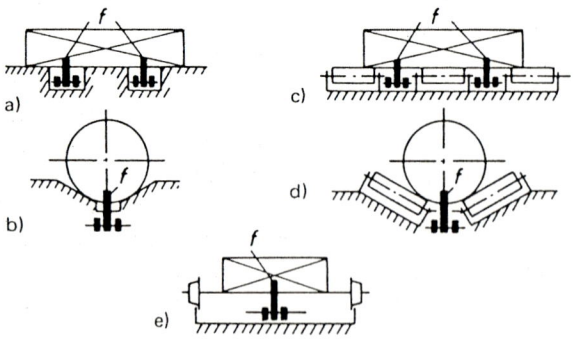

Bild 5.19
Prinzipskizze von Schleppkettenförderern mit:
a) flacher Gleitbahn
b) gemuldeter Gleitbahn
c) flacher Rollenbahn
d) gemuldeter Rollenbahn
e) Rollwagen

f = Mitnehmer

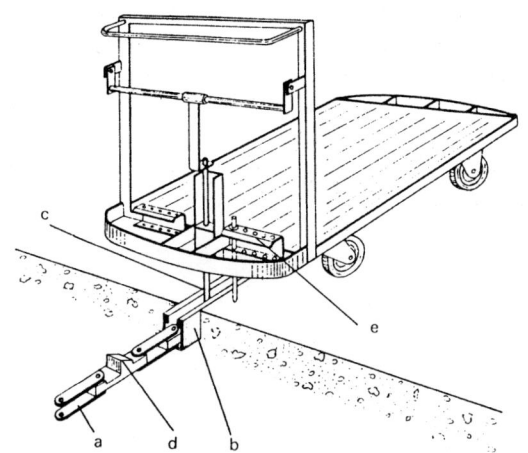

Beim *Unterflurförderer* (Bodenkreisförderer, Bild 5.20, s. Bild 5.77) geschieht der Wagentransport durch eine im Boden verlegte Schleppkette (a), die in einem Schienenprofil (b) gleitet. Der Mitnehmer (c) am Wagen stellt die Kopplung zum Zugmittel „Kette" über den Mitnehmerzahn (d) her.

Bild 5.20
Unterflurförderer mit Wagen:
a) bis e) s. Text

Versehen mit einer Zielsteuerungseinrichtung (e) ist der Unterflurförderer einsetzbar zur Automatisierung des innerbetrieblichen Materialflusses und passt sich den örtlichen Gegebenheiten und der Aufgabe gut an. Die Wagen können an jeder Stelle des Rundlaufes ein- oder ausgerastet werden. Die Linienführung des Schleppkettenförderers ist beliebig, aber bildet insgesamt einen Rundlauf. Innerhalb einer Ebene können zwei getrennte Rundläufe durch Transferförderer verbunden werden.

Sind in Stockwerksbauten die Streckenführungen miteinander zu koppeln, so ist dies entweder über schiefe Ebenen (Rampen) oder über Aufzüge möglich (Bild 5.21). Zum Unterflurförderer gehören

- Reinigungskästen für den anfallenden Schmutz
- Umlenkungen in Form von Rollen- und Radumlenkungen
- Antriebsaggregate mit Spanneinrichtung und Überschleusrad
- Weichen, Stopper, Nebenspuren.

Vorteile sind: kein Raumbedarf über Flur, ebener Fußboden, automatisierbar, flexible Verlegung, geringe Wartung und geringer Personalbedarf.

Nachteile sind: relativ große Umlenkradien, Unfallgefahr durch Bodenschlitz, Verschmutzung des Kettenkanals, für einen *einzelnen* Transport muss das ganze System in Bewegung sein.

Anwendung erfolgt bei vollautomatischem Transport im Lager- und Versandbereich und zum Transport zwischen Fertigung und Lager, wenn ständig Transportgut zwischen Abteilungen anfällt (Anwendung ähnlich wie beim fahrerlosen Schleppertransport, Kap. 6.7).

Tragkettenförderer dienen dem Stückguttransport mit den vielfältigsten Anwendungen als Leicht- und Schwerlastträger für Brammen, Bunde, Bleche, Ringe, Platinen, Paletten, Kisten, Fässer, Papierrollen usw. Dabei hängt der richtige Einsatz von der richtigen Auswahl der gleichzeitig *lasttragenden* und *lastbewegenden* Transportkette ab, d. h. Transportgut und Verwendungszweck bestimmen die Kettenkonstruktion. Schwerlast-Tragkettenförderer werden meist im Traggerüst abgetragen, so dass geringer Verschleiß und kleinerer Kraftbedarf die Folge sind. Für Tragkettenförderer mit geringer Belastung eignen sich Ketten mit gleitender Abtragung. Eine Hauptanwendung im Rahmen des mechanisierten und automatisierten Palettentransportes zeigen die Bilder 5.33 und 5.34.

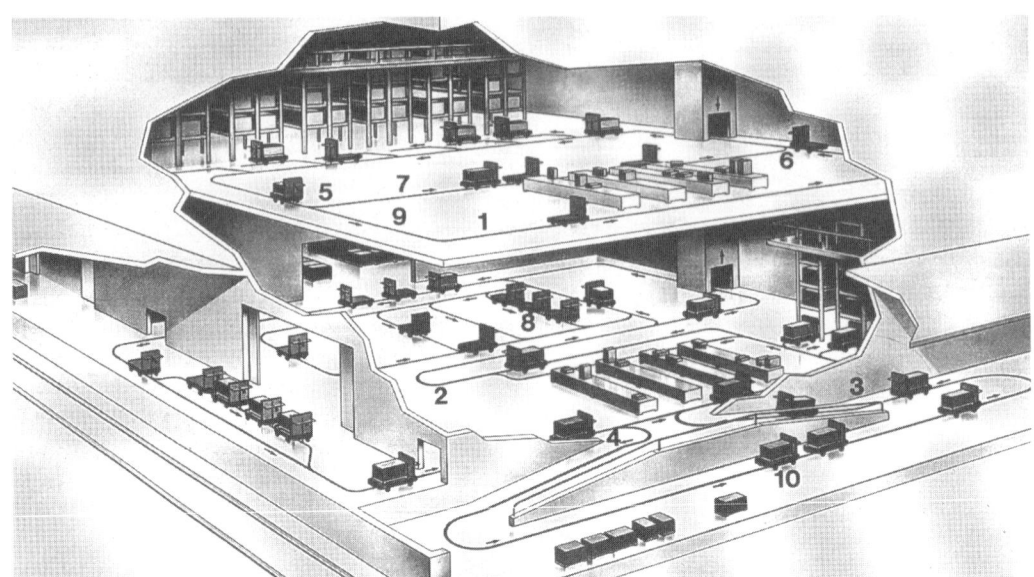

Bild 5.21　Streckenführung eines Unterflurförderers im innerbetrieblichen Materialfluss
　　　　　　1: Gerader Kompaktkanal, 2: Horizontalbogen, 3: Vertikalbogen steigend, 4: Vertikalbogen
　　　　　　fallend; 5: Weiche ausschleusend, 6: Weiche einschleusend, 7: Transfer-Förderer,
　　　　　　8: Stopper, 9: Antrieb, 10: Transportwagen mit Zielsteuerung

5.3.3 Kreisförderer, Power-& Free-Förderer

Kreisförderer (Bild 5.22 und 5.23) und Power-& Free-Förderer (Bild 5.25) sind mit die wichtigsten
Stückgut-Stetigförderer des innerbetrieblichen Materialflusses und universell einsetzbar. Als Zugmittel dient eine endlose, raumbewegliche Kette, an der die Laufwerke befestigt sind. Diese laufen
auf den unterschiedlichsten Laufbahnen. Nach dem Transportgut ausgebildete Gehänge sind gelenkig (z.T. drehbar) an den lasttragenden Laufwerken angebracht. Die beliebige Linienführung
der Laufbahn ist meist im Deckenbereich der Halle untergebracht und über Zugstäbe mittels
Klemm- oder Schraubenverbindungen an der Decke befestigt, kann aber auch von C- oder T-
Bodenstützen gehalten werden.
Die Laufbahnen der Laufwerke sind I-Profile (Bild 4.9a), auf deren Unterflanschen die Räder
laufen, oder es handelt sich um Sonderkonstruktionen, wie sie die Bilder 4.9c und d zeigen. Als
Ketten ist außer der Rundstahlkette (Bild 4.9d) auch die Steckkette im Einsatz.

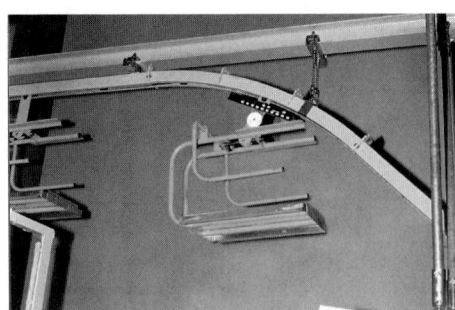

Technische Daten Kreisförderer-Systeme						
System	Monomatic 230	Monomatic 234	Monomatic 232	Invermatic 730	Monomatic 280	Monomatic 270
Material	Stahl	Stahl	Stahl	Stahl	Stahl	Stahl
Schienenbild	⊐	⊐	⊔	⊔	I	I
Nenn-Streckenlast	100 kg	100 kg	100 kg	100 kg	100 kg	230 kg
Nennlast je Kettenteilung	100 kg	100 kg	100 kg	50 kg	70 kg	230 kg
max. Kettenlast	7.500 N bei Stahlkette, 5.500 N bei Edelstahlkette				6.500 N	18.000 N
max. Antriebskraft	4.000 N bei Stahlkette, 2.500 N bei Edelstahlkette				6.500 N	8.000 N
max. Steigung	90°	90°	90°	90°	60°	60°
Kettenart	Kardangelenkkette Teilung 400 oder 500 mm				Steckkette Teilung 80 mm	Steckkette Teilung 100 mm

Bild 5.22　Kreisförderer bei Auf-/Abwärtsfahrt　　　Bild 5.23　Datenblatt für Kreisförderer

Durch abwechselnd um 90° versetzte Rollenpaare, durch Laschen miteinander verbunden, entstehen raumbewegliche Kardangelenkwellen. Solche Kreuzgelenkketten sind seitlich im Kettenkanal (Bild 5.24) geführt und erfordern keine Umlenkeinrichtungen. Der Kettenkanal nimmt alle durch den Kettenzug entstehenden Kräfte auf. Sonst übernehmen horizontale und vertikale Umlenkeinrichtungen wie Räder, Rollenbatterien in Bogenform oder Gleitbogen diese Aufgaben. Da der Kreisförderer den Raum über Wege, Fertigungseinrichtungen und Arbeitsplätze zum Transport ausnutzt, sind Sicherheitsvorrichtungen wie Schutznetze erforderlich. Die Kette benötigt eine Antriebs- und Spannstation. Als Antriebsarten kennt man einmal den *Eckantrieb*, der formschlüssig über ein Kettenrad oder kraftschlüssig über ein Reibrad geschieht, zum anderen wird der *Streckenantrieb* (Schleppkettenantrieb) benutzt, der die Kraftübertragung an einem geraden Teilstück formschlüssig durchführt. Dabei greift eine kurze endlose Treibkette über Mitnehmer in die Lastkette ein. Der oft regelbare Antrieb wird am günstigsten im Anschluss an große Widerstände angebracht, also nach Steigungen oder nach Gutabgaben. Wird der Kettenzug zu hoch, so teilt man die Antriebsleistung auf zwei oder mehrere Motoren auf. Die Spanneinrichtung besteht aus Gewichts- oder Federspannvorrichtungen.

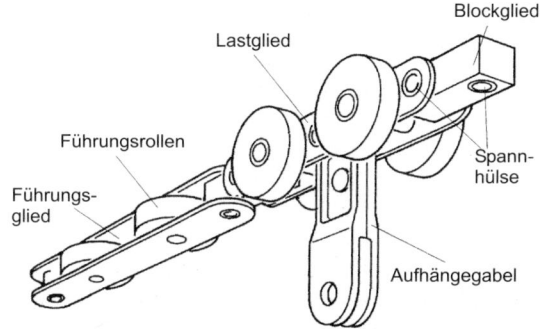

Bild 5.24
Aufbau einer Kardangelenkkette

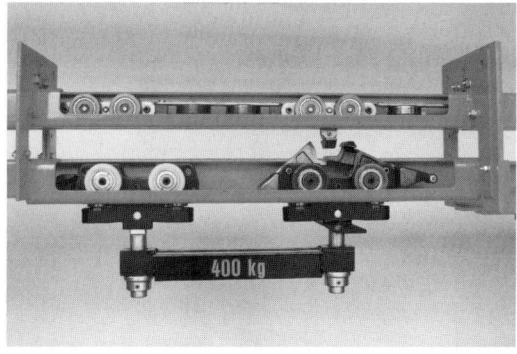

Bild 5.25a
Power-& Free-Förderer, Schnittdarstellung

Bild 5.25b
Getriebemotore in einem P&F-Sortierspeicher

Durch Zielsteuerungs- und Codiereinrichtungen und durch selbsttätige Auf- und Abgabestationen ist der Kreisförderer besonders für den automatisierten Transport im innerbertrieblichen Materialfluss geeignet. Daher finden sich diese Transportmittel in besonderem Maße bei der

Großserienfertigung in Automobilwerken, Kühlschrank-, Waschmaschinen- und Fernsehpro-
duktionen, Lackierereien, Versandhäusern, Schlachtereien, in der Zigarettenindustrie oder in
Nahrungsmittelwerken, bei Tauchprozessen, in Kühl- und Trocknungsräumen, als fließendes
Lager oder als Puffer für den Fertigungs- und Montageprozess, um nur einige Einsatzgebiete
aufzuzählen.

Die Vorteile liegen in

• dreidimensionaler Linienführung; der Automatisierbarkeit der Anlage
• schonendem Transport des Transportgutes; wartungsarmer Anlage
• geringem Energieverbrauch
• Überbrückung von Höhenunterschieden und großen Entfernungen
• Einsparung an Bodenfläche; vielfacher Verwendungsmöglichkeit
• geräuscharmem Lauf; guter Anpassung an den innerbetrieblichen Materialfluss
• geringem Verschleiß von Schiene und Kette.

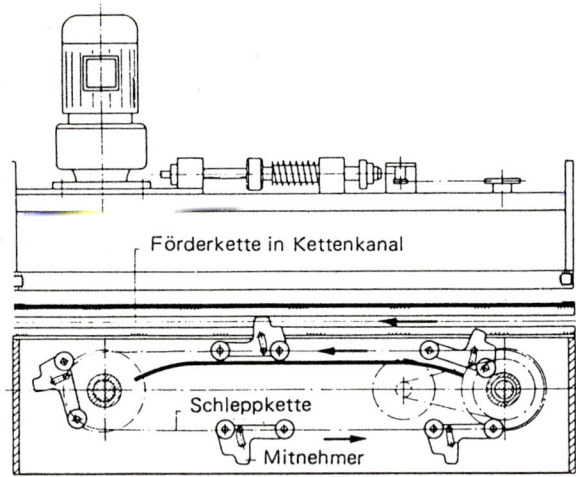

Bild 5.26
Schleppkettenantrieb über
Mitnehmer

Der Massenstrom $\dot{m}$ errechnet sich nach Gleichung 2.4

$$\dot{m} = 3,6\frac{v}{a} \cdot m \tag{5.16}$$

$\dot{m}$ in t/h   Massenstrom
m in kg   Masse des Transportgutes je Gehänge
v in m/s   Kettengeschwindigkeit = Transportgeschwindigkeit
a in m   Gehängeabstand

Die transportierte Stückzahl pro Stunde entspricht dem Stückstrom $\dot{m}_{St}$ nach Gleichung 2.6
zu

$$\dot{m} = 3600\frac{v}{a} \cdot z \quad [\text{Stück/h}] \tag{5.17}$$

z Anzahl der Stücke je Gehänge; andere Einheiten siehe Gleichung 5.16

Als Richtwerte für Geschwindigkeiten von Kreisförderern bei der Auf- und Abgabe des
Transportgutes gelten

- von Hand $v_{max} \leq 12$ m/min = 0,20 m/s
- automatisch $v_{max} \leq 18$ m/min = 0,30 m/s

Zubringergeschwindigkeiten bei Schleppkettenförderern betragen $v_{max} \leq 24$ m/min $\triangleq$ 0,40 m/s. Die Antriebsleistung und die Kettenzugkraft können aus den Einzelwiderständen wie Fahrwiderstand, Widerstand der Umlenkung, der Rollenkurven, der Vertikalbögen und des Steigungswiderstandes ermittelt werden. Einmotorige Antriebe treiben Kreisförderer bis ca. 500 m, mehrmotorige bis 2000 m Transportlänge.

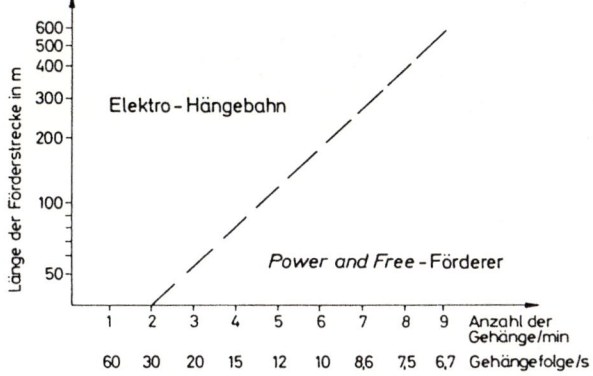

Der Hauptnachteil des Kreisförderers ist der zwangsläufige Transport.

Der *Power & Free-Förderer* besitzt diesen Nachteil nicht mehr und zeigt die Freizügigkeit der Elektro-Hängebahn (Kap. 6.3).

Bild 5.27
Einsatzbereich von Hängebahnen und Power & Free-Förderern

Ob für eine gegebene Transportaufgabe eine Elektro-Einschienen-Hängebahn oder ein Power- & Free-Förderer einzusetzen ist, hängt ab von der Länge der Transportstrecke, der Anzahl der Gehänge und der Gehängefolge pro Zeiteinheit (Bild 5.27).

Der Power & Free-Förderer (s. Bild 5.25a) ist aus zwei getrennten Schienensträngen aufgebaut:

- Im oberen Teil bewegt sich die mit Mitnehmern versehene, endlose und ständig umlaufende Kette mit dazugehörenden Laufwerken (Power-Strang, Zugmittel).

- Im unteren Schienenstrang sind die Lastlaufwerke untergebracht (Free-Strang).

Das Lastlaufwerk wird über steuerbare Nocken mit den Mitnehmern der Kette gekoppelt und kann so an beliebige Stellen transportiert und dort durch Ausschleuseinrichtungen von der Kette getrennt werden. Drehscheiben, Weichen, Transferketten, Hub- und Senkstationen gewährleisten ein Stauen, Lagern, Ordnen, Sortieren (s. Bild 5.25b), Ausreihen der Gehänge oder Überwechseln in andere Transportsysteme, sodass sich dieser Schleppkreisförderer in noch größerem Maße durch Zielsteuerung zur Programmgestaltung eignet. Wichtige Einrichtung am Lastlaufwerk ist bei Pufferung ein selbsttätiges Ausklinken aus dem Power-Strang.

5.3.4 Rollenförderer, Kugeltische

Setzt man in Flach- oder Winkelrahmen Tragrollen in kleinen Abständen hintereinander und versieht diese mit höhenverstellbaren Böcken, so entstehen *Rollenförderer*, die *angetrieben*, oder *Rollenbahnen, die nicht angetrieben* sind. In beiden Fällen ist weiter zu unterscheiden, ob die Transportmittel schweres oder leichtes Stückgut transportieren.

Haben die Rollen eine geringe Breite, spricht man von *Scheibenrollen* oder *Röllchen*. Werden mehrere dieser Röllchen auf einer Achse nebeneinander und mehrere Achsen hintereinander angeordnet, ergeben sich Scheibenrollen- oder Röllchenbahnen.

Leichte Stückgutrollenförderer: Die angetriebenen Rollenförderer (waagerechter Transport) für *leichtes* Stückgut besitzen je nach Einsatzort und Belastung einfach konstruierte Rollen aus Stahl oder Kunststoff, die mit den Wangen durch Gewindeachsen oder einfaches Einlegen einer runden Achse mit Schlüsselflächen verbunden sind. Die Rollenteilung richtet sich nach der kleinsten Länge des Stückgutes, das einen ebenen Boden besitzen oder auf Latten bzw. Platten (Transporthilfsmittel) liegen muss. Die tragende Fläche soll dem 2,5 fachen der Rollenteilung entsprechen. Die Tragrolle ist ca. 100 mm breiter zu wählen als die des Stückgutes und für eine Belastung von 70 % des maximalen Stückgutgewichts auszulegen.

Als Antrieb der Tragrollen werden verwendet:

- reibschlüssige Kraftübertragung mittels *Gummigurt* (Bild 5.28a) oder *Keilriemen* (Bild 5.28b), die unter den Rollen entgegen der Transportrichtung laufen
- formschlüssige Kraftübertragung mit Hilfe von *Ketten* (Bild 5.28c) und den dazugehörenden Tragrollen (Bild 5.29).

Die Rollenförderer sind relativ einfach den betrieblichen Bedingungen anzupassen (Baukastensystem) durch

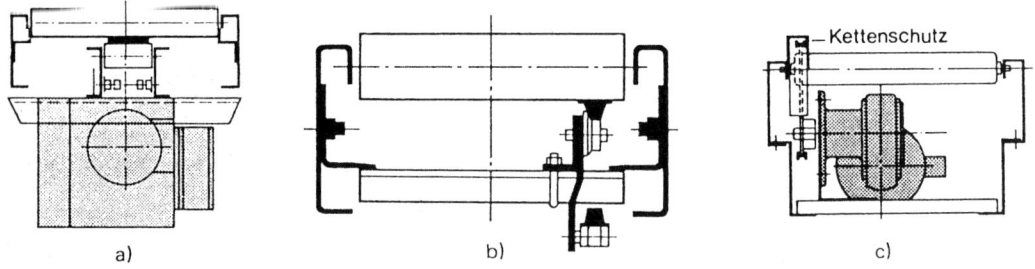

Bild 5.28   Antriebsformen der Rollenbahnen (Schnittdarstellung): a) mittels Gummigurt, b) mittels Keilriemen, c) mittels Kette

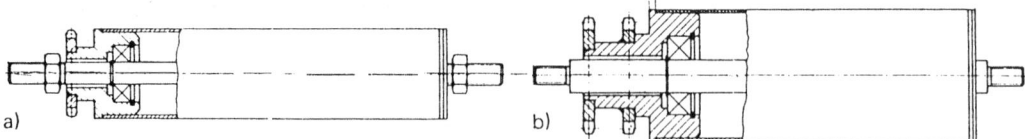

Bild 5.29   Tragrollen: a) mit einem Kettenrad, b) mit Doppelkettenrad

Rollenbahnkurven: Durch den zunehmenden Radius nach außen muss auch die Transportgeschwindigkeit des Gutes radial erhöht werden. Dies geschieht entweder durch konische oder durch unterteilte zylindrische Tragrollen mit geringem Gleiten des Transportgutes (30° bis 180°, Bild 5.76).

Ausschleuse- und Übergabeeinrichtungen (VDI 3618):

- *Gurttransfer* (Bild 5.30). Ein angetriebener, schmaler Gurt ragt im Winkel von 45° bis in die Mitte des Hauptförderers und liegt in Ruhestellung ca. 2 mm unterhalb der Rollenoberkante. Der Ausschleusvorgang wird durch Anheben des Gurtes um ca. 5 mm über die Rollenoberkante erreicht. Das Transportgut wird dann zwangsläufig mitgenommen. Verschiedene Anordnungen sind möglich. Die Transportleistung ist eine Funktion der Geschwindigkeiten des Hauptförderers und der Ausschleusstrecke sowie der Transportgutlänge und ist aus Tabelle 5.12 ersichtlich. Eine weitere Ausschleuseinrichtung – im Winkel von 90° – ist der *Kettentransfer* (Bild 5.31, s. Beispiel 12.16). Zwei quer zum Rollenförderer umlaufende Ausschleusketten sind mit Mitnehmern ausgerüstet, die das Transportgut erfassen und es rechtwinklig von Transportmittel abschieben.

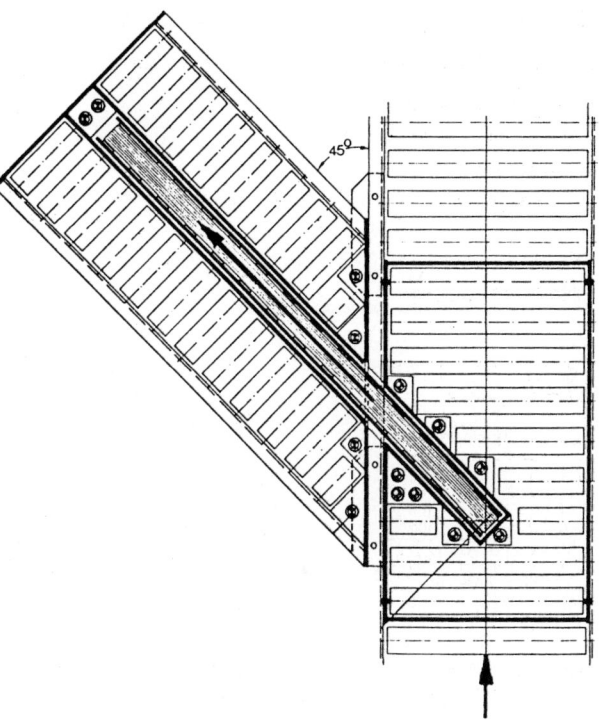

- *Abweiser* ermöglichen über Rollen- oder Gurtförderer eine Ausschleusung der Transportgüter um 90° unter Beibehaltung der Längsbewegung. Unterstützt und beschleunigt wird dieser Vorgang durch einen umlaufenden Gurt im Abweiser.

- *Pusher* sind schlagartig arbeitende Ausstoßeinrichtungen, die senkrecht zur Transportrichtung das Gut ausstoßen. Schonender sind rotierende Pusher (s. Bild 5.81, Beispiel 5.13).

Bild 5.30
Gurttransfer, Ausschleusung von
Stückgütern im Winkel von 45°

Staurollenförderer transportieren über waagerechte Strecken Stückgüter, ermöglichen druckloses oder druckarmes Stauen und erreichen eine Vereinzelung der Transportgüter. Daher wird dieses Stückguttransportmittel eingesetzt in Lagern, bei Zwischenpufferung, vor Verzweigungen und vor Unstetigförderern, vor Palettierautomaten oder Fertigungsmaschinen und bei Zusammentragstrecken. Die Arbeitsweisen zeigt Bild 5.32.

Wird ein Behälter, Karton, Kasten oder Paket durch eine Sperre z. B. blockiert, so wirkt die Gewichtskraft des Transportgutes auf eine Schaltrolle oder ein Lineal, die über ein Gestängesystem den Reibschluss zwischen Gurt und Tragrolle den nachfolgenden Stauplatz abschalten.

Es gibt noch weitere Möglichkeiten, druckarme Staurollenförderer zu konstruieren.

Ein Beispiel ist die durch Kettentrieb angetriebene *Stauförderrolle mit Rutschkupplung* (s. Bild 5.74, Staudruck und Mitnahmekraft einstellbar).

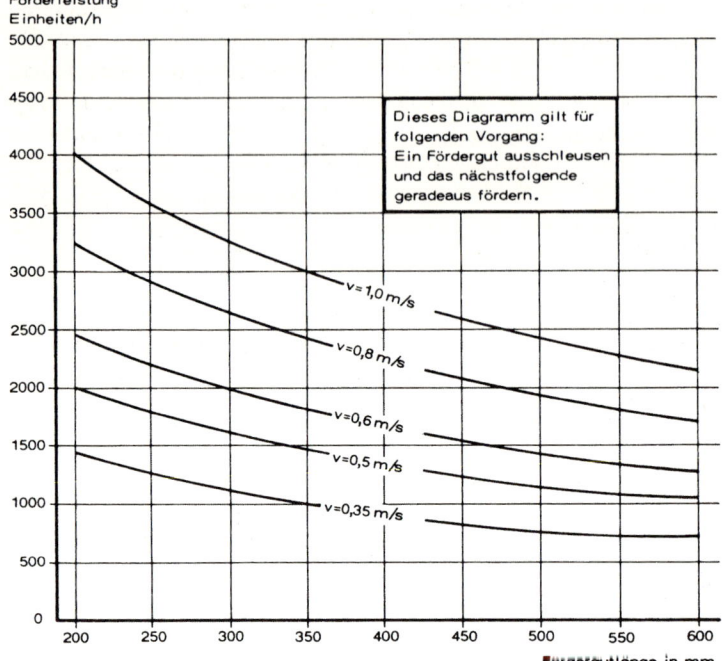

Förderleistung
Einheiten/h

Dieses Diagramm gilt für
folgenden Vorgang:
Ein Fördergut ausschleusen
und das nächstfolgende
geradeaus fördern.

v = 1,0 m/s
v = 0,8 m/s
v = 0,6 m/s
v = 0,5 m/s
v = 0,35 m/s

Fördergutlänge in mm

Tabelle 5.12
Transportleistung des
Gurttransfers

Eine andere Arbeitsweise hat ein *Staukettenförderer*. Er besteht aus zwei durch einen endlosen Kettenstrang getrennte nicht angetriebene Rollenbahnen (Bild 5.32.). Die Kette ist durch vollautomatisch gesteuerte Hub- und Senkabschnitte unterteilt, es entstehen dadurch Stau- und Pufferstrecken. Der pneumatische Kettenhub stellt den Kontakt zur Ladeeinheit z. B. einer Palette her und transportiert sie zum nächsten freien Platz.

Kleinststaurollenbahnen für Kleinteile wie Dosen, Päckchen oder Schachteln bestehen aus kugelgelagerten Rollen (Durchmesser: 20 mm; Arbeitsbreiten bis 400 mm; Transportlängen 1 bis 6 m; Transportgeschwindigkeit ca. 0,15 m/s; Werkstoff: Stahl, Aluminium, Kunststoff), die an zwei umlaufenden Ketten mit geringer Teilung (Rollenabstand 25 mm) eingehängt sind. Die Stauförderrollen arbeiten wie umlaufende Kettenförderer und tragen das Transportgut wie einen Gurt ab. Kommt es zu Stauungen, dann rollen sich die Rollen unter dem Transportgut ab (nur für waagerechten Transport geeignet).

Weitere Einrichtungen bei Rollenförderern sind *hochklappbare Rollenbahnen* für Durchgänge, *Zweiwegesperren* bei Einmündungen, *Weichen* und *Abzweigungen*.

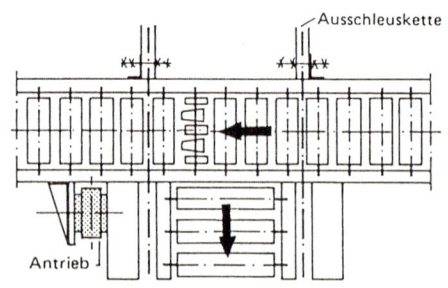

Ausschleuskette

Antrieb

Bild 5.31
Kettentransfer, Ausschleusung von Stückgütern im Winkel von 90°

Schwerlastrollenförderer werden für den Palettentransport in den verschiedensten Formen entsprechend ihrer Funktion und Aufgabe hergestellt und gestatten in Verbindung mit einem Steuerungssystem den Aufbau eines automatischen Transportsystems im innerbetrieblichen Material-fluss. Die für gerade Transportwege, Winkeländerungen, Kreuzungen, Verzweigungen und Höhenunterschiede benötigten Bauelemente sind in Bild 5.33 und 5.34 wiedergegeben (Verschiebehubwagen s. Bild 6.5.1). Zur eindeutigen Führung der Paletten erhält jede zweite oder dritte Tragrolle in der Mitte oder an den beiden Enden konische Führungsringe. Die Geschwindigkeiten der angetriebenen Rollenförderer liegen von 0,35 über 0,5 - 0,6 - 0,8 bis 1,0 m/s.

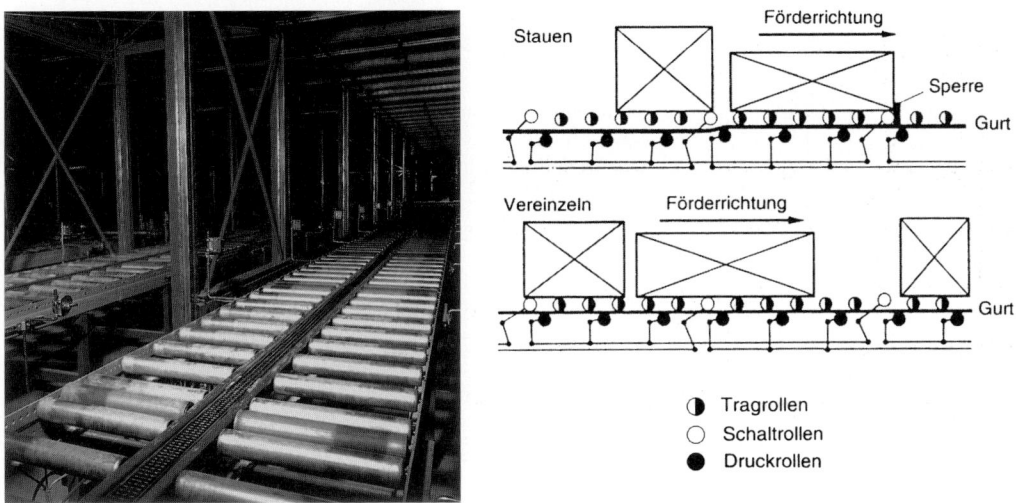

Bild 5.32   Arbeitsweise von Staukettenförderer und Staurollenförderer

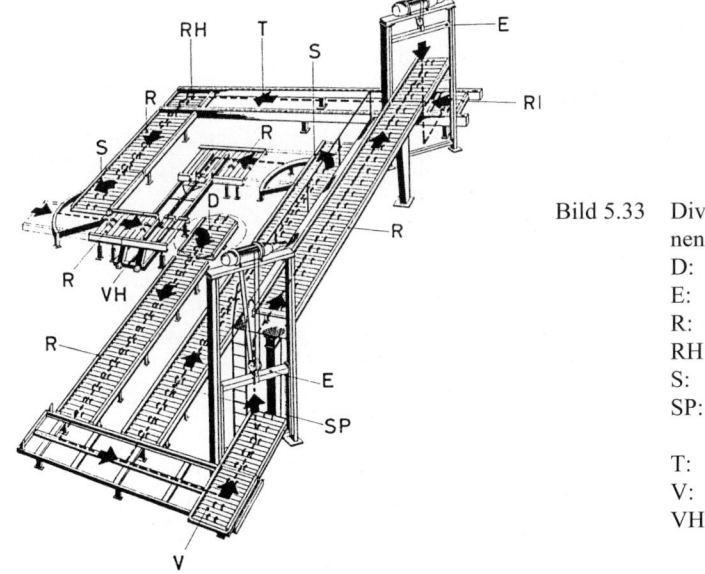

Bild 5.33   Diverse angetriebene Rollenbah-
            nen für den Palettentransport;
            D: Drehtisch
            E: Etagenförderer
            R: angetriebene Rollenbahn
            RH: Rollenhubtisch
            S: Schwenktisch
            SP: angetriebene Speicher-
                 Rollenbahn
            T: Tragkettenförderer
            V: Verschiebewagen
            VH: Verschiebehubwagen

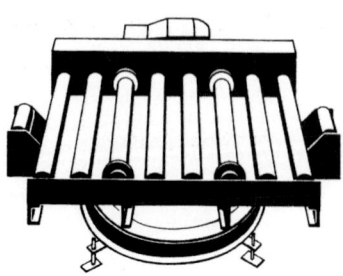

a) Drehtisch

Bild 5.34   Elemente
                  für Palettentransport

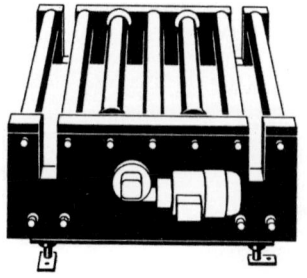

b) Rollenhubtisch zum rechtwink-
ligen Ein- und Ausschleusen
von Paletten (Schlitze für
Tragkettenförderer

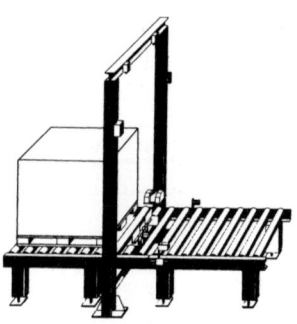

c) Palettenprüfeinrichtung,
Profilkontrolle

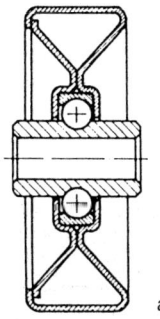
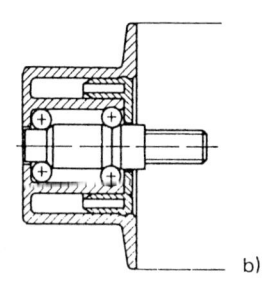

Bild 5.35
a) Röllchenbahnweiche
b) einseitig gelagertes Röllchen mit Spurkranz

Bei nicht angetriebenen Rollen- oder Röllchenbahnen erfolgt der Transport des Transportgutes in waagerechter Lage durch äußere Kräfte
(z. B. durch Verschieben mit *Hand*) oder im
leicht geneigten (2° bis 5°) Zustand der Bahn
durch die *Schwerkraft*. Da sich bei längeren
Schwerkraftanlagen laufend die Geschwindigkeit des Gutes erhöht (Kapitel 5.2.4), müssen
Bremsen in Form von Neigungsänderung,
Fliehkraft-, Strömungs- oder Wirbelstrombrem-
sen vorgesehen werden (Durchlaufregale).
Die Fliehkraft-Bremsrolle liegt für direkte Abbremsung ca. 1 bis 3 mm über den Rollen oder
Röllchen der Transportbahn.

Die Röllchen (Bild 5.35a) können auch in Röllchenleisten zu einer Bahn zusammengestellt werden. Außerdem benutzt man einseitig gelagerte Röllchen mit und ohne Spurkranz, z. B. zum
Aufbau eines Durchlaufregals für Kästen oder Kartons mit geringem Gewicht (Bild 5.35b und
5.36).

Um ein Verteilen, Sortieren oder Zusammenführen von schweren oder leichten Stückgut über
Rollen- oder Röllchenförder/-bahnen zu erreichen, sind im Einsatz:

- *Verschiebebahnen* (Verschiebewagen Kap. 6.5.1)

- *Weichen* als Rollenförder- (Bild 5.37) oder Röllchenbahnweiche

- *Allseitenrollen* (Bild 5.38) zum Abschieben des Gutes mit Hand oder druckluftbetätigter
  Ausstoßvorrichtung (Puscher $\hat{=}$ Querschieber). In den normalen Rollen sind zweimal versetzt – quer zur Transportrichtung umlaufende – Tönnchenrollen angebracht.

  Kugelrollenbahnen und *Kugeltische* erleichtern das Verschieben von Stückgut auf waagerechter Ebene durch Kugeln, die sich in Töpfen auf kleine Kugeln abstützen.

- *Scherenrollenbahnen* (Bild 5.39), bei denen die Länge *l* und Röllchenteilung *t* stufenlos verstellbar sind, durch Teleskoprohr die Höhe geändert werden kann und jede beliebige Kurven-
  form erreicht wird

- diverses Zubehör für die unterschiedlichsten Aufgaben in einem System wie handbetätigte oder motorbetriebene *Sperren, Durchgangsstücke, Umlenkeinrichtungen, Zähleinrichtungen* und dergleichen.

Vorteile der nicht angetriebenen Rollen- und Röllchenbahnen (Schwerkraftförderer) sind:

- einfache Montage, Flexibilität bei Umbau und Erweiterung
- gute Anpassungsfähigkeit an Aufgaben, geringe Wartung, geringer Verschleiß
- keine Energiekosten, geringe Investition, geringes Gewicht
- Kombinationsmöglichkeit mit anderen Transportmitteln.

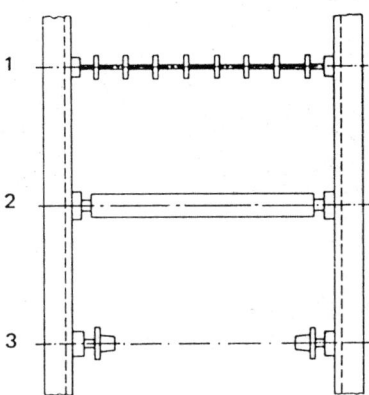

Bild 5.36 Durchlaufregalkonstruktion mit:
1 Röllchenbahn, 2 Rollenbahn,
3 Spurkranzrollen

Bild 5.37 Rollenbahnweiche
für drei Richtungen

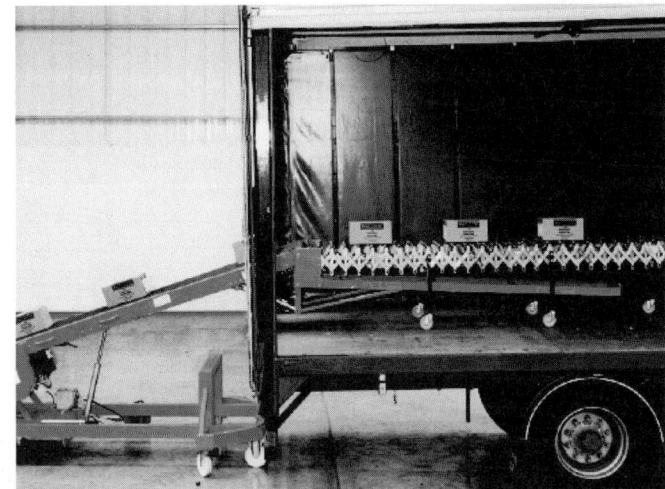

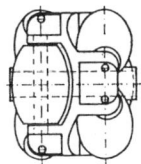

Bild 5.38 Allseitenrolle

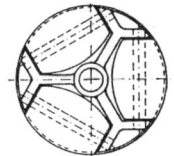

Bild 5.39 Scherenröllchenbahn: auseinandergezogen

5.3.5 Umlaufförderer

Weitere Stetigförderer für Stückgut sind die Umlaufförderer:

Schaukelförderer, bestehend aus parallel laufenden endlosen Zweistrangketten, zwischen denen an Verbindungsachsen freihängende Schaukeln oder Schalen befestigt sind. Die Schaukeln weisen je nach Transportgut unterschiedliche Formen auf. Auf Grund der Schwerkraft und der drehbaren Aufhängung stellen sich die Schaukeln auch bei senkrechtem Transport immer waagerecht.

Pasternosterförderer werden nur für den senkrechten Transport eingesetzt und besitzen zwei versetzt angeordnete Kettenstränge, damit die Tragorgane sowohl geführt und pendelfrei laufen als auch beim oberen und unteren Umlauf in der senkrechten Lage bleiben.

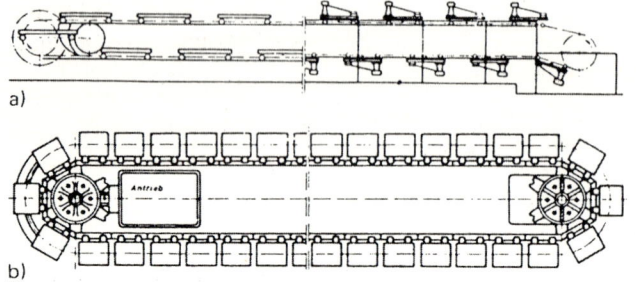

a)

b)

Bild 5.40
Prinzipdarstellung Wandertisch:
a) vertikal umlaufend, links mit absenkbaren, rechts mit kippenden Tischen;
b) horizontal umlaufend

Wandertische werden in zwei konstruktive Ausführungen unterteilt und zwar in horizontal (Bild 5.40b) und vertikal umlaufende Wandertische. Die in der Fließfertigung und bei der Montage eingesetzten Stückgutförderer arbeiten stetig oder im Takt und sind meist in Tischkonstruktionen eingebaut. Die horizontal umlaufenden Wandertische werden durch mittige oder seitliche Ketten angetrieben und sind mit einzelnen an der Kette befestigten Tischen oder Wagen verbunden. Andere Wandertische besitzen schuppenartig übereinander liegende oder aneinanderstoßende Elemente, die um Spann- und Antriebsstationen laufen. Tische und Wagen werden in der Regel in Fahrbahnschienen geführt. Die vertikal umlaufenden Wandertische stellen eine Kompaktbauweise dar und werden entweder mit kippenden oder absenkbaren Tischen hergestellt (Bild 5.40a).

5.4 Stetigförderer für Schüttgut

5.4.1 Allgemeines

Durch die kontinuierliche Arbeitsweise der Stetigförderer ist es möglich, große Transportgutströme zu bewältigen. Speziell für den Transport von Schüttgut in waagerechter, schräger und senkrechter Richtung wurden Transportmittel nach verschiedenen Arbeitsprinzipien entwickelt, die sich unterteilen lassen in:

- *Becherwerke*: Kettenbecherwerk, Gurtbecherwerk, Pendelbecherwerk
- *Kratzer-* und *Trogkettenförderer*
- *Transportmittel mit Schnecken*: Schneckenförderer, Schneckenrohrförderer
- *Schwingförderer*: Schüttelrutschen, Schwingrinnen
- *Transportmittel mit Luft*: pneumatische Förderer, pneumatische Rinnen, Rohrpostanlagen, Lufttische.

5.4.2 Becherwerke

Ein *Kettenbecherwerk* hat als Zugorgan eine oder zwei umlaufende endlose Ketten, ein *Gurtbecherwerk* einen Gurt. An Kette oder Gurt sind in regelmäßigen Abständen Becher als Tragorgane befestigt. Entsprechend dem Zugmittel, geschehen Antrieb und Umlenkung über Rollen, Kettenräder oder Trommeln. Die Becherwerke (Elevatoren) dienen zum senkrechten Transport der verschiedenen pulverförmigen, körnigen oder kleinstückigen Schüttgüter wie Getreide, Mehl, Sand, Zement, Kies, Klinker, Chemikalien, Kohle oder Ruß. Das Einsatzgebiet liegt in Lebensmittelbetrieben, Mühlen, in der chemischen Industrie, in Baustoffbetrieben, Gießereien und Kokereien. Große Förderhöhen von 40 m, in Ausnahmefällen bis 80 m, und geringer Grundflächenbedarf sind die Hauptvorteile der Becherwerke. In den letzten Jahren ist die Kette als Zugmittel weitgehend durch den Gummigurt mit Gewebe- oder Stahlseileinlagen ersetzt worden.

Die Vorteile des Gurtbecherwerkes gegenüber dem Kettenbecherwerk sind

- größere Transportgeschwindigkeit (Kette: 0,3 bis 1,2 m/s, Gurt: 1,0 bis 3,5 m/s)
- ruhiger, geräuschloser Lauf; Staubunempfindlichkeit
- geringer Verschleiß; kleinere Bewegungswiderstände.

Nachteile sind im Schieflauf des Gurtes, in der Befestigung der Becher und in dem Sauberhalten der Trommeln zu sehen.

Gurtbecherwerk: Der konstruktive Aufbau eines Gurtbecherwerkes ist Bild 5.41 zu entnehmen. Die Kraftübertragung erfolgt wie beim Gurtförderer über Reibschluss zwischen Gurt und Antriebstrommel. Die Becherformen (flach, flachrund oder mitteltief, mit ebener, profilierter oder runder Rückwand) sind genormt. Als Werkstoff wird Stahlblech, Stahlguss oder Kunststoff verwendet.

Die Befestigung der Becherrückwand mit dem Gurt geschieht nach DIN 15 236 T1, wobei je nach Einlage zu unterscheiden ist. Die gebräuchlichste Becherbefestigung am Gurt sind Tellerschrauben (DIN 15 237, Bild 5.42a) oder Schraubenleisten (5.42b). Da beim Umlenken der Becher um die Trommel Transportgut zwischen Gurt und Becherrückwand gelangen kann, wird eine Schutzunterlage aus Gummigewebe oder Vollgummi zwischengelegt. Um die Schwächung des Gurtes durch die Lochung für die Verschraubung aufzuheben und die Umlenkung des Bechers um die Trommeln zu verbessern, wurden elastische Aufhängungen in Form von Gummihalterungen entwickelt.

Die Becherstränge sind in einem geschlossenen Gehäuse untergebracht, das aus dem *Fuß* (Spannstation), dem *Schacht* (Sektionen) und dem *Kopf* (Antriebsstation) besteht. Man unterscheidet das *Kastenschlot*, bei dem beide Strän-

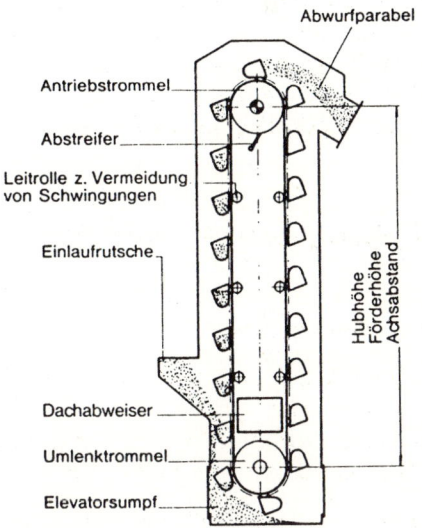

Bild 5.41
Konstruktiver Aufbau eines Gurtbecherwerkes

ge in einem gemeinsamen Schacht untergebracht sind, und das *Doppelschlot* (Trennung des auf- und absteigenden Stranges). Besondere Beachtung benötigt die Gutaufgabe. Für leichtes Schüttgut und bei geringer Geschwindigkeit ist die Aufnahme des Transportgutes durch den Schöpfvorgang bei erhöhtem Energiebedarf möglich (Bild 5.43a) oder durch direktes Einschütten des Transportgutes in die Becher, wobei mittels Förderschnecke das in den Sumpf fallende Gut abgezogen wird.

Die Entleerung der Becher (Gutabgabe) wird durch Schwerkraft (meist Kettenbecherwerk, s. Bild 5.45) oder durch Fliehkraft (meist Gurtbecherwerk) erreicht (Tab. 5.13).

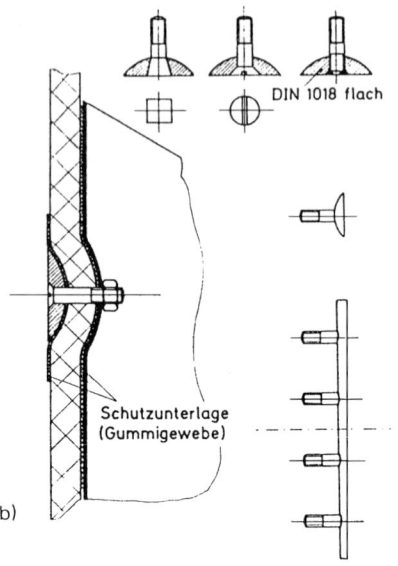

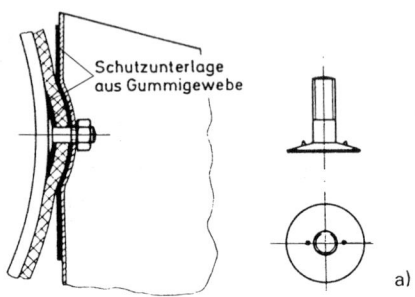

Bild 5.42   Becherbefestigungen an Gurten mit a) Tellerschrauben, b) Schraubleisten

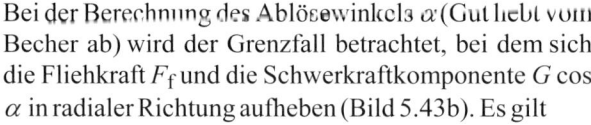

Bei der Berechnung des Ablösewinkels α (Gut hebt vom Becher ab) wird der Grenzfall betrachtet, bei dem sich die Fliehkraft F_f und die Schwerkraftkomponente $G \cos \alpha$ in radialer Richtung aufheben (Bild 5.43b). Es gilt

$$F_f - G \cos \alpha = 0$$

$$\cos \alpha = \frac{F_f}{G} = \frac{mr\omega^2}{mg} = \frac{v^2}{rg} = 0{,}00112 n^2 r \quad (5.18)$$

v	in m/s	Transportgeschwindigkeit
r	in m	Radius $\approx D_{Tr}/2$
g	in m/s^2	Erdbeschleunigung
n	in 1/min	Drehzahl der Trommel

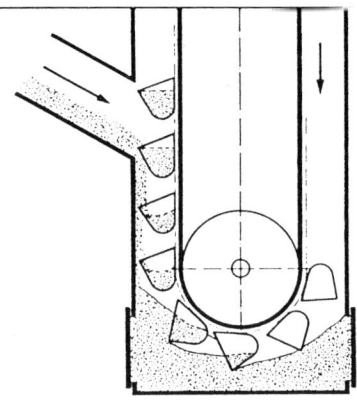

Bild 5.43a
Befüllung der Becher mittels Schöpfvorgang

Bild 5.43b
Bestimmung des Ablösewinkels bei der Becherentleerung

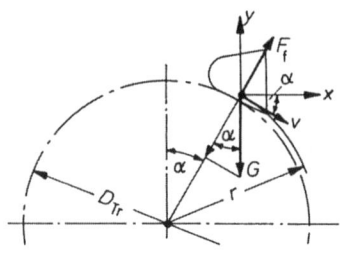

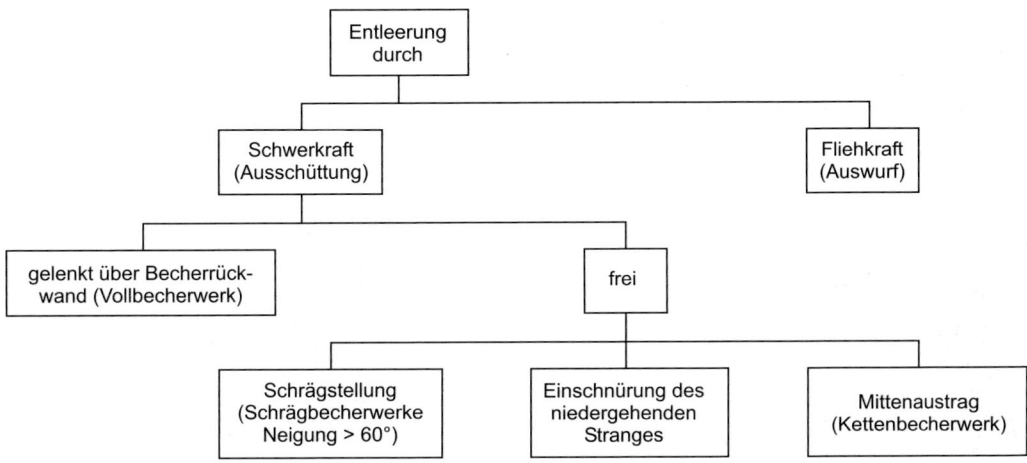

Tabelle 5.13   Entleerungsmöglichkeiten bei Becherwerken

Ist α erreicht, bewegt sich das Transportgut unter Vernachlässigung der inneren Reibung und der Luftreibung auf einer Wurfkurve. Die Bahngleichung errechnet sich mit den Wegkomponenten in x- und y-Richtung

$$x = v \cdot t \cdot \cos \alpha \quad \Rightarrow$$

$$t = \frac{x}{v \cdot \cos \alpha}$$

$$y = -v \cdot t \cdot \sin \alpha - \frac{g \cdot t^2}{2}$$

$$y = -x \cdot \tan \alpha - \frac{g}{2v^2 \cdot \cos^2 \alpha} \cdot x^2 \tag{5.19}$$

Der Massenstrom in t/h ist eine Funktion des Transportgutes (Eigenschaften, Korngröße, Schüttdichte ρ_s in t/m³), des Becherinhaltes V_B in m³, der Transportgeschwindigkeit v in m/s, des Füllungsgrades φ und des Becherabstandes (Becherteilung) a in m gemäß Gleichung 2.3

$$\dot{m} = 3600 \, V_B \, \varphi \rho_s \frac{v}{a} \quad [t/h] \tag{5.20}$$

Werte für φ, ρ_s und v in Tabelle 3.1, für V_B je nach gewähltem Becher aus DIN-Norm.

Für die Berechnung des Gurtes und der Übertragungskräfte zwischen Trommel und Gurt sind die Gleichungen des Kapitels 4.7.2 maßgebend. Die erforderliche Umfangskraft F_u setzt sich zusammen aus dem Hubwiderstand F_{wh}, der *Schöpfkraft*, der *Aufgabekraft* und der Kraft zur Biegung des Bechergurtes beim Lauf um die Antriebs- und Umlenktrommel. Die Trommellagerreibung und die Widerstände der Führungsrollen können vernachlässigt werden. Den größten Anteil hat der Hubwiderstand. Er ergibt sich mit der Hubhöhe H in m nach Gleichung 5.1

$$F_{wh} = \frac{\dot{m} g H}{3,6v} \quad [N] \tag{5.21}$$

(Einheiten siehe Gleichung 5.1)

Die anderen aufgeführten Größen sind schwierig zu bestimmen. So hängt z. B. die zum Schöpfen erforderliche Kraft von

- der Auftreffgeschwindigkeit des Bechers auf das ruhende Gut
- der Reibung des Bechers im Gut
- den Beschleunigungskräften des geschöpften Gutes ab.

Diese Größen werden experimentell bestimmt und durch Zuschläge berücksichtigt.

Die Umfangskraft F_u im Zugmittel (Kette oder Gurt) entspricht dem Gesamtwiderstand F_w und ist analog der Gleichung 5.4 zu errechnen, wobei noch ein Betrag für den Schöpfwiderstand F_{ws} hinzuzufügen ist (f_{ges} liegt zwischen 0,04 bis 0,07).

Die Volllastbeharrungsleistung P_v des Becherwerkes ermittelt sich

$$P_v = P_h + P_z \quad [kW] \tag{5.22}$$

P_h in kW   Hubleistung
P_z in kW   zusätzlicher Leistungsbedarf aus Aufgabe-, Schöpf- und Umlenkwiderständen.

Sind die Becher dicht an dicht angeordnet, ergibt sich ein *Vollbecherwerk,* dessen Linienführungen i.d.R. verschiedene s-förmige Ausführungen haben, wie z. B. im Bild 5.46. Die Auf- und Abgabestationen zeigen die Bilder 5.44.

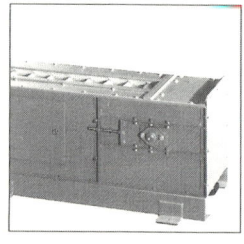
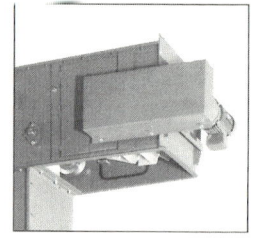
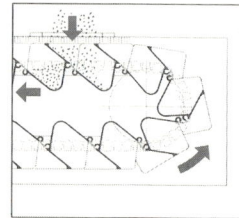
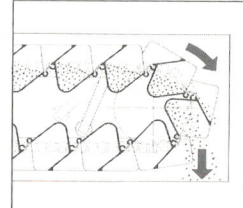

Bild 5.44
links: Aufgabestation
rechts: Abgabestation

Kettenbecherwerke: Die Becher der Kettenbecherwerke sind an der Becherrückwand oder seitlich mit der Kette verbunden (Bild 5.45). Der Leistungsbedarf lässt sich wie für Gurtbecherwerke bestimmen, kann aber auch den Gleichungen der DIN 22200 entnommen werden. Die Kettenräder der Kettensternwelle (Antriebswelle) sind kleiner als entsprechende Trommeln der Gurtelevatoren. Führungsprobleme der Ketten treten gegenüber dem Schieflaufen des Gurtes kaum auf (Anwendung besonders bei großen Massenströmen von nassem oder schlammartigem Gut). Die Becherwerke sind mit Rücklaufsperren zu versehen.

Pendelbecherwerke: Als Pendelbecherwerke sind Kettenförderer für Schüttgüter aller Art bei waagerechtem und senkrechtem Transport (beliebige Linienführung) zu verstehen, wobei das Schüttgut mit pendelnd aufgehängten Bechern (Becherinhalt 0,03 bis 0,5 m³, Bild 5.46) bei Geschwindigkeiten zwischen 0,15 bis 0,5 m/s befördert wird.

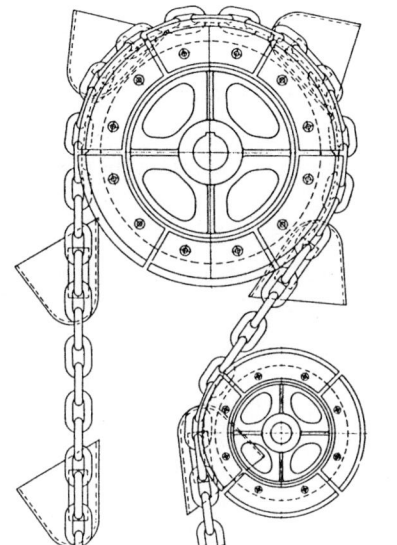 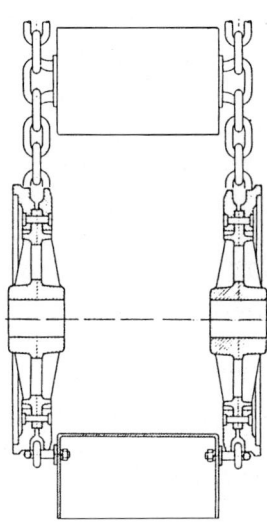

Bild 5.45   Kettenbecherwerk, Schwerkraftentleerung durch Einschnürung

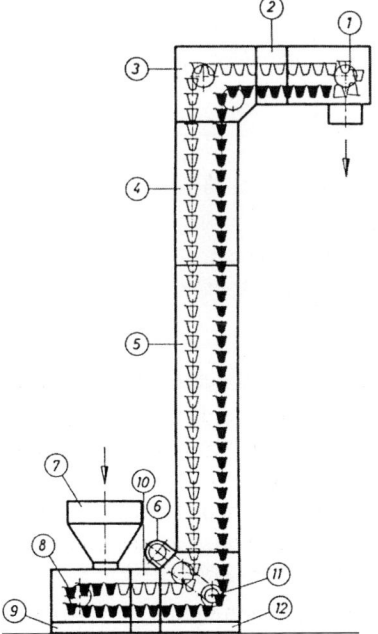

Bild 5.46   Pendelbecherwerk
1:      Umkehrstation mit Spannvorrichtung
2:      horizontales Zwischenstück
3:      Umlenkstation
4:      vertikales Passstück
5:      vertikales Normzwischenstück
6:      Antrieb
7:      Einlauftrichter
8:      Umlenkstation
9:      Staubsammelkasten
10:     Zwischenstück
11:     Umlenkstation
12:     Grundtragegerüst

Die Becher, die über Laufrollen in Führungen laufen, sind zwischen zwei endlosen Ketten in gleichen Abständen als Zugorgan angebracht. Die Aufgabe des Transportgutes muss an vorbestimmter Stelle definiert, z. B. über Fülltrommel oder Zellenrad, in dosierter Form durchgeführt werden. Die Gutabgabe erfolgt durch Kippen der Becher; dabei fahren Hebel oder ausrückbare Kurvenbahnen gegen Nocken oder Rollen, die an der Becherstirnseite vorhanden sind (Spurweiten und Bechergrößenzuordnung DIN 15 256). Anwendung: in Kraftwerken als Bekohlungsanlage; zum Schüttguttransport in der chemischen und verfahrenstechnischen Industrie; in der Landwirtschaft zum Getreidetransport.

5.4.3 Kratzer- und Trogkettenförderer

Die Anwendung des *Kratzerförderers*, der für waagerechte und leicht geneigten Transport mittels Kratzer (an Ein- oder Zweistrangketten befestigte Mitnehmer) eingesetzt wird, liegt wegen seiner gedrungenen Bauweise oft unter Tage. Die Kratzer schieben in der Transportrinne aus Stahl das Transportgut vor sich her. Sie werden bei langen Anlagen durch mitlaufende Rollen abgestützt, der rücklaufende Strang kann über oder unter dem Transportstrang liegen. Den Vorteilen wie billige Herstellung, vielfältige Einsatzmöglichkeiten und einfache Auf- und Abgabe des Transportgutes stehen folgende Nachteile gegenüber:

- hoher Energiebedarf, großer Verschleiß
- Wertminderung des Transportgutes durch Zerstörung und Quetschung
- hohe Wartungskosten durch Verschmutzung der Kette
- geringe Transportgeschwindigkeit (0,3 bis 0,9 m/s).

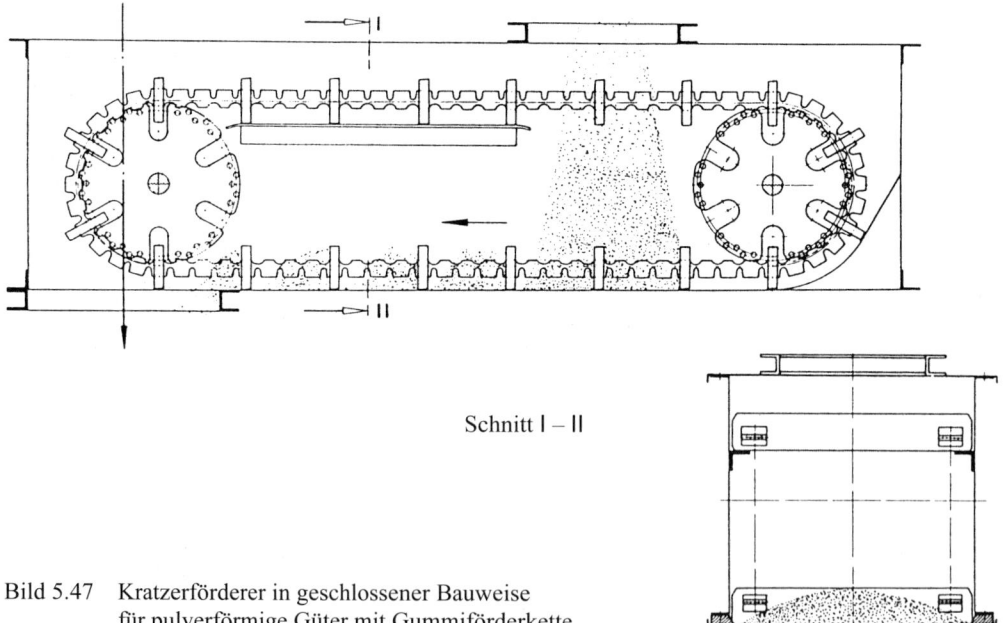

Schnitt I – II

Bild 5.47   Kratzerförderer in geschlossener Bauweise
für pulverförmige Güter mit Gummiförderkette

Bei Transportlängen bis 100 m unter Tage wird eine Kohlenförderung je nach Konstruktionsgröße von 80 bis 300 t/h erreicht. Für den Transport von staubförmigem und kleinkörnigem Gut benutzt man gekapselte Kratzerförderer mit Gummi-Transportketten (Stahlseileinlagen) und Mitnehmern aus Kunststoff. Da die Transportkette gelenklos ist, erzielt man eine korrosionsfreie Bauart (Bild 5.47).

Für den Spänetransport in der mechanischen Bearbeitungswerkstatt sind *Schubstangenförderer* im Einsatz. Hydraulisch angetriebene Schubstangen (Hub ca. 1,5 m; Transportgeschwindigkeit ca. 10 m/min) werden über Gleitschuhe in Blechkanälen gleitend abgetragen und besitzen pfeilartige, in Transportrichtung geöffnete Mitnehmer (kraft- und formschlüssige Mitnahme). Bei der Rückwärtsbewegung der Schubstange bleiben die ungebrochenen Drehspäne (mindestens 10 cm lang) an Wandhaken hängen. Je voller der Kanal, desto besser ist der Transporteffekt. Einsatz auch zur Stallentmistung mit schließbaren Mitnehmern in Rückwärtshub.

Der entscheidende Unterschied des *Trogkettenförderers* (Bild 5.48) zum Kratzerförderer besteht im Mitnehmen von nicht nur einer Teilmenge, sondern einer ganzen *Schicht*, obwohl die ein- oder zweisträngige Kette nur schmale Mitnehmer hat.

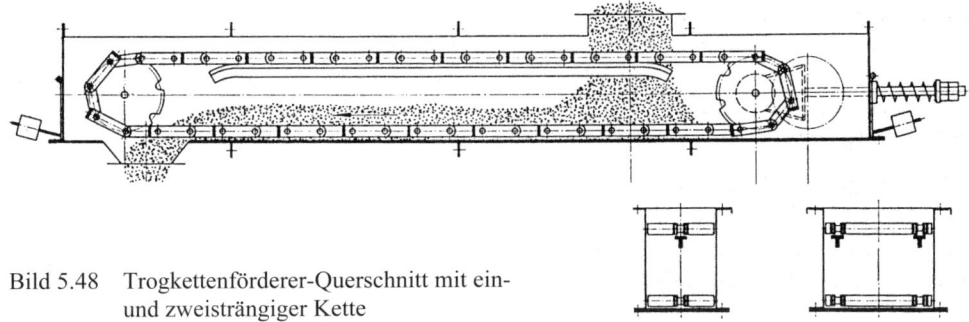

Bild 5.48   Trogkettenförderer-Querschnitt mit ein-
             und zweisträngiger Kette

Das Prinzip ist darin zu sehen, dass der innere Reibungswiderstand im Gut und an den Mitnehmern größer ist als der Widerstand zwischen dem Gut und den glatten Trogwänden. Der Trogkettenförderer hat einen geschlossenen Trog, in dem die endlose Kette läuft, so dass staub- und pulverförmiges, körniges und kleinstückiges Gut in überwiegend trockenem, nicht klebendem Zustand wie Getreide, Mehl, Zucker, Zement oder Chemikalien transportiert werden kann. Als Beschickungs- und Abzugsförderer für Silos kann der Trogkettenförderer auch eingesetzt werden. Waagerechte, geneigte, waagerechte und geneigte Linienführungen sind möglich.

Form und Abmessungen der Kette (Laschen-, Block-, Gabelkette) sind festgelegt. Als Mitnehmer sind flache Querstege und Formquerstege (Bild 5.49) im Einsatz. Zu diesen genormten Ketten gehören Antriebs- und Umlenkkettensterne. Der Antrieb erfolgt vom Getriebemotor über Kettenstern auf die Kette, die durch Schraubenspindel oder Druckfedern gespannt wird. Transportlängen bis 60 m.

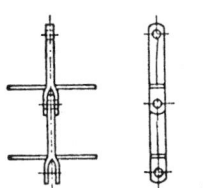
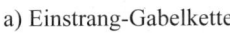
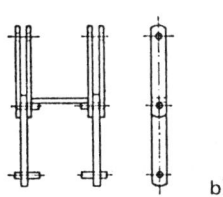

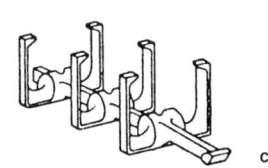

a) Einstrang-Gabelkette   b) Zweistrang- Blockkette   c) Kette für Senkrechtförderung

Bild 5.49   Ketten- und Mitnehmerformen

Der Transportgutstrom (bis 160 m³/h bei Trogbreiten bis 560 mm) ist abhängig von der Trog-breite, der möglichen Schichthöhe und der Transportgeschwindigkeit, die sich nach der Be-schaffenheit des Gutes richtet.

Die Vorteile des Trogkettenförderers sind

- Auf- und Abgabe des Transportgutes an beliebiger Stelle
- schonender Guttransport, keine Durchwirbelung
- keine Staubentwicklung durch geschlossene Bauweise
- Transportguttemperaturen bis zu 500 °C, geringer Platzbedarf
- ununterbrochener Transportgutstrom.

Als Nachteile sind zu nennen

- geringe Geschwindigkeit (0,1 bis 0,3 m/s), Wartung der Kettenstränge
- festgelegter Transportweg, Änderungen schwierig
- Verschleiß von Trogboden und Kette, begrenzte Schüttgutarten.

Vertikalförderung wird beim Trogkettenförderer (*Redlerförderer*, Bild 5.50) durch eine Mate-rialsäule erreicht über

- Abstützen im separat aufwärtslaufenden Förderstrang
- Formquerstege (Form ist abhängig vom Transportgut)
- große innere Reibung des Gutes und geringer äußerer Reibung (Reibung zwischen Trog-wand und Gut); waagerechte Gutaufgabe.

Der Massenstrom kann nur durch Erhöhen oder Vermindern der Kettengeschwindigkeit geän-dert werden. Beim Transport tritt eine gewisse Verdichtung des Gutes ein. Der Redlerförderer ist nur durch Schieber im unteren Teil vollständig zu entleeren. Förderhöhen sind bis 30 m möglich. Der Volumenstrom $\dot{V}$ ermittelt sich nach Gleichung 2.1

$$\dot{V} = 3600 \; c_1 c_2 v A \quad [\text{m}^3/\text{h}] \tag{5.23}$$

c_1 Minderungsfaktor für Zurückbleiben des Gutes gegenüber der Kettenbewegung für fein-bis grobkörniges Gut:
- waagerecht, leicht geneigt: $c_1 = 0,6$ bis $0,9$
- senkrecht: $c_1 = 0,5$ bis $0,7$

c_2 Minderungsfaktor für Transportquerschnittsverlust durch Kette $\approx 0,95$ (oft vernachlässig-bar wegen Verdichtung)

v in m/s Kettengeschwindigkeit

A in m² Transportgutquerschnitt.

Der Massenstrom $\dot{m}$ errechnet sich nach Gleichung 2.2.

Bei der Antriebsleistungsberechnung (Gleichung 4.21) ist für $f_{ges} \approx 0,2$ bis $0,5$ für über Rollen abgestützte Mitnehmer und $f_{ges} \approx 0,5$ bis $1,0$ für schleifende Mitnehmer in Gleichung 5.4 ein-zusetzen.

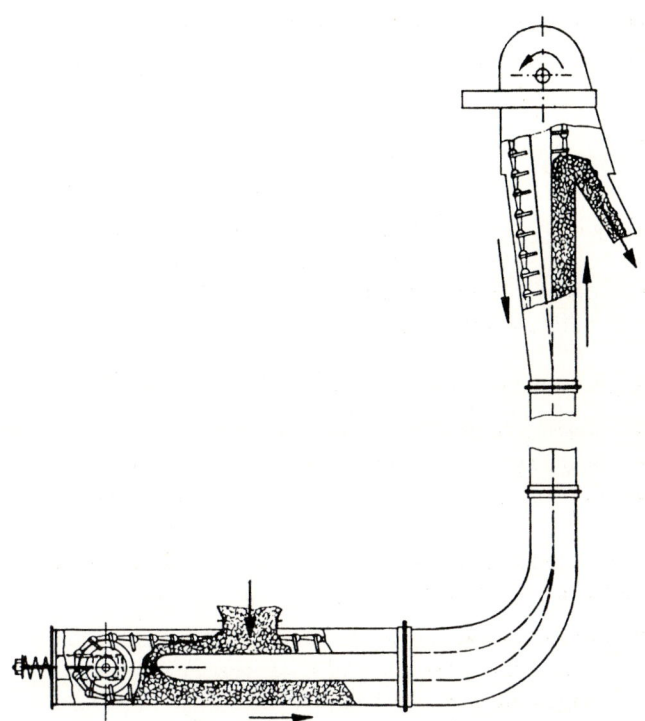

Bild 5.50
Trogkettenförderer für senkrechten
Transport (Redler-Förderer)

5.4.4 Transport mit Schnecken

Für waagerechten und leicht geneigten, in Sonderfällen auch senkrechten Transport von Schüttgut können zum Transport Schnecken eingesetzt werden, die sich einteilen lassen in

- Schneckenförderer
- Schneckenrohrförderer.

Die sehr einfach aufgebauten Schneckenförderer bestehen aus dem Trog mit Abdeckung als Tragorgan, der Schneckenwelle in verschiedenen Ausführungsformen als Schubmittel, dem Antrieb und dem Transportgutein- und -auslauf.

Die sich drehende Schnecke schiebt das Transportgut vor sich her, ohne dass sich bei waagerechtem Transport das Gut mitdreht. Die Reibung des Gutes an den Trogwänden, die Schwerkraft und die Form der Schnecke (Vollschnecke) verhindern eine mögliche Drehbewegung. Die Fortbewegung des Gutes lässt sich vergleichen mit der geradlinigen Bewegung einer gegen Drehen gesicherten Wandermutter auf einer sich drehenden Schraubenspindel. Der Transport findet im geschlossenen Trog (bis 50 m Transportlänge) statt, der je nach Transportgut staub-, gas- oder geruchsdicht ausgebildet sein kann.

Um die Anzahl der mit dem Schneckenförderer zu transportierenden Güter, die staubförmig, körnig, kleinstückig, halbfeucht, faserig oder breiig sind, erweitern zu können, werden heizbare oder kühlbare Tröge benutzt. Für grobstückige, leicht zu zerkleinernde, stark schleißende sowie klebrige, backende oder anhaftende Güter ist dieses Transportmittel nicht geeignet. Je nach Ausbildung der Schnecke sind auch Arbeitsgänge mit dem Transportvorgang zu verbinden wie Mischen, Rühren, Erwärmen, Kühlen, Waschen, Sieben.

Der Schneckenförderer ist besonders bei kurzen Entfernungen als Zubringer oder Zwischenförderer einzusetzen.

Seine Vorteile sind zu sehen in

- einfacher Konstruktion, leichter Wartung, kleinem Transportquerschnitt, Aufgabe und Abgabe an beliebiger Stelle, Transport im geschlossenen Trog (staubfrei)
- guter Einbaumöglichkeit in automatischen Fertigungseinrichtungen, geringer Raumbedarf
- geringer Störanfälligkeit, Mischeffekt bei Band- und Rührschnecke.

Nachteile sind

- relativ hoher Energieverbrauch (Tab. 5.14), Verschleiß von Schnecke und Trog
- Gefahr des Festklemmens von Gut (Verstopfungsgefahr)
- Wertminderung des Gutes durch Zerkleinerung oder Zerreibung.

Das wichtigste Bauteil beim Schneckenförderer ist die Förderschnecke, die konstruiert ist als

Vollschnecke: Gelochte und längs des Radius aufgeschnittene Blechronden werden zu einem Schneckengang schraubenförmig gepresst und mit der Rohrwelle verschweißt (Bild 5.51a)
Bandschnecke: Wendel aus Flachstahl mit Stegen an Rohrwelle verschweißt (Bild 5.51b)
Rührschnecke: Mit Schaufeln oder Rührflügeln (Paddel) – häufig verstellbar – versehene Rohrwelle, die eine unterbrochene Schraubenfläche darstellt (Bild 5.51c).

Die Transportrichtung hängt von der Gewindeart (rechts- oder linksgängig) und der Drehrichtung ab. Ordnet man auf einer Welle Rechts- und Linksgewinde an, bieten sich verschiedene Kombinationsmöglichkeiten von Gutaufgabe, Verteilung und Gutabgabe, s. Bild 5.51d.

Die Schneckenwelle ist radial und entgegen der Transportrichtung axial zu lagern. Zwischenlager werden alle 2,5 bis 3 m erforderlich, diese Stellen werden gleichzeitig zu Wellenverbindungen benutzt. Der Wirkungsgrad des Schneckenförderers ist eine Funktion des Steigungswinkels der Schnecke:

- großer Steigungswinkel bedeutet kleiner Wirkungsgrad
- kleiner Steigungswinkel bedingt Mehrgängigkeit mit ebenfalls geringem Wirkungsgrad.

Tabelle 5.14
Leistungsvergleich für eine kontinuierliche stündliche Förderung von 40 t Zement mittels Gummigurtförderer und pneumatischer Förderrinne in Abhängigkeit von dem Transportmittel

Bei kleinen und mittleren Schnecken ist die Steigung $s \approx 0{,}9\,D$ und für große Schnecken $s \approx (0{,}5\ \text{bis}\ 0{,}8)\,D$ (D: Schneckendurchmesser).

Der Füllungsgrad φ, der das Verhältnis des tatsächlichen zum theoretischen Transportvolumen darstellt, ist eine Funktion von Durchmesser, Steigung und Länge der Schnecke, der Lager- und Kupplungszahl sowie des Transportgutes (Tab. 5.15).

Fördergut	Eigen-schaft	Füllungs-grad φ	Gesamtverlust-zahl f_{ges}
Sand, Asche, Koks	schwer und schleißend	0,125	4,4
grobes Salz, Sägemehl, Zement	leicht und schwach schleißend	0,3	3,1
Mehl, Bohnen, Getreide	leicht und nicht schleißend	0,4 bis 0,5	1,8

Tabelle 5.15
Füllungsgrad und Gesamtverlustzahl bei Schneckenförderung

Der Fördertrog erhält in Abhängigkeit vom Transportgut ein Spiel von 5 bis 10 mm zur Förderschnecke. Zur Vermeidung von Verstopfungen wird entweder die Schneckenwelle exzentrisch im Trog gelagert oder der Trog nach oben hin verbreitert. Ein langer Förderer setzt sich aus Schüssen von 3 bis 6 m Länge zusammen. Abmessungen des Schneckenförderers und die in Abhängigkeit vom Schneckendurchmesser (D = 100 mm bis 1.250 mm) möglichen Drehzahlen (n = 140 bis 16 1/min) sind in DIN 15 261 festgelegt.

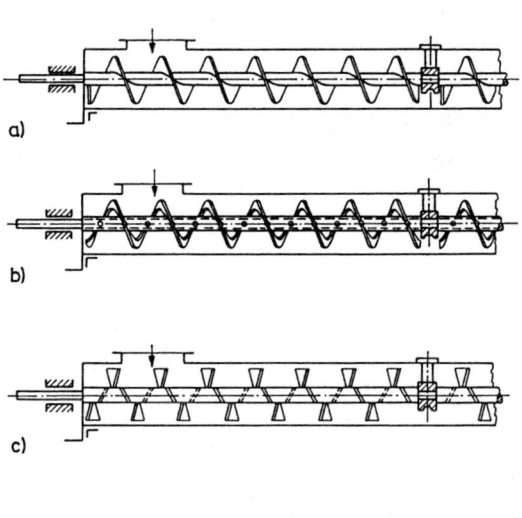

Bild 5.51 Förderschnecken:
a) Vollschnecke,
b) Bandschnecke,
c) Rührschnecke (Paddelschnecke),
d) Schnecke mit Rechts- und Linksgewinde auf einer Welle

Der Massenstrom $\dot{m}$ ermittelt sich bei der Vollschnecke nach Gleichung 2.1 und 2.2

$$\dot{m} = 60 \frac{\pi D^2}{4} s \, \varphi n k \, \rho_s \quad [\text{t/h}] \tag{5.24}$$

D	in m	Schneckendurchmesser
s	in m	Schneckensteigung
φ		Füllungsgrad (Tab. 5.14)
n	in 1/min	Drehzahl der Schnecke
k		Minderungsfaktor für geneigten Transport (bei $5° = 0{,}9$; $10° \approx 0{,}8$; $15° \approx 0{,}7$; $25° \approx 0{,}5$)
ρ_s	in t/m³	Schüttdichte (Tabelle 3.1).

Die Transportgeschwindigkeit v liegt zwischen 0,2 bis 0,4 m/s und errechnet sich zu

$$v = \frac{sn}{60} \, [\text{m/s}] \tag{5.25}$$

Der Antrieb geschieht über Getriebemotoren. Die tatsächliche Leistung lässt sich schwer erfassen, weil sich die einzelnen Reibungswerte nicht exakt ermitteln lassen. Man greift auf Erfahrungswerte zurück und arbeitet mit der Gesamtverlustzahl f_{ges}. Die Volllastbeharrungsleistung P_v mit aus Gleichung 5.24 ergibt

$$P_v = \frac{\dot{m} g}{3600} (L f_{ges} \pm H) \frac{1}{\eta_{ges}} \quad [\text{kW}] \tag{5.26}$$

L	in m	Transportlänge der Schnecke
f_{ges}		Gesamtverlustzahl (Tabelle 5.15)
H	in m	Transporthöhe („+" steigende, „-" fallender Transport)
η_{ges}		Triebwerkwirkungsgrad
$\dot{m}$	in t/h	Massenstrom

Außer den Trogschneckenförderem sind verschiedene Sonderkonstruktionen im Einsatz:

Rohr-Schneckenförderer: für kurze Entfernungen ohne Mittellager; Füllungsgrad $\varphi = 1$; Steigung der Schnecke wird nach Transportguteinlauf etwas vergrößert, um Verstopfungen zu vermeiden,

Press-Schneckenförderer: für leicht fließende Güter, um zum Beispiel bei Druckdifferenzen ein „Durchschießen" des Transportgutes zu verhindern; das Schneckenrohr ist mit unterschiedlicher Steigung ausgebildet.

Misch-Schneckenförderer: mit Paddelschnecke ausgerüstet, deren Paddel in ihrer Schrägstellung verstellbar sein können.

Sieb-Schneckenförderer: zum Absieben von Fremdkörpern oder grobstückigem Transportgutanteil; Schnecke läuft in einem Siebkasten, die Schneckenflügel sind mit einer Siebbespannung umgeben.

Senkrecht-Schneckenförderer: geeignet für frei fließendes Transportgut; senkrecht stehende Schnecke läuft mit großer Drehzahl (biegekritische Drehzahl nachprüfen). Der Transporteffekt tritt ein, wenn infolge der Fliehkraft die Reibkraft des Transportgutes an den Rohrwänden größer ist als die Reibkraft zwischen Gut und Schneckenflügel. Das Transportgut wird entweder über einen Trichtereinlauf (Bild 5.52) oder mittels einer Zuführschnecke aufgegeben. Im unteren Bereich des Schneckenförderers ist die Schnecke doppelgängig und konisch ausgebildet.

Bei den *biegsamen* Förderschnecken handelt es sich um eine biegsame Drahtspirale bis 100 mm Durchmesser, die sich in einem flexiblen Schlauch dreht. Die Drahtspirale ragt an einem Ende des Schlauches um ca. 10 cm heraus und wird ins Transportgut wie Zucker, Getreide, Kunststoffgranulat getaucht. Diese biegsame Transportschnecke ist für körnige Produkte auch zum Senkrechttransport bei Massenströmen bis 18 t/h und kurzen Transportlängen (bis 20 m) geeignet.

Schweißt man in einem Rohr in der Form eines Schraubenganges eine Wendel aus Flachstahl ein und dreht das auf Rollen außen gelagerte Rohr, dann erhält man einen *Schneckenrohrförderer* (Bild 5.53) für waagerechten und leicht geneigten Transport. Da sich innerhalb des Rohres kein Lager befindet, und der Antrieb über den Umfang des Rohres mittels Zahnkranz erfolgt, ist der Schneckenrohrförderer besonders zum Transport von heißem Gut zu gebrauchen. Beim Guttransport muss die Drehzahl wegen der Zentrifugalkraft klein sein, da sonst das Gut umläuft (kein Transport). Es muss die Bedingung

$$\omega^2\, r < g$$

erfüllt bleiben.

Daraus folgt

$$\omega^2 r = \left(\frac{2\pi\, n}{60}\right)^2 \frac{D}{2} < g$$

$$n_{\text{kritisch}} = \frac{42{,}7}{\sqrt{D}} \ \ [1/\text{m}] \qquad\qquad (5.27)$$

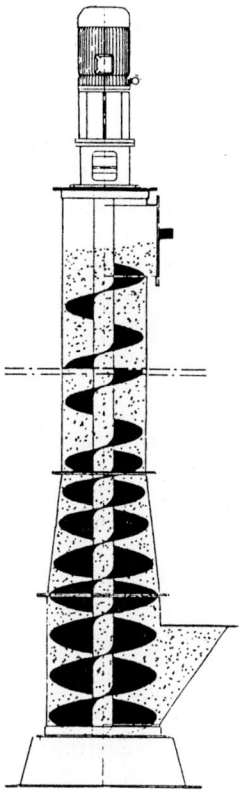

Bild 5.52
Senkrechte Förderschnecke
mit Einlauftrichter

Bild 5.53
Schneckenrohrförderer
b: Breite der fest eingeschweißten Blechspirale
D: Rohrdurchmesser
s: Steigung der Spirale

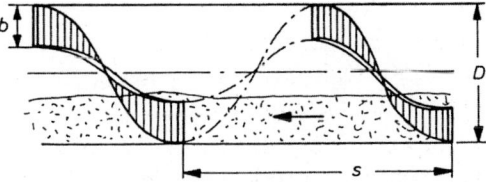

Auf Grund der niedrigen Drehzahlen und der kleinen Steigung ($s = 0{,}5$ D) liegt die Transportgeschwindigkeit zwischen $v = 0{,}07$ bis $0{,}15$ m/s. Da die radiale Windungshöhe b der Wendel gering ist ($b = 0{,}3$ D), liegt durch kleine Werte von s und v der Massenstrom maximal bei 50 t/h. Berechnungen nach Gleichung 5.24 mit $\varphi = 0{,}25$ (maximaler Durchmesser des Schneckenförderers $D = 0{,}8$ m; Transportlänge L bis 50 m).

Der Schneckenrohrförderer hat die Vorteile, heißes, schleißendes und kleinstückiges Gut zu transportieren, eine gute Durchmischung zu erreichen und bietet die Möglichkeit, mit kaltem oder warmem Luftstrom das Transportgut zu belüften, zu erwärmen, zu kühlen oder zu trocknen. Es wird nicht durch Schmiermittel verunreinigt (kein Lager), und eine Zerkleinerung von Gütern, die zum Zerbröckeln neigen wird vermieden.

Bild 5.54
Transportbetonmischer mit zweigängiger Schnecke

Die Anwendung dieses Prinzips findet sich außer in den Drehöfen der Zementindustrie im Transportbetonmischer (Bild 5.54), in dessen birnenförmigen Behälter eine zweigängige Schnecke eingeschweißt ist, die je nach Drehrichtung des Behälters als Misch- oder als Transportschnecke arbeitet.

5.4.5 Schwingförderer

Mittels Schwingungen ist es auf zwei Arten möglich, den Transport von Gütern in waagerechter, geneigter und in senkrechter Linienführung zu erreichen. Einmal benutzt man unsymmetrisch hin- und hergehende Bewegungen eines Rinnenbodens, um das Gut mit einer größeren Impulssumme in Transportrichtung als in Gegenrichtung zu versehen, und macht sich zusätzlich den Unterschied zwischen Haft- und Gleitreibzahl zu Nutze: *Schüttelrutschen*. Die andere Möglichkeit bietet sich in der *Schwingrinne*, wo der Rinnenboden schräg nach oben bewegt wird. Um ein Abheben des Gutes vom Rinnenboden zu erzielen, muss die Vertikalbeschleunigung größer als die Erdbeschleunigung sein. Das Gut führt dann eine Wurfbewegung aus. Wird dieser Vorgang periodisch wiederholt, ergibt sich ein Transport.

Schwingförderer können zum Transport von nicht klebenden oder backenden Schüttgütern eingesetzt werden und lassen bei staubförmigem Gut nur geringe Schichthöhen zu. Während des Transportvorganges können Arbeitsgänge ausgeführt werden wie Sieben, Waschen, Entwässern, Befeuchten, Kühlen oder Erwärmen. Besondere Einsatzgebiete stellen der Bunkeraustrag, die Dosierung und Zuteilung für Verarbeitungsmaschinen und die Klassifizierung von Gut durch Sieben dar.

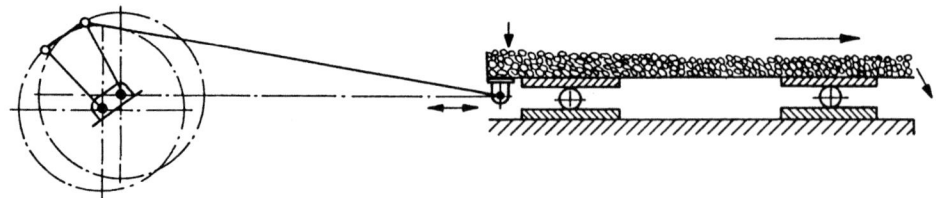

Bild 5.55   Schüttelrutsche

Bei der *Schüttelrutsche* (Bild 5.55) besteht Reibschluss zwischen Rinne und Gut: Sie arbeitet nach dem *Beschleunigungsverfahren*. Die mit Transportgut beladene und auf Rollen gelagerte Rinne bewegt sich in horizontaler Richtung langsam hin und schnell zurück. Auf Grund der Massenträgheit rutscht das Gut bei der Rückwärtsbewegung so lange in Transportrichtung weiter, bis durch die Reibung zwischen Gut und Rinne die kinetische Energie verbraucht ist. Um eine Mitnahme des Gutes beim Hingang auf der Rinne zu erhalten, darf die Beschleunigung der Rinne nicht größer als $a \leq \mu_r g$ sein, dies folgt aus der Entwicklung der Gleichung 4.11.

Die Schüttelrutschen arbeiten mit großen Amplituden (Hub = 120 bis 300 mm) und kleinen Frequenzen von 50 bis 100 Doppelhüben pro Minute. Erforderlich ist eine ungleichförmige hin- und hergehende Bewegung, die durch Kurbelgetriebe mit einem

$$\text{Schubstangenverhältnis} \quad \lambda = \frac{r \text{ (Kurbelradius)}}{l \text{ (Schlubstange)}} = 0,2 \text{ bis } 0,5.$$

durch Kurvenscheiben- oder Ellipsenradgetriebe erreicht werden. Stranglängen von Schüttelrutschen werden aus Schüssen bis 3 m Länge zusammengesetzt. Massenströme sind bis 200 t/h möglich. Der Volumenstrom $\dot{V}$ bestimmt sich nach Gleichung 2.1

$$\dot{V} = 3600 \, A \, v_m \, [\text{m}^3/\text{h}] \tag{5.28}$$

A   in m^2 Transportgutquerschnitt
v_m in m/s mittlere Transportgeschwindigkeit (0,1 bis 0,3 m/s)

$$v_m = \frac{s_u n}{60} \quad [\text{m}/\text{s}] \tag{5.29}$$

s_u in m   Weg, den das Gut bei einem Hin- und Rückgang der Rutsche zurücklegt
n in 1/min Drehzahl des Kurbeltriebes (Rutschenfrequenz)

Die Volllastbeharrungsleistung ($\stackrel{\Delta}{=}$ Antriebsleistung) ergibt sich nach Gleichung 4.21

$$P_v = \frac{F \cdot v_m}{1000 \cdot \eta} \quad [\text{kW}] \tag{5.30}$$

F   in N   Erregerkraft (Rinnenkraft) $F = m_N a_r$; m_N in kg entspricht der Nutzmasse
             (Gut- und Totmasse), a_r = Rutschenbeschleunigung in m/s^2
v_m in m/s mittlere Transportgeschwindigkeit
η Triebwerkwirkungsgrad

Nach Gleichung 5.4 über die Gesamtreibungszahl f_{ges} ist die Volllastbeharrungsleistung

$$P_v = \frac{\dot{m} g L}{3600} \cdot (f_{ges} \pm \sin\alpha) \quad [\text{kW}] \tag{5.31}$$

$\dot{m}$ in t/h   Massenstrom
g in m/s^2 Erdbeschleunigung
L in m   Transportlänge
f_{ges} Gesamtreibungszahl $f_{ges} \approx 1,0$ bis $1,5$
α in $^\circ$ Steigungs- oder Neigungswinkel
$+, -$ Auf- (+) oder Abwärtstransport (−)

Um $\dot{V}$ zu errechnen, muss s_u bestimmt werden. Trägt man in einem Koordinatensystem auf der horizontalen Achse die Zeit t und auf der vertikalen Achse den Weg s, die Geschwindigkeit v und die Beschleunigung a vom Gut (Index g) und von der Rutsche (Index r) auf, so ermittelt sich s_u laut Bild 5.56.

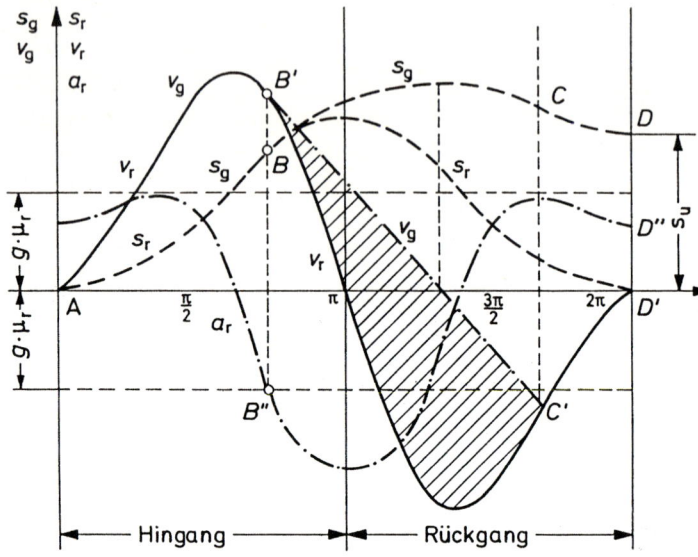

Bild 5.56   Weg-, Geschwindigkeits- und Beschleunigungskurven in Abhängigkeit von der Zeit für eine Schüttelrutsche mit Gut

Bei gegebenem Hub, Geschwindigkeits- und Beschleunigungsverlauf des Kurbeltriebes und der Haftreibungszahl μ_r beginnt bei verzögerter Bewegung im Hingang nach Überschreiten von $\mu_r g$ im Punkt B das Gut auf der Rutsche vorwärts zu gleiten und führt eine geradlinig verzögerte Bewegung aus bis zum Punkt C (Übergang Haft- in Gleitreibung). Da in diesem Punkt Rinne und Gut gleiche Geschwindigkeit haben, wird von hier aus die Bewegung wieder gemeinsam durchgeführt. Zwischen B und C ergibt sich der Weg des Gutes relativ zu der Rutsche, dessen Größe der Betrag von s_u für einen Hin- und Rückgang ist. Diese Größe wird auch durch die schraffierte Fläche dargestellt (Integration).

Wegen der hohen Antriebsleistung zur Bewegung der Massen, wegen des großen Verschleißes des Rutschenbodens und der Fundamentbeanspruchung durch die großen Amplituden sowie der Arbeitsgeräusche wird die Schüttelrutsche immer mehr durch die Schwingrinne verdrängt.

Die *Schwingrinnen* arbeiten nach dem *Wurfverfahren* (Mikrowurf). Sie bewegt sich in der Vorwärtsphase nach oben und beim Rücklauf nach unten. Das Gut wird also beim ersten Teil einer Schwingbewegung von der Schwingrinne in Transportrichtung „geworfen", so dass kleine Hüpfbewegungen entstehen. Im Gegensatz zur Schüttelrutsche geschieht der Transportvorgang mit kleinen Amplituden und großen Frequenzen bei annähernd sinusförmigem Geschwindigkeitsverlauf, was einen gleichartigen Beschleunigungsverlauf für den Hin- und Rückgang voraussetzt. Entscheidend ist die Vertikalkomponente der Beschleunigung, die größer sein muss als die Erdbeschleunigung (Gleichung 5.36). Der Reibschluss des Gutes mit der Rinne ist nur kurzzeitig, so dass von einem „sichtbaren" gleitenden Transport gesprochen werden kann. Die Schwingförderer bestehen aus offener (Trog) oder geschlossener (Rohr) Rinne, die je nach Antrieb durch schrägstehende Blattfedern (Lenker) oder Druckfedern an festen oder federnden Gegenrahmen abgestützt oder an Zugfedern aufgehängt ist (Bild 5.57).

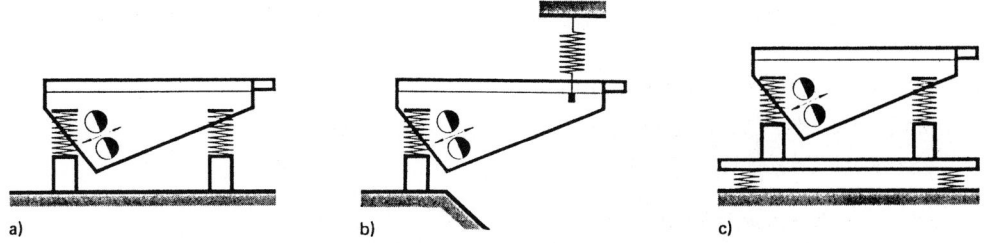

Bild 5.57   Schwingrinne mit Wuchtmassenantrieb: a) auf Druckfedern abgestützt,
b) an Seilen und Federn aufgehängt, c) mit Gegenschwingrahmen versehen

Der Rinnenboden wird für grobstückiges Transportgut aus Steifigkeitsgründen zweckmäßig in gewölbter oder gesickter Form hergestellt; die Rinne selbst kann je nach Gut mit Gummi, Kunststoff oder Spezialstahl ausgekleidet werden. Bild 5.58 demonstriert die Rinnen- und Gutbewegung bei sinusförmigem Schwingungsverlauf.

Rinnenweg:

$$s_r = r(1 - \cos \alpha) \quad \text{mit } \alpha = \omega t \quad \text{und} \quad \omega = 2 \pi f$$

wird

$$s_r = r(1 - \cos (2\pi f t)) \quad [m] \tag{5.32}$$

Rinnengeschwindigkeit:

$$\dot{s}_r = v_r = 2\pi f r \sin (2\pi f t) \ [m/s] \tag{5.33}$$

Rinnenbeschleunigung:

$$\ddot{s}_r = a_r = 4\pi^2 f^2 r \cos (2\pi f t) \ [m/s^2] \tag{5.34}$$

Die Vertikalkomponente der Rinnenbeschleunigung ist ausschlaggebend für den Transportvorgang

$$y_r = \ddot{s}_r \sin \beta, \text{ deren maximale Größe sich ergibt bei:}$$

$$\cos (2 \pi f t) = 1 \text{ zu}$$

$$y_{rmax} = 4\pi^2 f^2 r \sin\beta \tag{5.35}$$

Bildet man das Verhältnis von maximaler Vertikalbeschleunigung zur Erdbeschleunigung, erhält man den Wurfkennwert Γ

$$\Gamma = \frac{4\pi^2 f^2 r \sin \beta}{g} \tag{5.36}$$

Es bedeutet

$\Gamma \leq 1$ keine Wurfbewegung → Schüttelrutsche
$\Gamma > 1$ Wurfbewegung → Schwingrinne

Die theoretische Transportgeschwindigkeit v ist abhängig von

• der Rinnenfrequenz f in 1/s

- der Amplitude r in m
- dem Anstellwinkel β in °
- der Rinnenneigung α in °

und ermittelt sich aus

- der mittleren horizontalen Rinnengeschwindigkeit während der Mitnahme des Gutes zwischen 0 und t_s (Haftzeit)
- der horizontalen Gutgeschwindigkeit während der Wurfzeit t_s und t_a (siehe Bild 5.58).

$$v = \frac{gn^2 \cot \beta}{2f} \tag{5.37}$$

v in m/s   Transportgeschwindigkeit

$$n = \frac{t_a - t_s}{T}$$

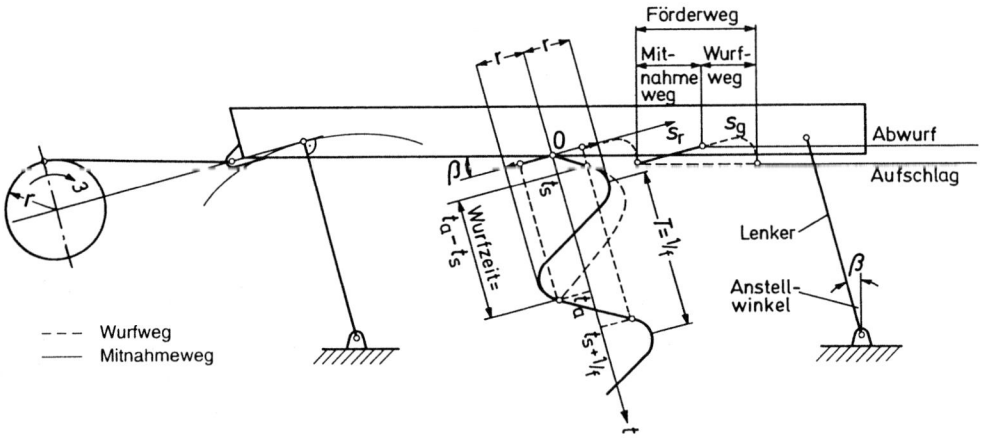

Bild 5.58   Prinzipdarstellung der Gutbewegung bei Schwingrinnen

T	in s	Schwingungsdauer	s_g	in m	Gutweg
f	in Hz	Frequenz	v_r	in m/s	Rinnengeschwindigkeit
r	in m	Amplitude	v	in m/s	Gutgeschwindigkeit
t	in s	Zeit	α	in °	Drehwinkel
t_s	in s	Ablösezeitpunkt	β	in °	Anstellwinkel (20° bis 40°)
t_a	in s	Aufschlagzeitpunkt			Winkel der Rinnenschwingungs-
$0 - t_s$	in s	Haftzeit			richtung gegen den Rinnenboden
$t_a - t_s$	in s	Wurfzeit	s_r	in m	Rinnenweg
			γ	in °	Rinnenneigung, Winkel des Rinnenbodens gegen die Horizontale

Die Gleichung 5.37 gilt für $0 \leq n \leq 1$ und $1 \leq \Gamma \leq 3,3$ für die maximale Wurfzeit $t_a - t_s$. Wird der Zeitkennwert $n = 1$, bedeutet dies, dass eine oder mehrere Rinnenbewegungen vom Transportgut übersprungen werden.

Die Maschinenkennziffer K, die ein Maß für die Beanspruchung der Rinnenteile darstellt (Begrenzung durch die auftretenden Massenkräfte), wird zur Bestimmung der Transportgeschwindigkeit benutzt und stellt das Verhältnis von größter Erregerkraft F_{max} bei leerer Rinne zur Rinnengewichtskraft dar. K ist abhängig von der Frequenz f und der Amplitude r

$$K = \frac{F_{max}}{G_r} = \frac{a_{r_{max}}}{g} = \frac{4\pi^2 f^2 r}{g} \tag{5.38}$$

G_r in N   Rinnengewichtskraft

Die Gewichtskraft des Transportgutes wird durch Erhöhung von G_r um 20 % berücksichtigt. $K < 5$ für normal beanspruchte Schwingrinnen; $K = 5$ bis 10: Grenzwert (hoch dynamisch beanspruchte Schwingrinnen). Die wirkliche Transportgeschwindigkeit wird noch beeinflusst durch die Transportguteigenschaften und die zu fördernde Schichthöhe.

Der Massenstrom $\dot{m}$ in t/h ist bei horizontalem Transport

$$\dot{m} = 3600 \, A \, v \, \rho_s \quad [\text{t/h}] \tag{5.39}$$

A in m^2 Transportgutquerschnitt
ρ_s in t/m^3 Schüttdichte
v in m/s   Transportgeschwindigkeit

Transportgutströme bei Bunkerabzug bis 2.000 t/h und bei Zuförderung bis 1.000 t/h (Breite bis 2.500 mm) sind möglich. Die Anwendung der Schwingförderer liegt beim Transport von fein- bis grobstückigen (Stückgröße bis 1.000 mm), von schleißenden und chemisch aggressiven sowie heißen Gütern in Hüttenwerken zum Abzug von Schüttgut aus Bunkern, in der Steine- und Erde-Industrie für Schotter, Sand, Kies und Kalkstein, um Gurtförderer oder Öfen zu beschicken, in der chemischen Industrie als Zuteiler und Verdichter, in Gießereien bei der Formsandaufbereitung und zum Trennen des Altsandes von Gussteilen.

Die Vorteile der Schwingrinne sind:

- geringer Verschleiß, da keine unmittelbare Berührung mit den mechanischen Teilen beim Transport vorhanden ist; schonender Guttransport; einfache Wartung, lange Lebensdauer
- geringe Lärmbelästigung, vor allem bei ausgekleideten Rinnen
- betriebssicher, auch unter extremen Bedingungen wie Hitze und Staub
- geringerer Energiebedarf als bei Schüttelrutschen
- gute Regelbarkeit des Transportgutstromes durch Veränderung von Amplitude, Schwingungszahl und/oder Wurfwinkel, besonders beim Vibrator.

Nachteilig wirken sich die stärkeren Schwingungen aus, der Energiebedarf ist größer als beim Gurtförderer, und für Schwingisolierung zur Umgebung ist zu sorgen. Die Antriebsaggregate sind das wichtigste Unterscheidungsmerkmal bei den Schwingrinnen. Man teilt sie ein in Schwingrinnen mit

- Schubkurbelantrieb (Zwangslaufantrieb)
- Unwuchtantrieb (Wuchtmassenantrieb)
- elektromagnetischen Antrieb (Vibrator).

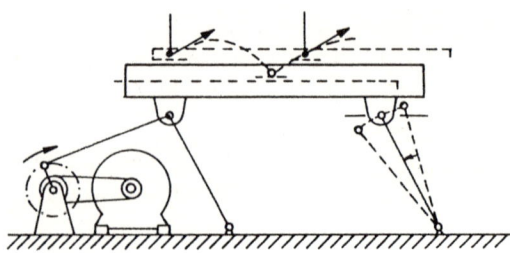

Bild 5.59
Schwingrinne mit Schubkurbelantrieb

Schwingrinnen mit Schubkurbelantrieb (Bild 5.59) werden meist bei mittleren bis großen Transportgutströmen (bis 200 m³/h) zum Transport über größere Entfernungen eingesetzt. Die Transportgeschwindigkeit geht von 0,3 bis 0,7 m/s.

Schwingrinnen mit Unwuchtantrieb (Bild 5.57): Bei den *Unwuchtmotoren* (Bild 5.60) handelt es sich um Asynchronmotoren, auf deren Wellenenden Unwuchtsegmente aufgesetzt sind. Eine Vergrößerung oder Verkleinerung der Unwucht bedeutet eine Änderung der Fliehkraftgröße und erfolgt einmal durch einzelne oder mehrere bzw. anders geformte Scheibensegmente, zum anderen durch Ausfüllen der Bohrungen.

Zwei Antriebsausführungen sind möglich: Einbau von ein oder zwei Unwuchtmotoren. Benutzt man einen einzelnen Unwuchtmotor zur Schwingungserzeugung, muss er über ein drehelastisches Gelenk an die Rinne angeschlossen werden, da sonst nur eine kreisförmige Schwingung entsteht. Denn bei einem Kreiserreger (ein Unwuchtmotor) läuft die durch die Unwucht erzeugte Fliehkraft F_f mit der Drehzahl des Motors um (Bild 5.61).

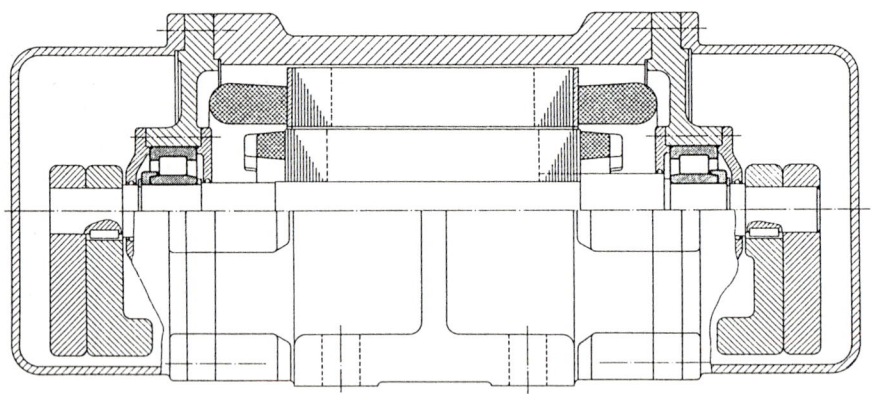

Bild 5.60   Unwuchtmotor

In der Regel ordnet man zwei synchron gegenläufige Unwuchtmotoren als Antrieb an (Bild 5.62) und erhält eine gerichtete Fliehkraft F_f, die längs der Linie a-a wirkt: *Richterreger*.

Man erreicht das gleiche Ergebnis durch einen Antriebsmotor und zwei mit Unwuchtmassen ausgerüsteten Wellen, die über ein Zahnradgetriebe angetrieben werden. Aus Bild 5.62 erkennt man, dass sich die Komponenten der Fliehkräfte F_1 und F_2 zu der resultierenden Fliehkraft F_f addieren. Die *senkrecht* auf a-a stehenden Komponenten heben sich gegenseitig auf unter der Voraussetzung zweier gleich großer, um 180° versetzter, gegenläufiger Unwuchtmassen. Die Amplituden liegen bei 5 bis 0,5 mm, die Frequenzen bei 15 bis 30 Hz und die Transportgeschwindigkeiten bei 0,05 bis 0,4 m/s.

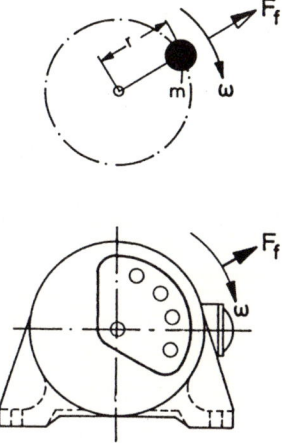

Bild 5.61
Kreiserreger

Dieses *Zweimassen-Schwingsystem* aus der Nutzmasse m_N, der Gegenmasse m_G und den Federn c arbeitet in der Nähe seiner Eigenfrequenz w_E (Resonanzbereich; Bild 5.63). Das Verhältnis von Betriebsfrequenz w zur Eigenfrequenz w_E nennt man *Verstimmungsverhältnis*. Es lässt sich so einstellen, dass der Schwingungsausschlag der Nutzmasse r_N bei Belastung durch das Transportgut nicht absinkt und damit auch der Transportgutstrom nicht reduziert wird. Wie aus Bild 5.63 zu ersehen ist, verändern sich bei dieser Abstimmung je nach Dämpfung D die Ausschläge des Grundrahmens r_G und gehen dabei gegen Null.

Um die dynamischen Fundamentbelastungen durch den Schwingungserreger möglichst klein zu halten und den Einfluss der Rinnenbelastung durch das Transportgut auf den Transportgutstrom auszuschalten, wurde der *Resonanzwuchtförderer* entwickelt. Er besteht aus der Förderrinne (-röhre) und einem Gegenrahmen, die durch Federn miteinander verbunden sind (Bild 5.57c).

Elektromagnetvibrator (Bild 5.64): Ein Schwingförderer mit einem *elektromotorischen* Antrieb versehen, benutzt die Kraft eines mit Wechselstrom gespeisten Magneten zur Schwingungserregung. Der prinzipielle Aufbau geht aus Bild 5.64 hervor. Die Rinne (mit Schüttgut) und der Anker eines Elektromagneten sind fest miteinander verbunden (Nutzmasse $\overset{\Delta}{=}$ Arbeitsseite) und bilden mit der Freimasse und dem Spulenkörper (Gegenmasse, gekoppelt über vorgespannte Druckfedern: Speicherfedern) ein Zweimassen-Schwingsystem, welches im Bereich der Resonanz arbeitet.

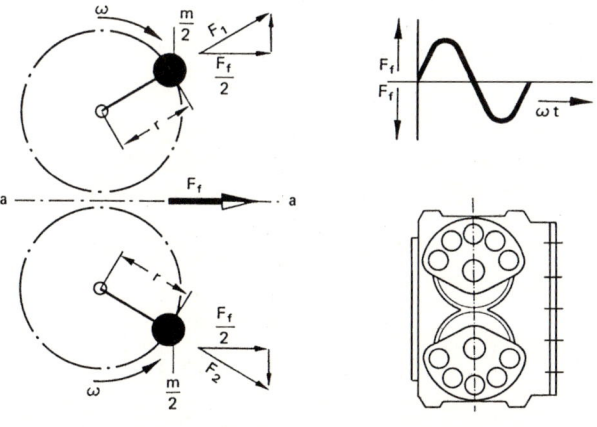

Bild 5.62
Richterreger, Unwuchtstellung für resultierende Fliehkraft

Eine angelegte Wechselspannung mit 50 Hz führt zu einer Rinnenfrequenz von 100 Hz, die nur für kleine Rinnen brauchbar ist. Mittels Einweg-Gleichrichter schwingt die Rinne mit 50 Hz. Der Vibrator lässt sich durch Spannungsregelung in seiner Amplitude gut verändern, so dass hierdurch die Transportgeschwindigkeit steuerbar ist (Dosierung). Die Amplituden betragen 0,05 bis 1 mm, die Transportgeschwindigkeiten 0,01 bis 0,15 m/s, und die Frequenz liegt zwischen 50 und 100 Hz. Aufgrund der Lärmschutzgesetze geht die Entwicklung von Schwingrinnen mit großer Leistung zum Unwuchtmotorantrieb.

Zur Senkrechtförderung werden *Wendelschwing-rinnen* (Bild 5.65) eingesetzt, die aus einer um ein Rohr schraubenförmig gelegten Rinne aufgebaut sind. Am Fuß sind die Unwuchtantriebe angebracht. Ist die Drehrichtung beider Unwuchtmotoren gleich, erzielt man Torsionsschwingungen (Drehschwingungen: vorwärts-aufwärtsdrehend; rückwärts-abwärtsdrehend). Je nach Rinnenbreite (50 bis 400 mm), erreicht man Transporthöhen bis zu 10 m. Außendurchmesser 200 bis 1.600 mm; Massenströme bis 30 t/h. Besonderes Anwendungsgebiet: Kühlen von Schüttgut während des Transportes (heißer Sand).

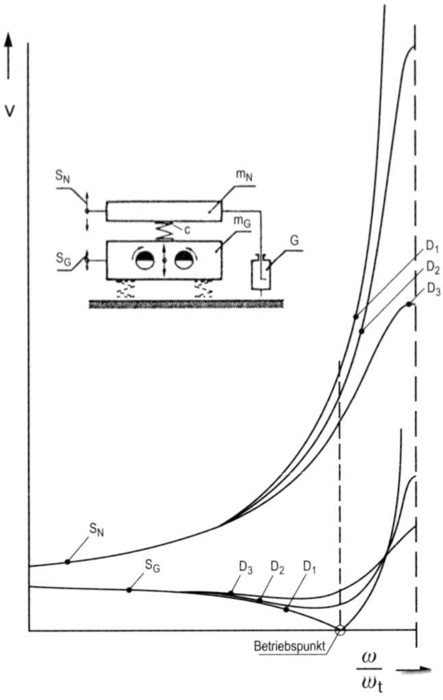

Bild 5.63
Amplitudenverlauf von Zweimassen-Schwingsystemen in Abhängigkeit vom Verstimmungsverhältnis
ω Betriebswinkelgeschwindigkeit
$\omega_E = \omega_t$ Eigenwinkelgeschwindigkeit

Bild 5.64
Schwingrinne mit elektromagnetischem Antrieb
m_N: Nutzmasse m_F: Freimasse
A: Anker   s: Luftspalt

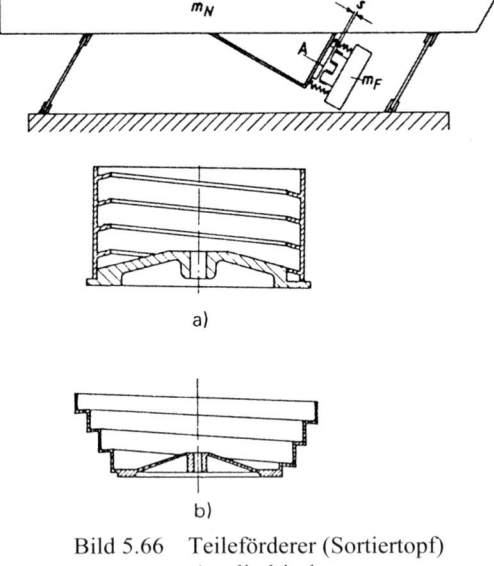

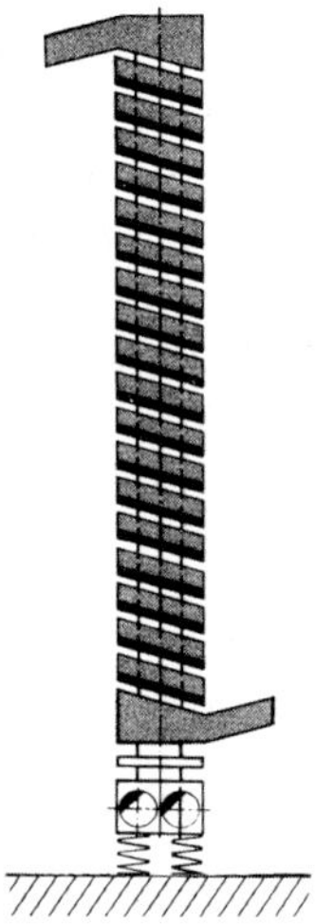

a)

b)

Bild 5.66   Teileförderer (Sortiertopf)
a) zylindrisch
b) stufenförmig

Bild 5.65
Wendelschwingrinne

An Arbeits- oder Verpackungsmaschinen, bei Magazinen oder an Montageplätzen benutzt man *Teileförderer*, die geschüttete ungerichtete Kleinteile wie Bolzen, Schrauben, Scheiben usw. sortieren, vereinzeln, ordnen, zuführen oder ausrichten. Der Teileförderer besitzt einen Topf (Bild 5.66), der durch einen Elektrovibrator Drehschwingungen (ähnlich der Wendelschwingrinne) erzeugt und die Kleinteile über besonders geformte Rinnen, Abweiser bzw. Schikanen in gerichteter Form der Maschine zuführt. Die Rinnen sind schraubenförmig an der Innenwandung des Topfes angebracht. Die Teileförderer werden in der Fließfertigung eingesetzt, übernehmen Speicherfunktionen und bilden ein Rationalisierungsgerät für die Handhabungstechnik.

5.4.6 Transport mit Luft

Bei diesen Stetigförderern wird ein Gasstrom – meist Luft als Trägergas – in Rohrleitungen als Energieträger benutzt. Es sind folgende Transportmittel zu unterscheiden:

- pneumatische Förderer (Saug- und Druckförderanlagen)
- pneumatische Förderrinnen
- Lufttische, Luftkissen
- Rohrpostanlagen.

Einteilungsmöglichkeiten sind gegeben nach der Art der Materialaufgabe (Saug- oder Druckförderung), nach dem Betriebsdruck (Nieder-, Mittel- oder Hochdruckanlagen) und nach dem Transportprinzip (Flug- oder Fließförderung). Die Gutkonzentration ist entscheidend für das Transportprinzip. Ist die Luftgeschwindigkeit größer als die Schwebegeschwindigkeit, liegt *Dünnstromförderung* vor (Bild 5.67a), auch Flugförderung genannt (Geschwindigkeiten zwischen 10 bis 40 m/s). Unter Schwebegeschwindigkeit ist die Luftgeschwindigkeit zu verstehen, bei der die Teilchen im senkrechten Luftstrom gerade in Schwebe gehalten werden. Die Schwebegeschwindigkeit ist abhängig von der Form, der Größe und der Dichte der Teilchen. Die Rohrleitung ist bei der Flugförderung nur lose mit Gut gefüllt. Angewendet wird diese Art für pulverförmiges und kleinstückiges, nicht backendes Schüttgut.

Bei der *Dichtstromförderung* liegt die Gutkonzentration sehr hoch, dagegen die Geschwindigkeit niedrig (0,5 bis 5 m/s). Man unterteilt in die *Pfropfenförderung* (Bild 5.67b) und die *Schubförderung* (Bild 5.67c). Im letzten Fall wird ein geschlossener Materialstrom langsam durch die Rohrleitung gedrückt (mit wenig Luft, hohem Druck; geringem Verschleiß; Transport von nassem Gut möglich). Bei der Pfropfenförderung wird der geschlossene Materialstrom durch Einblasen von Luft längs des Transportweges in einzelne Pfropfen unterteilt.

Die Linienführung der Rohre kann der Umgebung bestens angepasst und bequem verlegt werden.

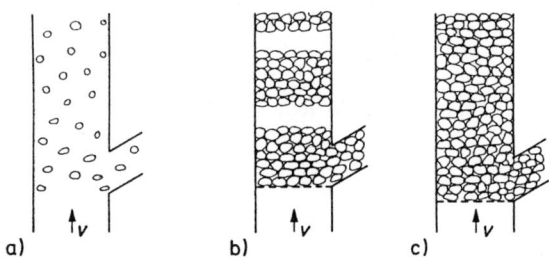

Bild 5.67
Strömungsformen bei pneumatischer Förderung
a) Flugförderung
b) Pfropfenförderung
c) Schubförderung

Der Raumbedarf ist gering, und meist wird der Totraum unterhalb der Hallendecke dazu benutzt. Weitere Vorteile sind zu sehen in ruhigem Arbeiten, restloser Entleerung der Anlage, keinem Transportgutverlust, Durchlüftung und Kühlung des Gutes auf dem Transportweg, staubfreies Arbeiten, kein Bedienungspersonal und die Möglichkeit der automatischen Steuerung. Nachteilig sind besonders der hohe Leistungsbedarf, der starke Verschleiß bei schleißendem Gut.

Da bei den *Saugförderanlagen* (Bild 5.68) der Unterdruckerzeuger am Ende der Anlage liegt, kann *von mehreren* Aufnahmestellen gleichzeitig *zu einer* Sammelstelle gefördert werden. Das Problem dieses Verfahrens besteht in der Trennung des Transportgutes von der Luft und in der Austragung des Gutes aus dem Abscheider (Zyklon) in den atmosphärischen Bereich. Die Saugförderanlagen arbeiten mit einem Unterdruck bis 0,6 bar, der meist von Drehkolbengebläsen erzeugt wird. Vorteilhaft sind diese Anlagen einzusetzen bis 150 m Entfernung, Transportgutströmen bis 100 t/h, Förderhöhen bis 30 m und einer Korngröße bis 15 mm.

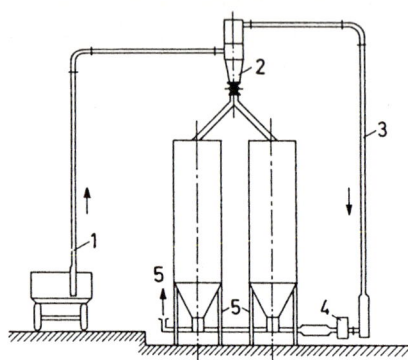

Bild 5.68a Saugförderanlagen
Entleerung von Schüttgut aus Lkw in Silo und Transport zum Verbraucher (Druckförderanlage)
1: Saugleitung und Saugrüssel (Absaugen aus Tankfahrzeug)
2: Saugzyklon mit Zellenradschleuse, Filter, Hosenrohr mit Klappe
3: Reinluftleitung
4: Gebläsestation
5: Silobatterie mit Durchblaseschleuse und Druckförderleitung

Die Transportleitungen (Durchmesser 50 bis 250 mm) bestehen in Abhängigkeit vom Transportgut aus Stahl, Glas oder Kunststoff.

Die Aufnahme des Gutes wird mittels Saugdüse (-heber, -rüssel) durchgeführt. Es wird dann durch den Luftstrom weiter transportiert. Bei größeren Anlagen (Transportgutströme bis 400 t/h) wird mittels rotierender Zuteilerscheiben das Material der Saugdüse zugeführt (z. B. Entladung von Zement aus Schiffen), die an einer gelenkigen und telskopierbaren Leitung am Kranausleger hängt.

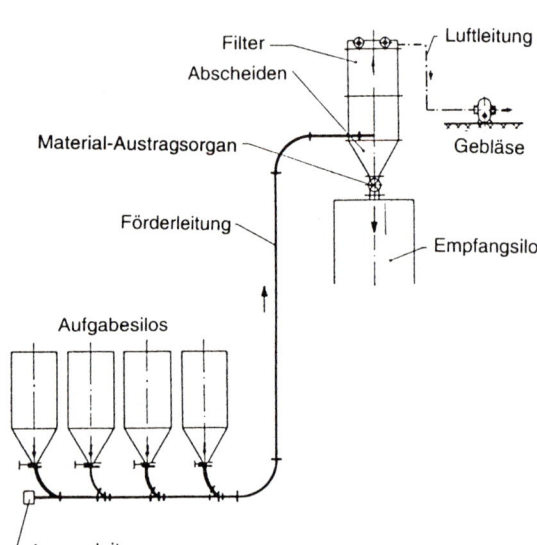

Das Prinzip des Abscheiders besteht in einer wesentlichen Verringerung der Luftgeschwindigkeit durch Vergrößerung der Querschnittsfläche, so dass die Gutteilchen durch Flieh- und Schwerkraftwirkung (Zyklonwirkung: Luftstrom wird tangential in den Abscheider eingeführt, Vernichtung der Gutenergie durch Reibungsarbeit an der Zyklonenwand) sich aussondern können und nach unten fallen. Nachgeschaltete Staubabscheider (Filter) haben die Aufgabe, keinen Staub in den Unterdruckerzeuger gelangen zu lassen. Über Behälter- oder Zellradschleusen, die den Unterdruckraum gegenüber dem Atmosphärendruck abschließen, gelangt das Gut zu seinem Bestimmungsort.

Bild 5.68b Saugförderanlagen
Entnahme aus mehreren Silos

Die *Druckförderanlagen* (Bild 5.69) werden in Niederdruck-, Mitteldruck- und Hochdruckförderung unterteilt. Bei diesen Transportmitteln liegt das Problem in der Einschleusung des Transportgutes in einen Druckraum. Da der Druckerzeuger vor der Transportstrecke geschaltet ist, können Druckluftförderanlagen nur *von einer* Aufgabenstelle *nach mehreren* Abgabestellen (Bunker, Silo) Schüttgut transportieren. Da die Trennung von Gut und Luft bei atmosphärischen Verhältnissen geschieht, treten in diesem Teil der Anlage geringe Schwierigkeiten auf.

Die Niederdruckförderung geht bis auf ca. 0,1 bar bei Entfernungen bis 100 m und ist für leichtes Transportgut, z. B. Heu, anwendbar. Als Lufterzeuger dient ein Ventilator.

Drehkolbengebläse erzeugen für *Mitteldruckförderung* (Druckbereich 0,2 bis 0,6 bar) die Druckluft. Als Einschleusorgane für das Transportgut dienen Zellradschleusen (Bild 5.69a) oder Düsen mit Diffusor (Injektorprinzip, Bild 5.69b). Die Transportlängen gehen bis 200 m.

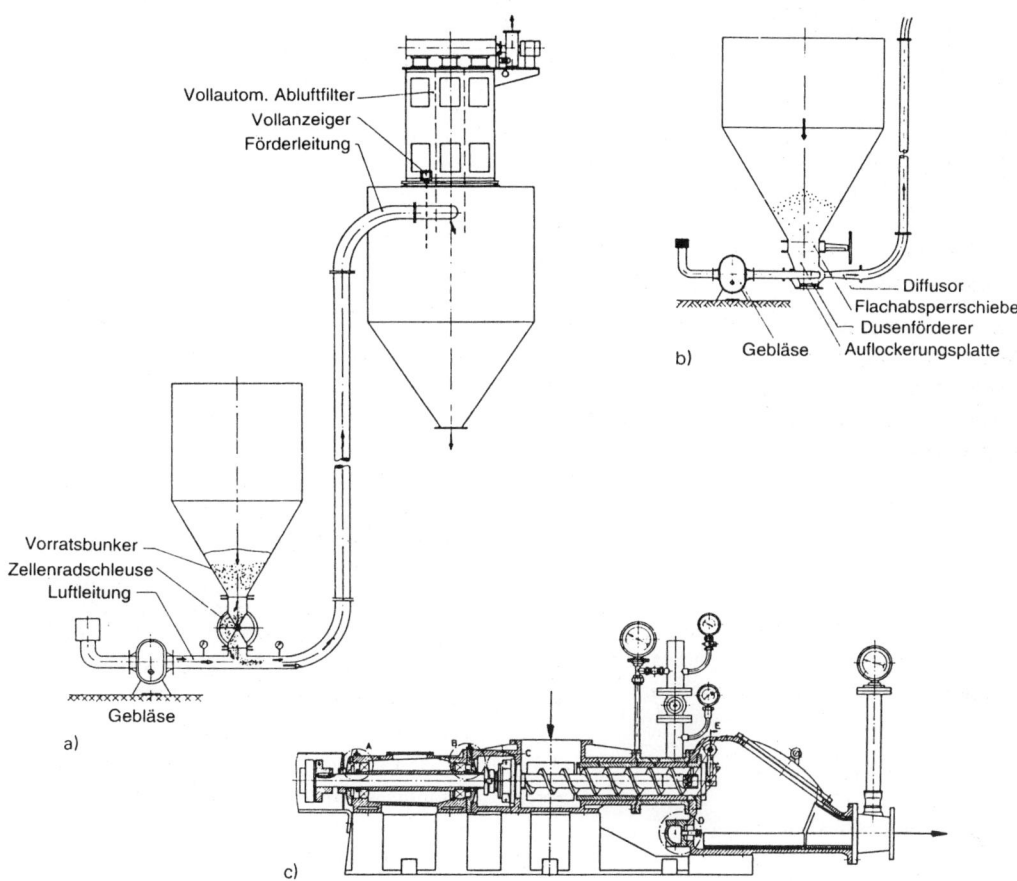

Bild 5.69   Druckförderanlagen mit verschiedenen Einschleusemöglichkeiten
a) mittels Zellrad-Zuteilung
b) mittels Injektorwirkung (Düse und Diffusor)
c) mittels Förderschnecke

Bei *Hochdruckförderung* (0,6 bis 2,5 bar, in Sonderfällen bis 6 bar) wird die Druckluft mit Rotationskompressoren, Drehkolbengebläsen, Schraubenverdichtern oder Kolbenkompressoren erzeugt. Große Transporthöhen (bis 100 m) und große Transportlängen (bis 2000 m) sind damit zu erreichen. Das Einschleusen des Gutes in die Druckrohrleitung kann kontinuierlich über Hochdruck-Schneckenpumpen (Bild 5.69c) oder über Druckgefäße geschehen. Wegen des hohen Druckgefälles, das Abdichtungsprobleme mit sich bringt, ist die Leistungsfähigkeit dieser Anlagen groß. Sehr häufig kombiniert man Saug- und Druckluftförderanlagen, um die Vorteile der beiden Systeme (gleichzeitige Aufnahme von mehreren Stellen und Abgabe an verschiedenen Stellen) zu bekommen und mit einem Antriebsorgan den Luftbedarf zu decken (Bild 5.68a).

Bei der Berechnung von pneumatischen Anlagen muss von den gegebenen Größen, wie dem Massenstrom, den Eigenschaften des Transportgutes, der Rohrleitungslänge und der festgelegten Linienführung ausgegangen werden. Zu berechnen und zu wählen sind die Schwebegeschwindigkeit, das Mischungsverhältnis von Luft und Gut, die reduzierte Transportlänge, der Rohrleitungsdurchmesser, der Luftdruck in der Rohrleitung, der Trägerluftdurchsatz und der Leistungsbedarf des Antriebes.

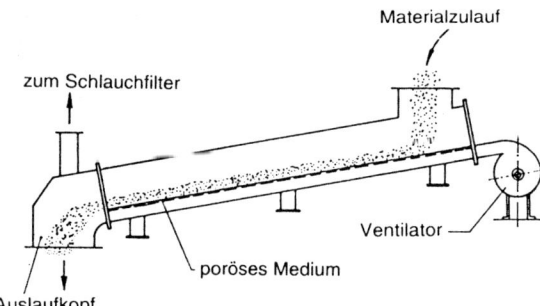

Bild 5.70
Pneumatische Förderrinne

Die *pneumatische Förderrinne* (Bild 5.70) ist aus einem Fördertrog (Rechteckquerschnitt) aufgebaut, der durch einen porösen Zwischenboden aus Textil- oder Kunststoffgewebe getrennt ist. Im unteren Teil wird durch einen Ventilator Luft eingeblasen, die durch den porösen Boden in den Oberkasten gelangt. Gibt man nun in den oberen Teil feinkörniges, pulver- oder staubförmiges Gut auf und versieht die Förderrinne mit einem geringen Gefälle, erzielt man einen Transport des Gutes durch den Auflockerungs- und fluidisierenden Effekt der Luft. Die Größe der Rinnenneigung (3° bis 15°) und die erforderliche Luftmenge sind in erster Linie abhängig von

• dem zu transportierenden Material, dem Überdruck im Luftkasten
• der Auswahl und dem Abstand der Luftzuführungsstutzen
• dem Widerstand des Zwischenbodens beim Luftdurchgang.

Die Transportlängen betragen bis zu 60 m, die Massenströme bei aufgelockerten Massengütern wie Zement, Tonerde, Phosphat oder Aluminiumoxyd bis zu 1.800 t/h (normal 120 bis 200 t/h). Die Rinnenbreiten sind dabei bis 1.000 mm (normal 300 bis 500 mm), und der Luftdruck beträgt 20 bis 50 mbar. Die pneumatischen Rinnen sind zur Entstaubung an Unterdruck-Filteranlagen angeschlossen. Dieser geschlossenen Bauweise stehen für flachbödige Silokonstruktionen offene pneumatische Förderrinnen zur Austragung des Transportgutes aus Siloanlagen gegenüber.

Die Vorteile der pneumatischen Förderrinnen lassen sich zusammenfassen in

* wirtschaftlicher Transport loser Massengüter
* kein Transportgutverlust und keine Verschmutzung der Räume
* geringer Energiebedarf (vgl. Tab. 5.14), geringer Verschleiß, Wartung und Reparatur
* kleine Bauabmessungen und einfache Montage.

Luftkissentransport:

Mit diesem Prinzip lassen sich nichtstaubende Schüttgüter wie Kunststoffgranulat, Getreide, besonders aber Stückgüter unterschiedlichster Formen (rund, eckig) mit glattem Boden wie Schachteln, Kartonagen, Flaschen, Dosen usw., im offenen Transportgutstrom transportieren. Niederdruck-Ventilatoren – meist regelbar in der Luftmenge – transportieren Luft in einem Luftkanal, dessen Oberseite aus einem Abdeckblech mit Schlitzdüsen und Führungsrahmen versehen ist und die Transportbahn darstellt. Diese Schlitzdüsen – die Form ist abhängig vom Transportgut – sorgen für eine gerichtete Strömung und bilden so einen Luftteppich, der das Transportgut leicht anhebt und es berührungsarm über die Transportfläche bewegt. Vorteile der Luftkissenförderung sind wartungsarmer Betrieb, Unfallsicherheit, keine bewegten Anlagenteile (außer gekapseltem Ventilator), keine Stoßstellen an Übergängen, Gutaufgabe und -abgabe an beliebiger Stelle, Anpassungsfähigkeit an gestellte Aufgabe durch Baukastensystem mit diversen Bauelementen wie Kurven, Steigungen, Abzweigungen. Weitere Vorteile sind: gleichmäßiger Transportgutstrom, einfache Reinigung des Transportweges (Lebensmitteltransport), Transport mit gleichzeitiger Trocknung und Kühlung möglich, vollautomatischer Transport in schonender Form.

Luftkissentransport für schwere Stückgüter s. Beispiel 6.7-4, Prinzip Bild 6.7.8.

5.5 Normen, Richtlinien, Empfehlungen

DIN-Normen für Stetigförderer:

DIN	15 201 1	04.94	Stetigförderer; Benennungen, Bildbeispiele, Bildzeichen
	15 207 2	04.88	Stetigförderer; Tragrollen für Gurtförderer; Hauptmaße
DIN	15 236 T1	04.80	Stetigförderer; Becherwerke; Becherbefestigung an Gurten
	22 101	08.02	Gurtförderer für Schüttgut, Berechnungsgrundlagen
	22 107	08.84	Stetigförderer; Tragrollenanordnungen für Gurtförderer
	22 200	05.95	Gliederbandförderer; Berechnungsgrundlagen

ISO-Normen für Stetigförderer:

ISO	251	08.87	Breiten und Längen von Fördergurten
	432	07.89	Fördergurte mit Textileinlagen; Konstruktionsmerkmale
	583	11.90	Fördergurte; Toleranzen und Gesamtdicke
	703	03.88	Fördergurte; Muldungsfähigkeit, Gütewerte und Prüfverfahren

Die folgenden VDI-Richtlinien sind für Stetigförderer zu beachten:
Stetigförderer für Schüttgut

| 2320E | Trogkettenförderer (Ü) | 09.03 |
| 2324 | Becherwerke (Ü) | 12.01 |

3602	Bandförderer für Schüttgut: Bandantriebe	01.01
3603	Bandförderer für Schüttgut: Spann- und Umlenkstationen	11.02
3608	Gurtförderer für Schüttgut: Fördergurt	10.90
3622E	Gurtförderer für Schüttgut: Übersichtsblatt	02.97
3623	Metallabscheider in Gurtförderern	05.93
3971	Mechanische Steil- und Senkrechtförderer für Schüttgut: Bauarten	12.94
3972	Halden zur Lagerung von Schüttgut	01.93

Stetigförderer für Stückgut

2334	Schleppkreisförderer (Power-and-Free-Förderer) (Ü)	11.88
2338	Gliederbandförderer (Ü)	07.81
2339	Zielsteuerungen für Förder- und Materialflusssysteme	05.99
2340	Systematik der Übergabeeinrichtungen für Stückgütern	03.97
3618/1	Übergabeeinrichtungen für Stückgüter; Paletten, Behälter und Gestelle	10.94
3643	Elektro-Hängebahn Obenläufer, Traglastbereich 500 kg	11.98
3649	Anwendung der Verfügbarkeitsrechnung für Förder- und Lagersysteme	01.92
3978	Durchsatz und Spielzeiten in Stückgut-Fördersystemen	08.98
3979	Abnahmeregeln für Stückgut-Fördersysteme	07.92
4420	Automatische Be- und Entladung von Stückgütern auf Lastkraftwagen	11.96
4421	Antriebstechniken in der Stückgutfördertechnik	10.00
4422	Elektropalettenbahn (EPB) und Elektrotragbahn (ETB)	09.00

FEM-Empfehlung

2.562   Fragebogen für die Planung von Schüttgut-Stetigförderanlagen;

5.6 Beispiele, Fragen

Beispiele

Beispiel 5.1: Aufteilung der Antriebsleistung eines Gurtförderers bei Zweitrommelantrieb. Bei einem Gummigurtförderer mit vorgebautem Abwurf und Zweitrommelantrieb (Bild 5.4d) soll die Aufteilung der Motorleistung auf die beiden Antriebsmotore ermittelt werden. Bei der Lösung der Aufgabe ist von folgenden Annahmen auszugehen:

Index 1 für Trommel 1; Index 2 für Trommel 2

$D_{Tr1} = D_{Tr2}$ Trommeldurchmesser

$\mu_1 = \mu_2$ durch Gurtreinigung gleiche Reibungszahl

$\alpha_1 = \alpha_2$ Umschlingungswinkel

$e^{\mu(\alpha/2)} = 2$ Praxiswert: entspricht $(\alpha/2) = \pi$, $\mu = 0{,}22$

Lösung: Nach Bild 5.71 gilt für den Gesamtantrieb

$$\frac{F_{T1}}{F_{T2}} = e^{\mu\alpha} \quad \text{Gesamtumschlingungswinkel } \alpha = \alpha_1 + \alpha_2$$

$$F_{uges} = F_{T1} - F_{T2} = F_{u1} + F_{u2}$$

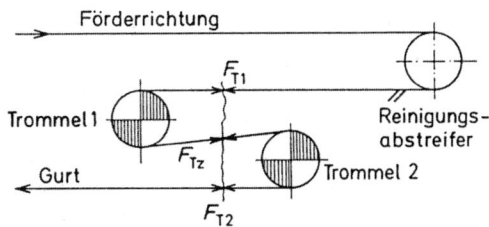

Förderrichtung

Bild 5.71
Darstellung zur Ermittlung der Leistungs-
aufteilung bei Zweitrommelantrieb

Auf Trommel 1 bezogen erhält man

$$F_{T_1} = F_{T_z} e^{\mu_1 \alpha_1} = 2 F_{T_z}$$

$$F_{u_1} = F_{T_1} - F_{T_z}$$

entsprechend Trommel 2

$$F_{T_2} = \frac{F_{T_z}}{e^{\mu_2 \alpha_2}} = \frac{F_{T_z}}{2}$$

$$F_{u_2} = F_{T_z} - F_{T_2}$$

Die Umfangskräfte verhalten sich wie die Leistungen

$$\frac{F_{u_1}}{F_{u_2}} = \frac{F_{T_z}}{1/2 F_{T_z}} = 2 \stackrel{\triangle}{=} \frac{P_1}{P_2}$$

Danach verhält sich die Aufteilung der Leistungen wie 2:1.

Beispiel 5.2: Bestimmung der übertragbaren Gurtzugkraft F_{T_1}

Im Wareneingangslager wird ein Stahlseilfördergurt ohne Bezeichnung mit einer Breite von 1200 mm gefunden. Welche Gurtzugkraft kann er übertragen?

Lösung: Man misst ein vom Gummi befreites Stahlseil und die Seilteilung. Es ergibt sich Seil-durchmesser: 4,3 mm und Seilteilung: 10 mm. Zu diesen Werten gehört nach Tabelle 5.6 die Gurttype St 1250. Bei einer angenommenen Sicherheitszahl $v = 10$ errechnet sich nach der Glei-chung 5.5 die übertragbare Gurtzugkraft F_{T_1}

$$F_{T_1} = \frac{zBk_z}{v} = \frac{1200 \cdot 1250}{10} = 150 \text{ kN}$$

(beim Stahlseilgurt ist $z = 1$)

Beispiel 5.3: Auslegung eines Kastengurtes

Sand und Kies (Körnung 0 bis 30 mm; Schüttdichte $\rho_s = 2{,}0$ t/m³; Schüttwinkel $\beta_B = 20°$) sollen über eine Höhendifferenz von 8 m gefördert werden. Der geforderte Volumenstrom beträgt 180 m³/h, die Gurtgeschwindigkeit ist 1,68 m/s.

Lösung: Die Lösung dieser Aufgabe erfolgt durch

- Wahl einer Anlagenkonstruktion
- Wahl einer Gurtkonstruktion (Wellenkante, Stollen)
- Nachrechnung des geforderten Volumenstroms
- Bestimmung der Anzahl der Gewebeeinlagen
- Festlegung des Trommeldurchmessers.

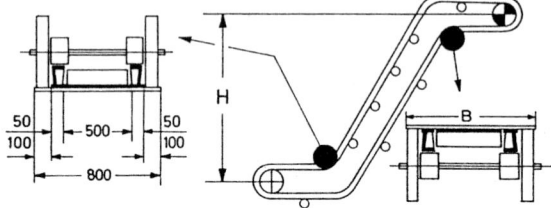

Bild 5.72
a) S-Förderer mit Ablenkstationen und
    Gurtaufbau

Anlagenkonstruktion: Um waagerechte Auf- und Abgabe des Transportgutes zu erhalten, wird als Anlagenausführung ein S-Förderer mit $\alpha = 45°$ Steigungswinkel nach Bild 5.72a gewählt.

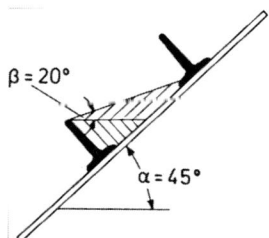

Bild 5.72
b) Schnitt durch den beladenen Kastengurt mit
    Schüttwinkel β

Gurtkonstruktion: Da es sich um Steilförderung handelt, wird ein Kastengurt (Bild 5.72a und 5.11) gewählt mit den Abmessungen Gurtbreite $B = 800$ mm; freie Randzonen für Umlenkrollen je 100 mm; beidseitig aufgeklebte Wellenkante je 50 mm; Nutzbreite $B_n = 500$ mm; Stollenhöhe 140 mm; Stollenabstand 250 mm (also 4 „Kästen" pro m).

Überprüfung des Volumenstromes: Entweder bestimmt man durch Versuche einen mittleren Wert des transportierten Volumens pro m (Volumeninhalt in 4 Kästen) oder man ermittelt über den Schüttwinkel β_B und die geometrischen Abmessungen von Nutzbreite, Stollenhöhe und Stollenabstand das theoretische Transportvolumen pro Kasten und damit auch pro m (Bild 5.72b). Aus Versuchen wird ein Volumen von 0,038 m³/h ermittelt.

Die Nachrechnung gestatten die Gleichungen 5.7 und 5.9, danach errechnet sich ein Transportvolumen pro m von

$$V = \frac{\dot{V}}{v} = \frac{180}{3600 \cdot 1,68} = 0,03 \ \text{m}^3/\text{m}$$

Der Vergleich aus den Versuchen und der Rechnung ergibt eine ausreichende Konstruktion. *Einlagenzahl des Gurtes:* Unter Zugrundelegung der gegebenen Geschwindigkeit, des Massenstromes, der Transportlänge und der Transporthöhe können nach Gleichung 5.10 die Umfangskraft F_u und über Gleichung 4.13 mit Bild 4.13 die maximale Gurtzugkraft F_{T1} bestimmt werden, die 18 kN beträgt. Nach Gleichung 5.5 ermittelt sich mit der gewählten Gewebetype BZ 80 aus Tabelle 5.4 die Einlagenzahl zu

$$z = \frac{F_{T_1} v}{Bk_z} = \frac{18000 \cdot 10}{800 \cdot 80} = 2,8$$

Es wird ein Gurt mit 3 Einlagen BZ 80 gewählt.

Trommeldurchmesser: Der Mindest-Trommeldurchmesser kann nicht nach DIN 22101 berechnet, sondern muss nach Tabelle 5.16 bestimmt werden.

Beispiel 5.4: Mit welcher Gleichung lässt sich die Volllastbeharrungsleistung der verschiedenen Stetigförderer berechnen?

Lösung: s. Gleichungen 4.21, 5.4 und 5.10a.

$$P_v = \frac{F_u v}{1000 \eta_{ges}} (L f_{ges} \pm H) \quad [kW]$$

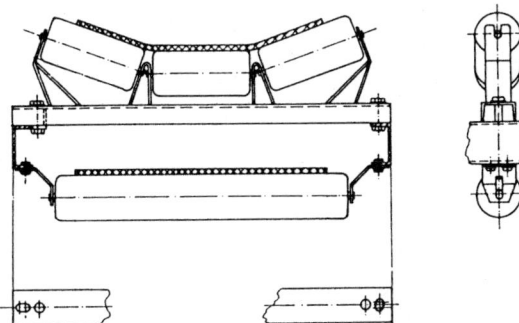

Beispiel 5.5: Skizzieren Sie eine 3-teilig gemuldete Tragrollenstation mit Gummigurt in zwei Ansichten.

Lösung: s. Bild 5.73

Bild 5.73
3-teilige Tragrollenstation

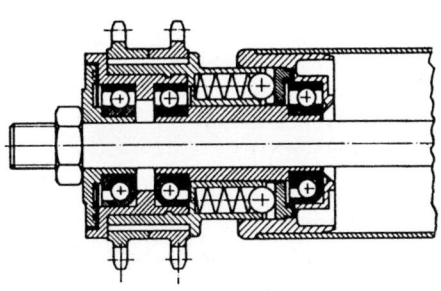

Bild 5.74
Stauförderrolle mit Rutschkupplung

Beispiel 5.6: Skizzieren und beschreiben Sie eine Stauförderrolle, die als Rutschkupplung ausgebildet ist und bei der sowohl der Staudruck als auch die Mitnahmekraft einstellbar sein sollen. Die aus Stahl oder Kunststoff bestehende Rolle ist durch einen Kettentrieb von Rolle zu Rolle anzutreiben.

Lösung: s. Bild 5.74.

Beispiel 5.7: Zeigen Sie anhand von Skizzen den konstruktiven Unterschied zwischen Drahtglieder-, Drahtgeflecht- und Drahtgewebegurten auf.

Lösung: Drahtgliedergurt: Bild 5.15 und 5.75a
               Drahtgeflechtgurt: Bild 5.75b
               Draht-(Stangen-)gewebegurt: Bild 5.75c-d.

Beispiel 5.8: Trommelmotor

Motore werden nicht nur in Trommeln (Trommelmotor, s. Bild 5.5) eingebaut, sondern auch in Tragrollen. Wo werden solche Tragrollen-Motore eingesetzt?

Höhe der Wellenkante in mm	Mindest-Trommeldurchmesser in mm		
	Qualität: schwarz: normal	Qualität: schwarz: öl- u. fettbest. flammwidrig hitzbeständig	Qualität: weiß: öl- und fettbeständig
60	160	200	250
80	200	250	320
100	250	315	400
120	315	400	500
160	400	500	630
200	630	800	1000
300	800	1000	1250

Tabelle 5.16   Mindest-Trommeldurchmesser in Abhängigkeit von der Wellenkantenhöhe

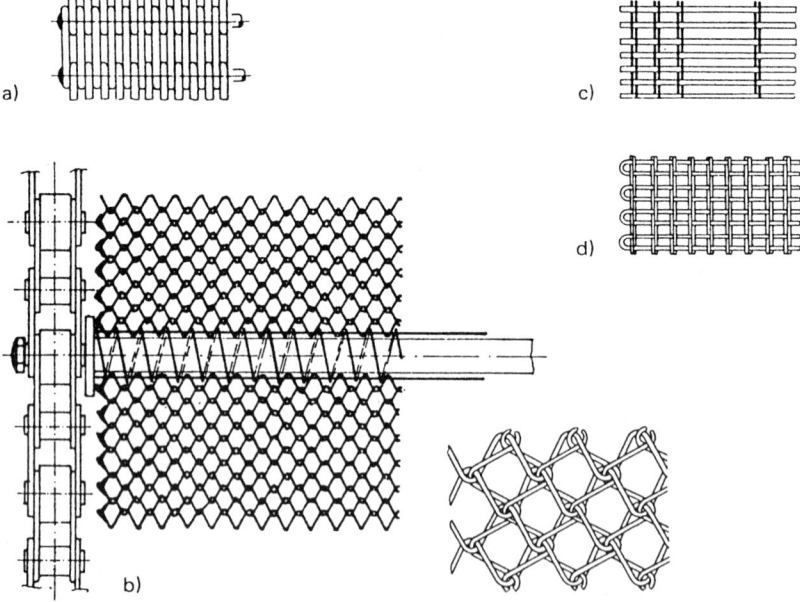

Bild 5.75   a) Drahtösengliedergurt, b) Drahtgeflechtgurt mit Hohlbolzenkette aus Kreuzspiralgeflecht,
c) Stangengewebegurt mit glatten Querstangen, d) Drahtgewebegurt

Lösung: Bild 5.76. Einbau in nicht angetriebenen Rollenbahnen, z. B. jede 5. Tragrolle ist
als Tragrollenmotor ausgebildet: Anwendung
in Schwerkraftdurchlaufregalen zur Stabilisie-
rung der Geschwindigkeit sowie horizontalem
Transport z. B. von Behältern.

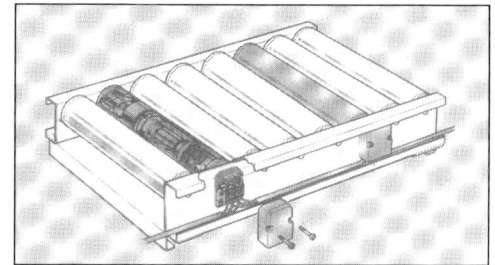

Bild 5.76
Anwendungsbeispiel für Tragrollen-Motor

Beispiel 5.9: Unterbodenförderer

Wie können Handgabelhubwagen kontinuierlich transportiert werden?

Lösung: Bild 5.77

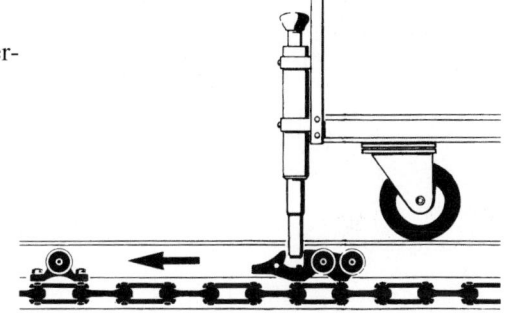

Bild 5.77
Unterbodenkettenförderer mit Mitnahmeeinrichtung
für Handgabelhubwagen

Beispiel 5.10: Sicherheitseinrichtungen bei Gurtförderern
Es sind verschiedene Sicherheitsüberwachungseinrichtungen an Gurtförderern aufzuzählen.

Lösung: Sicherheitseinrichtungen sind z. B.: Elektronischer Drehzahlwächter – Bandlaufwäch-
ter – Seilzugnotschalter für Not-Aus der Anlage – Seilrissüberwachung – Metallsuchgerät –
Metallabscheider (z. B. Magnettrommel).

Beispiel 5.11: Sortierförderer (Sorter) für Stückgut
Zum Sortieren von Stückgut wurden Ausschleuseinrichtungen beschrieben, z. B. der Gurttransfer (s. Bild 5.30) und der Verschiebewagen (s. Bild 6.5.1), außerdem eine Gesamtanlage
für Behältersortierung im Bild 5.88 aufgezeigt. Welche Hochleistungs-Sortieranlagen gibt es?

1. Lösung: Tragplattenband mit Ausschleusschuhen. Das umlaufende lamellenartige Tragplattenband dient als Abschiebetrasse. Zwischen den Tragplatten laufen Ausschleusschuhe, deren
Anzahl je nach Länge des Transportgutes über eine Steuerung zur Ausschleusung festgelegt
wird. Die Sortierung geschieht unter einem Winkel von 20° oder 30°. Der exakt gesteuerte,
diagonale Ausschleusvorgang durch die aneinander gereihten Ausschleusschuhe gewährleistet
ein schonendes Abschieben, z. B. von Kartons, Paketen, Schachteln oder Behältern. Bild 5.78a
zeigt in der Draufsicht (ohne die Ausschleusschuhe) einen Sorter für die Abgabe der Güter
nach zwei Seiten. Bis 12.000 Sortierungen pro Stunde bei 2,7 m/s Transportgeschwindigkeit,
Strecken bis 200 m.

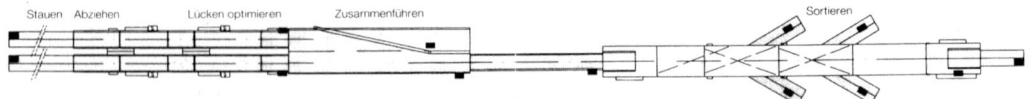

Bild 5.78   Tragplattenband mit Ausschleusschuhen
            a) Zweiwegsorter mit Zweiwegzuteilung, Zusammenführung nach Reißverschlussprinzip

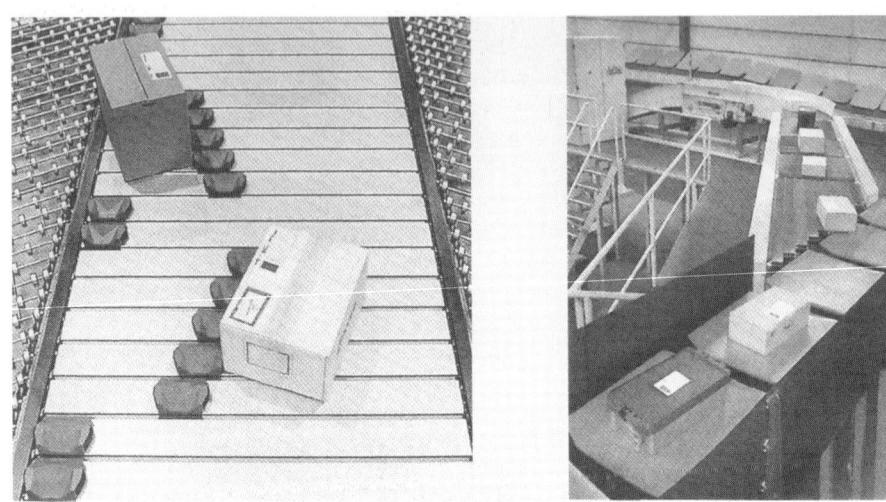

Bild 5.78: Tragplattenband mit Ausschleusschuhen   Bild 5.79: Kippschalensorter
            b) Ausschleusen von Paketen nach beiden   a) Zuführung von Paketen
            Seiten

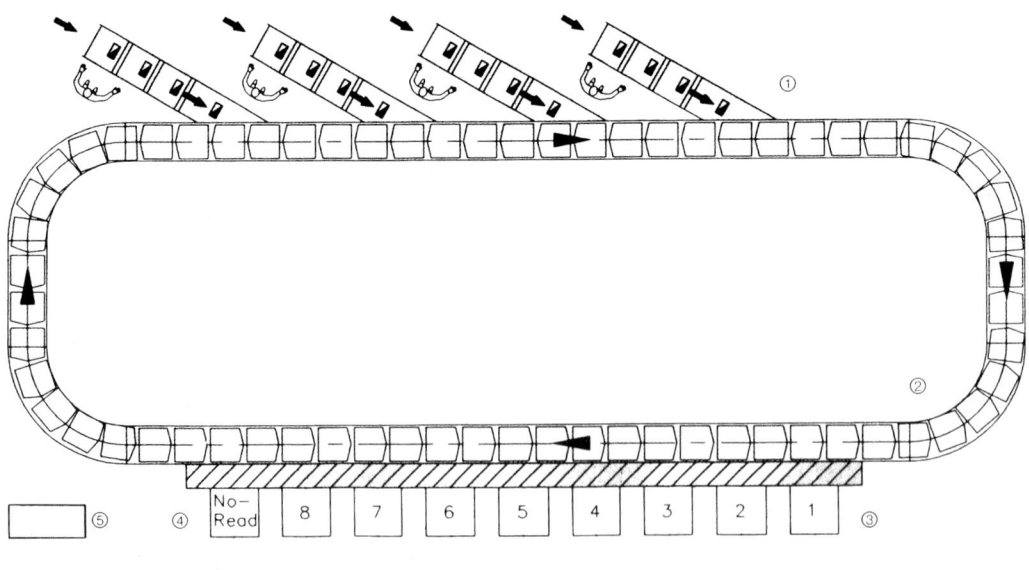

① Zuteilstrecken   ③ Zielstellen   ⑤ Steuerschrank
② Scanner   ④ „No-Read"- Aussortierung

Bild 5.79:   Kippschalensorter: b) Rundkurs mit linksseitigen Zielstellen (v = 2 m/s)

2. Lösung: Kippschalensorter. Eine endlose Wagenkette, angetrieben durch einen Linearmotor, ist dreidimensional beweglich (bis 15° = 27 % Steigungs- oder Gefällestrecke bei stets waagerechten Kippschalen) und transportiert das Stückgut zu den vorbestimmten Zielen.

Dort angekommen, wird es nach rechts oder links durch Schrägstellung der Kippschale um 35° abgegeben. Leistungen bis 12.000 Sortierungen pro Stunde mit vollautomatischer Zuteilung bei max. Stückgutgewicht bis 50 kg. Bild 5.79a und b zeigen Draufsicht und Rundkurs solch einer Anlage.

Bild 5.80a   Quergurtsorter

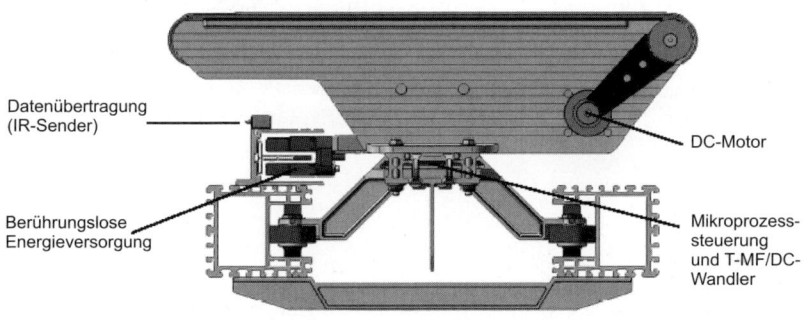

Datenübertragung
(IR-Sender)

DC-Motor

Berührungslose
Energieversorgung

Mikroprozess-
steuerung
und T-MF/DC-
Wandler

Bild 5.80b
Modularer Aufbau
eines Quergurt-
elementes

3. Lösung: Quergurtsorter. Wie beim Kippschalensorter besteht der Quergurtsorter aus einer endlosen Wagenkette. Die Wagen sind kugelig miteinander verbunden und werden über Laufrollen mit einer PU-Ummantelung verschleiß- und geräuscharm abgetragen.

Statt der Kippschalenelemente sind auf den Wagen quer zur Fahrtrichtung Gurtförderer angeordnet, die mit Gleichstrommotoren angetrieben werden (Ausschleusen). Die Zuteilung der Stückgüter (Pakete, Behälter) geschieht über einen 45° zum Sorter ausgerichteten Transferförderer, wobei die Stückgüter ebenfalls unter 45° auf dem Transferförderer liegen müssen. Sortierleistungen bis 17.000 Einheiten/h bei Geschwindigkeiten von 2,5 m/s und Stückgut bis 50 kg sind möglich (Bild 5.80a / b).

4. Lösung: Ringsorter. Über einen Zuführgurt wird das Verteilgut auf umlaufende sich drehende Speichergurte gefördert, die das Gut sortiert zielgesteuert in Behälter transportieren. Auf dem Markt sind verschiedene Ausführungsvarianten (Bild 5.81).

Bild 5.81 Ringsorter

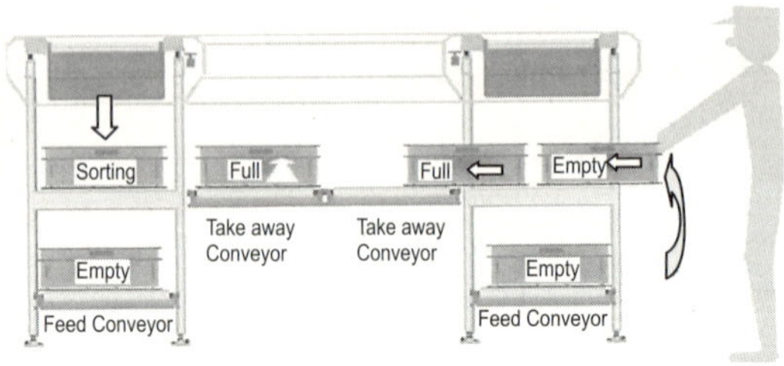

Bild 5.82a Pushersorter Querschnitt

Bild 5.82b Klappensorter Querschnitt

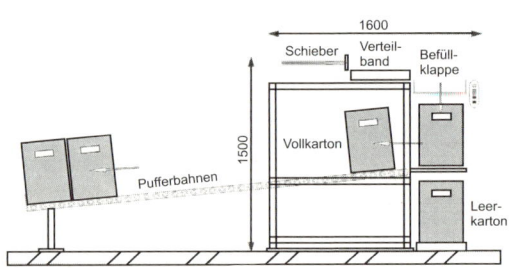

Bild 5.82c Klappensorter Seitenansicht

5. Lösung: Pushersorter. Wie das Bild 5.82a oben im Querschnitt zeigt, arbeitet dieser Sorter mit einem Pusher (Schieber), der das Sortiergut senkrecht zum Verteilband auf eine Befüllklappe abschiebt. Das Sortiergut z. B. liegende Textilien wird dann durch Öffnen der Befüllklappe in den Karton abgelegt. Geeignet für wenige Zielstellen mit Leistungen bis 8.000 Stück pro Stunde.

6. Lösung: Der Klappensorter (Bild 5.82b) ist ein Kettenförderer, zwischen dessen Glieder Wannen mit abklappbaren Boden befestigt sind. Liegt z. B. ein Buch oder ein Hemd in einer Wanne und steht diese über der Zielstelle z. B. einer Schachtel, so öffnet sich die mittig geteilte Klappe nach unten und das Transportgut wird kontrolliert (wie beim Pushersorter) abgelegt.

Beispiel 5.12: Sortierförderer / Übergabeeinrichtungen

Was ist der Unterschied zwischen Sortierförderern und Übergabeeinrichtungen?

Lösung: Zum Sortieren von Stückgut können Sortierförderer oder Übergabeeinrichtungen eingesetzt werden.
Beim Sortierförderer ist der Ausschleusvorgang im Transportmittel integriert und unlösbar damit verbunden. Das Basistransportmittel kann ein Tragkettenförderer, ein Gurtförderer oder ein Rollenförderer sein wie z. B. bei dem Tragplattenband mit Ausschleusschuhen (Bild 5.78),

bei dem Kippschalensorter (Bild 5.79a) oder bei dem Quergurtsorter (Bild 5.80a). Übergabe-einrichtungen (Ein- und Ausschleuser) können eingebaut oder auch nachträglich angebaut werden. Dies ist abhängig davon, mit welchen Transportmitteln sie kombiniert werden (s. Beispiel 5.13).

Beispiel 5.13: Ausschleus- und Übergabeeinrichtungen

Zur Sortierung, Kommissionierung, Richtungsänderung, Drehung, Verteilung, Zusammenfüh-rung und zum Ein- und Ausschleusen von Stückgütern mit Stetigförderern werden Übergabe-einrichtungen eingesetzt. Die dazu benutzten Vorrichtungen sind in Abhängigkeit von den Eigenschaften und Merkmalen der Transportgüter, vom Durchsatz und von dem Basistrans-portmittel auszuwählen. Welche Übergabeeinrichtungen gibt es (s. Kap. 5.3.4)?

Lösung: Die Einrichtungen arbeiten nach dem *schiebenden, führenden* und *tragenden* Prinzip. Der *schiebende* – teilweise stoßende – Transfer quer zur Transportrichtung bedingt oft:

- eine Stoßwirkung auf das Transportgut
- eine Leerbewegung beim Zurückgehen in die Ausgangslage
- eine Frontseitenänderung

und kann je nach Bauart nachträglich eingebaut werden.

Der *führende* Transfer geschieht durch seitliches Ablenken an einem Blech oder an einem angetriebenen Riemen. Dies bedeutet:

- keinen Frontseitenwechsel des Transportgutes
- unbedeutende Stoßwirkung
  und kann nachträglich angebaut werden.

Der *tragende* Transfer erfasst das Transportgut an dessen Laufseite. Dadurch ist die Beschaf-fenheit der Bodenfläche des Transportgutes von besonderem Einfluss auf Anwendung und Leistung. Kennzeichnend sind:

- Stoßfreiheit
- kein Transportgut-Frontwechsel.

Ein nachträglicher Einbau ist nicht möglich.

Die Übergabeeinrichtungen können weiter unterschieden werden, ob sie ein- oder angebaut, angetrieben oder nicht angetrieben (Schwerkraft) sind, horizontal oder vertikal arbeiten, linear oder rotierend aufgebaut sind oder mitgeführte Übergabeelemente haben.

Eine rotierende Übergabeeinrichtung (Abweiser; rotierender Pusher) zeigt Bild 5.83. Sie kann z. B. an einem Gurtförderer angebaut werden und erreicht durch einen sinusförmigen Ge-schwindigkeitsverlauf des Ausschleusarmes ein angepasstes, schonendes Ausschleusen des Stückgutes. Eingesetzt für Güter mit einem Gewicht bis 30 kg bei Abmessungen bis 1.000 x 800 x 800 mm. Die Leistung kann bis 6.000 Stück pro Stunde betragen. Die Übergabeeinrich-tung arbeitet geräuscharm, ist einfach aufgebaut und besitzt eine hohe Funktionssicherheit.

Übergabeeinrichtungen (s. VDI 2340 E) sind:
- zu- und abführende Transportmittel z. B. Hubtische (s. Bild 6.2.1), Schwenk- und Drehti-sche (s. Bild 5.33), Weichen, Verschiebewagen (s. Bild 6.5.1), Gurttransfer (s. Bild 5.30).
- Abweiser z. B. einschiebbare, rotierende und einschwenkbare Abweiser (Pusher, Schieber), Plattenbandförderer mit Gleitschuhen, Kettentransfer (s. Bild 5.31), Kippschalensorter (s. Bild 5.79), Quergurtsorter (s. Bild 5.80a), Tragplattenband mit Ausschleusschuhen (s. Bild 5.78).

Bild 5.83
Rotierender Abweiser

Beispiel 5.14:   Scharnierbandförderer

Es sollen zwei verschiedene Scharnierbandförderer in einer Zeichnung dargestellt werden.

Lösung: Bild 5.84

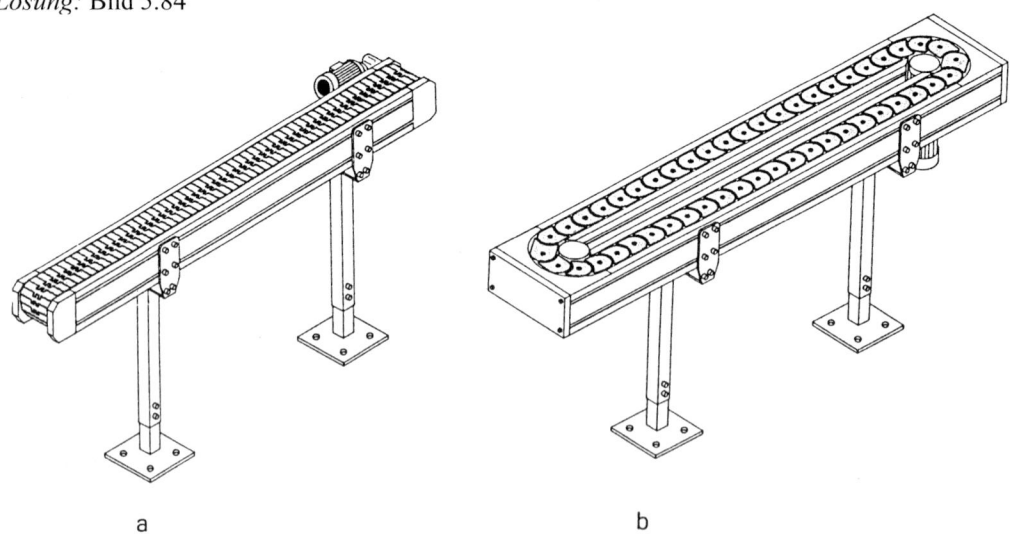

a   b

Bild 5.84   Scharnierbandförderer: a) vertikal umlaufend b) horizontal umlaufend

Beispiel 5.15:   Sortieren von Schüttgutgemischen mit Windsichtern

Auf welchem Prinzip beruhen die Windsichter und welche Verfahren gibt es?

Lösung: Mit Windsichtern lässt sich leichtes Schüttgutgemisch im Luftstrom trennen. Das physikalische Prinzip beruht auf der stationären Sinkgeschwindigkeit der Partikel und ist im

Bild 5.85 dargestellt. Es gibt eine Vielzahl von Ausführungsformen, wobei die Bilder 5.86a/b als Prinzipskizzen drei wichtige Arten wiedergeben. Querstromsichter, Zyklone, Leichtgutabscheider und Zickzack-Windsichter sind weitere Bauarten.

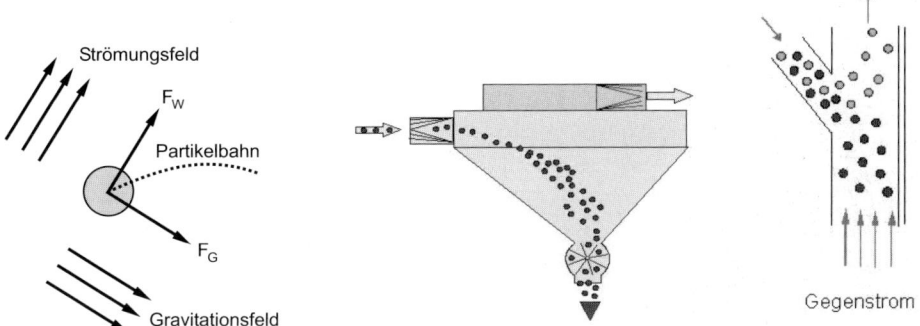

Bild 5.85 Sortierprinzip   Bild 5.86a Expansionsraumsichter   Bild 5.86b Gegenstromsichter

Beispiel 5.16: Paletten-Aufgabestation

An einem Beispiel soll eine Aufgabe- und Verteilstation für Paletten dargestellt werden.

Lösung: Bild 5.87. Die Paletten können manuell über Handgabelhubwagen auf angetriebene Rollenbahnen (Bodenniveau) in Längsrichtung oder mittels Gabelstapler in Querrichtung auf einen Kettenförderer abgegeben werden. Über einen Aufzug (1900 mm) gelangen sie in das Obergeschoss. Am Drehtisch (Durchmesser 2.000 mm) können die Paletten gestretcht werden. Der Verschiebewagen verteilt je nach Zielangabe die Paletten auf die verschiedenen Rollenbahnen.

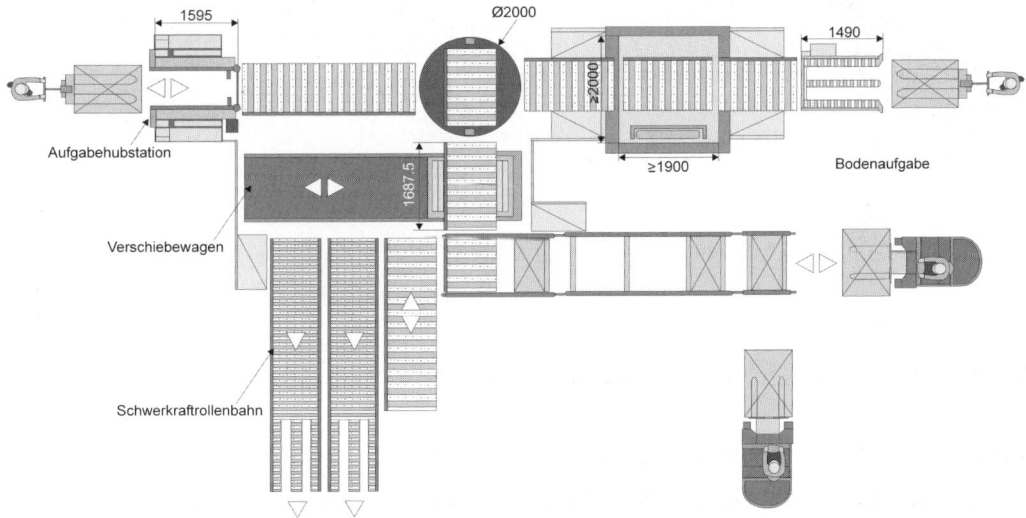

Bild 5.87 Aufgabe- und Verteilsystem für Paletten

Beispiel 5.17: Transport- und Sortieranlage für Behälter

Es ist das Zusammenwirken von unterschiedlichen Stetigförderern mit Sortier- und Übergabe-einrichtungen aufzuzeigen.

Lösung: Bild 5.88. Es zeigt die Kombination unterschiedlicher Sortierförderer (s. Beispiel 5.11 bis 5.13) für Behälter und Schachteln, sowie Stetigförderer, wie z. B. Rollenförderer und Übergabeeinrichtungen, wie z. B. Rollen- und Gurtabweiser (s. Kap. 5.3.4).

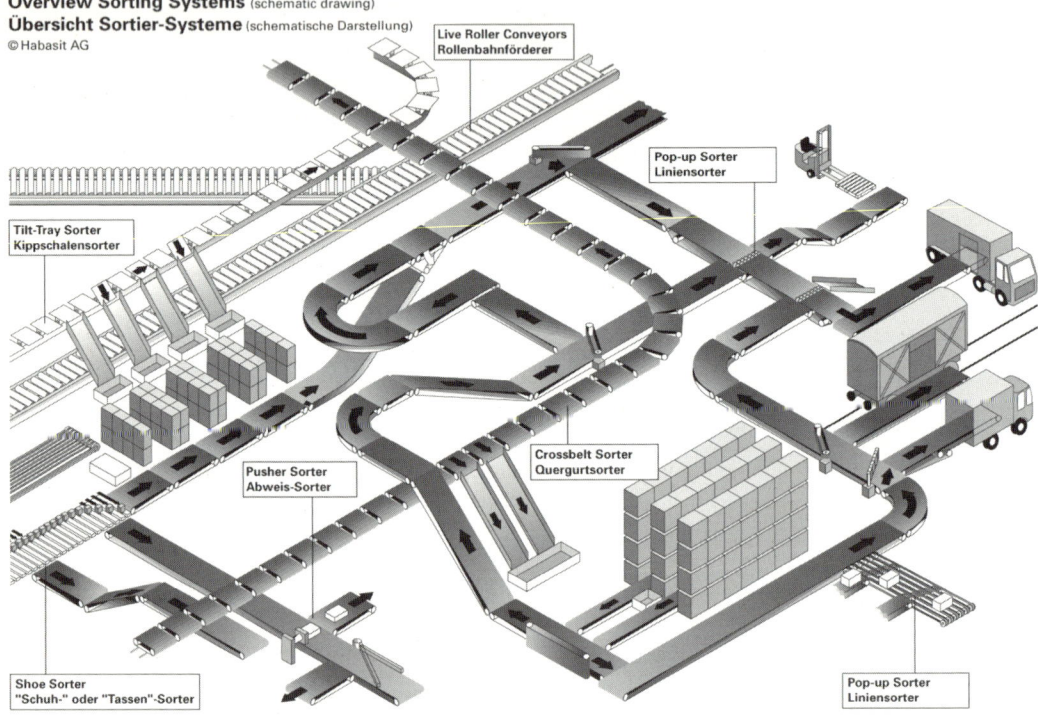

Bild 5.88   Transport- und Sortieranlage für Stückgut

• Fragen

1. Welche Ein- und Unterteilungsmöglichkeiten für Stetigförderer gibt es?
2. Welche Vorteile besitzen Gummigurtförderer und wo werden sie eingesetzt?
3. Es sind Ein- und Zweitrommel-Antriebsausführungen bei Gurtförderern zu skizzieren.
4. Wozu sind Spannvorrichtungen am Gurtförderer erforderlich?
5. Welche Ursachen kann ein seitliches Ablaufen des Gurtes haben?
6. Wie ist ein Gummigurt aufgebaut, und wie berechnet sich die Einlagenzahl?
7. Wie errechnet sich der Massenstrom bei einem Gummigurtförderer?
8. Wodurch ist eine Steilförderung von Stück- und Schüttgut zu erreichen?
9. Was stellt ein Teleskop- und Kurvengurtförderer dar und wo werden sie eingesetzt?
10. Wie ist die Endgeschwindigkeit des Transportgutes bei Rutschen zu beeinflussen?

11. Wie ist der Aufbau eines Unterflurfördersystems?

12. Es sind Schienenstränge für Kreis- und Schleppkreisförderer zu skizzieren und der prinzipielle Unterschied beider Transportmittel ist zu beschreiben.

13. Welche Vorteile besitzen Rollen- und Röllchenbahnen und welche Zusatz- und Sondereinrichtungen ergeben ein automatisierbares Transportsystem?

14. Es sind die Stetigförderer für Schüttgut aufzulisten.

15. Worin bestehen die Unterschiede zwischen einem Ketten- und einem Gurtbecherwerk?

16. Es sind die Vor- und Nachteile des Trogkettenförderers zu erstellen.

17. Wie errechnet sich der Massenstrom eines Becherwerkes?

18. Welche Bedingungen für einen Senkrechttransport von Schüttgut mittels Trogkettenförderer müssen erfüllt sein und wodurch ist die Förderhöhe begrenzt?

19. Welchen Aufbau hat ein Schneckenförderer, welche Größen müssen zur Berechnung des Massenstroms bekannt sein, wie ermittelt sich die Volllastbeharrungsleistung P_V?

20. Es sind verschiedene Konstruktionsformen von Schneckenförderern zu nennen.

21. Nach welchem Förderprinzip arbeitet der Schneckenrohrförderer und wodurch ist die Drehzahl begrenzt?

22. Welcher Verfahrensunterschied besteht zwischen Schüttelrutsche und Schwingrinne?

23. Es ist an Hand eines Diagramms die Ermittlung des zurückgelegten Gutweges auf der Schüttelrutsche bei einem Hin- und Rückgang zu erklären.

24. Was beinhaltet der Wurfkennwert bei Schwingförderern?

25. Wie werden Schwingrinnen unterteilt und wie arbeitet der Unwuchtmotor?

26. Wie ist der Unwuchtmotor als Kreis- und als Richterreger aufgebaut?

27. Wo werden Schwingrinnen hauptsächlich eingesetzt?

28. Wo liegt der Unterschied bei Saug- und Druckluftförderung?

29. Welche Einschleusmöglichkeiten für Transportgut gibt es bei Druckluftförderern?

30. Es sind die Strömungsformen bei Saug- und Druckluftförderung zu skizzieren.

31. Was ist unter einem Tragkettenförderer zu verstehen, wo liegt das Anwendungsgebiet?

32. Es ist das Luftkissenprinzip für Schütt- und Stückgüter zu erklären und seine Anwendung in der Transporttechnik aufzuzeigen.

33. Welche Sortierföderer gibt es und nach welchen Prinzipien arbeiten sie?

6 Unstetigförderer

6.1 Merkmale, Einsatz, Einteilung

Unstetigförderer sind Transportmittel, die Schütt- oder Stückgut diskontinuierlich von einer Aufgaben- zu einer Abgabenstelle transportieren. Ihre unstetige Arbeitsweise erfolgt häufig in Arbeitsspielen. Weiterhin ist der Arbeitsablauf gekennzeichnet durch den Wechsel von Last- und Leerfahrten, durch Stillstandszeiten für das Be- und Entladen und durch Anschlussfahrten. Somit können die Antriebe für Aussetz- oder Kurzzeitbetrieb ausgelegt werden. Die Be- und Entladung geschieht im Stillstand, die Last kann nur an bestimmten Stellen mit dem Lastaufnahmemittel aufgenommen und abgegeben werden.

Unstetigförderer sind flurgebundene oder flurfreie, schienengebundene oder schienenfreie Transportmittel. Die Bedienung ist häufig manueller Art, wodurch die Betriebskosten hoch sind. Automatischer Betrieb ist mit größerem Aufwand gegenüber Stetigförderern zu erreichen. Die besonderen Vorteile der Unstetigförderer liegen in hoher Einsatzflexibilität, z. B. bei Änderung der Transportaufgabe oder des Einrichtungslayouts sowie bei Leistungserhöhung.

Stückgut kann als Einzelgut oder als Ladeeinheit transportiert werden. Für jede Bewegung, wie z. B. Fahren, Heben, Lastübernehmen etc., sind in der Regel separate Antriebe vorhanden.

Unstetigförderer werden in allen Bereichen eines Unternehmens eingesetzt. Ihre Einteilung geschieht nach Bild 6.1. Die für den innerbetrieblichen Materialfluss wichtigsten Unstetigförderer werden im Folgenden behandelt.

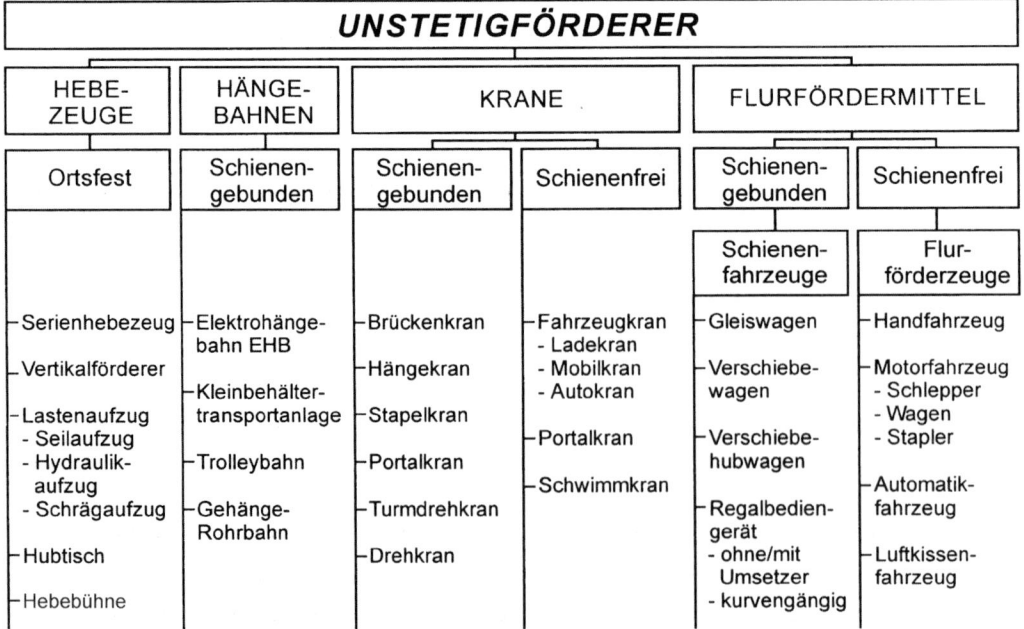

Bild 6.1 Systematik der Unstetigförderer

6.2 Hebezeuge

Im Rahmen des betrieblichen Materialflusses werden Hebezeuge zur Überbrückung einer Höhendifferenz benutzt, sei es am Arbeitsplatz (s. Bild 8.5) zur Beladung eines Lkw, zur Beschickung eines zweigeschossigen Fachbodenregales (s. Bild 10.9) oder zur Stockwerksüberbrückung. Zum reinen senkrechten Transport dienen Lastenaufzüge, die nicht die strengen Personentransportvorschriften erfüllen müssen, Hubtische, Paletten- und Behälterheber sowie spezielle Vertikalförderer.

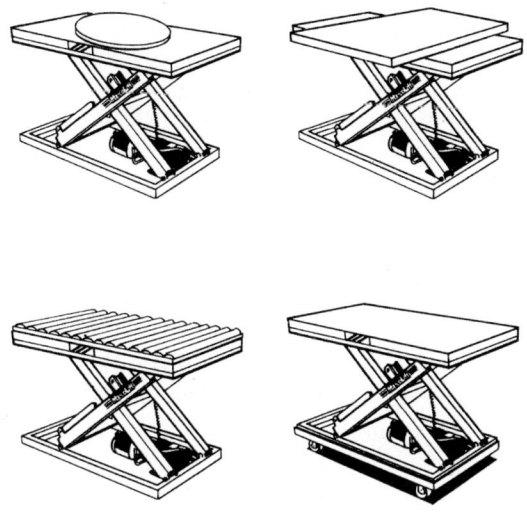

Bild 6.2.1   Scherenhubtische mit Zusatzeinrichtungen

6.2.1 Hebebühnen

Hebebühnen werden unterteilt in *Lasten*-Hebebühnen und *Arbeits*-Hebebühnen. Überall dort, wo ein Niveauausgleich notwendig ist, z. B. an einer Verladerampe oder zur leichteren Bedienung einer Maschine, können *Lasten-Hebebühnen* eingesetzt werden, die als Scheren-Hubtische gebaut sind. Sie bestehen aus Grundrahmen, Scherensystemen, Oberrahmen mit Abdeckplatte, Elektrohydraulikantrieb sowie den notwendigen Steuer- und Schaltelementen. Die Hubhöhe beträgt bei dem Einzel-Scherensystem ca. 60 % der Plattformlänge (Länge der Plattform bis 3000 mm möglich), bei dem Doppel-Scherensystem 100 %. Der elektrohydraulische Antrieb, der separat oder in die Bühne eingebaut werden kann, ist aus einem Kurzschlussläufer-Motor mit Hochdruck-Zahnradpumpe aufgebaut. Der Überlastungsschutz wird durch ein Druckbegrenzungsventil realisiert. Die elektrische Steuerung erfolgt über Hand- oder Fußdruckschalter. Hubtische sind in der Regel stationär, können aber auch verfahrbar sein. Der Tisch kann als Rollenförderer ausgebildet, mit einem Drehteller oder Drehtisch versehen sein (Bild 6.2.1). Sonderformen sind als sehr flache Hubtische mit U-förmigem Tisch zur Längsaufnahme einer Palette vom Handgabelhubwagen konstruiert (Bild 6.2.2).

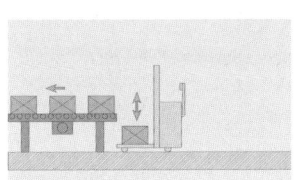 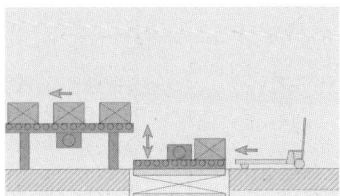 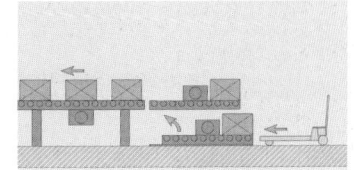

Bild 6.2.2   Anhebung einer Palette oder Gitterbox mittels: Stapler – Scherenhubtisch – Hubtisch

Arbeits-Hebebühnen erreichen Höhen mittels Mehrfach-Scherensystem bis 6,5 m, mittels Teleskopzylinder bis 25 m und werden als Montagebühnen im Großgerätebau oder zur Wartung von Hallen, Kranen und dergleichen benutzt. Die Arbeitsbühne kann starr, schwenkbar, verschiebbar oder ausfahrbar konstruiert sein. Sie wird als verfahrbares oder selbstfahrendes Gerät hergestellt. Die Teleskopsäulen besitzen in Längsrichtung genutete Zylinder, die ein Verdrehen der Arbeitsbühne verhindern. Beim Einsatz im Freien muss die Bühne ab Windstärke 6 (10 m/s) außer Betrieb gesetzt werden.

6.2.2 Vertikalförderer

Vertikalförderer für Paletten oder Behälter sind einmal als Heber nach dem Aufzugsprinzip mit einem Seil-/Kettenhubwerk (Bild 6.2.3) aufgebaut oder mit einer Hydraulikhubeinrichtung versehen, zum anderen als S-Förderer (Stetigförderer!) konstruiert, wobei das Transportgut getaktet aufgegeben werden muss. Kartons, Kästen, Formteile und Paletten lassen sich von einem Rollenförderer auf eine segmentweise gegliederte, aber geschlossene Plattform waagerecht übergeben und ebenso nach dem Senkrechttransport waagerecht auf einen Rollenförderer abgeben.

Nach der Abgabe werden die Plattformsegmente für den senkrechten Rücklauf umgelenkt. Als Antriebselement dient eine Gummikette, die über Kunststoffräder geführt wird. Durch Umkehr der Drehrichtung ist eine Absenkförderung möglich. Leistungen zwischen 300 bis 2000 Takten pro Stunde sind in Abhängigkeit vom Transportgut möglich (Bild 6.2.4).

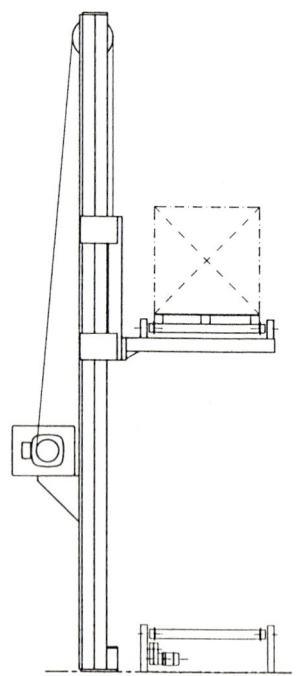

Bild 6.2.3   Behälterheber

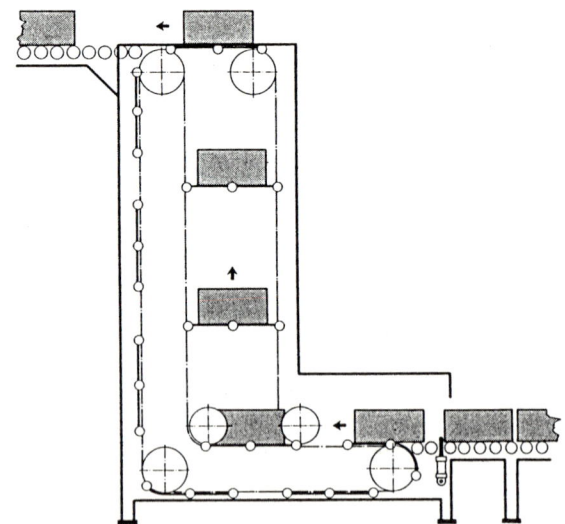

Bild 6.2.4   Stückgut-Vertikalförderer

6.3 Elektro-Hängebahnen

Die *Elektro-Hängebahn* EHB (Einschienen-Hängebahn) transportiert die Transportgüter flur-frei – meist horizontal – und besteht aus an der Hallendecke oder an Stützen befestigten Schienen, dem Fahrwerk und dem Gehänge. An der Laufschiene (= Tragschiene) sind die Stromschienen (Schleifleitung: 400V; 50 Hz) und das Fahrwerk (Reibrad) angebracht (Bild 6.3.1 und 6.3.2).

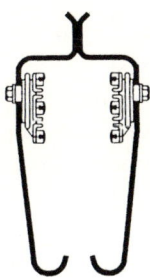  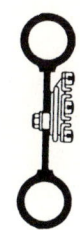 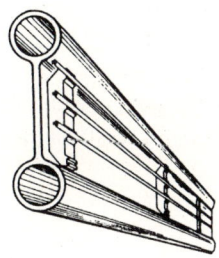

Bild 6.3.1   U-Profil einer Elektro-Hängebahn mit innenliegender Stromschiene für Innenläufersystem

Bild 6.3.2   Wulstprofil einer Elektro-Hängebahn mit außenliegender Stromschiene für Außenläufersystem

Nach der Anordnung von Schiene und Fahrwerk sind zu unterscheiden:

- *Außerläufer*-Elektrohängebahn, Stromabnehmer und Laufschiene liegen ungeschützt außen
- *Innenläufer*-Elektrohängebahn, Stromabnehmer und Laufschiene liegen geschützt im Inneren der Fahrschiene
- Kombination von Innen- und Außenläufer-Elektrohängebahn.

Die Anzahl der Lauträder beim Fahrwerk (Bild 6.3.3 und 4.9c und d) ist von der Tragfähigkeit der Hängekatze abhängig.

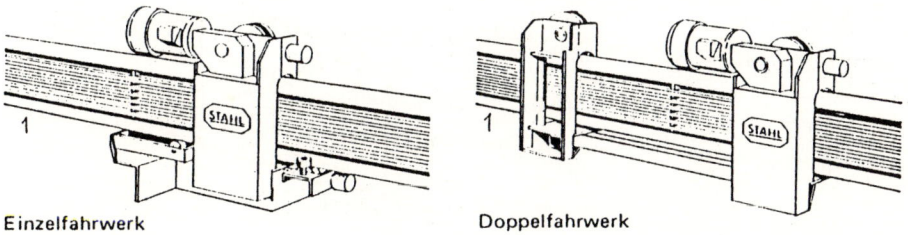

Einzelfahrwerk   Doppelfahrwerk

Bild 6.3.3   Fahrwerktypen für Elektro-Hängebahn

Die einzelnen Fahreinheiten können von Hand, durch Haspelantrieb, elektrisch mit Flursteuerung (bis 63 m/min), selbsttätig oder mit Kabinensteuerung (Bild 6.3.4) fahren und laufen bei Ringverkehr mit Zielsteuerung ihr Ziel automatisch an. Die Fahrgeschwindigkeit liegt zwischen 10 m/min und 100 m/min. Die Linienführung kann durch Geradstücke, Bogenstücke, Weichen, Schwenkscheiben, Absenkstationen und horizontale Versetzstationen dem Produktionsablauf und der Transportaufgabe gut angepasst werden. Es ist zwischen Bahnverzweigung mittels Drehkreuz, Zweiweg- und Dreiwegweichen (Bild 6.3.5) und Fahrzeugumsetzung mittels Drehscheibe und Parallelweiche zu unterscheiden. Das Hubwerk kann ein Elektrozug mit Lasthaken oder ein dem Transportgut angepasstes Lastaufnahmemittel in Gabel-, Wannen-,

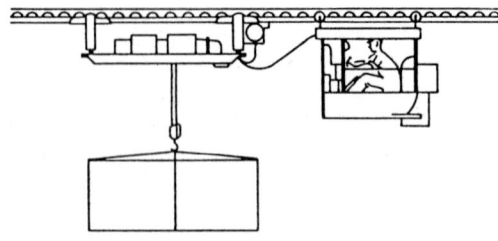

Bild 6.3.4   Elektro-Hängebahn mit Kabinensteuerung

Behälter-, Haken- oder Tischform sein. Zur Transportgutverteilung, -zusammenführung und -sortierung kann ein Ringverkehr mit Verzweigungen (Bild 6.3.6) eingesetzt werden, dessen Lastaufnahme und -abgabe automatisch erfolgt (Verschiebeweichen, -wagen; Dreh-/Quattroweiche). Die Katzen der Hängebahn fahren selbsttätig und sind mit Auflaufsicherung versehen. Weichenverstellungen laufen automatisch nach einem Programm ab und Pufferzonen sind als hängendes Lager ausgebildet. Der Vertikaltransport erfolgt mittels Aufzügen oder bei geringen Steigungs- und Gefällstrecken bis 5 % mit eigener Kraft sowie mit Steighilfe durch Schrägtransfer.

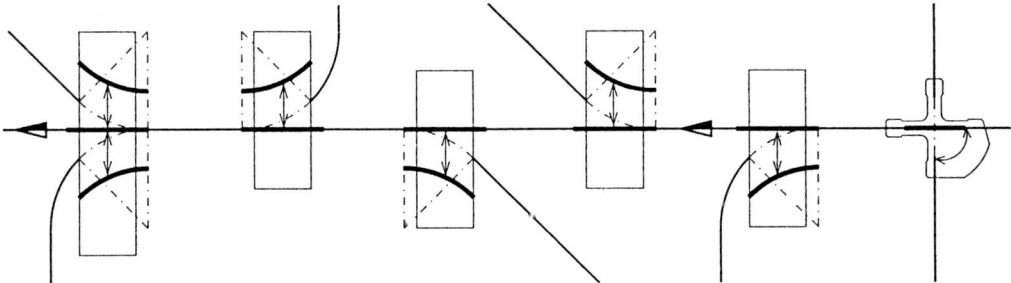

Bild 6.3.5   Verzweigungselemente

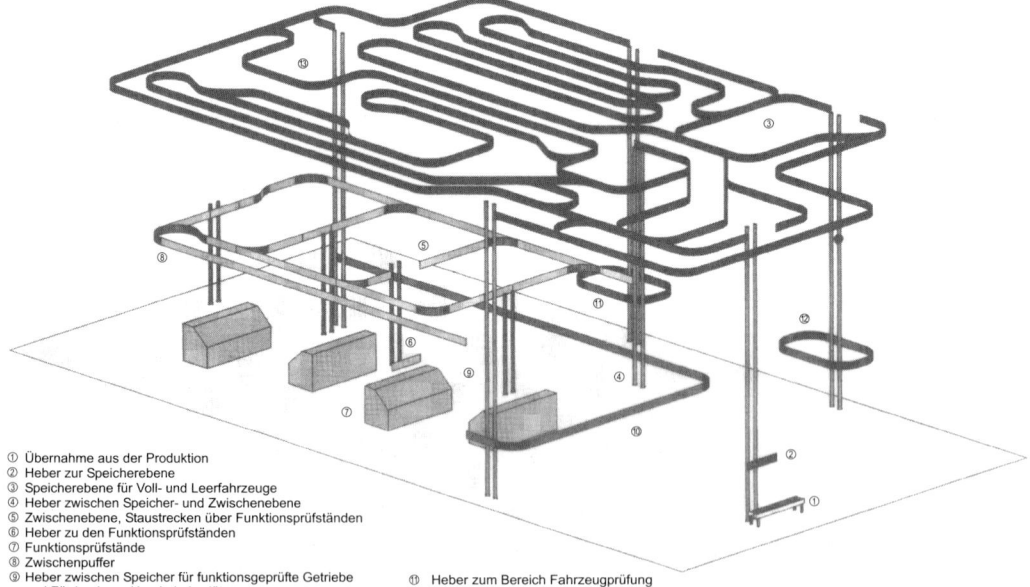

① Übernahme aus der Produktion
② Heber zur Speicherebene
③ Speicherebene für Voll- und Leerfahrzeuge
④ Heber zwischen Speicher- und Zwischenebene
⑤ Zwischenebene, Staustrecken über Funktionsprüfständen
⑥ Heber zu den Funktionsprüfständen
⑦ Funktionsprüfstände
⑧ Zwischenpuffer
⑨ Heber zwischen Speicher für funktionsgeprüfte Getriebe und Förderebene Handarbeitsplätze
⑩ Förderebene zu den peripheren Handarbeitsplätzen

⑪ Heber zum Bereich Fahrzeugprüfung
⑫ Heber zum Bereich Getrieberückmontage
⑬ Heber zum Leerfahrzeugspeicher

Bild 6.3.6   Einsatz einer Elektro-Hängebahn in drei Ebenen mit 150 Fahrzeugen

Für geringe Lasten sind Trolleysysteme entwickelt worden, die nach unterschiedlichen Prinzipien arbeiten, sowie unterschiedliche Schienenquerschnitte aufweisen. In dem Bild 6.3.7 wird ein Trolleysystem mit einem Transferförderer (Schrägförderer) zur Überbrückung von Höhenunterschieden (Stockwerken) gezeigt. Der waagerechte Transport wird entweder manuell, motorisch mittels Ketten oder über Schwerkraft durchgeführt. Eine Kopplungsmöglichkeit zeigt Bild 6.3.8.

 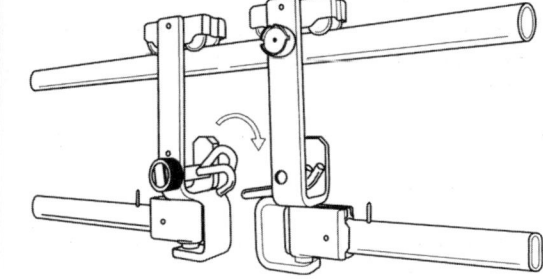

Bild 6.3.7 Trolleysystem in einem Textilversandhaus mit hängender Ware

Bild 6.3.8 Trolleys können einzeln und aneinander gekoppelt fahren

Die Vorteile der Elektro-Hängebahn liegen in

- der flexiblen Linienführung und großem Anwendungsbereich
- der einfachen Anpassung an den Materialfluss und an die betrieblichen Erfordernisse
- dem flurfreien Transport; dem geräuschlosen Lauf (umweltfreundlich)
- der Einsparung von Betriebskosten (intermittierender Betrieb: nur benötigte Fahrwerke laufen; jedes Fahrwerk hat eigenen Antrieb)
- der Automatisierbarkeit der Anlage mittels Zielsteuerung: Anweisungen an das Fahrwerk mechanisch: z. B. Nockeneinstellung, elektronisch oder elektromagnetisch: z. B. Magnete
- der einfachen Erweiterungsmöglichkeit der Anlage
- einem Traglastbereich von 250 kg bis 6,3 t; Kurven mit kleinem Radius $r > 1,2$ m
- der Kombination mit Hängekranen (Linien- und Flächenbedienung)
- Fahrtrichtungswechsel der einzelnen Fahrwerke möglich; Ausrüstung mit Hebezeug.

Vorteilhaft bei motorischem Antrieb ist, dass Handlingsaufgaben, wie z. B. heben, senken, drehen, sortieren oder Kombinationen von Bewegungen möglich sind. Dadurch ist die Trennung von Fahrzeug und Last möglich. Während die Last = Produktionsteil lagert oder bearbeitet wird, kann das Fahrzeug andere Transportaufgaben durchführen.

Bei waagerechtem Transport geringer Länge und geringer Frequenz werden für Transportgüter bis zu einer Belastung von 1,6 t/m Schiene *Handhängebahnen* eingesetzt, d. h. der Antrieb der Hängebahn erfolgt von Hand durch Schieben oder Ziehen. Einsatz in erster Linie am Arbeitsplatz. EHB: Beispiel 6.6-16; technische Daten Bild 6.6.31b.

6.4 Krane

6.4.1 Allgemeines, Einteilung

Die Vorteile eines Kranes liegen in vertikalen und horizontalen Bewegungen, wobei die Richtung beliebig ist und die Bewegungen gleichzeitig ausgeführt werden können. Sowohl zum Transport von Stück- oder Schüttgut, von sperrigen Lasten, von Langgut oder Massengut sind Krane geeignet. Bestimmte Bauarten (Brückenkran Bild 6.4.1) benötigen für den Transport keine Grundfläche (flurfreier Betrieb), und der Transportraum liegt über dem Arbeitsraum. Mit dem Hängekran ist ein Quertransport der Laufkatze von einem Hallenschiff zum anderen möglich. Der Stapelkran wird im Lagerbereich zur Bedienung von Hochregalen eingesetzt, und der Mobilkran hat seinen Wirkungsbereich im Freilager. Diesen Vorteilen stehen entgegen:

- beschränkter Arbeitsbereich (an Fahrbahn gebunden)
- ungeeignet zur stetigen Förderung
- unwirtschaftlich zum Bewegen leichter Transportgüter (große Totlast).

Bei der Auswahl der Kranbauart für einen vorgegebenen Transport spielt eine Vielzahl von Faktoren eine Rolle, wie z. B.

- der Einsatzort: in der Halle, im Freien, auf der Baustelle
- der Einsatzbereich: im Lager, in der Fertigung, bei der Montage
- die Abmessungen und Maße des Hallengrundrisses, die Lagerplatzgröße
- die maximale Lastgröße
- die mittlere Spieldauer und die maximale Zahl der Spiele pro Zeiteinheit
- die erforderliche Hakenhöhe und der Stützenabstand.

Das Lichtraumprofil (Durchgangsprofil) des Kranarbeitsbereiches ermittelt sich aus der Spannweite, der Hakenhöhe und spezifischen Abmessungen der Krankonstruktion, wie z. B. beim Brückenkran, der Art der Kopfträgeranschlüsse an die Kranbrücke, der Bauweise der gewählten Laufkatze mit Elektrozug oder Windwerk (auf Unter- oder Obergurt laufend) sowie der Art des Lastaufnahmemittels.

Bild 6.4.1   Brückenkran 80 t in Druckerei (links); Prozesskran im Flugzeugbau-Montagebereich

Die Anfahrmaße für die Laufkatze und für den Kran sind möglichst klein zu wählen, um die Raumausnutzung zu erhöhen. Den Unfallverhütungsvorschriften ist z. B. durch Laufstege mit Geländer und Steigleitern zur Wartung der Maschinenteile Rechnung zu tragen.

Bild 6.4.2 zeigt Stromzuführungsmöglichkeiten mittels Leitungen oder über Schienen bei Kranen, Katzen und Regalbediengeräten (vgl. Kap. 4.5.4.3; berührungslose Energieübertragung s. Beispiel 6.6-15).

Krane können ortsfest aufgestellt oder auf Schienen verfahrbar sein, werden mobil eingesetzt oder auf Schiffen angeordnet. Diese Vielfalt an Einsatzmöglichkeiten drückt sich auch in der Bezeichnung der Krane aus. DIN 15 001 T 2 gibt eine Einteilung der Krane nach ihrem Verwendungszweck oder Aufstellungsort an und unterscheidet 16 Haupt-Kranarten mit einer Vielzahl von weiteren Unterbezeichnungen.

Diese Kranarten sind z. B.:

Werkstatt-, Montage-, Lager-, Hafen-, Hüttenwerks-, Schmiede-, Bau-, Werft-, Schiffs- und Containerkrane.

Damit ist aber ein Kran noch nicht vollständig bestimmt. Es bedarf dazu der Angabe über die Kranbauform. Die Einteilung der Krane nach ihrer Bauart ist Inhalt der DIN 15 001. Sie teilt dabei die Bauarten ein in Wandschwenk- und Säulendrehkrane die bis 8t Tragfähigkeit gebaut werden.

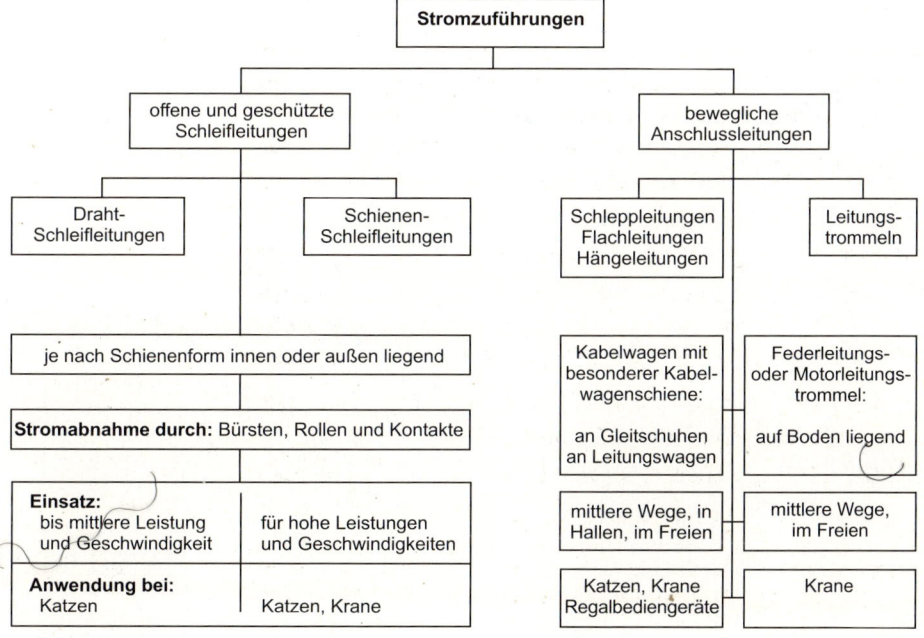

Bild 6.4.2   Möglichkeiten von Stromzuführungen mittels Leitungen

Kranbauarten sind:

- Auslegerkrane und Drehkrane
- Brückenkrane
- Portalkrane
- Windlaufkrane

- Turmdrehkrane
- Fahrzeugkrane
- Schwimmkrane
- Kabelkrane

Fahrzeugkrane werden gebaut als:

- Aufbaukran auf Serien-LKW-Fahrwerk mit Tragfähigkeiten bis 80 t
- Teleskop- Autokran mit Tragfähigkeiten bis 500 t
- Gittermast-Autokran mit Tragfähigkeit bis zu 1.000 t
- All-Terrain-Kran mit Tragfähigkeiten bis 1.000 t (Rough-Terrain-Kran bis 160 t)
- Gittermast-Raupenkran mit Tragfähigkeiten bis 1.600 t (drehbarer Oberwagen auf Raupenfahrwerk)

6.4.2 Laufkrane (Brückenkrane)

Die am häufigsten in Montage-, Fertigungs- und Lagerhallen, in Gießereien und Bearbeitungswerkstätten anzutreffende Kranart ist der auf oder an einer hoch gelegenen Fahrbahn laufende Brückenkran. Zu unterscheiden sind:

- Einträger-Laufkran: aufgebaut aus Profil- oder Kastenträger, bis 10 t Tragfähigkeit und 24 m Spannweite, in der Regel Flurbedienung, mit günstigen Baumaßen und geringem Eigengewicht.
- Zweiträger-Laufkran (s. Bild 6.4.1): aufgebaut aus Profil-, Vollwand-, Fachwerk- oder Kastenträger, bis 80 t Tragfähigkeit und 35 m Spannweite, Flur- oder Führerhausbedienung (v = 63 m/s) bei ortsfestem Bedienstand mit Funksteuerung.
- Spezialkrane wie z. B. Prozesskrane, Automatikkrane, Krane mit Tragfähigkeiten bis 560 t und Krane mit Spannweiten bis 60 m.

Die Laufkrane sind mit den unterschiedlichsten Laufkatzen-Ausführungsformen zu kombinieren und passen sich so der gestellten Transportaufgabe am besten an (s. Bild 11.24).

Unter *Hänge-* oder *Deckenkrane* werden Laufkrane in *Einträger-* und in *Zweiträgerbauart* (Bild 6.4.3) verstanden, deren Fahrbahn über Zuganker an Decken und Dachkonstruktionen aufgehängt ist.

Bild 6.4.3   Hallenschiff mit Hängekranen zur Bedienung von Werkzeugmaschinen

Das Hubwerk besteht aus einem Elektroketten- oder -seilzug. Ab 6 m Kranträgerlänge und 500 kg Traglast wird ein Elektrofahrantrieb eingesetzt. Besitzt die Decke oder Dachkonstruktion genügende Tragfähigkeit, dann sind Hängekrane bis 10.000 kg Last einsetzbar, denn ihre Vorteile sind:

- nachträglicher Einbau in Hallen oder Räumen (je nach Deckentragfähigkeit)
- geringes Eigengewicht; schnelle Montage einer Anlage
- geringe Bauhöhe, dadurch gute Ausnutzung der Raumhöhe
- Leichtgängigkeit, handverfahrbar, motorverfahrbar; Kombination mit Hängebahn
- Querverbindung von nebeneinander liegenden Hallenschiffen
- große Kranbahnlängen durch mehrfache Aufhängung
- Ausgleich unterschiedlichen Bahnabstandes durch Schrägfahrt
- kein Verklemmen der Kranbrücke, gute Führungseigenschaften des Kranes.

Entscheidend für den Einbau eines Hängekranes sind Traglast, notwendige Spannweite des Kranträgers, Aufhängeabstand für die Kranbahn und die Deckentragfähigkeit.

Bei nebeneinander liegenden Hallenschiffen besteht die Möglichkeit, bei entsprechender mechanischer Verriegelung einen Quertransport der Laufkatze (s. Bild 6.4.3) ohne Lastabsetzen durchzuführen. Dabei wird die *Direktverriegelung* in stützenlosen Hallen angewendet; sonst wird mit *Überfahrstücken* gearbeitet.

Eine Kombination mit einer Hängebahn (Kap. 6.3) bereitet keine Schwierigkeiten (Bild 6.4.4).

Bild 6.4.4
Hängekran-/Hängebahnkombination
1 Kranbahn
2 Einschienen-Hängebahn
3 Überfahrstelle der Laufkatze mit Verriegelung durch Überfahrstück (links) und direkt (rechts)
4 Hängekran

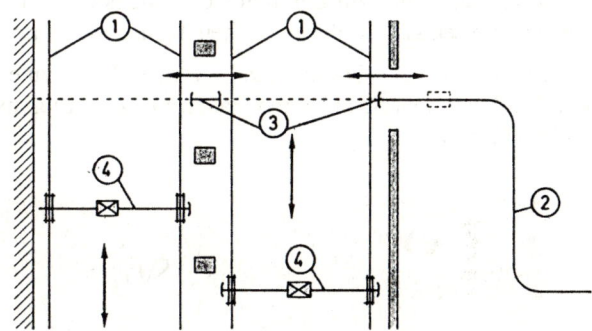

6.4.3 Portalkrane

Krane mit portalartigem Traggerüst werden als Portalkrane bezeichnet und unterscheiden sich

- in der Bedienung (analog Brückenkran)
- in der Brückenbauweise (analog Brückenkran)
- in der Stützenausführung: ein oder zwei Stützen
- in der Möglichkeit, Kragarme zu besitzen: an einem oder an beiden Enden kann die Kranbrücke mit festen oder hochklappbaren Kragarmen versehen sein.

Die Krane sind längs- oder/und querbeweglich, sind ortsfest oder fahren auf Schienen. Bei *Vollportalkranen* (Bild 6.4.5) stützt sich die Kranbrücke über zwei Portalstützen auf ebenerdig liegenden Kranschienen ab, beim *Halbportalkran* (Bild 6.4.6) ist statt einer Stütze eine hoch liegende Kranbahn vorhanden. Beide Krantypen können mit einer Ober- oder Untergurt-

Laufkatze versehen werden oder nehmen festsitzende Ausleger- oder Drehkrane auf. Vollportalkrane werden auch *Bockkrane* oder *Verladebrücken* genannt.

Bild 6.4.5 Vollportalkran mit beidseitig festen Kragarmen und Zweischienen-Windwerkkatze (statisch bestimmtes System)

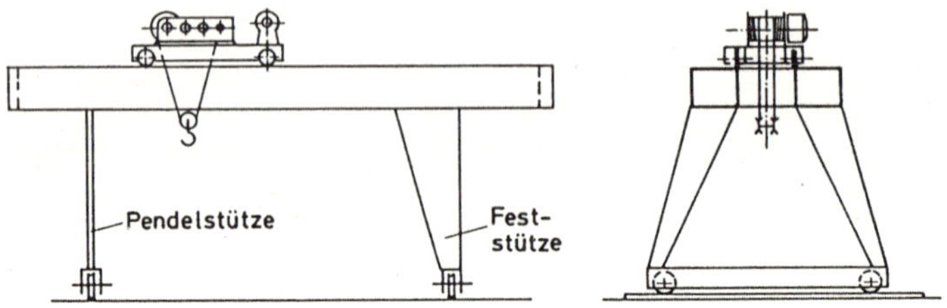

Pendelstütze   Fest-
                      stütze

In der Halle setzt man Vollportalkrane ein, wenn die Decken- oder Stützkonstruktion keine zusätzlichen Lasten mehr aufnimmt. Das Haupteinsatzgebiet dieser Krane liegt im Freilager. Gegen Windkräfte müssen sie mit Haltebremsen oder Schienenzangen abgesichert werden. Speziell im Container-Umschlag haben sich Portalkrane auf Schienen oder schienenfrei zusammen mit Portalhubwagen (Bild 7.10g) und Portalstaplern (Bild 7.10e und 7.17) bewährt.

In Form des Vollportalkranes und des Brückenkranes sind RBG als Überfahrgeräte über Langgutlager entwickelt worden, die nur eine kleine Grundfläche benötigen und das Lager halb- oder vollautomatisch bedienen. Das Material lagert dabei in Sichtkörben (Wannenpaletten) auf Ständerregalen, die zu einem Regallager mit geringer Gangbreite aufgebaut sind. Der Portalstapler fährt auf einer hoch gelegenen Fahrbahn. Die Hubtraverse, mit der die Wannenpaletten gestapelt werden, wird über einen Elektrozug bewegt (s. Bild 10.27d und 11.26).

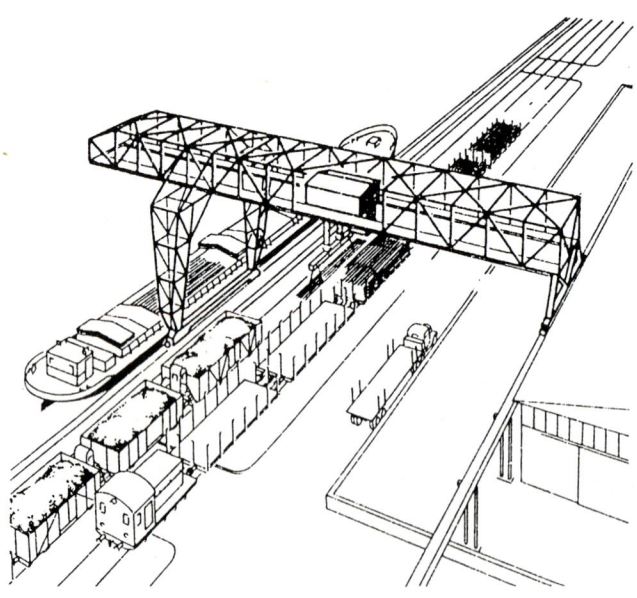

Bild 6.4.6 Halbportalkran in Fachwerkträger-Konstruktion mit einseitigem Kragarm und Traversenkatze zum Stückgutumschlag

6.4.4 Stapelkran

Eine Mechanisierung und gute Raumausnutzung ist mit Hilfe des *Stapelkranes* (Bild 6.4.7 und 11.32b) zu erreichen, der eine Kombination eines Gabelstaplerhubgerüsts und eines Brückenkrans darstellt. Er benötigt für das Manövrieren von Paletten, Behältern, Collis oder Langgut nur wenig Platz.

Seine Vorteile liegen in einer geringen Gangbreite (ca. 1,4 m ohne Kabine, 1,7 m mit Kabine), großen Stapelhöhen bis 10 m, Traglasten bis 5 t, guter Lagerraumausnutzung, keine Transportmitteländerung bei Regalumstellung. Ausführungsarten gibt es in Zweiträger-Brückenkran- oder Hängekran-Bauweise, mit drehbarer Säule (360°), mit Teleskopmast zur Überwindung von Hindernissen, mit Flursteuerung oder mit Steuerung von einer am Mast befestigten Kabine (gute Beobachtung der Arbeitsvorgänge).

Der Fußboden in den Regalgängen ist nicht durch Schienen unterbrochen.

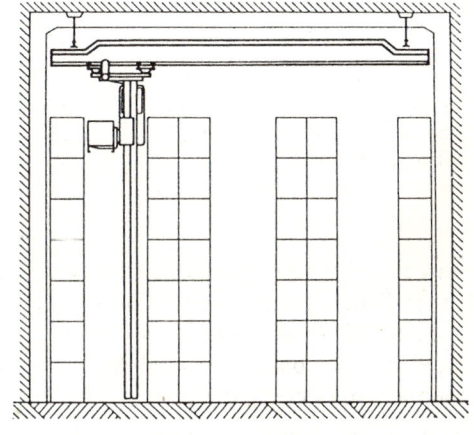

Bild 6.4.7 Stapelkran in Zweiträger-Hängekranausführung mit Laufkatze

6.5 Schienenfahrzeuge

Schienenfahrzeuge sind Flurfördermittel, die zu den Unstetigförderern gehören. Das Element zur Zwangsführung der Fahrzeuge ist die Schiene, die auch die Aufgabe hat, Fahrzeuggewichte aufzunehmen (s. Kap. 4.6.3; Bild 4.10). Schienen sind für Wagen paarweise angeordnet, für bodengeführte Regalbediengeräte ist nur *eine* Schiene erforderlich.

Zu den schienengebundenen Flurfördermitteln zählen Gleiswagen (Bild 6.5.1), Verschiebewagen, Regalbediengeräte (RBG) und Umsetzwagen für RBG. Stationäre Hebezeuge können durch Einbau eines Fahrwerkes zu Schienenfahrzeugen werden, wie z. B. die Schienen-Hebebühne.

Bild 6.5.1
Schwerlast-Gleiswagen für den Transport von Coils

6.5.1 Verschiebe- und Verschiebehubwagen

Verschiebewagen dienen zur Verteilung und Beschickung von Gütern, in der Regel von Paletten an Kopfstellen oder innerhalb von Transportstrecken (Bild 6.5.2a). Den Umsetzvorgang führt ein auf einer Schienenlaufbahn aufgesetzter, angetriebener Wagen aus, der mit einem Rollenförderer oder einem Kettenförderer ausgerüstet ist.

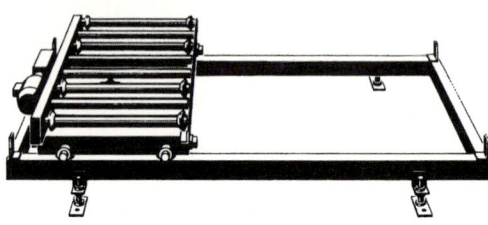

Bild 6.5.2a
Verschiebewagen

Der Verschiebehubwagen führt Ein- und Ausschleusfunktionen aus, z. B. in der Vorlagerzone, um die Verbindung zwischen Rollenförderer und RBG-Übergabeplatz durchzuführen. Verschiebe- und Verschiebehubwagen werden über Schleppkabel (s. Bild 6.4.2) mit Energie versorgt. Der Verschiebehubwagen fährt unter die Palette, die Hubeinrichtung nimmt über zwei oder drei Stege die Palette auf und verfährt sie an den Übergabeplatz. Die Wange des Rollenförderers ist an den Stellen „der Stege" unterbrochen (Bild 6.5.2b).

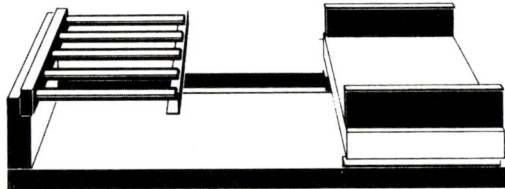

Bild 6.5.2b
Verschiebehubwagen

Verschiebe- und Verschiebehubbahnen verknüpfen Stichstrecken miteinander, ermöglichen versetztes und paralleles Abgeben sowie 90°-Umlenkung.

6.5.2 Regalbediengeräte (RBG)

RBG als regalabhängiges Schienenfahrzeug ist in Kap. 10.4.2, Bild 10.34 als Stapel- und Kommissioniergerät beschrieben.

Als Ergänzung sollen Transfermöglichkeiten für Kommissionier-RBG aufgezeigt werden. Hat ein RBG wegen geringen Warenumschlags mehrere Regalgänge zu bedienen, so gibt es zwei Möglichkeiten, das schienengeführte RBG in die anderen Regalgänge zu transportieren:

1. mittels Umsetzwagen (Umsetzbrücke, Umsetzer): s. Bild 10.35
2. Ausbildung als kurvengängiges RBG: s. Bild 10.36

Der Umsetzwagen entspricht einem Verschiebewagen, der eine Schiene zum Auffahren für den Transport des RBG enthält. Außerdem muss das RBG im oberen Bereich noch geführt werden. Im Gegensatz zum Verschiebewagen, der Lasten befördert, transportieren Umsetzer Transportmittel. Über Schleppkabel werden sie mit Energie versorgt. Bei kurvengängigen Regalbediengeräten ist das Fahrwerk so konstruiert, dass es über Weichen fahren und gebogenen Schienen folgen kann (Bild 6.5.3).

Entsprechend dem Umsetzwagen muss auch hier das RBG im oberen Bereich geführt werden. RBG-Umsetzwagen blockieren eine Regaleinfahrseite und bedeuten Flächen- und Raumverlust. Umsetzer können zusätzlich mit Rollenförderer versehen werden zur Aufnahme von ein- oder auzulagernden Paletten.

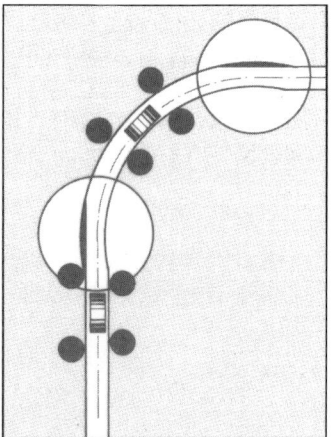

Bild 6.5.3
Kurvengeometrie eines kurvengängigen RBG mit Schienenkorrektur zur Reduzierung des Verschleißes an den Laufrädern

6.6 Flurförderzeuge

6.6.1 Vor- und Nachteile, Einteilung

Flurförderzeuge gehören in die Gruppe der Flurfördermittel, sie sind schienenfreie Transportmittel für den Horizontal- und Vertikaltransport. Flurförderzeuge werden im innerbetrieblichen Transport für unregelmäßig anfallende Transport- und Hubarbeiten von Stückgut aber auch von Schüttgut eingesetzt. Handgabelhubwagen bewerkstelligen den Palettentransport zwischen den Arbeitsplätzen, Schlepper ziehen Fahrtreppen im Flugfeldbereich, Elektrowagen verbinden Fertigungsabteilungen mit Lagerbereichen, Gabelstapler lagern Paletten in Regalen ein und Stapler, ausgestattet mit einer Schaufel als Anbaugerät, transportieren Sand auf einer Baustelle.

Vorteile der Flurförderzeuge:

*   freizügiger Einsatz in allen Betriebsbereichen, weder ortsfest, noch an Schienen gebunden
*   große Beweglichkeit und Wendigkeit (Drehen auf der Stelle)
*   vielseitige Verwendbarkeit des gleichen Gerätes
*   fahren in schmalen Gängen und kleinen Kurven
*   keine Störung durch festverlegte Gleise (verminderte Unfallgefahr)
*   niedrige Betriebskosten bei großen Hubhöhen, Tragfähigkeiten und Zugkräften
*   bei Verwendung von Ladeeinheiten Ersparnis an Umladevorgängen
*   geringe Anlagekosten, leichtes Anpassen an Betriebsumstellungen
*   durch Stapler gute Ausnutzung hoher Räume, mit Anbaugeräte erweiterter Einsatzbereich

Nachteile der Flurförderzeuge:

*   beschränkte Lade- bzw. Tragfähigkeit; ungeeignet zum stetigen Transport
*   größerer Fahrwiderstand der Räder verglichen mit Schienenfahrzeugen
*   Aufzüge mit hoher Tragkraft und großen Abmessungen bei Stockwerksbauten erforderlich
*   Einsatz ist abhängig von der Bodenbeschaffenheit und -tragfähigkeit
*   jedes Fahrzeug muss eigens ausgebildetes Personal haben.

Die Einteilung der Flurförderzeuge kann nach verschiedenen Kriterien, wie z. B. Transport-bewegungen horizontal/vertikal, Antriebsart, Lenk- bzw. Bedienart oder Bauformen vorgenom-men werden. Eine grundsätzliche Aufteilung geschieht in die Gruppe der *nicht motorisch ange-triebenen* Flurförderzeuge wie Karren, Roller und Wagen sowie in die Gruppe der *motorisch angetriebenen* Flurförderzeuge wie Schlepper, Wagen und Stapler (Bezeichnungen s. Beispiel 6.6-13; Stapler s. Bild 6.6.15).

6.6.2 Auswahlkriterien

Die Auswahl eines Flurförderzeuges für eine gestellte Transport-, Lager- oder Handhabungs-aufgabe erfolgt durch Vergleich des Anforderungsprofiles der Aufgabenstellung mit dem Leis-tungsprofil eines in Frage kommenden Flurförderzeuges. Die Auswahlkriterien sind zu unter-scheiden in *fahrzeugbezogene, einsatzbezogene und vorschriftenbezogene* Kriterien.

- Fahrzeugbezogene Auswahlkriterien sind

  - Fahrantrieb: Elektromotor, Verbrennungsmotor, Hybridantrieb (s. Kap. 4.5) ...
  - Bauform: Drei- oder Vierradbauweise, bei Staplern freitragend oder radunterstützt ...
  - Lenksystem: Drehschemel- oder Achsschenkellenkung, ...
  - Lenkart: Deichsel: kurze, lange; Klappdeichsel, Lenkrad, ...
  - Bedienart: fahrerbedient/automatisch, Mitgänger-/Mitfahrerbetrieb, Stand oder Sitz
  - Bereifung: Luft-, Superelastik-, Vollgummi- oder Kunststoffreifen (s. Kap. 4.6)
  - Geländestapler: Niederdruck-Luftreifen; Halleneinsatz: Hochdruck-Luftreifen (10 bar)
  - Trag- und Steigungsfähigkeit, Leistung, Fahrgeschwindigkeit, Ergonomie, Wartung ...
  - speziell bei Staplern: Hubgerüst (Kap. 6.6.7.4), Hubhöhe, Hub- und Senkgeschwindig-keiten, Anbaugerätemöglichkeit, Hublast, Freihub, Bauhöhe, Arbeitsgangbreite ...
  - Kosten: Investition, feste und bewegliche Kosten, Betriebskosten ...

- Einsatzbezogene Auswahlkriterien sind:

  - Transportgut: Schüttgut, Stückgut, Eigenschaften, Beschaffenheit, Ladungsmerkmale
  - Einsatzort: Innen-/Außenbetrieb
  - Einsatzbedingungen (Arbeitsumgebung): Fahrbahnverhältnisse, Bodenbeschaffenheit, Deckentragfähigkeit, Umgebung, wie z. B. Temperatur, Staub, Verschmutzung der Fahrbahn, Tragfähigkeit des Estrichs, zulässige Geschwindigkeit, Durchfahrtshöhen, Neigung ...
  - Auslastung des Flurförderzeuges, Einsatzzeit ...
  - Finanzierung: Kauf, Miete, Leasing ...
  - speziell für Stapler: Arbeitsgangbreiten, Stapelfähigkeit des Transportgutes, Beschaf-fenheit des Lagers ...

- Vorschriftenbezogene Auswahlkriterien sind:

  - Unfallverhütungsvorschriften, Normen, Richtlinien, Vorschriften
  - Sicherheit: am Fahrzeug: Schutzdach, Lastschutzgitter, Sichtverhältnisse ...
    - für den Betreiber: Rammschutz, Eckschutz, eigener Verkehrsweg, Gegenverkehr,
    - beim Fahrer: Führerschein, physischer Zustand ...

6.6.2.1 Bauform

Ein Flurförderzeug kann in *Dreirad-* oder *Vierradbauweise* (s. Bild 6.6.1) hergestellt sein. Die Dreiradbauweise ermöglicht einen kürzeren Radstand und besitzt eine größere Wendigkeit, was geringere Arbeitsgangbreite zur Folge hat. Die Vierradbauweise weist höhere Tragfähigkeiten auf, hat aber größeren Radstand, größere Arbeitsgangbreite und einen größeren Wenderadius. Weiter ist bei der Bauform zwischen *radunterstützten* und *freitragenden* Flurförderzeugen (Staplern) zu unterscheiden. Bei freitragenden Fahrzeugen wird die Last *außerhalb* der Radbasis aufgenommen, angehoben und transportiert, bei radunterstützten geschieht dies *innerhalb* der Radbasis. Eine weitere Ausführungsform ist die Kombination von radunterstützter und freitragender Bauart. Zu unterscheiden sind Schmal- und Breitspurausführung.

Bild 6.6.1   Elektro-Dreirad-Gabelstapler (links), Elektro-Vierrad-Gabealstapler (rechts)

6.6.2.2 Lenksystem, Lenkart, Lenkung

Das Lenksystem eines Flurförderzeuges kann als Drehschemel- oder Achsschenkellenkung ausgebildet werden. Bei der Drehschemellenkung sind zwei starre Laufräder auf einer Achse angebracht, die über einen U-förmigen Schemel mit der Lenkachse verbunden sind. Es entsteht ein sehr wendiges Fahrzeug. Bei der Achsschenkellenkung sind die gelenkten Räder durch Achsschenkel angelenkt. Die Wahl des Fahrwerk-Lenksystems ist nach den vorgegebenen Einsatzbedingungen zu treffen, denn das gewählte System hat Einfluss auf die Wendigkeit, den Wegeradius, die Ladeflächenhöhe, die Tragfähigkeit und die Arbeitsgangbreite.

Bei der Lenkung von nicht angetriebenen Flurförderern (Wagen, Anhänger) sind für die Auswahl maßgebend: Art, Abmessungen und Gewicht des Transportgutes; Ladehöhe; Beschaffenheit der Fahrbahn; Kurvenradien für das Einzelfahrzeug oder für den Anhängerbetrieb.

Die *Allrad-Achsschenkellenkung* (Bild 6.6.2a) ist kippsicher und spurlaufend, hat kleinen Wenderadius, niedrige Ladehöhe und umsteckbare Deichsel. Anwendung in engen Hallen bis 15 t Tragfähigkeit.

Die Drehschemellenkung wird in Einachs-, Zweiachs- und Allradlenkung ausgeführt. Die *Einachs-Drehschemellenkung* (Bild 6.6.2b) ist sehr wendig beim Einzelfahrzeug (durchlenkbar), aber nicht spurlaufend, hat große Ladehöhe, und bei vollem Lenkeinschlag besteht Kippgefahr. Anwendung beim Einzelanhänger bis 15 t Tragfähigkeit. Die *Zweiachs-Drehschemel-*

lenkung (Bild 6.6.2c) ist kippsicher (Lenkeinschlagbegrenzung, umsteckbare Deichsel) und spurlaufend, hat aber großen Wenderadius und große Ladehöhe. Anwendung bis 15 t Tragfähigkeit.

Die *Allrad-Drehschemellenkung* (Bild 6.6.2d) zeichnet sich durch niedrige Ladehöhe, kleinen Wenderadius und umsteckbare Deichsel aus. Sie ist spurlaufend und kippsicher. Anwendung bis 30 t Tragfähigkeit bei engen Platzverhältnissen.

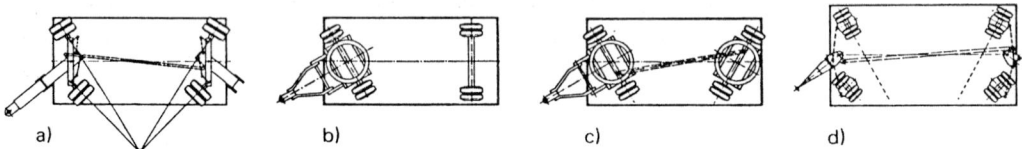

a)   b)   c)   d)

Bild 6.6.2   Lenkungssysteme für Anhänger
              a) Vierrad-Achsschenkel-Lenkung, b) Einachs-Drehschemel-Lenkung, c) Zweiachs-Drehschemel-
              Lenkung, d) Allrad-Drehschemel-Lenkung

Bei der Lenkung von angetriebenen Flurfördermitteln kann sowohl die Drehschemellenkung als auch die Achsschenkellenkung angewendet werden. Bei einem Flurförderer mit Drehschemellenkung ist trotz längeren Radstandes (Achsabstand) durch den möglichen 90°-Lenkeinschlag ein kleinerer Wenderadius und damit eine kleinere Arbeitsgangbreite bei gleicher Tragfähigkeit gegenüber der Achsschenkellenkung möglich. Der Wenderadius ist umso größer, je größer der Radstand ist. Aus Bild 6.6.2a sind die unterschiedlichen Winkel der Einzelräder auf einer Achse bei Lenkeinschlag zu erkennen. Dies bedeutet: schiebende Räder und damit Verschleiß (besonders bei Rückwärtsfahrt); daher Begrenzung des Lenkeinschlages auf kleiner gleich 80°. Lenkhilfen sollen den Kraftaufwand zur Drehung des Lenkrades mindern. Zu unterscheiden sind elektrische und hydraulische Lenkhilfen (Servolenkung).

Die Lenkart kann eine *manuelle* Lenkung durch den Bediener mittels Lenkrad oder Deichsel sein, kann eine *automatische* Lenkung ohne Bediener mit Hilfe von Führungssystemen oder eine Kombination von *manueller und automatischer* Lenkung sein. Die manuelle Lenkung (Lenksteuerung) entspricht der fahrerbedienten Lenkung. Hier sind der Mitgänger- und der Mitfahrerbetrieb sowie deren Kombination zu unterscheiden (s. Bild 6.7.2b).

6.6.2.3 *Mitgängerbetrieb*

Beim Mitgängerbetrieb werden alle Lenk- und Bedienfunktionen durch nebenher gehende Bediener ausgeführt; es wird in der Regel mit der Deichsel gelenkt. Die Bedienelemente zum Fahren und Heben sowie Stoppen befinden sich im Deichselkopf. Gelenkt und gebremst wird durch die Stellung der Deichsel. Anwendung für batterieelektrische Flurförderzeuge, die im Mitgängerbetrieb eingesetzt werden, wie z. B. Dreiradschlepper, Gabel-/Plattformniederhubwagen, Handgabelhubwagen. Bei motorisch angetriebenen Fahrzeugen ist die Fahrgeschwindigkeit auf das Fußgängertempo von 3 km/h begrenzt (s. Bild 7.18a und b).

6.6.2.4 *Mitfahrerbetrieb*

Beim Mitfahrerbetrieb kann die Bedienung des Flurförderzeuges durch *Fahrerstand-* (s. Bild 7.18d) oder *Fahrersitzlenkung* ausgeführt werden. Bei der Fahrersitzlenkung ist zwischen *Front-* und *Seitsitz* zu unterscheiden. Der Frontsitz ist ergonomisch sinnvoll bei überwiegender

Vorwärtsfahrt, wie z. B. bei Schleppern und E-Karren. Der Seitsitz (s. Bild 7.18e; Bild 6.6.8) ist rechtwinklig zur Lastaufnahmerichtung angeordnet. Es genügt bei Vorwärts- und Rückwärtsfahrt eine leichte Drehung des Kopfes, um den Fahrbereich zu übersehen. Bei häufigen Rückwärtsfahrten, Manövrieren und Sichtbehinderung durch Ladeeinheiten wird die Seitsitzanordnung bevorzugt, die sich auch noch durch kleineren Radstand auszeichnet; Anwendung bei Schubmaststaplern, Hochregalstaplern, Niederhubwagen. Bei Staplern ermöglicht ein Lenkknopf auf dem Lenkrad die geforderte Einhandlenkung mit der linken Hand. Die rechte Hand bedient Hub-, Senk- und Neigbewegungen des Fahrzeuges (Schägsitz: s. Bild 6.6.20).

Beim Mitgänger-/Mitfahrerbetrieb können die Lenk- und Bedienfunktionen wahlweise im Nebeneinhergehen oder Mitfahren ausgeführt werden. Für das Mitfahren ist eine klappbare Plattform vorhanden (s. Bild 7.18c).

6.6.3 Fahrwiderstand

Der Fahrwiderstand F_{wf} eines Flurfördermittels setzt sich zusammen aus dem

- Rollwiderstand F_{wr}
- Beschleunigungswiderstand F_{wa}
- Steigungswiderstand F_{wst}
- Luftwiderstand: vernachlässigbar

$$F_{wf} = F_{wr} + F_{wa} + F_{wst} \quad [\text{N}] \tag{6.1}$$

Der Rollwiderstand ist abhängig von der Radlagerung, der Fahrbahnbeschaffenheit und der Art der Bereifung. Um eine Vereinfachung der Rollwiderstandsberechnung zu ermöglichen, geht man vom Einheitsrollwiderstand w_r aus. Der Rollwiderstand F_{wr} ergibt sich zu

$$F_{wr} = mgw_r \tag{6.2}$$

m	in kg	gesamte Fahrzeugmasse (Eigengewicht + Last + Fahrer)
g	in m/s^2	Erdbeschleunigung (Mittelwert $g = 9{,}81$ m/s^2)
w_r	in ‰	Einheitsrollwiderstand
$w_r = 12$ bis 14 ‰		bei guter Fahrbahn und Vollgummibereifung
$w_r = 14$ bis 16 ‰		bei guter Fahrbahn und Luftbereifung (Hochdruckreifen)
$w_r = 20$ bis 25 ‰		bei festen Wegen und Luftbereifung (Niederdruckreifen)

Der Beschleunigungswiderstand F_{wa} umfasst die geradlinig zu beschleunigenden Fahrzeug- und Lastmassen F_{wag} und die zu beschleunigenden Drehmassen F_{war} von Antriebsmotor, Getriebe, Kupplung, Räder usw., bezogen auf den Treibradhalbmesser (Drehmassenbeschleunigung ist meist vernachlässigbar).

$$F_{wa} = F_{wag} + F_{war} \quad [\text{N}] \tag{6.3}$$

$$F_{wag} = ma \quad [\text{N}] \tag{6.4}$$

$$F_{war} = J_{red} \frac{a}{r^2} \quad [\text{N}] \tag{6.5}$$

m	in kg	gesamte Fahrzeugmasse
a	in m/s^2	Fahrzeugbeschleunigung ($a = 0{,}1$ bis $0{,}5$ m/s^2)
J_{red}	in kgm^2	Massenträgheitsmoment, auf Treibradachse reduziert
r	in m	Treibradradius

Der Steigungswiderstand F_{wst} von Flurfördermitteln kann entweder über den Hangabtrieb, über den Einheitssteigungswiderstand w_{st} oder bei Angabe der Steigung p in % über die Steigung selbst errechnet werden.

$$F_{wst} = m\,g\,\sin\alpha = mgw_{st} = mgp \ [\text{N}] \tag{6.6}$$

m, g siehe Gleichung 6.2
α in   Steigungswinkel: $\sin\alpha$ = p in % / 100
p in %   Steigung
w_{st} in ‰   Einheitssteigungswiderstand

Elektroschlepper und -stapler befahren Rampen mit Last bis 15 % Steigung (Beispiel 6.1).

Für das Gesamtgewicht m = 2750 kg eines Fahrzeuges (Ladung, Fahrer, Eigengewicht) ergibt sich ein Fahrwiderstand bei Vernachlässigung des Beschleunigungswiderstandes mit Vollgummibereifung (w_r = 15 ‰)

- bei waagerechter Fahrbahn:

  $F_{wf} = F_{wr} = 2750 \cdot 9,81 \cdot 0,015 = 404,7$ N

- bei einer Fahrbahn mit 5 % Steigung ($\overset{\Delta}{=} \alpha$ = 2,87°)

  $F_{wf} = F_{wr} + F_{wst} = 404,7 + (2750 \cdot 9,81 \cdot 0,05) = 1754$ N.

Für die Berechnung der Fahrmotorleistung muss zwischen dem batterieelektrischen und dem verbrennungsmotorischen Antrieb unterschieden werden. Da der Elektromotor kurzfristig überlastbar ist, wird normalerweise der Motor nach dem Rollwiderstand F_{wr} ausgelegt, der nicht überlastbare Dieselmotor aber nach dem Gesamtfahrwiderstand F_{wf}.

$$P = \frac{F_{wr}v}{1000\,\eta_{ges}} \ [\text{kW}] \tag{6.7}$$

P in kW   Fahrmotorleistung
F_{wr}bzw. F_{wf} in N   Roll- bzw. Fahrwiderstand
v in m/s   Fahrgeschwindigkeit
η_{ges} Triebwerkwirkungsgrad

Stapler werden nach der Fahrmotorleistung P und der Hubmotorleistung P_h ausgelegt.

Die Hubmotorleistung P_h ergibt sich zu:

$$P_h = \frac{F_h v_h}{1000\,\eta_{ges}} \ [\text{kW}] \tag{6.8}$$

F_h in N   Hublast (Tragfähigkeit und hebbare Teile)
v_h in m/s   Hubgeschwindigkeit

Bei Schleppern ist die Zugkraftübertragung vom Rad auf die Fahrbahn (Durchrutschen der Räder) zu überprüfen: vgl. Gleichung 4.11 (Schlepperleistung = Zuglast).

6.6.4 Manuell betriebene Flurförderzeuge

Beträgt der Transportweg nicht mehr als 25 m, enthält er keine Steigungen und wird der Transport nur gelegentlich durchgeführt, ist der Handbetrieb durchaus wirtschaftlich. Zu diesen nicht motorisch angetriebenen Flurförderzeugen gehören Karren, Roller, Wagen, Handwagen und Anhänger, deren möglichen Radanordnungen Bild 6.6.3 zeigt.

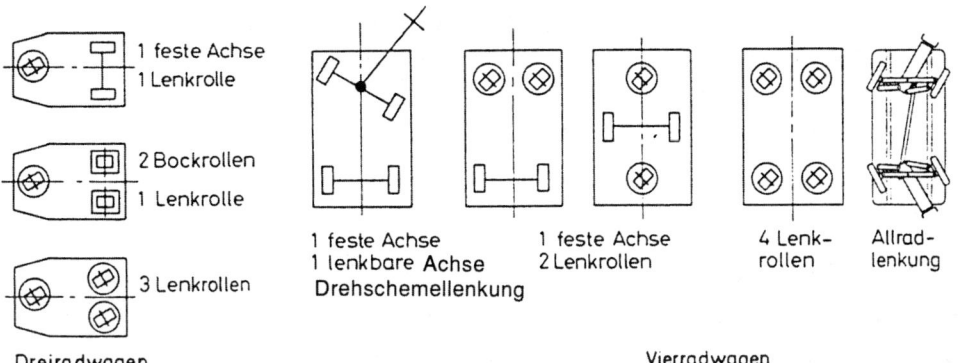

Bild 6.6.3 Anordnung von Lenk- und/oder Bockrollen (feststehende Rolle/Rad) für Transporthilfsmittel und handbetriebene Flurförderzeuge

Karren sind in der Regel mit einem Schiebegriff versehen und haben ein oder zwei Räder, wie z. B. die Platten-, Kasten-, Steck- oder Stapelkarre. Die Steckkarre kann für den Transport über Treppen mit Gleithilfen oder einem treppenrollenden 3-rädrigen Rad ausgerüstet sein (Bild 6.6.4 links).

Bild 6.6.4
Handbetriebene Flurförderzeuge
a: links: treppenrollende Stapelkarre; rechts: Stapelkarre

Roller sind Handfahrzeuge, die drei oder mehr feste oder lenkbare Rollen besitzen, wie z. B. Dreieck- oder Viereckroller.

Der *Hubroller* (Hebelroller, Bild 6.6.4b) besitzt eine separate mit zwei Rollen und einem Kugelkopf versehene Deichsel zum Unterfahren und Anheben einer Rollpritsche (s. Kap. 3.1.4). Dabei greift der Hebelroller mit seinem Kugelkopf in die Kugelschale der Rollpritsche. Nach Herunterdrücken der Deichsel und Einrasten der Sicherung sind beide Teile fest miteinander verbunden. Die Last kann leicht transportiert und manövriert werden.

Bild 6.6.4 Handbetriebene Flurförderzeuge, b: Hubroller

Der *Wälzroller* besteht aus einer Vielzahl von zylindrischen Rollen und dient zum Transportieren großer Lasten, z. B. beim Versetzen von Werkzeugmaschinen.

Wagen bestehen aus mindestens drei festen und/oder lenkbaren Rädern und haben eine offene, teilweise oder ganz geschlossene Ladeplattform.

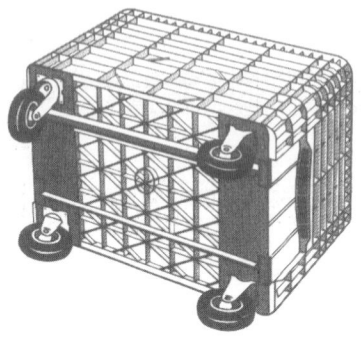

Bild 6.6.4   Handbetriebene Flurförderzeuge
c: Handwagen ohne Lenkeinrichtung
Ansicht von unten: 2 Lenk- und 2 Bockrollen

Handwagen sind *ohne* Lenkeinrichtung mit 2 oder 4 Lenkrollen versehen (Bild 6.6.4c) oder mit einer Lenkdeichsel bzw. einem Schiebegriff (Bild 6.6.4d) ausgerüstet und besitzen mindestens drei Räder, von denen eines lenkbar sein muss, wie z. B. Plattform- und Kastenwagen. Um aus dem Wagen Teile ohne Bücken entnehmen zu können, ist ein solcher Wagen mit einem Federboden ausgerüstet.

Ist das Handfahrzeug mit einer Niederhubeinrichtung ausgestattet, entsteht der *Plattform-* oder *Gabelniederhubwagen*, z. B. zur Bodenaufnahme durch Umfahren des Stapelkasten (Bild 6.6.4e) und Anheben über unteren seitlichen Rand.

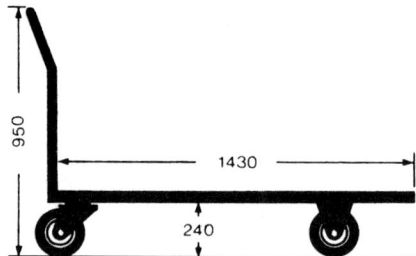

Bild 6.6.4   Handbetriebene Flurförderzeuge
d: Handwagen mit Schiebegriff

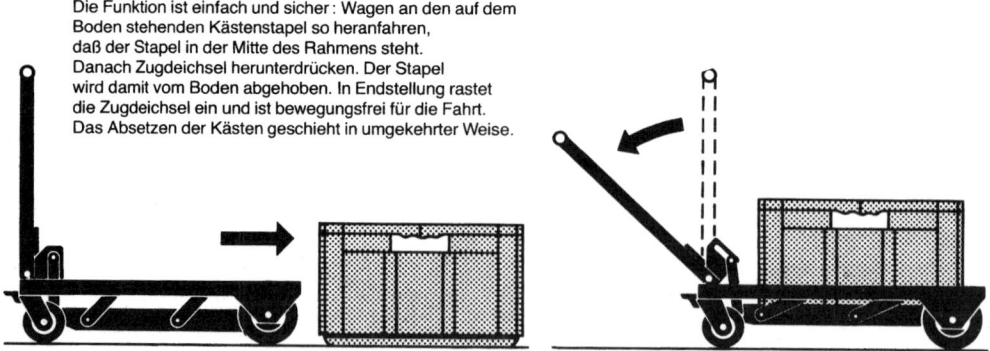

Bild 6.6.4   Handbetriebene Flurförderzeuge, e: Gabelhubwagen für Stapelkästen

In keinem Betrieb fehlt heute der *Handgabelhubwagen* (DIN 15137, Bild 6.6.4f; Bild 7.18a) für unterfahrbare Ladeeinheiten (Paletten, Behälter). Der Hub beträgt ca. 100 mm, die Tragfähigkeit geht bis 1 (2) t. Die Last wird durch manuelles Auf- und Abbewegen der Deichsel hydraulisch gehoben und gesenkt.

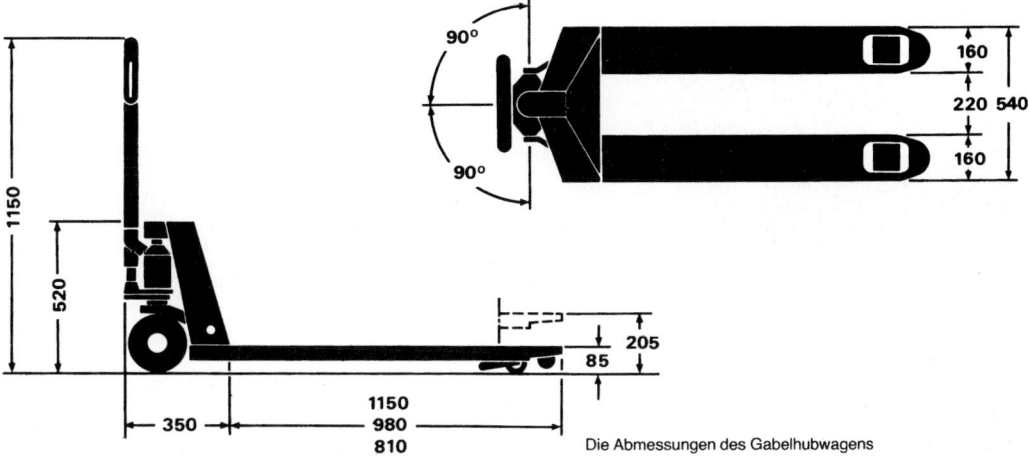

Die Abmessungen des Gabelhubwagens

Bild 6.6.4   Handbetriebene Flurförderzeuge, f: Handgabelhubwagen für Paletten

Bild 6.6.4   Handbetriebene Flurförderzeuge,
g: Scherenhubwagen für Paletten

Ein Wagen mit einem Hub über 1 m ist ein *Hochhubwagen*, für den besondere Sicherheitsbestimmungen gelten (Geländer). Der *Scherenhubwagen* (Hub unter 1 m; Bild 6.6.4g) ermöglicht ein ergonomisches Arbeiten, da die Ladung durch Hubhöhenverstellung immer auf optimale Arbeitshöhe angehoben werden kann. Die Stabilität wird durch automatisch arbeitende Stützen erreicht.

Anhänger sind Wagen (Handfahrzeuge) mit einer Kupplungs- und Zugeinrichtung (s. Bild 6.6.2).

6.6.5 Schlepper

Der Schlepper gehört zur Gruppe der motorisch angetriebenen Flurförderzeuge. Er dient als Zugmittel für den Horizontaltransport von Lasten auf Anhängern oder anderen Lastträgern, wie z. B. Rollpritschen. Zu unterscheiden sind *Einachsschlepper*, *Sattelschlepper* und *Zweiachsschlepper*. Größte Bedeutung im innerbetrieblichen Materialfluss haben die Zweiachsschlepper, die als Elektro-Schlepper bis 15 t Anhängelast und als Diesel-Schlepper bis 75 t Anhängelast gebaut werden. Bei den Elektro-Schleppern ist die Dreiradbauweise (Bild 6.6.5) vorherrschend. Sie sind durch eine *starre* Hinterachse und ein *gelenktes* Vorderrad gekennzeichnet.

Schlepper werden manuell gelenkt im Mitgänger- oder Mitfahrerbetrieb. Der vollautomatische Betrieb geschieht in FTS-Anlagen (Kap. 6.7). Die Anhängerkupplungen können verschiedene Ausführungsformen haben. Die Zugkraft je Tonne Anhängelast bei trockener, befestigter Fahrbahn liegt bei ca. 200 N am Zughaken (s. Beispiel 6.6-12).

a)   b)

Bild 6.6.5   Elektro-Schlepper in Dreiradbauweise (a: Fahrersitz-, b: Fahrerstandausführung)

Ein Schleppzug besteht aus Schlepper und Anhänger. An Stelle der konventionellen Anhänger können auch Handgabelhubwagen oder Rollcontainer eingesetzt werden.

Im Typenblatt VDI 2198, einer standardisierten Zusammenstellung von Herstellerangaben und Ausführungsmerkmalen für Flurforderzeuge, sind die wichtigsten Daten für Wagen und Schlepper zusammengefasst.

6.6.6 Wagen

Die Wagen gehören in die Gruppe der motorisch angetriebenen Flurförderzeuge. Man teilt sie ein in Wagen

- *ohne Hubeinrichtungen*:
    - Plattformwagen, Kipper, Elektrokarren, Horizontalkommissionierer
- *mit Niederhubeinrichtung* zum Unterfahren von Lasten:
    - ca. 100 bis 200 mm bei Plattform- und Gabelhubwagen
    - ca. 600 mm bei Portalhubwagen
    - ca. 100 mm Hub bei Trägerfahrzeugen (FTS) und bei Horizontalkommissionierern
- *mit Niederhubeinrichtung* zum Unterfahren und Heben von Lasten und Personen:
    - bis 1m Hubhöhe für Horizontalkommissionierer
- *mit Hochhubeinrichtung*: Hochhubwagen (Hub über 1 m) = radunterstützter Stapler.

Wagen dienen dem Horizontaltransport von Lasten, z. B. mittels Plattform oder Gabel. In der Regel sind sie in Vierradbauweise konstruiert und für den Inneneinsatz mit einem batterieelektrischen, für den Außeneinsatz mit einem batterieelektrischen oder verbrennungsmotorischen Antrieb ausgestattet. Die Lenkart ist im *Mitgängerbetrieb* die *Deichsellenkung*. Im *Mitfahrerbetrieb* kann die Lenkung mit einer *umklappbaren* Deichsel erfolgen oder mit dem *Lenkrad*. Im *automatischen* Betrieb wird die Wagenlenkung, z. B. *induktiv* realisiert (Kap. 6.7). Die Ladefläche kann bei FTS-Fahrzeugen z. B. eine starre Plattform, eine Rollenbahn, eine Teleskopgabel, ein Kettenförderer oder Hubtisch sein.

Ausführungstypen von Wagen sind u. a.:

Elektrowagen (Bild 6.6.6): Er hat als Ladefläche eine feste Plattform und ist mit einem Fahrerstand oder Fahrersitz für die Lenkung ausgestattet. Der batteriebetriebene Wagen dient zum Transport von unpalettiertem Gut und zum Ziehen von Anhängern. Beim Fahren im Freien erhalten die Plattformwagen eine Fahrerschutzkabine und können mit verschiedenen Sonderaufbauten versehen sein, wie z. B. Ladekran, Wassertank oder Streueinrichtung. Stirn- und Seitenwände ergeben bei einem Plattformwagen einen Kastenwagen in offener oder geschlossener Art. Das Typenblatt VDI 2198 beschreibt die Ausführungsmerkmale.

Bild 6.6.6 Elektrowagen

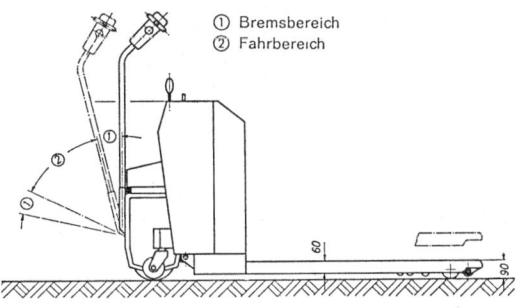

① Bremsbereich
② Fahrbereich

Bild 6.6.7a Deichselgeführter Niederhubwagen

Elektro-Niederhubwagen (Bild 6.6.7): Sie besitzen eine Hubeinrichtung von 100 bis 150 mm, eine Gabel oder Plattform als Lastträger zum Aufnehmen von Paletten, Gitterboxen etc. und dienen zum horizontalen Transport dieser Güter. Stützräder erhöhen die Seitenstabilität. Die Niederhubwagen werden batterieelektrisch betrieben (Einradantrieb). Sie stellen hohe Anforderungen an den Boden (Ebenheit, Tragfähigkeit, Sauberkeit). Da sie nur eine geringe Bodenfreiheit haben, sind Neigungsstrecken, wie z. B. beim Be- und Entladen über Rampen, zu überprüfen, um ein Aufsetzen der Hohlgabel auf den Boden (Steigungsknick, s. Beispiel 6.7-4) zu vermeiden. Lastschlitten und Lastträger (Hohlgabel, Plattform) stellen beim Niederhubwagen eine Einheit dar.

Bild 6.6.7b Niederhubwagen (Mitgängerbetrieb) im Einsatz

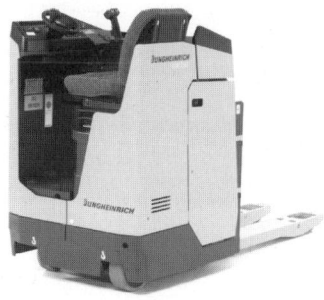

Bild 6.6.7c Niederhubwagen (Mitfahrerbetrieb) in Seitsitzausführung

Ausführungsvarianten unterscheiden sich einmal in der Lenkung des Fahrzeuges im Mitgängerbetrieb, wie z. B. der Elektro-Deichsel-Gabelhubwagen, im Mitfahrerbetrieb als Fahrerstand- oder Fahrersitz-Niederhubwagen, sowie im kombinierten Betrieb mit Klappdeichsel (kurze Deichsel) und hochklappbarer Standplattform (s. Bild 7.18c). Die Niederhubwagen gibt es in einer Breitspurausführung als deichselgeführten Elektro-Spreizenhubwagen (s. Kap. 6.6.7.6). Zu den Niederhubwagen gehören auch die speziell für die Kommissionierung gebauten Horizontalkommissionierer (s. Kap. 11.4.1).

Portalhubwagen sind Transportmittel für sperriges Gut und Transportgut mit großen Abmessungen, wie z. B. Container (s. Bild 7.10g), die Hubhöhe beträgt ca. 600 mm.

Hochhubwagen: s. radunterstützte Stapler, Kap. 6.6.7.6; *Doppelstock* s. Bild 6.6.32.

6.6.7 Stapler

6.6.7.1 Einsatzbedingungen

Stapler gehören in die Gruppe der motorisch angetriebenen Flurförderzeuge. Als Stapler bezeichnet man Flurförderzeuge mit einem Hubgerüst, das eine vertikale Lastbewegung ausführen kann. Der Gabelstapler ist der bedeutendste Vertreter dieser Gruppe. Er hat in nachhaltiger Weise die Manipulations-, Stapel- und Lagertechnik beeinflusst. Der Zwang zur Bildung von Lagereinheiten und die Nutzbarmachung der Hallenhöhe für das Lagern von Gütern gewährleisten einen wirtschaftlichen Einsatz dieses Flurförderzeuges. Der Gabelstapler führt Transport- und Stapelarbeiten aus. Zusatzgeräte bewältigen die unterschiedlichsten Sonderaufgaben und machen ihn zu einem Spezialisten. Ob ein Stapler und welcher Staplertyp für eine Transport- und Stapelaufgabe eingesetzt werden kann, hängt von einer Reihe von Bedingungen ab, wie z. B. von

- Fahrbahnverhältnissen, Weglängen, max. Steigung 8 % (12,5 %)
- Tragfähigkeit des Fußbodens (Estrich), Deckentragfähigkeit im Geschossbau
- Tragfähigkeit und Abmessungen des Aufzuges im Geschossbau, Eigengewicht
- Hubhöhe, Stapelhöhe, Türmaße
- Eigenschaften des Transport- und Lagergutes, Art des Transportgutes
- Verhältnis Transportarbeit zu Hubarbeit, Vorwärts- zu Rückwärtsfahrt
- Kosten des Staplers, Nebenkosten

6.6.7.2 Aufbau, Antrieb

- **Aufbau**
  Ein Stapler (s. Bild 6.6.1) ist ein Fahrzeug und besteht aus einem „Schlepper" als Grundgerät und einer Hubeinrichtung. Das Grundgerät kann in Dreirad- oder Vierradbauweise ausgeführt sein. Beim Gabelstapler ist im Gegensatz zum Schlepper die *Vorderachse starr* und die *Hinterachse lenkbar*. Je nach Anordnung des Hubgerüstes kann die Last radunterstützt oder freitragend (s. Kap. 6.6.2.1) aufgenommen werden. Zum Stapler gehören noch die Baugruppen Antrieb, Lenkung, Sitzanordnung und Bereifung. Das Lenksystem (Drehschemel- oder Achsschenkellenkung), die Lenkart (manuell oder automatisch) und die Lenksteuerung (Mitgänger- oder/und Mitfahrerbetrieb) sind in den Kapiteln 6.6.2.2 bis 6.6.2.4 beschrieben; für die Bereifung s. Kap. 4.6.

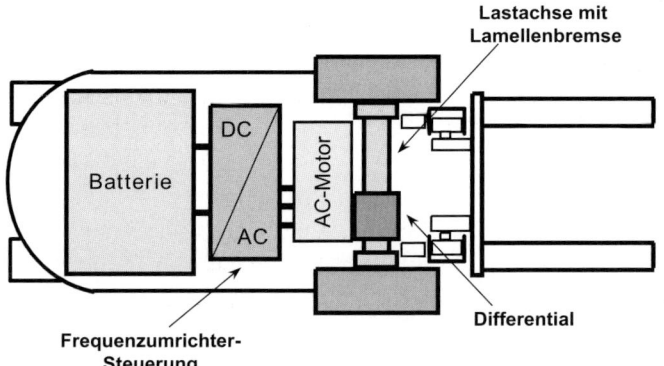

**Lastachse mit
Lamellenbremse**

Bild 6.6.8
Elektro-Gabelstapler, Antrieb
mit Drehstromtechnik
DC – Gleichstrom
(Direct Current)
AC – Wechselstrom
(Alternating current)

Differential

**Frequenzumrichter-
Steuerung**

- **Antrieb**

  Der Fahrantrieb eines Staplers kann verbrennungsmotorisch oder batterie-elektromotorisch erfolgen. Elektrostapler werden in Dreiradbauweise von 1 t bis zu 2(4) t Tragfähigkeit gebaut, in Vierradbauweise von 1,6 t bis 5 t. Die Antriebsbatterien haben in Abhängigkeit von der Tragfähigkeit 24 V, 48 V und 80 V Spannung (s. Kap. 4.5.6; Beispiel 4.4). Dieselstapler haben in Vierradbauweise 1,6 t bis 8t Tragfähigkeit. Treibgasstapler gibt es mit den Tragfähigkeiten zwischen 1,6 t und 5(8) t. Zu unterscheiden sind der Einradantrieb als Heckantrieb und der Antrieb mehrerer Räder. Bei mehreren Rädern kann jedem Antriebsrad ein Motor zugeordnet werden oder ein Motor übernimmt den Antrieb von zwei Rädern.

  Stapler in Dreiradbauweise werden mit Front-, Heck- oder Allradantrieb gebaut. Der Einrad-Heckantrieb mit Drehschemellenkung stellt eine einfache, preiswerte Konstruktion mit geringem Schaltungsaufwand dar.

  Stapler in Vierradbauweise haben nur Frontantrieb entweder mit einem Motor, der über ein Differenzialgetriebe die Vorderräder antreibt, oder mit zwei Motoren, die unabhängig voneinander auf die Vorderräder wirken.

  Beim Zweimotoren-Frontantrieb müssen die Motoren entsprechend der Kurvenfahrt gesteuert werden, und zwar wird ab ca. 30° bis 70° Lenkeinschlag der kurveninnere Motor abgeschaltet und ab 70° wird er auf Rückwärtsfahrt eingeschaltet.

  Stapler werden immer häufiger mit der Drehstromtechnik ausgerüstet (Bild 6.6.8). Ein Frequenzumrichter wandelt Gleichstrom in Wechselstrom um, mit dem dann der Antriebsmotor betrieben wird.

  Hubzylinder, *Neigzylinder* und *Arbeitszylinder* für Zusatzgeräte werden durch einen Hydraulikantrieb bewegt, d. h. z. B. vom Verbrennungs- oder gesonderten Elektromotor wird die Leistung an eine Hydraulikpumpe (meist Zahnradpumpe) abgegeben, die die Hydraulikflüssigkeit (Öl) über Steuerventile zum jeweiligen Arbeitszylinder bringt (Bild 6.6.9, s. Kap. 4.5.7; Beispiel 4.2). Die Hydraulikanlage besitzt beim Elektrostapler einen eigenen Antriebsmotor, der die Hub-, Neig- und Zusatzbewegungen durchführt. Beim Dieselantrieb ist die Hydropumpe direkt mit dem Dieselmotor gekoppelt und läuft ständig mit (Kurzschließung des Drucköölkreislaufes bei Nichtbenutzung der Hydraulik). Aus dieser Konstruktionsanordnung und bei den meist überdimensionierten Dieselantrieben ergeben sich gegenüber dem batterieelektrischen Antrieb große Hublasten mit hohen Hubgeschwindigkeiten. Die Senkgeschwindigkeit wird über ein verstellbares Ventil auf Grund der wirkenden Gewichtskräfte von Last, Gabelzinken, Gabelträger und Teilen des Hubrahmens gesteuert und begrenzt.

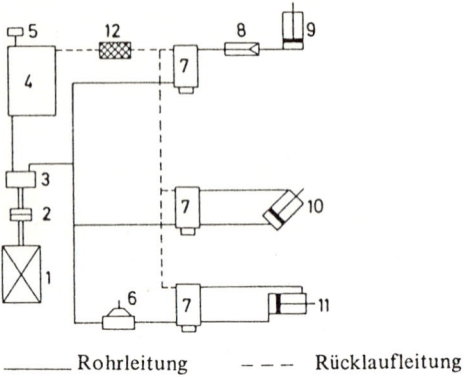

1. Motor
2. Kupplung
3. Pumpe
4. Ölbehälter
5. Luftfilter
6. Reduzierventil
7. Steuerorgan
8. Senkbremse
9. Hubzylinder
10. Neigzylinder
11. Arbeitszylinder für Anbaugerät
12. Rücklaufölfilter

——— Rohrleitung   – – – Rücklaufleitung

Bild 6.6.9   Hydraulikanlage eines Gabelstaplers (schematisch)

6.6.7.3 Standsicherheit, Tragfähigkeitsdiagramm

Stapler müssen den Standsicherheitsbestimmungen entsprechen. Die Standsicherheit ist ein Maß gegen Kippen des Staplers. Sie ist vorhanden, wenn die Summe der Standmomente größer ist als die Summe der Kippmomente, bezogen auf den Kipppunkt bzw. Kippachse.

Die Vierradbauweise eines Staplers ist gekennzeichnet durch eine starre Vorderachse mit den Antriebsrädern und eine lenkbare Hinterachse, die pendelnd in der Mitte der Fahrzeuglängsachse aufgehängt ist (dadurch statisch bestimmtes System). Aufhängung und Federung der Achse beeinflussen die Standsicherheit des Staplers. Das Standdreieck des Staplers ergibt sich aus der Achsaufhängung und den Antriebsrädern.

Die Dreiradbauweise hat zwei starr aufgehängte Vorderräder und ein gelenktes, oft auch angetriebenes Hinterrad. Sie ergibt ein statisch bestimmtes System. Die Verbindungen der Radaufstandsflächen entsprechen den Kippachsen l bis 3 (Bild 6.6.10a). Bezogen auf die Vorderachse eines Dreirad- oder Vierradstaplers ist die Kippsicherheit v (Bild 6.6.10b):

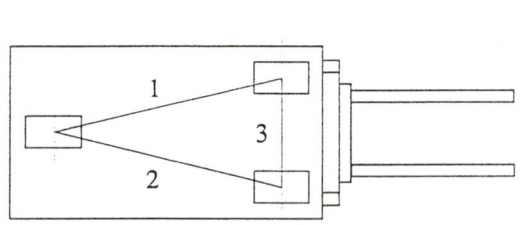

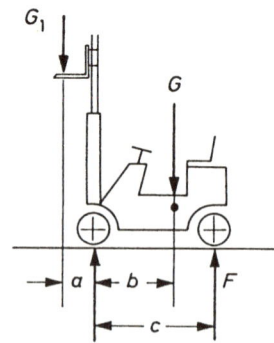

a) Kippachsen eines Staplers
    1,2 Seitenstabilität; 3 Längsstabilität

b) Berechnungsskizze zur Bestimmung
    der Kippsicherheit

Bild 6.6.10   Standsicherheit

$$v = \frac{G \cdot b}{G_1 \cdot a} \geq 1,4 \tag{6.9}$$

G in N   Eigengewichtskraft des Staplers
G_1 in N   Gewichtskraft der Last
a, b in m   Schwerpunktsabstände

Abhängig ist die Standsicherheit eines Staplers von der Größe und der Lage des Eigengewichtes und des Lastgewichtes, der Spurweite, dem Radstand, der Verformung des Reifens, der Hubgerüstform, den Bodenverhältnissen usw. Nachgeprüft wird die Standsicherheit des Staplers durch die Standsicherheitsversuche, festgelegt in den Richtlinien ISO 1074 für Gegengewichtsstapler und ISO 3184 für Schubmaststapler sowie in DIN EN 1726 Teil 1.

Die Standsicherheitsversuche werden in Abhängigkeit von der Bauform und vom Typ des Staplers beschrieben und berücksichtigen

- Fahren oder Stapeln
  – mit oder ohne Prüflast
  – mit oder ohne Neigung des Hubgerüstes

- Diagonalfahrt.

Die Versuche werden auf einer stufenlos neigbaren Plattform durchgeführt. Bei der Prüfung darf der Stapler auf der geneigten Prüfplattform nicht kippen.

Die Tragfähigkeit eines Gabelstaplers wird in einem Tragfähigkeitsdiagramm (Bild 6.6.11) in Abhängigkeit vom Lastschwerpunkt angegeben. Der Lastschwerpunkt entspricht dem horizontalen Abstand vom Gabelrücken bis zum Lastschwerpunkt. Bei Gabelstaplern mit 1.000 bis 4.999 kg Nenntragfähigkeit (s. Beispiel 6.6-12) ist der Lastschwerpunkt auf 500 mm festgelegt, über 5.000 kg auf 600 mm.

6.6.7.4 Hubgerüst, Lastaufnahmemittel, Anbaugeräte

Das *Hubgerüst* dient der Vertikalbewegung von Lastaufnahmemittel und Last. Es ist hydraulisch angetrieben und besteht entweder nur aus einem feststehenden Außenmast oder aus dem Außenmast sowie einem oder mehreren teleskopierbaren Innenmasten, in denen der vertikal bewegliche Last-(Hub-)schlitten rollengeführt läuft. Um die Lastaufnahme und -abgabe zu erleichtern, erfolgt ein Kippen des Hubgerüstes durch den hydraulisch arbeitenden (doppeltwirkenden) Neigzylinder um 3° nach vorne.

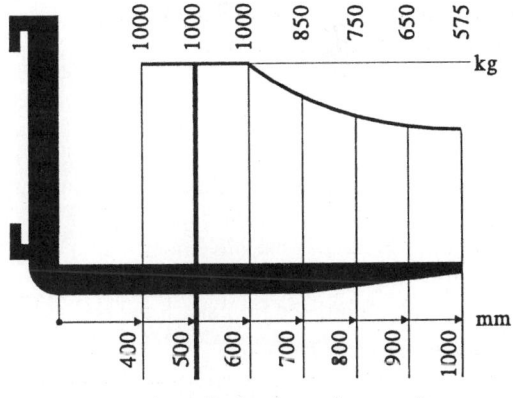

Abstände des Lastschwerpunktes vom Gabelrücken

Bild 6.6.11   Tragfähigkeitsdiagramm

Ein Rückwärtsneigen um 8° bis 10° soll ein Abrutschen der Last – insbesondere bei Kurvenfahrten und beim Befahren von Gefällestrecken – verhindern. Der Drehpunkt des Hubgerüstes liegt in der Regel in der Höhe der Radachse.

Das *Lastaufnahmemittel* eines Staplers besteht aus dem *Lastschlitten* und dem *Lastträger*. Beim Gabelstapler entspricht der Lastschlitten dem Hub- oder Gabelschlitten, der Lastträger den Gabelzinken. Andere Lastträger sind die *Anbaugeräte*. Zu unterscheiden sind Lastaufnahmemittel mit oder ohne Möglichkeit der Lastaufnahme vom Boden. Im Gegensatz zu einer Teleskopgabel ist mit einer Schwenkgabel die Bodenaufnahme der Flachpalette oder der Gitterbox möglich.

Zu unterscheiden sind Hubgerüste nach der Größe des *Freihubes*. Der niedrige Freihub entspricht der Hubhöhe des Lastaufnahmemittels, ohne dass sich die Bauhöhe des Hubgerüstes verändert. Der volle Freihub wird durch spezielle Hubzylinder erreicht und ermöglicht das Arbeiten in niedrigen Räumen (LKW, Container, Bahnwagon). Die inneren Mastschüsse fahren erst aus dem Außenmast aus, wenn der Gabelschlitten die oberste Stellung der Bauhöhe des Staplers erreicht hat.

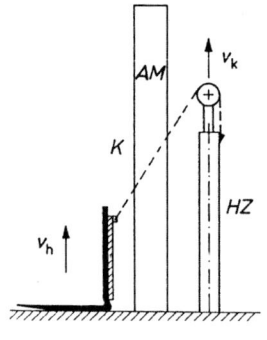

Nach der Bauform der Hubgerüste sind zu unterscheiden (Bild 6.6.12):

- Einfachhubgerüst mit Einmast- oder Doppelmastprofil
- Zweifachteleskop-Hubgerüst
- Dreifachteleskop-Hubgerüst

AM Außenmast
HZ Hubzylinder

Bild 6.6.12
Hubgeräte: a) Einfachhubgerüst (Explosionsskizze)

Weitere Ausführungsvarianten ergeben sich durch Ausstattung bzw. Bauweise

-   mit vollem Freihub

-   als Freisicht-Hubgerüst, wobei die sichtbehindernden Bauteile – wie Hydraulikzylinder, Schläuche und Ketten – aus dem Sichtbereich des Bedieners in andere Fahrzeugbereiche verlagert werden.

Einfachhubgerüst: Es besteht nur aus dem Einzelmast (Bild 6.6.16a) oder aus den beiden Außenmastprofilen, zwischen denen der Gabelschlitten geführt wird. Er wird hydraulisch gehoben und gesenkt, wobei die Enden einer Lastkette zum einen am Gabelschlitten, zum anderen am Fahrzeugrahmen befestigt sind, und die Kette über eine mit dem Hubkolben verbundene Rolle läuft. Hubhöhen bis ca. 1,8 m (Bild 6.6.12a) können erreicht werden.

Zweifachteleskop-Hubgerüst (Bild 6.6.12b): Es besteht aus dem feststehenden Außenmastprofilen und einem teleskopierbaren Innenmast (IM), in dem der Gabelschlitten des Lastaufnahmemittels geführt wird. Zu unterscheiden sind Standardhubgerüste mit niedrigem Freihub und solche mit vollem Freihub. Dieser wird durch zwei ineinander konstruierte Hydraulikzylinder erreicht. Außerdem gibt es Freisichthubgerüste, entweder konstruiert durch entsprechende Kettenübersetzungen (Bild 6.6.12c) oder zwei parallele an den Mastprofilen angebrachte Hubzylinder (Hubhöhen bis ca. 3,5 m). Die Hubgeschwindigkeit ist von der Konstruktion anhängig ($v_{Last} = 2$ bis $4 \cdot v_{Kolben}$).

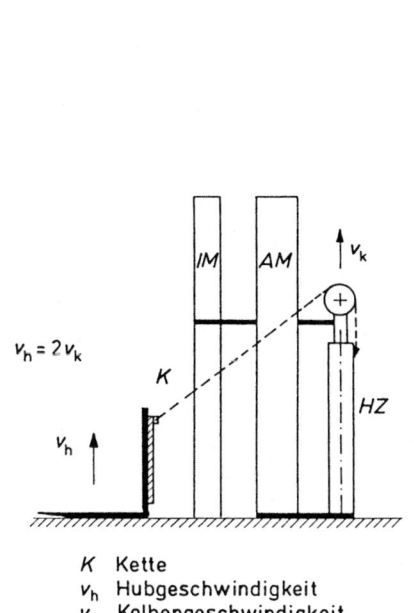

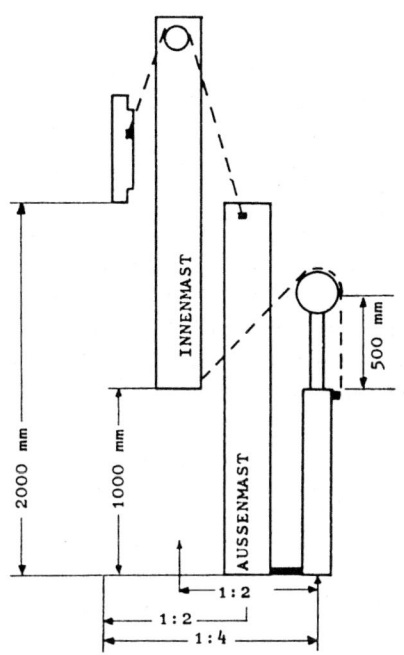

K   Kette
v_h Hubgeschwindigkeit
v_k Kolbengeschwindigkeit

b) Zweifachteleskop-Hubgerüst (Explosionsskizze)

c) Zweifachteleskop-Hubgerüst, Freisichtausführungen (Explosionsskizze)

Bild 6.6.12   Hubgerüste

Dreifachteleskop-Hubgerüst: Es besteht aus den feststehenden Außenmastprofilen und zwei innen beweglichen Mastpaaren. Der Gabelschlitten wird im innersten Mastpaar geführt. Das Dreifachteleskop-Hubgerüst ermöglicht große Hubhöhen bis 9 m.

Vierfachteleskop-Hubgerüste werden sehr selten hergestellt.

Mit starren nicht neigbaren Hubgerüsten sind Hochregal- und Kommissionierstapler sowie radunterstützte Stapler und Vertikalkommissionierer ausgerüstet, mit neigbarem Hubgerüst freitragende und Schubmaststapler.

Neben der Gabel als Lastträger mit den beiden Gabelzinken zum Aufnehmen, Tragen und Absetzen der Last, gibt es eine Vielzahl anderer *Anbaugeräte* (Bild 6.6.13). Sie ergänzen und erweitern den standardmäßigen Einsatzbereich der Stapler. So können damit auch nicht unterfahrbare Ladeeinheiten, wie z. B. Kisten, Ballen oder Schüttgut transportiert werden. Zu unterscheiden sind Anbaugeräte, die an dem Lastschlitten des Staplers befestigt werden und Vorrichtungen, die von der Gabel des Staplers über Gabelaufsteckschuhe oder Gabeltaschen aufgenommen werden. Anbaugeräte und Vorrichtungen können ohne oder mit hydraulischem Antrieb aufgebaut sein. Unterteilt und gegliedert werden Anbaugeräte nach verschiedenen Kriterien, z. B. in

* Anbaugeräte als Lastträger
    für Schüttgut
    – mechanische Kippschaufel; hydraulische Schüttgutschaufel
    – Schneeräumschild; Chargiergerät
    für Stückgut
    – Gabeln: Klappgabel, Messergabel, Gabelverlängerung, Teleskopgabel, Drehgabel

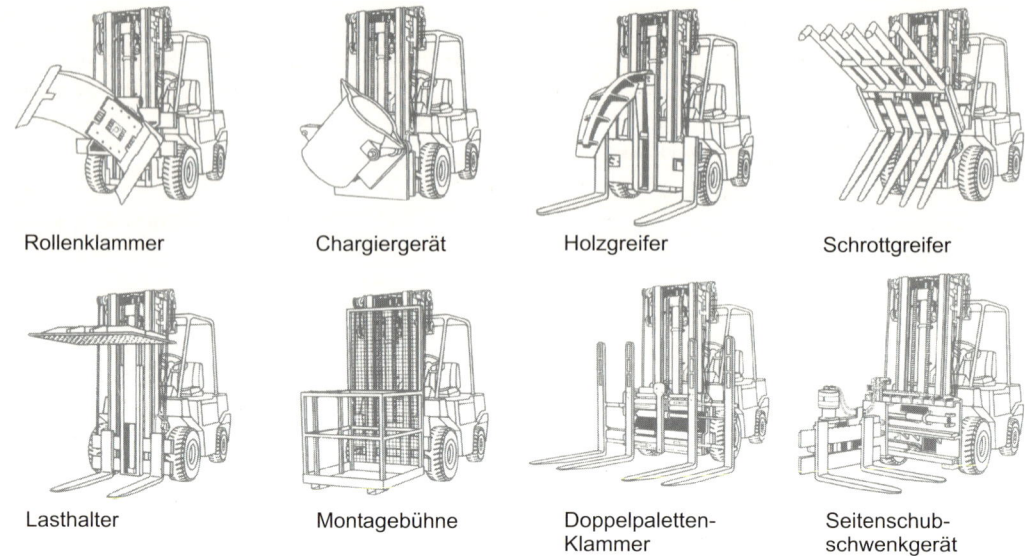

Rollenklammer   Chargiergerät   Holzgreifer   Schrottgreifer

Lasthalter   Montagebühne   Doppelpaletten-   Seitenschub-
                                        Klammer   schwenkgerät

Bild 6.6.13   Anbaugeräte für Stapler

  – *Dorne*: Tragdorn, Teppichdorn, Palettendorn
    Klammern: Ballenklammer, Großflächenklammer, Fass-, Stein- und Rollenklammer
  – *Greifer*: Schrottgreifer, Holzgreifer, Fassgreifer
  – *Krane*: Kranarm; Kranarm mit Teleskopverlängerung
  – *Arbeits- und Montagebühne*
• Anbaugeräte als Bewegungsgeräte für Lastträger
  – Verschiebegerät zum seitlichen Verschieben des Lastträgers:
      – hydraulische Seitenschieber, – Seitenschubgabel
  – Verstellgerät zum Verstellen der Gabelzinken
      – Zinkenverstellgerät, – Doppelpalettenklammer
  – Drehgerät zum Drehen des Lastträgers
      – Drehsatz (Drehgerät), – Palettenwendegerät, – Gitterboxentleergerät
  – Schwenkgerät zum Schwenken des Lastträgers
      – Schwenkgerät, Schwenkgabel, Kippvorrichtung

• Anbaugeräte als Ergänzungsvorrichtung zum Lastträger
  – Abschieber, – Abstreifer, – Klemmschieber
  – Pull-push, – Lasthalter, – Behälterentleerer für Bodenentleerung.

Häufig erfolgt auch eine Kombination von einem Anbaugerät als Lastträger mit einem Anbaugerät als Bewegungsgerät wie z. B.

• Doppelpalettenklammer mit Seitenschub, Drehrollenklammer
• Kipp-Chargiergerät, Fasskippklammer, Schwenkschubgabel.

Negative Auswirkungen beim Einsatz von Anbaugeräten können sein:

• Reduzierung der Stapler-Tragfähigkeit (Berechnung der Resttragfähigkeit: s. Beispiel
  6.6-4) und Erhöhung des Bodendruckes

- Verlustzeiten durch Montage und Demontage, Einsatzprüfung
- Reduzierung der Standsicherheit (aufgefangen durch Berechnung der Resttragfähigkeit)
- Änderung der Staplerabmessungen (Auswirkungen für Verkehrsweg, Arbeitsgangbreite und Torbreiten, Torhöhen)
- Verschlechterung der Sichtverhältnisse
- Überprüfung und/oder Nachrüsten der Arbeitshydraulik

Die Vorgehensweise zur Anbaugeräteauswahl kann nach Beispiel 6.6-3 durchgeführt werden.

6.6.7.5 Verkehrsweg, Arbeitsgangbreite, Flächenbelastung

Verkehrsweg: Darunter sind Wege zu verstehen, die für den innerbetrieblichen Fußgänger- und/oder Fahrzeugverkehr vorgesehen sind, z. B. Fußwege, Rampen, Fahrstraßen, Gleise. Nach DIN 18225 und den Arbeitsstätten-Richtlinien müssen in Arbeits- und Lagerräumen über 1.000 m² die Verkehrswege eindeutig gekennzeichnet sein. Es gibt ausschließlich Fußwege, ausschließlich Fahrwege und gemeinsame Fuß- und Fahrwege; außerdem ist zu unterscheiden: Richtungs- und Gegenverkehr. Die Verkehrswegbreite errechnet sich aus der maximalen Breite des betrachteten Flurförderzeuges bzw. der überstehenden Last plus dem 2-fachen Randzuschlag von 0,5 m bei Richtungsverkehr und 0,75 m bei Gegenverkehr.

Arbeitsgangbreite: Um Ladeeinheiten aus einem Regal aufnehmen zu können, ist z. B. bei einem Gabelstapler eine Fahrtrichtungsänderung um 90° erforderlich, bei einem Hochregalstapler erfolgt die Auslagerung ohne Fahrtrichtungsänderung. Die Arbeitsgangbreite ist eine entscheidende Größe, z. B. für die Flächen- und Raumausnutzung einer Lagerhalle bei Boden- oder Regallagerung. Je geringer die Arbeitsgangbreite, desto größer ist die Anzahl der zu lagernden Ladeeinheiten, ausgedrückt durch Kennzahlen wie Flächen- und Raumnutzungsgrad (s. Kap. 9.7).

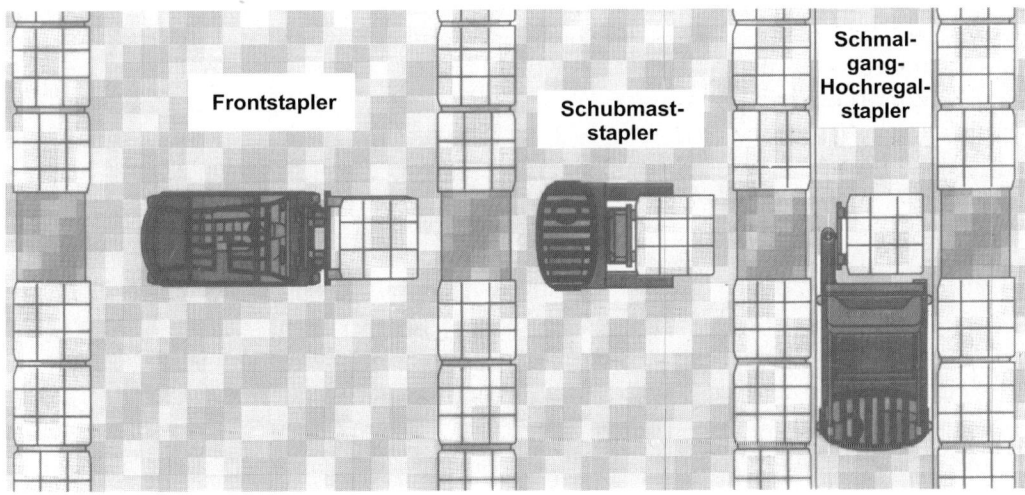

Bild 6.6.14   Arbeitsgangbreiten verschiedener Stapler (Abmessung s. Tab. 9.1)

Die Arbeitsgangbreite ist abhängig von:

- dem Staplertyp (Schubmaststapler, Hochregalstapler: Bild 6.6.14)
- der Bauform des Staplers (Dreirad-/Vierradstapler)

- der Art des Transporthilfsmittels (Abmessungen, Palette, Behälter)
- der Lage des Transporthilfsmittels auf der Gabel oder im Anbaugerät (längs/quer)
- dem Sicherheitsabstand (200 mm nach VDI - 2198)
- der Art des Lastträgers (Gabelzinken, Anbaugerät).

Der *Wenderadius* eines Staplers wird weitgehend durch die konstruktive Gestaltung der Lenkachse bestimmt. Vergleicht man Stapler gleicher Tragfähigkeit aber mit verschiedenen Lenkachsen, so ergibt sich für einen Elektrostapler mit 1,6 t Tragfähigkeit ein Wenderadius

- bei Achsschenkellenkung mit Pendelachse von 2,11 m
- bei Drehschemelachse von 1,88 m
- bei Kombi-Achse von 1,92 m.

Flächenbelastung: Werden Stapler in Stockwerksbauten, in einer überkellerten Halle oder zur Beladung eines LKW eingesetzt, ist die Deckentragfähigkeit des Gebäudes bzw. die Tragfähigkeit der LKW-Pritsche mit der Flächenbelastung des Staplers zu vergleichen.

$$p_{\text{vorh}} = \frac{(m+Q) \cdot 9{,}81 \cdot \xi}{L \cdot B} < p_{\text{zul}} \tag{6.10}$$

p	in N/m^2	Flächenbelastung des Staplers nach DIN 2199
m	in kg	Eigenlast (Eigengewicht + Gewicht Fahrer)
Q	in kg	Nutzlast
ξ		Stoßfaktor (nach DIN 1055 Blatt 3 für Stapler = 1,4)
L	in m	äußere Fahrzeuglänge einschließlich der Last auf den Gabeln
B	in m	äußere Fahrzeugbreite einschließlich der Last auf den Gabeln.

Maßnahmen zur Verringerung der Flächenbelastung z. B. eines Staplers ist die Vergrößerung der Reifenaufstandsfläche z. B. durch Änderung der Reifenart, Reduzierung des Reifendruckes bei Luftreifen oder Zwillingsräder.

Punktbelastung: Sie ist das Verhältnis von resultierender Kraft zur Aufstandsfläche in N/m^2. Bei Staplern ist die Punktbelastung schwer zu ermitteln. Wichtig bei Regalständern: ist die Punktbelastung zu hoch, wird zur Reduzierung ein Blech unter den Ständer gelegt.

6.6.7.6 Staplertypen

Bezeichnungen und Unterscheidungsmerkmale von Flurförderzeugen kann nach DIN und VDI entsprechenden Angaben des Beispieles 6.6-13 erfolgen. Eine Einteilung der Stapler wird nach verschiedenen Gesichtspunkten durchgeführt, z. B. nach der Unterscheidung in:

- radunterstützte Stapler (Hochhubwagen):   Schmal- und Breitspurbauart
- freitragende Stapler: Gegengewichtsbauart
- radunterstützte/freitragende Stapler: kombinierte Bauart.

Bei den *radunterstützten Staplern* wird die Last innerhalb der Radbasis aufgenommen und getragen. Die Radarme sind entweder unter dem Lastträger, z. B. einer Hohlgabel (Schmalspurausführung), angeordnet oder sie umfahren das Ladehilfsmittel, z. B. eine DIN-Palette (Breitspurausführung z. B. Spreizenstapler). Bei der vorherrschenden Schmalspurausführung sind Lastträger Hohlgabel und Lastschlitten unlösbar verbunden. Der Abstand der Gabelzinken entspricht der Einfahröffnungen einer längsliegenden DIN-Palette. Bei der Breitspurausführung umfahren die Radarme die Last, der Lastträger Gabel kann bis zum

Boden abgesenkt werden und ist austauschbar. Der Abstand der die Last umfahrenden Radarme kann bis zu 1400 mm betragen.

Freitragende Stapler nehmen die Last außerhalb der Radbasis auf, sodass die Last durch ein zusätzliches Gegengewicht ausgeglichen werden muss.

Schubmaststapler besitzen ein in den Radarmen geführtes, verschiebbares Hubgerüst. Mit vorgeschobenem Mast nehmen sie freitragend die Last auf, mit zurückgezogenem Mast transportieren sie radunterstützt die Last. Die Gabelzinken liegen zwischen den ca. 900 mm voneinander liegenden Radarmen, so dass zwischen den Radarmen Lasten bis zur Breite von 900 mm vom Boden aufgenommen werden können, z. B. eine DIN-Palette 8800 x 1200 längs. Breitere Last müssen vor den Radarmen freitragend angehoben und dann über die Radarme gezogen werden.

Vierwege- und Quergabelstapler müssen in jedem Fall das Transport- und Stapelgut freitragend vom Boden aufnehmen, über die Radarme anheben und dann den Mast zurückziehen, um das Gut radunterstützt – beim Quergabelstapler auf der Plattform – zu transportieren.

Eine mögliche Unterteilung der motorisch angetriebenen Stapler zeigt Bild 6.6.15.

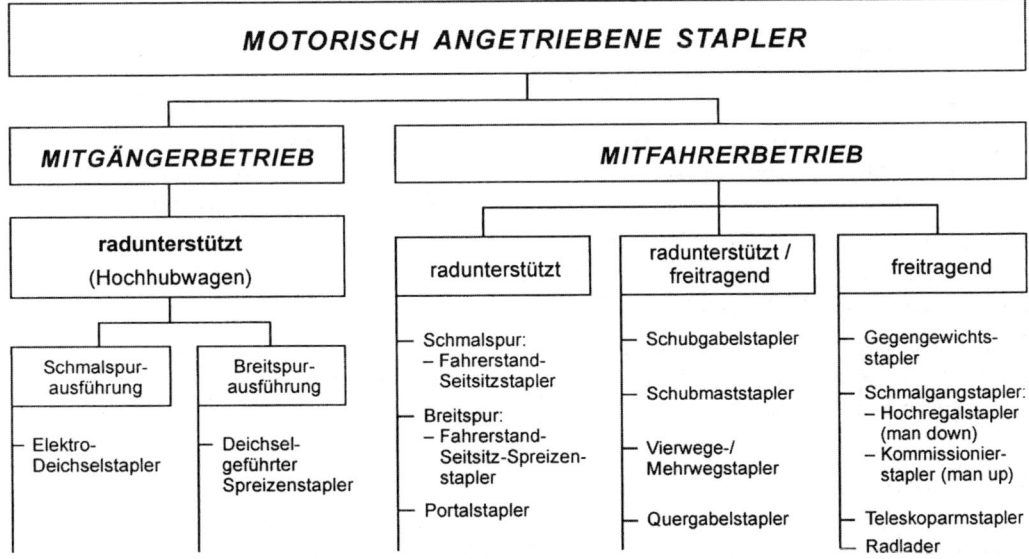

Bild 6.6.15   Einteilung der motorisch angetriebenen Stapler für Transport und Stapelung von Stückgut

Mitgängerbetrieb, radunterstützt (Hochhubwagen, auch Radarmstapler genannt)

- Elektro-Deichselstapler / Schmalspurausführung

Dieser Staplertyp ist wie der Elektro-Deichsel-Gabelhubwagen aufgebaut (s. Bild 6.6.7) und besitzt zusätzlich ein feststehendes Hubgerüst. Die Hohlgabel ist mit dem Hubschlitten unlösbar verbunden, liegt über den Radarmen und unterfährt mit den Radarmen z. B. die Palette. Die Laufrollen sind in den Radarmen untergebracht und bilden mit den gelenkten Antriebsrädern die Radbasis. Es gibt verschiedene Hubgerüstversionen:

- mit Einfachhubgerüst: bestehend aus *einem* mittig angeordneten Mastprofil (Tragfähigkeit 1 t; Hubhöhe bis 2.000 mm, Bild 6.6.16a) oder mit *zwei* Außenmastprofilen

- mit einem Zweifachteleskop-Hubgerüst (s. Bild 6.7.11e/f).

• Elektro-deichselgeführter Spreizenstapler / Breitspurausführung (Bild 6.6.16b)
Dieser Staplertyp umfährt längs- und quer liegende Paletten mit den Radarmen und besitzt einen feststehenden, nicht neigbaren einfachen Hubgerüst oder ein Zweifachteleskop-Hubgerüst. Die nicht angetriebenen und nicht lenkbaren Räder sind in den Radarmen untergebracht.

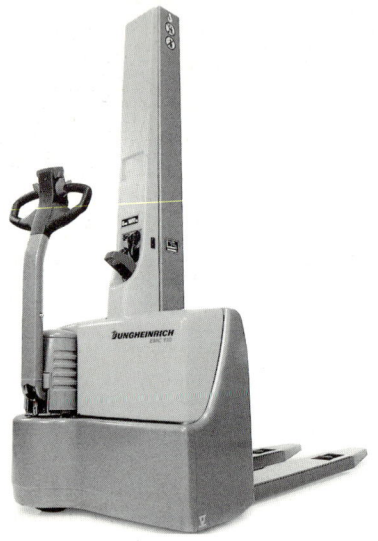   

Bild 6.6.16a
Elektro-Deichselstapler-Einmastprofilversion

Bild 6.6.16b
Deichselgeführter Spreizenstapler

Mitfahrerbetrieb: radunterstützt (Hochhubwagen)

• Elektro-Seitsitz-Radarmstapler / Schmalspurausführung
Für den stehenden Mitfahrerbetrieb ist der Elektro-Deichselstapler mit einer umklappbaren Deichsel sowie mit Klapptritt ausgerüstet. Die Fahrersitzausführung ist mit einem Seitsitz ausgestattet (s. Bild 6.7.2; Bild 6.6.17a) und Bild 6.6.17b zeigt die Fahrerstandausführung.

• Elektro-Fahrerstand-Spreizenstapler / Breitspurausführung
Der Fahrerstand-Spreizenstapler ist die Mitfahrerausführung des deichselgeführten Spreizenstaplers (Bild 6.6.17b).

• Portalstapler (Vancarrier)
Portalstapler dienen in erster Linie dem Transport und der Stapelung von Containern bis 40 Fuß (s. Bild 7.10e und 7.17). Sie nehmen die Last von oben innerhalb der Radbasis mit einem Greifrahmen (Spreader) auf. Die Fahrzeuge fahren mit hohen Geschwindigkeiten (Leerfahrten ca. 40 km/h, Lastfahrten ca. 20 km/h), sind vier- bis sechzehnrädrig, oft mit Doppelbereifung und mit Allradantrieb ausgerüstet. Jedes Rad wird einzeln gelenkt.

Bild 6.6.17a   Elektro-Seitsitz-Radarmstapler

Bild 6.6.17b   Elektro-Fahrerstand-Radarmstapler

Mitfahrerbetrieb: radunterstützt/ freitragend

- Schubgabelstapler

Bei diesem mit feststehenden Hubgerüst ausgestatteten Stapler wird die Last vor den Radarmen mit einer teleskopierbaren Gabel aufgenommen. Die Arbeitsweise ist wie beim Schubmaststapler.

- Schubmaststapler

Bei diesem Staplertyp kann das Hubgerüst in den Radarmen horizontal verschoben werden (Bild 6.6.18), d. h., wenn der Mast ganz nach vorne geschoben ist, entspricht er einem freitragenden Stapler. Die Ladeeinheit wird vor den Rädern vom Boden aufgenommen. Der Abstand zwischen den Radarmen beträgt ca. 900 mm. Dies bedeutet, dass längsliegende DIN-Paletten zwischen den Radarmen vom Boden aufgenommen werden können, querliegende müssen vor den Rädern um ca. 350 mm angehoben werden. Dies ist besonders bei auf dem Boden liegenden Paletten (unterste Ebene) eines Palettenregals zu beachten. Der Schubmaststapler verkürzt durch Zurückziehen des Mastes die Fahrzeuglänge (ebenso durch die Seitsitzanordnung), so dass die Arbeitsgangbreite bei 2,6 m liegt (s. Bild 6.6.14). Bild 6.6.19 zeigt den Schubmaststapler im Lagereinsatz mit vorgeschobenen Mast.

Bild 6.6.18 Schubmaststapler: Mast zurückgezogen   Bild 6.6.19 Schubmaststaplers: Mast vorgeschoben

- Vierwege-/Mehrwegestapler

Ihrer Konstruktion nach sind Vierwegestapler Schubmaststapler für Langgut-, aber auch Palettentransport (Bild 6.6.20 bis Bild 6.6.22, Bild 11.43). Der Unterschied zum Schubmaststapler liegt im Drehen der Räder um 90°, so dass der Vierwegestapler zusätzlich zur Vor- und Rückwärtsfahrt noch seitlich nach rechts und links fahren kann (s. Beispiel 6.6-1). Der Abstand der Gabelzinken kann hydraulisch verändert werden (bessere Auflage bei Langguttransport). Durch die Seitsitzanordnung und Radverstellbarkeit benötigen Vierwegestapler nur kleine Arbeitsgangbreiten.

Erfolgt die Raddrehung in Stufen oder stufenlos, wird der Vierwegestapler zum *Mehrwegestapler*. Diese Konstruktion ergibt eine große Wendigkeit und Manövrierfähigkeit auf engstem Raum.

- Quergabelstapler (Seitenstapler)

Quergabelstapler sind im Prinzip Plattformwagen, die in der Mitte einen Schubmaststapler eingebaut haben (Bild 6.21). Die Fahrkabine ist sehr schmal ausgebildet, so dass sich z. B. für Langgut eine große Auflagefläche ergibt. Die Aufnahme des Transportgutes geschieht durch Ausfahren des Mastes, Unterfahren des Gutes, Anheben über Plattformniveau, Zurückziehen des Mastes und Absenken der Last auf die Plattform. Eingesetzt wird der Quergabelstapler im Langgutlager, z. B. für den Transport von Rohren, Profilmaterial, Holzbretter, Pressspanplatten, in Sonderkonstruktion auch zum Transportieren von drei Paletten gleichzeitig.

Um in einem Arbeitsgang die gegenüberliegende Seite zu bedienen, muss der Quergabelstapler aus dem Gang herausfahren, über einen Wendehammer drehen und wieder in den Arbeitsgang einfahren. Die Arbeitsgangbreite entspricht der Fahrzeugbreite (ca. 2,15 bis 2,5 m).

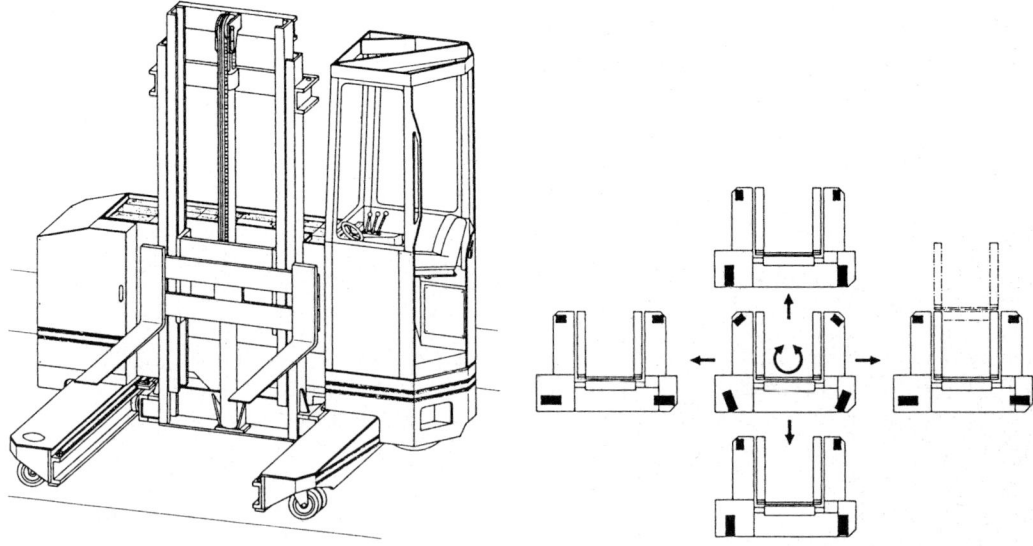

a) Ausführung mit Schrägsitzkabine   b) Arbeitsweise: mögliche Radstellungen

Bild 6.6.20   Mehrwegestapler

Bild 6.6.21   Quergabelstapler beim Einsatz in einem Holzlager

- Mitnahmestapler

Der Mitnahmestapler (s. Beispiel 6.6-19 / Bild 6.6.34/35) ist eine Variante des Mehrwegestaplers, der aber ein feststehendes Hubgerüst – oft mit Schubgabeln – sowie teleskopierbare Radarme besitzt und Luft- oder Superelastikbereifung hat. Die kompakte Konstruktion kann am Lkw-Ende außen Huckepack mitgenommen wird. Die Tragkraft geht bis zu 2,5 t, die Hubhöhe bis zu 4 m.

Mitfahrerbetrieb: freitragend Gegengewichtsstapler s. Kap. 6.6.7 und Bild 6.6.1.

- Schmalgangstapler: Hochregal- und Kommissionierstapler s. Kap. 10.4.3.
- Teleskoparmstapler, s. Bild 6.6.28 und 7.16
- Radlader für Schüttgut.

6.6.7.7 Einsatzsteuerung, Staplerleitsystem

Die Einsatzsteuerung eines Staplers kann dezentral oder zentral erfolgen.

Dezentral bedeutet Off-line-Betrieb, z. B. dass der Staplerfahrer nach Erledigung eines Auftrages jedes mal zu einem Büro (Steuerstelle) fährt und sich persönlich die Aufträge abholt.

Zentral heißt On-line-Betrieb, z. B. dass die Aufträge über Sprechfunk, Infrarottechnik oder in der Regel mittels Datenfunk an den Stapler beim Ein- und Auslagern, beim Kommissionieren oder im Freilager übertragen werden. Ein rechnergestütztes Dispositionssystem (Staplerleitsystem SLS) nimmt Aufträge von einem Rechner entgegen, bearbeitet sie und gibt sie über ein mobiles Datenfunkterminal an ein Fahrzeug weiter. Der Fahrer erfüllt den Auftrag, quittiert ihn, meldet sich als „frei" zurück und kann auch mit dem SLS kommunizieren. Das SLS hat operative Komponenten, wie z. B. Staplerdatenfunkterminal, Handdatenfunkterminal, Scanner und fest auf dem Stapler montierte Etikettendrucker (s. Beispiel 6.6-5; Kap. 13.3.3).

6.6.7.8 Betriebskosten Gabelstapler

Um Kostenvergleiche von Flurförderzeugen untereinander oder mit anderen Transportmitteln durchführen zu können, müssen die Betriebskosten pro Periode ermittelt werden (vgl. Kap. 4.8). Für einen Elektro-Fahrersitzgabelstapler (1,5 t Tragfähigkeit; Dreiradbauweise; 3,5 m Hubhöhe; Batterie 24 V) sind in Anlehnung an die VDI 2695 die Betriebskosten pro Jahr ermittelt worden (Tab. 6.6.1).
Im Einzelnen gilt:

- Punkt 1.1 bis 1.3: Durchschnittspreise des Jahres 2005 ohne Mehrwertsteuer

- Punkt 2.1 und 2.2: es handelt sich um steuerliche Höchstsätze für einschichtigen Betrieb. Zulässig sind lineare Abschreibungen für Stapler und Batterie in fünf Jahren (20 % pro Jahr) und Ladegerät in 15 Jahren (6,7 % pro Jahr), vgl. Tab. 6.6.2.

- Punkt 2.3: Kalkulatorische Zinsen, die den jährlichen Kapitalkosten entsprechen. Das eingesetzte Kapital ist zu verzinsen.

- Punkt 2.5: es wird mit 1470 Einsatzstunden pro Jahr gerechnet.

1.0	Investition		
1.1	Elektro-Dreiradstapler 1,5 t	€	20.000,–
1.2	Batterie (24 V; 800 Ah)	€	6.000,–
1.3	Ladegerät	€	1.500.–
1.4	Gesamtinvestitionssumme	€	27.500.–
2.0	Ermittlung der fixen Kosten		
2.1	Abschreibung (20 % von 1.1 und 1.2)	€/a	5.200.–
2.2	Abschreibung (6,7 % von 1.3)	€/a	101.–
2.3	Zinsen (8 % auf 50 % von 1.4)	€/a	1.100.–

2.4	Fixe Kosten pro Jahr	€/a	6.401.–
2.5	Fixe Kosten pro Stunde (1470 h/a)	€/h	4,36
3.0	**Ermittlung der variablen Kosten**		
3.1	Instandhaltung (12 % von 1.4; Kal. I)	€/a	3.300.–
3.2	Energiekosten (0,2 €/kWh; einschichtig)	€/a	1.106.–
3.3	Variable Kosten pro Jahr	€/a	4.406.–
3.4	Variable Kosten pro Stunde (1470 h/a)	€/h	3.-
4.0	Betriebskosten pro Jahr (2.4 und 3.3)	€/a	10.807.–
4.1	Betriebskosten pro Stunde	€/h	7,36
5.0	Personalkosten (Einschichtbetrieb) (1,2 Mann pro Stapler und Jahr bei 30.000.- € pro Jahr und Fahrer)	€/a	36.000.–
5.1	Gesamtkosten Dreiradstapler pro Jahr	€/a	46.807.–

Tabelle 6.6.1   Betriebskostenermittlung eines Gabelstaplers (Basis 2005)

Gebräuchliche Lebensdauer als Grundlage für die kalkulatorische Abschreibung				
	Elektro-Flurförderzeuge	Verbrennungsmotorisch angetriebene Flurförderzeuge	Batterie	Ladegerät
Einsatz leicht	12 – 15	8 – 12	5 – 6	15
Einsatz mittelschwer	10 – 12	6 – 8	4 – 5	15
Einsatz schwer	6 – 10	4 – 6	4	12

Tabelle 6.6.2   Lebensdauerwerte von Staplern in Abhängigkeit vom Belastungsgrad

- Punkt 3.1: Der Punkt umfasst die Kosten für Instandhaltung (vorbeugend: Wartung, Inspektion mit Reinigung, Schmierung usw.; ausfallbedingt: Instandsetzung mit Austausch, Reparatur, Ausbesserung), wie z. B. Löhne, Reifen, Öl, Ersatzteile. Diese Kosten sind abhängig von der Beanspruchung des Flurförderzeuges, die sich aus den Einsatzbedingungen und den Leistungsanforderungen ergeben wie z. B. Umgebungseinflüsse, Fahrbahnzustand, Außen-/Inneneinsatz sowie Auslastung der technischen Leistungsfähigkeit. Die Beanspruchung wird klassifiziert in gering, mittel und hoch und mit Kategorie (vgl. VDI 2695) I, II und III bezeichnet.

Die Kategorie I entspricht einer Auslastung der technischen Leistungsfähigkeit eines Staplers bis 50 %, günstigen Arbeitsbedingungen, ebenen Fahrwegen, staubfreier Luft und Halleneinsatz.

Kategorie II: Auslastung der technischen Leistungsfähigkeit zwischen 50 und 100 %, Hallenbetrieb und Außeneinsatz, unebener Fahrbahn, Schienenübergängen, Fahrbahnsteigungen bis zu 10 %, ständigem Temperaturwechsel.

Kategorie III: Auslastung der technischen Leistungsfähigkeit von 100 %, schwersten Arbeitsbedingungen, Arbeiten mit Anbaugeräten, unebener Fahrbahn, Fahrbahnsteigungen über 10 %, Strahlen wärme, staubiger Luft.

Für Kategorie I ergibt sich ein Erfahrungswert von 12 % der Investitionssumme für einen Elektro-Stapler.

- Punkt 3.2: die Energiekosten zum einmaligen Aufladen einer Batterie ohne Elektrolytumwälzung berechnen sich bei einer geforderten Restkapazität von 20 % (vgl. Kap. 4.5.5) nach Formel 4.3 zu:

$$E = \frac{24 \cdot 800 \cdot 0,8 \cdot 1,5}{1000} = 23,04 \text{ kWh}$$

Bei einem Einsatz von 1470 Stunden pro Jahr und einer Schichteinsatzzeit von ca. 6 Stunden sind ca. 240 Aufladungen erforderlich. Bei einem Strompreis von 0,2 €/kWh ergeben sich die Energiekosten zu:

$$EK = E \cdot z \cdot SP \text{ [€/a]} \tag{6.11}$$

EK	€/a	Energiekosten pro Jahr
E	kWh	gespeicherte Energie
z	a^{-1}	Anzahl Ladungen pro Jahr
SP	€/kWh	Strompreis pro kWh

hier EK= 23,04 · 240 · 0,2 = 1.105,92 €/a.

Anmerkung: der Strompreis in €/kWh ist von vielen Faktoren abhängig und muss in jedem Einzelfall ermittelt werden. Erhebliche Reduktion im Energieverbrauch wird durch Elektrolytumwälzung beim Ladevorgang erreicht: Faktor 1,15 statt 1,5 (s. Formel 4.3 im Kap. 4.5.6).

- Punkt 5.0: die Fahrerkosten müssen in die Betriebskosten einbezogen werden. Urlaub und Krankheit bewirken einen Ansatz von 1,2 Fahrer pro Stapler und Jahr.

Die verwendeten Preise / Kosten dieses Beispieles z. B. für das Gerät, für Energie, Personal, Abschreibung, Zinsen usw. sind von vielen unternehmensspezifischen und politischen Faktoren abhängig, daher ist hier die Vorgehensweise zur Ermittlung der Kosten entscheidend und nicht die Kostengröße.

Z.Z. werden sehr viele Flurförderzeuge geleast, bei deren Vergleich ist zu berücksichtigen, in wie weit Teil- oder Vollwartungsverträge in den Leasingraten enthalten sind (vgl. Beispiel 11.22).

6.6.8 VDI-Richtlinien

Zur weiteren Vertiefung dieses Kapitels werden folgende VDI-Richtlinien empfohlen:

2198	Typenblätter für Flurförderzeuge	08.02
2511	Regelmäßige Prüfung von Flurförderzeugen; Mindestanforderungen	03.98
2695	Ermittlung der Kosten für Flurförderzeuge; Gabelstapler	11.94
3313	Dienstanweisung für Fahrer von Flurförderzeugen	07.98
3318	Befahren von Lastenaufzügen mit Flurförderzeugen	04.02
3577	Flurförderzeuge für die Regalbedienung, Beschreibung, Einsatzbedingungen	04.99
3586	Flurförderzeuge: Begriffe, Kurzzeichen	03.96
3641	Mobile Datenübertragungssysteme im innerbetrieblichen Transport	05.88
3643	Elektro-Hängebahn Oberläufer, Traglastbereich 500 kg	11.98
3960	Ermittlung der Betriebsstunden an Flurförderzeugen	03.98

6.6.9 Beispiele, Fragen

Beispiel 6.6-1: Vierwegestapler

Beschreiben Sie die Arbeitsweise eines Vierwegestaplers im Paletten-Blocklager und im Langgutlager.

Lösung: Normalerweise können Rohlinge, Halb- und Fertigfabrikate, die zu großem Prozentsatz (bis zu 80 %) zwischengelagert werden, nur in 2-Reihen-Stapelung gepuffert werden, da man zu jederzeit an die Behälter oder Paletten herankommen muss. Der Vierwegestapler ermöglicht bis zu einer minimalen Breite des Lagergutes von 1 m eine 4-Reihen-Stapelung. Die Arbeitsweise zeigt Bild 6.6.22a.

1) Der Vierwegestapler fährt bei geringer Arbeitsgangbreite A_{St} in Längsrichtung.

2) Die Lagereinheit in der l. Reihe wird durch Aus- bzw. Einfahren des Schubrahmens auf genommen oder abgesetzt. Die Räder behalten ihre Richtung bei.

3) Um an die zweite Stapelreihe zu gelangen, müssen die Räder um 90° gedreht werden.

4) Jetzt kann der Vierwegestapler seine Querfahrt durchführen und die Lagereinheit in der 2. Reihe aufnehmen oder absetzen.

5) Die Räder sind wieder auf Längsfahrt gestellt und der Transport kann erfolgen.

Die Arbeitsweise des Vierwegestaplers im Langgutlager (Langgutlänge > Fahrzeuglänge) ist analog der des Palettenlagers und wird im Bild 6.6.22b demonstriert:

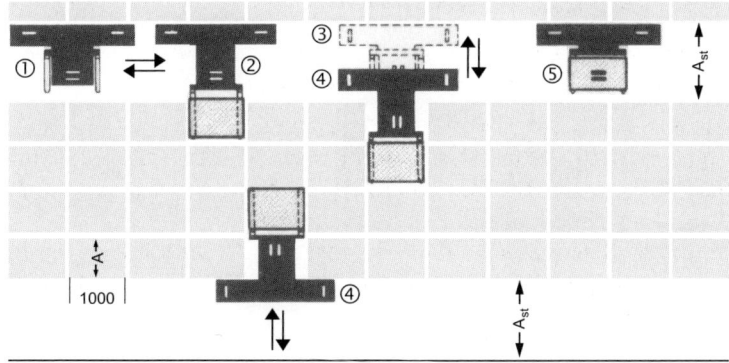

Bild 6.6.22
Arbeitsweise des Vierwegestaplers
(Zahlen s. Text)
a) beim Palettentransport

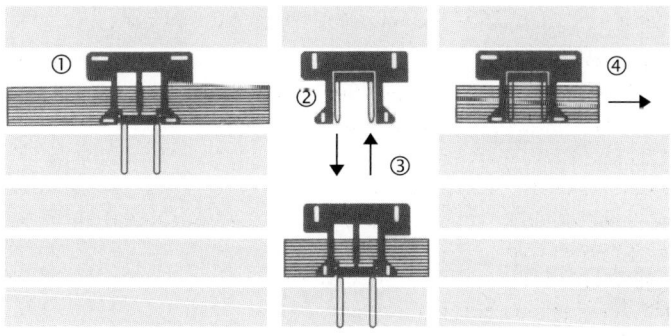

Bild 6.6.22
Arbeitsweise des Vierwegestaplers
(Zahlen s. Text)
b) beim Langguttransport

1) entspricht den Nummern 1 und 2 im Bild 6.6.22a.

2), 3) und 4) sind identisch mit den Bewegungsabläufen 3, 4 und 5 im Bild 6.6.22a. Der Hintereinanderstapelung großer Mengen im Block sind hier keine Grenzen gesetzt. Jeder Block kann vom Gang aus auf- und abgebaut werden.

Beispiel 6.6-2: Arbeitsgangbreitenvergleich

Es ist ein Arbeitsgangbreitenvergleich zwischen Vierwegestapler, Schubmaststapler und Frontgabelstapler bei gleicher Tragfähigkeit von 1 t und gleichen Abmessungen des Lagergutes Euro-Palette bei Längseinlagerung durchzuführen und die Flächennutzungsgrade sind gegenüberzustellen.

Lösung: Der Vergleich wird in Bild 6.6.23 durchgeführt. Die schematische Zeichnung zeigt die verschiedenen erforderlichen Arbeitsgangbreiten der einzelnen Gabelstaplertypen (1790 - 2400 - 3110 mm).

Das Ergebnis lässt sich auch im Flächennutzungsgrad wiedergeben, indem man den Flächenbedarf des Vierwegestaplers mit 100 % ansetzt. Dann benötigen bei gleicher Lagerkapazität der Schubmaststapler 116 % und der Frontgabelstapler 134 % an Fläche.

Beispiel 6.6-3: Anbaugeräteauswahl

Es ist in Form eines Ablaufplanes die Vorgehensweise bei der Auswahl von Anbaugerät und Stapler zu beschreiben.

Lösung: s. Bild 6.6.24· die Transportaufgabe und die Art der Transporteinheit sind Ausgangspunkt für die Anbaugeräteauswahl.

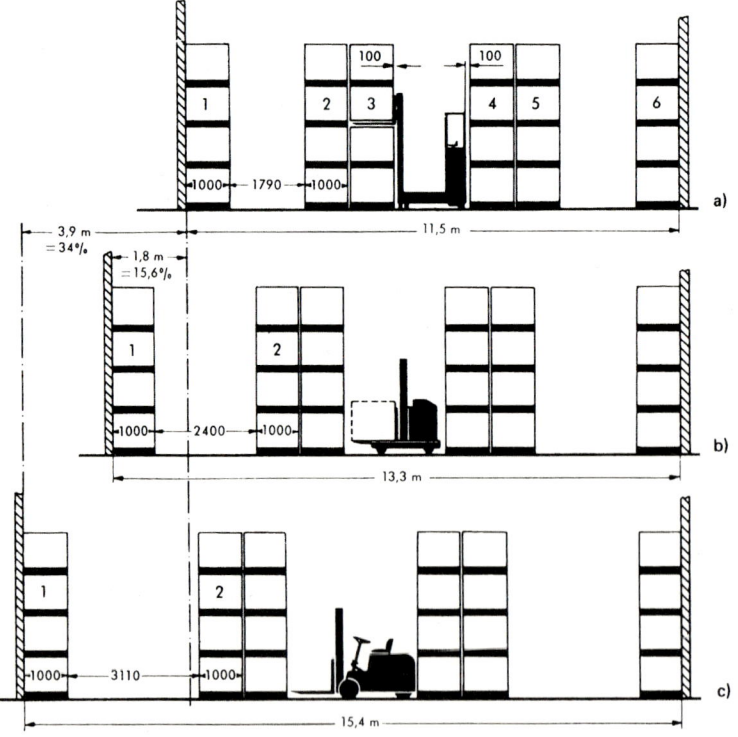

Bild 6.6.23
Vergleich der Arbeitsgangbreiten von verschiedenen Staplern
a) Vierwegestapler
b) Schubmaststapler
c) Frontgabelstapler

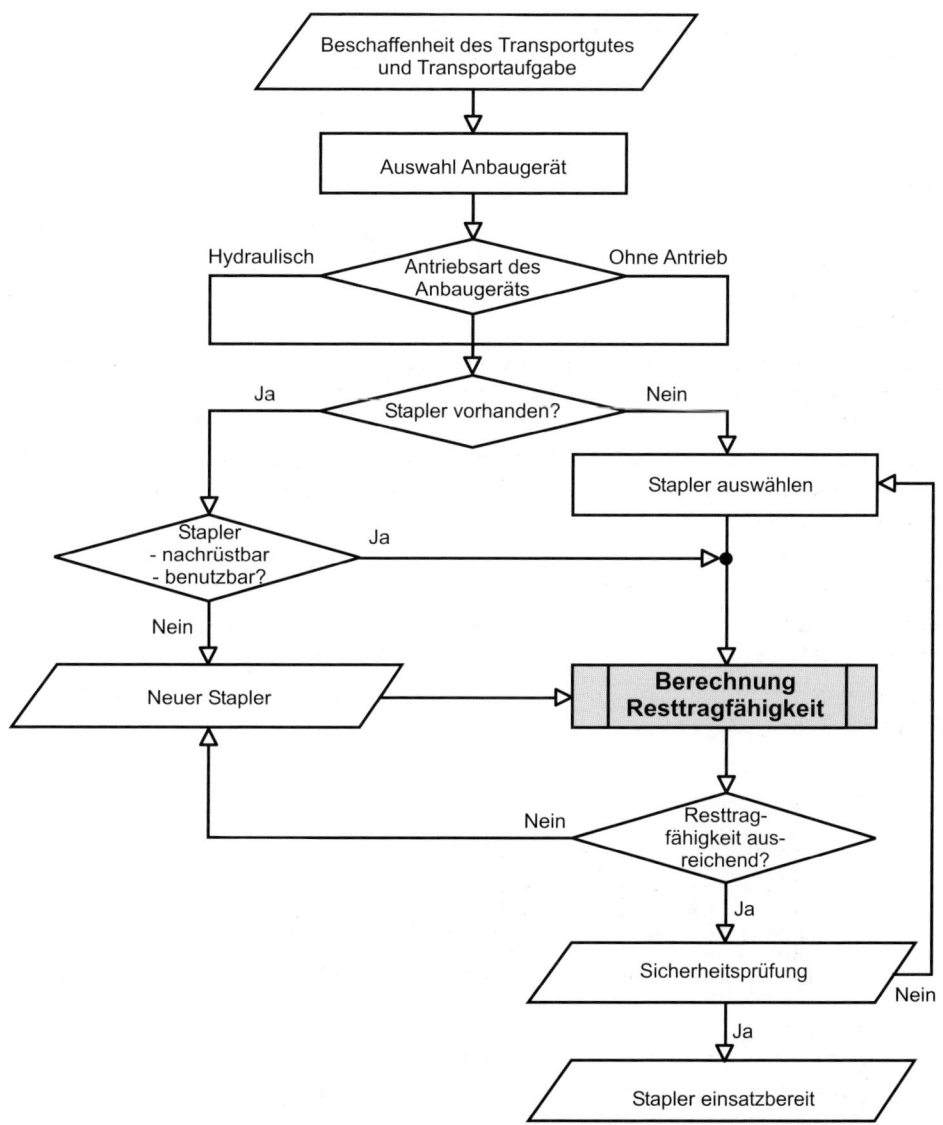

Bild 6.6.24 Ablaufplan zur Anbaugeräteauswahl

Beispiel 6.6-4: Resttragfähigkeit

Wie ist die schematische rechnerische Vorgehensweise der Resttragfähigkeit darzustellen?

Lösung: s. Bild 6.6.25

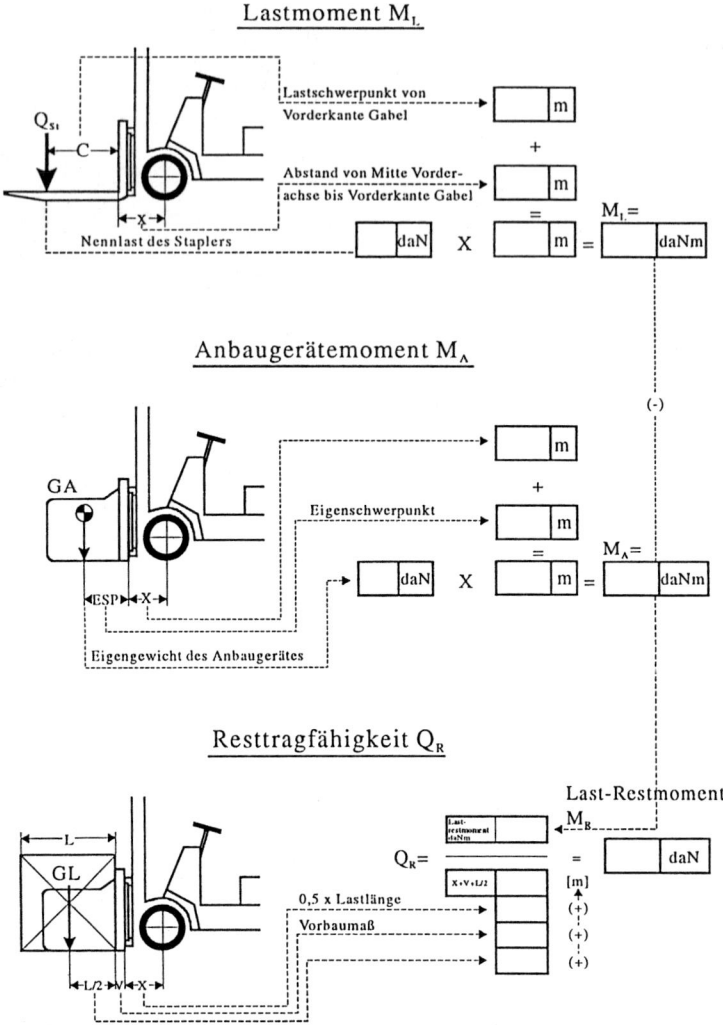

Bild 6.6.25   Berechnungsschema zur Ermittlung der Resttragfähigkeit eines Staplers

Beispiel 6.6-5: Rechnergestützte Transportsteuerung
Wie arbeitet eine rechnergestützte Transportsteuerung (Dispositionssystem, Transport- und Staplerleitsystem) für Flurförderzeuge?

Lösung: Ist das Transportsystem in ein gesamtheitliches Logistiksystem eingebunden und mit der Produktionssteuerung, der Lagerverwaltung und der Administration verbunden, so wird die Leitzentrale des Transportes (Transportleitsystem TLS) von einem Rechner gebildet. Auf der einen Seite werden die Aufträge von den Produktions- und Lagerbereichen über Sprech- oder Datenfunk, über stationäre oder mobile Terminals an den Leitrechner gegeben, auf der anderen Seite kommuniziert der Staplerfahrer über ein mobiles Terminal mit dem Leitrechner. Das Staplerleitsystem (SLS) ist in seinen operativen Komponenten auf den Bildern 6.6.26 zu sehen (vgl. Kap. 13.3).

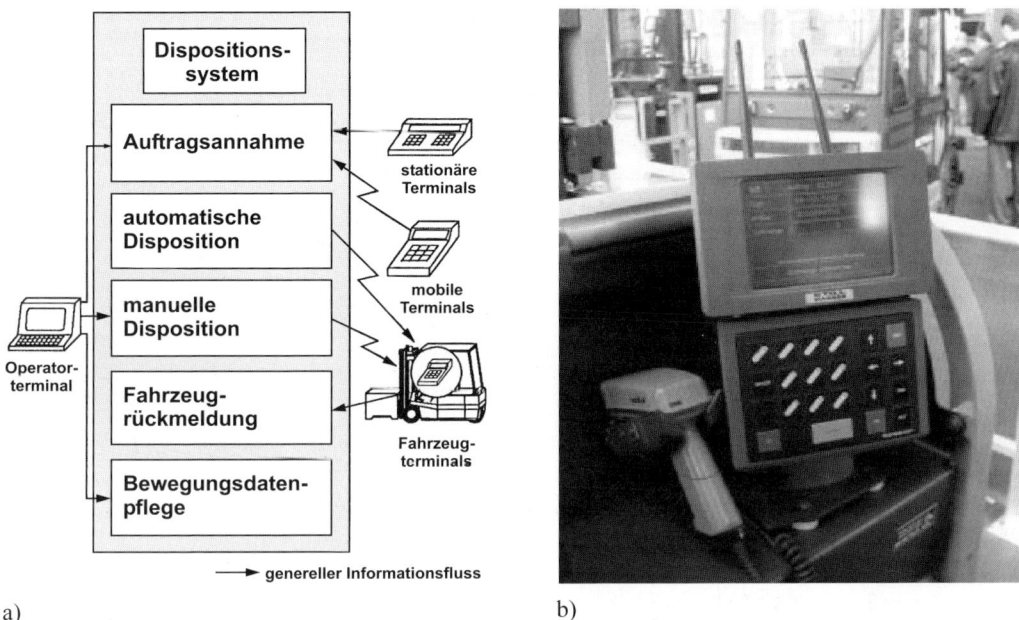

a)   b)

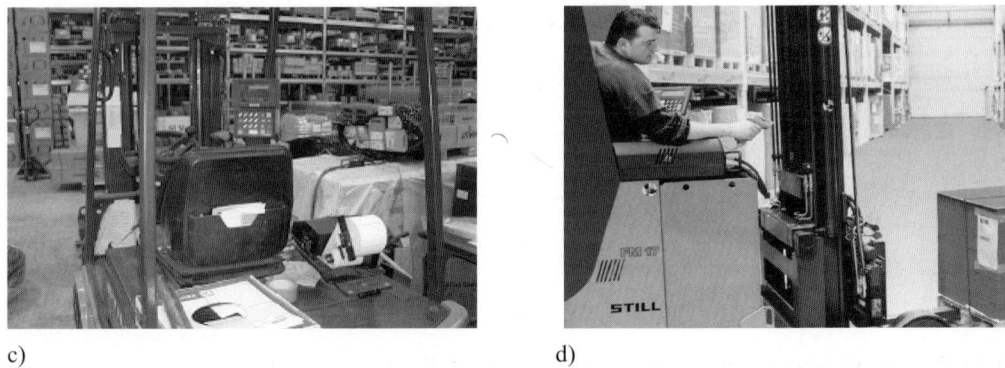

c)   d)

Bild 6.6.26 a) Dispositionssystem b) Datenfunkterminal Stapler c) Etikettendrucker d) Scanvorgang

Beispiel 6.6-6: Leistungsdiagramm

Wie ist die Leistung des in Bild 6.6.5 dargestellten Elektroschleppers?

Lösung: Der Elektroschlepper mit 4 t Anhängelast hat das in Tabelle 6.6.3 wiedergegebene Leistungsdiagramm. Das eingetragene Beispiel zeigt, dass der Schlepper mit 2 t Anhängelast bei einer Fahrgeschwindigkeit von 4,3 km/h und bei einer Steigung von 8 % eine stündliche Fahrstrecke von 550 m zurücklegen kann. Ist die Fahrstrecke aber nur 55 m lang, so kann sie unter den angegebenen Bedingungen 10 mal stündlich befahren werden (vgl. Beispiel 6.6-7).

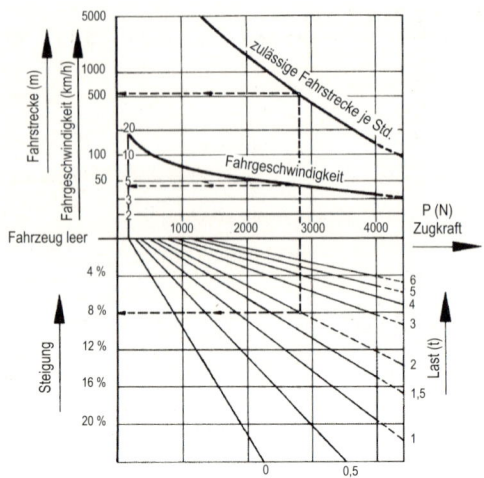

Das Beispiel zeigt:

ein Fahrzeug mit Last: 2000 kg kann max. eine Steigung von 8 % 550 m lang bei einer Fahrgeschwindigkeit von 4,3 km/h befahren.

(Ist die 8 %ige Steigung 55 m lang, so kann sie unter den gegebenen Bedingungen 10 × stündlich befahren werden)

Tabelle 6.6.3
Leistungsdiagramm für Elektroschlepper mit 4 t Anhängelast bezogen auf Bild 6.6.5

Beispiel 6.6-7: Steigleistung

Für den in Bild 6.6.1 dargestellten Elektro-Gabelstapler sind die in einer Stunde maximal erreichbaren Wegstrecken bei verschiedenen Steigungen sowohl ohne als auch mit Last zu ermitteln.

Lösung: Aus Bild 6.6.27 sind für trockene Rauhbetonfahrbahn ($\mu - 0,8$) mit einer 600 Ah-Batterie in Abhängigkeit von der Bereifung (V $\hat{=}$ Vollgummireifen, L $\hat{=}$ Luftreifen) die Steigleistungen bei verschiedenen Steigungen zu entnehmen (vgl. Beispiel 6.6-6).

Beispiel 6.6-8: Wirtschaftlichkeitsvergleich
Es soll ein Wirtschaftlichkeitsvergleich von Gabelstapler und Schleppzug in Abhängigkeit von Einfach- und Doppelspiel sowie von der Länge der Fahrstrecke gegeben werden.

Lösung: Tabelle 6.6.4.

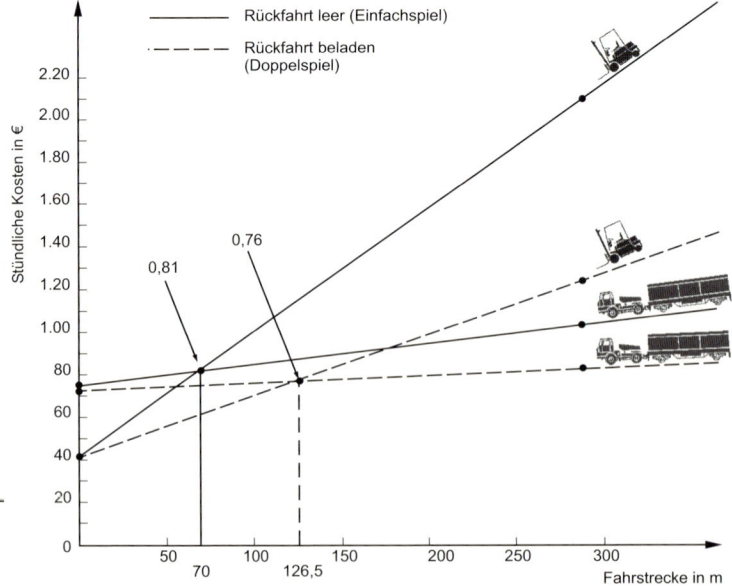

Tabelle 6.6.4
Wirtschaftlichkeitsvergleich Gabelstapler - Schleppzug

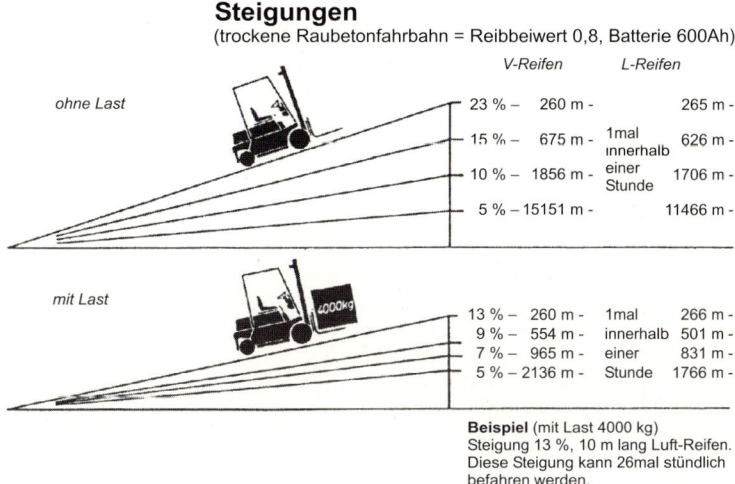

Steigungen
(trockene Raubetonfahrbahn = Reibbeiwert 0,8, Batterie 600Ah)

		V-Reifen		L-Reifen
ohne Last	23 % –	260 m –		265 m –
	15 % –	675 m –	1mal innerhalb	626 m –
	10 % –	1856 m –	einer Stunde	1706 m –
	5 % –	15151 m –		11466 m –
mit Last	13 % –	260 m –	1mal	266 m –
	9 % –	554 m –	innerhalb	501 m –
	7 % –	965 m –	einer	831 m –
	5 % –	2136 m –	Stunde	1766 m –

Bild 6.6.27
Steigleistung des Dreirad-
Gabelstaplers (Bild 6.6.1)

Beispiel (mit Last 4000 kg)
Steigung 13 %, 10 m lang Luft-Reifen.
Diese Steigung kann 26mal stündlich
befahren werden.

Beispiel 6.6-9: Sicherheit und Ergonomie

Welche Unfallverhütungsvorschrift ist für die sicherheitstechnische und ergonomische Gestaltung von Gabelstaplern maßgebend und auf welche Bauelemente hat sie besonderen Einfluss?

Lösung: Gabelstapler unterliegen bezüglich ihrer sicherheitstechnischen und ergonomischen Gestaltung Gesetzen und Normen, insbesondere der UVV „Fahrzeuge" VBG 12. Ziel ist, dass bei ordnungsgemäßer und vorschriftsmäßiger Fahrweise keine Gefahr für Fahrer und Umfeld entsteht. Die VBG 12 bezieht sich u. a. auf:

- Radschutz, Fahrerschutzdach, Lastschutzgitter, Lenkung, Bereifung, Fahrerplatz
- Elektrische Ausrüstung, Sichtverhältnisse, Warneinrichtungen, Lärm, Sitzgestaltung
- Gabelträger, Anbaugeräte, Anordnung und Gestaltung von Anzeigegeräten.

Beispiel 6.6-10: Warneinrichtungen

Welche Warneinrichtungen zur Vermeidung von Unfällen und zum Anzeigen von gefährlichen Betriebssituationen gibt es?

Lösung: Zu unterscheiden sind optische und akustische Warneinrichtungen, die sowohl auf dem Flurförderzeug als auch an Verkehrswegen angebracht sind, wie z. B.:

- Rundumleuchten, Warnblinkleuchten, Hupen, Sirenen
- Ampeln, Schranken, Spiegel, Hinweis-, Verbots- und Warnschilder.

Warneinrichtungen zum Anzeigen kritischer Betriebszustände am Flurförderzeug sind z. B.:
- Batterieladewächter, Batterieladeanzeiger, Waagen zur Ermittlung des Lastgewichtes
- Konturenkontrollanzeigen, Tankanzeigen.

Beispiel 6.6-11: Staplerbauart Teleskoparmstapler

In der Regel werden freitragende Stapler mit einem teleskopierbaren Hubgerüst ausgestattet. Nachteilig sind dabei der eingeschränkte Sichtbereich, Arbeits- und Bedienungsmöglichkeiten bei stehendem Stapler über die Zinkenenden hinaus und zusätzliche Bewegungsfunktionen der nur im Lastschlitten sich vertikal bewegenden Gabel. Weitere Bewegungsfunktionen können nur über Anbaugeräte (Kap. 6.6.7.4) erreicht werden. Wie sieht eine andere Bauart aus, die teilweise obige Nachteile eliminiert?

Lösung: An Stelle eines teleskopierbaren Hubgerüstes wird ein teleskopierbarer Auslegerarm eingesetzt, der die Gabel oder andere Lastträger hydraulisch bewegen kann (Bild 6.6.28).

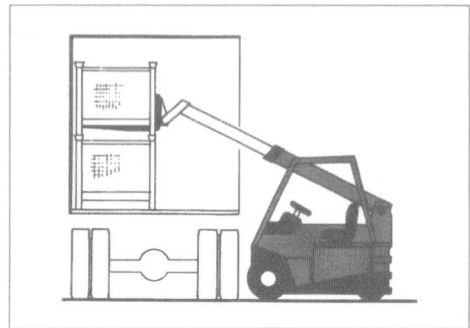 

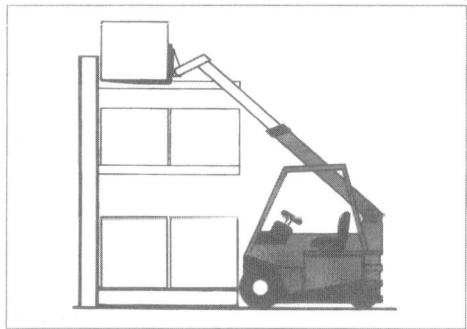 

Bild 6.6.28   Arbeitseinsätze eines freitragenden Staplers mit Teleskopausleger: Teleskoparmstapler

Durch die halbkreisförmige Bewegung des Auslegerarmes ist es möglich, die Last über Hindernisse zu transportieren und die „zweite" Reihe zu bedienen, sowie durch Anbaugeräte nicht unterfahrbare Güter aufzunehmen, zu transportieren und zu stapeln. Die *Teleskoparmstapler* benötigen eine große Arbeitsgangbreite, daher werden sie in der Regel im Freilager als Geländestapler, besonders als Containerstapler eingesetzt und mit großen Tragfähigkeiten (20 t) ausgeführt (s. Bild 7.16 b). Die Hubhöhen gehen bis zu 7 m bei einer Reichweite von 3,8 m.

Beispiel 6.6-12: Nenntragfähigkeit/Nennzugkraft

Es ist der Unterschied von Tragfähigkeit und Nenntragfähigkeit von Staplern sowie die Nennzugkraft von Schleppern zu erklären.

Lösung: Die Leistungsbeschreibung für Stapler geschieht: durch die Angabe der Tragfähigkeit Q in kg oder t. Um die Tragfähigkeitsangaben der verschiedenen Hersteller von Staplern vergleichbar zu machen, wird in den Typenblättern der VDI-Richtlinien die Nenntragfähigkeit benutzt. Diese Nenntragfähigkeit basiert auf

- einen Stapler mit Zweifachteleskop-Hubgerüst
- einem Lastschwerpunkt entsprechend dem Normabstand abhängig vom Staplertyp und Tragfähigkeit
- einer Hubhöhe von 3.300 mm.

Die wirkliche Tragfähigkeit eines Staplers berücksichtigt die bei dem Stapler vorhandenen Baugruppen und alle speziellen Fahrzeuggrößen. Sie ist auf dem Tragfähigkeitsschild des Staplers angegeben. Die Nenntragfähigkeit eines Schleppers wird ermittelt auf trockenem und horizontalem Zementfußboden und ergibt die an der Kupplung vorhandene Zugkraft in N. Von Bedeutung ist noch die Angabe der Anhängelast (Schlepplast) in t, die sich aus der Summe aller Massen der Anhänger ergibt.

Beispiel 6.6-13: Bezeichnung von Flurförderzeugen

Wie wird die Benennung und die Kurzbezeichnung der Flurförderzeuge durchgeführt?

Lösung: In der VDI 3586 werden die Flurförderzeuge in 5 Gruppen eingeteilt und zwar nach den Kriterien:

- Art des Fahr- und Hubbetriebes (von Hand/motorisch)
- Lenkart und Bedienart.

Die Kurzbezeichnung der Flurförderzeuge besteht aus einer Buchstaben- und Zahlenkombination. Es bedeuten dabei:

- Der 1. Buchstabe kennzeichnet die Antriebsform z. B. D – Diesel; E – Batterieelektrisch; H – Handantrieb; T – Flüssiggas
- Der 2. Buchstabe kennzeichnet die Bedienform, z. B. G – mitgängergeführt; S – Fahrerstand; F – Fahrersitz; K – hebbarer Fahrerplatz (Kommissionierer)
- Der 3. Buchstabe kennzeichnet die Bauform des Flurförderzeuges, z. B. W – Plattformwagen; Z – Zweiachsschlepper; N – Niederhubwagen; H – Hochhubwagen; G – Gabelstapler; M – Schubmaststapler; V – Vierwegestapler; Q – Quergabelstapler.

Weiterhin können an diese 3 Buchstaben Zusatzinformationen in Form von Buchstaben und/oder Zahlen angefügt werden, z. B. um die Linienführung, die Tragfähigkeit, das Anbaugerät usw. zu beschreiben. Nach der Norm würde ein Diesel-Gabelstapler mit 2.000 kg Tragfähigkeit die Kurzbezeichnung DFG 2.000 haben. Die Hersteller-Kurzbezeichnungen stimmen nicht mit den VDI-Bezeichnungen überein.

Beispiel 6.6-14: Schmalgangstapler mit großer Hubhöhe: Hochregalstapler

Welche Komponenten können bei einem Hochregalstapler automatisiert werden, um die Lenk- und Bedienarbeit zu erleichtern und die Umschlagleistung zu erhöhen?

Lösung: Mögliche Komponenten der Teilautomatisierung sind: Zwangsführung oder Zwangslenkung, horizontale und vertikale Positionierung, Ein- und Ausstapelautomatik, Datenübertragung mittels Funk, Infrarottechnik oder Induktion.

Beispiel 6.6-15: Energieübertragung Elektrohängebahn EHB
Es ist der Querschnitt einer EHB mit berührungsloser Energieübertragung sowie dieses Prinzip zu skizzieren.

Lösung: s. Bild 6.6.29. Die berührungslose Energieübertragung geschieht auf der Basis induktiver Energieeinspeisung. Die Vorteile gegenüber von Schleifkontakten liegen in der größeren Betriebssicherheit, z. B. bei Verschmutzungsgefahr, im hohen Wirkungsgrad und hoher Fahrgeschwindigkeit sowie Verschleiß- und Wartungsfreiheit.

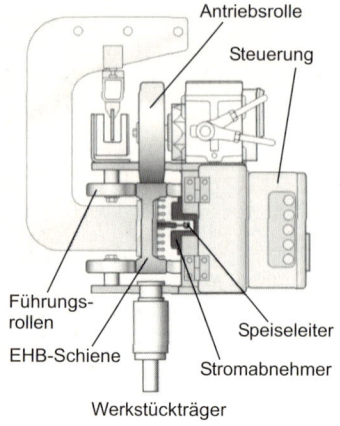

Antriebsrolle

Steuerung

Führungs-
rollen

EHB-Schiene

Speiseleiter

Stromabnehmer

Werkstückträger

Bild 6.6.30 zeigt das Prinzip der berührungslosen Energieübertragung. Es basiert auf einem HF-Transformator als Energieüberträger. Die vom stationären Sinuskonverter gespeiste Leiterschleife bildet den Primärkreis dieses Transformators. Den Sekundärkreis stellt die bewegliche Stromabnehmerwicklung dar. Der Sinuskonverter speist hochfrequenten Wechselstrom zum Aufbau des Magnetfeldes in die Leiterschleife ein. Das so aufgebaute Magnetfeld wird ständig vom Abnehmer durchfahren und induziert somit eine äquivalente Energie.

Bild 6.6.29   Querschnitt einer Elektro-Hängebahn mit berührungsloser Energieübertragung

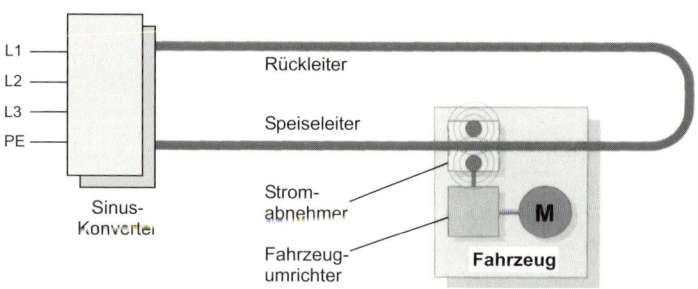

Bild 6.6.30
Prinzip der berührungslosen Energieübertragung

Beispiel 6.6-16: Elektro-Hängebahn (EHB)
Es sind die technischen Daten sowie ein Praxisbeispiel aufzuzeigen.
Lösung: Bild 6.6.31a und b

Bild 6.6.31a
Transport von Garnspulen in einem Textilwerk an einer Traverse hängend im Bereich einer Weiche (vgl. Bild 6.3.5) mittels Elektro-Hängebahn EHB

Technische Daten EHB-Systeme						
System	EHB 625	EHB 635	KHB-F20 KHB-F40	PTS	IMS I	IMS II
Art	Hängebahnsysteme			Schlepp-System	Bodensysteme	
Schienenbild				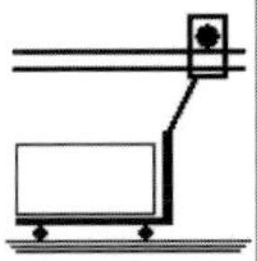	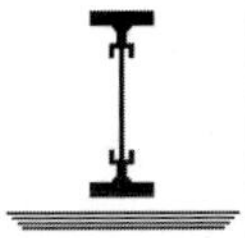	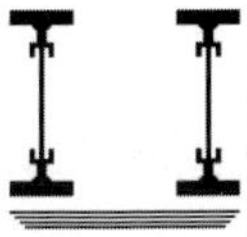
max. Verkehrslast Doppelfahrzeug	500 kg	1.500 kg	10.000 kg	1.500 kg	1.500 kg	4.600 kg
max. Steigung (lastabhängig)	90°	90°	45°	3°	45°	45°
max. Geschwindigkeit (lastabhängig)	120 m/min	120 m/min	150 m/min	80 m/min	90 m/min	90 m/min

Alle technischen Werte sind abhängig von den Abmessungen und der Last des Fördergutes.

Bild 6.6.31b   Technische Daten Elektro-Hängebahn-Systeme

Bild 6.6.32   Be-/Entladung eines LKWs mit nicht stapelbaren Paletten mittels Elektro-Deichsel-Hochhubwagen (Klapptritt für Fahrerstandlenkung) für die gleichzeitige Bewegung und Stapelung von zwei Paletten (Doppelstocksystem)

Beispiel 6.6-17: Doppelstocksystem

Was ist unter dem Doppelstocksystem zu verstehen?

Lösung: Unter dem Doppelstocksystem ist die gleichzeitige Be- und Entladung mit einem radunterstützten Hochhubwagen (Stapler) mit zwei Lastaufnahmemitteln zu verstehen, wie es das Bild 6.6.32 zeigt. Das 2. Lastaufnahmemittel ist der Lasthub des „Niederhubwagens". Anwendung bei nicht stapelbaren Paletten im LKW z. B. Milcherzeugnisse.

Beispiel 6.6-18: Sicherungssystem bei Regallagern mit Schmalgangstaplern

Welche Sicherungssysteme dienen sowohl dem Personen- wie auch dem Objektschutz beim Ein- und Ausfahren des Staplers in bzw. aus den Regalgängen oder beim Betreten der Regalgänge von Personen? Welche Normen und Richtlinien beschreiben die Personenschutzanforderungen?

Lösung: Zum Personenschutz in Regalanlagen werden stationäre und mobile Sicherheitssysteme eingesetzt, die berührungslos arbeiten.

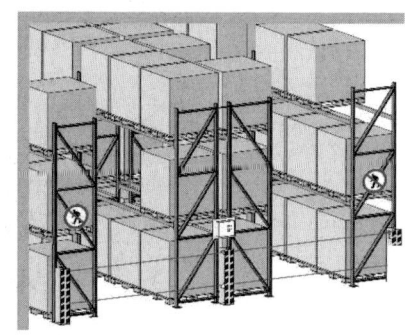

a)

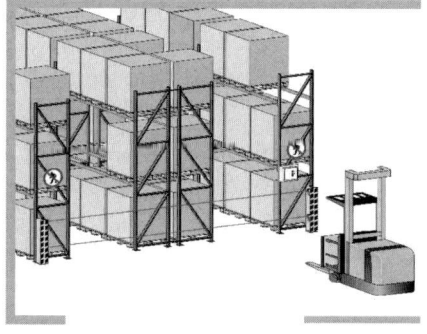

b)

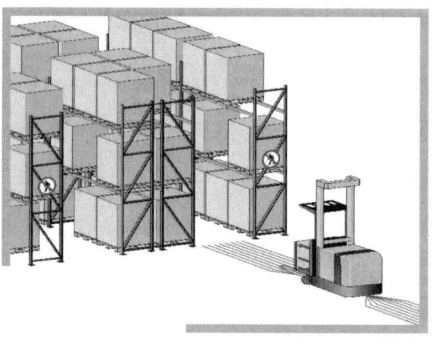

c)

Bild 6.6.33
Sicherheitssysteme für Regalanlagen:
a) Einzelgangabsicherung
b) Regalblockabsicherung
c) Warn- und Schutzfeldabsicherung

Die stationären auf Lichtschanken basierenden Systeme können entweder den Einzelgang (Bild 6.6.33a) oder den Regalblock (Bild 6.6.33b) absichern. Bei den mobilen auf Laserscanner basierenden Systemen sind die Komponenten am Stapler (Bild 6.6.33c) installiert und erzeugen Warn- und Schutzfelder vor und hinter dem Stapler. Fährt der Stapler in oder aus einem Regalgang, erfolgt die automatische Aktivierung bzw. Deaktivierung des Warnfeldes. Gelangt eine Person in diesen Bereich oder fährt der Fahrer zu schnell in oder aus dem Regalgang, so wird automatisch die Geschwindigkeit reduziert oder sogar bis zum Stillstand abgebremst.

Über die Anforderungen an das Sicherheitssystem geben Auskunft: DIN 15185, Teil 2; VGB 5; BGV D 27 und BGV A 8.

Beispiel 6.6-19: Mitnahmestapler

Für die Be- und Entladung von Gütern mit großen Abmessungen und Gewichten in Unternehmen oder auf Bauplätzen ohne entsprechende Umschlagmittel dient der Mitnahmestapler, d. h. der LKW nimmt einen Stapler vom Typ Mehrwegestapler (s. Bild 6.6.20) an seiner rückwärtigen Außenseite mit. Die Bilder 6.6.34 / 6.6.35 zeigen Transport und Arbeitsweise dieses Staplertyps.

Bild 6.6.34 Mitnahme des Staplers am LKW

Bild 6.6.35 Mitnahmestapler beim Stapeln

Beispiel 6.6- 20: Sonderbauformen und Sonderausstattung von Staplern

Für spezielle Anwendungen und Einsatzfälle sind eine Vielzahl von Sonderbauformen und -ausstattungen entwickelt worden. Beispiele sind aufzuzeigen.

Lösung: Die Antwort erfolgt als Aufzählung:

1. Freihubgrößen; s. Kap. 6.6.7.4 z. B. zur Stapelung von Paletten im Container

2. Freisichthubgerüste; s. Kap. 6.6.7.4 z. B. zur besseren Sicht beim Fahren

3. Explosionsgeschütze Staplerausführung; z. B. zum Fahren in ex- geschützten Räumen

4. Nicht kreidende Reifen; s. Kap. 4.6.1.3 z. B. zum Fahren auf Kunststoffböden ohne Streifen

5. Kippbare Bedienkabine; Bild 6.6.36 z. B. zur besseren Sicht beim Stapeln

6. Drehkabine; Bild 6.6.37 z. B. zur besseren Sicht und Fahrerhaltung beim Rückwärtsfahren

7. Knicklenkung bei Hochregalstaplern; Bild 6.6.38 z. B. zur Verringerung der Verkehrsfläche durch kleinen Kurvenradius

8. Bedienerkonsolen; z. B. mit PC-Ausführung zur Kommissionierung

9. Schubstapler (Bild 6.6.39): Weiterentwicklung freitragender Stapler, Einsatz bis 1,7 t; starrer Mast, hohe Manipulierfähigkeit und Wendigkeit, große Schnelligkeit, Arbeitsgangbreite bei längsliegender Europalette 2,70 m.

Bild 6.6.36 Kippbarer Bedienstand

Bild 6.6.37 Stapler mit Drehkabine

Bild 6.6.38 Hochregalstapler mit Knicklenkung

Bild 6.6.39 Schubstapler

Fragen

1. Welche Vorteile haben Flurförderzeuge?

2. Eine Einteilung der Flurförderzeuge ist nach manueller und motorischer Antriebsart zu erstellen.

3. Wie können die Auswahlkriterien für Flurförderzeuge unterteilt werden?

4. Nach welchen konstruktiven Merkmalen können Stapler gebaut werden?

5. Was ist unter Mitgänger- und unter Mitfahrerbetrieb bei Flurförderzeugen zu verstehen?

6. Aus welchen Größen setzt sich der Fahrwiderstand zusammen?

7. Welche Einsatzbedingungen müssen vor der Benutzung eines Staplers zur Ausführung einer Transportaufgabe bekannt sein?

8. Was ist unter der Standsicherheit eines Staplers zu verstehen?

9. Wozu dient das Tragfähigkeitsdiagramm?

10. Es sind die Hubgerüstarten zu beschreiben.

11. Wie können die Anbaugeräte für einen Stapler eingeteilt werden?

12. Die Arbeitsgangbreiten für drei Stapler sind aufzulisten.

13. Wie berechnet sich die Flächenbelastung eines Staplers?

14. Nach welchen Kriterien sind die Staplertypen zu unterscheiden?

15. Der Quergabelstapler ist nach Aufbau, Arbeitsweise und Einsatzgebiet zu beschreiben.

16. In welchem Verhältnis stehen die Betriebskosten eines Staplers zu den erforderlichen Personalkosten?

17. Es ist das Zweifachteleskop-Hubgerüst in Explosionszeichnung eines Staplers mit niedrigem Freihub zu skizzieren.

18. Was ist unter der Resttragfähigkeit zu verstehen und wie wird sie berechnet?

19. Mit welcher Hand und wie wird ein Stapler gelenkt?

20. Es sind die Bereifungsarten den Staplertypen zuzuordnen.

6.7 Fahrerlose Flurförderzeuge

6.7.1 Vorteile, Einsatz

Ca. 75 % der Betriebskosten eines Staplers (vgl. Kap. 6.6.7.8) sind Personalkosten. Damit stellt sich die Frage, wodurch und unter welchen Bedingungen der Fahrer eines Flurförderzeuges ersetzt werden kann. Eine Antwort kann lauten: durch automatisierten Betrieb. Fällt z. B. in einem Unternehmen an verschiedenen Stellen regelmäßig oder unregelmäßig Transportgut an, so kann bei gleich bleibendem Transportweg der Transport mit einem „Fahrerloses Transportsystem", FTS, im Rundkurs automatisiert werden. Diese rechnergesteuerten Materialflussanlagen zum automatischen Transport von Gütern im innerbetrieblichen Materialfluss sind mit „Fahrerlosen Transportfahrzeugen", FTF, ausgestattet und besitzen u. a. die Vorteile:

- flexible Fahrkursführung, einfache Erhöhung der Transportkapazität
- freibleibende Transportwege und freie Zugänglichkeiten von Maschinen
- Automatisierung des Materialflusses, Verbesserung der Arbeitsbedingungen
- einfacher Notbetrieb, Erhaltung von Fluchtwegen
- nachträglicher Einbau, relativ geringe Anforderungen an den Fußboden
- sicherer, schonender und wirtschaftlicher Transport, Termingenauigkeit.

Der Einsatz der FTS-Anlagen ist vielseitig. Sie übernehmen Transportaufgaben, besonders in Hallen, verknüpfen z. B. Wareneingang und Beschaffungslager, Fertigungsmaschinen und Montagearbeitsplätze oder erfüllen Aufgaben im Lager- und Kommissionierbereich sowie in der Vorlagerzone. FTS ermöglichen aber auch das Zusammenspiel mit dem *Menschen* als mobile Werkbank, z. B. in der Montage sowie selten mit dem *Roboter* als Handhabungs- und Arbeitsstation. Es sind drei FTF-Montagevarianten zu unterscheiden:

- *Taxisystem*: Erfüllung von Transportaufgaben durch Ver- und Entsorgung der Montagearbeitsplätze; FTF bringt oder holt Material und verlässt den Montageplatz ohne Wartezeit wieder. Vorteil: hohe Auslastung des FTF ist möglich.

- *System „Mobile Werkbank"*: FTF dienen als Arbeitsplatz, das Lastaufnahmemittel hat die Form einer Montagevorrichtung und dient als Werkstückträger. Während der Montage am stationären Arbeitsplatz kann die Batterieladung erfolgen. Nachteilig ist die lange Bindung des Fahrzeuges am Arbeitsplatz, damit geringe Auslastung als Transportfahrzeug.

- *Mitfahrsystem*: kein stationärer Arbeitsplatz; FTF besitzt für den Werker eine Mitfahrplattform; es bewegt sich im Schleichgang; Anwendung in der Montage z. B. Kleinteile auf Plattform, größere Teile werden entlang des Fahrkurses bereitgestellt.

6.7.2 Komponenten einer FTS-Anlage

Eine FTS-Anlage setzt sich aus folgenden Komponenten (z. B. Bild 6.7.1) zusammen:

- Fahrzeug; Energieversorgung; Fahrkurs; Lastübergabestationen; Lenksystem
- Anlagensteuerung; Kommunikationssystem; Personenschutzeinrichtung.

6.7.2.1 Fahrzeug

Bauformen für FTF als batteriebetriebene Flurförderzeuge sind (Bilder 6.7.11a bis f):

- Schlepper z. B. für Anhängertransport
- Unterfahrschlepper z. B. für Rollbehältertransporte
- Gabel-Niederhubwagen z. B. für Palettentransporte
- Wagen als Trägerfahrzeug z. B. mit Kettenförderer für Behältertransporte
- Stapler in der Bauform radunterstützter Stapler z. B. für Palettenstapelung.

Man unterscheidet bei den Bauformen der Fahrerlosen Transportfahrzeuge zwischen *lastziehenden* FTF, z. B. Anhänge- und Unterfahrschlepper ohne Hubeinrichtung und *lasttragenden* FTF, z. B. Stapler und Trägerfahrzeuge mit und ohne Lastaufnahme vom Boden.

Die *Fahrwerke* der FTF bestehen aus Rädern, Radaufhängung, Antrieb, Lenkung und Bremsen. FTF als Trägerfahrzeuge sind in Dreirad- oder Mehrradbauweise konstruiert und mit Einrad-, Zweirad- oder Vierradlenkung ausgerüstet. Die Anordnung der Räder kann in Dreiecks-, Rechteck- oder Rautenform erfolgen. Ein besonders wendiges, vierrädriges Trägerfahrzeug entsteht durch jeweils zwei diagonal gegenüberliegende unabhängige Lenk- und Antriebsräder (Bild 6.7.2a).

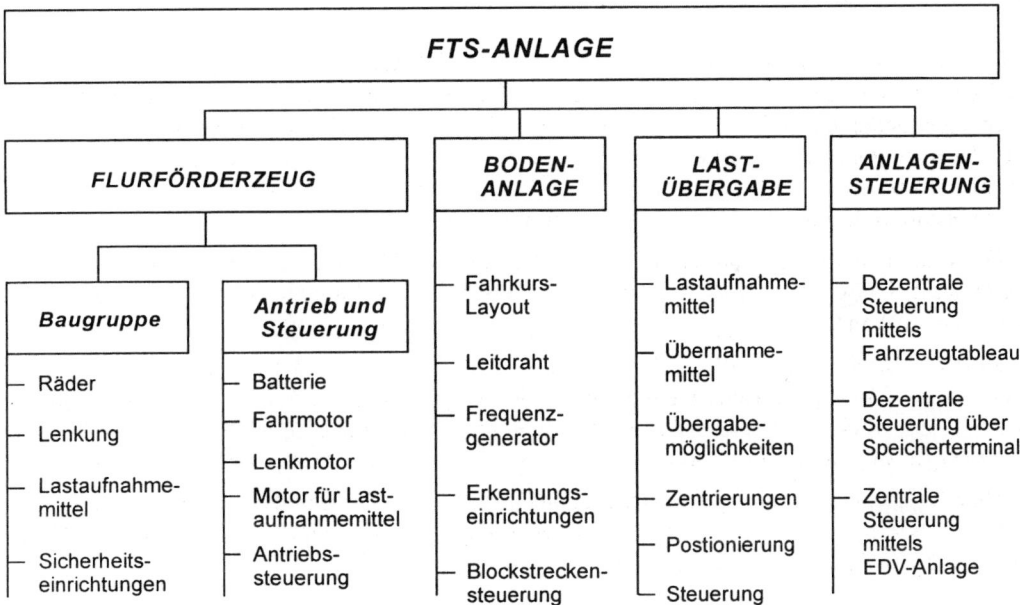

Bild 6.7.1 Komponenten einer FTS-Anlage mit induktiver Zwangslenkung

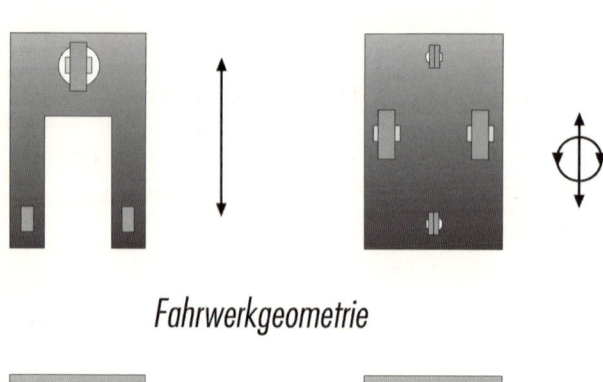

Fahrwerkgeometrie

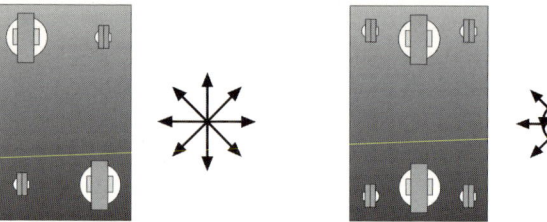

Bild 6.7.2a
Fahrwerksgeometrie mit
3 und 4 Rädern

Die *Energieversorgung* erfolgt über Batterien, z. B. mit Spannungen von 24 V, 48 V und 80 V und Kapazitäten bis zu 850 Ah, in Abhängigkeit von Hubaufgaben und Beschleunigung der Fahrzeuge. Vorherrschend sind Bleibatterien, die teurer wartungsarmen NiCd-Batterien werden bei 3-Schicht- und Taktbetrieb eingesetzt (s. Kap. 4.5.6). Unterschieden wird manueller und automatischer Batteriewechsel. Die Batterieladung geschieht automatisch. Für 2- und 3-Schichtbetrieb setzt sich immer mehr die berührlose aktive induktive Energieübertragung durch.

Die *Lastaufnahmemittel* sind abhängig vom Fahrzeugtyp und richten sich nach der Art der durchzuführenden Transportaufgabe. Bei lasttragenden Trägerfahrzeugen können es Kettenförderer, Rollenförderer, Hubtische, Teleskoptische oder -gabeln, Kugeltische oder feste Plattformen sein, bei lastziehenden FTF sind es Kupplungen oder Mitnehmerbolzen.

FTF müssen besondere *Sicherheitseinrichtungen* besitzen, um im Werksverkehr eingesetzt zu werden. Hierzu gehören

- *Auffahrbügel* als mechanische Einrichtung, der bei Berührung eines Hindernisses den Fahrmotor ausschaltet als Schaumstoffbumper (Reparatur aufwendig) oder Blechbügel (kostengünstig).

- *Notstoptaste* für Handbetätigung, *Rundumleuchte*

- *Hupe*, die automatisch beim Anfahren und an Gefahrenstellen eingeschaltet wird. Das Anfahren erfolgt zeitverzögert ca. 3 Sekunden nach Ertönen der Hupe.

- *Seitliche Schaltleisten* generell *und seitliche Taster* bei überstehender Ladung, die als Endschalter ausgebildet sind

- *Berührungsloser Laser Scanner* mit Schutz- und Warnfeldern bis zu 15 m für hohe Fahrgeschwindigkeiten und sanftes Abbremsen (s. Beispiel 6.6-18).

Die *Fahrgeschwindigkeit* des FTF beträgt im Normalfall 1,1 m/s – maximal zulässig sind 6 km/h = 1,67 m/s – in Kurven, bei Kreuzungen und Abzweigungen ca. 0,5 m/s. Abhängig sind die Geschwindigkeiten in erster Linie von der Art des Weges, der Weglänge, dem Transportgut und ob der Fahrkursweg auch dem Personenverkehr dient.

6.7.2.2 Fahrkurs

Der Fahrkurs legt die *Streckenführung* (Anlagenlayout) der FTF im innerbetrieblichen Transport fest, verbindet die Be- und Entladestellen, dient der Ver- und Entsorgung von Fertigungs- und Montageeinrichtung sowie der Lagerbereiche. Die Fahrkursgestaltung hängt u. a. von den örtlichen Gegebenheiten, den Einsatzbedingungen, den Umschlagsgrößen der Beladestellen und von der gewählten Führung der Fahrzeuge ab.

Führungstechniken

Möglichkeiten der automatischen Führung sind *Zwangsführung* und *Zwangslenkung* (Bild 6.7.2).

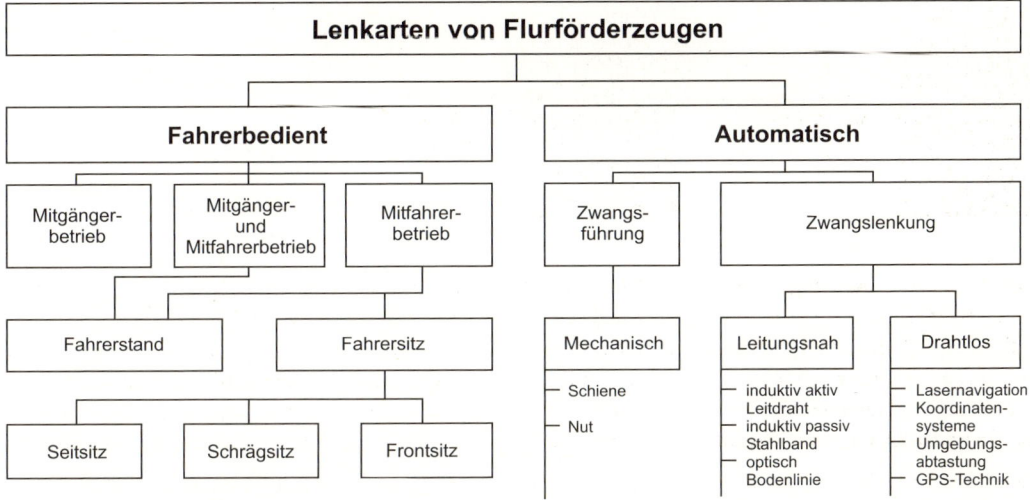

Bild 6.7.2b Lenkarten von Flurförderzeugen

• *Mechanische Zwangsführung*: im Boden befinden sich Nuten oder Schienen, auf denen die mechanische Zwangsführung erfolgt.

• *Induktiv passive Zwangslenkung*: auf dem Boden ist ein Metallband aufgeklebt. Die Steuerung geschieht durch Fahrzeugsensoren , die z. B. auf die durch das Stahlband bedingten Magnetfeldänderungen gegenüber der Umgebung basieren und sich daran orientieren.

• *Optische Zwangslenkung*: auf dem Boden befindet sich eine aufgemalte Farbspur (ca. 12 cm breit aufgeteilt z. B. gelb – schwarz – gelb) oder ein reflektierendes Band. Das FTF verfolgt die Farbspur/Band mittels Leuchten oder eines CCD-Kontrastsensor. Das System ist empfindlich gegen Verschmutzung.

• *Induktiv aktive Zwangslenkung:* Die Bodenanlage Zwangslenkung ist wie folgt aufgebaut:
In einer im Boden eingefrästen Fuge wird ein isolierter *Leitdraht* in geschlossenen Schleifen verlegt. Anschließend wird die Fuge z. B. mit Kunstharzmasse vergossen. In Hallen ist damit der Fahrkurs ein glatter Fußboden, wartungsfrei und unfallsicher; im Freien muss er im Winter eisfrei gehalten werden. Ein *Frequenzgenerator* liefert einen Wechselstrom bestimmter Frequenz (z. B. 10.000 Hz), der im Leitdraht ein konzentrisches, elektromagnetisches Wechselfeld hervorruft. Der *Tastkopf* des FTF enthält zwei *Suchspulen*, in denen durch das elektromagnetische Wechselfeld eine Spannung induziert wird. Diese ist abhängig vom Abstand der Spulen zum Leitdraht. Unterschiedliche Spannungen der beiden Spulen, z. B. bei Kurvenfahrt,

werden beim *Richtungsvergleich* als Lenkinformationen benutzt und über einen Verstärker als Steuerimpulse an den Lenkmotor gegeben (Bild 6.7.3).

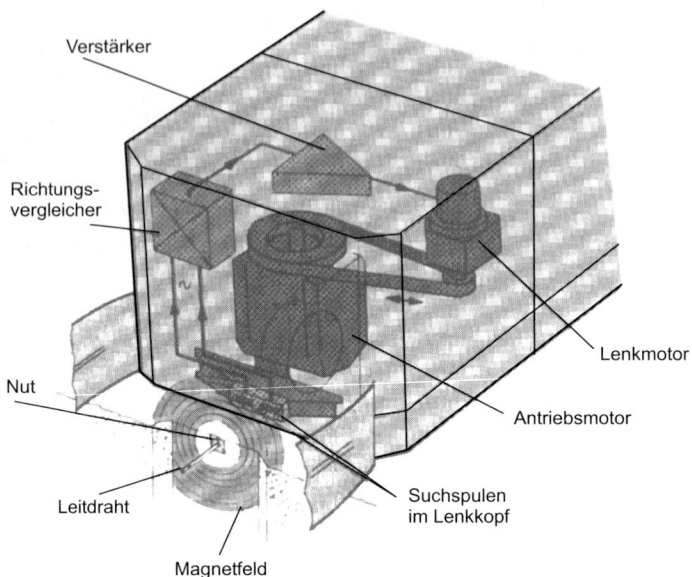

Bild 6.7.3   Bausteine des induktiven Lenksystems

Ein einfacher geschlossener Fahrkurs wird mit einem Frequenzgenerator im Einfrequenzbetrieb betrieben. Ist der Transport von Transportgütern nur durch ein kompliziertes Fahrkursnetz zu bewerkstelligen, so wird mit mehreren Rundkursen, die mit unterschiedlicher Steuerfrequenz arbeiten, nach dem Mehrfrequenzprinzip operiert. In der Nut liegt dann ein ganzes Bündel Leitdrähte, die unterschiedlichen Frequenzen haben.

Lasernavigation als drahtlose Zwangslenkung
Der im Boden eingebrachte Leitdraht bei der induktiven aktiven Lenkung schränkt die Flexibilität der FTF ein. Bei häufigen Maschinenumstellungen in Fertigung und Montage, bei wechselnden Be- und Entladestellen, bei großen Fahrzeugen und engen Kurven oder bei Fußböden mit starker Eisenarmierung haben die drahtlosen Lenksysteme (freie Navigation) große Vorteile. Man kann sie unterteilen in Verfahren mit *aktiver* Erkennung, d. h. das FTF sucht sich den Weg selbstständig, und mit *passiver* Erkennung, d. h. dem FTF werden die Wege von einer „Nullstelle" aus vorgegeben. Die Lenkmethoden mit aktivem oder passivem Erkennen benutzen z. B. feste Merkmale der Umgebung zur Fahrzeuglenkung. Bei der *Laserlenkung* besitzt das FTF (Bild 6.7.4a) eine Lasereinheit, die einen Laserstrahl aussendet, der wie beim Radarstrahl rund um das Fahrzeug läuft. In dem Arbeitsraum des FTF werden feste Merkmale, z. B. in Form von reflektierenden Folien (Folienstreifen ca. 3 cm breit und 50 cm lang; Länge wegen Unebenheiten erforderlich), an Wänden, Stützen oder Gegenständen angebracht. Die Lasereinheit (Bild 6.7.4b) berechnet die Winkel zu den Reflexstreifen.

• Weitere Führungsmöglichkeiten s. Beispiel 6.7 - 6.

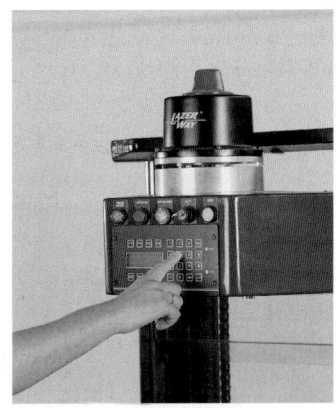

Bild 6.7.4a Fahrzeug mit Lasernavigation   Bild 6.7.4b Manuelle Zieleingabe

Schon drei bis vier erkannte Reflexstreifen reichen für eine genaue Positionsbestimmung aus. Fehlreflexe können z. B. auftreten bei Edelstahlflächen. Geschwindigkeiten bis zu 2 m/s des FTF ergeben gleiche Positioniergenauigkeiten von ca. 10 mm wie bei der induktiven Lenkung. Es gilt: je höher die Geschwindigkeit, desto geringer die Positioniergenauigkeit. Anwendung bei häufigen Fahrkurswechseln und unbearbeiteten Fußböden, keine Nuten erforderlich.

Verschiedene Navigationsmöglichkeiten zeigt in systematischer Form Bild 6.7.5.

Erkennungseinrichtungen, Blockstreckensteuerung bei induktivem Lenksystem

Zur Strecken- und Weichenerkennung, zum Öffnen und Schließen von Türen oder zur Haltestellenmarkierung dienen Bodenmagnete, passive Responder usw. Sind mehrere FTF auf einem Fahrkurs eingesetzt, vermeidet das Prinzip der *Blockstrecken* Kollisionen. Der Fahrkurs wird in Blockstrecken unterteilt und festgelegt, dass nur dann ein Fahrzeug in die nächste Blockstrecke einfahren kann, wenn sich dort kein Fahrzeug befindet (kleinster Blockstreckenabschnitt ca. zweimal Fahrzeuglänge), um Kollisionen von Fahrzeugen zu vermeiden.

Zum Fahrkurs gehören Bereiche mit bestimmten Aufgaben, wie z. B.

- Batterie-Ladestation, Blockstrecken, Weichen, Kreuzungen
- Bahnhöfe (Magazin) zur Aufnahme unbeschäftigter FTF
- Übergabestationen, Arbeitsstationen, Aufzüge, Tordurchfahrten

Das *Anlagenlayout* eines Mineralölbetriebes zeigt Bild 6.7.6. Hier verbinden fahrerlose Transportfahrzeuge die Abfülllinien mit dem Hochregallager, dem Kommissionierbereich und der Versandbereitstellung. Die FTF sind mit dreisträngigen Tragkettenförderern ausgerüstet, versorgen die Abfülllinien mit Leerpaletten aus dem Leerpalettenmagazin und nehmen Vollpaletten mit Fässern und Kanistern zur Einlagerung in das Hochregallager mit. Im Kommissionierbereich, versorgt über FTF aus dem Hochregallager, werden auftragsbezogene Mischpaletten zusammengestellt. FTF bringen fertig kommissionierte Paletten zum Stretchautomat, wo sie zur Transportsicherung mit Folie umwickelt werden. Sie gelangen anschließend zur Versandbereitstellung. Automatisch werden die Batterien in der Ladestation aufgeladen.

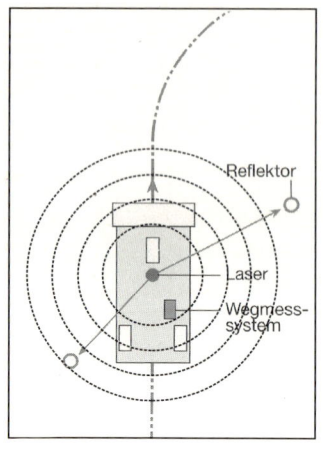

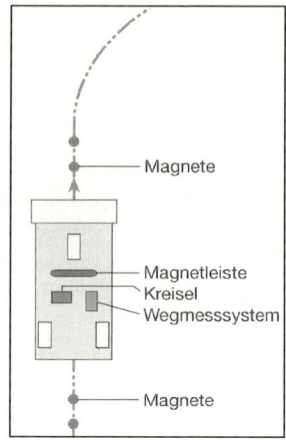

◁ LASERNAVIGATION

Das leitdrahtlose Laser-
navigationssystem, bei dem
die Umgebung mittels Laserstrahl abgetastet wird. Der
Fahrkurs ist programmiert.

MAGNETNAVIGATION ▷

Das leitdrahtlose Magnet-
navigationssystem, bestehend
aus Odometrie (= Wegmess-
system), Kreiselsteuerung
und Sensorleiste zur Magnet-
referenzierung. Der Fahrkurs
ist programmiert.

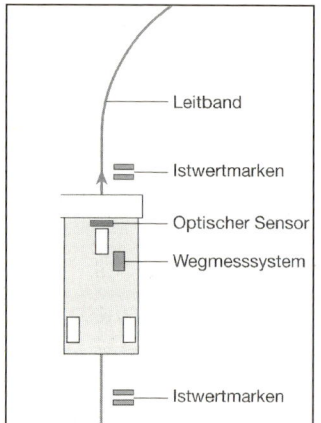

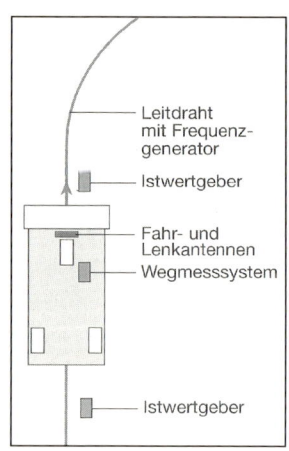

◁ OPTISCHE SPURFÜHRUNG

Das optische Navigations-
system, bei dem ein
auf dem Boden aufgeklebtes
Leitband von einem optischen
Sensor im Fahrzeug erkannt
wird – ein besonders kosten-
günstiges Verfahren.

INDUKTIVFÜHRUNG ▷

Das herkömmliche Leitsystem
mit induktiver Spurführung,
bei dem ein Leitspurmodul
die Auswertung der Antennen-
signale übernimmt.

Bild 6.7.5   Verschiedene Navigationssysteme in systematischer Darstellung

Datenübertragung

Die Datenübertragung zwischen FTF und dem Leitstand geschieht in der Regel über Datenfunk. Bei großen Anlagen im Schmalbandbereich von 456 MHz, hier ist nur eine Antenne
erforderlich oder bei mittleren und kleinen Anlagen im Breitband von 2,4 GHz (Richtfunk,
Wireless Lan), wobei mehrere Antennen notwendig sind. Es stören hier z. B. Regale, Stahl-
stützen und Stromleitungen.

6.7.2.3 Lastübergabestationen

Bei *lastziehenden* FTF geschieht die Lastaufnahme bzw. Lastübergabe bei Anhängeschleppern
mittels Kupplungen und bei Unterfahrschleppern mittels Verriegelungen.

Bei *lasttragenden* FTF übernehmen bzw. übergeben z. B. Stapler die Last über Gabeln sowohl
vom Boden oder von bestimmter Übergabehöhe aus.

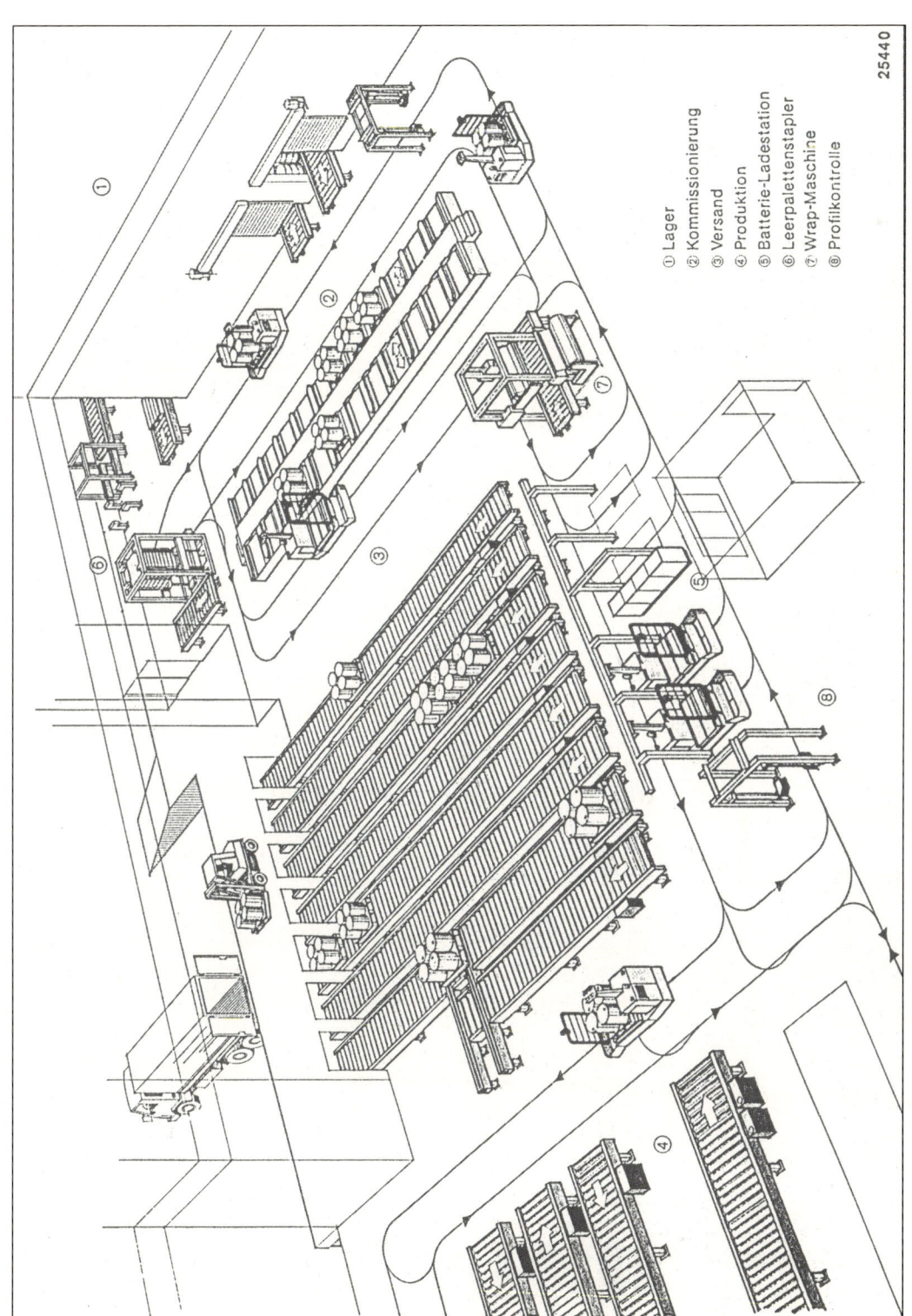

① Lager
② Kommissionierung
③ Versand
④ Produktion
⑤ Batterie-Ladestation
⑥ Leerpalettenstapler
⑦ Wrap-Maschine
⑧ Profilkontrolle

25440

Bild 6.7.6 Anlagenlayout einer FTS-Anlage

Bei Trägerfahrzeugen richtet sich die Lastübergabe nach der Ladeeinheit (Kasten, Behälter, Palette) nach dem Lastaufnahmemittel (Ketten-/Rollenförderer, Hubtisch, Teleskopgabel), nach der Art des Übernahmemittels sowie nach spezifischen Restriktionen (Feinpositionierung z. B. von Werkstück- oder Werkzeugträgern mittels Kegel). Bei der Lastübergabe von Ladehilfsmitteln ergeben sich folgende Möglichkeiten:

1. FTF aktiv z. B. Hubtisch – Übernahmestation passiv z. B. statische Vorrichtung

2. FTF passiv z. B. Plattform – Übernahmestation aktiv z. B. Teleskopgabel

3. FTF und Übergabestation aktiv z. B. angetriebene Rollenförderer.

6.7.2.4 Anlagensteuerung

Die Anlagensteuerung für Fahrzeuge richtet sich nach einer Vielzahl von Faktoren, wie Umfeld, Aufgaben, Einsatzbereich, wie z. B. das Öffnen von Türen, Toren, Brandschutztoren, Aufzügen usw. Darauf beruht auch die Vielfalt der auf dem Markt befindlichen Steuerungen. Fahren und Lenken des FTF wird durch das FTF selbstständig ausgeführt, es erhält nur die Befehle, welche Tätigkeiten auszuführen sind. Generell muss sich die automatische Steuerung als entscheidendes Merkmal einer FTS-Anlage erstrecken auf

• Verkehrsregelung

• Steuerung der Be- und Entladung der FTF über das Lastaufnahmemittel

• Einsatzsteuerung von FTF zur Abwicklung der Transportaufträge.

Beim stationären Einsatz des Steuerungssystem wird zwischen einer *zentralen* und *dezentralen* Steuerung unterschieden. Die zentrale Steuerung hat alle Funktionen im Leitstand zusammengefasst, wie z. B. Auftragsverwaltung – Fahrzeugdisposition – Verkehrsregelung.

Jedes FTF kommuniziert mit dem Leitstand, meldet sich vor Weichen, Kreuzungen oder Übergabestationen (Responder) und wird zentral dirigiert. Die FTS-Steuerung im Rahmen der Materialflusssteuerung zeigt Bild 6.7.7.

Die VDI 2510 gibt über FTS-Anlage und speziell über die Anlagensteuerung detailliert Auskunft. Die wichtigste einzuhaltende Vorschrift zum Betreiben einer FTS-Anlage ist die EN 1525.

Die *Blockstreckensteuerung* einer Bodenanlage ist Bestandteil der Fahrkurssteuerung. Zu unterscheiden sind die physische Blockaufteilung und die logische Blockstreckenführung. Bei der physischen Blockaufteilung bildet ein Responder auf dem Boden den Beginn eines Blockes. Ist der Block nicht frei, werden Fahr- und Lenkstrom reduziert, das Fahrzeug steht. Wird der Blockabschnitt frei, so schaltet die übergeordnete Blockstreckensteuerung den Fahr- und Lenkstrom wieder ein, was das Fahrzeug als Startbefehl erkennt. Eine FTF-Anlage erhält meist ein Fahrkurstableau zur grafischen Visualisierung, das modellhaft den Fahrkurs wiedergibt. Es dient der dynamischen Statusangabe der FTF, zeigt die einzelnen Bereiche, wie z. B. Übergabestationen und Blockstrecken auf und gibt Auskunft über die Verfügbarkeit der FTF (Statusleuchte). Damit kann das Fahrkurstableau zur Disposition und Kontrolle von Transportabläufen eingesetzt werden (Bild 6.7.8).

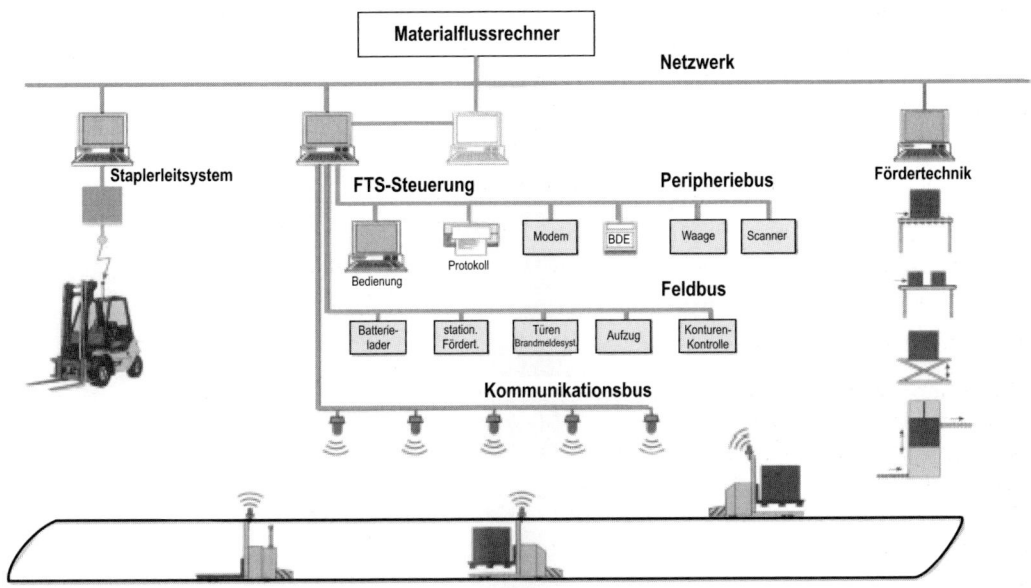

Bild 6.7.7 FTS-Steuerung (auf der rechten Seite sind Übergabemöglichkeiten gezeigt)

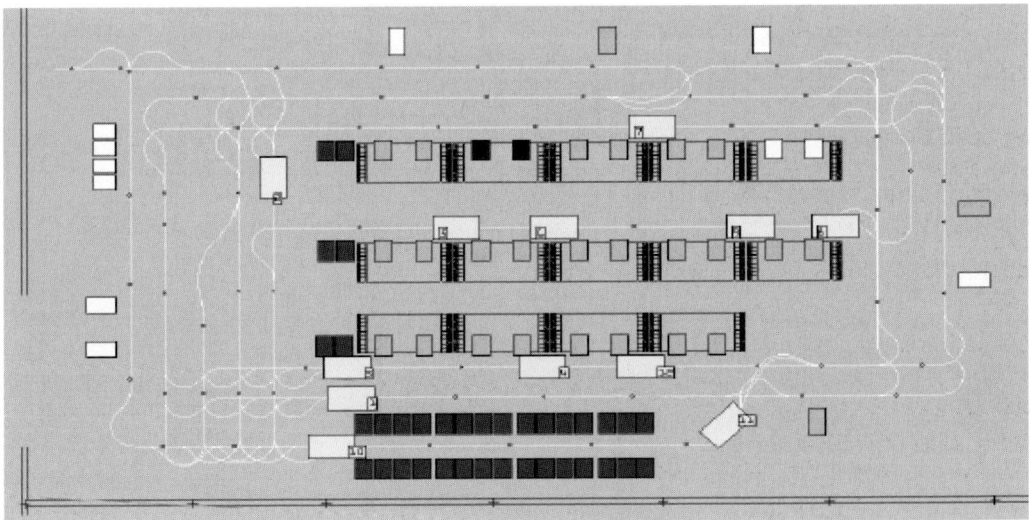

Bild 6.7.8 Fahrkurstableau einer FTS-Anlage (Visualisierungssystem)

Der Fahrkurs wird in den Computer (CAD Programm) eingegeben, in dem jeder Punkt im Hallenlayout in X-Y-Koordinaten eingeteilt und festgelegt ist; diese Punkte werden dann mit dem Reflektor vermessen.

6.7.3 VDI-Richtlinie

4451   Kompatibilität von Fahrerlosen Transportsystemen (FTS)   07.03

6.7.4 Beispiele, Fragen

Beispiele

Beispiel 6.7-1: Einfaches Planungsbeispiel

Auf einem festgelegten Betriebsweg von 1000 m Länge sind 300 Paletten bzw. Gitterboxbehälter in 8 h an 15 Haltestellen auf- bzw. abzugeben. Unter Berücksichtigung der betrieblichen Randbedingungen soll ein automatisch arbeitendes Transportsystem zwischen Lager und dem Produktionsbereich ausgesucht werden. Welche Transportmittel sind möglich, und wie viele Transporteinheiten können in einer Schicht transportiert werden?

Lösung: Als Transportsysteme bieten sich an

1. Unterflurförderer   2. Power-&-Free-Förderer
3. Stapler und Schlepper   4. Fahrerlose Schlepper.

Da ein kontinuierliches Transportsystem bei vorgegebenem Fahrkurs gesucht wird, das flexibel und betriebssicher ist, Kapazitätserhöhungen einfach und kostengünstig durchführen lässt, scheiden über betriebliche Randbedingungen (Grobentscheidung) aus:

Förderer 1: zu unflexibel
Förderer 2: zu großer konstruktiver Aufwand (Decke nicht belastbar)
Förderer 3: zu personalintensiv.

Für das Transportsystem Nr. 4 wird die Anzahl der in acht Stunden zu befördernden Einheiten überschlägig berechnet. Als Anhänger für die Schlepper zum Palettentransport werden ankoppelbare Gabelhubwagen eingesetzt.

Fahrkurs	1000 m
Durchschnittsgeschwindigkeit	3,8 km/h = 63,3 m/min
Anzahl der Halte pro Umlauf	4 (durchschnittliche Halte)
Verweilzeit je Halt (Rollenbahnübergabe)	0,5 min
reine Fahrzeit $t_f = 1000/63,3 = 15,8$ min	(für einen Rundkurs)
Summe Haltezeit $t_h = 0,5 \cdot 4 = 2,0$ min	(bei einem Rundkurs)
Zeit für einen Schlepperumlauf	$t_u = 17,8$ min
Anzahl der Schlepper	$n_s = 6$ (gewählt)
Anzahl der Anhänger pro Schlepper (Gabelhubwagen)	$n_a = 2$
Betriebsstunden pro Tag	$t_h = 8$ h

Die theoretische Mindestzahl der Transporteinheiten pro 8 Stunden ist dann

$$q = n_s n_a t_h \cdot (1/t_u) = 6 \cdot 2 \cdot 60 \cdot 8 \cdot (1/17,8) = 323,5$$

$q >$ geforderte Zahl von 300.

Beispiel 6.7-2: Wirtschaftlichkeitsvergleich Stapler-FTS

Gabelstapler können auch bei einfachen Einsätzen wirtschaftlich durch eine FTS-Anlage (vgl. Kap. 6.7) ersetzt werden. Im einfachsten Fall wird ein Fahrzeug durch direkte Befehlseingabe betrieben. Werden mehrere Fahrzeuge eingesetzt, dient zur Steuerung der Anlage ein übergeordneter Leitrechner. Im Rahmen eines Wirtschaftlichkeitsvergleiches sollen Stapler -und FTS- Transporte gegenübergestellt werden.

Als Beispiel dient eine FTS- Anlage mit fahrerlosen Transportfahrzeugen (FTF). Der Rundkurs beträgt 400 m und enthält 10 Übergabestationen. Diese bestehen aus angetriebenen Rollenförderern, ebenso das Lastaufnahmemittel der FTF sind Rollenförderer. Transportiert werden Europaletten mit Transportgut. Wird ein Leitrechner benutzt, sind an allen Übergabestationen Eingabegeräte zur Anforderung der FTF und zur Zieleingabe installiert. Als wirtschaftliche Nutzungsdauer werden für Stapler 5 Jahre und für die FTS-Anlage 8 Jahre angenommen. Das Gewicht der Paletten-Ladeeinheit beträgt 1,2 t.

Lösung: Zunächst ist die Frage zu beantworten, wie viele Fahrzeuge der FTS-Anlage bei gleicher Transportleistung *einen* Stapler ersetzen. Grundlage des Vergleiches sind bei Durchschnittswerten:

- Fahrgeschwindigkeiten
  - Stapler: 6 km/h
  - FTF: 3,5 km/h
- Dauer eines Lastwechsels
  - Stapler: 5 s
  - FTS: 20 s
- persönliche Verteilzeit des Fahrers: 10 %.

Daraus ergibt sich der Zeitbedarf für eine Rundfahrt von 400 m inkl. eines Lastwechsels

- für Stapler 270 s
- für FTF 431 s, d. h. **1 Stapler wird durch 1,6 FTF ersetzt**.

Wird die Anlage nur mit Staplern betrieben, ergeben sich folgende Betriebskosten pro Jahr (s. Tab. 6.6.1):

- Anzahl Stapler: 1   2   3
- Betriebskosten in T€:   46   93   140

Wird die Anlage mit FTF betrieben, so müssen zunächst deren Betriebskosten ermittelt werden. Die Fixkosten der Anlage setzen sich bei Einsatz eines Systemdirektors (mehr als ein FTF) zusammen aus:

• Anlagensteuerung	71.100,- €
• Rundkurs (97 €/m)	39.200,- €
Summe	110.300,- €

Die Ermittlung der Betriebskosten pro Jahr in Abhängigkeit von der Anzahl der eingesetzten Fahrzeuge ist Tab. 6.7.1 zu entnehmen.

Der Betriebskostenvergleich ergibt:

- Anzahl Stapler   1   2   3
- Betriebskosten T€/a   46   93   140

entsprechende

- Anzahl FTF   2   4   5
- Betriebskosten T€/a   6,26   84,4   95,3

Ergebnis: Der Vergleich zeigt, dass FTF auf Grund ihrer deutlich längeren Nutzungsdauer und vergleichsweise geringen Personalaufwandes (Wartung, Reparatur) schon ab 2 Stapler ohne Betrachtung weiterer Randbedingungen eine echte Alternative zum Staplertransport darstellen. Solche Randbedingungen wären z. B. die Ausbildung des Staplerfahrers und der teilweise benötigte Elektriker für die FTS-Anlage.

Eine weitere Frage wäre, wie viele Stapler bei Einfachspielstrategie (s. Kap. 9.7) zur Abfertigung von 200 Paletten ($\overset{\Delta}{=}$ 200 Rundfahrten) in einer 8-Stunden-Schicht benötigt werden.

Lösung:

Anzahl möglicher Transporte in 8 Stunden	(3600 8) / 270 = 107	Transporte /8 h
Anzahl Stapler	200 / 107 = 1,87	2 Stapler.

Anzahl der FTF mit Rollenbahn **Betriebskostenermittlung**		**1**	**2**	**3**	**4**	**5**
1.0 Investition						
1.1 Fahrzeug, Batterien, Ladegeräte	T€	26,9	73,8	110,7	187,6	184,6
1.2 Anlagenfixkosten	T€	43,9	110,3	110,3	110,3	110,3
1.3 Bahnhöfe	T€	29,0	29,0	29,0	29,0	29,0
1.4 Eingabepulte	T€	–	5,0	5,0	5,0	5,0
1.5 Gesamtinvestsumme	T€	109,7	218,1	55	291,9	328,9
2.0 Ermittlung der fixen Kosten						
2.1 Abschreibung (12,5 % von 1.5)	T€/a	13,7	27,2	31,9	36,5	41,1
2.2 Zinsen (8 % auf 50 % von 1.5)	T€/a	4,4	9,0	101,2	11,7	13,1
2.3 Fixe Kosten pro Jahr	T€/a	8,1	36,0	42,1	48,6	54,7
3.0 Ermittlung der variablen Kosten						
3.1 Reparaturen (12 % von 1.5; Kat. I)	T€/a	13,2	26,2	30,6	35,0	39,4
3.2 Energiekosten (0,30 €/kWh)	T€/a	0,3	0,6	0,9	1,2	1,5
3.3 Variable Kosten pro Jahr	T€/a	13,4	26,8	31,5	36,2	40,5
4.0 Betriebskosten FTF pro Jahr	T€/a	31,6	62,7	73,6	84,4	95,2

(Gerundete Werte)

Tabelle 6.7.1   Betriebskostenermittlung FTF

Beispiel 6.7-3: Luftkissentransport
Auf welchem Prinzip basiert der Luftkissentransport und wie kann er bei FTS-Anlagen eingesetzt werden?

Lösung: Das Prinzip der Luftkissentechnik ist in Bild 6.7.9 beschrieben. Von entscheidender Bedeutung für den Einsatz der Luftkissentechnik ist die Beschaffenheit der Bodenoberfläche. Sie ist sowohl für den Luftverbrauch als auch für den Kraftaufwand zur Verschiebung der Last maßgebend.

Es gilt: je glatter, ebener und luftdichter der Boden ist, desto geringer ist der Luftverbrauch. Außer von der Bodenbeschaffenheit ist der Luftverbrauch noch abhängig vom Material des Luftsystems, vom Luftsystem selbst, von der Last und vom Luftdruck.

Die Tragfähigkeit eines Systems wird bestimmt durch die hebbare Fläche des Luftkissens und den Luftdruck. Pro Luftkissen kann zwischen 250 kg und 400 kg gehoben werden.

Funktion

Wenn die Luftzufuhr eingeschaltet wird, geschieht Folgendes:

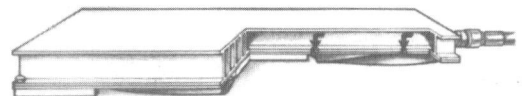

Der ringförmige Gummibalg expandiert und füllt den Abstand zwischen Lastträger und Boden aus.

Wenn der Balg gegen den Fußboden abgedichtet hat, steigt der Luftdruck in dem vom Balg begrenzten Raum an. Das Luftkissenelement mit der Last hebt

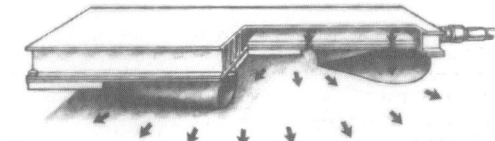

Ist der Druck im Innenraum höher als der Gegendruck der Last, strömt die Luft unter dem Gummibalg aus und bildet einen dünnen Luftfilm. Auf diesem entstandenen Luftfilm schwebt dann die Last praktisch reibungslos.

Bild 6.7.9   Prinzip der Luftkissentechnik

Der Luftfilm, auf dem die Last fast reibungslos gleitet, hat eine Dicke von ca. 0,1 bis 0,2 mm. Die Motorgeräusche liegen unter 68 dB(A), die Luftströmung ist gering, sodass wenig Staub aufgewirbelt wird. Für den Transport ist durch die minimale Reibung eine sehr geringe Kraft erforderlich, ca. 0,001- bis 0,003 mal Gewicht der Last. Vorherrschend ist der Reibradantrieb. Angewendet wird der Luftkissentransport einmal zum Verschieben großer Lasten, wie z. B. bei Maschinenumstellungen oder zum Schwerlasttransport im innerbetrieblichen Bereich, zum anderen für FTS-Anlagen, wie es das Bild 6.7.10 zeigt.

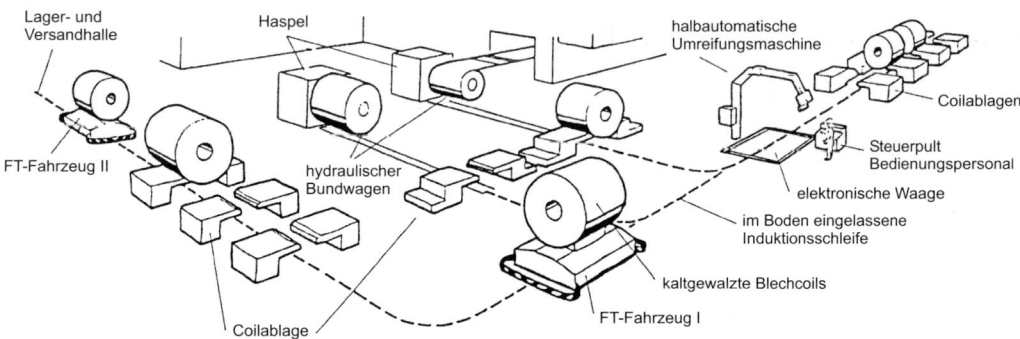

Bild 6.7.10   Layout einer FTS-Anlage mit Luftkissen-FTF zum Transport von Coils

Beispiel 6.7-4: Steigungsknick

Wenn Flurförderzeuge Höhenunterschiede wie z. B. bei Neigungsstrecken, Auffahrrampen oder Überladebrücken zu überbrücken haben, ergibt sich beim Übergang von der horizontalen Ebene in die geneigte und umgekehrt ein Übergangsknick. Was muss hier beachtet werden?

Lösung: Bei allen Flurförderzeugen ist zu prüfen, ob genügend Bodenfreiheit am Fahrzeug vorhanden ist, damit das Fahrzeug nicht auf den Boden aufsetzt. Für Stapler ist zusätzlich zu kontrollieren, ob der Lastträger aufsetzt. Eine Lösung des Problems beim Be- und Entladen von Lkws über Überladebrücken (speziell 1. Palettenreihe) ist ein deichselgeführter Niederhubwagen mit Rampenhub.

Beispiel 6.7-5: Zwangslenkung bei FTS / Energiekonzept

a) Welche weiteren drahtlosen Zwangslenkungssysteme außer der Lasernavigation (s. Kap. 6.7.2.2) kennt man noch?

Lösung Navigation: Die drahtlose Zwangslenkung, auch mit freier Navigation bezeichnet, kennt die Magnetnavigation mit und ohne Kreisel. Die Bodenmagnete sind „mit Kreisel" im Abstand von ca. 10 m verlegt, „ohne Kreisel" im Abstand von 1 bis 2 m. Zwischen den Magneten kann keine Richtungsänderung oder -korrektur erfolgen.

Jede der folgenden oft noch in der Entwicklung stehenden Techniken hat ihre spezifischen Eigenschaften mit speziellen Anforderungen des entsprechenden Einsatzfalles. Die drahtlose Zwangslenkung hat einen geringeren Aufwand an Installationen als die leitungsnahe. Allerdings steht dem ein größerer Aufwand bei der Steuerung von Anlage und Fahrzeug entgegen. Der Einsatz der drahtlosen (freie Navigation) Zwangslenkung ist sinnvoll bei häufigen Fahrkursänderungen und -erweiterungen.

- Koordinatensystem: Bodenfestes System, bei dem die Betriebsfläche in Koordinaten (Bodenraster) eingeteilt und mittels programmierfähiger Platten oder optischer Muster (Magnete, Farbe, Transponder) gebildet wird.
- Global Positioning System (GPS-Technik): In Entwicklung befindliche Technik, die sich bisher nur eignet für Navigation im Freien. Störungen können auftreten durch Gebäude oder andere Konstruktionen. Anfahrgenauigkeit im m-Bereich.
- Umgebungsabtastungstechnik (in Entwicklung): Zur Umgebungsabtastung werden Kameras oder Ultraschall benutzt. Die FTF können Hindernissen ausweichen.

b) Welche Führungstechniken werden bevorzugt bei FTS-Anlagen eingesetzt?

Lösung Einsatz: Zu der folgenden Reihung kann ausgeführt werden, dass freie Navigation an erster Stelle steht mit ca. 35 %, dicht gefolgt wird von der induktiven aktiven Zwangslenkung mit 30 % : - Lasernavigation - induktive aktive Zwangs- - induktive passive Zwangslenkung

c) Welche Datenübertragungssysteme kommen bei FTS-Anlagen in Frage und welche Energiekonzepte werden eingesetzt?

Lösung Datenübertragung: Die Datenfunktechnik wird bevorzugt benutzt. Die Kommunikation benötigt keinen Sichtkontakt und das Verfahren ist flächendeckend. Nur eine Antenne wird beim Schmalband 456 MHz benötigt, sehr häufig wird mit dem Breitband 2,4 GHz gearbeitet Bild 13.13).

Lösung Energiekonzept: S. Kap. 4.5.6. Zu unterscheiden sind Ein-, Zwei- und Mehrschichtbetrieb. Bei Einschichtbetrieb werden in der Regel Blei-Panzerplatten-Batterien eingesetzt, die möglichst mit Nachtstrom aufgeladen werden (Kapazitiver Betrieb) oder es wird berührungslose Energieübertragung eingesetzt.

Bei Zweischichtbetrieb wird entweder mit Wechselbatterien gearbeitet oder mit NiCd-Batterien, die während Standzeiten an Übergabe- oder Arbeitsplätzen durch Schnellladung mit hohem Ladestrom über Schleifkontakte nachgeladen werden (Taktbetrieb). Das letztere Verfahren wird auch bei Mehrschichtbetrieb benutzt.

Beispiel 6.7-6: Fahrerlose Transportsysteme

Es sind Beispiele für Fahrerlose Transportfahrzeuge FTF in Bildform aufzuzeigen.

Lösung: Beispiele von FTF sind in den Bildern 6.7.11a bis g zu sehen.

a: FTF als mobile Werkbank für Motorenmontage

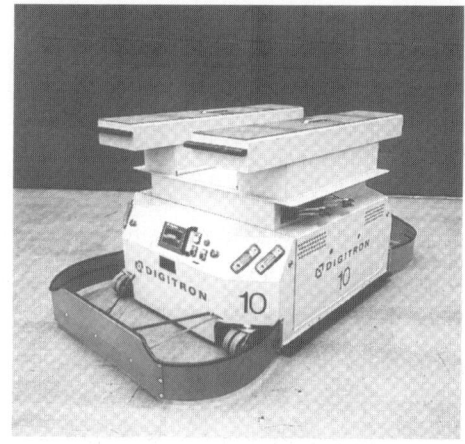

b: Trägerfahrzeug mit Hubeinrichtung

c: Trägerfahrzeug für Papierrollentransport

d: Schleppzug

Bild 6.7.11   Fahrerlose Transportfahrzeuge FTF

Bild 6.7.11e Manuelle Einlagerung in einem
Stichgang mittels radunterstützten FTS-Elektro-
Deichselstapler

Bild 6.7.11f Automatische Einlagerung einer
Palette mit FTS-Stapler des Bildes 6.7.11 e

Bild 6.7.11g
Diesel-FTF (265 KW; max.
v = 22 Km/h;
Wenderadius 11,5 m) als
Trägerfahrzeug im Freige-
lände für Containertransport
(HAMBURGER HAFEN UND
LOGISTIK AG)

Fragen

1. Wo liegt das Einsatzgebiet von FTS-Anlagen?
2. Welche drei FTF-Montageprinzipien sind zu unterscheiden?
3. Aus welchen Komponenten besteht eine FTS-Anlage?
4. Welche Sicherheitseinrichtungen enthält ein FTF?
5. Welche Führungstechniken sind bei FTS-Anlagen möglich?
6. Wie ist die induktive aktive Lenkung aufgebaut?
7. Welche automatischen Lastübergaben sind zu unterscheiden?
8. Welche Möglichkeiten der Anlagensteuerung gibt es?
9. Welche VDI-Richtlinie gibt über fahrerlose Transportsysteme detailliert Auskunft?
10. Welche Vorteile haben drahtlose Zwangslenkungen und wie arbeitet die Laserlenkung?

7 Waren- und Containerumschlag

7.1 Umschlaglogistik

Der Wareneingang ist die Schnittstelle des Unternehmens zum Beschaffungsmarkt und der Warenausgang zum Absatzmarkt. Hier findet der Warenumschlag zwischen dem externen Güterfluss und dem innerbetrieblichen Materialfluss statt. Umschlagen als eine Funktion der innerbetrieblichen Logistik (s. Bild 1.3) bedeutet den Wechsel der Ladung von einem Verkehrsmittel auf ein innerbetriebliches Transportmittel bzw. von diesem auf ein Verkehrsmittel. Durch diesen Wechsel entstehen Zeitverzögerungen in der Materialflusskette.

Die *Umschlaglogistik* betrachtet den Material- und Warenumschlag ganzheitlich und unternehmensübergreifend. Sie hat das Ziel, den operativen Material- und Warenfluss mit dem begleitenden Informationsfluss und den dazugehörenden administrativen und dispositiven Funktionen zu planen, zu steuern, zu kontrollieren und zu optimieren. Die verbrauchssynchrone Anlieferung des Materials nach dem Just-in-time-Prinzip (Kap. 1.3.1) bewirkt eine Dezentralisierung des Wareneingangs und hat Änderungen der herkömmlichen Umschlagstrukturen zur Folge.

Die Ziele der dispositiven Umschlaglogistik sind:
- Erhöhen der Umschlagleistung; Verkürzen der Standzeiten der Fahrzeuge
- Reduzieren der Personalkosten; Vermeiden von Warenbeschädigungen
- Optimieren der organisatorischen Ablaufgestaltung unter Berücksichtigung der baulichen und gerätetechnischen Ausrüstung

Zur Erfüllung dieser Zielsetzungen dienen Strategien und dispositive Funktionen, wie z. B.:
- Be- und Entladungsstrategien; Verpackungs- und Transportsicherungsstrategien
- Anlieferungs- bzw. Versandstrategien; Pufferstrategien
- Frachtraum-, Fuhrpark- und Tourendispositionen

Die unmittelbaren Aufgaben für den Entladevorgang im Wareneingang sind:
- Festlegen der Umschlagstelle (Tor, Rampe ...)
- Bereitstellen von Umschlagmittel und -hilfsmittel; Entsichern der Ladung
- Durchführen des Entladens; Identifizieren (Warenbegleitpapiere); Puffern der Ladung

Für den Warenausgang sind die Aufgaben des Ladevorgangs:
- Festlegen der Umschlagstelle (Tor); Bereitstellen von Ladung und Warenbegleitpapieren
- Bereitstellen von Umschlagmittel und -hilfsmittel; Durchführen des Beladens
- Sichern der Ladung

Durch Standardisierung und Normung, z. B. von Ladehilfsmitteln (Palette), sowie durch automatisierte Umschlagmittel können Umschlaggeschwindigkeit und Umschlagleistung erhöht werden.

Die Umschlaggeschwindigkeit entspricht der Arbeitsgeschwindigkeit für die Funktion Umschlagen. Die Umschlagleistung ergibt sich aus dem Quotienten von Volumen, Masse oder Stückzahl und der Zeiteinheit, oder kann durch Angabe eines mittleren Transportweges über die Anzahl der Arbeitsspiele pro Zeiteinheit ausgedrückt werden. Sie dient zur Beurteilung des Güter- und Warenumschlags.

7.2 Schüttgutumschlag

Für den Schüttgutumschlag werden auf der operativen Ebene unstetige und stetige Umschlag-techniken eingesetzt. In Abhängigkeit von der Art des Schüttgutes (Kap. 3.1.2), von der Art des Verkehrsmittels (Schiff, Selbstentladewagen, Muldenkippwagen der Bahn, Silofahrzeug, Kipper) und von der geforderten Umschlagleistung ($\dot{m}, \dot{V}$) kann der Umschlag für die Ein-/ Auslagerung in Silos, Bunkern oder auf Hallen erfolgen, z. B. mittels Stetigförderer (Kap. 5):

- Gurtförderer, Becherwerke, Schneckenförderer, Schwingförderer
- pneumatische Förderer, Rutschen.

In der Regel besteht eine Schüttgutumschlaganlage aus der Kombination verschiedener Stetig-förderer, um eine optimale Linienförderung des Transportweges von der Quelle bis zur Senke zu erreichen (Bild 7.1). Im unmittelbaren Umschlagbereich, besonders zur Überbrückung klei-ner Entfernungen werden Unstetigförderer eingesetzt, z. B. für

- die Entladung von Schiffen oder Bahnwagons
- die Beladung von Gurtförderern, z. B. über Bunkerwagen (Bild 7.1).

Unstetigförderer hierfür sind Brücken-, Dreh- und Portalkrane mit Zweischalengreifern sowie Flurförderzeuge, z. B. Schaufelbagger, Grader, Radlader, Muldenkipper, Stapler, Dumper.

7.3 Stückgutumschlag

7.3.1 Umschlagmittel

Für den Warenumschlag werden stetige und unstetige Umschlagmittel eingesetzt (Bild 7.2). Stetige Umschlagmittel sind z. B.

- für die Sackbe- und -entladung: Gurt- und Teleskopgurtförderer,
- für Kästen, Packstücke und Sammelpackungen: Röllchen- und Rollenbahnen
- für Paletten: Ketten- und Rollenförderer.

Zu den unstetigen Umschlagmitteln zählt der Einsatz von Krananlagen für schwere Teile, von Staplern oder Niederhubwagen für palettierte Ladeeinheiten.

In Abhängigkeit von dem pro Zeiteinheit umzuschlagenden Transportvolumen erfolgt der Umschlag manuell, mechanisiert, teil- oder vollautomatisiert.

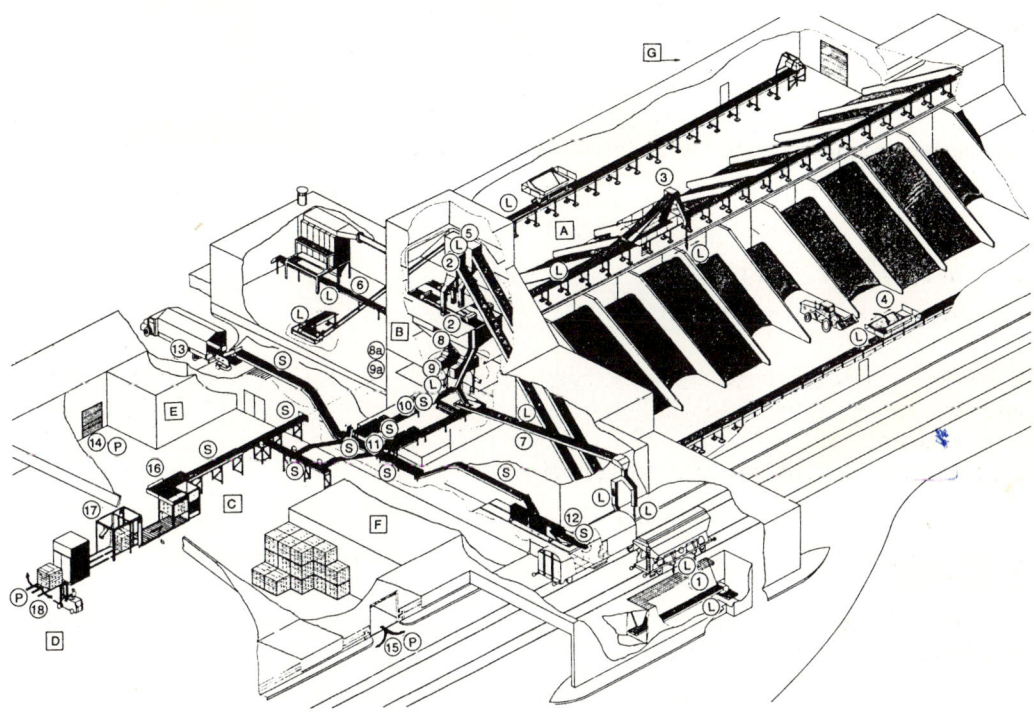

Bild 7.1   Umschlaganlage mit Speicher- und Abfülleinrichtungen für Schüttgut

1 Schüttgutannahme; 2 Schüttgutverteilung; 3 Abwurfwagen; 4 Bunkerwagen; 5 Schüttgutverteilung; 6 Schüttgutverladung in Straßenfahrzeuge; 7 Schüttgutverladung mit Radlader in Schienenfahrzeuge; 8 Absackbunker; 9 Absackanlage; 10 Absackbänder mit Verschließeinrichtung; 11 Sacksynchronisierung; 12 Sackverladung in Schienenfahrzeuge; 13 Sackverladung in Straßenfahrzeuge; 14 Beiladungszone für Straßenfahrzeuge; 15 Beiladungszone für Schienenfahrzeuge; 16 Palettiergerät; 17 Umhüllungsautomat; 18 Schrumpfofen;

A Schüttgutlager	E Energieversorgung und Umspannung
B Packhaus (einschl. Sozialräume)	F Werkstatt und Magazin
C Vollsacklager	G Gebindefreilagerung (nicht dargestellt)
D Sacksignierbetrieb (nicht dargestellt)	

7.3.2 Umschlagbereich

Die technische Gestaltung des Umschlagbereiches und die Art des Umschlagmittels für das Be-und Entladen der Waren wird entscheidend bestimmt von:

- der Baulichkeit des Umschlagbereiches: z. B. mit/ohne Rampe
- der Art des Verkehrsmittels: z. B. Lkw, Bahnwagon, Container
- der Art und den Eigenschaften der Güter: z. B. Palette, Kiste, Gewicht, Abmessungen
- der Art des Be- und Entladevorganges: z. B. Heck-, Seitenumschlag
- der Größe der Umschlagleistung: z. B. Stückstrom $\dot{m}_{St}$ (Anzahl Paletten pro Stunde)
- der Verteilung der An- oder Ablieferungen: z. B. regelmäßig, unregelmäßig.

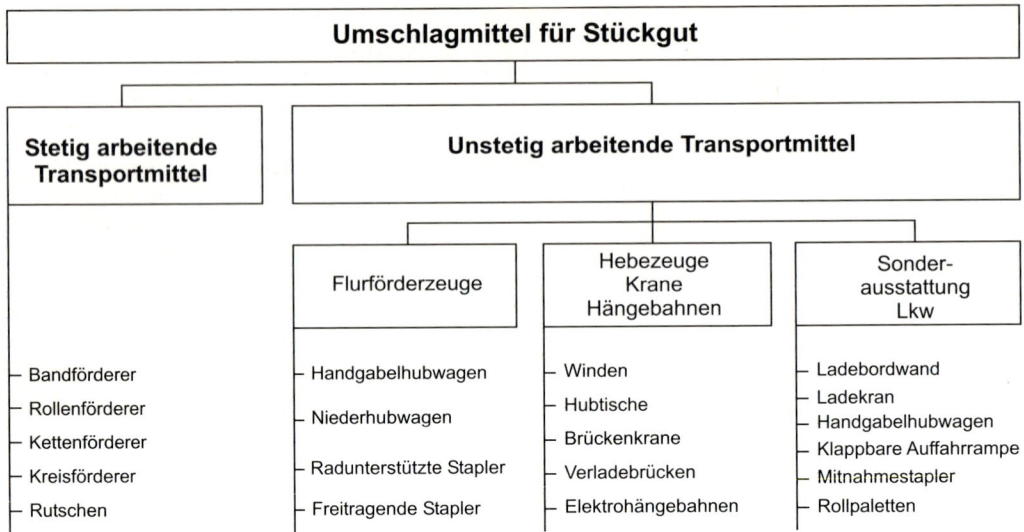

Bild 7.2   Unterteilung der Umschlagmittel für Stückgut

Zum Umschlagbereich gehören

- Ladezone, z. B. Rampe, Ladetor; Sicherheitseinrichtungen, z. B. Abstandsmeldung
- Manipulationsfläche, z. B. für Stapler; Hoffläche, z. B. für Verkehrsmittel

Das Be- und Entladen von Verkehrsmitteln kann erfolgen als

- Heckumschlag, z. B. bei Lkw, Container
- Seitenumschlag, z. B. bei Güterwagon, Lkw
- Dachumschlag, z. B. bei Haubenwagon, Lkw.

Der Umschlag kann durchgeführt werden

- von der Hoffläche bzw. vom Fahrweg aus (Niederflurumschlag)
- über Rampen; in kontinuierlichem oder diskontinuierlichem Ablauf
- manuell; mechanisiert mit Umschlagmittel, z. B. Stapler
- automatisiert (Schnellverladung), z. B. Rollenbahnen
- mit bordeigenen Hilfsmitteln am Lkw, wie z. B. Ladebordwand, Ladekran, Mitnahmestapler (s. Bild), mitgeführter Handgabelhubwagen oder deichselgeführter Elektrostapler.

7.3.2.1 Rampen

Über die Rampe kann der direkte Warenumschlag bei Lkw, Bahnwagon oder aufgeständerten
Containern ausgeführt werden. Auffahrrampen gewährleisten den Umschlag durch stufenlose
Überbrückung der Höhendifferenz in der Regel zusätzlich mit einer Umschlagfläche. Zu unter-
scheiden sind mobile und stationäre Rampen (Bild 7.3).

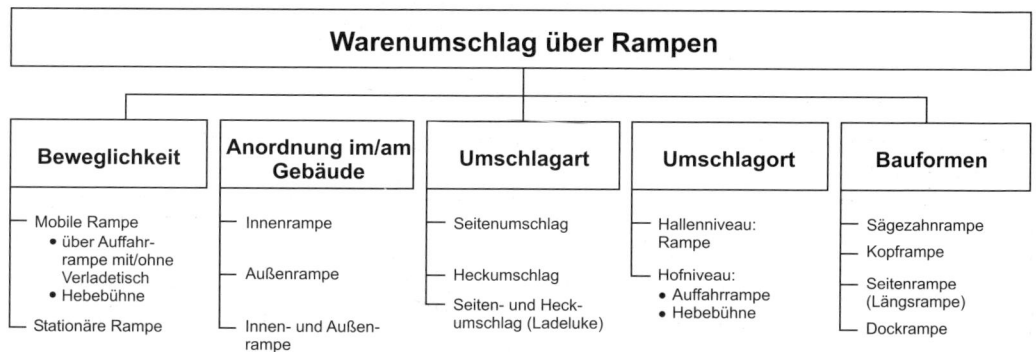

Bild 7.3 Strukturkomponenten für den Warenumschlag über Rampen

Mobile Rampen werden dort eingesetzt, wo Hallenboden und Hoffläche gleiches Niveau haben. Benutzt werden verfahrbare Auffahrrampen, die mit einem Stapler befahren werden können und in der Regel einen Verladetisch haben. Die Verladerampe kann Heck- und Seitenumschlag ermöglichen, kann in Längsrichtung, d. h. parallel zum Verkehrsmittel, oder rechtwinklig dazu eingesetzt werden (Bild 7.4a).

Stationäre Rampen sind feste bauliche Einrichtungen, die in Gebäuden oder im Außenbereich angeordnet sind. Die innenliegende Rampe und die an der Hallenwand · innenliegende Ladeluke ermöglichen einen wetterunabhängigen, zugluftarmen Umschlag bei geringem Energieverlust. Außen liegende Rampen sind oft mit einer Überdachung versehen. Die Mitarbeiter sind der Zugluft und den Witterungseinflüssen ausgesetzt. Stationäre Auffahrrampen überbrücken die Höhendifferenz zwischen Radaufstandsfläche und Ladepritsche. Die Rampenebene liegt in der Regel beim Lkw bei ca. 110 cm, beim Wagon ca. 120 cm über der Hof- bzw. Hallenebene (s. VDI 2360).

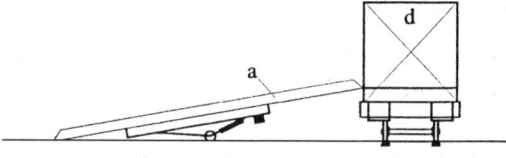

Auffahrrampe ohne Verladetisch: Seitenumschlag

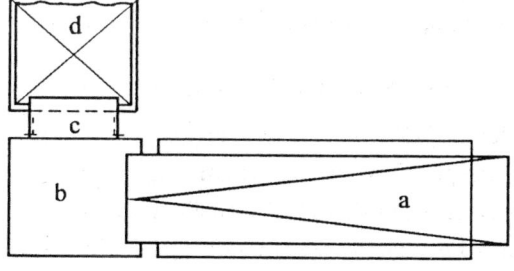

Auffahrrampe mit Verladetisch
rechtwinklig zum Verkehrsmittel: Heckumschlag
a mobile Auffahrrampe (ca. 10 – 12 ° Rampenneigung)
b Verladetisch
c Überladeblech
d Verkehrsmittel

Bild 7.4   Ausführungsformen von Rampen
a) Mobile Rampe

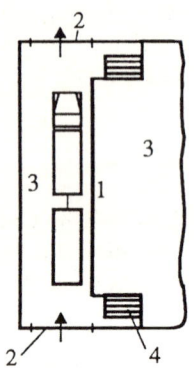

1 Längsrampe
2 Rolltor
3 Hallenfläche
4 Treppe

b) Innenliegende Längsrampe

Zahlenangaben: Maße in m
a Ladeluke
b Überladebrücke
c Hallenfläche
d Sägezahnrampe
α Anstellwinkel (15°, 20°, 25°)

c) Ladeluke mit Sägezahnrampe

Bild 7.4   Ausführungsformen von Rampen

Ausführungsformen von stationären Rampen sind:

Innenrampe: in Hallen liegende Rampe in der Regel als Längsrampe aber auch als Dockrampe ausgebildet und besonders gut für Seitenumschlag von Lastzügen und Güterwagen geeignet (Bild 7.4b).

Ladeluke: an Hallenwand innenliegende Rampe, kann als Kopf-, Sägezahn- oder Tieframpe ausgebildet sein; nur Heckumschlag möglich, versehen mit Überladebrücke, Tor und Torabdichtung (geringer Energieverlust). Die in die Rampe eingebaute Überladebrücke muss unterfahrbar sein, um Lkw mit Ladebordwand be- und entladen zu können (Bild 7.4c und d).

Tieframpen werden benutzt, wenn Hoffläche und Hallenboden gleiches Niveau haben, sie entstehen durch Bildung einer Mulde mit geneigter Zufahrt.

Außenrampe: in der Regel als Längsrampe (Bild 7.4e) für Heck- und Seitenumschlag ausgebildet.

Dockrampe: in Schräg- oder in Kopfform ausgebildet (Bild 7.4f), besitzen teilweise eine Hubbühne für ganzen LKW-Zug zum Niveauausgleich.

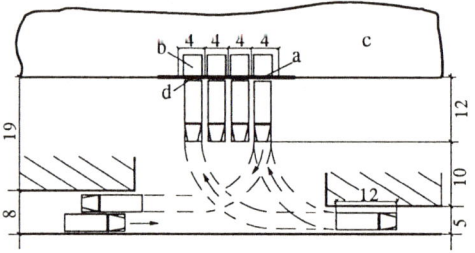

Zahlenangaben: Maße in m
a Ladeluke   c Hallenfläche
b Überladebrücke   d Kopframpe

Bild 7.4   Ausführungsformen von Rampen
              d) Ladeluke mit Kopframpe

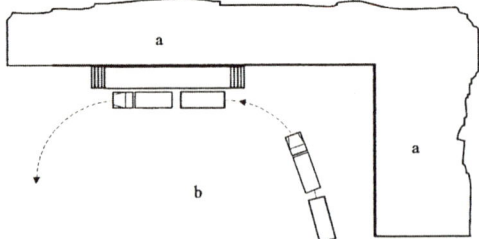

hier: Seitenbe- und -entladung
a Hallenfläche
b Hoffläche

Bild 7.4   Ausführungsformen von Rampen
              e) Außenrampe als Längsrampe
              oder als Kopframpe (nicht skizziert)

Oder der Lkw muss eine Hubeinrichtung für die Ladepritsche haben, um den Federweg bei Be- und Entladung auszugleichen. Bei der Dockrampe ist der Lkw-Warenumschlag von der Rampe mit freitragenden Gabelstaplern bei Längseinlagerung von DIN-Paletten möglich.

7.3.2.2 Überladebrücken, Tore, Torabdichtungen

Zusätzlich zur Rampe werden zum Niveauausgleich zwischen Verkehrsmittel und Rampe und zur Spaltüberbrückung stufenlos verstellbare *Überladebrücken* benutzt. Sind Rampenhöhe und Ladefläche annähernd identisch, wie z. B. beim Bahnwagon, genügt der Einsatz eines einfachen *Überladebleches*. Außenrampen erfordern außen montierte Überladebrücken, die stationär, schwenkbar, an Schienen verfahrbar oder transportabel sind.

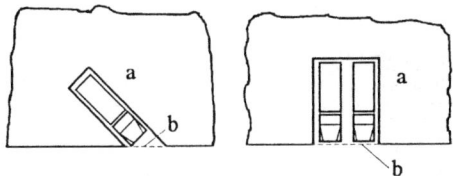

Als Wetterschutz haben Außenrampen ein Vordach, trotzdem sind die Mitarbeiter der Witterung ausgesetzt; offene Ladetore bedeuten Staubaufwirbelung, Zugluft und Energieverlust. Vorherrschend sind heute Ladeluken, weil sie die Baukosten reduzieren, hohe Umschlagleistung und kurze Standzeiten der LKW garantieren, Andockmöglichkeiten für alle LKW- und Containertypen darstellen, kontinuierliche und diskontinuierliche Beladung von Containern und Wechselbrücken ermöglichen, zugbedingte Erkrankungen vermindern und ca. 80 % Energieverluste einsparen (Bild 7.5; Übergangsknick s. Beispiel 6.7-4).

Seitenbe- und -entladung
a Hallenfläche
b Rolltor

Bild 7.4   Ausführungsformen von Rampen
f) Dockrampe in Schräg- und Kopfform

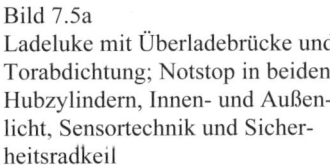

Bild 7.5a
Ladeluke mit Überladebrücke und Torabdichtung; Notstop in beiden Hubzylindern, Innen- und Außenlicht, Sensortechnik und Sicherheitsradkeil

Industrietore gibt es als Roll-, Sektional-, Schiebe-, Hub-, Rundlauf-, Pendel-, Falt-, Schwing- und Drehtore. Für Ladeluken bzw. Ladetore sind in erster Linie Sektional- und Rolltore im Einsatz. Sektionaltore sind wesentlich schneller als Rolltore und können Fenstersegmente haben (s. Beispiel 7.3 und 7.4). Industrietore werden ausgewählt nach den baulichen und betrieblichen Gegebenheiten, den Öffnungs- und Schließfrequenzen, den Anforderungen an Witterungsverhältnisse, Schalldämpfung und Form der Öffnungs- und Schließsteuerung.

Bild 7.5b
Ladeluke mit Kopframpe (rechts), mit
Sägezahnrampe (links)

Standardbeschlag   Hebungsbeschlag

Vertikalbeschlag   Sonderbeschlag

Torabdichtungen an Ladeluken zwischen Verkehrsmittel und Gebäude gibt es in Lamellen, Planen- und Wulstausführung sowie in aufblasbarer Ausführung. Bei außen liegenden Längsrampen werden ausfahrbare Luftschleusen als Torabdichtung, z. B. bei der Bahnverladung benutzt.

Sicherheitseinrichtungen sind Anfahrpuffer an der Überladebrücke, auf dem Boden befestigte Rohre als Einfahrhilfen, gute Beleuchtung der Umschlagfläche, Abstandsmelder (Sensoren) zwischen Lkw und Rampe.

Bild 7.5c
Verschiedene Ausführungsarten von
Sektionaltoren

7.3.3 Umschlagsysteme für Ladeeinheiten

Sack- und Paketumschlag: Teleskopgurtförderer sind Be- und Entladegeräte für Lkw, Wagons oder Schiffe bei Stückgut wie Säcken, Pakete, Schachteln usw. Zu unterscheiden sind Einfach- und Doppelteleskopgurtförderer (4 - 8 m Länge) bei Gurtbreiten von 500 bis 1.000 mm, v = 0,5 m/s und Belastbarkeit bis 50 kg pro Meter (Bild 7.6a). Durch kurze Wege der Stauer und geringen Manipulationsaufwand werden hohe Umschlagleistungen erzielt.

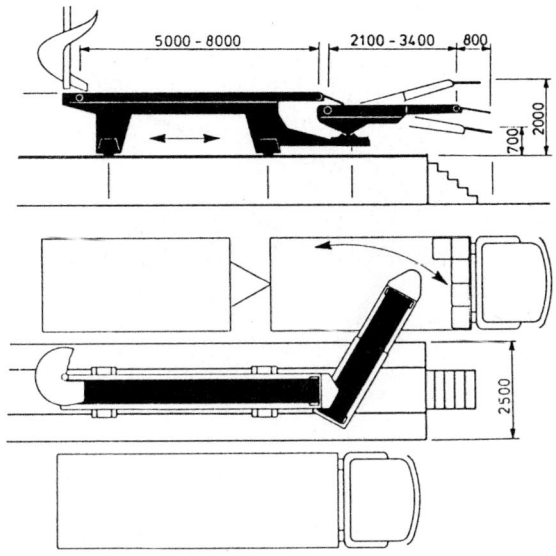

Bild 7.6a
Sackverladeanlage
Lkw-Seitenbeladung: Wendelrutsche,
verfahrbarer Gurtförderer, schwenkbar,
dreh- und höhenverstellbarer Teleskopgurtförderer
(Seitenansicht und Draufsicht)

Eine automatisch arbeitende sackschonende Sackbeladung für Lkws zeigt Bild 7.6b. Dabei werden die Säcke z. B. von Zement, Getreide, Gips, Kunststoffgranulat, Düngemittel, Mehl, Zucker usw. nicht nur verladen sondern auch gleichzeitig in Verbundstapelung gepackt. Die Stundenleistung beträgt bis zu 3.000 Säcke.

Palettenumschlag: Für Umschlagsysteme mit Palettenladeeinheiten gibt es verschiedene Möglichkeiten, den Lkw-Warenumschlag zu erhöhen. Bei jedem der folgenden mechanisierten Systeme ist es aber erforderlich, die umzuschlagenden Paletten vorher zusammenzustellen.

- Um z. B. die Beladung eines Lkw mit Paletten zu erleichtern und um die Ladezeit zu reduzieren, werden *Abschieber* benutzt. Diese ermöglichen, Paletten in die Mitte des Lkw zu schieben. Kabelsträngen auf dem Pritschenboden erleichtern das Abschieben der Ladung und schonen den Pritschenboden.

- Freitragende Gabelstapler können bei entsprechender Tragfähigkeit mit speziellen *Anbaugeräten* ausgestattet (vgl. Kap. 6.6.7.4) gleichzeitig zwei oder vier Paletten aufnehmen, transportieren und bei Seitenbeladung auf der Lkw-Pritsche absetzen (Bild 7.7).

- Ein verfahrbares Umschlagsystem in Portalausführung ist in der Lage, gleichzeitig vier oder sechs Paletteneinheiten für Seitenbeladung eines Lkw oder aufgeständertem Container mittels Gabeln, z. B. von einer Rollenbahn, aufzunehmen und zu verladen (Bild 7.8).

Kürzeste Be- und Entladezeiten und damit höchste Umschlagleistung wird mit *automatischen* Umschlagsystemen erreicht.

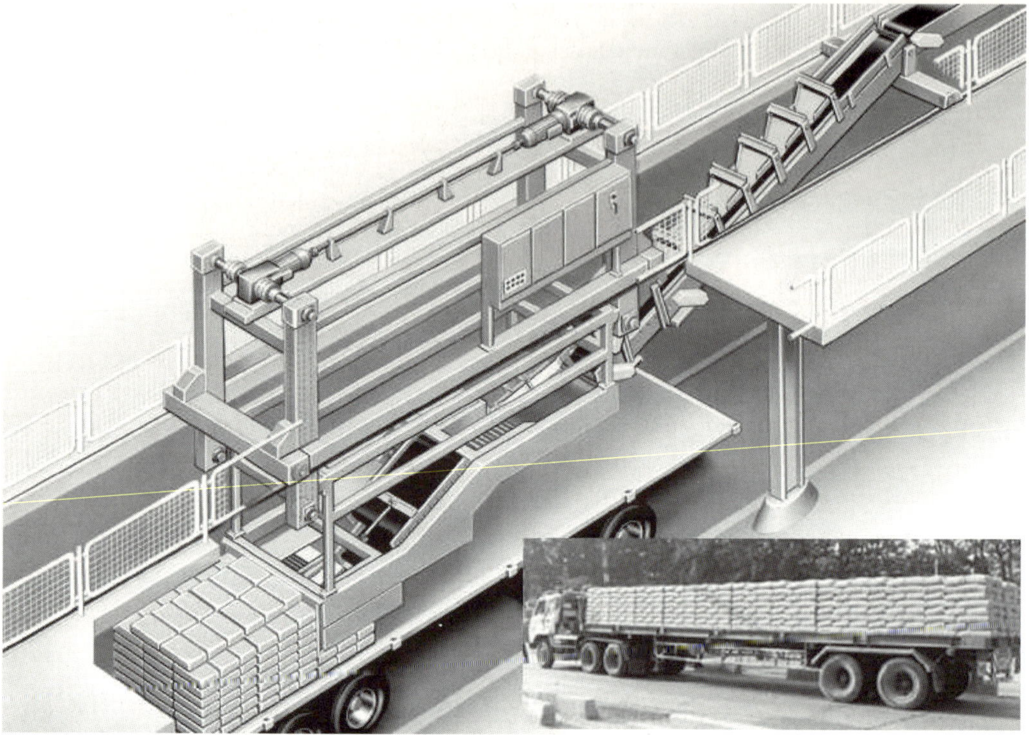

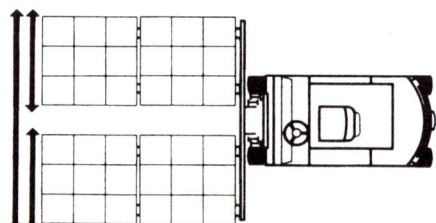

Bild 7.6 b Automatische Sackbeladung eines Lkws

Prinzip: Die gesamten Paletteneinheiten werden als Ladungsblock zusammengestellt und auf einmal in den Lkw oder Container transportiert. Die Be- und Entladezeiten liegen unter 10 Minuten. Erforderlich sind in der Regel eine Ausstattung der Lkw mit Transportmittel, wie z. B. Rollen- oder Kettenförderern. Folgende automatische Umschlagsysteme sind zu unterscheiden:

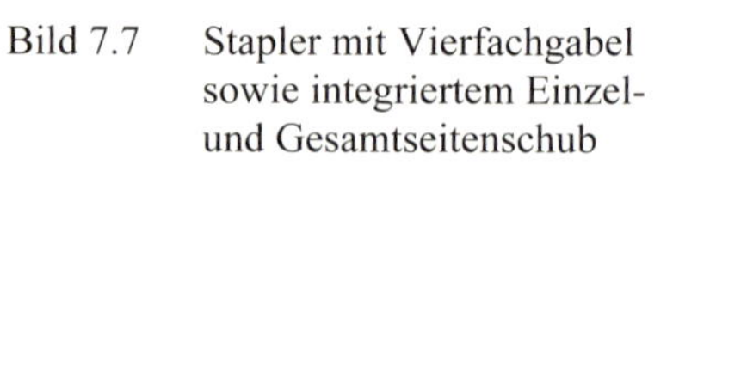

Bild 7.7   Stapler mit Vierfachgabel
              sowie integriertem Einzel-
              und Gesamtseitenschub

Bild 7.8   Lkw-Seitenbeladung mit verfahrbarer Portalbrücke und Mehrfachgabeln

- Umschlagsystem mit Rollpaletten (Bild 7.9b)
- Umschlagsystem mit Kugelrollenteppich
- Umschlagsystem mit Rollen- oder Kettenförderer (Bild 7.9a und s. Bild 7.13)
- Umschlagsystem mit Hubkettenförderer (kein Lkw-Einbau erforderlich).

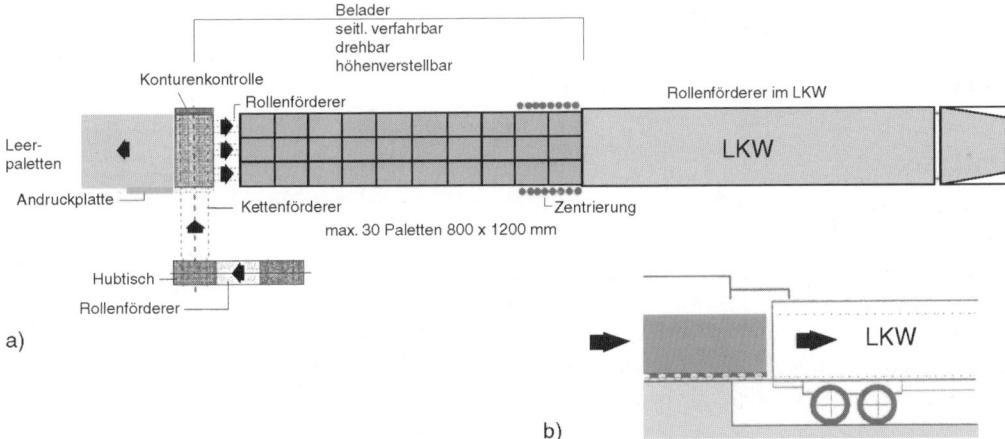

Bild 7.9   Automatische Heckbeladung für Paletteneinheiten a) mit Rollenförderer; b) mit Rollpaletten

Beim Zusammenstellen des Ladungsblockes auf Rollen- oder Kettenförderern werden z. B. gleichzeitig drei nebeneinander liegende Paletten schrittweise transportiert.

Da beim Einsatz dieser Systeme die Rückfahrt der firmeneigenen Lkw in der Regel ohne Ladung durchgeführt wird und sich die Zeiteinsparung von Be- und Entladung besonders bei geringen Entfernungen bemerkbar macht, ist ihre Anwendung nur in einem Umkreis bis zu 100 km vom Werk sinnvoll. Typische Einsatzfälle treten bei Unternehmen auf, deren zentrales Distributionslager aus Platzgründen z. B. 20 km vom Werk entfernt liegt oder bei denen die Versorgung von Regionallagern mit Gütern des Hauptwerkes durchzuführen ist, z. B. Brauereien (hierbei Rücktransport von Leergut).

Zusammenfassend sind hier einige Voraussetzungen für einen wirtschaftlichen Einsatz automatischer Umschlagsysteme aufgelistet:

- *Faktor Ladung*: hohes und stetiges Transportvolumen; Zusammenfassung der Transportgüter mit gleichem Ladungshilfsmittel zu Einheiten; modularer Aufbau des Ladungsblockes auf Ladefläche z. B. DIN-Palette: $2 \times 1,2$ m oder $3 \times 0,8$ m bei 2,43 m breitem Lkw/Container; Gewährleistung gleichmäßiger Belastung der Ladefläche (s. Kap. 3.3.6), Beladekonzept s. Bild 3.18 / 3.19 erstellen.

- *Faktor Umschlagmittel*: Platzbedarf für Umschlagsystem auf Werksgelände beim Warenausgang für die automatische Zusammenstellung der Ladung; automatische Beladung im Werk und automatische Entladung am Zielort; evtl. automatische Leergutentnahme.

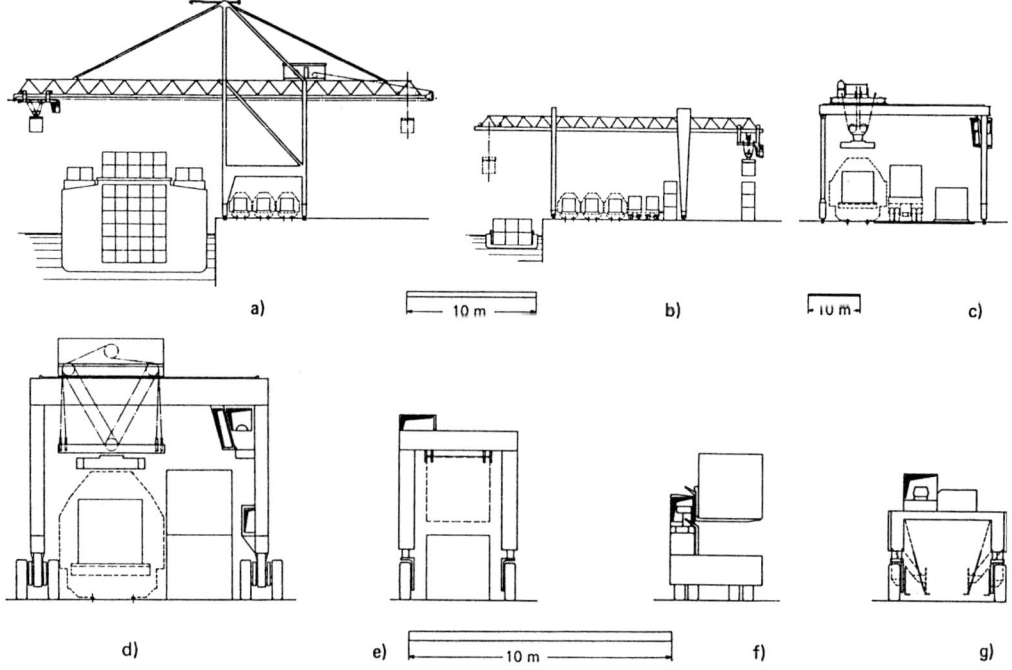

Bild 7.10   Umschlagmittel für Container
a) Verladebrücke in Portalausführung mit Hängekatze zur Schiffsbe- und -entladung mit hochklappbarem Ausleger;
b) Verladebrücke mit festem Ausleger und Hängekatze zum Umschlag für Schiffe und Lagerplatz;
c) schienenverfahrbarer Portalkran mit Laufkatze, Verladung auf LKW und Waggon;
d) mobiler Portalkran zum Containerumschlag und -stapelung;
e) Portalstapler (Vancarrier);
f) Quergabelstapler;
g) Portalhubwagen; weitere Umschlagmittel: Krane und Teleskoparmstapler s. Bild 7.16

- *Faktor Lkw*: Abmessungen Lkw; Abgleich Ladungsblock und Lkw-Tragfähigkeit; eigener Fuhrpark; Transportmitteleinbau in Lkw (Ketten- oder Rollenförderer); Positioniereinrichtungen am Lkw für automatisches Andocken.

- *Faktor Transportweg*: geeignet nur für kurze Strecken (ca. 30 km), bei Leergutrücktransport z. B. Bierkästen bis 100 km.

7.3.4 Container- und Wechselbehälterumschlag

Der Umschlag von *Containern* kann im logistischen Ablauf mit dem Wechsel von einem Verkehrsmittel auf ein anderes verbunden sein: Schiff-Bahn-Lkw. Dazu sind spezielle Umschlagmittel eingesetzt (Bild 7.10) wie Verladebrücken, Containerkrane, Portalstapler, die mit hydraulisch betätigten Greifarmen, Greifzangen oder Spreadern ausgerüstet sind (Bild 7.11).

Unbeladene Container werden zur Leergutlagerung oft in Längs- oder Querrichtung mit freitragenden Staplern vier- bis sechsfach übereinander gestapelt, wobei das Lastaufnahmemittel ein Spreader, teilweise auch die Gabel ist (s. Beispiel 7.6, Bild 7.16, Kap. 3.1.4.3).

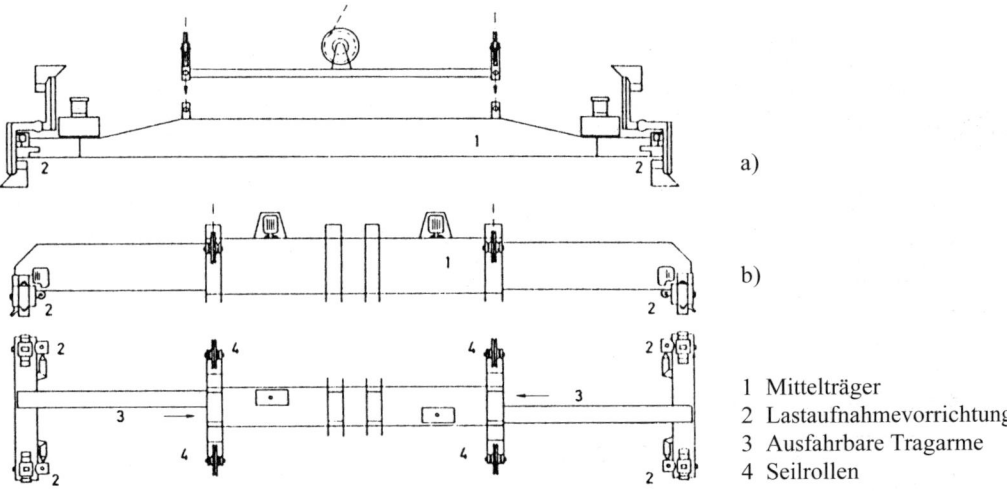

a)

b)

1 Mittelträger
2 Lastaufnahmevorrichtung
3 Ausfahrbare Tragarme
4 Seilrollen

Bild 7.11   Spreader (Greifrahmen) für Containerumschlag
a) Einfach Spreader; b) Universal Spreader (Seiten- und Draufsicht)

Wechselbehälter werden in der Regel zur Reststoff- und Abfallentsorgung benutzt, wie z. B. Mehrkammercontainer, Wechselmulde oder Presscontainer (s. Kap. 3.2.3, Bild 3.9c).
Wechselbrücken dienen der Aufnahme von unterschiedlicher Güter für den Transport mit dem Lkw oder mit der Bahn auf Taschenwagen (s. Beispiel 7.9).

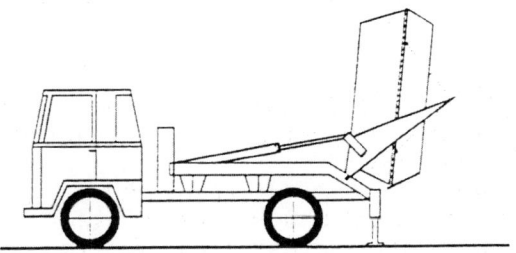

Bild 7.12   Transportmittel für Wechselbehälter:
Absetzkipper (Entleerungsvorgang)

Abrollkipper transportieren Abrollcontainer, die mittels Ketten oder Doppelknickhaken auf- und abgesetzt werden. *Absetzkipper* nehmen über Transportrollen und eine Windeinrichtung die Absetzcontainer zum Transport auf (Bild 7.12).

7.4 Gesichtspunkte zur Planung des Umschlagbereiches

Durch das JIT-Prinzip (s. Kap. 1.3.1) wird der Anlieferungsort vom klassischen zentralen Wareneingang des Beschaffungslagers an viele dezentrale Stellen im Unternehmen, z. B. Montageband, verlagert. Für die Planung solch einer Schnittstelle externer Güterfluss – innerbetrieblicher Materialfluss benötigt man für ihre Gestaltung eine Fülle von Daten, wie :

- Anlieferungstransportmittel: Art, Größe, Ladehöhe, Wenderadius;
- Lieferumfang /-frequenz: mittlere und maximale Liefermenge, Zeitpunkt, Anzahl und Verteilung der Anlieferungen über den Tag, regelmäßige oder unregelmäßige Lieferung;
- Anlieferungsform der Güter: Einzelgut, auf Palette, in Behältern, Pakete, Ladeeinheiten;
- Eigenschaften der Güter und Transporthilfsmittel: empfindlich, stapelbar, Art der Aufnahmemöglichkeit mit Transportmittel (s. Kap. 4.9.1);
- Transportmittel für den Entladevorgang: Kran, Gabelstapler, manuell mit Rollenbahn;
- Personal- und Flächenbedarf für die Warenannahme;
- Bauliche Gestaltung der Warenannahme: mit oder ohne Rampe; Anzahl, Art und Größe der Tore, Torabdichtungen, Überladebrücken, Hofgröße.

7.5 VDI-Richtlinien

2409	Tore in Industriebauten	07.03
2704	Ladungssicherung auf Straßenfahrzeugen Lastverteilungsplan	05.98
2707	Ladungssicherung auf Straßenfahrzeugen im kombinierten Verkehr	05.98

7.6 Beispiele, Fragen

- **Beispiele**

Beispiel 7.1: Es ist das Materialflussschema einer Laderampe für die automatische Be- und Entladung von Lkw zu skizzieren. Die Transporteinheiten sind DIN-Paletten. Der vorhandene Lkw ist mit Kettenförderern ausgerüstet.

Lösung: s. Bild 7.13. Zu beachten ist, dass an der Rückseite des Lkw und an der Laderampe eine Zentriervorrichtung vorhanden ist, um ein schnelles Andocken und die richtige Fahrzeugposition zu erreichen.

Beispiel 7.2: Berechnung der erforderliche Anzahl von Verladetoren

Lösung: Das Zusammenstellen und Verladen einer Sendung (12 m Sattelzug mit 28 Paletten, vgl. Bild 3.18) dauert im Durchschnitt 1,7 Stunden. Zu verladen sind pro Arbeitstag (AT) maximal 330 Paletten, dies ergibt:

$$\frac{330\ \text{Pal/AT}}{28\ \text{Pal/Lkw}} = 11,8\ \text{Lkw/AT} \approx 20\ \text{Verladestunden}$$

Es wird ein Zuschlag von 10 % für Verteilzeiten angesetzt, ergibt aufgerundet 26 Verladestunden. Die Verladung erfolgt über sechs Stunden am Tag, daraus folgt die Anzahl der erforderlichen Verladetore:

$$\frac{26 \text{ h Verladen bei 1 Tor}}{6 \text{ h Verladezeit}} = 4{,}33 \text{ Tore}$$

Gewählt werden 5 Verladetore, dies entspricht einer Auslastung von ca. 87 %.

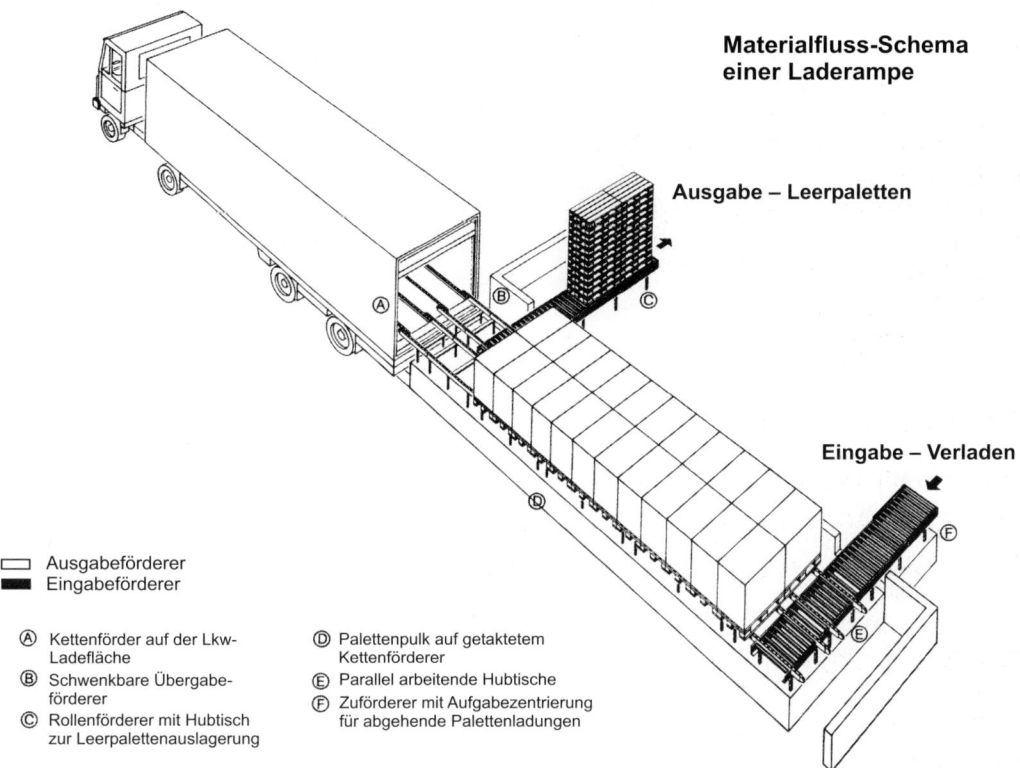

Materialfluss-Schema einer Laderampe

Ausgabe – Leerpaletten

Eingabe – Verladen

□ Ausgabeförderer
■ Eingabeförderer

Ⓐ Kettenförder auf der Lkw-Ladefläche
Ⓑ Schwenkbare Übergabeförderer
Ⓒ Rollenförderer mit Hubtisch zur Leerpalettenauslagerung

Ⓓ Palettenpulk auf getaktetem Kettenförderer
Ⓔ Parallel arbeitende Hubtische
Ⓕ Zuförderer mit Aufgabezentrierung für abgehende Palettenladungen

Bild 7.13   Automatische Heckbeladung für Europaletten mit Kettenförderern

Beispiel 7.3: Industrietore

Wie können Industrietore durch den Stapler oder Fahrer betätigt werden, und welche Merkmale sind für den Einsatz von Bedeutung?

Lösung: Die Steuerung der Tore kann erfolgen durch:

Zug- oder Druckschalter, Funksteuerung, Fernbedienung, Lichtschranke, Bewegungsmelder, Induktionsschleifen, Ultraschall (Bild 7.14a).

Folgende Merkmale sind für den Einsatz zu bedenken:

- Öffnungsprinzip: z. B. seitlich, schwenkend, senkrecht
- Geschwindigkeit; Wärme- und Schalldämmung
- Durchsichtigkeit; Steuerung
- Spezielle Anforderungen: z. B. einzelnes Öffnen eines Flügels, Farbe usw.

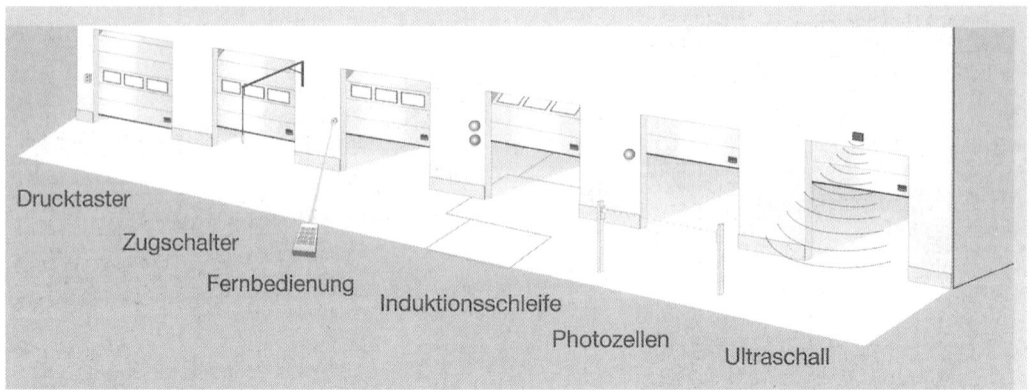

Bild 7.14a Verschiedene Steuerungen von Industrietoren

Beispiel 7.4: Schnelllauftor

Wie kann ein Schnelllauftor aufgebaut sein?

Lösung: Zwei doppelwandige Torhälften öffnen sich ohne Schwenkbewegungen zur Seite und rollen sich dabei Platz sparend in die seitliche Rahmenkonstruktion. Die volle Durchfahrhöhe ist sofort vorhanden. Die Öffnungsgeschwindigkeit beträgt ca. 2 m/s. Ohne Anzuhalten kann, z. B. ein Stapler durch das Tor fahren (Bild 7.14b).

Bild 7.14b
Schnelllauf-Industrietor (Prinzip)

Beispiel 7.5: Innerbetrieblicher Schwerlasttransport

Es sind ein Schwerlastanhänger und Transportmöglichkeiten eines Vielzweckfahrzeugs aufzuzeigen.

Lösung: In Bild 7.15a ist ein Schwerlastanhänger mit Drehschemellenkung (vorne: gelenkte, hinten: ungelenkte Achse; s. Bild 6.6.2) für Lasten bis 63 t zu sehen. Die Höchstgeschwindigkeit beträgt bei Volllast 6 Km/h, der Anhänger ist durchlenkbar bis 180°.

Bild 7.15b zeigt ein Vielzweckfahrzeug; z. B. ist ein Schlepper dargestellt, der durch Hubsattelkupplung für Sattelauflieger oder Rollpalette (-pritsche) mittels Schwanenhals (oben rechts; 2. Reihe links) ausgerüstet sein kann, ebenso mit Ballastgewicht oder automatischer Kupplung, mit Waggonverschiebeplatte oder mit Hydraulik für Zusatzgeräte sowie mit Anhängerkupplung.

Bild 7.15a Schwerlastanhänger   Bild 7.15b Vielzweckfahrzeug

Beispiel 7.6: Containertransport mit Stapler

Welche Möglichkeiten des Containertransportes mit Stapler gibt es?

Lösung: Es ist der Transport eines beladenen Containers und eines leeren Containers zu unterscheiden. Ein beladener Container kann nur von einem Stapler quer über einem Greifarm aufgenommen und transportiert werden. Diese Stapler haben 20 bis 50 t Tragfähigkeiten. Für den Leertransport können Container einmal von der Stirnseite mit einem Spreader aufgenommen werden oder von der Längsseite und von oben. Spezielle Leer-Container-Stapler mit erhöhtem Fahrersitz und Freisichthubgerüst stapeln Leer-Container 4- bis 5-fach übereinander. Ihre Tragfähigkeit beträgt 8 t. Bild 7.16a und b zeigt zwei Stapler-Versionen nebeneinander. Einmal den Stapler mit teleskopierbarem Hubgerüst (links) und zum anderen denjenigen mit teleskopierbarem Auslegerarm (rechts s. auch Bild 6.6.28). Das Gerät 7.16b besitzt einen drehbaren Spreader, so dass ein Container längs, quer oder von oben aufgenommen bzw. abgesetzt werden kann. Bild 7.16c demonstriert verschiedene Transportmöglichkeiten von Containern mittels Stapler.

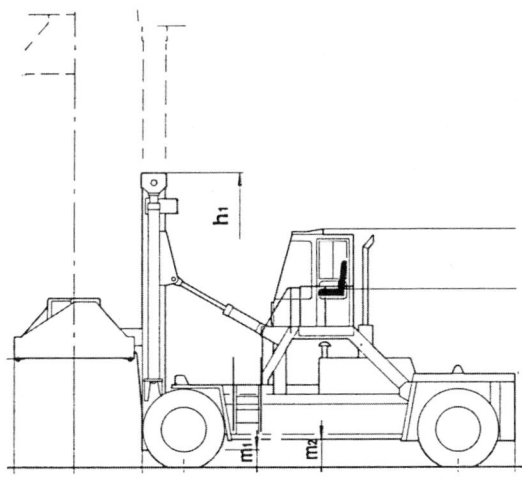

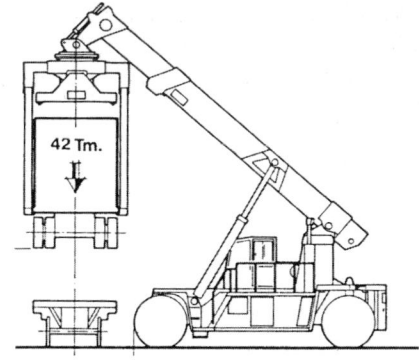

a) Frontstapler mit Spreader (Containeraufnahme von oben)   b) Teleskoparmstapler mit Greifzange

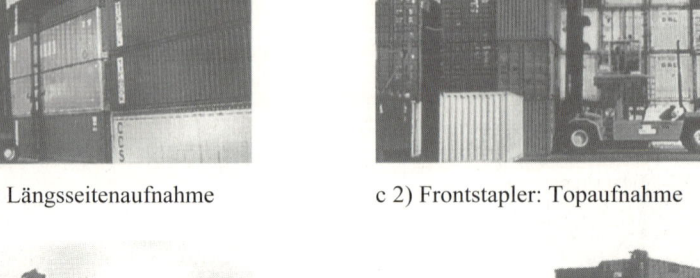

c 1) Frontstapler: Längsseitenaufnahme   c 2) Frontstapler: Topaufnahme

c 3) Teleskoparmstapler: Topaufnahme   c 4) Frontstapler: Stirnseitenaufnahme

c) Beispiele für Container Stapelung und -Transport

Bild 7.16   Container-Stapler

Beispiel 7.7: Portalstapler

Zum Transportieren und Stapeln werden Portalstapler (Vancarrier) eingesetzt. Eine Zweifach-stapelung wird mit Geräten erreicht, die ca. 7 m hoch sind und einen 40 ft Container (30 t Nutzlast) mit ca. 28 km/h (bei 20 t) mit 40 km/h transportieren können. Der Dieselmotor besitz ca. 140 kW, die Räder sind einzeln an Längslenkern aufgehängt, gefedert und schwingungsge-dämpft. Jedes Rad kann einzeln angetrieben sein. Der Kurvenradius beträgt 9,5 m, Diagonal-fahrt (Hundegang) ist bis 40° möglich. Die Hubgeschwindigkeit liegt bei ca. 9 m/min. Der für die verschiedenen Containergrößen teleskopierbare Spreader (Greifrahmen) ist 6° nach beiden Richtungen drehbar und jeweils um 300 mm quer verschiebbar, um möglichst schnell den Container greifen zu können. Wie sieht ein Portalstapler aus?

Lösung: Bild 7.17 zeigt einen Portalstapler beim Transport eines Containers.

Beispiel 7.8: Lkw-Be- und Entladung mit Niederhubwagen

Zur Berechnung von Handlingszeiten und der Umschlagleistungen für die Be- und Entladung von LKW sollen für verschiedene Niederhubwagen Richtwerte aufgestellt werden.

Lösung: Für einen Lkw, der mit 14 DIN-Paletten und vorgegebenem Ladeschema zu beladen ist, sind die durchschnittlichen Zeiten unter definierten Bedingungen den Tabellen 7.1 und 7.2 zu entnehmen. Dic Umschlagmittel sind entsprechend der Tabellenreihenfolge im Bild 7.18 dargestellt (Ladungssicherung s. Kap. 3.3.6).

Bild 7.17   Portalstapler für 3-fach-Stapelung; Containerverladebrücken (HHLA Container Terminal Burchardkai)

Beispiel 7.9: Kombinierter Verkehr (s. Kap. 4.3)

Um die jeweiligen Vorteile der Verkehrsträger Lkw und Bahn zu nutzen, wurde der „Kombinierte Verkehr" geschaffen. Der flexible Lkw sammelt auf kurzen Strecken die Transportgüter in Ladeeinheiten ein und der umweltfreundliche Güterzug transportiert sie über große Entfernungen. Die Ladeeinheiten sind dabei Container, Wechselbrücken mit Wechselbehältern oder Wechselaufbauten und der Sattelanhänger. Wie ist der Umschlagbereich Straße/Schiene (Umschlagbahnhof) aufgebaut?

Lösung: Fahrbare Portalkrane führen den Umschlag aus. Bild 7.19 zeigt solch einen Portalkran mit einer Spurweite von 46 m, der vier Umschlaggleise, vier Lagerspuren für Ladeeinheiten (Zwischenlagerung), zwei Be-/Entladespuren für Lkw und in der Mitte eine Lkw-Fahrspur überspannt. Der Portalkran ist mit einem kombinierten Spreader-Greifzangen-Ladegeschirr ausgerüstet. Für den Containerumschlag werden die vier Greifzangen eingezogen, der Spreader kann je nach Containergröße ausgefahren werden. Die Greifzangen dienen dem Umschlag von Sattelanhängern auf/in Taschenwagen sowie von Wechselbrücken auf Tragwagen der Bahn. Eine Verriegelung von Wechselbrücken und Containern mit dem Tragwagen findet nicht statt, wohl aber ein Formschluss über einen Pilzzapfen. Der Portalkran besitzt eine Tragfähigkeit von 41 t, das Ladegeschirr kann die Ladeeinheit um 180° drehen.

Fahrzeugtyp	Umschlag-leistung Paletten pro Stunde	Energie-verbrauch Fahr-zeug pro Einsatzstunde kWh	Energiebedarf aus dem Strom-netz pro Einsatz-stunde kWh
Handhubwagen (2 Mann)	24	–	–
Elektro-Deichselhubwagen	35	0,42	0,68
Elektro-Deichselhubwagen mit Plattform	48	0,86	1,38
Elektro-Fahrestand-hubwagen	51	1,22	1,96
Elektro-Dreiradstapler	54	1.82	2,92

Tabelle 7.1   Zeitbedarf für das Be- und Entladen von Lkws mit verschiedenen Niederhubwagen

Fahrzeugtyp	Umschlagleistung durchschnitt-licher Zeitbedarf		Energiebedarf	
	pro Arbeitsspiel Min: Sek	pro Palette Sek.	pro Arbeitsspiel Wh	pro Palette Wh
Handhubwagen (2 Mann)	27:15	58,4	-	-
Elektro-Deichselhubwagen	24:36	52,7	336	12
Elektro-Deichselhubwagen mit Plattform	22:40	48,6	504	18
Elektro-Fahrerstand-hubwagen	21:15	45,5	672	24
Elektro-Dreiradstapler	20:12	43,3	952	34

Tabelle 7.2   Umschlagleistung und Energiebedarf für verschiedene Niederhubwagen

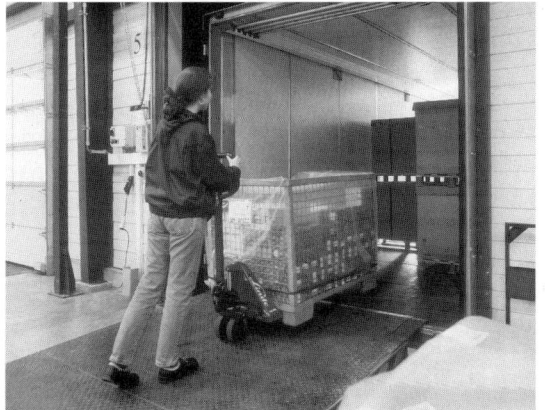

a) Handgabelhubwagen

b) Elektro-Deichselhubwagen

c) Elektro-Deichselhubwagen mit klappbarem
   Fahrerstand (Klapptritt)

d) Elektro-Fahrerstand-Hubwagen

e) Elektro-Fahrersitz-Hubwagen

Bild 7.18   Umschlagmittel Flurförderzeuge im Einsatz

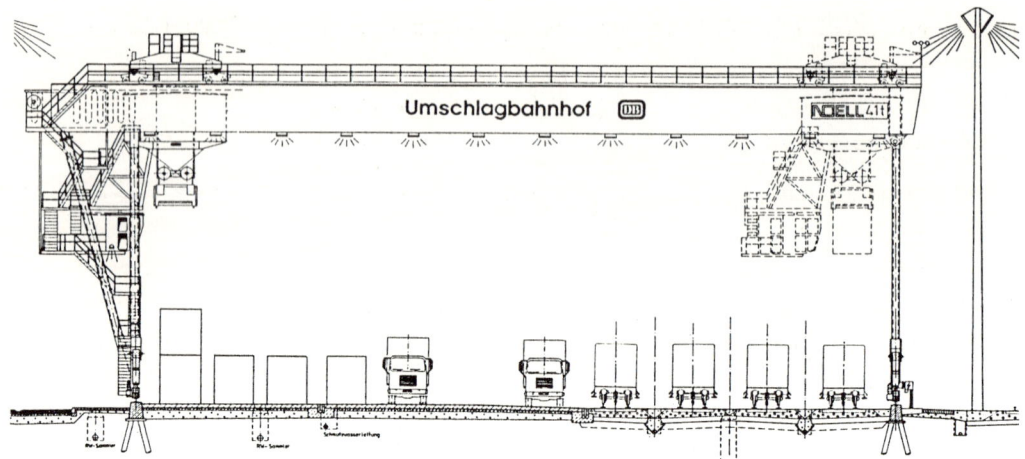

Bild 7.19   Portalkran für Umschlagbahnhof „Kombinierter Verkehr"

Beispiel 7.10: Containerumschlag

Es sind die Flurförderzeuge für den Containerumschlag (Transport, Stapelung) einzuteilen.

Lösung: Merkmale für eine systematische Gliederung können sein z. B. Lastaufnahme, Bauform des Flurförderzeuges, Transportvorgang. Im Folgendem werden Flurförderzeuge nur für die Stapelung von Container aufgelistet (s. Bild 7.16):

Freitragende Stapler: – Frontstapler (Top-, Längs- und Stirnseitenaufnahme)

                                         – Teleskoparmstapler (Top- und Längsaufnahme)

Radunterstützte Stapler: – Portalstapler (Topaufnahme)

                                         – Portalkran (Topaufnahme)

Freitragende-/radunterstützte Stapler: Seiten-(Quergabel-)stapler (Top- und Längsaufnahme)

Beispiel 7.11: Wertschöpfung durch externen Gütertransport

Unter welcher Bedingung kann ein externer Transport eine Wertschöpfung für das zu transportierende Gut sein?

Lösung: Über Wertschöpfung im innerbetrieblichen Transport gibt Kapitel 4.1 Auskunft, bei der Lagerung Kapitel 9.1. Wertschöpfung wird im externen Güterfluss durch Transport mit Verkehrsmitteln erreicht, wenn z. B. das Gut von einem Ort, wo es in Überfluss vorhanden ist (geringe Nachfrage), zu einem anderen Ort transportiert wird, wo es knapp ist und Mangelware darstellt: hier wird dann ein höherer Preis erzielt z. B. bei Südfrüchten, Kaffee und Tee.

Beispiel 7.12: Automatisches Lkw-Paletten-Verladesystem

Welche Voraussetzungen müssen erfüllt sein, um ein automatisches Lkw-Verladesystem wirtschaftlich einsetzen zu können? Welche verschiedenen automatischen Verladesysteme kennt man?

Lösung: Die Voraussetzungen sind im Kapitel 7.3.3 beschrieben.

Die automatischen Lkw-Verladesysteme für Paletten können in zwei Systemalternativen untergliedert werden:

- mit zusätzlichen auf der Ladefläche installierten Transportmitteln
- ohne zusätzliche Transportmittel auf der Ladefläche, Transportmittel von außen.

Bei der ersten Möglichkeit sind z. B. folgende Transportmittel oder Vorrichtungen auf der Ladefläche installiert:

- elektrisch angetriebene *Rollenförderer* (s. Bild 7.9)
- elektrisch angetriebene *Tragkettenförderer* (s. Kap. 5.3.2)
- drei parallele Gliederbandförderer als Plattenbandförderer (s. Kap. 5.2.3): *Gliederbandboden*
- schleifend, teilweise rollend abgetragener Gurtförderer (s. Kap. 5.2.2): *Rollboden*
- in die Ladefläche eingelassene oder auf diese aufgebrachte drei parallele U-Schienen für Rollwagen, Rollrahmen oder Rollpaletten
- *Pendelboden* (Walking-Floor), wobei die Ladefläche in gleitend gelagerte vor- und rückwärts sich bewegende Pendelbalken unterteilt ist, die sich unabhängig voneinander bewegen.

Zu der zweiten Gruppe gehören:

- Hubkettenförderer: teleskopartige Beförderung der Paletten durch pneumatisches Anheben der Hubkette und Transport durch die eingebaute Laufkette
- Gleitschienenförderer: Arbeitsweise ähnlich dem Hubkettenförderer durch pneumatisches Anheben und teleskopartige Hin- und Herbewegung der Gleitschienen
- verfahrbarer Portalkran – schienengeführt – mit Gabelpaaren für gleichzeitigen zwei- oder vierfachen Palettentransport; nur Seitenbeladung der Lkws
- Ladeflächenpalettierer zur Sackbeladung von Lkws mit Paletten oder auf der Ladefläche stehenden Paletten z. B. für Zement, Getreide und Düngemittel.

Beispiel 7.13: Automatisches Beladungssystem

Welche Speziallösung zur automatischen Beladung von Lkws sind entwickelt worden?

Lösung: Ein vollautomatisches Lkw-Beladungssystem für Rollpaletten, das in zwei Minuten die Beladung durchgeführt hat zeigt Bild 7.20.

Beispiel 7.14: Heckbeladung eines Sattelaufliegers

Welche Möglichkeit gibt es, schwere LE, wie z. B. Papierrollen oder gestapelte Paletten (bis zu 2,5 t) heckseitig in einem Sattelauflieger (Trailer) zu transportieren?

Lösung: Bild 7.21. Palettenroller werden in den im Boden eingelassenen U-Schienen unter die Ladung gefahren und die Ladung wird durch Herunterdrücken der Bedienhebel angehoben. Jetzt kann die Ladung mit geringem Kraftaufwand entlang der Schienen verschoben werden. Die Beladezeit reduziert sich erheblich.

Bild 7.20
Verfahrbares Verladesystem für Rollpaletten

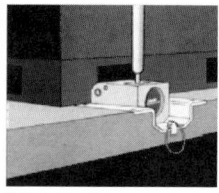

Roller abgesenkt –
Ladung steht fest

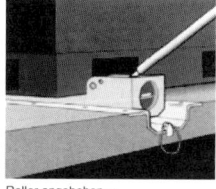

Roller angehoben –
Ladung kann bewegt werden

Bild 7.21   Manuelles Verschieben einer Ladeeinheit / Wirkungsweise des Palettenrollers

Beispiel 7.15: Verladung mit Rampen

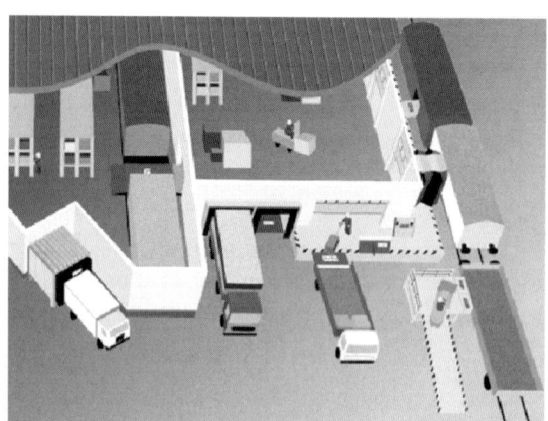

Die möglichen Rampenarten der
Schnittstelle WE / WA mit den
unterschiedlichen Verkehrsmitteln
sind aufzuzeigen.

Bild 7-22   Diverse Rampenarten

Lösung: Bild 7.22 zeigt verschiedene Rampenformen: von links: Sägezahnrampe mit Thermoschleuse; Heckbeladung eines Bahnwaggons; zwei Verladeluken mit innenliegender Überladebrücke; Außenrampe mit verschiebbarer Überladebrücke mit Heckverladung; Seitenbeladung eines Bahnwaggons mit regensicherer ausziehbarer Schleuse; Bahnwaggonverladung über fahrbare Rampe.

Beispiel 7.16: HUB / Crossdocking

Was ist unter einem HUB und unter Crossdocking zu verstehen?

Lösung:

HUB (engl. Mittelpunkt; Nabe eines Speichenrades) ist die Bezeichnung für ein Drehkreuz, ein Verteilzentrum in einem Netzwerk, also ein Knotenpunkt mit Verteilerfunktion, wo zu Tages- und/oder Nachtzeiten eine Umverteilung von Packstücken (PSt) aller Art erfolgt. Innerhalb von 24 Stunden können sich dabei die Aufgaben eines PSt-HUB wie folgt ändern:

- Direktverkehre: viele Depots liefern PSt zur Verteilung in diesem Depot (Bereich)
- Systemverkehre: viele Depots liefern an HUB zur Umverteilung in diese Depots
- Kombiverkehre: Zwischenumschlag, sammeln PSt mit geringer Stückzahl zur Weiterleitung an ein anderes HUB.

Ein HUB ist aufgebaut aus den unterschiedlichsten manuellen und automatischen Sortieranlagen (s. Beispiel 5.11).

Crossdocking bezeichnet ein MF-Konzept, bei dem die Anlieferung von vielen Unternehmen in großen Mengen z.B. palettenweise auf der einen Hallenseite erfolgt. In der Halle werden dann die Kundenlieferungen kommissioniert, die auf der anderen Hallenseite in LKWs verladen werden. Vorteile: Lieferzeiten werden reduziert, Warenlager gibt es nicht.

- **Fragen**

1. Welche Ziele verfolgt die dispositive Umschlaglogistik?
2. Definieren Sie die logistische Funktion *Umschlagen*.
3. Aus welchen Transportmitteln setzt sich eine Schüttgutumschlaganlage zusammen?
4. Welche Faktoren bestimmen die technische Gestaltung des Umschlagbereiches?
5. Wie kann der Warenumschlag durchgeführt werden?
6. In einer Systematik ist die Einteilung der Rampen anzugeben.
7. Die Ladeluke ist mit dazugehörenden Einrichtungen zu beschreiben.
8. Welche Paletten-Umschlagsysteme gibt es?
9. Welche Bedingungen und Voraussetzungen müssen erfüllt sein, um eine automatische Be- und Entladung einzusetzen?
10. Wozu werden Abrollkipper und Absetzkipper benutzt?

8 Handhabung

8.1 Definition, Aufgabe

Die VDI-Richtlinie 2860 (Montage- und Handhabungstechnik; Handhabungsfunktionen und -einrichtungen) versteht unter Handhaben das Schaffen, definierte Verändern oder vorübergehende Aufrechterhalten einer vorgegebenen, räumlichen Anordnung von bestimmten Körpern in einem Bezugskoordinatensystem, wobei weitere Bedingungen vorgegeben sein können, wie z. B. Zeit, Menge und Bewegungsbahn. Im Rahmen der planerischen Betrachtung der Materialflusstechnik soll hier unter Handhaben das Durchführen einer Lage- und/oder Richtungsänderung des Transportgutes ohne größeren Transportweg verstanden werden. Einige der benötigten Handhabungsmittel werden im Einzelnen und im Zusammenwirken mit einem System aufgezeigt. So gesehen, sind Einzel- und Gruppenarbeitsplätze in Fertigung und Montage Thema dieses Kapitels. Ebenso dienen Vorrichtungen und Geräte zum vereinfachten, erleichterten, schnelleren oder automatischen Stapeln, sowie bei Lageänderung von Stückgütern. Hierbei spielen Roboter jeglicher Art eine große Rolle, aber auch die beschriebenen Stetig- und Unstetigförderer.

Die Gründe für eine Handhabungsfunktion bei einem Gut sind sehr unterschiedlich, z. B. sollen Funktionen durchgeführt werden wie

- Prüfen, Drehen, Verschieben, Schwenken
- Positionieren, Sichern, Sortieren, Zusammenfügen
- Verzweigen, Einheiten bilden, Vereinzeln, Puffern.

Zum Erreichen dieser Funktionen dienen die Handhabungsmittel bzw. -geräte. Eng verbunden mit der Handhabung ist die Arbeitsplatzgestaltung, d. h. der Materialfluss am Arbeitsplatzbereich (s. Kap. 2.2). Hier spielen Ergonomie und Physiologie eine große Rolle.

8.2 Handhabungsmittel

Handhabungsaufgaben sind in der Regel personalintensiv, daher gibt es viele Geräte und Vorrichtungen, die automatisiert die Handhabungsaufgaben durchführen, z. B. in Palettiermaschinen, um Pakete entsprechend dem Packmuster in die definierte Lage zu bringen (vgl. Kap. 3.3.3). Aus der Fülle der von der Industrie angebotenen Handhabungsmittel werden Geräte und Einrichtungen ausgewählt:

- zur Einheitenbildung, Vereinzelung, Kommissionierung, Sortierung
- zum Heben, Senken, Drehen, Wenden, Verschieben, Positionieren.

Häufig können Geräte der einen Gruppe auch die Aufgaben der anderen ausführen.

8.2.1 Handhabungsmittel zur Mengenänderung

Zur Mengenänderung zählen Palettiermaschinen und Depalettiereinrichtungen, die bei automatischer Ausführung aus einem Roboter bestehen. Der Handhabungsroboter kann stationär oder mobil aufgebaut sein. Das wichtigste Unterscheidungsmerkmal der stationären auf dem Flur stehenden Handhabungsroboter ist ihr Arbeitsraum. Er kann zylinderförmig, sphärisch oder torusförmig sein.

Knickarmroboter zur Palettierung und Depalettierung sind im Kap. 3.3.3 dargestellt.

Bei den Portalrobotern unterscheidet man Linien- und Flächenportalroboter. Ein stationärer Roboter mit zylinderförmigem Arbeitsbereich zeigt Bild 8.1. Er wird als Palettierroboter zur Erstellung von Paletteneinheiten benutzt. Das Programm CIPS (Computer-Integrated-Packing-System) vermisst und verwiegt jedes einzelne Paket und meldet dies dem Steuerungssystem; anschließend wird das Paket zu einem der sechs Plätze auf dem querverlaufenden Bereitstellplatz gebracht. Mittels Puscher wird ein angefordertes Paket auf den Übergabeplatz geschoben, vom Roboter genommen und auf den berechneten Platz der Mischpalette abgesetzt. Die Reihenfolge der Pakete auf dem Gurtförderer spielt dabei keine Rolle. Ein Beispiel zur Depalettierung und Palettierung zeigt Bild 8.2. Die Einheit besteht aus der Eingangsbox, dem Palettenhandlingsgerät und der Ausgangsbox. Der Transportwagen mit den beladenen Paletten wird in der Eingangsbox exakt platziert. Das Handlinggerät hebt mit dem Zangengreifer die Palette vom Stapel und transportiert sie zu der Bearbeitungsstation. Die leere Palette wird durch das Handlinggerät auf den in der Ausgangsbox bereitstehenden Transportwagen abgestapelt. Die Höhe der Palettenstapelung wird überwacht.

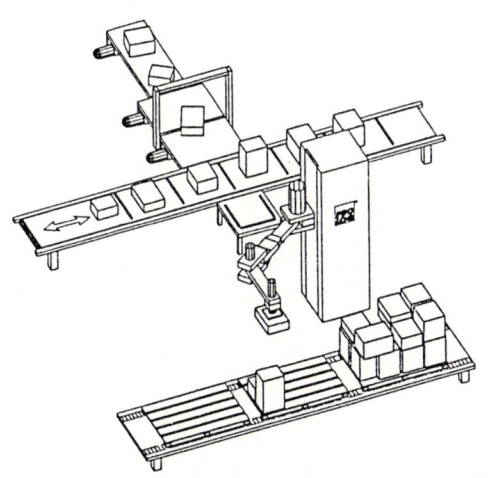

Bild 8.1   Palettier-Roboter mit horizontalem Knickarm zur Paket-Palettierung

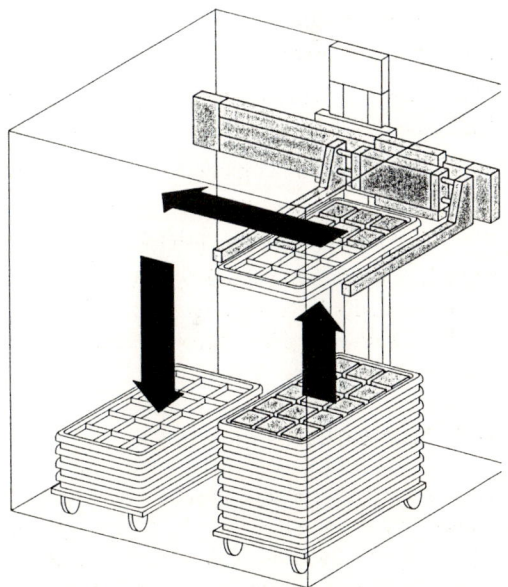

Bild 8.2   Depalettier- und Palettierstation

8.2.2 Handhabungsmittel zur Lageänderung

Um Funktionen wie Heben, Senken, Drehen, Wenden, Greifen usw. durchzuführen, kann ein Handling-Manipulator eingesetzt werden. Er besitzt einen Ausleger in Parallelogrammausführung. Das Lastaufnahmemittel richtet sich nach dem Transportgut und ist deshalb austauschbar. Am Steuerkopf ist ein Steuerhandgriff angebracht. Das mit neun Freiheitsgraden ausgestattete Gerät gibt es in verschiedenen stationären Ausführungen als Säulen-, Wand- oder Deckengerät, sowie als verfahrbares Deckegerät (Bild 8.3). Einrichtungen zum Entleeren eines

Behälters zum vereinfachten Beladen eines Lkw, Wenden eines Montageteiles oder Anheben einer Palette zur Entladung ohne Bücken, können als Handhabungsmittel bezeichnet werden. Beispiele sind die Bilder 6.6.4g, 3.11, 8.4 und 8.5. Um Teile in genauer Lage Montageplätzen oder Maschinen zuzuführen, werden Teileförderer, z. B. der Sortiertopf, benutzt (s. Bild 5.66).

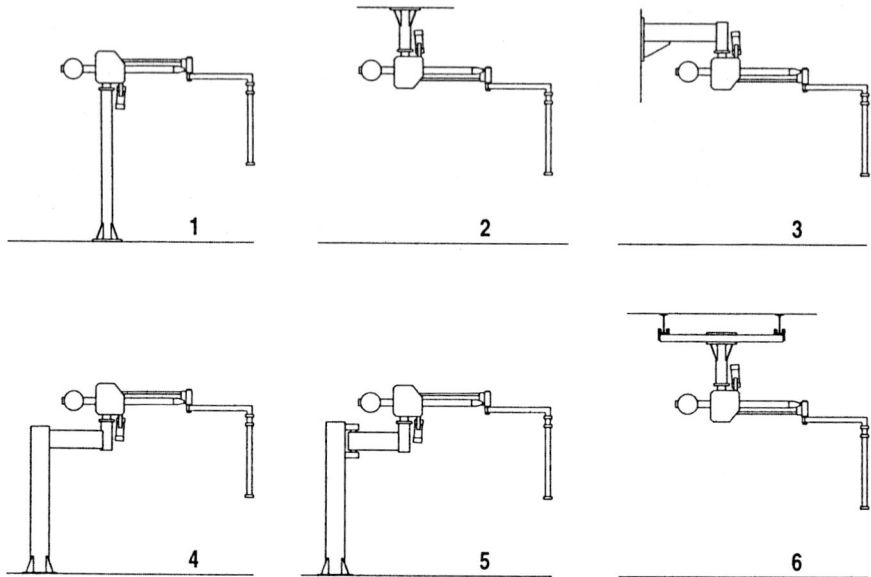

Bild 8.3   Installationsvarianten eines manuell bedienten Handhabungsgerätes
             1 Standsäule   2 Deckenaufhängung   3 Wand- oder Trägerbefestigung
             4 starre Kragsäule   5 schwenkbare Kragsäule   6 Deckenfahrwerk

An den Handhabungsarm können die unterschiedlichsten Manipulatoren angebracht werden, z. B.

- zum Aufnehmen, Drehen, Umsetzen und Entleeren von Fässern durch Aufnahme von oben, am Rand oder am Umfang

- zum gleichzeitigen Greifen von mehreren Behältern mittels mechanischer oder pneumatischer Vorrichtung zum Palettieren oder Beladen eines Wagens

- zum Aufnehmen von Werkstücken und Halbfabrikaten wie Zylindern, Folienrollen, Rädern, Scheiben usw. zur Bedienungsunterstützung von Werkzeugmaschinen in der Fertigung oder bei Arbeiten in der Montage.

8.2.3 Handhabungsmittel im integrierten Einsatz

Bei Montagelinien werden durch das Zusammentreffen von Einzelteilen unterschiedlichster Form, Abmessung und Gewicht zur Erstellung des Endproduktes eine Vielzahl verschiedener Handhabungsmittel eingesetzt (s. Bild 2.23).

Die VDI 2860 über Montage und Handhabungstechnik befasst sich mit Handhabungsfunktionen (s. Beispiel 3.2).

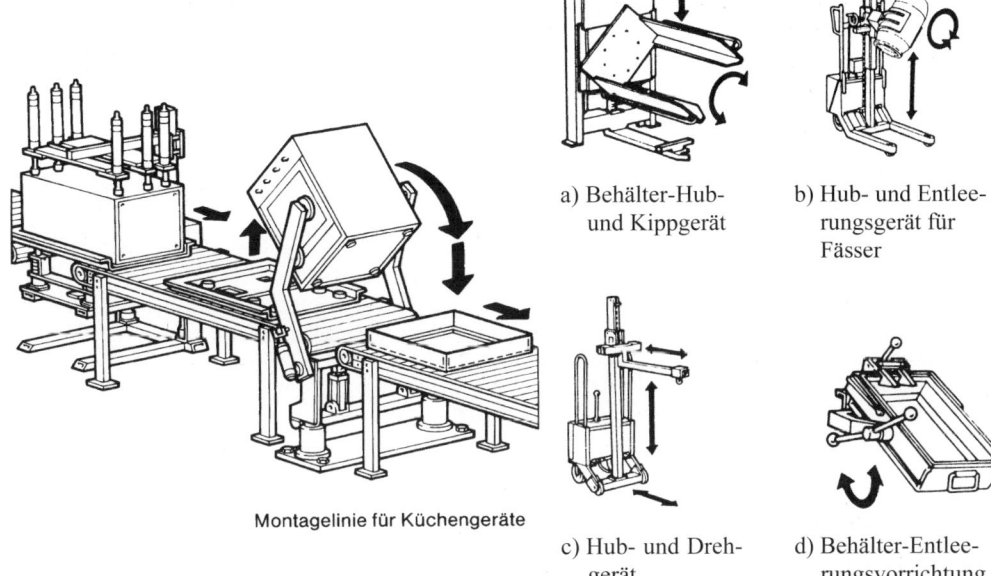

a) Behälter-Hub- und Kippgerät

b) Hub- und Entlee- rungsgerät für Fässer

c) Hub- und Dreh- gerät

d) Behälter-Entlee- rungsvorrichtung

Montagelinie für Küchengeräte

Bild 8.4   Drehen eines Herdes mit einer Handlingeinrichtung

Bild 8.5   Handhabungsmittel

8.3 Handhabungsprozess

Der Handhabungsprozess besteht aus:

- der Handhabungsaufgabe mit dem Handhabungsobjekt und den damit vorgegebenen Merk-malen und Eigenschaften
- den Handhabungsfunktionen wie z. B. speichern, Menge verändern, bewegen, sichern ...
- dem Handhabungsgerät, das in der Lage ist, die Handhabungsaufgabe zu erfüllen.

Für die Teil- und Vollautomatisierung müssen zunächst eine Fülle von Fragen z.T. durch Ana-lyse geklärt werden z. B. für

- das Handhabungsobjekt
- Welche Abmessungen, Gewichte, spezielle Eigenschaften und Form hat das Stückgut?
- Welche Formstabilität weist das Stückgut auf (Schachtel, Beutel, Verpackung)?
- Welche Auflageflächen sind vorhanden und wie sehen diese aus?
- Enthält das Stückgut zu lesende Informationen?

- das Handhabungsgerät
- In welchen Mengen und Zyklen fällt das Stückgut an?
- Welchen Stau- oder Klemmdruck kann das Stückgut aushalten?

- die Handhabungsfunktionen
- Welche Transportwege (Quelle-Senke) sollen durchgeführt werden?
- Welche Mengen sind zu entnehmen?

8.4 Handhabungssystem und Materialfluss

Bei der Gestaltung des Handhabungssystems, das in den Betriebsprozess zu integrieren ist, sind der vor- und nachgeschaltete Materialfluss sowie die Schnittstellen zu beachten. Im System sind ein reversierender, durchlaufender und umlaufender Materialfluss zu unterscheiden und außerdem ein taktgebundener und taktentkoppelter Materialfluss. Der taktgebundene Materialfluss weist einen definierten und i.d.R. unveränderlichen Rhythmus auf und ist in Linienfunktion aufgebaut. Dieser Materialfluss ist starr, bei Störungen steht alles, da ohne Puffer gearbeitet wird.

Der taktentkoppelte Materialfluss läuft kontinuierlich, ist wählbar und kann sowohl in Linien- wie auch in Zellenstruktur angewendet werden. Diese Art des Materialflusses ist weniger störanfällig, da er mit Puffern arbeitet und bei Störungen steht nicht der ganze Materialfluss still.

Die Elemente eines Handhabungsgerätes sind aus dem Bild 8.6 zu entnehmen, wobei zu beachten ist, dass für jede Achse ein solches Wegmesssystem vorhanden sein muss. Betrachtet man z. B. einen Knickarmroboter, so stellt der Greifer eine wesentliche Komponente dar. Der Greifer muss nach der Art und den Eigenschaften des Handhabungsobjektes ausgesucht werden. Die Greifer arbeiten nach folgenden Wirkprinzipien (Bild 8.7):

– Magnete: Dauer-/Elektromagnete wie z. B. Batterie-/Permanentmagnete, Magnettraversen
– Oberflächenverhakung
– Pneumatik: Saugnäpfe
– Mechanik: kraft- und formschlüssig

Die in der Handhabungstechnik verwendeten Roboter können unterteilt werden:

• nach dem Arbeitsraum in kartesische, zylindrische, sphärische und parallele Roboter
• nach der mechanischen Struktur in Knickarm- und Portalroboter
• nach den Einsatzgebieten in Montage-, Palettier- und Kommissionierroboter.

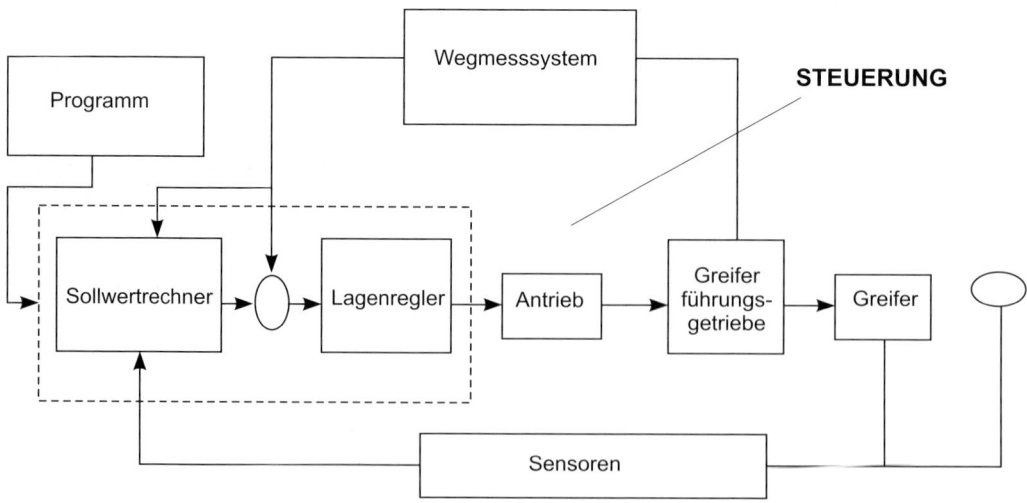

Bild 8.6   Blockschaltbild der Steuerung eines Handhabungsgerätes

a)   b)

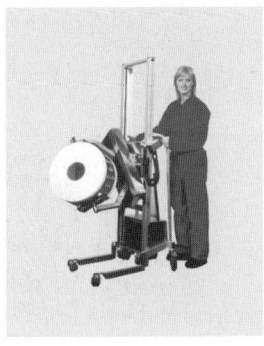

c)   d)   e)

Bild 8.7 Handhabungsgeräte
a) Blechtransport mit Traversenmagnet ohne Durchhang; b) Sacktransport mit lastschonenden Vakuum-Handhabungsgerät; c) Entnahme von porösen und luftdichten Platten mit Vakuumgreifer aus Kragarmregal; mit diesem Greifer ist es möglich, Platten horizontal und vertikal umzusetzen, diese zu schwenken oder zu wenden; d) Mechanisches Handhabungsgerät zum Transport von Getränkekästen
e) Mechanischer Greifer für Rollenhandhabung

9 Grundlagen Lager und Kommissionierung

9.1 Lagerhaltung, Lagerbestand

In einem Produktionsbetrieb ist zwischen ungewollter Lagerung (Aufenthalt) und gewollter Lagerung (Kap. 2.1) zu unterscheiden. Wenn aber Güter, aus welchem Grund auch immer, lagern, dann ist dadurch Kapital gebunden, Fläche belegt und sind Betriebsmittel beansprucht, was Kosten bedeutet. Man müsste also versuchen, Lagerungen zu vermeiden, d. h. z. B. für Fertigung und Montage wird das benötigte Material erst bei Bedarf beschafft bzw. angeliefert. Diese verbrauchssynchrone Materialanlieferung (JIT, s. Kap. 1.3.1) spart z. B. Kapitalbindungs- und Lagerkosten. Nachteile entstehen bei verzögerter Anlieferung (Witterung, Unfall, Streik usw.) durch Störung des Produktionsablaufes. Diese Art der Lagerhaltung lässt sich bei langanhaltendem Produktionsprogramm und guter Organisation durchführen, z. B. in Teilbereichen der Automobilindustrie. Im Produktionsbetrieb wird in der Regel das Prinzip der *Vorratshaltung* aus verschiedenen Gründen benutzt, z. B.

- zur Sicherung der Materialversorgung für die Produktion,
- zur Sicherung der Lieferfähigkeit für den Absatzmarkt,
- zum Ausgleich der zeitlichen und mengenmäßigen Bedarfsschwankungen zwischen Beschaffungs-, Produktions- und Absatzbereichen,
- zur Sortierung der Lagergüter und zum Zusammenstellen von Fertigungs-, Montage- oder Kundenaufträgen (Kommissionierung),
- zur Veredlung von Gütern, z. B. bei Reife- und Trocknungsprozessen (Bier, Wein, Käse, Holz),
- zur Spekulation mit Gütern in Erwartung steigender Preise, befürchteter Verknappung, drohenden Streikes oder saisonbedingter Lieferungen, wie z. B. Kaffee, Papier, Tabak.

Die Bestände eines Vorratslagers ermöglichen

- kontinuierliche, reibungslose Produktion; exakte Terminplanung,
- Überbrückung von Störungen; wirtschaftliche Fertigung mit hoher Auslastung,
- Unabhängigkeit vom Beschaffungsmarkt,
- preisgünstigen Einkauf von Roh-, Hilfs- und Betriebsstoffen,
- zweckmäßiges Aufbewahren von z.Z. nicht benötigtem Material.

Die Vorratshaltung verursacht aber Kapitalbindungs- und Lagerkosten, schafft Organisations- und Dispositionsprobleme, birgt diverse Risiken in sich, wie z. B. Veralterung, Diebstahl, Schwund. Außerdem verdecken Bestände

- störanfällige Fertigungs- und Montageabläufe; mangelnde Termintreue
- mangelnde und nicht abgestimmte Kapazitäten sowie Ausschuss.

Die Vorratshaltung geschieht in einem Lager. Es stellt eine Zeitüberbrückung (Pufferung, Langzeitlagerung) für ankommende und abgehende Güter dar, sowohl von der Beschaffungs- und Absatzseite als auch von der Fertigungsseite. Lagern als Funktion des Materialflusses (Kap. 2.1) kann als die geplante Unterbrechung des Materialflusses definiert werden.

Ein Gesamtlagersystem besteht aus der *Lagerwirtschaft* (Oberbegriff für alle Aufgaben der Bewirtschaftung von Lagern), der *Lagerverwaltung* und der *Lagersteuerung* sowie der *Lagerung* der Güter. Die Lagerverwaltung verwaltet die Bestände, die Aufträge und das Personal.

Die Lagersteuerung steuert die Lagerprozesse wie den Materialflusses, die Lagerein- und -auslagerung sowie die Kommissionierung. Zwischen Lagerverwaltung und -steuerung findet ständiger Datenaustausch und Kommunikation über unterschiedliche EDV-Systeme statt. Die Lagerung der Güter erfolgt auf dem Boden oder in Regalen.

Der Lagerbestand ist die kritische Größe der Lagerhaltungskosten (Kap. 9.6) durch Bindung von Kapital und Raum. Es müssen daher niedrige Bestände angestrebt werden. Dieser Zielsetzung steht aber je nach Lagerfunktion entgegen die Forderung nach:

- hoher Terminzuverlässigkeit, hohe Liefertreue, hoher Servicegrad
- niedrigen Einkaufspreisen; kurzen Auftragsdurchlaufzeiten
- hoher Flexibilität, hoher Verfügbarkeit. hoher Auslastung, hoher Produktivität.

So ist die Größe des Lagerbestandes immer ein Kompromiss, welchen Einflussgrößen die höheren Prioritäten eingeräumt werden. Es stellt sich die Frage, welche Maßnahmen eine Senkung der Lagerhaltungskosten bewirken. Die allgemeine Antwort: technische und organisatorische Maßnahmen, abgeleitet von den Lagerhaltungskosten (s. Kap. 9.3), wie z. B.

- Erhöhung der Umschlagshäufigkeit, Bestellzyklus;
- Auflösung von „Lagerhütern", Sortimentsbereinigung
- Bestandsreduzierung bei den einzelnen Artikeln
- Einsatz genormter Lagerhilfsmittel; Einheitenbildung, Reduzierung der Fertigungstiefe
- Zentralisierung der Lagerbereiche; Mechanisierung und Automatisierung
- Lagerbediengeräte mit geringen Arbeitsgangbreiten; Ausnutzen der Hallenhöhe.

Bestände können z. B. durch ein Bestandsmanagement (s. Beispiel 9.11) reduziert werden (s. Kap. 9.6). Zunächst sind zu unterscheiden: Sicherheitsbestände und produktionsbedingte Umlaufbestände.

Sicherheitsbestände sind im Beschaffungslager abhängig z. B. von den Einkaufszielen (Preisnachlass, Spekulation), im Produktionslager z. B. von den Produktionszielen (Auslastung, Losgröße) und im Distributionslager z. B. von den Vertriebszielen (Lieferbereitschaft).

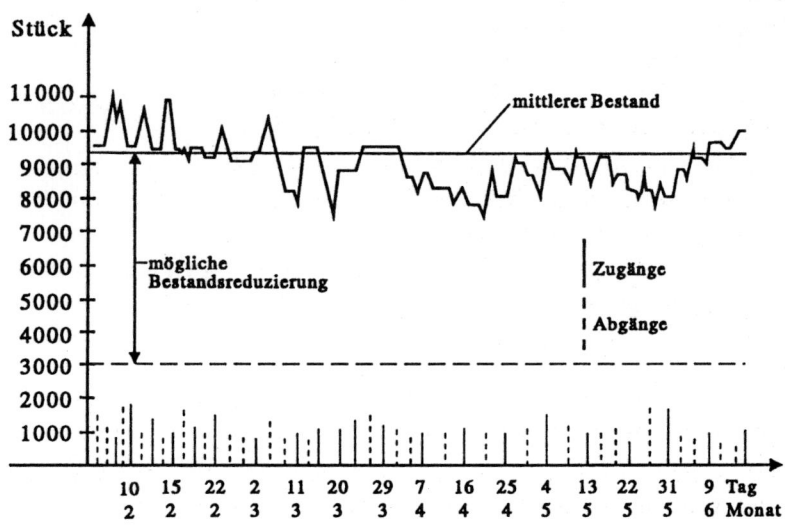

Bild 9.1 Bestandsverlauf eines Artikels

Produktionsbedingte Umlaufbestände sind z. B. abhängig von Auftragsdurchlaufzeit, Wertschöpfung, Umsatz und Materialeinsatz.

Bei den der Sicherungsfunktion dienenden Beständen kann versucht werden, durch Übereinkünfte und Verträge die bestehende Unsicherheit über die Umweltentwicklung und das Verhalten der Marktpartner in den Griff zu bekommen, sowohl auf der Beschaffungs- als auch auf der Absatzseite. Verhalten sich die Bestände wie in Bild 9.1 dargestellt, so ergibt sich eine Bestandsreduzierung ganz einfach durch Senkung der Bestandsobergrenze. Dabei wird in keiner Weise die Lieferbereitschaft reduziert. Diese Obergrenze liegt über den Ein- und Auslagerungsgrößen.

Produktionsbedingte Umlaufbestände (Berechnung s. Beispiel 2.19), die auch Einfluss haben auf die Lagerbestände, können reduziert werden durch:

- Verkürzen der Produkt-Durchlaufzeiten; Einführen einer Fertigungssteuerung
- Bestellen in kürzeren Intervallen; neue Bereitstellungsstrategien (s. Beispiel 2.15)
- Verändern der Fertigungsprozesse (Standardisieren von Einzelteilen, Bildung von Teilefamilien, Zulässigkeit von Qualitätsschwankungen, Änderung der Fertigungstiefe)
- neue Produktgestaltung.

9.2 Lagerbezeichnungen, Definitionen

Das Vorratslager kann nach verschiedenen Kriterien benannt werden. Nach der Funktion im Wertschöpfungsprozess sind zu unterscheiden (s. Bild 9.7):

- *Beschaffungslager*, zur Versorgung der Produktion mit Material entsprechend den Fertigungsaufträgen (andere Bezeichnungen sind: Rohmaterial-/Wareneingangslager)
- *Produktionslager* puffert die Zwischenerzeugnisse entsprechend den Fertigungs- und Montagestufen (andere Bezeichnungen sind: Halbfabrikate-/Zwischenlager)
- *Distributionslager* speichert die Erzeugnisse des Unternehmens und versorgt die Kunden (andere Bezeichnungen sind: Fertigwaren-/Warenausgangs-/Verkaufs-/Versandlager).

Nach der Art der Tätigkeit in einem Lager kann unterschieden werden in:

- *Einheitenlager* (Bild 9.2)
Besteht das Lager nur aus Ladeeinheiten (logistische Einheiten), die so entnommen werden, wie sie eingelagert worden sind, so wird das Lager als Einheitenlager bezeichnet. Es dient als *Reservelager* für ein Kommissionierlager. Besteht ein Auftrag nur aus ganzen Einheiten, so wird ein Einheitenlager zum Kommissionierlager. Dies ist auch bei dynamischer Bereitstellung der Fall (s. Kap. 11.11). Ein Einheitenlager ist leicht zu automatisieren und wird ausgeführt als Hoch-, Flach- oder Kompaktlager für Paletten, Behälter oder Kästen (s. Kap. 9.4.3).

- *Kommissionierlager* (Bild 9.3)
Werden in einem Lager aus einer bereitgestellten Gesamtmenge, z. B. von Paletten- oder Behältereinheiten, *Teilmengen* nach vorgegebener Bedarfsinformation entnommen und zu einem Auftrag zusammengestellt, so bezeichnet man das Lager als Kommissionierlager. Das Kommissionierlager ist in der Regel personalintensiv, kann aber unter bestimmten Voraussetzungen automatisiert werden. Es kann als Hoch-, Flach- oder Kompaktlager ausgeführt werden.

Nach der Anzahl von Lagern in einem Unternehmen unterscheidet man:

- *Zentrale Lagerung*

Werden die Lageraktivitäten, z. B. eines Klein- oder Mittelbetriebes, oder z. B. die Beschaffungs- oder Distributionslager eines Großunternehmens zusammengefasst, so spricht man vom Zentrallager, z. B. zentralem Beschaffungslager.

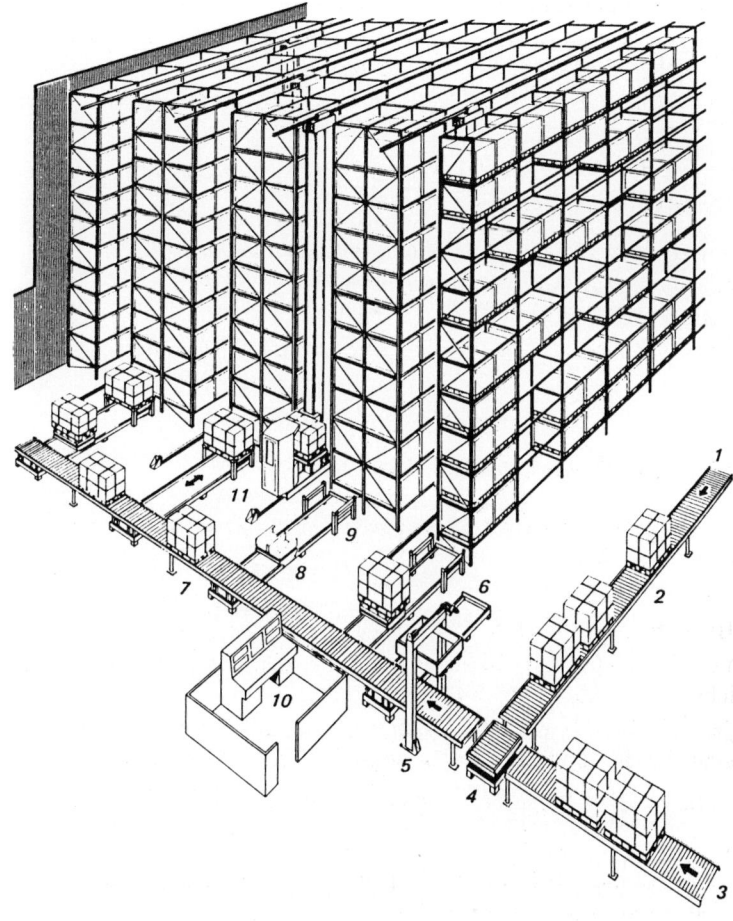

1 Wareneingang aus Fertigung
2 Staustrecke (Staurollenförderer)
3 Wareneingang von der Rampe
4 Drehtisch
5 Profilkontrolle
6 Ausschleusstrecke für fehlerhafte Palettenladungen
7 Einschleusstrecke
8 Verschiebehubwagen
9 Übergabeplatz
10 I-Punkt
11 Regalbediengerät

Bild 9.2
Einheitenlager für Palettenladungen: Einlagerung, Lagervorzone

Die Vorteile sind: keine Mehrfachlagerung, geringe Kapitalbindung, Automatisierbarkeit, konzentrierte Lagerung, gute Bestandsüberwachung, gute Ausnutzung der Lagerbediengeräte, gute Transparenz der Lagerung, geringerer Personaleinsatz, geringere Bindung des Umlaufkapitals, geringe Lagerfläche und geringerer Dispositionsaufwand. Besondere Bedeutung hat die Standortwahl für ein Distributions-Zentrallager (s. Bild 1.10). Nachteile des Zentrallagers sind geringere Flexibilität bei Änderungen, hohe Kosten, im Brandfall ist alles vernichtet, hohe Anforderungen an die Lagerorganisation (s. Beispiel 9.3).

● *Dezentrale Lagerung*
Werden die Lager den Verbraucherstellen zugeordnet, so spricht man von dezentraler Lagerung. Dem Nachteil der Mehrfachlagerung stehen folgende Vorteile gegenüber: geringerer Organisationsaufwand, kurze Wege, spezifisch angepasste Lagertechnik, schnelle Bearbeitung von Eilaufträgen und geringe Materialflusskosten. Im Katastrophenfall, z. B. Brand, ist nur ein

Teil des Lagergutes vernichtet. Produktionslager, z.T. auch Beschaffungslager werden oft an dezentralen Lagerstandorten untergebracht (s. Beispiel 9.3).

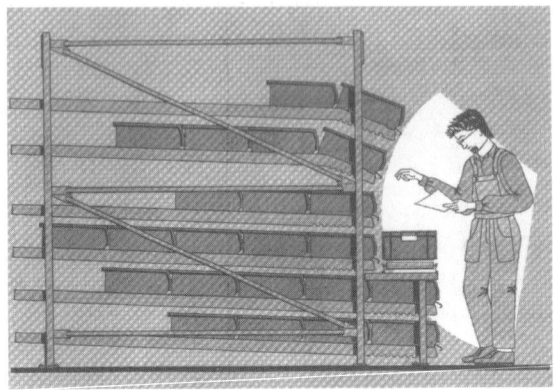

Bild 9.3
Manuelles Kommissionierlager für umschlagshäufige Artikel (Behälter-durchlaufregal für Lagersichtkästen, Kommissionierbehälter auf nicht ange-triebener Rollenbahn)

Nach den Gebäuden unterscheidet man die Unterbringung des Lagers in

- Abhängigkeit von der *Gebäudeform* (Bild 9.4):

    - Hallen, Stockwerksbauten, Traglufthallen
    - Einzweck-Lagerbauten (Silolager);

- Abhängigkeit von der *Bauart*:

    - Flachlager bis 6 m; Hochflachlager 6 bis 12 m; Hochraumlager > 12 m
    - Etagenlager, mehrere Flachlager übereinander.

Weitere Unterscheidungs- und Benennungskriterien sind:

- Lagergutart: Schüttgutlager; Stückgutlager
- Standort: Außenlager $\triangleq$ Freilager; Innenlager $\triangleq$ Gebäudelager
- Eigentümer: Eigenlager; Fremdlager
- Lagerungsart: Bodenlagerung; Regallagerung
- Lagerobjekt: Rohstoff-/ Werkzeug-/ Packmittel- und Ersatzteillager
- Bewegung des Lagergutes: statische Lagerung; dynamische Lagerung
- Lagereinheit: Palettenlager; Behälterlager;
- Unternehmensart: Industrielager; Handelslager
- Automatisierungsgrad: automatisiertes Lager; manuelles Lager
- Lageraufbau: Linien-/Blocklagerung
- Zugriffsmöglichkeit: direkter Zugriff / kein direkter Zugriff
- Regalart: Palettenregal/Durchlaufregal.

Um ein Lager genau definieren zu können, müssen verschiedene Merkmale bzw. Kriterien benutzt werden. Zur Einteilung der Lagerungsarten dient oft die Kombination verschiedener Merkmale.

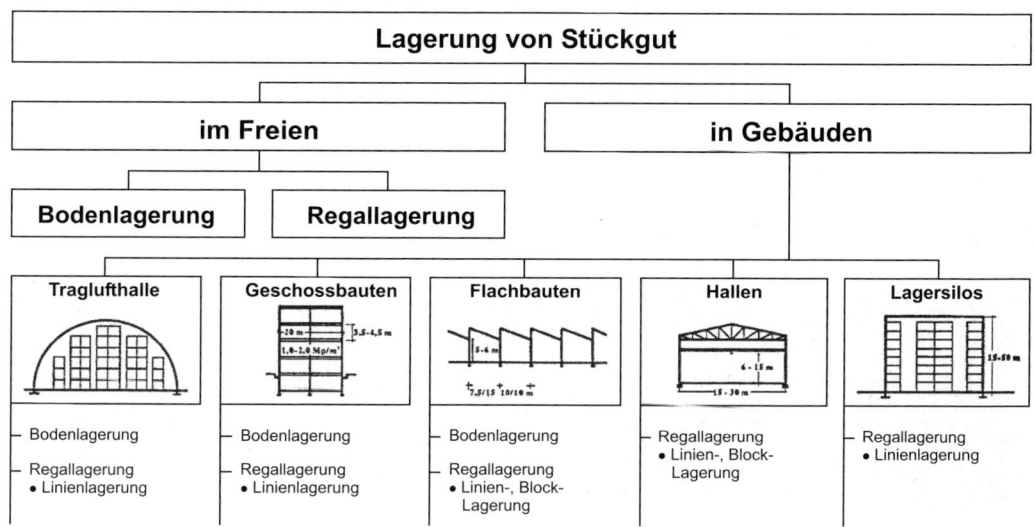

Bild 9.4   Lagerungsmöglichkeiten für Stückgut

9.3   Lagerplatzordnung

Die Lagerorganisation hat einen großen Einfluss auf die Wirtschaftlichkeit der Lagerhaltung, besteht aus Ablauf-, Aufbau- und Informationsorganisation. Sie ist abhängig z. B. von

- Lagerverwaltungssystem, Lagersteuerung
- der Umschlaghäufigkeit der Lagergüter (Bestellzyklus)
- der Fertigungsmethode (Einzel-, Serien-, Auftragsfertigung)
- Art der Lagerplatz- und Lagerbestandsverwaltung.

Durch eine geschickte Lageraufbauorganisation lassen sich die Lagerhaltungskosten reduzieren. Besonders niedrige Bestände bedeuten geringe Kapitalbindungs- und Raumkosten (Kap. 9.1). Die Lageraufbau- und -ablauforganisation muss die Zielsetzungen und Forderungen der Lagerhaltung erfüllen, wie z. B.

- möglichst hoher Flächen-, Raum- und Höhennutzungsgrad (Kap. 9.7)
- schnelles und sicheres Auffinden der Lagergüter; Ausschließen von Verwechslungen
- möglichst hohe Flexibilität, z. B. bei Änderung der Sortimentsstruktur
- hohe Auslastung von Personal und Lagereinrichtung; maximaler Schutz der Lagergüter gegen Beschädigung und Diebstahl
- einfache und effektive Lagerbuchhaltung/-verwaltung.

Bei der Lagerplatzordnung ist zwischen der festen Lagerplatzordnung und der freien Lagerplatzwahl (chaotische Lagerung) sowie der Bildung von Lagerzonen zu unterscheiden.

Feste Lagerplatzordnung

Bei diesem Prinzip wird jedem Artikel ein bestimmter fester Lagerplatz zugeordnet. Die feste Lagerplatzordnung hat den Vorteil einer einfachen Platzorganisation (Lagerplatznummer = Artikelnummer). In einem Fachbodenregal ergeben sich jedoch folgende Nachteile:

- Ausnutzung des Lagerfachvolumens nur zu ca. 20 %
- Ausnutzung der Anzahl der Lagerfächer bis ca. 60 – 80 %
- Fachgröße bzw. Anzahl der Fächer ist für die größte Artikelmenge auszulegen
- Lagergröße ist für größtes Lagervolumen zu planen
- Änderungsaufwand bei Neubelegung von Lagerfächern ist hoch
- Leerplätze bei Wegfall von Artikeln.

Die feste Lagerplatzordnung wird bei großem Sortiment mit kleinen Stückzahlen pro Artikel und geringem Volumen angewendet. Benutzt wird dieses Prinzip bei Werkzeuglagern, Ersatzteillagern, Magazinen, Modellagern, Kommissionierlägern, Lebensmittellagern. Im Regal selbst werden die Artikel nach bestimmten Präferenzen gelagert, wie z. B.

- Umschlaghäufigkeit, Entnahmehäufigkeit
- Gewicht, Volumen, Abmessungen
- Weglänge
- Wertigkeit
- zusammengehörende Artikel, Nachbarschaftsprobleme.

Freie Lagerplatzwahl (chaotische Lagerplatzordnung)

Die Nachteile der festen Lagerplatzordnung können durch das Prinzip der freien Lagerplatzwahl vermieden werden. Jeder freie Lagerplatz kann von irgendeinem Artikel (Einheit) belegt werden. Der einzelne Lagerplatz wird in einem Koordinatensystem definiert, und diesem Lagerplatz wird dann der Artikel zugeordnet. So kann die Auslastung der Anzahl der Lagerfächer bis fast 100 % ansteigen. Als Nachteil ergibt sich eine aufwändigere Organisation. Über den Lagerort eines Artikels gibt eine Kartei oder Datei Auskunft. Die freie Lagerplatzwahl wird im Einheitenlager (Reservelager) benutzt, wo ein großes Sortiment mit großen Mengen lagert oder bei einem Kommissionierlager (als Einheitenlager) mit dynamischer Bereitstellung. Voraussetzung für dieses Prinzip ist zunächst eine eindeutige Kennzeichnung der einzelnen Lagerplätze (Bild 9.5 und 9.6).

a)

b) A: Lagerart z. B. Beschaffungslager
    10: Regalreihe
    0: Regalsäule
    3: Regalebene
    Pfeil: von unten zählen

Bild 9.5 Nummerierung
a) eines Doppelpalettenregals
b) eines Lagerplatzes numerisch und ver-
schlüsselt mit Barcode

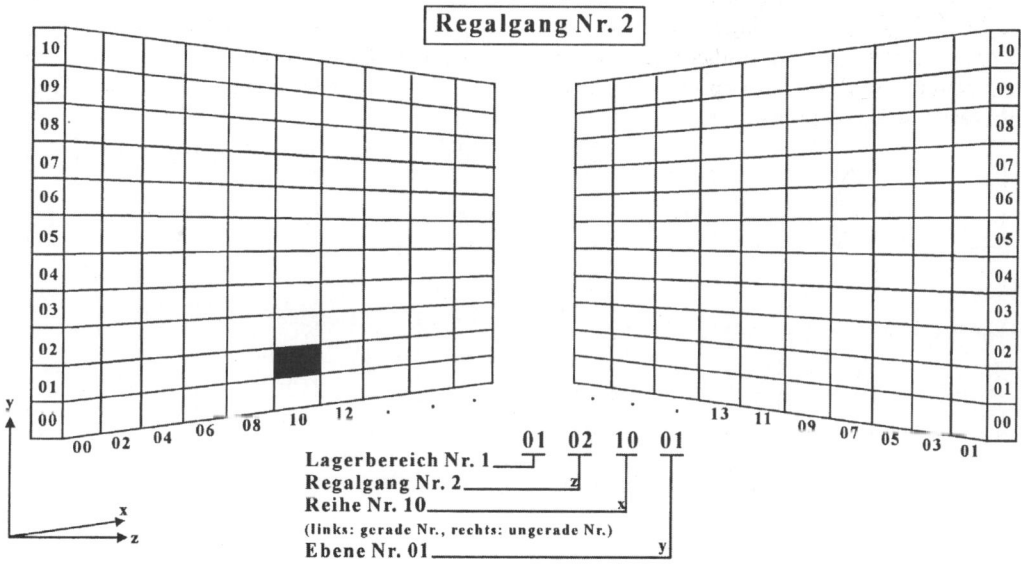

Bild 9.6 Koordinaten eines Lagerplatzes

Sie werden in einem Koordinatensystem x-y-z eingeordnet. Der Lagerplatz liegt fest durch die
z-x-y-Koordinaten. Die Platznummer 01 02 10 01 bedeutet

01   : Lagerbereich Nr. 1 eines Unternehmens

02 (z)	: Regalgang (Gasse) Nr. 2	10 (x)	: Reihe 10: gerade Zahl entspricht einem
01 (y)	: Ebene 1		Lagerplatz auf der rechten Seite der
			Gasse

Alle Lagerplätze eines Lagers werden auf Barcode oder Magnetstreifen gespeichert sowie in einer Lagerplatzdatei eines Rechners verwaltet.

Bildung von Lagerzonen

Zonenbildung erleichtert oft die Lagerordnung und ist besonders im Kommissionslager zu finden. Sie kann aufgebaut sein kunden- oder baugruppenorientiert, länder- oder unternehmensspezifisch, nach Umschlaghäufigkeit, Abmessungen, Wertigkeit, serielle Kommissionierung (s. Bild 11.5). Zu unterscheiden ist die einzonige und mehrzonige Aufbauorganisation bei der Kommissionierung (s. Kap. 11.2).

9.4 Lagerstruktur

Betrachtet man den Aufbau eines Beschaffungs-, Produktions- oder Distributionslagers, so ist festzustellen, dass er die gleichen Subsysteme enthalten kann (Bild 9.7):

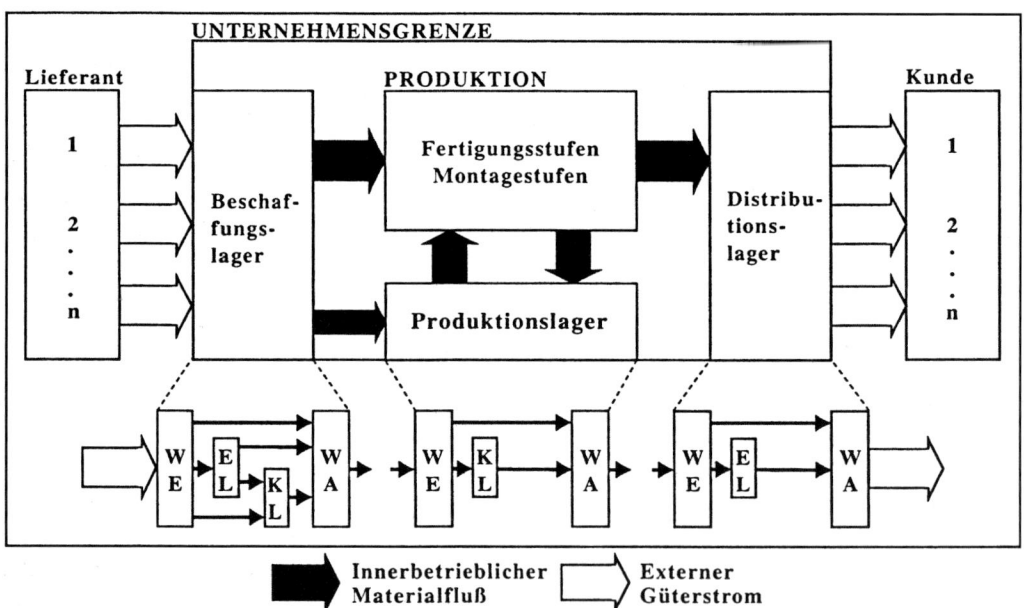

Bild 9.7   Lagerstrukturen in einem Industrieunternehmen

- Wareneingangssystem
- Zuführendes Transportsystem
- Einheiten- und/oder Kommissionierlager mit
    - Einlagerungssystem

  – Lagerungssystem als Boden- und/oder Regallagerung
  – Auslagerungssystem
- Abführendes Transportsystem
- Warenausgangssystem.

9.4.1 Wareneingang (WE)

Die Aufgabe des WE besteht darin, technische und organisatorische Arbeiten durchzuführen wie Entladen, Puffern, Auspacken, Sortieren, neu Verpacken, Zusammenstellen und für die Einlagerung vorzubereiten, z. B. Paletteneinheit sowie bereitzustellen. Informatorische Funktionen sind im WE auszuführen, z. B. Eingeben oder Einlesen der eingegangenen Güter in das EDV-System, Mengenprüfung und Qualitätskontrolle. Der Kontrollvorgang kann sehr unterschiedlich aussehen: qualitative oder quantitative Kontrolle, chemische Prüfung, Färb-, Material-, Oberflächenprüfung usw.

Erst nach positivem Prüfergebnis wird die Ware für den Einlagerungsvorgang freigegeben. Diese Kontrollen und Prüfungen können sich über einen Tag hinziehen, sodass während dieses Zeitraumes die Güter im WE zu puffern sind. Die Fläche des WE muss so bemessen werden, dass alle diese Tätigkeiten und Funktionen durchgeführt werden können. In der Flächenberechnung ist von der größtmöglichen Anlieferungsmenge auszugehen. Weitere Forderungen an den WE sind optimale Ausbildung der Schnittstelle externer Güterfluss – innerbetrieblicher Materialfluss, um durch entsprechende Gestaltung, z. B. Rampe, und mit entsprechenden Umschlagmitteln, z. B. Niederhubwagen geringe Entladezeiten für Lkw oder Bahnwagons zu erhalten sowie die Anzahl der Entladetore zu minimieren (s. Kap. 7).

Der Wareneingangsbereich kann eine große Fläche sein, auf der die Güter meist in Bodenlagerung liegen und Flurförderzeuge ihren Transport übernehmen. Er kann ein kompliziertes Wareneingangssystem sein, wo z. B. Rollenbahnen, Gurtförderer, Ein- und Ausschleuseinrichtungen, die Güter automatisch in Bewegung halten, sie sortieren und zu Einheiten für die Einlagerung zusammenfassen.

Bei der Planung des Wareneingangsbereiches dürfen Betriebsräume wie Lagerbüro, Steuerzentrale, Ladestationen für Flurförderzeuge, CO_2- oder Sprinklerzentralen sowie Sanitärräume nicht außer Acht gelassen werden. Beschleunigte Datenerfassung im WE wird mit mobiler Datenerfassung erreicht, s. Beispiel 9.9.

9.4.2 Transportsysteme

Die zu- und abführenden Transportmittel sind manuell, teil- oder vollautomatisch als eigenständiges System aufgebau. Ein Gabelstapler ist in der Lage, zugleich das zuführende und abführende Transportmittel zu sein sowie das Einlagerungs- und Auslagerungstransportmittel darzustellen. Es kann aber auch jede einzelne Funktion durch ein eigenes Transportmittel ausgeführt werden, z. B. mittels Rollen-, Ketten- oder Gurtförderer, mittels Wagen, Stapler oder Regalbediengerät. Je nach örtlicher und unternehmensspezifischer Gegebenheit, ist das zu- und abführende Transportmittel, das Ein- und Auslagerungsmittel als autarkes Subsystem aufgebaut (s. Kap. 10.4).

9.4.3 Einheitenlager (EL)

Der Lagerprozess des EL besteht aus der zeitlichen Abfolge der Funktionen

- Einlagern der Einheit
- Lagern der Einheit
- Auslagern der Einheit

Diesen Lagerprozessfunktionen können als Funktionsträger Transport- und Lagermittel bzw. Transport- und Lagersysteme zugeordnet werden. Es ergeben sich

- Einlagerungssystem z. B. Gabelstapler, RBG
- Lagerungssystem z. B. Boden-/Regallagerung
- Auslagerungssystem z. B. Stapelkran, Hochregalstapler.

Einheitenlager entsprechender Größe lassen sich relativ leicht und unproblematisch automatisieren. Probleme können die Eigenschaften der Güter, die Art der Lagereinheit mit dem Ladehilfsmittel und die Übergabe an den Schnittstellen bereiten (s. Bild 9.2, Kap. 9.2).

9.4.4 Kommissionierlager (KL)

Der Lagerprozess des KL (identisch EL) besteht aus der zeitlichen Abfolge der Funktionen

- Einlagern: Beschicken, Nachschub durchführen
- Lagern: entspricht statischem Bereitstellen
- Auslagern: Sammeln, Kommissionieren.

Wie im EL werden auch im KL den einzelnen Funktionen Funktionsträger zugeordnet, wobei der Mensch in vielen Kommissionierlägern der Funktionsträger vom Einlagerungsvorgang, besonders aber vom Auslagerungsvorgang ist (s. Bild 9.3, Kap. 9.2).

9.4.5 Warenausgang (WA)

Die für den Warenausgang kommissionierten Güter (Aufträge) müssen nach Erfordernis kontrolliert, verpackt, verschnürt, adressiert und beschriftet werden. Die Aufträge sind auf besonders gekennzeichneten Stellen zusammenzustellen. Gemeinsame Sendungen für Bahn, Lkw (Spediteure) sind in der Nähe der Verladefläche bereitzustellen.

Zur Erfüllung dieser Funktionen sind entsprechende Flächen erforderlich. Verpackungs- und Abpackkapazitäten in Form von Packplätzen (Bild 9.18) oder vollautomatischen Umschnürungs-, Umreifungs- oder Verklebemaschinen sind in die Flächenermittlung einzubeziehen, und auch im Versandbereich die Anzahl der Verladetore ist zu ermitteln (s. Beispiel 7.2).

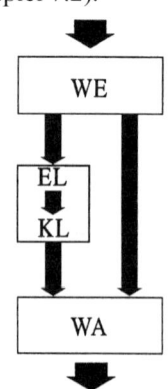

Die Gestaltung und Größe der Hoffläche – dies gilt gleichermaßen für WE und WA – ist zu planen in Abhängigkeit von (s. Kap. 7.3.2):

- den an- und abliefernden Verkehrsmitteln Bahn (Schienenradius), LKW (Wenderadius)
- der baulichen Gestaltung des Umschlagbereiches (mit/ohne Rampe)
- der Art des Umschlages (Seiten-/Heckumschlag)
- der Art der Umschlaggüter und der Umschlagmitteln.

Bild 9.8   Lagerstrukturvariante mit räumlicher Integration von Einheiten- und Kommissionierlager

9.4.6 Lagerstrukturvarianten

9.4.6.1 Varianten

Die in Bild 9.7 für Beschaffungs-, Produktions- und Distributionslager dargestellten Lager-strukturen mit räumlich getrenntem Einheiten- und Kommissionierlager sowie nur Einheiten-lager oder nur Kommissionierlager können auch als räumliche Integration von Einheiten- und Kommissionierlager aufgebaut sein, wie es das Bild 9.8 zeigt. Bei der letzten Variante wird zwischen *Zweigang-* und *Hauptgangsystem* unterschieden.

9.4.6.2 Hauptgangsystem

Dieses Hauptgangsystem (Bild 9.9) besteht aus Doppelregalen für die Längseinlagerung (Mehrplatzsystem) von Europaletten und einem Breitgang. In diesem Breitgang fahren die Kommissionierfahrzeuge für die Kommissionierung der Aufträge und die Stapler einmal zur Ein- und Auslagerung von Einheiten des Einheitenlagers (3. bis n. Ebene) sowie zur Be-schickung des Kommissionierlagers (1. und 2. Ebene). Der Breitgang muss so breit sein, dass Kommissionier- und Stapelfahrzeuge aneinander vorbeifahren können.

Die Vorteile des Hauptganges sind zu sehen in der einfachen Technik und den geringeren Kosten, der Nachteil von gleichzeitigem Kommissionieren und Stapeln kann durch zeitliche Trennung der Tätigkeiten aufgehoben oder jedenfalls reduziert werden.

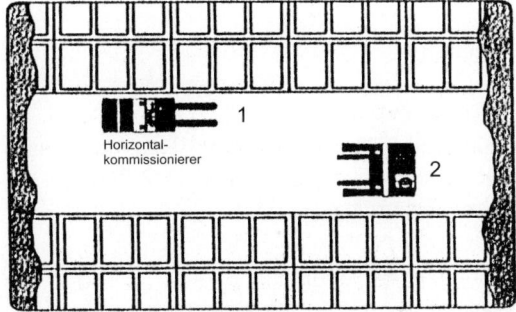

Bild 9.9
Layout Hauptgangsystem
1 Horizontalkommissionierer
2 Schubmaststapler

9.4.6.3 Zweigangsystem

Das Zweigangsystem (Bild 9.10) besteht aus einzeilig aufgestellten Regalen für Längseinlage-rung von Europaletten. Stapler für die Bedienung des Einheitenlagers der 3. bis n. Ebene und Kommissionierfahrzeuge zur Auftragskommissionierung aus der 1. und 2. Ebene fahren in *getrennten* Gängen.

Es handelt sich um Schmalgänge: Kommissioniergang 1.000 mm breit, Hochregalstaplergang 1.500 mm breit. Vorteile dieses Systems sind hoher Flächennutzungsgrad, Trennung von Kommissionierung und Einlagerung sowie Sicherstellung eines kontinuierlichen Nachschubes (s. Bild 11.36).

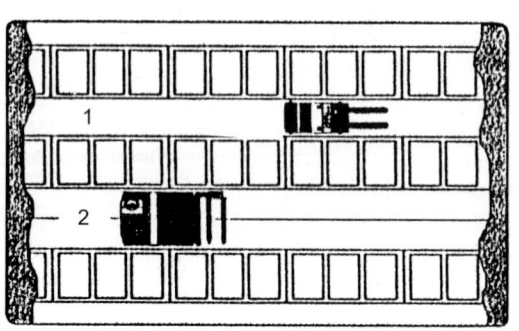

a) Kommissionierlager 1. und 2. Ebene: Bedienung
    durch   Horizontalkommissionierer,   Gang   1
    Einheitenlager 3. bis n. Ebene: Bedienung durch
    Schmalgangstapler man down, Gang 2

b) Kommissionieren aus Durchlaufregal mit
    Kommissionierwagen (ebenerdig); dar-
    über Einheitenlager als Einschubregal,
    Bedienung mittels Stapler

Bild 9.10   Layout Zweigangsystem

9.5 Lagerlogistik

Wird ein Lager nach logistischer Betrachtungsweise gesehen, so gehören zur Lagerlogistik

*   Administrationssysteme
*   Dispositionssysteme
*   Operative Systeme.

Die operative Lagerlogistik erstreckt sich auf die in Bild 9.11 dargestellten Elemente. Lagern
ist eine logistische Funktion, dazu gehört auch die Steuerung des Lagers. Bild 9.12 zeigt zusätzlich den Material- und Informationsfluss in einem Gesamtlagersystem.

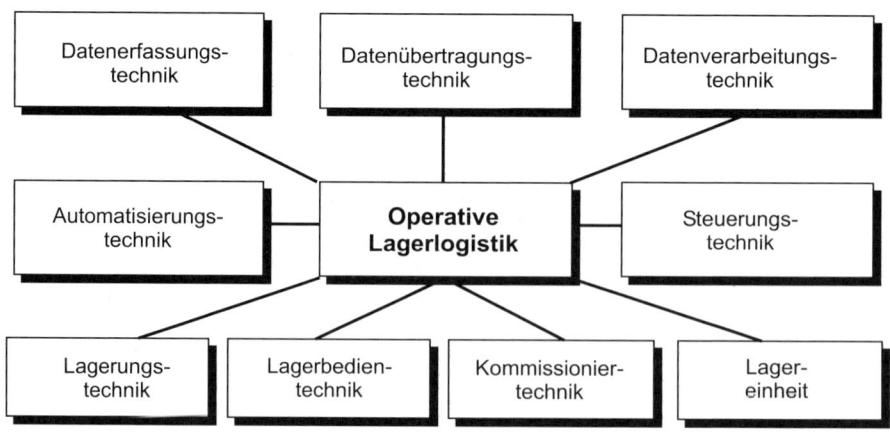

Bild 9.11   Elemente der operativen Lager- und Kommissionierlogistik

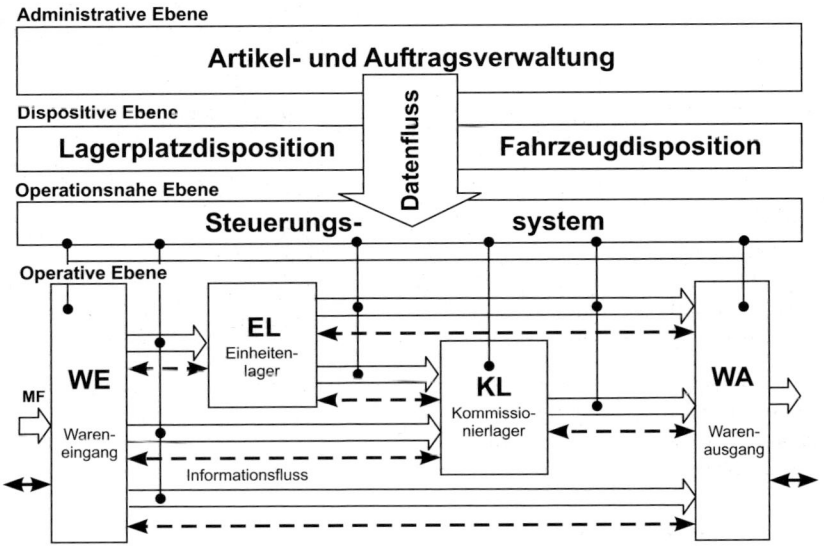

Bild 9.12   Logistische Betrachtung des Material- und Informationsflusses in einem Lagersystem

9.6 Lagerhaltungskosten

Der Lagervorgang, welcher bis auf Veredlungs- und Spekulationslager (s. Kap. 9.1) keine Wertverbesserung für die Lagergüter bringt, verteuert die eingelagerten Artikel durch die Lagerhaltungskosten bei Beschaffungs-, Produktions- und Distributionslager. Diese setzen sich auf eine Zeiteinheit bezogen zusammen aus:

- Bestandskosten
  - Kapitalbindungskosten
  - Versicherung gegen Feuer und Diebstahl
- Personalkosten
  - Kosten für Ein-, Um- und Auslagern, Personalschulung, Bedienung Transportmittel
  - Lagerverwaltung, Bestandsführung, Inventur
- Betriebskosten der Betriebsmittel
  - Lagereinrichtung, Lagerhilfsmittel
  - Transportmittel, Transporthilfsmittel
- Gebäudekosten (Flächenkosten für Lagerung im Freien)
  - Abschreibung, Verzinsung, Heizung, Lüftung, Beleuchtung
  - Instandhaltung: Inspektion, Wartung und Instandsetzung
  - Versicherung, Gebäudeverwaltung.

Die Betriebskosten der Betriebsmittel entsprechen den kalkulatorischen Abschreibungen und der kalkulatorischen Verzinsung des Kapitals der Lagereinrichtungen und der Transportmittel sowie den Kosten für Energie, Wartung und Reparatur.

Durch technische und organisatorische Maßnahmen können die Lagerhaltungskosten reduziert werden. Einsparungen ergeben sich bei den

- Bestandskosten durch

  o Verkleinerung der Lagermenge pro Artikel

  o Entfernen von Ladenhütern, Sortimentsbereinigung

  o Erhöhung der Umschlagshäufigkeit, Bevorratung nach ABC-Analyse

  o Baukastenprinzip der Produkte, Bevorratungsstrategie von Just-in-time

  o Aufträge auf Abruf, Kleinkunden auf Effektivität überprüfen

- Personalkosten

  o Mechanisierungsgrad erhöhen

  o Verringerung von Kommissionierung und Umpackung

  o Reduzierung von Kommissionierzeiten: kurze Wege, geringere Totzeiten

  o Reduzierung von LVS-Tätigkeiten, rechnergestützte bedarfs- und verbrauchsbezogene Bestandsführung, Inventur

- Betriebskosten

  o Reduzierung von Lagerhilfsmittel, Änderung von Lagerbediengeräten

  o Bildung von Lagereinheiten, Einsatz genormte Lagerhilfsmittel

  o Erfüllung von Anforderungen durch entsprechende Lagersysteme

  o Erzielung hoher Auslastung

- Gebäudekosten

  o Reduzierung von Hallenfläche, Auflösung von Mietlagern

  o Senkung von Heizkosten, Reduzierung von Standzeiten

  o Zentralisierung der Lagerbereiche, Lagerbediengeräte mit geringer Arbeitsgangbreite, hoher Flächen-, Höhen- und Raumnutzungsgrad

  o Einführung von kontinuierlicher Beladung, Erreichen hoher Umschlagleistung

Die Gebäudekosten erfasst man einfacher und schneller, wenn es gelingt, die Mietkosten in € pro Monat und m^2 zu ermitteln. Diese setzen sich zusammen aus Flächen-, Heizungs-, Strom- und Reparaturkosten (Berechnung der Kosten pro Palettenplatz s. Beispiel 11.15).

Berechnet man prozentual die Kapitalbindungskosten aus den einzelnen Kostenanteilen und bezieht sie auf den Wert der durchschnittlich gelagerten Güter, betragen die Lagerhaltungskosten, z. B. in der metallverarbeitenden Industrie im Jahr ca. 19 bis 30 % des durchschnittlichen Wertes der gelagerten Güter.

Vorsicht bei Benutzung von Kennzahlen, s. Kap. 1.5.1 und 9.7; Kosten bei Outsourcing eines Distributionslagers: s. Beispiel 1.7.

9.7 Begriffe, Kennzahlen

Für Berechnung, Beurteilung, Vergleich, Planung und laufende Kontrolle eines Lagers dienen Kennzahlen (s. Kap. 1.5.1). Wenn man damit arbeitet, ist es unumgänglich, die einzelnen Größen der Kennzahl genau zu definieren, um die Basis- und Bezugsgrößen festzulegen.

Spielzeit

Unter einem Einlagerungs- oder Auslagerungsspiel ist im Lager ein geschlossener Bewegungsablauf des Transportmittels zur Erfüllung der logistischen Funktion Einlagern bzw. Auslagern zu verstehen. Das Einlagerungsspiel setzt sich zusammen aus der Lastaufnahme, horizontalen und vertikalen Lastfahrten, Lastabgabe und Leerfahrt zurück zum Ausgangspunkt. Der Ablauf eines Einlagerungsspieles ist abhängig vom Fahrzeugtyp, der Bedienung und der Art des Positionierens. Unter der Spielzeit in Minuten ist die Zeitdauer des Arbeitsspieles eines Einlagerungsvorganges festgelegt. In der Praxis wird mit mittleren Spielzeiten gerechnet. Zu unterscheiden sind

- Einfachspiel als Einlagerungs- oder Auslagerungsspiel
- Doppelspiel als Kombination von Ein- und Auslagerungsspiel (vgl. Kap. 9.8).

Lager-Bruttofläche (Bild 9.13)

Sie ergibt sich aus der Lagerfläche unter Abzug der Flächen für Lagerbüros, Betriebsräume, Bereitstellung für Lagergut, Leergut, Auf- und Abgabestationen, Be- und Entladeplätze.

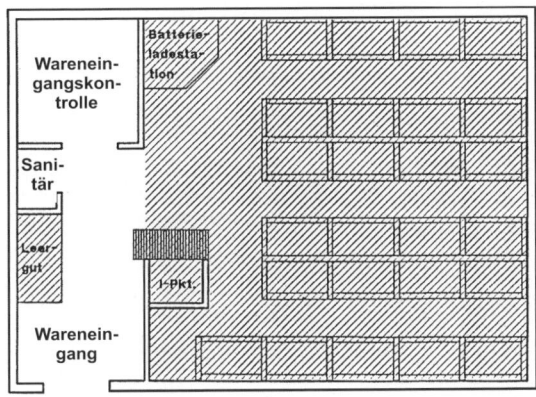

Bild 9.13
Darstellung der Lager-Bruttofläche

Lager-Nettofläche

Sie ergibt sich aus der Lager-Bruttofläche abzüglich den Verkehrs- und Manipulationsflächen für die Lagerbediengeräte. Die Lager-Nettofläche entspricht der mit Regalen belegten Flächen.

Arbeitsgangbreite

Sie umfasst den Abstand zwischen gegenüberliegenden Lagereinheiten oder Regalen und ist abhängig von:

- Bauart und Typ des Lagerbediengerätes (z. B. Stapler, RBG)
- Ladeeinheit und Ladehilfsmittel (z. B. Palette, Behälter)
- Einlagerungsart der Lagereinheit (z. B. Längs- oder Quereinlagerung, Kap. 10.3.1.2)
- Sicherheitsabstand.

Richtwerte für Arbeitsgangbreiten in Abhängigkeit von dem benutzten Lagerbediengerät und bezogen auf eine Tragfähigkeit von 1t bei Längseinlagerung einer DIN-Palette sind der Tabelle 9.1 zu entnehmen (Arbeitsgangbreiten von Staplern s. Kap. 6.6.7.5, Bild 6.6.14).

Lagerbediengerät (ca. 1 t Tragfähigkeit)	Arbeitsgangbreiten in m
Handhubwagen	0,9 ... 1,2
Deichselstapler	1,9 2,3
Frontgabelstapler	3,2 ... 3,5
Schubmaststapler	2,6 ... 2,8
Vierwegstapler	2,2 ... 2,5
Quergabelstapler	2,2 ... 2,5
Kommissionierstapler	1,6 ... 1,8
Stapelkran	1,5 ... 1,7
Schmalgangstapler	1,5 ... 1,8
RBG, schienengeführt	1,4 ... 1,6

Tabelle 9.1
Richtwerte von Arbeitsgang-
breiten (Bezugsgrößen siehe
Text)

Kennzahlen im Lagerbereich sind z. B.:

$$\text{Flächennutzungsgrad} = \frac{\text{Lager} - \text{Nettofläche}}{\text{Lager} - \text{Bruttofläche}} \cdot 100 \quad [\%] \tag{9.1}$$

Bezieht man den Flächennutzungsgrad ausschließlich auf die verschiedenen Regaltypen (Tab. 9.2), so ist z. B. bei einem Fachbodenregal von der oben definierten Lager-Bruttofläche noch die Manipulationsfläche abzuziehen.

Tabelle 9.2   Flächennutzungsgrad verschiedener Lagersysteme

Lagersystem	Flächennutzungsgrade in % *)
Paletten-Blocklager (Bodenlagerung)	80
Ständerregal für Langmaterial (Handbedienung)	40
Fachbodenregal (Gangbreite 1 m)	45
Einfahrregal (6 bis 7 Paletten hintereinander)	70
Palettenregal (mit Frontgabelstapler)	40
Palettenregal (mit Regalbediengerät)	60
Durchlaufregal (mit Regalbediengerät)	65
Verschiebregal (8 Regale mit einem Gang)	75

*   Anhaltswerte, abhängig von
    – Gewicht, Abmessung und Volumen des Transportgutes
    – Regalfachtiefe bzw. Transporthilfsmittel
    – manueller oder mechanischer Bedienung (zu Fuß; mit Wagen; Art des Staplers; Regalförderzeug)

Beispiel: Das Fachbodenregal habe eine Fachtiefe von 40 cm, die Arbeitsgangbreite sei 1 m, so ergeben sich:

Lager-Nettofläche $2 \times 0,40 \times$ Regallänge L
Lager-Bruttofläche $2 \times 0,40 \times L + 1,0 \times L$

daraus folgt der

$$\text{Flächennutzungsgrad} = \frac{2 \cdot 0,40 \cdot L}{L(2 \cdot 0,40 + 1,0)} \cdot 100 = \frac{0,80}{1,80} \cdot 100 = 44,44\%$$

Die Lager-Nettofläche entspricht der mit Regalen belegten Fläche, die Lager-Bruttofläche enthält in diesem Beispiel nur die Regalgangfläche.

$$\text{Höhennutzungsgrad} = \frac{\text{genutzte Höhe}}{\text{nutzbare Höhe}} \times 100 \, [\%] \tag{9.2}$$

$$\text{Raumnutzungsgrad} = \frac{\text{Volumen Lagereinheit} \cdot \text{Anzahl Einheiten}}{\text{Lager} - \text{Bruttoraum}} \cdot 100 \, [\%] \tag{9.3}$$

Die Begriffe Umschlaghäufigkeit und Umschlagdauer als betriebswirtschaftliche Kennzahlen sind wie folgt miteinander verknüpft:

Die *Umschlaghäufigkeit* gibt an, wie häufig sich ein Bestand innerhalb eines definierten Zeitraumes umschlägt, wobei z. B. nach Menge oder Wert zu unterscheiden ist. Die Umschlaghäufigkeit errechnet sich aus dem Quotienten von Umsatz und Bestand.

$$\text{Umschlaghäufigkeit} = \frac{\text{Lagerumsatz} \, [\text{€} / \text{Jahr}]}{\phi \, \text{Lagerbestand} \, [\text{€}]} \quad \text{z.B.} \, \frac{4000}{1000} = 4 \text{ mal pro Jahr} \tag{9.4}$$

Die *Umschlagdauer* ist der Quotient aus Betrachtungszeitraum und Umschlaghäufigkeit, sie gibt eine durchschnittliche Lagerdauer eines Produktes (Artikels) im Lager an.

$$\text{Umschlagdauer} = \frac{\text{Anzahl der Tage pro Jahr}}{\text{Umschlaghäufigkeit pro Jahr}} \quad \text{z.B.} = \frac{360}{5} = 90 \text{ Tage} \tag{9.5}$$

$$\text{Durchschnittlicher Lagerbestand} = \frac{\text{Anfangsbestand} + \text{Endbestand}}{2} \tag{9.6}$$

$$\text{oder} \quad \frac{1/2 \, \text{Anfangsbestand} + 11 \, \text{Monatsbestände} + 1/2 \, \text{Endbestand}}{12}$$

Die Lagerreichweite ist der reziproke Wert der Umschlaghäufigkeit.

$$\text{Lagerreichweite} = \frac{\phi \, \text{Lagerbestand} \, [\text{€}]}{\text{Lagerumsatz} \, [\text{€/Monat}]} \, [\text{Monate}] \tag{9.7}$$

Artikel mit großer Umschlaghäufigkeit werden Schnelldreher, Renner, Bestseller oder Schnellläufer genannt, mit geringer Umschlaghäufigkeit Langsamdreher, Langsamläufer oder Penner.

Die Palettenplatzkosten in €/Pal/Monat errechnen sich aus der Fläche, der Anzahl Palettenplätze in den Regalen und den Flächenkosten in €/m²/Monat (s. Beispiel 11.15).

$$\text{Palettenplatzkosten} = \frac{\text{Lagerfläche} \, [\text{m}^2]}{\text{Anzahl Palettenplätze Pal.}} \cdot \text{Flächenkosten} \, [\text{€/ Monat}] \tag{9.8}$$

9.8 Lagerstrategien

Strategien (s. Kap. 1.5.2) im Lager dienen der Festlegung des Prozessablaufes für Ein- und Auslagerung, bestimmen die Reihenfolge der Entnahme oder beziehen sich z. B. auf den Lagerplatz. Solche Strategien sind:

- *FIFO* (First in – First out): der zuerst eingelagerte Artikel wird auch zuerst wieder ausgelagert. Durchlaufregale erfüllen diese Strategie zwangsläufig, im Palettenregal z. B. realisieren organisatorische Maßnahmen diese Strategie.
- *LIFO* (Last in – First out): der zuletzt eingelagerte Artikel wird zuerst wieder ausgelagert, z. B. zwangsläufig beim Einschubregal oder bei der Block-Bodenlagerung.
- *Querverteilungsstrategie:* sie besteht im gleichmäßigen Verteilen des gleichen Artikels in verschiedenen Regalgassen, um bei Ausfall eines Regalbediengerätes immer noch Aufträge vollständig erstellen zu können.
- *Doppelspielstrategie:* Ein- und Auslagerungen werden kombiniert.
- *Strategie der Wegoptimierung:* Aufteilung des Lagers in ABC-Zonen zur Reduzieren der Wege bzw. Fahrzeiten der RBG (s. Bild 11.8/9).
- *Kommissionierstrategien:* s. Bild 11.8. – *Distributionsstrategien:* s. Bild 1.7.

9.9 Beispiele, Fragen

- **Beispiele**

Beispiel 9.1: Volumennutzungsgrad

Bei einer Analyse eines Holzlagers ergab sich bei der vorhandenen Bodenlagerung ein Volumennutzungsgrad von 0,2 m³/m². Dieser Volumennutzungsgrad ist zu verbessern.

Lösung: In Abhängigkeit von der Anzahl der zu lagernden Holzarten und Abmessungen je Art ist die Bodenlagerung auf Regallagerung umzustellen. Als Regaltyp bieten sich Kragarm- und Ständerregale an. Durch die Nutzung der Höhe bis auf 2 m erhöht sich der Volumennutzungsgrad auf 1,2 m³/m². Bei solch einer Untersuchung und Planung können durch Beseitigung von Lagerhütern wertvolle Lagerflächen gewonnen werden.

Beispiel 9.2: Flächennutzungsgrad

Es ist der Flächennutzungsgrad einer Fachbodenregalanlage zu berechnen.
Lösung: s. Kapitel 9.7 Abschnitt Kennzahlen mit Formel 9.1.

Beispiel 9.3: Zentralisierung oder Dezentralisierung von Lagern

Die Frage, ob ein Zentrallager oder eine dezentrale Lagerung der Lagerbereiche wirtschaftlich für ein Unternehmen ist, ist immer wieder zu untersuchen. Die Entscheidung dabei hängt in erster Linie von der Einschätzung der Vor- und Nachteile durch das Unternehmen und von unternehmensspezifischen Einflussgrößen ab. Welche allgemeinen Vor- und Nachteile haben Zentralisierung und Dezentralisierung?

Lösung:

Zentralisierung: Bei der Zentralisierung unterscheidet man die horizontale und die vertikale Zentralisierung. Die horizontale ist gekennzeichnet durch die Anzahl der Lager einer Stufe, z. B. drei Zentrallager, die vertikale Zentralisierung ist bestimmt durch die Zahl der Lagerstufen, z. B. einstufig.

- Vorteile:

  o   Nicht genügend Fachleute vorhanden; Verwaltungsvereinfachung

  o   Kostenersparnis und Vereinfachung im Lagerbereich

- Nachteile:

  o   Untergeordnete Stellen sind Befehlsempfänger; weniger Arbeitsfreude

  o   Kontakt zwischen Betriebsführung und Stellen geht verloren

Dezentralisierung: Sie ist gekennzeichnet durch die Übertragung von Entscheidungs- und Anordnungsbefugnissen auf untergeordnete Funktionsträger.

- Vorteile:

  o   Erhöhung des Verantwortungsgefühles; schnelleres Reagieren auf Probleme

  o   Verminderter Verwaltungsapparat an der Spitze

- Nachteile:

  o   Größere Anzahl an Fachkräften; mangelnder Gesamtüberblick

  o   Rationalisierungsvorteile gehen verloren; verhindert Spezialistenbildung

Beispiel 9.4: Steuerung eines Distributionslagers

Welche Möglichkeit gibt es, ein Distributionslager für Fertigartikel mit möglichst kleinem Lagerbestand zu steuern ?

Lösung: Die Steuerung eines Distributionslagers kann mit Hilfe des Auslöse- oder Sicherheitsbestandes und maximalem Artikelbestand geschehen. Dargestellt soll dies sein am Beispiel eines Artikels (Bild 9.14), bei dem die Fertigungslösgröße und -zeit mit drei Arbeitstagen und der maximale Artikelbestand auf 100 Stück vorgegeben wird. Bei zu kaufenden Artikel sind es entsprechend Bestellzeit und -menge. Für jeden einzelnen Artikel sind die Lösgröße, Fertigungszeit, maximaler Artikelbestand, Bestellzeit und Bestellmenge festzulegen.

Dieses Steuerungssystem ist ein starres Dispositionssystem, welches basiert auf

- gleich bleibenden Größen in der Zukunft; gleich bleibenden Bedarfsfällen
- gleich bleibenden Losgrößen, Lagermengen, Fertigungszeit
- Erstellung der Fertigungsaufträge durch Disponenten.

Aus den starren Dispositionssystem kann der Disponent durch ein PPS-System ersetzt werden, in das flexibel die Losgrößen, Fertigungszeiten und maximale Bestände eingegeben werden können. Es wird dann mittels Kettenbetrachtung z. B. für sechs Tage, die Steuerungsplanung durchgeführt.

Lagerbestand [Stück]

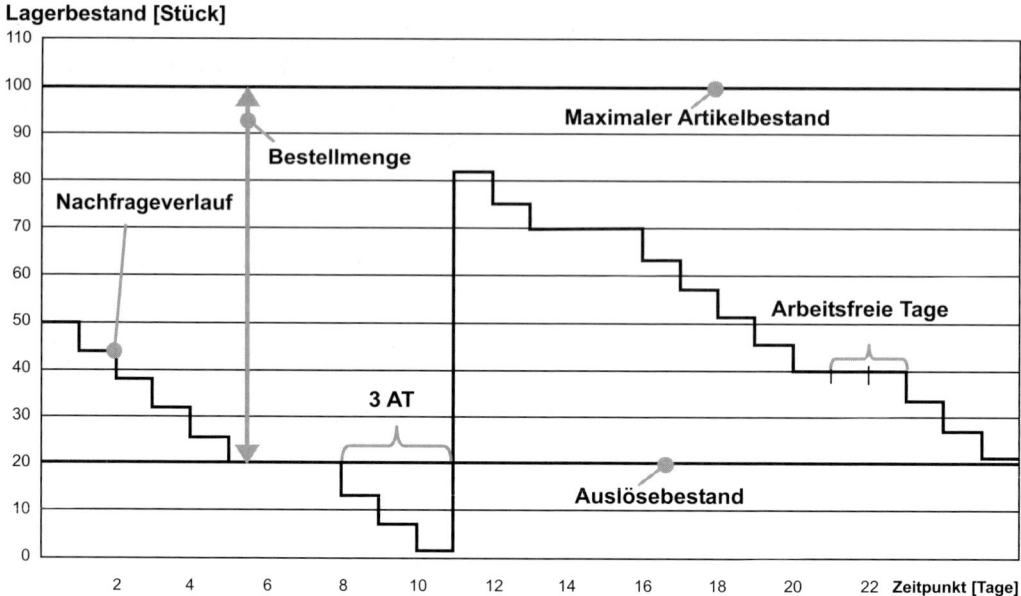

Bild 9.14: Grafische Darstellung des Lagerbestandes eines Artikels über eine Periode mit maximaler Stückzahl von 100, dem Auslösebestand von 20 Stück und dem Losgrößenauftrag (Bestellmenge) von 80 Stück bei einer Wiederbeschaffungszeit von drei Arbeitstagen (AT) und bei konstanter Nachfrage (Bestellpunktverfahren)

Beispiel 9.5: Warenein-/Warenausgang eines Distributionslagers

Welche Vorteile haben die Ausführungsform von WE/WA bei Distributionslager mittels Kopf-, Sägezahn- oder Tieframpen und Überladebrücken (s. Kap. 7.3.2) gegenüber einer Außenbeladung mit Lagertor (gilt auch für den WE von Beschaffungslager)?

Lösung: Die Vorteile sind:
- Kurze Standzeiten für Lkw durch ebene Heckverladung; hohe Umschlagleistung
- Andockmöglichkeiten für fast alle Lkw-Typen
- Kontinuierliche Beladung von Containers, Wechselbrücken
- Kaum Energieverlust; geschlossene Halle verhindert Luftzug: keine Staubaufwirbelung, weniger Erkältungskrankheiten; weniger Warenbeschädigung.

Beispiel 9.6: Auftrags-/Artikel-/Sortimentstruktur

Die Lagerplanung wird u. a. bestimmt durch die Artikel-, Sortiments- und Auftragsstruktur?

Lösung: Die <u>Auftragsstruktur</u> wird beschrieben durch folgende auftragsbezogenen Daten: Anzahl der Positionen, Gewicht, Volumen etc. Die Auftragsstruktur bestimmt bei der Kommissionierung weitgehend die Entscheidung, ob die Abwicklung ein- oder mehrstufig erfolgt. Dabei wird die Auftragsstruktur in der Kommissionierung charakterisiert durch Anzahl der Entnahmeeinheiten pro Position, Auftragsgewicht etc.

Unter der <u>Artikelstruktur</u> versteht man den gegliederten Aufbau der Artikel eines Sortimentes nach bestimmten Ordnungskriterien. Zur Beschreibung der Artikelstruktur gehören artikelbezogene Daten wie Gewicht, Abmessungen, Anzahl der Umschlaghäufigkeit etc. Die Artikelstruktur ist eine entscheidende Einflussgröße für die Gestaltung von Kommissioniersystemen.

Unter Sortimentstruktur ist die Zusammenstellung der Artikel des Produktionsprogrammes eines Unternehmens zu verstehen. Für eine Lagerplanung ist z. B. eine ABC-Klassifizierung des Sortimentes durchzuführen.

Beispiel 9.7: Lagerplanung

Welche Bausteine gehören zu einer Lagerplanung und welche Vergleichskriterien dienen der Beurteilung?

Lösung: Bausteine eines Lagers, die in Aufbau- und Ablaufstruktur gegliedert werden können, sind:

- Lagergut: Stückgut, Schüttgut; Lagerhilfsmittel: Paletten, Behälter
- Ladeeinheit: Art, Abmessungen, Gewicht
- Lagersystem: Einheitenlager, Kommissionierlager
- Lagerungsarten: Bodenlagerung, Regallagerung
- Regalart: Palettenregal, Durchlaufregal
- Lagerordnung: feste Lagerplatzordnung, freie Lagerplatzwahl
- Lagerorganisation: Lagerplatz-/Lagerbestandsverwaltung, Kommissionierung
- Bedienung: manuell, mechanisch, automatisch
- Lagerbediengeräte: Stapler, schienengeführte LBG, Arbeitsgangbreite
- Umfeld / Sicherheitseinrichtungen / Brandschutz

Vergleichskriterien sind:
- Investition, Betriebskosten, Lagerplatzkosten/Pal./Monat; Umschlagkosten/Pal./Monat
- Flächen- und Raumbedarf; Automatisierungsgrad
- Lagerstrategien, -flexibilität; Anzahl Bedienpersonal; Erweiterungsmöglichkeiten

Beispiel 9.8: Auslastung

Wie kann Auslastung definiert werden und welche Kennzahlen gibt es?

Lösung: Unter der Auslastung ist die Ausschöpfung der Leistungsfähigkeit eines Systems oder einer technischen Einrichtung zu verstehen. Die gesamte Leistungsfähigkeit eines Systems oder einer Anlage ist abhängig von der technischen und menschlichen Leistungsfähigkeit. Die Auslastung lässt sich z. B. beziehen auf die Tragfähigkeit, Kommissionierleistung und Lagerkapazität. Ein Maß für die Auslastung ist der Auslastungsgrad (s. Kap. 6.6.7.7).

Ein Gabelstapler hat einen Auslastungsgrad von 50 %, wenn er bei einem Gesamtbetrachtungsraum von 8 Stunden einen vierstündigen Einsatz hat.

In der Fertigung ist die Auslastung definiert als Quotient aus der Summe von Fertigungs- und Hilfsstunden und den Brutto-Arbeitsstunden. Damit lässt sich auch die Produktivität definieren als Quotient aus den Fertigungsstunden und der Summe von Fertigungs- und Hilfsstunden.

Beispiel 9.9: WE mit mobiler Datenerfassung

Es ist eine Lösung aufzuzeigen.

Lösung: Mobile Datenerfassung ist gleichzusetzen mit einem mobilen Arbeitsplatz, der unabhängig vom Stromnetz die Datenerfassung für die EDV z. B. mittels Funktechnik durchführen kann, d. h. per Wireless-LAN ist der PC mit dem Host-System verbunden.

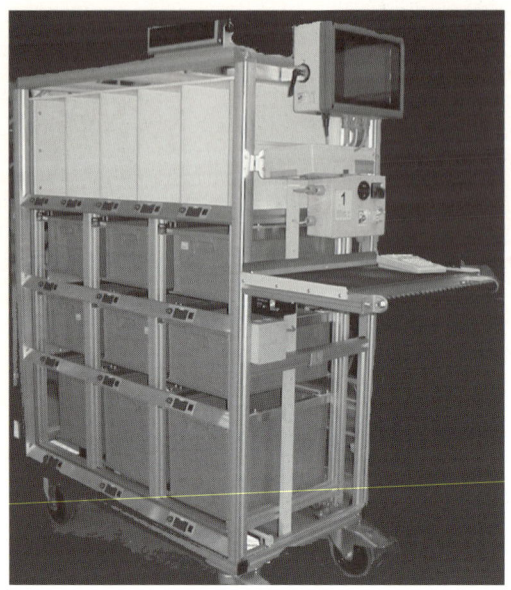

Der Wagen Bild 9.15 zur Einlagerung und Kommissionierung enthält Batterie, PC, Barcodescanner, Drucker usw. Bei artikelorientierter belegloser Kommissionierung können gleichzeitig 14 Aufträgen bearbeitet werden. In Stichgängen werden die zu kommissionierenden Artikel über Fachanzeige (Pick-by-Light) angezeigt, artikelorientiert gesammelt und auftragsorientiert in die entsprechend angezeigten Auftragsbehälter abgelegt. Leistung bis zu 200 Picks/h, Fehlerrate < 0,1 % durch Scan Gegenkontrolle

Bild 9.15
Wagen für mobile Datenerfassung im
WE und in der Kommissionierung

Beispiel 9.10: Komponenten eines Packplatzes im WA

Welche Komponenten kann ein Packplatz in welcher Anordnung haben? Zwei Möglichkeiten der Packmaterialbereitstellung sind aufzuzeigen.

Lösung: s. Bild 9.16, 9.17 und 9.18

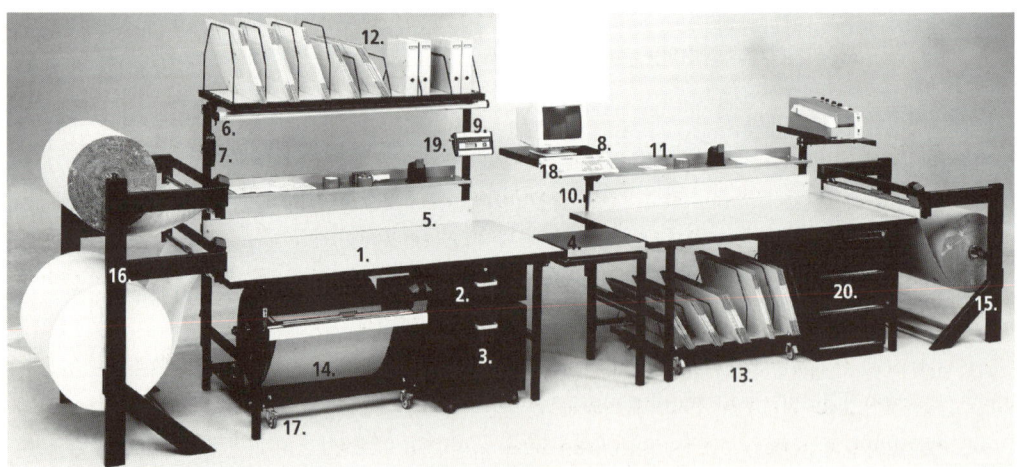

Bild 9.16   Packplatz-Komponenten und normale Anordnung der Komponenten
1: Pack- und Arbeitstisch / 2: Schublade / 3: Rollcontainer / 4: Beistelltisch für Waage / 5: Rückwandbord / 6: Arbeitsplatzbeleuchtung / 7: Doppelsteckdose / 8: Platz mit Bildschirm / 9: Befestigung für Anzeigegerät / 10: Befestigungsholm / 11: Formularablage / 12, 13: Magazin für Faltschachteln / 14, 15, 16, 17: Untertisch- Schneideständer für Papierrollen mit Schneideeinrichtung / 18: Ablage für Tastatur / 19: Klemmhalterung für Anzeigegerät / 20: Unterschrank

Bild 9.17
Fester Packplatz – als Kipptisch zum Abschieben des Paketes auf eine Rollenbahn ausgebildet – mit Abfallloch, zum Arbeiten auf beiden Seiten (symmetrische Belastung des Körpers, Linkshänder); rechts und links des Packtisches liegen Versandhüllen; rechts im Bild stehen Kartonagewagen mit entsprechendem Sortiment; in Bildmitte hinten ist ein fahrbares Klemmbrett zu erkennen, auf dem die Auftragsliste mit Adressenaufkleber befestigt ist; links in den Rutschen lagern die für einen Auftrag einzupackenden Artikel. Eine Packerin bedient mehrere Packtische.

Bild 9.18   Kartonagenwagen

Beispiel 9.11: Bestände
Wie werden geringe Bestände erreicht?

Lösung:
Durch ein Bestandsmanagement.

Es besteht aus:
– Bestandsklassifikation
– Planung und Steuerung der Bestände
– Bestandskontrolle
– Lieferzeiten (s. Kap. 15)
– IT-Unterstützung

• Fragen

1. Was ermöglichen Bestände und was für Nachteile bringen sie mit sich ?

2. Welche Maßnahmen können die Lagerhaltungskosten senken?

3. Was versteht man unter einem Einheitenlager und unter einem Kommissionierlager?

4. Es sind Einteilungskriterien für Lagerarten zu nennen.

5. Es sind die feste Lagerplatzordnung und die freie Lagerplatzwahl zu definieren.

6. Welche Subsysteme hat ein Gesamtlagersystem?

7. Es sind verschiedene Lagerstrukturvarianten zu skizzieren.

8. Welche Elemente gehören zur operativen Lagerlogistik?

9. Aus welchen Kosten setzen sich die Lagerhaltungskosten zusammen?

10. Wie ist der Flächennutzungsgrad definiert?

10 Lagersysteme

10.1 Schüttgutlagerung

Je nach Art und Menge kann Schüttgut im Freien oder in speziellen Behältern, wie z. B. im Silo, gelagert werden. Sie stehen sowohl im Freien als auch in Gebäuden (Bild 10.1).

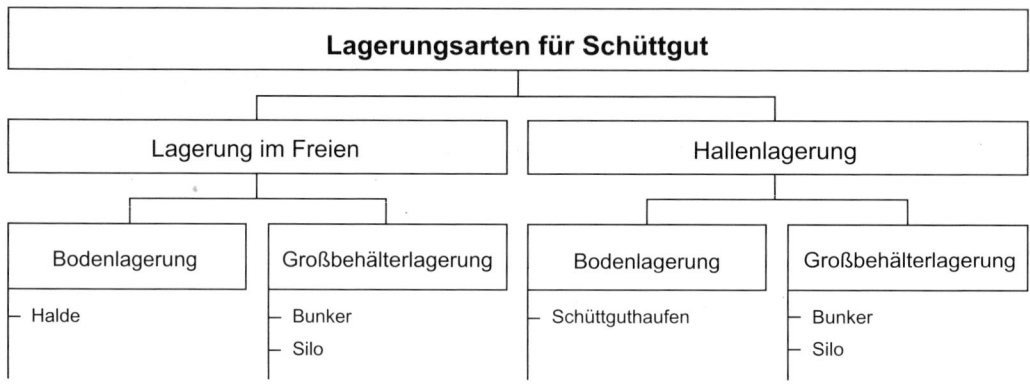

Bild 10.1   Lagerungsarten für Schüttgut

10.1.1 Schüttgut-Bodenlagerung

Die Bodenlagerung geschieht im Freien und in Hallen. Im Freien werden für witterungsunempfindliches Gut, wie z. B. Kohle, Erz, Sand usw., Halden aufgebaut. Die Ein- und Auslagerung geschieht mit Verladebrücken, Kranen, Gurtförderern, Schaufelbaggern usw. Über den Böschungswinkel der Ruhe des Lagergutes (s. Kap. 3.1.2) ergibt sich bei vorgegebenem Lagervolumen und Lagerhöhe die erforderliche Lagerfläche. Es ist darauf zu achten, dass der Boden der Lagerfläche den Haldenbediengeräten entspricht und gut entwässert wird.

In Hallen werden meist Schüttgüter gelagert, die nicht verschmutzen dürfen und witterungsempfindlich sind, wie z. B. Düngemittel oder Salze. In den Hallen sind die Lagerflächen mit einem abriebfesten, staub- und schmutzsicheren Belag zu versehen, der auch den Bediengeräten gerecht wird (z. B. Bodentragfähigkeit des Estrichs). Geräte zur Ein- und Auslagerung des Schüttgutes sind Stetigförderer, wie z. B. Gurtförderer, Schwingförderer, pneumatische Förderer und Unstetigförderer wie Bagger oder Gabelstapler mit einer Schaufel als Anbaugerät.

10.1.2 Schüttgut-Behälterlagerung

Großbehälter wie Bunker oder Silos können im Freien oder in der Halle stehen. Silos sind Schüttgutspeicher aus Holz, Beton, Metall oder Kunststoff zur Einlagerung von Getreide, Düngemittel, Kunststoffgranulat, Kaffee, Sand, Zement usw. Silos werden auf dem Flur aufgestellt (Hochsilo) oder in einer Grube (Tiefsilo). In der Regel hat ein Silo zylindrische Form und steht senkrecht.

Bunker speichern Schüttgüter und sind ausgeführt aus Stahl, Stahlbeton, Leichtmetall, mit Kunststoff beschichtetem Stahl oder Kunststoff. Ihre Form ist unterschiedlich und richtet sich nach dem Schüttgut und den örtlichen Gegebenheiten. Zu unterscheiden sind (Bild 10.2):

- Prismatische Bunker mit rechteckigem oder quadratischem Querschnitt (Auslauf: Pyramiden- oder Keilstümpfe)
- Zylindrische Bunker mit kreisförmigem Querschnitt (Auslauf: Kegelstumpf)
- Taschenbunker bestehen aus aneinander gereihten prismatischen Bunkern.

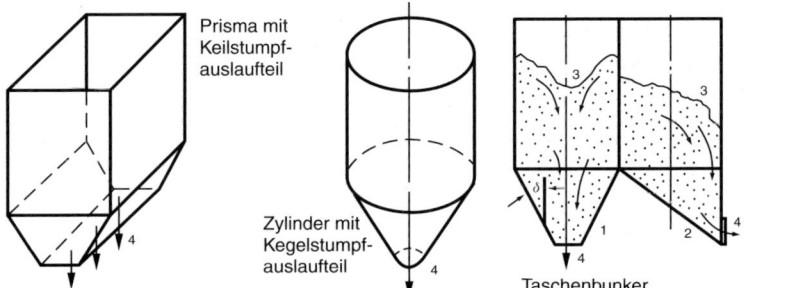

δ Neigungswinkel
  des Auslaufteils
1 Geradauslauf
2 Schrägauslauf
3 Schüttguttrichter
4 Auslauf

Bild 10.2   Bauarten von Schüttgutbunkern

10.1.3 Beschicken und Entleeren von Bunkern/Silos

Das Beschicken eines Silos kann mit Stetig- und Unstetigförderern erfolgen oder z. B. direkt aus einem Zubringerfahrzeug durch Kippen, entweder des ganzen Fahrzeuges oder nur der Ladefläche. Die Aufnahme des Gutes erfolgt in einem Trichter, der Transport zum Silo geschieht über Stetigförderer. Das Entleeren eines Silos erfolgt kontinuierlich über die Bunkerverschlüsse mittels Schwerkraft in Verbindung mit Stetigförderern für den Abtransport.

Siloverschlüsse sind Flach- und Drehschieber, Klappen und Stauverschlüsse (Bild 10.3), die von Hand oder motorisch mittels Druckzylinder, Lüfter oder Getriebemotor bewegt werden. Das Entleeren eines Silos oder Bunkers über Stetigförderer kann stetig, aber auch dosierend erfolgen. Als Stetigförderer werden eingesetzt: Gurt-, Schnecken-, Schwingförderer, Zellenräder (Bild 10.4). Die Entnahmemenge wird geregelt durch Verstellen der Siloverschlüsse oder durch Änderung

- der Gurtgeschwindigkeit des Gurtförderers
- der Drehzahl des Zellenrades oder der Schnecke
- der Frequenz der Schwingrinne.

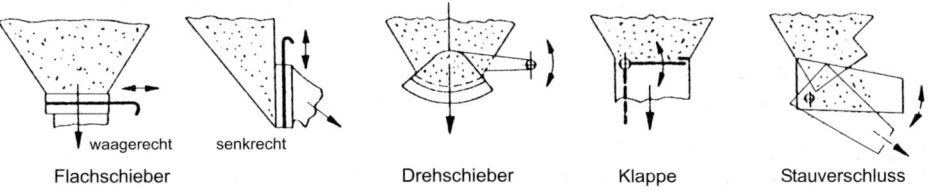

Bunkerverschlüsse (Gutabgabe im freien Fall, diskontinuierlich)

Bild 10.3   Bunkerverschlüsse

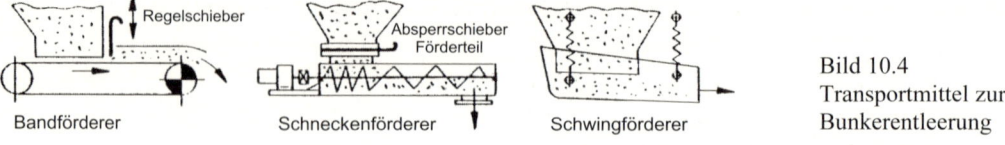

Bild 10.4
Transportmittel zur
Bunkerentleerung

10.2 Stückgutlagerung

In einem Unternehmen sind Freilager und Gebäudelager zu finden. Im Freilager können nur witterungsunempfindliche Stückgüter, wie z. B. Container, Gussteile, Kabeltrommeln oder Coils gelagert werden. Bleche, Profilstahl, Rohre z. B. werden heute im Gebäude untergebracht, um Qualitätsminderung vorzubeugen, Sucharbeiten im Schnee zu vermeiden, Wärmeverlust beim Öffnen der Hallentore zu verhindern und Erkältungskrankheiten der Mitarbeiter vorzubeugen. Im Folgenden werden daher nur die Lagerungsmöglichkeiten von Stückgut in Gebäuden behandelt (Bild 9.4).

10.2.1 Lagerungsarten, Lagersystem, Regalarten

Die Lagerungsarten von Beschaffungs- Produktions- und/oder Distributionslager für Stückgut können als *Bodenlagerung* (Kap. 10.2.2) oder *Regallagerung* (Kap. 10.3) aufgebaut sein und teilen sich ein in

- Einheitenlager und
- Kommissionierlager,

bei der Bodenlagerung wird unterschieden zwischen *Linien- oder Blocklagerung*, bei der Regallagerung zwischen *Linien- und Kompaktlagerung* mit den unterschiedlichen Regalarten (Bild 10.5).

Exakt genommen ist auch ein Einheitenlager ein Kommissionierlager, wenn entweder ein Kommissionierauftrag nur aus *ganzen* Lagereinheiten besteht oder die Kommissionierung mit dynamischen Bereitstellung durchgeführt wird.

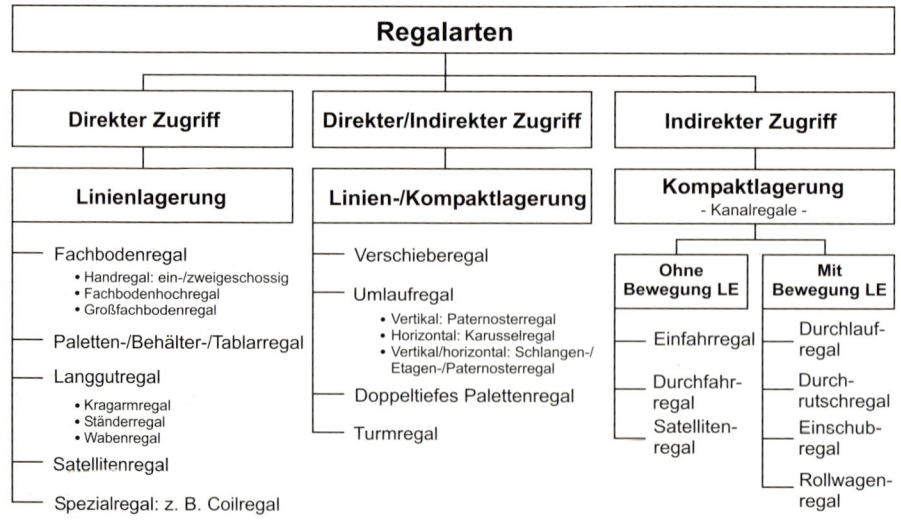

Bild 10.5   Regalarten für Stückgut (LE = Lagereinheit)

Zur Kurzzeitüberbrückung (Bereitstellung, Pufferung) dienen Transportmittel, wie z. B.

- Stetigförderer:
  - Kreisförderer, Power & Free-Förderer
  - Gurtförderer, Rollen- und Staurollenförderer
  - Wandertische, Bodenförderer.
- Unstetigförderer in Form der FTS-Anlagen (Kap. 6.7), wie z. B. Niederhubwagen, Träger-fahrzeuge und Stapler.

Die Komponenten eines Regal-Lagersystems setzen sich zusammen aus der *Lagereinheit* (La-gergut mit/ohne Lagerhilfsmitteln), der Art der Lagertechnik, bestehend aus einer Regalart und entsprechender Lagerbedienart (Ein- und Auslagerungsgeräten), sowie der Lagerorganisation mit Lagerplatzverwaltung und Lagersteuerung (Bild 10.6). Eine Regallagerung ist nur über Transporte möglich, d. h. zu einer Regallagerung gehören zwangsläufig Transportmittel oder Personen, die den Ein- und Auslagerungsvorgang durchführen. Das Lagersystem besteht also aus Lagergut, Lager- und Transporttechnik sowie aus EDV-Software.

Die Lagersteuerung ist von verschiedenen Faktoren abhängig, wie z. B. von der festen Lager-platzordnung oder von der freien Lagerplatzwahl (Kap. 9.3). Beispiele von verschiedenen Regal-Lagersystemen befinden sich im Kapitel 11.6, Lagerverwaltungssystem: s. Kap. 13.3.3.

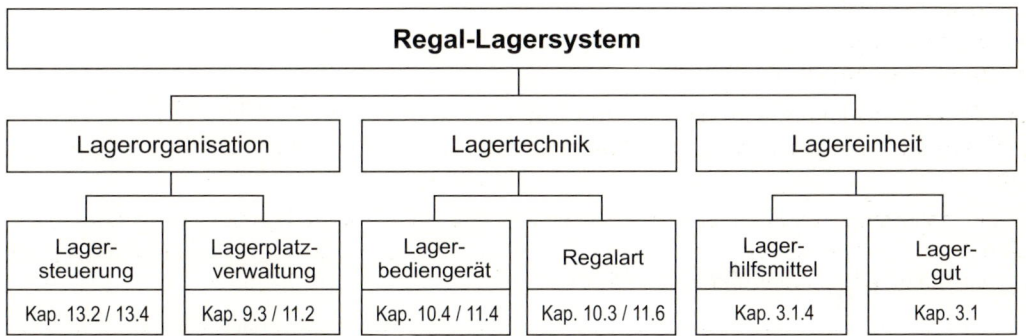

Bild 10.6   Komponenten eines Regal-Lagersystems

10.2.2 Bodenlagerung

Die Güter werden auf dem Boden, entweder in Linien- oder in Blocklagerung, abgestellt. Da-bei kann die Lagerung ungestapelt oder gestapelt mit und ohne Hilfsmittel erfolgen, wie z. B. Balken, Rungen, Behältern, Gestellen, Paletten mit und ohne Aufsteckrahmen (Aufsetzbügel) oder mit Gitterboxpaletten (Bild 10.7: Blocklagerung gestapelt; Gabelstaplerbedienung).

Die Anordnung der Stapel ist in der Regel senkrecht zu den Arbeitsgängen (parallele Stape-lung), kann mit geringerer Arbeitsgangbreite auch schräg (30°- oder 45°-Stapelung) erfolgen (Bild 10.8). Die Stapelung selbst enthält je nach Lagergut mehrere Einheiten übereinander, z. B. Paletten, Behälter, Kartons oder Papierrollen. Zur Bedienung des Bodenlagers dienen in erster Linie Stapler, die je nach Lagergut mit speziellen Anbaugeräten ausgerüstet sind, z. B. Rollen- oder Kartonklammern. Bei unterfahrbarem Lagergut sind freitragende und radunterstützte Stapler im Einsatz.

Bild 10.7   Bodenlagerung in Blocklagerform: a) Getränkepaletten mit Gabelstaplerbedienung, b) Papier-
rollenlager: Bedienung durch automatischen Zweiträger-Laufkran mit Vakuum-Saugheber für 6,5 t

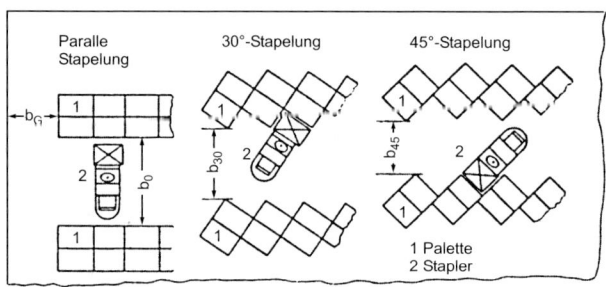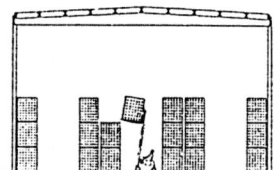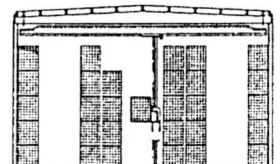

Gutumschlag (Paletten) durch Frontstapler
Gangbreiten in Abhängigkeit der Stapelart
Richtwerte für E-Stapler (Frontstapler) mit einer Traglast von 1,5t
bei der Palettengröße 800 × 1200 mm
Normale Gangbreite $b_G \approx 1950$ mm
Gangbreite bei paralleler Stapelung $b_0 \approx 3250$ mm
Gangbreite bei 30° -Stapelung b30 ≈ 2400 mm
Gangbreite bei 45° -Stapelung b45 ≈ 1900 mm

Bild 10.8   Stapelungsarten bei Bodenlagerung

Vorteile der Bodenlagerung: flexible Lagerung, keine Regalkosten, geringe Investition.

Nachteile: schlecht mechanisierbar, begrenzte Stapelhöhe, nur die oberste Einheit kann entnommen werden, bei unsortiertem Lagergut viel Umstapelarbeit, da kein direkter Zugriff zu
den einzelnen Einheiten vorhanden ist, LIFO-Prinzip.

Die Bodenlagerung wird als Einheitenlager (Reserve-/Pufferlager) in gestapelter, als Kommissionierlager in ungestapelter Form bei geringem Sortiment und großen Ladeeinheiten, z. B.
DIN-Paletten eingesetzt.

Die Blockstapelung - auch Blocklagerung genannt – ist eine Form der Bodenlagerung mit
hohen Flächen- und Raumnutzungsgrad. Anwendung findet die Blockstapelung bei der Lagerung großer Mengen des gleichen Artikels ohne FiFo-Erfüllung. Man kann aber nicht davon

ausgehen, dass für jeden Artikel die vorgesehene Fläche und die vorgesehene Höhe immer zu 100 % ausgelastet sind. So rechnet man z. B. bei einem Sortiment von 500 Artikel mit einer Höhenauslastung – genannt *Stapelfaktor* – von ca. 80 % und mit einer Flächenauslastung – genannt *Flächenfaktor* – von ca. 75 %.

10.3 Regallagerung

Die Regallagerung kann als *Linien-* oder *Kompaktlagerung* erfolgen. Beide Arten haben viele Ausführungsvarianten. Die Linienlagerung ist gekennzeichnet durch den Zugriff zu jedem Artikel oder jeder Einheit zu jeder Zeit ohne Umlagerung (s. Kap. 10.3.1).

Bei der Kompaktlagerung werden die Einheiten hinter- und übereinander in einer Regalanlage gespeichert. Der Zugriff zu jeder Einheit ist nicht ohne weiteres gegeben. Kompaktlagerung wird sowohl für Artikel mit hohen Stückzahlen je LE benutzt (Durchlaufregal) als auch für viele Artikel mit geringen Stückzahlen je LE (Rollwagenregal). Hier finden bei der Kommissionierung von Einheiten erhebliche Umlagerungen statt. Linien- und Kompaktlagerung werden sowohl für Einheiten- als auch für Kommissionierlager eingesetzt (s. Kap. 10.3.3).

Beide Regallagerarten können auch kombiniert werden, dann ergeben sich Regalarten, die nach Durchführung einer vorbereitenden Tätigkeit, wie z. B. der Öffnung eines Ganges beim Verschieberegal, Linienlagerung aufweisen (s. Kap. 10.3.2).

10.3.1   Regalarten für Linienlagerung

10.3.1.1 Fachbodenregal

• *Konstruktiver Aufbau*: Es besteht aus Stützen (Vierkantrohre, Winkel, H-Profile) zwischen denen Fachböden (Stahlblech: lackiert, verzinkt oder Kunststoff: beschichtet) eingesetzt werden, aus Versteifungselementen und aus Zubehör, wie z. B. Rücken-, Seiten- und/oder Trennwänden sowie Frontleisten. Ausführung als Schraub- oder Steckregal, Regaltiefe: 0,4-0,6 m; Regalbreite einer Einheit: 1 m; Regalhöhe: 2 m bis 12 m hoch; für kleine und mittlere Teile mit und ohne Sichtkästen, in Schubladen für Klein- und Kleinstteile als Kommissionierlager mit fester Lagerplatzordnung, z. B. als Ersatzteillager, Magazin, Werkzeug- und Modellager, Montagelager, Produktionslager.

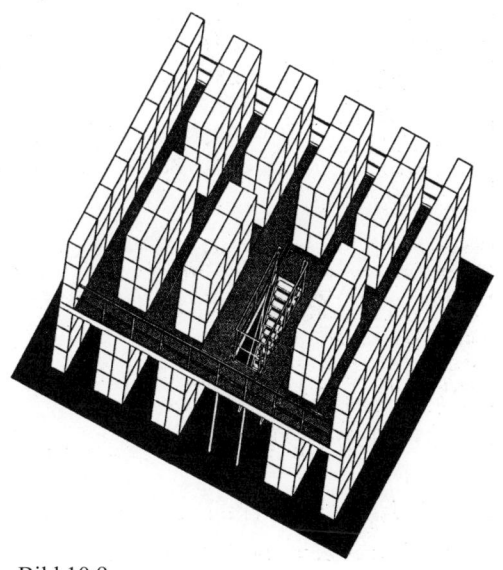

Bild 10.9
Zweigeschossiges Fachbodenregal

Ausführungsformen:

• *Hand- Fachbodenregal* (s. Bild 3.3b)
• *zweigeschossiges Fachbodenregal* (Bild 10.9) ca. 2 x 2 m hoch
• *Fachbodenhochregal* bis 12 m Höhe (Bild 10.10)

Bedienung: manuelle Ein- und Auslagerung, Fachbodenhochregal mittels Regalbediengerät für Kommissionierung; für ganze Einheiten von Kästen, Schachteln oder Kleinbehältern auch automatische Bedienung mit RBG (s. Kap.11.5).

Vorteile Fachbodenhochregal: guter Zugriff zu jedem Artikel, relativ gute Übersichtlichkeit; Fachbodenregal: geringe Investition, manuelle Bedienung.

Nachteile Fachbodenregal: bei manueller Bedienung eingeschränkte Entnahme oben und unten (Strecken und Bücken), großer Verkehrsflächenanteil (Flächennutzungsgrad 45 %, s. Kap. 9.7), Tragfähigkeit der Fachböden begrenzt.

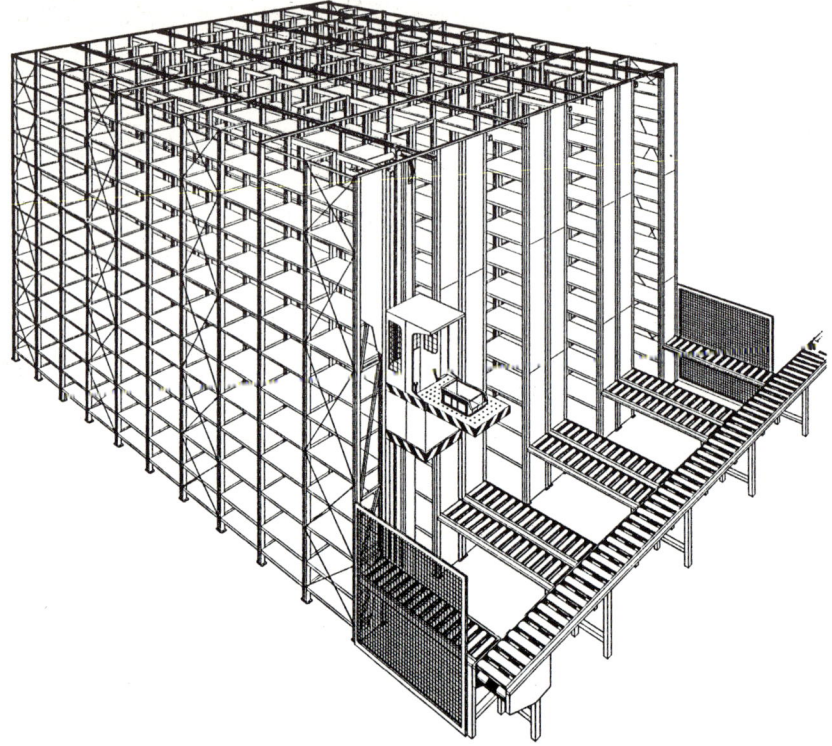

Bild 10.10   Fachbodenhochregal mit RBG als Kommissionierlager

• *Großfachbodenregal* aus Stahl mit Holz- , Stahl- oder Gitterrostfachböden für die Lagerung von Blechtafeln, Pressspanplatten, Teppich-, Stoff -und Kunstrollen, Paletten und Ladegestelle unterschiedlicher Abmessungen (Mehrplatzsystem), in der Regel als Einheitenlager, Bedienung mittels Stapler.

10.3.1.2 Palettenregal, Behälterregal

Konstruktiver Aufbau: Zu unterscheiden:

•   Palettenregal im *Einplatzsystem*: die Regalständer (Punktbelastung s. Kap. 6.6.7.5) stehen für eine Paletten- (Behälter-)breite auseinander und besitzen in Regal-Tiefenrichtung Winkelprofile zur Aufnahme der Ladeeinheiten: *Quereinlagerung* der Paletten (Bild 10.11a / 10.12a), Stützenabstand eines Ständers für Poolpaletten 800 mm.

• Palettenregal im *Mehrplatzsystem*: die Regalständer stehen weit auseinander und sind durch Auflageträger (Traversen, Auflagebalken) miteinander verbunden. Bis zu fünf Paletten können nebeneinander auf den Auflageträgern liegen: *Längseinlagerung* (Bild 9.5; Bild 10.11b oben, / Bild 10.12b). Bei Quereinlagerung der Paletten oder bei Behälterlagerung (Füße) sind Auflagewinkel, die formschlüssig über den Auflageträgern liegen, erforderlich, schlechte Raumausnutzung. Stützenabstand eines Ständers in Regaltiefe für Poolpalette 1.100 mm. Bezeichnungen / Schnittdarstellung s. Bild 11.41.

Die Fachhöhen im Einplatz- und Mehrplatzsystem sind durch Lochprofile der Regalständer variabel. Sicherheitsklemmen verhindern unbeabsichtigtes Ausklinken des Auflageträgers durch den Stapler. Regale in verzinkter oder lackierter Ausführung. Für die Einlagerung von Behältern im Mehrplatzsystem sind Auflagewinkel auf den Auflageträgern erforderlich (s. Bild 10.11b).

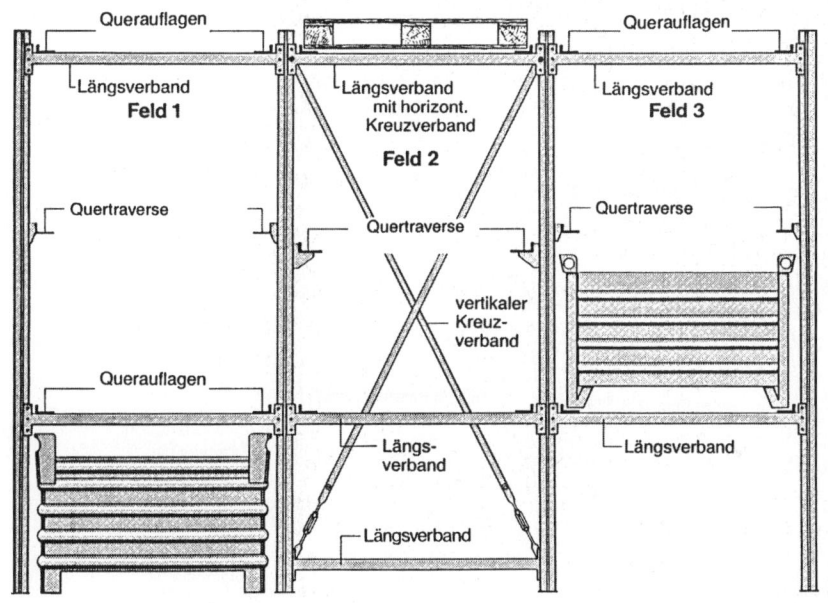

a) Einplatzsystem
– Quertraversen bzw. -auflagen für Pal./Behälter
– Längsverband zur Stabilität

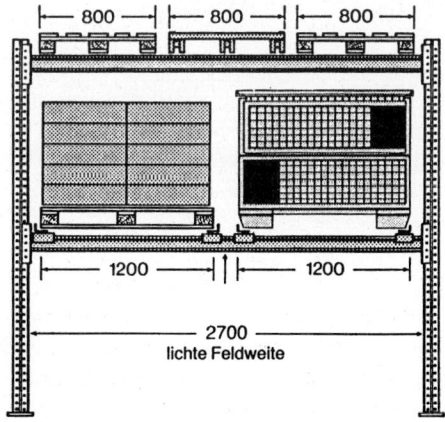

b) Mehrplatzsystem:
    2. Ebene: für 3 DIN-Paletten
    Längseinlagerung
    1. Ebene: für Behälter, Auflagewinkel
    erforderlich, schlechte Fachauslastung,
    Quereinlagerung

Bild 10.11 Palettenregale

Anwendung: Vorherrschende Lagerungsart von kleiner und großer Anzahl Paletten je Artikel und breitem Sortiment

Einplatzsystem in der Regel als Kommissionierlager mit fester Lagerplatzordnung

Mehrplatzsystem in der Regel als Einheitenlager mit freier Lagerplatzwahl

Bedienung: je nach Regalhöhe mit den Staplertypen, mit Regalbediengeräten sowie mit Stapelkran. Hochregallager können bis 13 m Höhe mit Hochregalstapler manuell bedient werden (s. Bild 10.41), vollautomatische Ein- und Auslagerung mit RBG bis zu 50 m Höhe.

Vorteile: guter Zugriff zu jedem Artikel, gute Höhenausnutzung, druckfreies Lagern der Güter, rationelle Bauweise, bei schienengeführten RBG guter Flächennutzungsgrad.

Nachteile: an bestimmtes Lagerhilfsmittel, z. B. Palette, gebunden, Flächennutzungsgrad ca. 40 bis 65 % (abhängig von Bediengerät, sowie Lage und Abmessung Ladeeinheit), schlechte Raumausnutzung (Bild 10.12), Verlusthöhe für eine Paletteneinheit setzt sich zusammen aus: vorgegebener Manipulationshöhe 100 mm, Auflageträger 100 – 200 mm, Palettenhöhe 150 mm, ergibt ca. 350 – 450 mm Verlusthöhe, multipliziert mit Palettenfläche ca. 1 m² ergibt 0,35 bis 0,45 m³ Verlustvolumen. FIFO nur durch Organisation möglich, gleiche Fachhöhen für mehrere Paletten. Bodenverankerung erforderlich, wenn Höhe und Breite des Regals das Verhältnis von 4:1 überschreiten (Doppelregale günstiger als Einzelregale); Rammschutz, Abweisecken für Gabelstaplerbedienung sowie Durchschubsicherung für Einzelregale erforderlich, Auflagewinkel, Tiefenauflage und Querbalken zur Quereinlagerung von Paletten, Gitterboxen oder nicht genormten Paletten, Fassauflagen für Fässer mit Auffangwannen.

a)

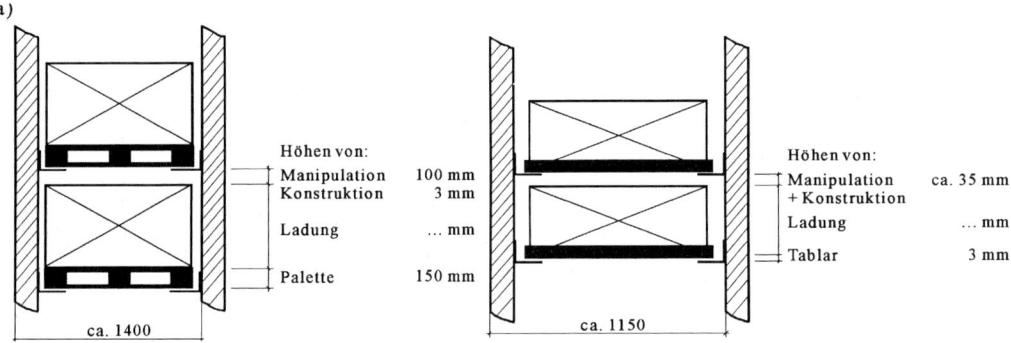

b)

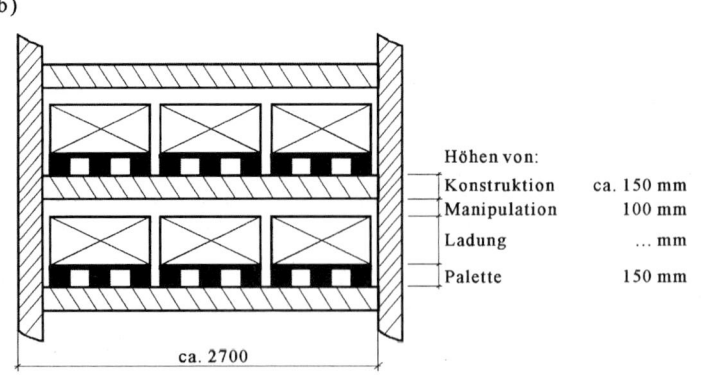

Palettenregal

a) Einplatzsystem
b) Mehrplatzsystem
DIN-Palette 800 x 1200
Bezeichnungen s. Bild 11.41

c) Tablarregal (AKL)

Herausziehbares
Tablar
(900 × 650 mm)

Bild 10.12   Berechnungsskizze zur Raumausnutzung Paletten- und Tablarregal

Ausführungsformen: in Hallen bis 7,5 m Höhe (s. Bild 9.4) aufgestellte Palettenregale, über 7,5 m Höhe spricht man von Palettenhochregalen im Hochregal- oder Hochraumlager (Sprinkleranlage in der Regel erforderlich). Spezielle Regale: *Lagersilo*: nur für große Anzahl Paletteneinheiten, bei denen die Regale Dach und Seitenwände tragen, in Stahl- oder Stahlbetonbauweise, maximale Höhe bis 45 m; *Palettenregal mit Fachböden (Großfachbodenregal)* aus Holz, Blech oder Gitterrosten zur gleichzeitigen Lagerung unterschiedlicher Paletten. Kosten pro Palettenplatz s. Tab. 11.6 im Beispiel 11.21.

10.3.1.3 Langgutregal

Konstruktiver Aufbau: zu unterscheiden sind

• *Kragarmregal:* bestehend aus Mittelstütze und Bodenriegel sowie den einseitigen oder doppelseitigen Kragarmen. Diese Stützen sind in einem bestimmten Abstand voneinander aufgestellt und mittels Diagonalstreben verbunden. Kragarme können höhenverstellbar sein oder spezielle Ausführungen besitzen wie z. B. teleskopierbare Kragarme. Das Langgut (s. Bild 3.1) kann einzeln (geordnete Lagerung), in Langgutwanne, -palette oder -kassette (ungeordnete Lagerung) auf die Kragarme gelegt werden. Bis 200 t pro Regalstütze (Bild 10.13a; s. Bild 11. 43) möglich. Bedienung über die Längsseiten.

• *Wabenregal*: Langgut liegt in kanalähnlichen neben- und übereinander liegenden Fächern, die entweder aus starren Rahmenstützen aufgebaut sind oder durch Übereinandersetzen von U-förmigen Rahmen in bestimmten Abständen hintereinander angeordnet entstehen (Bild 10.13b). Bei schwerem Gut mit Tragrollen ausgerüstet. Bedienung über Stirnseiten.

a) Kragarmregal   b) Wabenregal   c) Ständerregal   d) Regal für Kabeltrommeln

Bild 10.13   Langgutregale a bis c; d: Sonderregal

• *Ständerregal*: Langgut steht schräg am Regal, das aus mehreren Einzelständern aufgebaut ist, die durch Diagonalstreben miteinander verbunden sind (Bild 10.13c; s. Bild 11.45).

Anwendung, Bedienung, Vor- und Nachteile:

• *Kragarmregal*: für Langgut jeglicher Art, auch für Bleche und Platten, Bedienung manuell, mechanisiert mit Vierwegestapler oder automatisch mittels Portalkran (Bild 10.14, Kap. 6.4.3).

Vorteile: Übersichtliche und sachgemäße Lagerung, in der Regel 4 – 6 m lang; ein- und zweiseitige Ausführung, auch Kombination: eine Seite Blech, andere Seite Langgut.

Nachteile: Reststücke sind nur über Langgutwanne zu lagern oder stehend im Anbruchlager.

Kragarmhochregal sowohl für Langgut wie auch für hängende Lagereinheiten z. B. Motorblöcke, Coils oder Papierrollen.

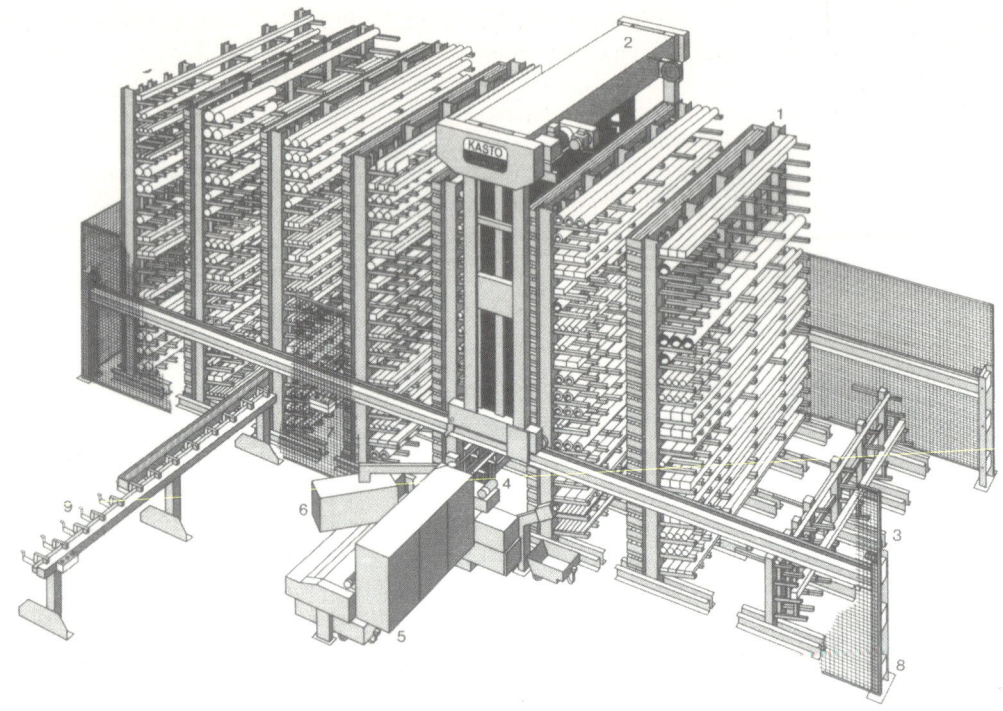

Bild 10.14 Automatisiertes Kragarmregallager mit integriertem Sägezentrum
    1. Kragarmregal zur Aufnahme von Stangenmaterial und Kassetten
    2. Regalbediengerät: Portalkran / 3. Ein- und Auslagerungsstation
    4. Schnellwechseleinrichtung mit Materialvorlagerrollenbahn
    5. CNC-Sägemaschine
    6. Zentrales Steuerpult zur Programmeingabe für das gesamte Sägezentrum
    7. Handsteuerpult für Bediengerät / 8. Schutzzaun
    9. Auslagerungsstation für Kassetten

• *Wabenregal*: für kleines bis großes Sortiment an Langgut bei geringen Mengen je Artikel. Bei großem Sortiment und hohem Umschlag ist automatische Ein- und Auslagerung bei gegenüberliegender Anordnung von zwei Wabenregalen möglich (s. Bild 11.2).
Vorteile: kompakte Lagerung; bei kleinen Lagermengen im Wabenregal Installation einer Lagerbühne auf Wabenregal möglich. Guter Flächen- und Raumnutzungsgrad bei gegenüberliegender Anordnung
Nachteile: große Manipulier- und Bedienfläche vor Regal erforderlich, bei geringem Umschlag schwerer Profile umständliche Bedienung mittels Laufkran

• *Ständerregal*: Langgut wie Rohre, Profile, Stabmaterial aus Stahl, Holzbretter, Kunststoffleisten stehen an so genannten A-Böcken oder Christbaumständern, manuelle Bedienung.
Vorteil: geringer Platzbedarf
Nachteil: nur für kleine Lagermenge und geringe Gewichte

10.3.1.4 Sonderregale

In Abhängigkeit von der Form, den Abmessungen und dem Gewicht des Lagergutes werden i. d. R. bestehende Regale umgebaut oder speziell auf das Lagergut konstruierte Regale zur

Lagerung eingesetzt. Beispielsweise kann eine Kabeltrommel oder Coil in einem Palettenregal mit Winkelauflagen stehend, hängend von einem Dorn eines Kragarmregales aufgenommen oder mittels einer durch die Mittelbohrung der Kabeltrommel geschobenen Achse in einem speziellen Ständerregal gelagert werden (s. Bild 10.13d, 11.44b).

10.3.2 Regalarten für Linien-/Kompaktlagerung

10.3.2.1 Verschieberegal

Konstruktiver Aufbau: zu unterscheiden sind (Bild 10.15):

- Längs herausziehbares Regal: Zugschrank
- Parallel verfahrbares Regal: Verschieberegal

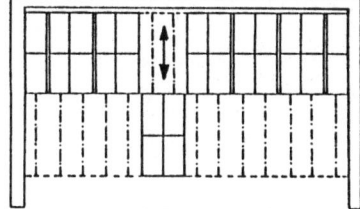

a) längs herausziehbar: Zugschrank

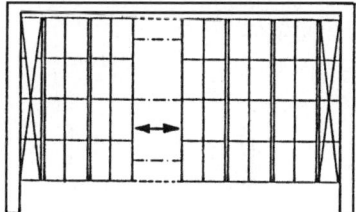

b) parallel verfahrbar: Verschieberegal

Bild 10.15   Prinzip Verschieberegal

Der *Zugschrank* ist aus nebeneinander angeordneten Regaleinheiten – in der Regel Fachboden-regale – aufgebaut, die man herausziehen kann und die von beiden Seiten manuell bedient werden können.

Anwendung: für Kleinwerkzeuge, Formen von Pressen oder Apothekengut

Vorteile: guter Flächen- und Raumnutzungsgrad; an anderen Regalen – mit Ausnahme des Nachbarregals – kann ein- und ausgelagert werden, Diebstahlsicherung

Nachteil: nur für kleine Mengen

Das *Verschieberegal* besteht aus verfahrbaren Unterwagen, auf denen alle Regaltypen wie Fachboden-, Paletten- oder Kragarmregale als Doppelregale aufgebaut werden. Der Unterwa-gen wird mittels Rollen auf Schienen geführt. Die einzelnen Wagen mit ihren Regalaufbauten können dicht zusammengefahren werden. In Abhängigkeit von Größe und Tragfähigkeit eines Regalwagens wird manuelles Verschieben (Übersetzung, Drehradantrieb) oder motorischer Antrieb (Einzel- oder Gruppenantrieb) durchgeführt. Bis ca. 8 m hoch: Kippsicherheit (Ver-hältnis Regalhöhe zu Regalbreite 4:1).

I. d. R. werden 8 bis 10 Regaleinheiten mit einem Bediengang versehen. Die Außenseiten bilden feststehende Einzelregale. Geschwindigkeit bei Einzelantrieb 0,06 – 0,08 m/s, bei Gruppenantrieb (mit Magnetkupplung) 0,15 m/s. Sicherheitseinrichtung in Form von End-schalterleisten am fahrbaren Regal schalten bei Berührung den Antrieb des Regalwagens sofort ab. Gangöffnungs-Vorwahlschalter erhöhen Zugriffszeit. Bedienung des Verschieberegals: für kleine Regale manuell, mit Staplern, automatisch z. B. mit Stapelkran (Bild 10.16).

Anwendung: für B- und C-Artikel, wenn Bediengänge nur wenig ausgelastet sind, z. B. für Modelle, Werkzeuge, Vorrichtungen, Bücher, Akten, als Beschaffungslager für Rohmaterialien, z. B. Langgut und Bleche (Bild 10.16), für Kühlhauslagerung.

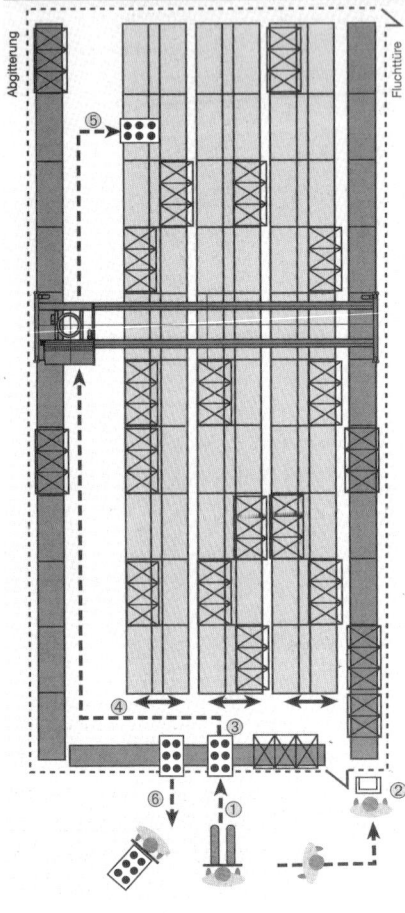

Bild 10.16
Automatisches Verschieberegal mit Stapelkranbedienung a) Grundriss: Regal bestehend aus 2 festen Endregalen und 3 verfahrbaren Palelettenregalblöcken:
1) Einlagerungspalette mit Handgabelhubwagen zum Übergabeplatz transportiert;
2) Palettendaten manuell über Tastatur oder mittels Handscanner in LVS eingeben;
3) Stapelkran holt nach Profilkontrolle Palette zur Einlagerung ab;
4) Verschieberegal öffnet gleichzeitig mit Palettenaufnahme;
5) Stapelkran fährt in geöffnete Gasse und übergibt Palette an Lagerplatz;
6) Auslagerung geschieht in umgekehrter Richtung wie Einlagerung.

a)

b) Einbau des Verschieberegallagers in eine Halle

Vorteile: hoher Flächennutzungsgrad, gute Raumausnutzung (Bild 10.17)

Nachteile: geringe Ein- und Auslagerungsfrequenzen, hohe Investitionen, Schwierigkeiten beim nachträglichen Einbau, da Regal um Schienenhöhe höher liegt

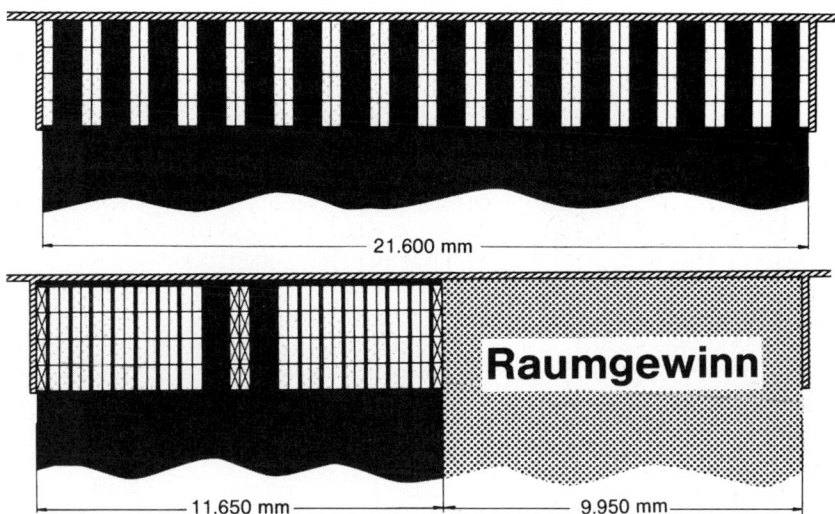

Bild 10.17   Flächenvergleich: Palettenregal-Verschieberegal

10.3.2.2 Umlaufregal

Konstruktiver Aufbau: zu unterscheiden sind:

- Vertikales Umlaufregal: Paternosterregal
- Horizontales Umlaufregal: Karussellregal
- Kombiniertes Umlaufregal: Etagen- und Schlangenpaternosterregal

- *Paternosterregal:*

Aufgebaut ist es aus zwei parallelen, endlos umlaufenden Ketten, die durch Stangen verbunden sind. An den Stangen befinden sich je nach Lagergut Lastaufnahmemittel wie Gondeln, Fachböden, Kassetten oder Schubladen. Um möglichst schnellen Zugriff zu haben, ist das Paternosterregal (Bild 10.18/19) reversierbar, kann durch Vorwahlschalter gesteuert werden (Regalhöhe bis 12 m; Breite: 2,5 bis 4,5 m; Tiefe: 1,3 bis 1,8 m; Nuttiefe Fachboden: 400 bis 600 mm; Zuladung je Regal bis 23 t, je Tragboden bis 600 kg). Unlast-Sicherung wird durch Überlastschutz erreicht und verhindert einseitige Überladung. Steht der Paternoster über mehrere Etagen, kann in jeder Etage ein Ein- und Auslagerungsplatz eingerichtet werden.

Bedienung: manuell mit richtiger Arbeitshöhe und ergonomisch richtig sowie vollautomatisch, z. B. Eingabe des Kommissionierauftrages über Barcode, automatisches hintereinander Anfahren der Artikel bei Wegminimierung, Entnahme manuell und Quittierung. Vollautomatische Ein- und Auslagerung von Lagerkästen zur dynamischen Bereitstellung an einem Kommissionierplatz zeigt Bild 10.20.

Anwendung: für B- und C-Artikel, weite Verbreitung als Kommissionierlager für Klein- und Kleinstmaterial wie Werkzeuge, Vorrichtungen, Montagematerial, Aktenordner usw. als Beschaffungs-, Produktions- und Distributionslager sowie im Büro; als Einheitenlager mit fester Lagerplatzanordnung bei automatischer Ein- und Auslagerung.

Vorteile: dynamische Bereitstellung: Ware kommt zum Mann in Griffhöhe und damit geringe Wegzeit, geringer Flächenbedarf, also hoher Flächen- und Raumnutzungsgrad, diebstahlsicher (abschließbar), Lagergut gegen Verschmutzung gesichert, Suchhilfen durch Lichtleiste auf Arbeitsplatte, Einbindung in den Arbeitsprozess, schneller Zugriff, automatisierbar.

Nachteile: hohe Investition, kein direkter Zugriff auf alle Lagergüter, gewisse Wartezeiten für Entnahmevorgang. Lastaufnahmemittel s. Bild 10.23, gesamtes Lagergut wird ständig bewegt, Energiebedarf, geringe Umlaufgeschwindigkeit.

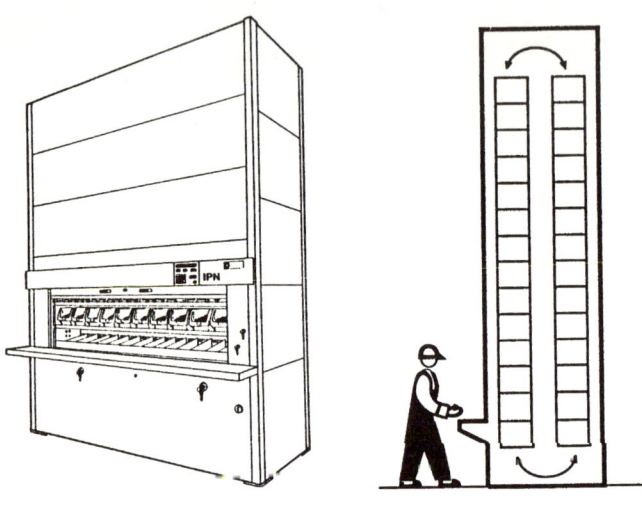

Bild 10.18
Paternosterregal. Prinzipdarstellung

Bild 10.19
Kommissionieren aus Paternosterregal

- *Etagen- und Schlangenpaternosterregal (Bild 10.21 und Bild 10.22)*:
variable Bauformen in vertikaler, horizontaler und kombinierter Bauweise für sperrige Lasten, Langgut, Kabeltrommeln, Zylinder, Walzen, Rollen usw. Ausnutzung der Raumhöhen, Einsparung von Bodenflächen, flexible Anpassung des Lastträgers an das Ladegut (Bild 10.23). Umlaufgeschwindigkeit bis 12 m/min, Tragfähigkeit des Lastträgers bis 3,5 t, Beschickung und Entnahme an mehreren Stellen möglich.

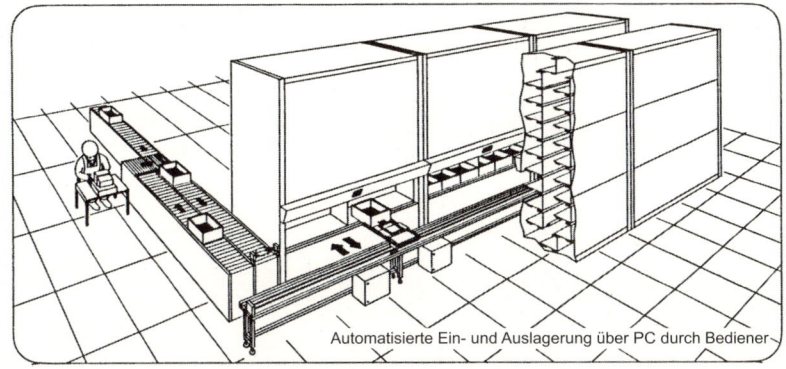

Automatisierte Ein- und Auslagerung über PC durch Bediener

Bild 10.20 Automatische Paternosteranlage mit Kommissionierplatz (Prinzip Ware zum Mann)

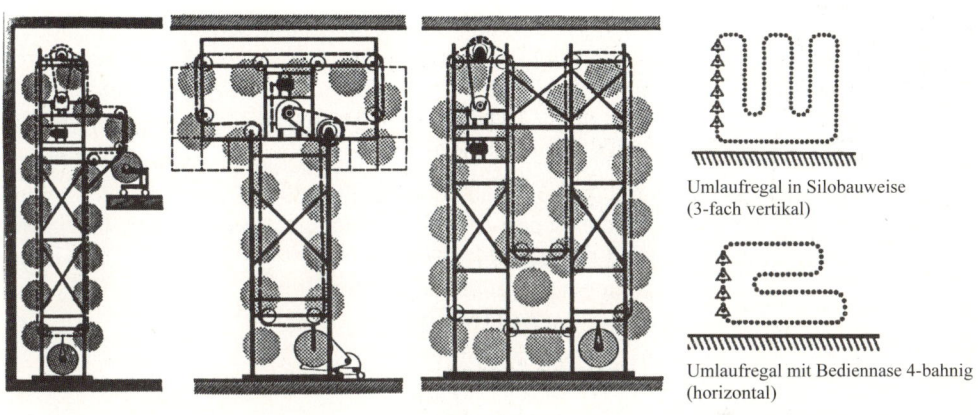

Umlaufregal in Silobauweise
(3-fach vertikal)

Umlaufregal mit Bediennase 4-bahnig
(horizontal)

Bild 10.21 Etagenpaternoster

Bild 10.22 Schlangenpaternoster
(Linienführungen)

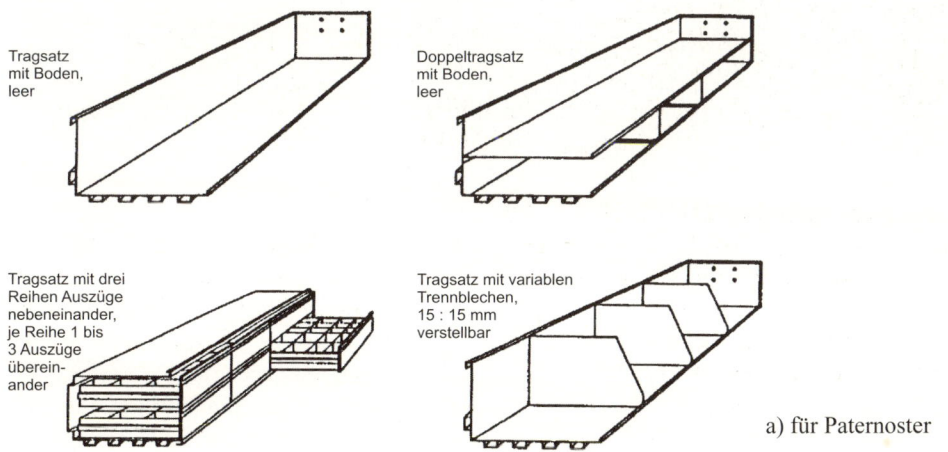

Tragsatz
mit Boden,
leer

Doppeltragsatz
mit Boden,
leer

Tragsatz mit drei
Reihen Auszüge
nebeneinander,
je Reihe 1 bis
3 Auszüge
überein-
ander

Tragsatz mit variablen
Trennblechen,
15 : 15 mm
verstellbar

a) für Paternoster

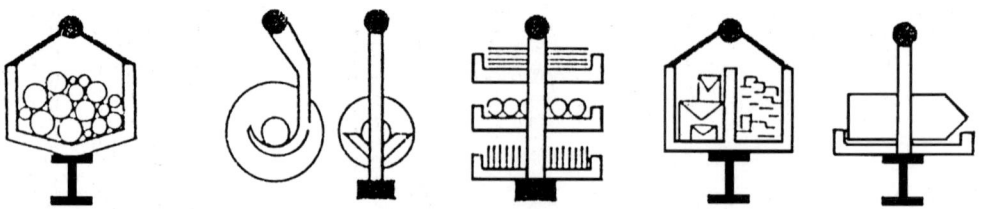

b) für Etagen- und Schlangenpaternoster

Bild 10.23   Ausführungsformen von Lastaufnahmemitteln

- *Karussellregal:*
aufgebaut als horizontaler Kreisförderer, dessen Gehänge Fachbodenregale sind, die in einer Bodenschiene geführt werden. Bedienung nur an definierter Stelle, sodass wie beim Paternosterregal dynamische Bereitstellung erfolgt (Bild 10.24a), Hochleistungs-Karussellregal s. Beispiel 11.12 und Bild 10.24b.

Anwendung für B- und C-Artikel als Kommissionierlager in niedrigen Räumen bei hohem Umschlag mit belegloser Kommissionierung; durch Kombination mehrerer Regale reduzieren sich die Wartezeiten auf ein Minimum (Bild 10.25).

Die Steuerung kann manuell mit Tastern für Start und Stopp erfolgen, dabei sind Umschlagleistungen bis zu 120 Auftragspositionen pro Mann und Stunde möglich. Mittels Bedienpult und teilautomatisierter Steuerung kann die Umschlagleistung auf 180 Positionen pro Mann und Stunde erhöht werden. Durch Computersteuerung und Anzeigegeräte sowie mit belegloser Kommissionierung (s. Kap. 11.2) wird die Umschlagleistung bis auf 300 Positionen pro Mann und Stunde gesteigert. In hohen Räumen ist es möglich, Karussellregale bis zu 7 m Höhe aufzubauen.

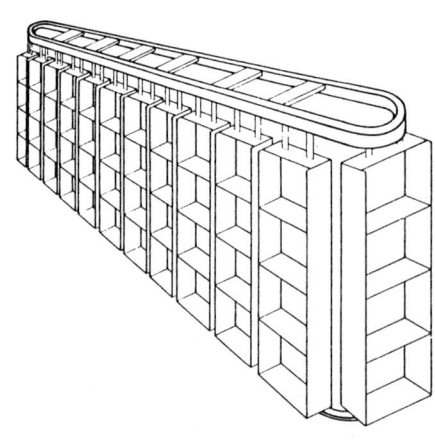

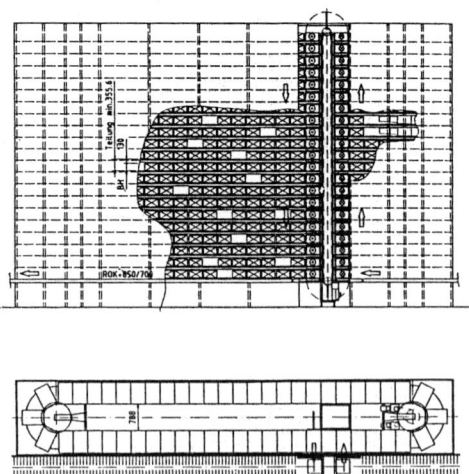

a) Prinzipskizze

Bild 10.24   Karussellregale

b) Schematische Darstellung eines Hochleistungs-Karussellregals mit einer stündlichen Ein-/Auslagerungsleistung von 500 Kästen mittels Spezialaufzug

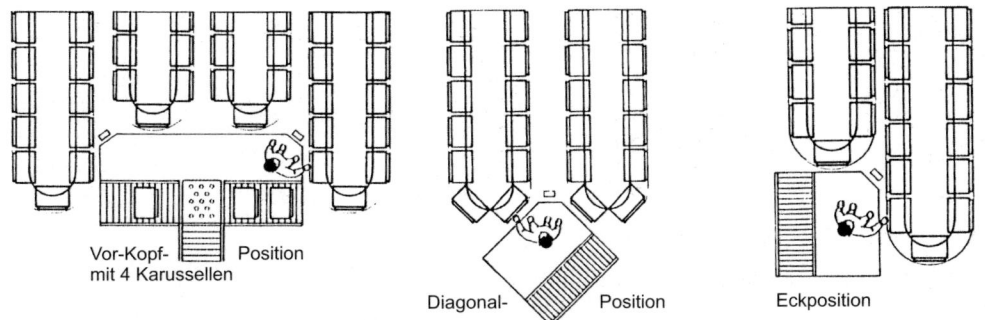

Bild 10.25 Anordnungsmöglichkeit von Karussellregalen (Draufsicht)

10.3.2.3 Doppeltiefes Palettenregal

Der Aufbau ist im Bild 10.26 schematisch dargestellt. Es handelt sich um Palettenregale im Mehrplatzsystem, bei denen immer zwei Paletten hintereinander und drei nebeneinander eingelagert sind. Zur Bedienung sind Regalbediengeräte erforderlich, die mit Teleskopgabeln ausgestattet sind.

Diese Regalart ist besonders geeignet für ein Artikelsortiment mit einer größeren Anzahl von Paletten pro Artikel und bei teuren Lagerräumen wie z. B. bei Kühlraumlager.

Zum einfachen Palettenregal ergibt sich eine Erhöhung der Lagerkapazität um ca. 30 %.

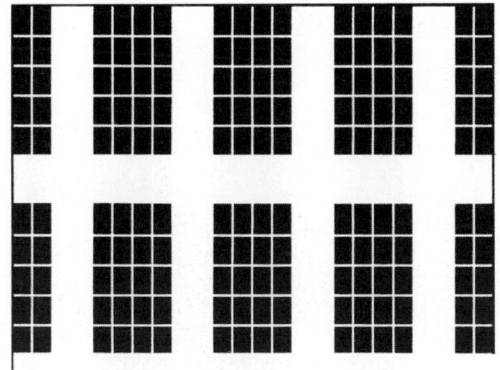

Bild 10.26
Schematische Darstellung eines doppeltiefen Palettenregals

10.3.2.4 Turmregal

Ein Turmregal (auch Lift-, Shuttle-, Vertikal-, Aufzugsregal genannt) hat folgenden Aufbau:

Zwei gegenüberliegende Einzelregale sind nach dem Einplatzprinzip (Kap. 10.3.1.2) aufgebaut. Die Bedienung (Ein-/Auslagerung) übernimmt ein nicht verfahrbares, mit einem Aufzug vergleichbares Seil- oder Ketten-Hubgerät. Es gibt nur eine Ein- und Ausgabestelle, die mittels Transferförderer die Verbindung zum Ein-/Auslagerungsgerät erstellt. Das Lagerhilfsmittel ist ein Tablar (bis ca. 1.250 × 825 mm), welches nach dem Backofenprinzip in den Auflagewinkeln des Regals liegt und zur Ein-/Auslagerung geschoben oder gezogen wird. Die Einteilung des Tablars ist beliebig (Bild 10.27a/b/c).

Das Turmregal arbeitet vollautomatisch, bei der Einlagerung wird die Höhe der LE (Artikel) abgetastet und ein entsprechender Lagerplatz ausgesucht. Die Einlagerung kann zeit- und platzoptimiert durchgeführt werden (Prinzip: Ware zum Mann).

Merkmale:

– kurze Zugriffszeiten, hohe Lagerfachaus-nutzung, besonders durch Höhenanpassung der Fächer an das einzulagernde Tablar (Bild 10.27c)

– hoher Flächen- und Raumnutzungsgrad

– Regalhöhe bis 10 (13) m, modularer Aufbau

– Lagergut wird nur bei Ein- und Auslagerung bewegt

– Schutz gegen Staub, Verschmutzung, Dieb-stahl

– vom PC kontrollierte Ein- und Auslagerung sowie programmgesteuerte Bereitstellung; Anbindung an Host

– einfache Erweiterung durch zweites Turmre-gal

– einfache Übergabe auf Stetigförderer

– fester Lagerplatz oder freie Lagerplatzwahl

– Anzahl der Spiele begrenzt: Tablargeschwin-digkeit 0,3 m/s

– Zuladung bis 280 kg/Tablar, pro Gerät bis 18 t.

Einsatzmöglichkeiten für Werkzeuge, Montage- und Fertigungsteile: in der Regel als Kommissi-onierlager eingesetzt.

Eine Weiterentwicklung ist das 3-dimensionale Turmregal (Bild 10.27d), es ist die Kombination von zwei bis fünf Turmregalen. Die Regalbedie-nung erfolgt über einen waagerecht verfahrbaren Verschiebewagen, der auf einen Aufzug gesetzt ist. Der große Vorteil ist in der hohen Lagerka-pazität und in zwei Öffnungen zu sehen, so dass zu gleicher Zeit kommissioniert und eingelagert werden kann oder der Kommissionierer ohne Zeitverlust zwischen den beiden Öffnungen arbeitet.

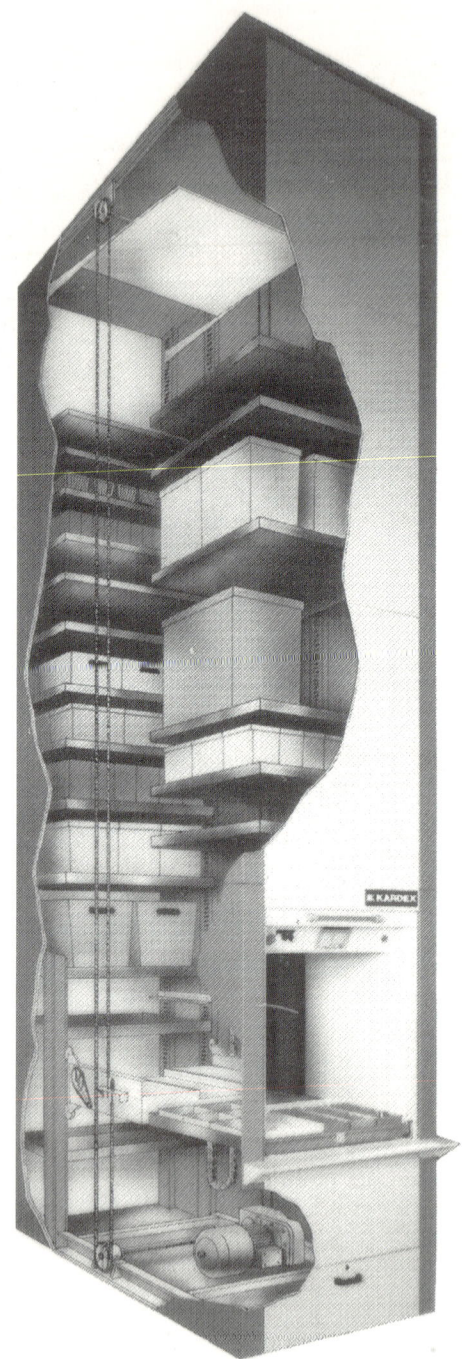

Bild 10.27a   Turmregal

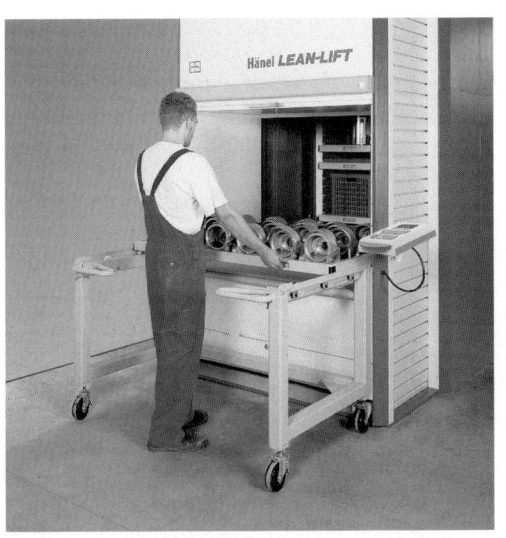

Bild 10.27b Einlagerungs- und Auslagerungs-
öffnung

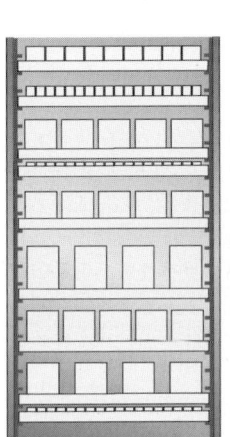

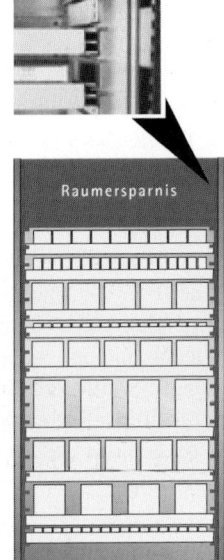

Bild 10.27c Gegenüberstellung von Lager-
fächern mit gleicher Höhe und mit an die
Lagereinheit angepasste Höhe; oben: Träger zur
Aufnahme der gleitgelagerten Tablare

Bild 10.27d: 3-dimensionales Turmregal mit
zwei WE/WA-Öffnungen

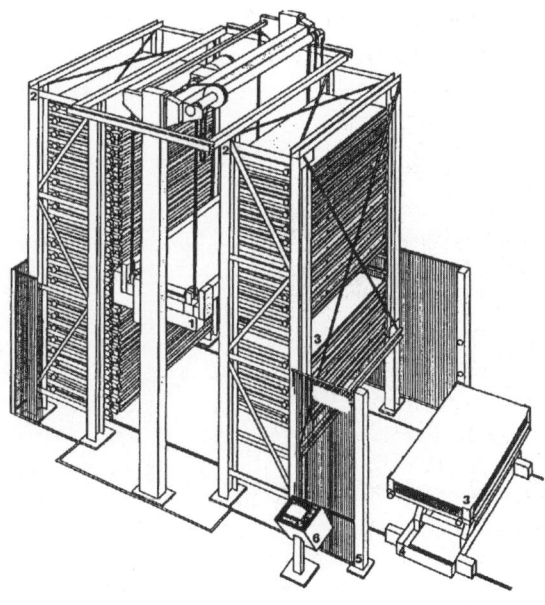

Bild 10.27e Automatisiertes Turmregal für Bleche
1. Seilaufzug zur Regalbedienung
2. Regalblock   3. Paletten
4. Ein- und Auslagerungsstation
5. Schutzeinrichtungen   6. Steuerung

Eine automatisierte Variante des Turmregals für Bleche zeigt Bild 10.27e. Eingesetzt z. B. vor einer Stanz- oder Nibbelmaschine zur Pufferung von unbearbeiteten und bearbeiteten Blechen.

10.3.3 Regalarten: Kompaktlagerung

Diese Regalarten mit mehreren Lagereinheiten hintereinander und übereinander werden oft als Kanalregale bezeichnet.

10.3.3.1 Einfahrregal, Durchfahrregal

Konstruktiver Aufbau: Palettenregal in Einplatzsystem-Bauweise mit mehreren hintereinander liegenden Lagerplätzen, d. h. Paletten oder Behälter in Quereinlagerung werden in mehreren Ebenen hinter-, neben- und übereinander gelagert. Man spricht von Einfahrregal (Drive-in-Regal), wenn das Regal nur von einer Seite zugänglich ist, dagegen von Durchfahrregal bei beidseitiger Bedienung. Das Bediengerät ist der Gabelstapler, der vor der Einfahrt in den „Lagergang" die Last in die entsprechende Höhe heben muss (Bild 10.28) und bei langen Kanälen an Schienen geführt wird.

Anwendung: für nicht stapelbare Ladeeinheiten mit geringem Umschlag (B- und C-Artikel) und großen Mengen je Artikel bei geringem Sortiment: z. B. Saisonartikel wie Campingausrüstung oder Kunststoffgranulat in Säcken auf Paletten. I. d. R. sortenreine Kanäle.

Vorteile: hoher Flächen- und Raumnutzungsgrad (ca. 70 %)

Nachteile: kein FIFO, sondern LIFO (s. Kap. 9.7), nicht ganz einfache Ein- und Auslagerung, Fachhöhen einer Ebene gleich hoch, einzelne Einfahrgänge nicht optimal ausgenutzt, z. B. bei sortenreiner Lagerung nur zu ca. 80 % Auslastung der Kanäle möglich.

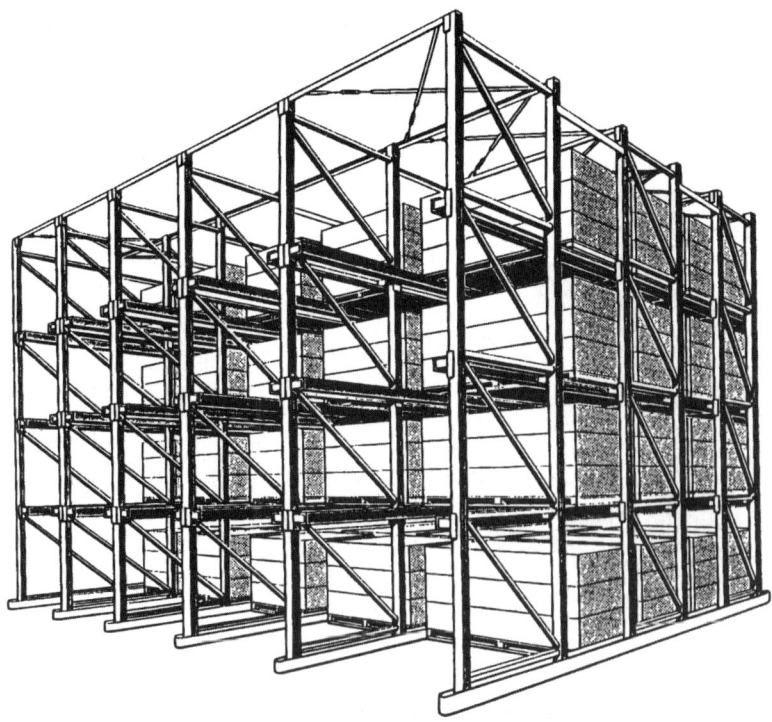

Bild 10.28
Einfahrregal

10.3.3.2 Durchlaufregal, Durchrutschregal

Konstruktiver Aufbau: zu unterscheiden sind:

- Kleinbehälter-Durchlaufregal (s. Bild 9.3)
- Paletten-Durchlaufregal (Bild 10.29)
- Durchrutschregal

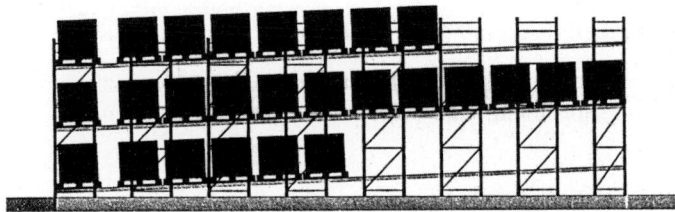

Bild 10.29
Paletten-Durchlaufregal
(Schwerkraftantrieb)

Grundprinzip ist ein aus neben- und übereinander liegenden Kanälen bestehender kompakter Regalblock, der beim *Durchlaufregal* von einer Seite mit Kleinbehältern bzw. Paletten beschickt, auf der anderen Seite die Einheiten entnommen werden. Die Kanäle sind mit Tragrollen ausgerüstet und besitzen eine Neigung von 3° bis 8°, so dass die Güter über Schwerkraft selbsttätig durch die Kanäle laufen.

Ausführungsformen, Vor- und Nachteile, Anwendung:

- *Kleinbehälter-Durchlaufregal:*

Kompaktregal mit kleinen Abmessungen für großes Sortiment von Kleinteilen mit hohem Umschlag als Kommissionierregal, z. B. im Versandhandel, oder als dynamisches Bereitstellregal bei der Montage für Einzelteile und Komponenten. Je nach Gewicht der Behältereinheit Kunststoffrollen, Stahlrollen, einseitig gelagerte Rollen mit Spurkranz.

Vorteile: einfaches Regal, geringe Investition für manuelle Bedienung, Schwerkraftantrieb, geringer Platzbedarf, FIFO-Prinzip zwangsläufig, hohe Artikelvielfalt auf engstem Raum, Trennung von Ein- und Auslagerung.

Nachteile: durch sortenreine Kanäle sind diese nur teilweise gefüllt, Lagerplatzausnutzung < 80 %, Kästen stoßen bei Einlagerung aufeinander.

Ausführungsformen: als manuelles Handbedienregal (Bild 9.3), aber auch automatische Ein- und Auslagerung bei entsprechender Größe.

- *Paletten-Durchlaufregal:*

Stirnfläche des Kanalquerschnittes einer Paletten-Ladeeinheit ca. 2 m^2 bei 1,8 m Ladeeinheitenhöhe, das bedeutet, nur geeignet für *kleines Sortiment* mit *großem Umschlag* und *großer Palettenzahl je Artikel.*

Ausführungsformen:
für Paletten:
Schwerkraft-Palettendurchlaufregal (Schwerlast-Rollenförderer)
horizontales Palettendurchlaufregal (Staurollenförderer)

für Rollpaletten:
Schwerkraft-Palettendurchlaufregal (Schienen für Rollpaletten).

Schwerkraft-Durchlaufregal für Paletten:
Ausrüstung mit Vereinzelungseinrichtung an der Entnahmeseite, Abbremsung der Einlagerungspalette (s. Kap. 5.3.4) durch Fliehkraftbremsrollen, Wirbelstrombremsung oder i. d. R. durch motorischen Antrieb der Tragrollen, um Lagergut gleichmäßig mit 0,07 bis 0,2 m/s über Tragrollen laufen zu lassen. Kanallänge bis 40 m (s. Bild 5.76).

Vorteile: FIFO zwangsläufig, Trennung von Ein- und Auslagerung; gute Übersichtlichkeit, leichte Bestandsaufnahme, Zugang zu jedem Artikel an Auslagerungsseite, hoher Flächennutzungsgrad, mechanische oder vollautomatische Bedienung mit Staplern oder Regalbediengeräten, RBG mit neigbaren angetriebenen Rollenförderer als Lastaufnahmemittel, geringer Energieverbrauch (Lagerplatzausnutzung < 80 %).

Nachteile: Verlustvolumen durch Neigung entspricht einer Palettenebene, hoher Investitionsaufwand, einwandfreie Paletten erforderlich, Brems- und Vereinzelungseinrichtung.

Horizontales-Durchlaufregal für Paletten:
Ausführung mit angetriebenen Staurollenbahnen, Verlustvolumen entfällt, Investitionen und Energieverbrauch steigen.

Bedienung: in Abhängigkeit vom Automatisierungsgrad; häufig verschiedene Ein- und Auslagerungsgeräte.

• *Durchrutschregal:*
Durchlaufregal ohne Tragrollen mit Rutschblechen ausgestattet für Kartonage, Schachteln, Schwerkrafttransport durch Schrägstellung der Bleche > 35° für nur wenige Einheiten hintereinander, preiswertes Regal, in Versandhäusern zu finden.

10.3.3.3 Einschubregal

Das Einschubregal (Push-Back-Regal) besitzt 4 bis 6 Paletten hintereinander, die auf hintereinander in einem Rahmen teleskopartig angeordneten Rollwagenleicht lagern; in geneigten Kanäle, dadurch keine Vereinzelungseinrichtung, Wegfall von Bremseinrichtungen und Nachlaufsperren, nur ein Bediengang, d. h. Platz sparend, hoher Flächennutzungsgrad – besonders wenn zwei Regale gegenüber stehen –, LIFO-Prinzip, Regalaufbau entweder mit Schienen für Rollpalette/ Rollrahmen, Gleitschienen oder nicht angetriebene Rollenbahnen für Paletten. Geringe Schubkraft gegen Hangabtrieb für Einlagerung erforderlich (s. Bild 9.10b, obere 2 Ebenen mit 3 Paletten), Neigung der Schienen ca. 3,5°. Die erste Palette wird an der Kanalstirnseite auf die Gleitschiene gesetzt, die zweite schiebt sie durch den Stapler nach hinten, ohne dass der Stapler in den Kanal einfahren muss. Einsatz als Pufferlager beim WE und WA, um kurze Standzeiten bei der Be- und Entladung der Lkws zu erreichen.

10.3.3.4 Satellitenregal

Im Durchschnitt benötigt ein RBG zur Ein- und Auslagerung einer Einheit in einem Palettenhochregallager bei Einfachspiel ca. zwei bis drei Minuten, dies entspricht 30 bis 20 Paletten pro Stunde. Um nun die Anzahl der pro Stunde ein- und auszulagernden Paletten zu erhöhen sowie einen noch höheren Raumnutzungsgrad zu erreichen, wurden Satelliten- und Rollwagenregale entwickelt.

Ein höherer Raumnutzungsgrad wird durch Hintereinanderlagerung von bis zu zehn Paletten also Reduzieren von Arbeitsgängen erreicht, ein größerer Umschlag durch Austausch des RBG mit schienengeführten Verteilerwagen in *jeder* Einlagerungsebene. Die senkrechte Bewegung erfolgt dann über einen oder mehreren Aufzügen. Der Verteilerwagen besitzt ein *Satelliten-fahrzeug*, das in die Lagerkanäle unter die Palette fährt, diese anhebt und zum Verteilerwagen zurückbringt. Das Satellitenfahrzeug ist durch ein Schleppkabel immer mit dem Verteilerwagen verbunden. Einfache Erweiterbarkeit dieses Regaltyps. Es werden drei Ausführungsformen beschrieben:

- *Einzelplatzlagerung*

Ohne Umlagerung können die Paletten ein- und ausgelagert werden (Linienlagerung): dies wird erreicht durch Satellitenfahrbahnen zwischen den Paletten im Stichgang(geringerer Raumnutzungsgrad). Bild 10.30a: Das Regalbediengerät (2) verfährt im Regalgang und positioniert vor dem Stichgang. Das Satellitenfahrzeug (1) ist mit einer Teleskopgabel ausgestattet, löst sich vom RBG und positioniert vor dem Einzelplatz (3). Ein-/Auslagerung geschieht über die Teleskopgabel. Umschlagsleistung 50 bis 60 Pal/h, Flächennutzungsgrad wie Palettenregal.

- *Kompaktlagerung mit RBG*

Ein RBG fährt im Regalgang (Bild 10.30b), ist *mit* einem Satellitenfahrzeug ausgerüstet und bedient z. B. 5 Ebenen. Nach Positionierung vor einem Kanal löst sich das Satellitenfahrzeug vom RBG, fährt in den Kanal, unterfährt die Palette und erreicht die Ein-/Auslagerung durch Anheben der Palette mittels Hubeinrichtung. Um an die Palette „3" zu gelangen, müssen die davor liegenden Paletten „1" und „2" umgelagert werden. Umschlagsleistungen bis zu 70 Pal/h und RBG. Die Geschwindigkeiten von RBG und Satellitenfahrzeug sind 200 m/min bzw. 60 m/min. Hoher Flächen- und Raumnutzungsgrad sowie einfache Lagervorzone zeichnen das Lager aus. Die Paletten werden im Lagerkanal von hinten nach vorne aufgebaut. Leerplätze liegen an der Kanalstirnseite. Fahrzeiten für Satellitenfahrzeuge. Arbeitsablauf sind vergleichbar mit Einfahrregal.

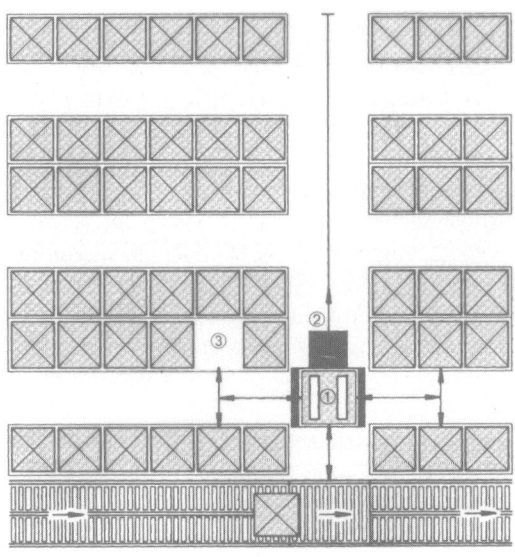

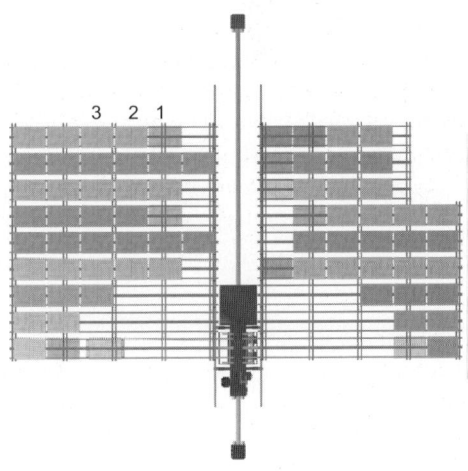

Bild 10.30

a) Einzelplatzlagerung: Satellit mit Teleskopgabel fährt in Stichgang zur Übernahme einer Palette (Grundriss)

b) Kompaktlagerung: Satellitenregal mit RBG (Grundriss)

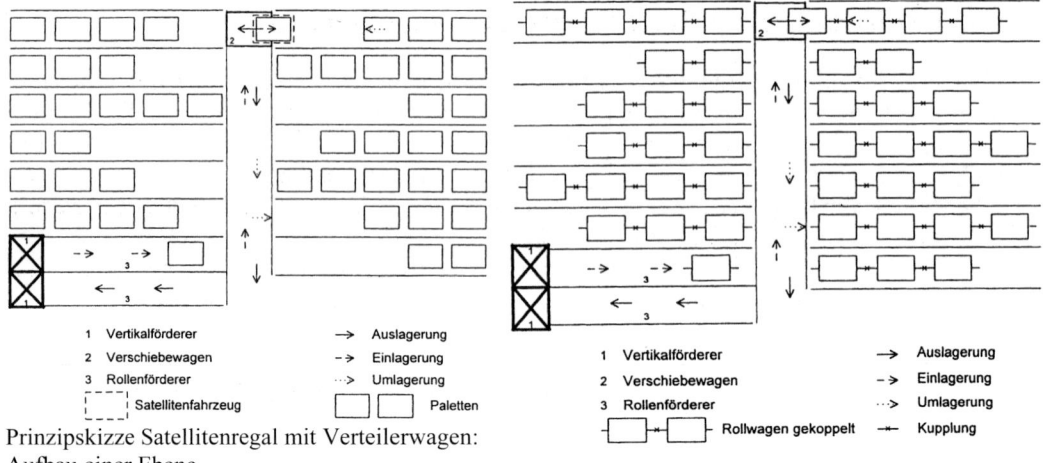

Prinzipskizze Satellitenregal mit Verteilerwagen:
Aufbau einer Ebene

Bild 10.31   Satellitenregal RBG / Verteiler-   Bild 10.32   Prinzipskizze Rollwagenregal mit
wagen mit integriertem Satellitenfahrzeug

• *Kompaktlagerung mit Verschiebwagen*

Das RGB wird in jeder Lagerebene durch einen Verteilerwagen ersetzt (Bild 10.31), der *mit* einem Satellitenfahrzeug ausgestattet ist. Senkrechttransport erfolgt mit Aufzug, hohe Umschlagleistung: 70 Pal/h x Anzahl Ebenen. Hoher Preis durch viele Satellitenfahrzeuge.

10.3.3.5 Rollwagenregal

Das Rollwagenregal (Bild 10.32) ermöglicht eine Blocklagerung, wobei die Ein-/Auslagerung ohne Satellitenfahrzeug geschieht. Die Paletten sind entweder Rollpaletten, stehen auf einem Rollwagen oder sind fahrbare Ladegestelle mit festen Rollen und laufen in Schienen im Lagerkanal. Jede Lagerebene wird durch einen Verschiebewagen bedient. Entscheidend ist die Kopplungstechnik der einzelnen bis zu 10 hintereinander hängenden Einheiten. Die Kopplung geschieht energiesparend z. B. durch horizontale Einschubtechnik. Die Rollwagen stehen immer vorne an der Kanalstirnseite, die Leerplätze liegen hinten, dies bedeutet kürzere Umschlagzeiten. Der Unterschied in Aufbau und Arbeitsweise von Rollwagen- und Satellitenregal mit Verteilerwagen ist in den Bildern 10.31 und 10.32 vereinfacht schematisch gegenübergestellt.

Vorteile: hohe Umschlaghäufigkeit, hoher Raumnutzungsgrad, schnelle Zugriffszeit.

Nachteile: Umlagern bei nicht sortenreiner Lagerung oder bei Einhaltung des FIFO-Prinzips, für DIN-Paletten Rollrahmen erforderlich (zusätzliche Rollwagenhandhabung, Rückführung und Lagerung), Kopplungstechnik, LIFO.

10.4 Transportmittel für die Ein- und Auslagerung

Um die Lagerung von Lagergut bei Boden- oder Regallagerung zu erreichen, muss das Lagergut zu dem Lagerplatz transportiert werden. Dies geschieht mit Unstetigförderern, die die Ein- und Auslagerung im Einheitenlager und das Beschicken eines Kommissionierlagers mit Einheiten durchführen. Ein- und Auslagerungsgeräte sind Komponenten des Lagersystems (s. Bild 10.6). Es können Regalbediengeräte sein, die ausschließlich nur für Ein- und Auslagerungen zuständig sind oder Stapler, die zusätzliche Aufgaben durchführen, wie z. B. Zu- und Abführung der Lagereinheit, Manipulationen im Wareneingang und -ausgang. In Bild 10.33 sind die für die Ein- und Auslagerungen eines Einheitenlagers möglichen Unstetigförderer zusammengestellt.

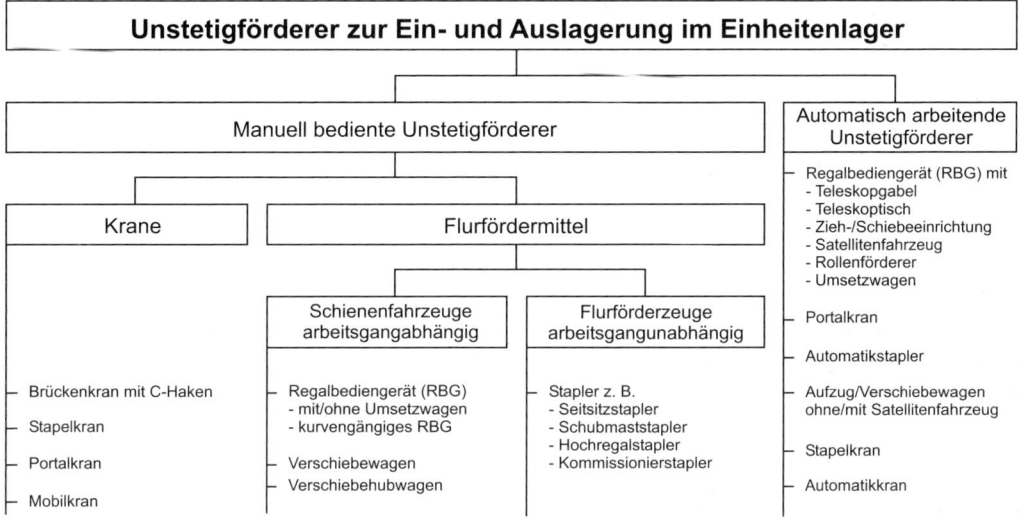

Bild 10.33 Transportmittel zur Ein- und Auslagerung im Einheitenlager

10.4.1 Krane

Die zur Ein- und Auslagerung verwendeten Krane sind im Wesentlichen:

- *Brücken-* und *Hängekran* zur Bedienung von Bodenlagerung z. B. Langgut oder mit Spezialllastaufnahmemittel für Paletten (Automatikkran). C-Haken nur bei gelegentlichem Palettentransport.
- *Mobilkran* für Tätigkeiten im Freilager
- *Portalkran* (Portalstapler): s. Kap. 6.4.3 sowie Bild 7.10 e und Bild 7.17
- *Stapelkran*: s. Bild 6.4.7, Bild 10.8: Bodenlagerung von Gitterboxpaletten mit Stapelkranbedienung.

10.4.2 Schienengebundene Flurfördermittel

In der *Vorlagerzone* werden zu Transport- und Hubarbeiten, aber auch zur Einlagerung, z. B. bei Satelliten- und Rollwagenregalen, Verschiebe- und Verschiebehubwagen eingesetzt: s. Bild 6.5.2, Bild 10.35.

Für das Arbeiten im *Regalgang* zum Ein- und Auslagern im Einheiten- und Kommissionierlager dient das arbeitsgangabhängige schienengebundene Regalbediengerät RBG (VDI 2361). Es besteht aus den Baugruppen Fahrrahmen (Bodentraverse), Säule, Hubwagen, Fahrwerk, Hubwerk, Lastaufnahmemittel und Steuerung. Je nach Ausführung des Gerätes können diese mit und ohne Kabine (i. d. R. nur einen Notsteuerstand) ausgerüstet werden. RBG sind am Boden, selten auf Regalanlagen schienengeführt und stützen sich an Regalen ab. Sie dienen zur manuellen oder automatischen Ein- und Auslagerung von Ladeeinheiten in bzw. aus Lagerfächern.

Eine Einteilung der RBG kann nach verschiedenen Gesichtspunkten erfolgen, z. B. nach

- Manuell bediente RBG für Kommissionieraufgaben: „Mann zur Ware"

- Manuelle und automatische RBG für Ladeeinheiten z. B. Palettenlagerung: zum Kommissionieren ganzer LE oder Bereitstellung nach dem Prinzip „Ware zum Mann".

- Automatische RBG für Kleinteilelagerung AKL mit dem Prinzip „Ware zum Mann".

Weiter zu unterscheiden sind Ein- und Zweisäulengeräte mit Bauhöhen bis zu 45 m.

Die Energiezufuhr für Fahr-, Hub- und Lastaufnahmemittelmotor geschieht hauptsächlich über Schleifleitungen (s. Kap. 4.5.4.3). Fahr- und Hubbewegungen überlagern sich immer.

Bei vollautomatisierten Geräten erfolgt die Datenübertragung von Lagerverwaltungs- und Materialflussrechner zum Gerät an geraden Strecken optisch mit Datenübertragungslichtschranken z. B. Infrarot, mittels Schlitzhohlleiter auf induktiver Basis oder mittels Datenfunk.

Je nach Gerätetyp z. B. AKL und Ganglänge bis ca. 30 m wird für die Energie- und Datenübertragung eine Kabelverbindung (Energiekette) verwendet.

Die Wegmessung (Istwerterfassung) erfolgt absolut mit Winkelcodierern oder mit Laserdistanzmessgeräten. Nach den geltenden Vorschriften (EN 528 Regalbediengeräte Sicherheit) „müssen Personen gegen Verletzungsgefahr durch sich bewegende Geräte durch Begrenzung des Zugangs zum Arbeitsbereich gesichert sein", d. h. die Gänge von manuellen und automatischen RBG sind generell gegen unbefugtes und unbewusstes Betreten mit geeigneten Maßnahmen zu sichern.

Das *manuell und automatisch arbeitende RBG* zur Ein- und Auslagerung von ganzen Lagereinheiten, z. B. Lagergut auf Paletten oder in Behältern, ist mit Teleskopgabel oder Teleskoptisch als Lastaufnahmemittel ausgerüstet und wird automatisch oder manuell bzw. teilautomatisch vom Steuerpult der Kabine aus gesteuert. Die Arbeitsgangbreite ist abhängig von den Abmessungen der Ladehilfsmittel und deren Lage zur Fahrtrichtung des RBG. Bei Längseinlagerung einer Europalette beträgt die Arbeitsgangbreite ca. 1,5 m. Die Nutzlast geht bis 1500 kg. Fahrgeschwindigkeit bis 240 m/min, Beschleunigung bis 0,5 m/s^2; Hubgeschwindigkeit bis 90 m/min, Beschleunigung bis 1m/s^2; als Lastaufnahmemittel werden eingesetzt: für einfache und doppelttiefe Lagerung Teleskopgabel und -tisch, der Satellit für mehrfach tiefe Lagerung. Die Arbeitsweise geschieht über Einfachspiel oder Doppelspiel. Aus Sicherheitsgründen müssen die Bediengänge abgesperrt sein. Eine Grundvoraussetzung für störungsfreien Betrieb ist eine hohe Palettenqualität sowie Gleichartigkeit und Maßhaltigkeit von Palette und Ladung.

Das RBG als *manuell bedientes Kommissioniergerät* kann mit verschiedenen Lastaufnahmemitteln, wie z. B. starrer Lasttisch, Rollenbahn, Kugeltisch und starre Gabel ausgerüstet werden, die i. d. R. bis zu 500 kg Last aufnehmen können. Zur Erleichterung der Kommissioniertätigkeit kann das Lastaufnahmemittel eine eigene Hub- bzw. Senkbewegung durchführen. Die offene Kabine ist nach ergonomischen Gesichtspunkten aufgebaut und kann mit einer Kommissionierplattform ausgestattet sein. Die Bedienung des RBG geschieht manuell vom Steuerpult der Kabine aus (Zweihandbedienung). Die Gerätehöhe ist in der Regel 12 m, aber geht auch bis 16 m Höhe (s. Bild 10.10).

Automatisches RBG für Kleinteilelagerung AKL: s. Kap. 11.6.

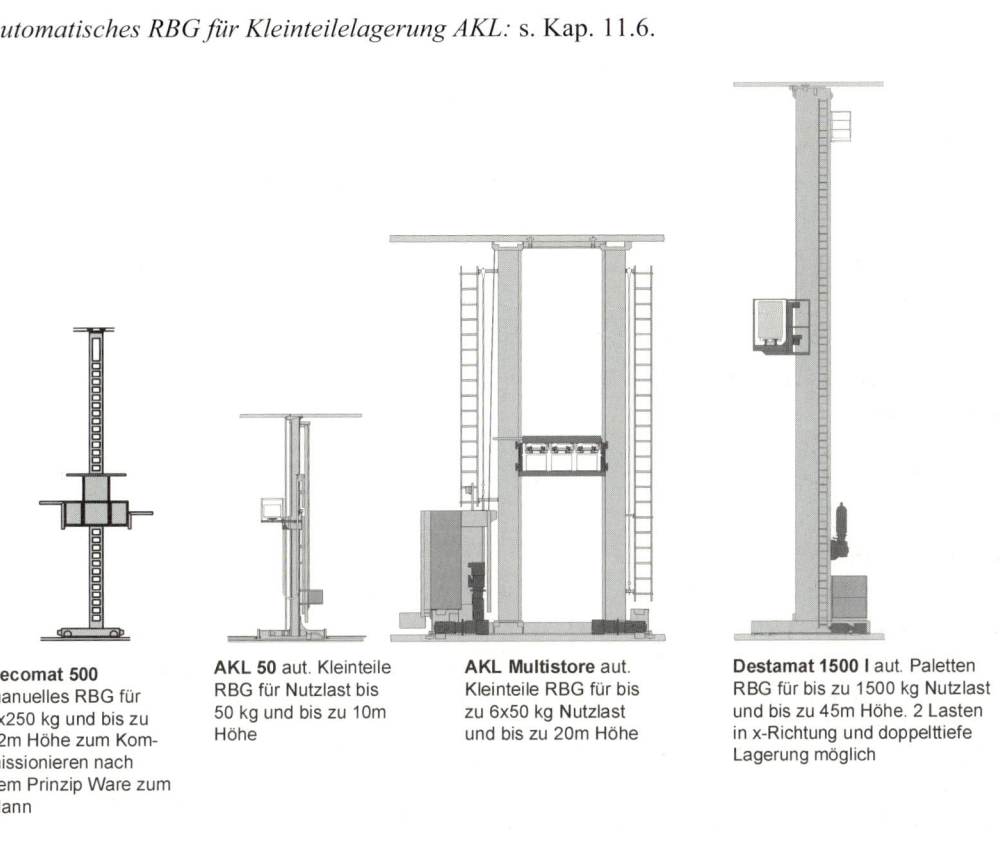

Decomat 500
manuelles RBG für
2x250 kg und bis zu
12m Höhe zum Kommissionieren nach
dem Prinzip Ware zum
Mann

AKL 50 aut. Kleinteile
RBG für Nutzlast bis
50 kg und bis zu 10m
Höhe

AKL Multistore aut.
Kleinteile RBG für bis
zu 6x50 kg Nutzlast
und bis zu 20m Höhe

Destamat 1500 l aut. Paletten
RBG für bis zu 1500 kg Nutzlast
und bis zu 45m Höhe. 2 Lasten
in x-Richtung und doppelttiefe
Lagerung möglich

Bild 10.34 Regalbediengeräte für Einheiten- und Kommissionierlager

Umsetzendes und kurvengängiges Regalbediengerät

I. d. R. arbeitet nur ein RBG in einem Regalgang und ist damit ausgelastet. Bei geringem Güterumschlag kann ein RBG auch mehrere Regalgänge bedienen. Dazu gibt es zwei Möglichkeiten: das Gerät fährt auf einen quer zum Regalgang laufenden Umsetzwagen (Bild 10.35) auf, der es zu dem gewünschten Regalgang bringt, oder es kann selbstständig als kurvengängiges RBG (Bild 10.36; Kap.6.5.2) über Schienen den Regalgang erreichen. Die Bauhöhen von umsetzenden und kurvengängigen RBG gehen in der Regel bis 30 m. Die Fahr- und Hubgeschwindigkeiten richten sich nach dem Transportgut, Hubhöhe und Umschlagleistung. Die Fahrgeschwindigkeiten betragen bis zu 200 m/min, die Hubgeschwindigkeiten gehen bis 63 m/min und die Teleskopiergeschwindigkeit des Lastaufnahmemittels bis zu 50 m/min. Ladungssicherung ist aufgrund der hohen Geschwindigkeiten erforderlich (s. Beispiel 11.7 / 11.8).

Umsetzbreiten

Für umsetzende RBG ist zu beachten: Je höher ein Hallenlager ist, umso größer ist das Verlustvolumen, das sich aus den Umsetzbreiten ergibt. In Abhängigkeit von Regalbediengerät ergeben sich folgende ca.- Umsetzbreiten bei einer RBG-Tragfähigkeit von 1 t:

- freitragender Stapler: 4,0 m
- Schubmaststapler: 3,0 m
- Kommissionierstapler: 4,0 m
- Vertikalkommissionierer: 3,5 m
- kurvengängiges RBG: 3,7 m
- RBG mit Umsetzwagen: 4,3 m (abhängig von Konstruktionslänge).

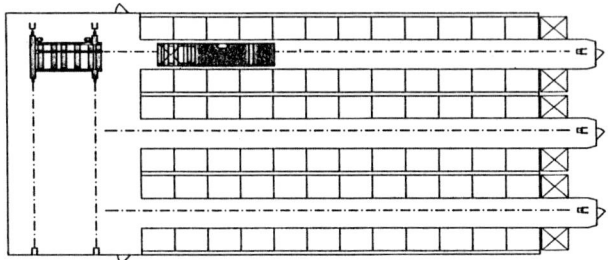

Bild 10.35
Umsetzwagen für RBG

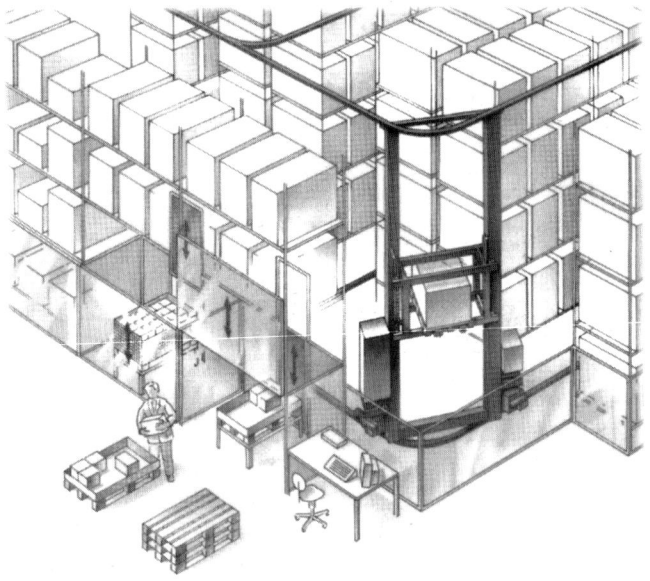

Bild 10.36
Automatisch arbeitendes, in einen Gang einfahrendes kurvengängiges Regalbediengerät. Auf der linken Seite ist der Kommissionierplatz und der Übergabeplatz für Palettenein-/ -auslagerung zu erkennen

10.4.3 Flurförderzeuge

Für die Ein- und Auslagerung bei Boden- und Regallagerung werden je nach Lagergut die unterschiedlichsten Staplerarten eingesetzt (Bild 6.6.15). Für Hochregalanlagen mit Regalhöhen über 7,5 m sind spezifische Stapler entwickelt worden: Schubmast- und Schmalgangstapler. Bei den Schmalgangstapler sind zu unterscheiden Hochregalstapler als Man-down-Version und Kommissionierstapler als Man-up-Version.

- **Hochregalstapler:**

Freitragender Stapler mit feststehendem Mast, der als Lastträger eine Teleskop- oder eine Schwenkschubgabel hat. Er ist im Regalgang zwangsgeführt, mechanisch an Schienen, oder zwangsgelenkt, induktiv, (s. Bild 6.7.2, Arbeitsgangbreite ca. 1,6 m, keine 90°-Drehung) und kann für Stapelarbeiten bis ca. 14 m eingesetzt werden. Der Ein- und Ausstapelvorgang der Ladeeinheit in das bzw. aus dem Regalfach ist automatisiert, ebenso die Höhenvorwahl und die Positionierung des Staplers vor dem Regalfach (Bild 10.37/39; s. Beispiel 6.6.14). Die Tragfähigkeit beträgt in der Regel 1 t, die Bauhöhe des Hochregalstaplers ist ca. 4,5 m, die Hubhöhe geht bis 13 m (Vierfachteleskop-Hubgerüst), das Eigengewicht liegt über 6 t. Der Bedienstand fest steht und ist immer unten: man down.

Bild 10.37
Hochregalstapler mit Dreifach-
Teleskophubgerüst und Schwenk-
schubgabel als Lastaufnahmemittel

Die *Teleskopgabel* ermöglicht, die Lasteinheit nach beiden Seiten im Regalgang ein- und auszulagern. Eine Bodenaufnahme der Last ist nicht möglich.

Die *Schwenkschubgabel* kann um 90° aus der Mittelstellung der Gabel nach rechts oder links geschwenkt und für den Ein- oder Auslagerungsvorgang seitlich am Gabelträger verschoben werden. Sie ermöglicht ein Aufnehmen der Last vom Boden und von drei Seiten. Ein Drehen der Last um 180° im Regalgang ist nur bei Synchronisation der beiden Bewegungen möglich.

Spezielle Voraussetzungen an den Einsatz von Schmalgangstaplern müssen erfüllt sein. Dazu gehören Fußbodenanforderungen an Ebenheit und Tragfähigkeit des Estrichs ($1,5 \text{ N/m}^2$), Einhaltung der Montagetoleranzen und zulässigen Verformungen der Regale, Gangsicherung und Personenschutzsysteme entsprechend den Vorschriften (s. Beispiel 6.6-18). Bild 10.41 zeigt schematisch den Einsatz eines Hochregalstaplers in einem Palettenhochregal.
Der Arbeitsplatz eines Hochregalstaplers ist das Palettenhochregal wie es das Bild 10.41 zeigt.

Kommissionierstapler:

Ein Kommissionierstapler ist sowohl ein Vertikalkommissionierer als auch ein Hochregalstapler. Er ist mit einem hebbarem Bedienstand zum Kommissionieren und zum Ein- und Ausstapeln von Ladeeinheiten ausgerüstet. Der hebbare Bedienstand ist als Fahrerkabine mit dem Lastaufnahmemittel im Hubgerüst integriert und fährt mit nach oben: man up. Von Bedeutung ist noch die Steuerung des Kommissionierstaplers im Arbeitsgang: mechanisch geführt oder induktiv gelenkt. Das Lastaufnahmemittel ist eine Teleskopgabel oder eine Schwenkschubgabel. Die Arbeitsgangbreite beträgt für eine Teleskopgabel 1,5 m; sie benötigt mehr Zeit zum Positionieren als eine Schwenkschubgabel, deren Arbeitsgangbreite 1,75 m ist und geringeren Positionieraufwand hat.

Das integrierte Höhenmess-System sorgt für eine punktgenaue Positionierung der Last, wegmessende Sensoren für alle Bewegungen erhöhen den Funktionskomfort, die Sicherheit und die Systemverfügbarkeit. Bild 10.38a zeigt den Bedienplatz eines Kommisssionierstaplers. I. d. R. sind diese Geräte ausgestattet mit

- Fahrzeugdiagnose-System mit Fehlerspeicher, Motorlaufzeitkontrolle / Einschaltdiagnose
- Elektrische Lenkung mit automatischer Geradeausstellung im Gang
- Energierückgewinnung beim Bremsen
- Kombi-Instrument mit Hubabschaltung; Freisichtbauweise des Hubgerüstes
- Komfortabler Fahrersitz; Lenkradstellungsanzeige durch LED
- Elektrische Hubabschaltung
- Abseilvorrichtung (gem. UVV 12 b)
- Rundumleuchte; Kabinenbeleuchtung; zwei Arbeitsscheinwerfer; Rückspiegel
- Batterie: Elektrolytumwälzung; Aquamatik

Bild 10.38a
Bedienplatz eines Kommissionierstaplers

Beim Betreiben eines Kommissionierstaplers in einem Hochregallager ist eine Personenschutzanlage (s. Beispiel 6.6-18) erforderlich.

Der Lastträger besitzt häufig einen Sekundärhubgerüst, einmal um beim Manipulieren Energie zu sparen und schneller zu arbeiten, zum anderen um beim Kommissionieren die Kommissionierpalette ohne Bücken zu erreichen sowie eine Palette im obersten Fach abzusetzen. Die Arbeitshöhe geht bis 13 m (Bild 10.38b / 10.40). Komponenten: Hubgerüst, Fahrerschutzdach, Bedienpult, Lastaufnahmemittel, Gabel, Fahrkabine, Batterie, Lastkette

Bild 10.38b
Kommissionierstapler

Bild 10.39: Hochregalstapler im Einsatz   Bild 10.40: Kommissionierstapler im Einsatz

Um Ein- und Auslagerung sowie die Kommissionierung in einem Lager schnell und damit effektiver zu machen, dient das Staplerleitsystem SLS (s. Kap. 13.3.4). Es versorgt den Staplerfahrer mit Echtzeitinformationen, in dem auf dem Stapler Datenfunkübertragungsgeräte installiert werden. Die verschiedensten Informationen über leere Stellplätze, Verteilung von Artikeln in den Lagergassen und Sortierung der Lagergüter nach FIFO können abgerufen oder bei der Kommissionierung die zu sammelnden Artikel wegoptimiert seriell angezeigt werden, um kurze Kommissionierzeiten zu erhalten. Ein Dialog mit dem Rechner ist gegeben, um z. B. Verhaltensinformationen bei Fehlmengen zu bekommen.

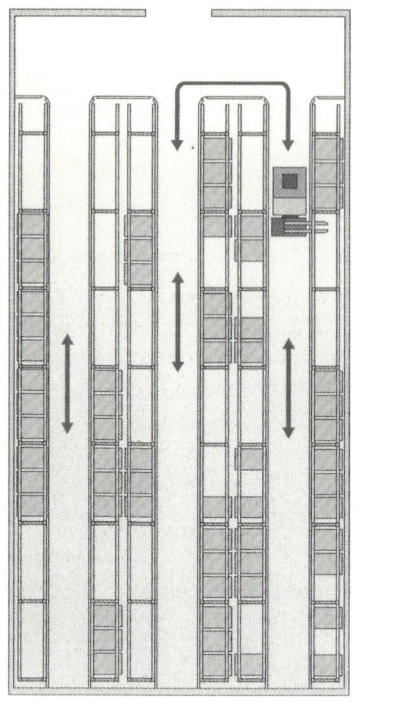
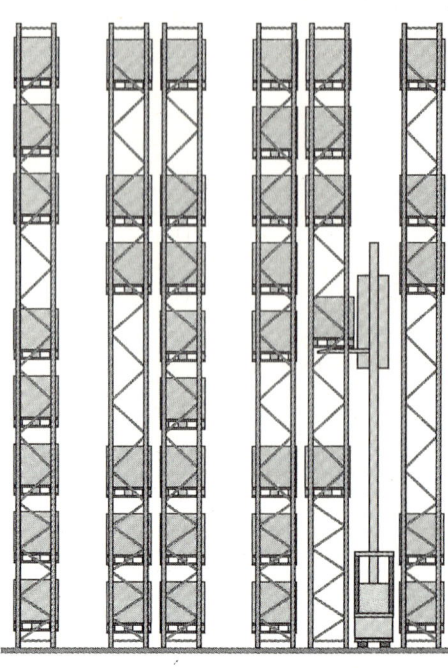

a)   b)

Bild 10.41   Palettenhochregal im Mehrplatzsystem mit schienen- oder induktiv geführtem Schmalgangstapler; als Bediengerät ein Hochregalstapler für 3 Gassen: a) Grundriss b) Querschnitt

10.5 Fragen

1.   Welche Schüttgut-Lagermöglichkeiten gibt es?
2.   Welche Lagerungsarten für Stückgut kennt man?
3.   Welche Vor- und Nachteile hat die Bodenlagerung?
4.   Es ist schematisch die Einteilung der Regallagerung zu skizzieren.
5.   Welche Palettenregalsysteme sind zu unterscheiden?
6.   Welche Langgutregale gibt es?
7.   Es sind die Vor- und Nachteile, der konstruktive Aufbau und die Einsatzvoraussetzun-
        gen für ein Schwerkraft-Paletten-Durchlaufregal aufzulisten.
8.   Welche Umlaufregale gibt es?
9.   Transportmittel für die Ein- und Auslagerung sind schematisch zu skizzieren.
10.   Es sind die möglichen RBG-Ausführungsvarianten zu erklären.
11.   Wie ist die Ablauforganisation eines Lagers mit Offline-Betrieb?
12.   Welche Anforderungen werden an ein Lagerverwaltungssystem gestellt?
13.   Welche Vor- und Nachteile haben Datenübertragungssysteme mit Funk und mit Infra-
        rottechnik?
14.   Worin besteht der Unterschied zwischen einem Satelliten- und einem Rollwagenregal?
15.   Welche Vorteile hat ein Rollwagenregal gegenüber einem Satellitenregal?

11 Kommissioniersysteme

11.1 Funktionen des Kommissioniervorganges

Die Kommissionierung entspricht der Auslagerung vorgegebener Artikel zur Erstellung eines Auftrags. Unter der Funktion Kommissionieren ist das Zusammenstellen eines Kundenauftrages von bestimmten Teilmengen aus einer bereitgestellten Gesamtmenge nach vorgegebenen Bedarfsinformationen zu verstehen. Die Teilmengen bestehen aus Artikeln, die aus dem Sortiment (= Gesamtmenge) für einen Auftrag (= Bedarfsinformation) gesammelt werden.

Zum Beispiel sind im Beschaffungslager die für die Fertigung notwendigen Rohmaterialien entsprechend dem Fertigungsauftrag zu kommissionieren, im Produktionslager die zur Erfüllung eines Montageauftrages erforderlichen Halbfabrikate und Zukaufteile, im Distributionslager sind die für einen Kundenauftrag entsprechenden Fertigprodukte zusammenzustellen und im Kommissionierlager eines Versandhauses sind es die von einem Kunden gewünschten Artikel. Die Kommissionierung stellt den Übergang von der sortenreinen Lagerung zum sortenunreinen Auftrag dar und beinhaltet die Grundfunktionen (Bild 11.1):

- Bereitstellen der Waren
- Fortbewegen des Kommissionierers
- Entnehmen der Waren
- Abgeben der Waren.

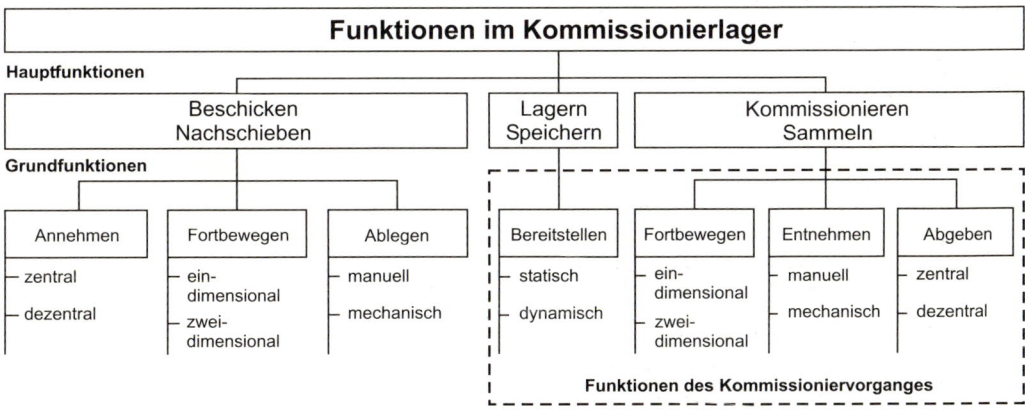

Bild 11.1   Funktionen im Kommissionierlager

– **Statisches Bereitstellen der Artikel im Fachbodenhochregal**
– **Kommissionierprinzip: Mann zur Ware**
– **Zweidimensionale Fortbewegung mittels RBG**
– **Kommissionierlager mit fester Lagerplatzordnung**

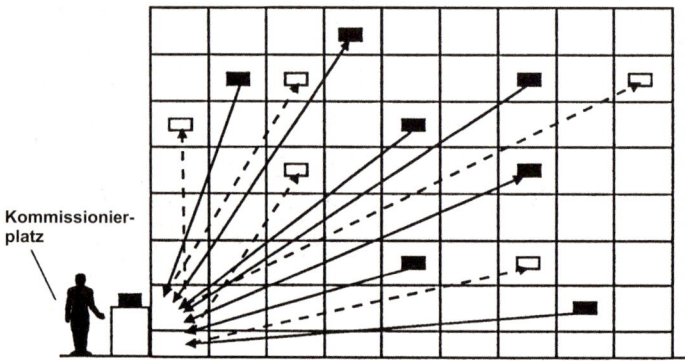

– **Dynamische Bereitstellung der Artikel vor dem Palettenregal durch**
   automatisches RBG
– **Kommissionierprinzip: Ware zum Mann**
– **Eindimensionales Fortbewegen am Kommissionierplatz**
– **Einheitenlager mit fester oder freier Lagerplatzwahl bei Rücklage-**
   rung der Behälter

Bild 11.2   Statische und
dynamische
Warenbereit-
stellung

11.1.1 Bereitstellen der Waren

Bereitstellen als Funktion der Kommissionierung bedeutet, die Ware in der Bereitstellungseinheit an den Entnahmeplatz im Lagerbereich zu bringen. Das Bereitstellen geschieht nach zwei
Prinzipien (Bild 11.2):

- *Statische Bereitstellung:*
  Die Ware liegt nach dem Prinzip der festen Lagerplatzordnung an einem bestimmten La-
  gerplatz des Kommissionierlagers, den der Kommissionierer aufsuchen muss. Die statische
  Bereitstellung der Waren wird bezeichnet als „Mann/Roboter zur Ware".

- *Dynamische Bereitstellung:*
  Die Ware wird aus einem Einheitenlager an einen vorbestimmten Kommissionierplatz
  außerhalb der Regalanlage transportiert, um dort entsprechend dem Auftrag die Artikel zu

entnehmen. Dies geschieht manuell vom Sammler oder automatisch durch den Roboter. Die dynamische Bereitstellung wird bezeichnet als „Ware zu Mann/Roboter". Dynamische Bereitstellung ist bei Umlaufregalen und dem AKL vorhanden.

11.1.2 Fortbewegen des Kommissionierers

Das Fortbewegen des Kommissionierers umfasst alle Bewegungen, um den Sammler von der Auftragsannahme zu den Entnahmeplätzen zu bringen und die kommissionierte Ware zur Abgabe zu transportieren. Das Fortbewegen findet nur bei der statischen Bereitstellung statt und kann in eindimensionale oder zweidimensionale Art unterschieden werden:

Bild 11.3   Fortbewegung eines Kommissionierers mittels Horizontal-Kommissioniergerät

Bild 11.4   Fortbewegung eines Kommissionierers mittels Vertikal-Kommissioniergerät

- Bei der *eindimensionalen* Fortbewegung bewegt sich der Sammler in einer Koordinatenrichtung innerhalb des Regalganges entweder zu Fuß (s. Bild 9.3) oder schneller mit Hilfe eines Horizontalkommissionierers (Bild 11.3).
- Bei der *zweidimensionalen* Fortbewegung bewegt sich der Sammler in zwei Koordinatenrichtungen innerhalb eines Regalganges mit Hilfe eines Regalbediengerätes oder mit einem Vertikalkommissionierer (Bild 11.4).

11.1.3 Entnehmen der Waren

Das Entnehmen schließt alle Tätigkeiten ein, um die entsprechend dem Auftrag zu sammelnden Artikel der Bereitstellungseinheit zu entnehmen. Die Entnahme kann manuell oder automatisch erfolgen:

- *manuelle* Entnahme entspricht der vom Sammler direkt von Hand oder mit einem mechanischen Hilfsmittel, z. B. einem Greifer, durchgeführten Entnahme. Der Greifraum eines Menschen ist entsprechend seiner Physiologie stark eingeschränkt (bücken, strecken).
- *automatische* Entnahme entspricht der Entnahme durch einen Kommissionierautomaten/-roboter z. B. Bild 11.19.

11.1.4 Abgeben der Waren

Das Abgeben der gesammelten Artikel eines Auftrages umfasst alle Tätigkeiten der Übergabe. Es kann zentral oder dezentral erfolgen. Zentrales Abgeben ist das Übergeben des Kommissionierbehälters- oder -palette als unsortierte Ladeeinheit, z. B. an einen Kontroll- und Verpackungsplatz. Beim dezentralen Abgeben werden die kommissionierten Artikel an mehreren Orten abgegeben (s. Bild 9.3).

11.2 Aufbau- und Ablauforganisation des Kommissioniervorganges

11.2.1 Ablauforganisation

Beim Zusammenstellen (Kommissionieren) von Aufträgen unterscheidet man zwischen zwei **Ablauforganisationen**: der einstufigen auftragsorientierten und der mehrstufigen artikelorientierten Kommissionierung.

Die *auftragsorientierte Kommissionierung* arbeitet nacheinander alle in einer Sammelliste (Pickliste) aufbereiteten Artikel durch Entnahme der Güter aus den Bereitstellungseinheiten ab. Am Ende des Kommissioniervorganges ist der Auftrag fertig zusammengestellt: einstufiges Kommissionieren.

Bei der *artikelorientierten Kommissionierung* werden zunächst für mehrere Aufträge die Artikel gleichzeitig gesammelt: erste Stufe. Anschließend werden dann die Artikel den entsprechenden Aufträgen zugeordnet: zweite Stufe.

Bei großen Aufträgen, unterschiedlicher Artikelstruktur oder großen Kommissionierlagern wird die Auftragsliste mehrmals geteilt, was zur *Zonenaufteilung* eines Kommissionierlagers führt. Der Auftrag kann jetzt parallel oder seriell durch mehrere Kommissionierer bearbeitet werden (Bild 11.5).

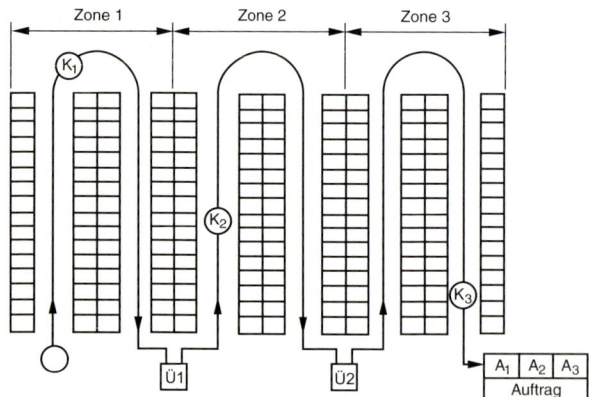

Bild 11.5
Serielle Kommissionierung
K_n Kommissionierer
1, 2   Übergabestellen

Beim *parallelen* Kommissionieren werden die Teilaufträge in den Kommissionierzonen gleichzeitig entweder auftrags- oder artikelorientiert bearbeitet.

Beim *seriellen* Kommissionieren werden die Teilaufträge nacheinander entweder auftrags- oder artikelorientiert bearbeitet.

Außer diesen vier aufgezeigten Möglichkeiten der Ablauf-Organisation beim Kommissioniervorgang ergeben sich durch Kombination von auftragsorientierter Kommissionierung, (A-Artikel) und artikelorientierter Kommissionierung (B- und C-Artikel) weitere Varianten, ebenso durch Erhöhung der Stufenzahl.

Werden zu gleicher Zeit von einem Kommissionierer mehrere Aufträge bearbeitet, so nennt man dies *Multi-Order-Picking*. Die Güter werden oft artikelorientiert aus den Bereitstellungseinheiten entnommen und auftragsorientiert in die entsprechenden Behältnisse abgegeben.

Werden die kommissionierten Artikel direkt in den Versandkarton gelegt und verpackt, so spricht man vom *Pick-und-Pack-System*.

11.2.2 Informationstechniken in der Kommissionierung

Beim Kommissionieren wird mit unterschiedlichen Informationstechniken gearbeitet: Picklisten, beleglose Kommissionierung und automatisch arbeitende Kommissionieranlagen (z. B. Bild 11.18). Zur Auftragsausführung sind die Tätigkeiten:

Informationsaufnahme, Zugriff und Quittierung bzw. Rückmeldung erforderlich.

Bei der *Papierkommissionierung*, z. B. in einem Fachbodenregal, erhält der Kommissionierer die Arbeitanweisungen über eine Pickliste (Kommissionierliste). Nach dieser Liste sammelt er die entsprechenden Artikel mit der angegebenen Anzahl z. B. auftragsorientiert oder artikelorientiert. Die Pickliste ist die am weitesten verbreitete Informationstechnik, reicht in vielen Fällen aus, hat aber bei besonders vielen Pickpositionen den Nachteil von leicht entstehenden Ablesefehlern.

Die *beleglose Kommissionierung* ist ein teilautomatisches Kommissioniersystem. Der wesentliche Unterschied zur Pickliste ist die Online-Kommunikation z. B. über:
- mobile Datenerfassung mit Datenterminal,
- Pick-by-Light- System,
- Pick-by-Voice-System.

Die Bausteine der beleglosen Kommissionierung sind: Leitrechner, in Abhängigkeit der Lagergröße eine bestimmte Anzahl an Sender und Empfänger, stationäre oder mobile Terminals mit Tastatur oder Lesestift und eine Codierung auf den Artikeln, z. B. Barcode. Die beleglose Kommissionierung erreicht:

- eine hohe Kommissionierleistung durch direkte Anzeige der Entnahmemengen je Artikel bei jeder Entnahmestelle

- eine geringe Fehlerquote, da weder Picklisten vertauscht oder Ablesefehler durch Zeilenverwechslungen auftreten können

- eine aktuelle transparente Auftragsverfolgung durch die Online-Verbindung zum Lagerverwaltungsrechner.

Mobiles Datenterminal: Hierbei steht das Sende- und Empfangsteil, z. B. eines Fahrzeuges über Sender und Empfänger bei Infrarot- oder Funkdatenübertragung mit dem Leitrechner in Verbindung (s. Kap. 13.2). Der mit den Mengen- und Lagerdaten der vorhandenen Artikel gespeicherte Leitrechner übernimmt die Kommissionieraufträge, stellt sie zeit- und wegminimiert zusammen und gibt sie durch Online-Betrieb über Infrarot-/ Funksender an die Displays der Fahrzeugterminals oder Handgeräte (Bild 11.6) weiter. Entweder im Anzeige- oder Dialogsystem werden die Daten vom Kommissionierer gelesen, realisiert und der durchgeführte Pick/Auftrag quittiert.

a)

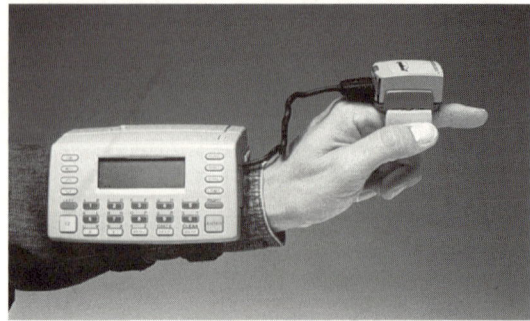

c)

Bild 11.6
Datenfunkterminals zur beleglosen Kommissionierung
a) Fahrzeugterminals
b) Handhelds
c) Auf Unterarm befestigt, mit Scanner auf dem
    Zeigefinger

b)

Pick-by-Light-System: Z.B. in einem Fachbodenregal wird jeder Artikelort mit einer Fachanzeige versehen (Bild 11.7a, Fachanzeigen an jedem Fach), die – auch Pick-Face genannt – aus einer
Anzeigeeinheit, durch die der Kommissionierer die Mengenangabe erhält, und eine Bedientaste
zur Quittierung besteht. Die Mengenangabe kann nach oben und unten mittels einer Korrekturtas-
te geändert werden. Außerdem können Personal- und Störstatistiken abgerufen werden. Wird
nun ein Kommissionierauftrag über Barcode in dem Fachbodenregalgang eingelesen, leuchten
alle Fachanzeigen an den zu kommissionierenden Artikeln rot auf. Nach der Entnahme quittiert
der Kommissionierer die Tätigkeit und die Lampe erlischt wieder. Somit ist eine einfache Kontrolle der Kommissionierung gegeben.
Zweifarbige Fachanzeigen werden benutzt, wenn zwei Kommissionieraufträge gleichzeitig von
einer oder von zwei Personen parallel abzuarbeiten sind.

Pick-by-Voice-System: Es besteht aus dem Talkman mit Traggurt, dem Headset und dem Ladegerät. Beim Arbeiten mit diesem System wird der Kommissionierer sprachgeführt (Bild 11.7b),
beide Hände sind für das Picken frei, gleichzeitig können mehrere Kommissionierer in einem
Arbeitsgang beleglos arbeiten. Die Spracherkennung hat ein hohes Niveau erreicht, ist schnell
und zuverlässig, arbeitet unabhängig von Dialekten und Akzenten, filtert Lärmquellen heraus und
unterstützt das Vokabular (s. Beispiel 11.24). Anwendung in vielen Bereichen der Kommissionierung, u. a. auch in Kühlhäusern, wo mit dicken Handschuhen gearbeitet wird und somit
schlecht Tastaturen bedient werden können. Außerdem stoßen LCD Displays bei den niedrigen
Temperaturen von ca. -28 °C an ihre Funktionsgrenzen.

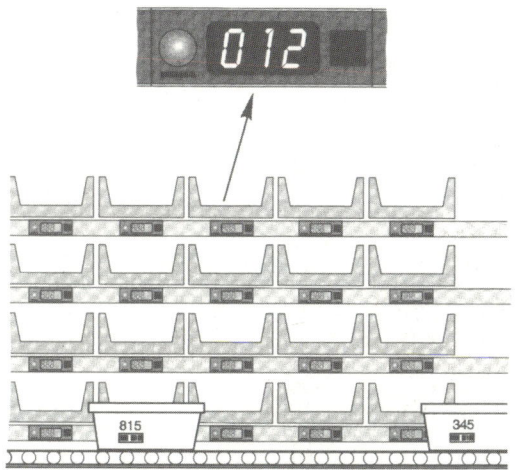

Bild 11.7a   Pick-by-Light Kommissionierung   Bild 11.7b   Pick-by-Voice Kommissionierung

Zusammenfassung: Die in der Logistik zum Scannen und Kommissionieren eingesetzten Geräte sind ausgereift, i. d. R. handliche ergonomische Größen, ein relativ geringes Gewicht (ca. 300 bis 500 g), erfassen zuverlässig mit hoher Geschwindigkeit (ca. 36 Scans/s) komplexe Informationen. Der Leseabstand liegt bis zu 1 m, der Frequenzbereich bewegt sich von 400 MHz bis 2,4 GHz. Jedes Gerät weist aber immer bestimmte individuelle Stärken und Eigenschaften auf.

- Schubmaststapler mit Handscanner: Bild 6.6.26
- WE- und Kommissionierwagen mit Datenfunkterminal: Bild 9.15.

11.2.3 Aufbauorganisation

Die **Aufbauorganisation** der Kommissionierorganisation kann ein- oder mehrzonig sein. Sie basiert auf Aufbau- und Ablaufstrategien, die im Bild 11.8 zusammengestellt sind.

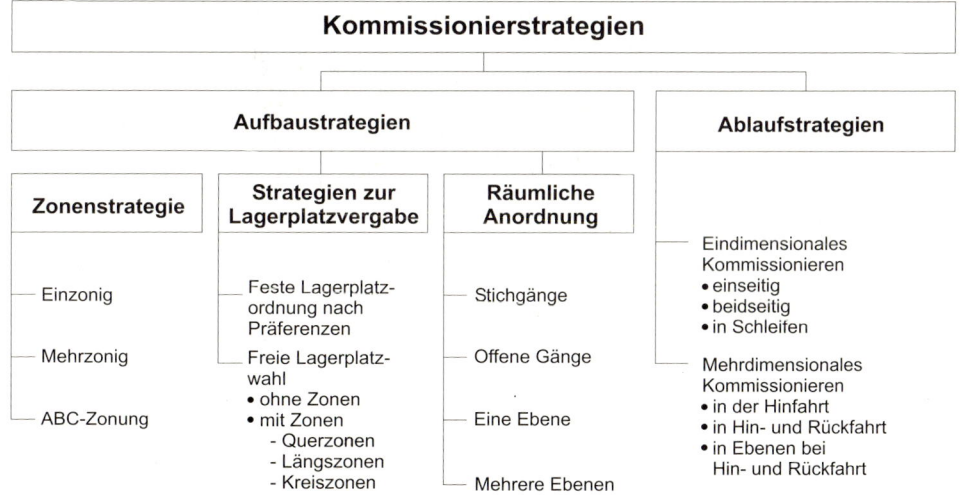

Bild 11.8   Gliederung von Kommissionierstrategien

Ein Beispiel für eine Aufbaustrategie zeigt Bild 11.9. An welcher Stelle in einem Regal ein Artikel liegen soll, kann mit den im Kap. 9.3 genannten Präferenzen erfolgen. Gibt es z. B. eine ABC-Gliederung der Artikel nach Umsatz- oder Umschlaghäufigkeit, so können die Artikel nach den in dem Bild 11.8 abgebildeten Aufbaustrategien I, II und III zur Lagerplatzvergabe dienen. Dies geschieht sowohl bei fester Lagerplatzordnung wie auch bei freier Lagerplatzwahl.

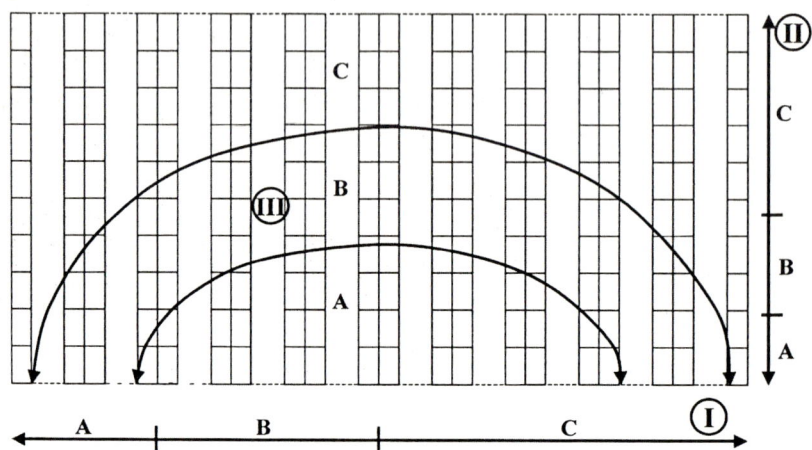

Bild 11.9   Kommissionieren – Aufbaustrategien mit der ABC-Aufteilung nach Bild 2.9:
             I – Querzonen / II – Längszonen / III – Kreiszonen

Ein Beispiel für Ablaufstrategien zeigt Bild 11.10. Nach diesen drei Strategien ist es möglich, einen Kommissionierauftrag in einem Hochregallager mit einem Kommissionierstapler auszuführen.

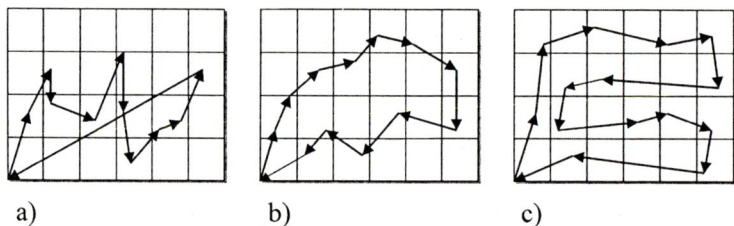

Bild 11.10 Kommissionieren – Ablaufstrategien des RBG im Hochregallager:
             a)   Kommissionieren nur bei Hinfahrt
             b)   Kommissionieren bei Hin- und Rückfahrt
             c)   Kommissionieren in Ebenen bei Hin- und Rückfahrt

11.3   Kommissionierzeit, -leistung

Der Kommissioniervorgang ist durch unternehmensspezifische Vorgaben oft ein komplizierter und personalintensiver Vorgang und damit eine zeit- und kostenträchtige Tätigkeit. Um hier wirtschaftlich zu arbeiten, ist der Kommissionierplatz optimal zu gestalten und die *Kommissionierzeit* zu reduzieren (Bild 11.11). Unter der Kommissionierzeit wird die Zeit für das Sammeln eines Auftrages verstanden. Diese Kommissionierzeit kann in die Basis-, Weg-, Greif- und Totzeit unterteilt werden (Bild 11.12).

Bild 11.11   Reduzieren der Kommissionierzeit: a) durch Kommissionier- und Packplatz mit dynamischer Bereitstellung b) durch Kommissionierwagen mit Multi-Order-Picking

Die *Basiszeit* beinhaltet die Zeiten für die Übernahme des Auftrages, die Aufnahme von Informationen und eventuell die Aufnahme eines Kommissionierbehälters und/oder -wagens. Sie beträgt ca. 5 bis 10 % der Kommissionierzeit und kann durch gute Arbeitsvorbereitung (Straffung und gute Gestaltung der Organisation) durch geschultes Personal und optimale Bereitstellung, z. B. von Kommissionierbehältern, reduziert werden.

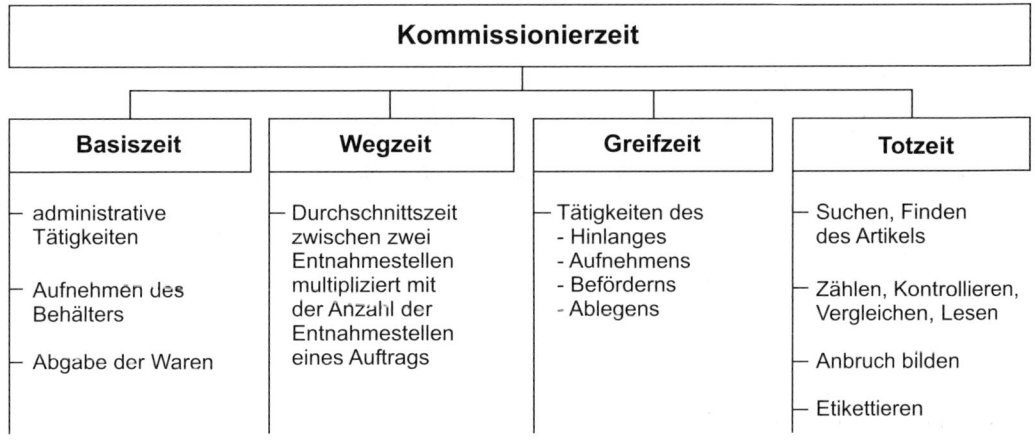

Bild 11.12   Struktur der Kommissionierzeit

Die *Wegzeit* ist mit 30 % bis 50 % der Kommissionierzeit der größte Bestandteil und kann außer durch Sortimentsbereinigung, Bestandsreduzierung pro Artikel und Beseitigen von Ladenhütern gesenkt werden:

– bei statischer Bereitstellung durch

- Ordnen nach Umschlaghäufigkeit, kunden- oder baugruppenorientiert, ABC-Analyse
- EDV-Wegoptimierung: Reihenfolge der Kommissionierung
- Bewegung des Kommissionierers mit Kommissionierfahrzeugen (eindimensional)
- zweidimensionale Bewegung des Kommissionierers (RBG)
- Stirnflächenverkleinerung der Lagerfächer (Artikelkonzentration), z. B. Durchlaufregal
- artikelorientiertes Kommissionieren, z. B. mehrstufiger Vorgang

– durch dynamischer Bereitstellung

Ware zum Mann, z. B. mit Hilfe von Paternoster-, Karussell- und Turmregal, AKL, Einheitenlager + Kommissionierplatz außerhalb des Lagers (Wegzeit = Null)

Die *Greifzeit* setzt sich zusammen aus den Tätigkeiten Hinlangen, Aufnehmen, Transportieren, Ablegen, z. B. in den Kommissionierbehälter. Sie liegt zwischen 5 bis 10 % der Kommissionierzeit und ist abhängig von

- Form, Abmessung und Gewicht der Artikel
- der Greifhöhe (0,2 bis 1,8 m), optimal 1 bis 1,2 m
- der Greiftiefe (0,3 bis 0,8 m), optimal bis 0,4 m
- der Anzahl Artikel pro Entnahme (Artikelzahl pro Zugriff)
- der Geschicklichkeit und den physiologischen Eigenschaften des Kommissionierers.

Zweidimensionale Fortbewegung im Fachbodenhochregal (s. Bild 10.11) reduziert die Greifzeit gegenüber eindimensionaler Fortbewegung im Fachbodenregal, ebenso Lageplatzänderung der Güter, z. B. im Fachbodenregal: umschlaghohe Artikel in Greifnähe.

Die *Totzeit* liegt bei 10 bis 35 % der Kommissionierzeit und setzt sich zusammen aus den Positionier-, Such-, Lese-, Schalt- und Kontrollvorgängen, die zur Abwicklung eines Kommissionierauftrages erforderlich sind. Sie kann reduziert werden durch Informations- und Suchhilfen, gute Arbeitsbedingungen, geeignete Vorrichtungen, geschultes und geübtes Personal und Ersetzen der Kommissionierliste durch belegloses Kommissionieren (s. Bild 11.6).

Die **Kommissionierleistung** entspricht der mengenmäßigen Entnahme pro Zeiteinheit, bezogen auf die durchschnittliche Auftragsgröße und wird ausgedrückt in Griffeinheiten pro h, Behälter pro h oder Positionen pro h. Sie wird auch definiert durch die Anzahl Durchschnittsaufträge pro Zeiteinheit bei Festlegung eines Durchschnittsauftrages. Der Kommissionierauftrag kann entweder von internen Auftraggebern (Produktion, Montage) für das Beschaffungs- oder Produktionslager kommen oder ein externer Kundenauftrag für das Distributionslager sein. Die Aufteilung eines Kommissionierauftrages in Teilaufträge wird als Batch-Auftrag bezeichnet. Spezifiziert wird der Kommissionierauftrag durch:

- Anzahl Positionen; Anzahl Entnahmen pro Position
- durchschnittlicher Fahr- und Hubweg von Position zu Position.

Die Kommissionierleistung ist von einer Reihe Faktoren abhängig, wie z. B. ob die Fortbewegung des Kommissionierers zu Fuß oder mit einem Kommissionierfahrzeug erfolgt, ob manuell oder automatisch kommissioniert wird, welche Strategien (statische oder dynamische Bereitstellung) und welche Ablauforganisation (artikel- oder auftragsorientiert; beleglos) gewählt werden, welche Abmessungen und welches Gewicht die Artikel des Sortimentes haben, und wie die Auftragsstruktur aussieht. Das Arbeitsumfeld, die Art des Kommissionierregals sowie die Physiologie und die Motivation des Kommissionierers spielen für die Kommissionierleistung eine Rolle.

Die folgende Zusammenstellung (aus Bito-Katalog) gibt Erfahrungs- und Durchschnittswerte für die Kommissionierleistung pro Stunde und Kommissionierer an:

Fachbodenregal bei eindimensionaler Fortbewegung	35 –	80 Zugriffe
Fachbodenregal bei zweidimensionaler Fortbewegung	40 –	90 Zugriffe
Palettenregal bei eindimensionaler Fortbewegung	30 –	50 Zugriffe
Palettenregal bei zweidimensionaler Fortbewegung	40 –	90 Zugriffe
Durchlaufregal bei eindimensionaler Fortbewegung	150 –	250 Zugriffe
Durchlaufregal mit belegloser Kommissionierung	350 –	450 Zugriffe
Automatisches Behälterlager	40 –	250 Zugriffe
Umlaufregal bei eindimensionaler Fortbewegung	100 –	150 Zugriffe
Fachbodenregal mit Roboterbedienung	100 –	350 Zugriffe
Schacht- und Kommissionierautomaten	5.000 –	10.000 Zugriffe

Aus der Analyse der Kommissioniereinzelzeiten können diese mit Hilfe eines Kreisdiagramms (Bild 11.13; die Totzeit wurde auf Basis- und Greifzeit aufgeteilt) dargestellt und die daraus errechnete Kommissionierleistungen zur Beurteilung mit Normwerten verglichen oder mittels eines bewerteten Stärken- und Schwächenprofils grafisch aufbereitet werden (Bild 11.14).

Kommissionierzeit pro Auftrag	Anteil
Basiszeit	27%
Wegzeit	49%
Greifzeit	25%

Gesamtzeit der Zeitaufnahme (ohne Verpackungszeit)	130 Minuten
Summe der Pics (= Griffe)	196 Pics
Summe der Stückzahlen	398 Stück
Nettoarbeitszeit pro Schicht und MA (Mo.-Mi.)	438 Minuten
Kommissionierleistung pro Schicht und MA (196/130*438)	660 Pics pro Schicht u. MA
Kommissionierleistung pro Stunde und MA (196/130*60)	90 Pics pro Stunde u. MA
Kommissionierleistung pro Stunde und MA Vergleichswert aus der praxisorientierten Literatur	90 ... 170 Pics pro Stunde

Bild 11.13 Kreisdiagramm der Kommissionierzeitenanalyse mit Berechnung der Kommissionierleistung

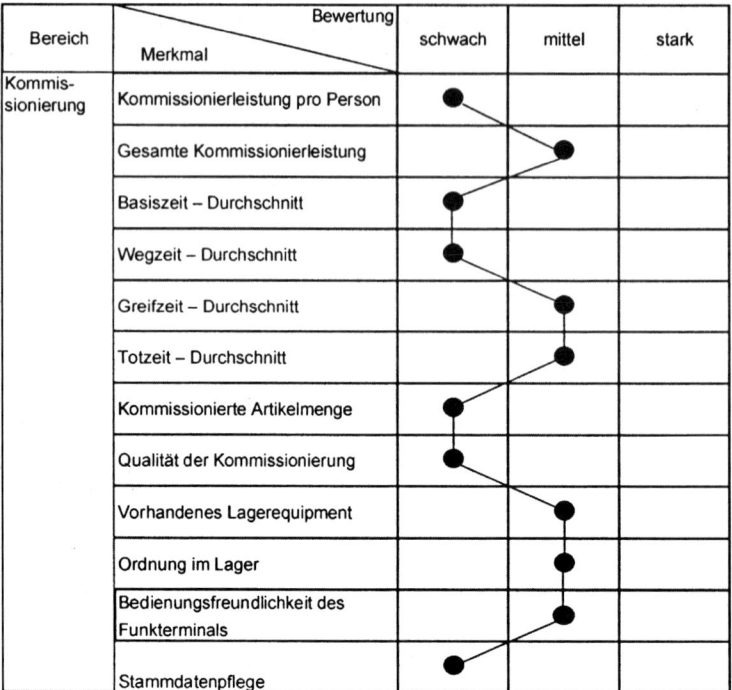

Bereich	Merkmal	schwach	mittel	stark
Kommis-sionierung	Kommissionierleistung pro Person	●		
	Gesamte Kommissionierleistung		●	
	Basiszeit – Durchschnitt	●		
	Wegzeit – Durchschnitt	●		
	Greifzeit – Durchschnitt		●	
	Totzeit – Durchschnitt		●	
	Kommissionierte Artikelmenge	●		
	Qualität der Kommissionierung	●		
	Vorhandenes Lagerequipment		●	
	Ordnung im Lager		●	
	Bedienungsfreundlichkeit des Funkterminals		●	
	Stammdatenpflege	●		

Bild 11.14   Stärken- und Schwächenprofil eines Kommissionierbereiches

11.4 Manuelles Kommissionieren

In einem Kfz-Ersatzteillager wird der Auftrag eines Kunden erfüllt durch das manuelle Kommissionieren eines Mitarbeiters ohne Hilfsmittel (s. Bild 9.2), d. h. besteht der Kommissionierauftrag aus einer kleinen Anzahl Artikel, dann sucht der Kommissionierer die Lagerplätze zu Fuß auf, entnimmt von Hand die Artikel und hat den Auftrag fertig kommissioniert. Um den Kommissioniervorgang schneller und wirtschaftlicher zu gestalten, werden Hilfsmittel benutzt z. B. Transportmittel.

11.4.1 Kommissionieren mit Transportmittel

Handelt es sich nicht um einen sporadisch und unregelmäßig auszuführenden Kommissionierauftrag, wie dies im Kfz-Ersatzteillager oder in einem Werkzeuglager der Fall ist, sondern um viele unterschiedliche Aufträge, z. B. in einem Versandhaus oder in einem Lebensmittellager, so muss dies wirtschaftlich erfolgen. Dazu sind erforderlich

- die Wegzeit zu reduzieren; die Ermüdung des Kommissionierers zu minimieren
- die Kommissionierleistung zu steigern.

Dies gelingt durch den Einsatz von Transportmitteln, die entweder die Artikel zu einem Kommissionierplatz (s. Bild 11.11) bringen oder die die Fortbewegung des Kommissionierers (Tab. 11.1) übernehmen. Zu unterscheiden sind:

- Horizontalkommissionierer zur Durchführung der eindimensionalen Fortbewegung
- Vertikalkommissionierer zur Durchführung der zweidimensionalen Fortbewegung.

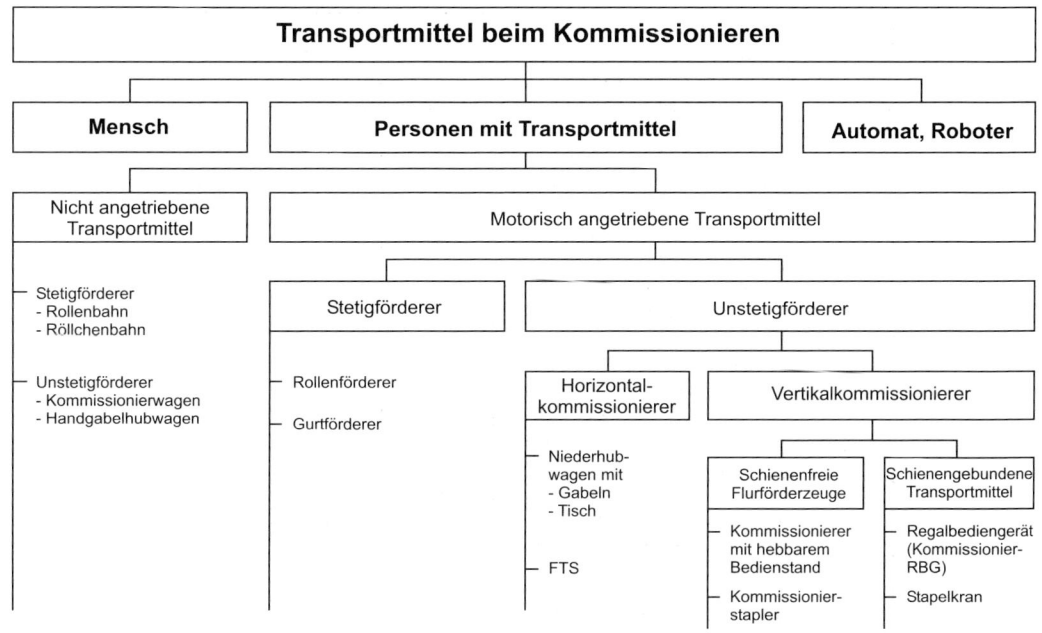

Tabelle 11.1 Einteilung der Transportmittel beim Kommissionieren

Die Kommissionierung wird unterstützt durch nicht angetriebene Transportmittel, wie z. B. Rollenbahnen für den Transport der Kommissionierbehälter (s. Bild 9.3) oder Kommissionierwagen (s. Bild 9.10b) und durch motorisch angetriebene Transportmittel, wobei die Unstetigförderer den größten Anteil haben.

11.4.2 Horizontalkommissionierer

Diese Kommissionierfahrzeuge besitzen keinen oder einen nur bis einen Meter hebbaren Kommissionierstand. Sie dienen der eindimensionalen Fortbewegung, wobei der Griffbereich der natürlichen Griffhöhe von ca. 1,75 m entspricht (s. Bild 11.3). Durch ausklappbaren Tritt sowie Trittbühne auf dem Fahrzeug kann der Greifhöhenbereich erweitert werden (Kommissionieren in der zweiten Ebene, s. Kap. 9.4.6). Dies kann auch durch einen bis auf einen Meter Höhe hebbaren Bedienstand geschehen. Die Horizontalkommissionierer haben Gabeln bzw. Lastaufnahmetische mit Niederhubeinrichtung zum Aufnehmen von unterfahrbaren Kommissionierpaletten bzw. -behältern.

Eine spezielle Ausführungsform des Horizontalkommissionierers ist das „Data-Mobil". Es ist ein induktiv oder schienengeführter, manuell geschalteter Elektrowagen, der aus vier bis sechs Ebenen mit jeweils zwei nebeneinander liegenden Kommissionierbehältern (unterschiedlicher Größe je nach Auftragsvolumen) besteht, die auf elektronischen Kontrollwaagen stehen. Weiter sind vorhanden ein Datensichtgerät, Scanner und Tastatur,eine Infrarot-Datenübertragungseinheit und eine Standplattform für die Kommissionierperson. *Bei statischer Bereitstellung und belegloser Kommissionierung wird artikelorientiert gesammelt und die Artikel werden auftragsorientiert in die Kommissionierbehälter abgelegt. Jeder Kommissionierbehälter entspricht einem Auftrag* (Multi-Order-Picking Bild 11.15 und Bild 11.16). Die Aufträge werden wegoptimiert vom Prozessrechner über die Infrarot-Datenübertragung an das Kommissioniergerät übermittelt. Position für Position wird auf dem Bildschirm angezeigt (Artikel, Menge, Kommissionierbehälter). Fehler werden durch automatische Ablageanzeige, automatische Positionierung und elektronische Gewichtskontrolle eliminiert: Fehlerrate < 0,05 %. Aufbau des Kommissionierlagers mit Zweigangsystem: Trennung von Einlagerung und Kommissionierung. Anwendung bei großem Sortiment, großem Auftragsvolumen, kurzen Auftragsdurchlaufzeiten und hoher Anzahl von Aufträgen pro Tag, wie z. B. Apothekengut im Pharmalager. Kommissionierleistung 200 bis 400 Picks/h.

Bild 11.15 Schlepper als Kommissionierfahrzeug zum Kommissionieren von leichten Gütern, der einen Kommissionierwagen entweder als Anhänger zieht oder mit einem Heck-Andocksystem ausgerüstet ist.

Bild 11.16 „Datamobil"

11.4.3 Vertikalkommissionierer

Zu unterscheiden sind bei diesen Kommissionierfahrzeugen schienengebundene Transportmittel und Flurförderzeuge.

- *Schienengebundene Transportmittel als Vertikalkommissionierer* sind das RBG und der Stapelkran (RBG s. Kap. 10.4.2; Bild 10.10, Stapelkran s. Kap. 6.4.4).

- *Flurförderzeuge als Vertikalkommissionierer* sind

  - Kommissionierstapler (s. Bild 10.38b / 10.40) dienen der Kommissionierung und sind auch in der Lage, palettierte Ladeeinheiten in ein Regal ein- und auszulagern.

  - Vertikalkommissionierer mit allseitig geschlossener, hebbarer Fahrerstandplattform mit integriertem Lastteil (s. Bild 11.4), deren Hubhöhe bis zu acht Meter betragen kann. Zusätzlich zum Kommissioniervorgang ist es nur möglich, kleine Lagereinheiten, wie z. B. Lagersichtkästen oder Schachteln ein- und auszulagern.

11.5 Automatisches Kommissionieren

Das Kommissionieren ist ein personalintensiver Vorgang. Da die Personalkosten steigen, sucht man nach personalarmen Verfahren. Sie ergeben sich durch teil- oder vollautomatisches Kommissionieren, d. h. der Auftrag wird personalfrei bearbeitet. Ein Schritt zur teilautomatisierten Kommissionierung ist z. B. das papier- oder beleglose Kommissionieren (s. Kap. 11.2).

Für Artikel mit ähnlichen Formen und kleinen Abmessungen, wie z. B. verpackte Hemden, Arzneimittelschachteln, Packstücke usw. sind heute Kommissionierautomaten auf dem Markt. Die Artikel besitzen bestimmte Merkmale. Sie müssen beispielsweise greif- und transportierbar sein mittels Greifer, Zangen oder pneumatischen Sauggreifern. Das Herzstück solch eines Kommissionierautomaten ist das Kommissionierleitsystem, vergleichbar mit dem Gedächtnis. Es muss die Informationen über die Artikel besitzen wie z. B. geometrische Form und Abmessungen, Gewicht, Lagerort bei statischer Bereitstellung, Lage der Artikel auf der Anbruchpalette bei dynamischer Bereitstellung usw. Das Kommissionierleitsystem muss die Auftragsannahme, -verwaltung und -abwicklung durchführen, d. h. es hat die entsprechenden mechanischen Transportmittel zu den Lagerplätzen zu steuern, um die geforderten Artikel und deren Mengen zu kommissionieren.

Die Steuerung der Bewegungs- und Greifvorgänge des Kommissionierroboters ist über Befehle durchzuführen. Die gegriffenen Artikel sind in bereitgestellte Behälter oder an bestimmten Stellen, z. B. auf einer Palette, abzulegen. Das Kommissionierleitsystem muss sich das Packmuster einer Kommissionierpalette merken, um jederzeit einen weiteren Artikel *darauf* an entsprechender Stelle absetzen zu können. Die Ausführungsformen der Roboter und Kommissionierautomaten richten sich in erster Linie nach Form und Abmessungen der Artikel und verfolgen das Ziel, eine möglichst hohe Kommissionierleistung zu erbringen.

● **Automatische Fachbodenregal-Kommissionierung**:

Das Kommissioniersystem (Bild 11.17) besteht aus modular aufgebauten Fachbodenregalen, deren Fachböden schräg zum Bediengang angeordnet sind und dem schienengeführten Regalbediengerät mit dem Kommissionierroboter. Das Lagergut sind B- und C-Artikel mit kleinen bis mittleren Abmessungen, die in Schachteln verpackt sind. Der Kommissionierroboter besteht aus fingerartig aufgebauten kleinen Riemenförderern, die durch seitlichen Vorschub unter die schräg liegenden Schachteln greifen, diese leicht über die Stopkante anheben und nach vorne transportieren. Dann fallen sie in den codierten Auftragsbehälter. Das RBG sammelt also auftragsorientiert die Artikel in einen Behälter. Der Nachschub der Artikel geschieht manuell von der Regalrückseite aus. Das System kann bis zu 1.200 Picks pro Stunde kommissionieren.

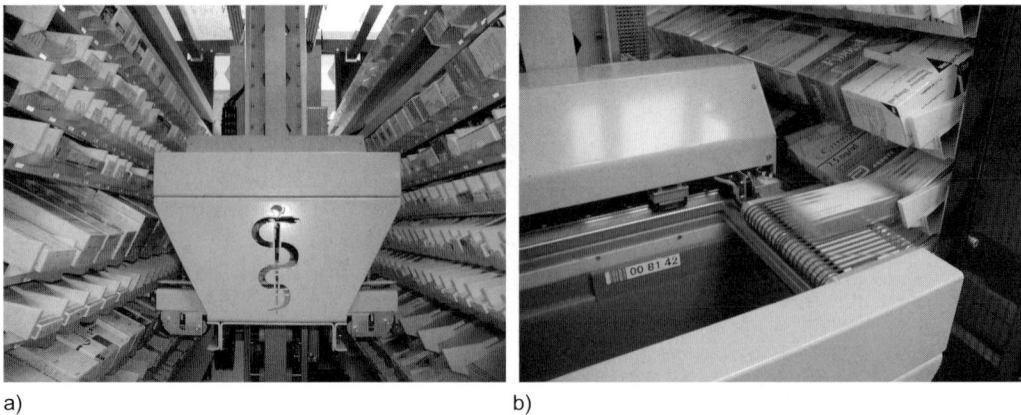

a)   b)

Bild 11.17   Kommissioniersystem: a) Roboter mit beidseitigem Kommissionierregal; b) Übernahme eines Artikels aus dem Regal und Transport mittels Riemenförderer in Auftragswanne

- **Automatische Schachtkommissionierung**:

Konstruktiver Aufbau: typenrein wird die Ware – A-Artikel – z. B. Medikamentenschachteln, Kosmetikartikel, Musik- und Videosoftware (Hartverpackung) in zwei gegenüberliegende und schräg stehende Zuteilungsschächte manuell eingestapelt. Unter den dachartigen Zuteilungsschächten läuft ein Gurtförderer. Die Kommissionierung geschieht bei statischer Bereitstellung auftragsorientiert.

Ausführungsformen:

Kommissionieren auf Gurtförderer innerhalb des Regals, ein Scanner liest den an einem Kommissionierbehälter befindlichen Barcode eines Auftrages; der übergeordnete Lagerrechner aktiviert die Pusher der entsprechenden Zuteilschächte, alle Artikel werden gleichzeitig (parallele Kommissionierung) auf den Gurt geworfen und gelangen an der Stirnseite der Anlage in einen Trichter (nicht im Bild dargestellt). Das Steuerprogramm gewährleistet die Synchronisation zwischen dem bereitgestellten Kommissionierbehälter und den ausgestoßenen Packungseinheiten auf dem Gurt (Bild 11.18a).

Bei einer Variante dieses Hochleistungs-Kommissionierautomat wird der Gurt in Bereiche für jeweils einen Auftrag eingeteilt, die beim Durchlauf die Auftragsartikel aufnehmen: serielle Kommissionierung. Die Übergabetechnologie leistet bis zu 2.400 Aufträge/h, dabei müssen die Behälter so getaktet werden, dass sie formschlüssig unter dem Trichter durchgeführt werden. Die Fehlerrate liegt bei 0,01 %.

Kommissionieren direkt in Behälter innerhalb des Regals, der Barcode des Kommissionierbehälter wird beim Einlauf in den Kommissionierautomaten gelesen, identifiziert und vom übergeordneten Lagerrechner übernommen und mit einem Auftrag „verheiratet". Das Steuerprogramm steuert die Zuteilung der Artikel, d. h. die Ausschleuseinrichtung befördert die Artikel in die auf dem Gurt vorbeifahrenden Kommissionierbehälter zeitgleich: serielle Kommissionierung (Bild 11.18b).

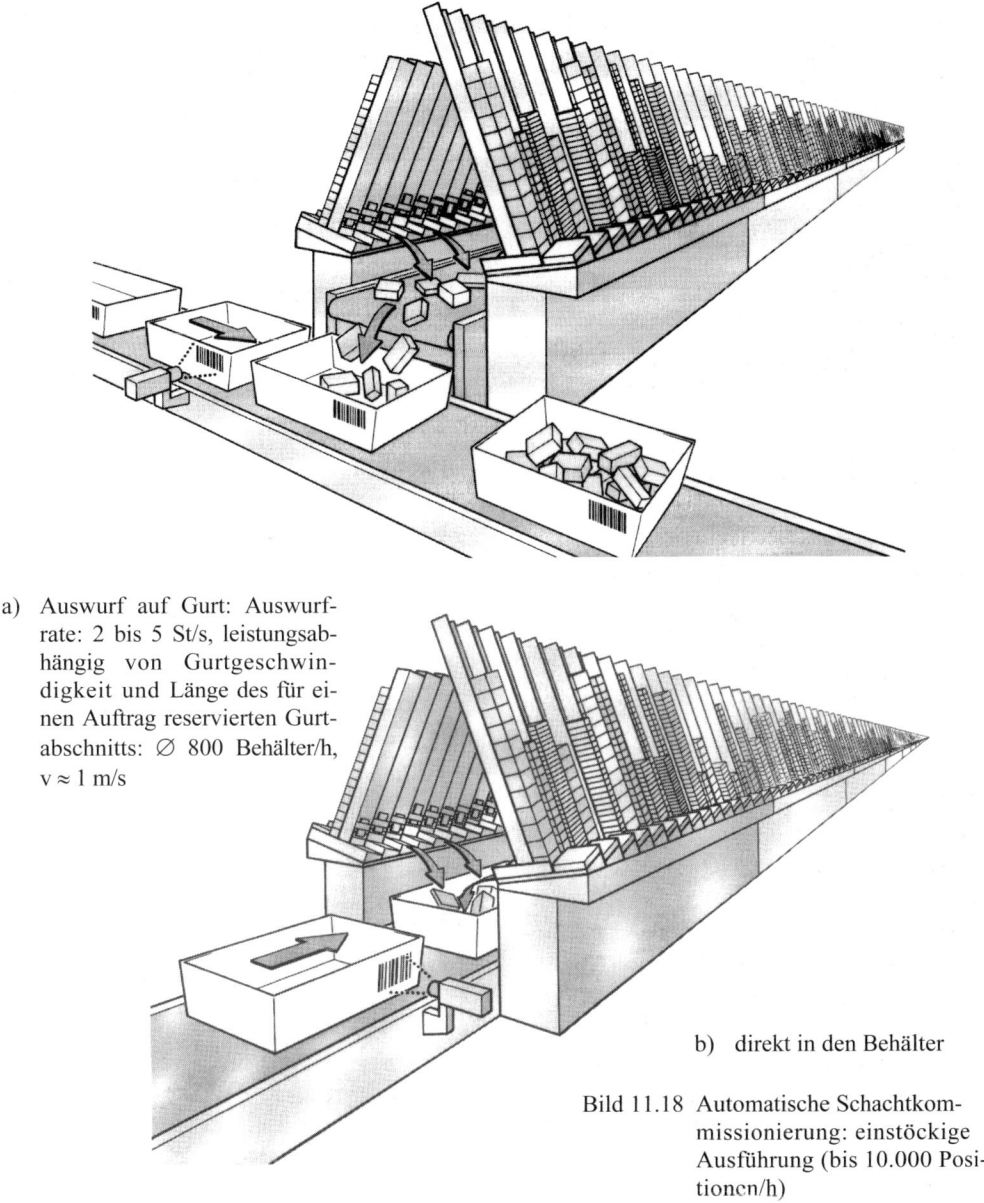

a) Auswurf auf Gurt: Auswurf-
rate: 2 bis 5 St/s, leistungsab-
hängig von Gurtgeschwin-
digkeit und Länge des für einen Auftrag reservierten Gurt-
abschnitts: ∅ 800 Behälter/h,
v ≈ 1 m/s

b) direkt in den Behälter

Bild 11.18 Automatische Schachtkommissionierung: einstöckige
Ausführung (bis 10.000 Posi-
tionen/h)

Kommissionieren auf Gurtförderer außerhalb des Regals, wie Bild 11.18c zeigt, werden die
Artikel aus dem Schachtregal nach außen auf den Gurtförderer mit Kurvengurtförderer sanft
ausgeworfen. Eingesetzt für Kleinteile wie Musik-, Video- und Softwaresortimente mit Sys-
temleistungen von bis zu 9.000 Stück/h bei einer Fehlerrate < 0,05 %.

Bild 11.18c   Schachtkommissionierer mit außen liegenden Gurtförderer

- **Automatisches Multi-Order-Picking:**

  Konstruktiver Aufbau:
  - beidseitiges Fachbodenregal, manuelles Beschicken von der Regalrückseite aus
  - Roboter, ausgebildet als RBG mit Mast bis zu sieben Meter hoch und Lastaufnahmemittel in Form eines Teleskoparmes, auf einer Schiene in Regalgasse verfahrbar
  - Greifsystem Bild 11.19 am Teleskoparmende zum Picken der Einzelstücke: Saugelemente, mit Infrarotsensorik (optische Lageerkennung der Artikel)
  - Karussellspeicher Bild 11.19 von Artikeln für ein bis acht Aufträge (Segmentaufteilung des drehbaren Zylinders, von oben werden Artikel eingegeben, nach unten fallen Artikel in stationären Zylinder – Karussellspeicher – durch Verschieben der Bodenfläche)
  - Stationärer Karussellspeicher zur Übergabe der kommissionierten Aufträge in Kommissionierbehälter, die auf einem Rollenförderer laufen.

Die Artikel müssen zur Aufnahme mit den Saugnäpfen eine geeignete Verpackungsoberfläche besitzen. Der Sauggreifer entnimmt einen Artikel und legt ihn in das entsprechende Segment des Kommissionierkarussells.

Bei der Entnahme kann die Lagerung des Artikels im Regalfach sowohl geordnet als auch ungeordnet sein. Der Roboter wird durch einen Rechner an die entsprechenden Lagerfächer gesteuert, denn dem Rechner sind sowohl die Lagerorte der Artikel wie auch die Auftragszusammensetzung bekannt. Die Entnahme der Artikel geschieht artikelorientiert, die Abgabe ist auftragsorientiert.

Kommissionierroboter für Hemden (gleiche Abmessungen aller Artikel): bei einem Auftragsbehälter (Bild 11.19b) auftragsorientierte Kommissionierung, bei mehreren Auftragsbehältern Multi-Order-Picking.

a)   b)

Bild 11.19 Kommissionierroboter auf RBG mit Greifarm; a): Greifarm, Artikel in Karussellspeicher auftragsorientiert abgebend;   b): für Hemden, nur ein Regal dargestellt

Automatisches Kommissionier- und Lagersystem:

Im Bild 11.20 ist ein kompaktes automatisches Kommissionierlager in Silobauweise für Kleinteile dargestellt, das rundherum gegen Zugriffe und Verschmutzung durch Verkleidung gesichert ist. Die Kleinteile liegen in Kleinbehältern. Diese werden von einem zentral angeordneten RBG gegriffen und in die Ausgangsöffnung gestellt. Die Kommissionierleistung liegt bei 300 Picks/h, das Regal besitzt eine Höhe von 3,6 m.

Bild 11.20
Automatisches Kommissionier- und Lagersystem

11.6 Beispiele für Einheiten- und Kommissionierlagersysteme

Nach Kapitel 10.2.1, Bild 10.6 besteht ein Regallagersystem aus den Subsystemen

- Lagereinheit
- Lagertechnik
- Lagerverwaltung

sowie weiteren Komponenten. Durch die Kombination von Subsystemen und Komponenten ergeben sich eine Vielzahl von Regallagersystemen, die alle ihre speziellen Vor- und Nachteile sowie Einsatzbedingungen haben. Bei der Betrachtung der hier gewählten Gliederung in Einheiten- und Kommissionierlager ist z. B. festgelegt, dass ein Einheitenlager in der Regel ein Reservelager ist. Ein Einheitenlager kann aber auch die Aufgaben eines Kommissionierlagers erfüllen, wenn z. B.

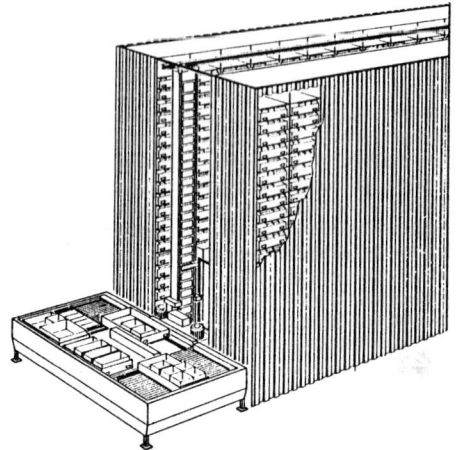

- der Kommissionierauftrag nur aus *ganzen* Einheiten besteht
- die Kommissionierung vor dem Regalgang an einem speziellen Kommissionierplatz (dynamische Bereitstellung) durchgeführt wird.

Bild 11.21   AKL-Systemblock

Für die Aufnahme von Behälter, Tablar oder anderen Lastaufnahmemitteln gibt es verschiedene konstruktive Lösungen, wie z. B.

- Ziehtechnik: Kassettenschieber
- Unterfahrtechnik: Teleskoptisch
- Greiftechnik: seitliche Entnahmegreifer.

Automatisches Kleinteile-Lager AKL

Das AKL (Bild 11.21) ist ein in sich geschlossenes Lagersystem und besteht aus:

- zwei gegenüberstehenden Einzelregalen im Einplatzsystem (Bild 10.11a)
- einem automatischen Regalbediengerät (Bild 10.27)
- unterschiedlichen Lastaufnahmemitteln (LAM)
- Lagerhilfsmitteln, wie z. B. Behälter, Tablare, Kassetten
- vorgelagertem Kommissionierbereich.

Die nach dem Einplatzsystem aufgebaute, bis zu 14 m hohe Regalanlage ist außen komplett verkleidet und wird mit einem Regalbediengerät bedient. Nach Bild 11.21 zieht das RBG in der Regel das Tablar aus dem Regalfach auf das LAM, bringt es in den Kommissionierbereich, holt es dort wieder ab, bringt es an den gleichen Lagerort zurück und schiebt das Tablar in das Regalfach zurück. Durch hohe Beschleunigungen beim Fahren, Heben, Zug/Schub und Teleskopieren werden bei der benutzten Doppelspielstrategie (s. Kap. 9.7 und 9.8) hohe Umschlagsleistungen erzielt: bis zu 120 Doppelspiele pro Stunde. Die Tragfähigkeiten des vollautomatisch arbeitenden Regalbediengerätes liegen zwischen 50 und 300 Kilogramm, die Arbeitsgangbreiten in Abhängigkeit von den Tablarlängen bis zu 1,8 Meter. Die Tablare sind in der Regel einfache aus Blech hergestellte Wannen mit unterschiedlichen Wandhöhen und besitzen für die Zieh-/Schubbewegung Griffe oder Griffleisten an den Schmalseiten. Die Ziehtechnik in Verbindung mit dem Blechtablar ergibt ein Minimum an Verlusthöhe und damit an Verlustvolumen (s. Bild 10.12).

a)   b)

Bild 11.22 AKL-Behälterlager mit RBG a) für Behälter 600 x 400 mm b) Vorlagerzone eines aus 4 AKL bestehenden Behälterlagers

Das AKL arbeitet nach dem Prinzip Ware zum Mann (s. Kap. 11.1.1), so dass die Wegzeit des Kommissionierers gegen Null geht. Der Kommissionierbereich kann verschieden gestaltet sein, im Bild 11.21 z. B. als Kommissionier-U. Die in der Regel entgegen dem Uhrzeigersinn laufenden Tablare (Breite ca. 65 cm, Länge ca. 160 cm) werden in Längsrichtung an dem Kommissionierplatz vorbeigeführt und dort kommissioniert. Die Lage der Artikel auf dem Tablar ist festgelegt, so dass bei Aufruf des Tablars im Computer dieses mit seiner Einteilung auf dem Bildschirm erscheint. Der im Gesichtsfeld des Kommissionierers stehende Bildschirm zeigt durch Farbhinterlegung den Ein- oder Auslagerungsplatz eines Artikels an. Das Tablar enthält seinen festen Lagerplatz als Barcode. Beim Einlagerungsvorgang wird dieser gelesen, so dass das Tablar immer wieder an den festgelegten Regalplatz zurückgelagert wird. Ein Kommissionierauftrag wird in den Lagerrechner z. B. über Barcode eingelesen und die zu kommissionierenden Artikel werden automatisch an den Kommissionierplatz bereitgestellt. Das AKL mit Tablarlagerung könnte beschrieben werden:

- als Einheitenlager: Tablare (Einheiten) werden als Ganzes ein- und ausgelagert
- mit fester Lagerplatzordnung: Tablare haben festen Lagerplatz
- als Kommissionierlager mit dynamischer Bereitstellung: Ware zum Mann, Warenzusammenstellung vor dem Regal
- mit hoher Kommissionierleistung durch hohen Tablarumschlag, geringe Wegzeit des Kommissionierers, geringe Totzeit durch Kommissionierhilfen, vollautomatischer Ablauf
- gegen Diebstahl gesichert, vor Verstaubung geschützt

- mit maximaler Raumausnutzung durch Ziehtechnik, Tablarform, unterschiedliche Regal-fachhöhen
- für den Einsatz von Kleinteilen und mittelgroßen Teilen, integriert mit Fertigung und Mon-tage (Bild 11.23) durch unmittelbare Zuordnung.

AKL mit Behälter (Bild 11.22 a) – sehr häufig Kunststoffbehälter der Abmessungen 400 x 600 mm – werden bis zu 20 m hoch gebaut. Das LAM wird unterfahren oder seitlich angefahren, angehoben und aus dem Regalgang ausgelagert. Die Vorlagerzone kann sehr unterschiedlich aufgebaut sein, wie z. B. Bild 11.22 b zeigt die Kombination von 4 AKLs mit einer gemeinsa-men Vorzone, die mehrere Kommissionierplätze besitzt.

Sonderkonstruktionen von AKLs haben doppelttiefe Lagerung der Behälter sowie bis zur La-gerung von 8 Behälter hintereinander in Kanalregalen. In diesen Kompaktlagern mit je einem RBG für Ein- und Auslagerung setzt das auslagernde RBG die Kästen in ein nachgeschaltetes Kommissionier-Durchlaufregal ab (Bild 11.22 c).

Bild 11.22 c
AKL für Behälter als Kanalregal
mit nachgeschaltetem Durchlauf-
regal als Kommissionierlager;
Bedienung: schienengeführtes
RBG

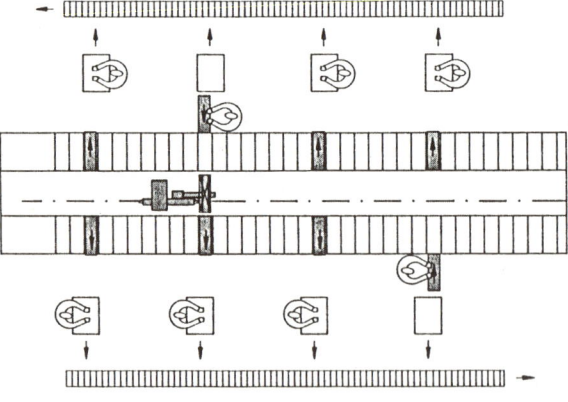

Bild 11.23
Ausführungsformen des Kommissionierbereiches beim AKL

Langgutlagerung

Die Langgutlagerung und der -transport bereiten in einem Unternehmen oft Probleme auf Grund der unhandlichen, schweren und instabilen Form und Abmessungen des Langgutes.

Nach Möglichkeit werden Langgutlagerung und Fertigungsmaschinen, wie z. B. Schneid- und Trenneinrichtungen, räumlich in unmittelbarer Nähe angeordnet, um die Materialflusskosten zu minimieren. Verschiedene Lagerungsarten sind möglich, z. B. Boden- und Regallagerung in Linien- und Blockform, manuell, mechanisch oder automatisch bedient. Die für einen Lagerfall angewandte Lagertechnik richtet sich in erster Linie nach den betriebsspezifischen Randbedingungen (Arbeitsabläufen, Mengen, Raumabmessungen, Umschlag usw.). In Kapitel 10.3.1.3 wurden manuell oder mechanische bediente Langgutregale aufgezeigt, z. B. Bodenlagerung mit Rungenabgrenzung, Kragarmregal- und Wabenregallagerung. Im Folgenden sollen u. a. Beispiele mit den gleichen Regaltypen für automatisierte Lagersysteme dargestellt werden. Eine Zielsetzung von kompakten Lagersystemen ist immer, wertvolle Produktionsfläche zu gewinnen durch Ausnutzung von Hallenhöhe.

Die Investition in Automatisierungstechnik kostet nur ein Drittel gegenüber dem Neubau von Hallenfläche.

- *Bodenlager in Blockform*

In einer Halle werden mittels Langgutstapelgestellen oder speziellen Ladungsträgern, wie z. B. Rungengestellen auf dem Boden durch Über- und Nebeneinandersetzen der Stapeleinheiten Lagerblocks gebildet. Die Bedienung, d. h. die Ein- und Auslagerung, geschieht mit Lauf- oder Hängekranen, die dafür mit speziellen Traversen zur Aufnahme der Stapeleinheiten ausgestattet sind. Durch ein Antipendelsystem und Positioniersteuerung kann der Kran die Last punktgenau absetzen und pendelfrei transportieren. Die Bedienung erfolgt teil- oder vollautomatisch (Bild 11.24).

Vorteile Bodenlager

- keine festen Lagereinbauten; flexible Flächenbelegung
- anpassungsfähig an unterschiedliche Langgutlängen
- Kommissionierung nach dem Prinzip: Ware zum Mann

Nachteile:

- Umstapelarbeit; langsam; für B- und C-Artikel

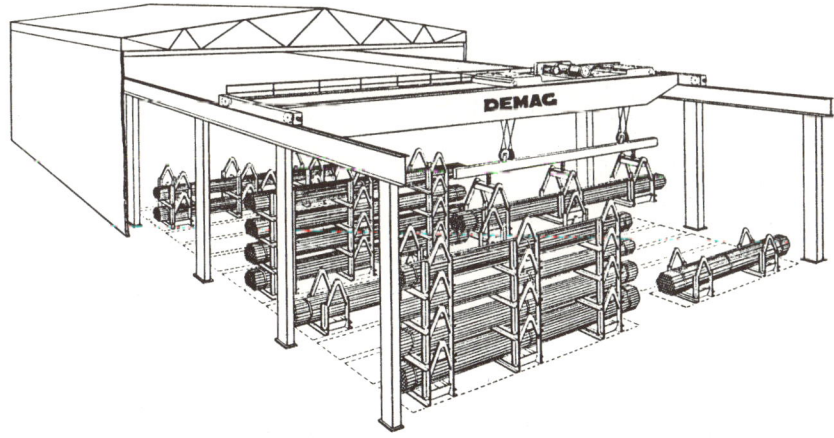

Bild 11.24 Langgut-Boden-Blocklager, Bedienung: Brückkran mit Traverse

- *Wabenregallager*

Automatisch bediente Wabenregallager bestehen aus einem oder zwei sich gegenüberstehenden Wabenregalen (s. Kap. 10.3.1.3) mit Langgut-Regalbediengerät bzw. Langgut-Stapelgerät. Dieses besitzt einen Hubwagen mit einer Zug- und Schubvorrichtung, um die Kassetten von der *Stirnseite* aus in die mit Kunststoffgleitern ausgerüsteten Fächer hineinzuschieben oder herauszuziehen (Bild 11.25).

Die Kassetten lassen sich dem Lagergut einfach anpassen, sodass auch lange Bleche eingelagert werden können. Die Fertigungseinrichtungen können um den Lagerblock angeordnet werden, die Zuführung der Langgutkassetten zu den Schneid- und Trennmaschinen erfolgt *durch* das Wabenregal, indem in der Fertigungsebene liegende Lagerfächer für den Durchlauf der Kassetten mit Rollenbahnen ausgestattet werden.

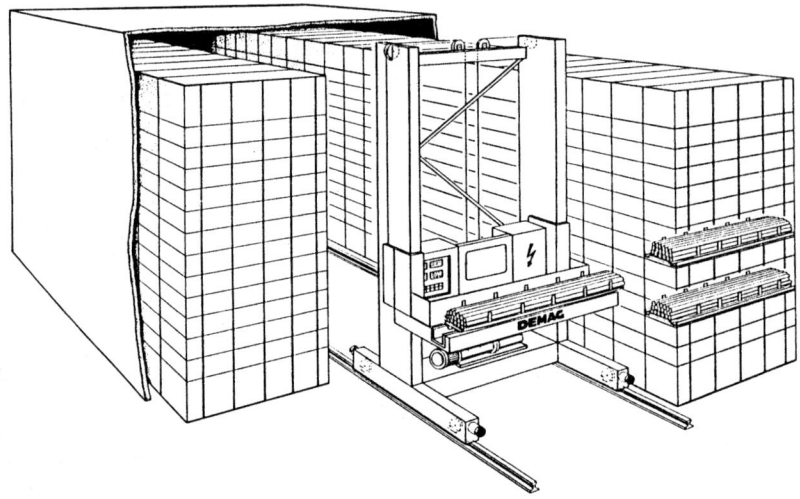

Bild 11.25   Langgut-Wabenregallager, Bedienung: 2-Mast-RBG

Vorteile Wabenregallager:
- – hohe Kassettenumschlagsleistung durch kurze Wege, voll automatisierbar
- – unterschiedliche Kassettenabmessungen in einem Lagersystem
- – Bereitstellungsprinzip: Ware zum Mann; hoher Flächen- und Raumnutzungsgrad

Nachteile:
- – teuer, wirtschaftlich bei hoher Artikelzahl und hohem Umschlag
- – nur für Lager mit großer Lagerkapazität

- *Kragarmregallager*

Beim Kragarmregal erfolgt die Bedienung von der Langseite des Langgutes. Es besteht aus Kragarm-Regalen zur Aufnahme von Einzellanggut oder Langgut-Lagerkassetten. Die Bedienung erfolgt automatisch mittels eines Überfahr-Brückenkran mit Hubtraverse (s. Bild 10.14) oder Portalkran mit Hubeinrichtung, sowie mit Staplern wie z. B. dem Vierwege-Stapler (s. Bild 10.26).

Vorteile des Kragarmregallagers:

-   Bereitstellungsprinzip: Ware zum Mann, hoher Flächen- und Raumnutzungsgrad
-   in Hallen beliebiger Abmessungen einbaubar
-   Überbauen von Fahrwegen möglich (Tunnellösung)

Nachteil:

-   nur für kleine bis mittlere Umschlagsleistungen

Bild 10.26   Einlagerung eines Langgutstapels mittels Vierwege-Staplers in ein Kragarmregal

-   *Kragarm-Hochregallager*

Aufgebaut ist ein Hochregallager für Langgut aus Kragarm-Hochregalen, um die Langgut-Kassetten aufzunehmen. Die Bedienung geschieht mit 2-Mast-RBG von der Langseite aus. Es wird nach beiden Bereitstellungsprinzipien gearbeitet. Bei geringem Umschlag kann ein RBG über eine Umsetzbrücke mehrere Regalgassen bedienen. Die Tragfähigkeit der RBG geht bis 5 Tonnen mit Fahr-, Hub- und Teleskopiergeschwindigkeiten von 160/30/48 m/min. Langgutlängen bis sieben Meter, Lagerhöhen bis 40 Meter und Umschlagsleistungen bis 25 Doppelspiele pro Stunde sind möglich (Bild 11.27).

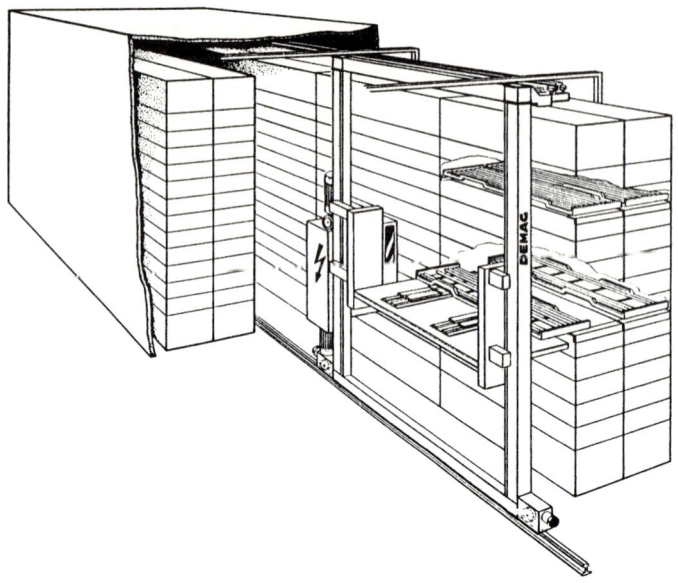

Bild 11.27
Langgut-Hochregallager,
Bedienung: 2-Mast-RBG

Ein- und Auslagerungsebenen

Würde jeder Artikel die gleiche Umschlagshäufigkeit haben, läge der optimale Ein- und Aus-lagerungspunkt eines Paletten-Hochregallagers im Kreuzungspunkt der Regaldiagonalen. Nur bei einem Lager, bestehend aus zwei Einzelregalen (vgl. AKL-System), wäre dies denkbar. Die Lagergüter besitzen aber unterschiedliche Umschlagshäufigkeiten (A-B-C-Artikel), sodass im Lager Artikelbereiche für bestimmte Umschlagshäufigkeiten zum Zweck der Weg-(Leistungs-) -optimierung geschaffen werden. Es bietet sich an, den Wareneingang und den Warenausgang getrennt an den Stirnseiten der Regalgänge anzubringen. Ideal wäre hier, den Ein- und Auslagerungspunkt in der Mitte der Lagerhöhe festzulegen. Aus Kostengründen (Hub-/Senkgrößen) wird man die Ein- und Auslagerung in Fußbodennähe durchführen, sodass Senkrechtförderer entfallen. Nachteilig bei dieser Anordnung sind lange Leerfahrten zwischen den Ein- und Auslagerungspunkten.

Heute werden bei Hochregalanlagen der Wareneingang und Warenausgang an nur *eine* Stirn-seite des Regals gelegt. Dabei sind zwei Ausführungen möglich:

1. Wareneingang und Warenausgang liegen auf verschiedenen Ebenen, wobei der Warenein-gang über den -ausgang gelegt wird. Die Gründe hierfür sind:
    – die Auslagerung hat immer Priorität
    – die Auslagerungsförderer enthalten keinen Senkrechtförderer: geringer störanfällig
    – der Einlagerungszeitpunkt spielt in der Regel eine untergeordnete Rolle.

Diese Ausführung ist in der Praxis i. d. R. vorherrschend und ergibt die größte Ein- und Aus-lagerungsleistung.

2. Wareneingang und Warenausgang liegen auf einer Ebene. Die Leistung in Paletten pro Stunde ist geringer, z. B. durch Kreuzungspunkte, Vorfahrtsregelungen und gleichzeitige Be-nutzung eines Transportmittels für Ein- und Auslagerung. Ein Beispiel für solch eine Ausfüh-rung zeigt Bild 11.28. Es handelt sich um ein Einheitenlager mit freier Lagerplatzwahl (Ein-schränkung vom Gewicht und unterschiedlich hohen Lagerfächern), das als Einheitenlager mit dynamischer Bereitstellung benutzt wird. Das Paletten-Hochregallager besitzt ca. 4.000 Palet-

tenstellplätze, zwei Regalgänge und kann durch Regal- und Schubladenpaletten ca. 20.000 Artikel aufnehmen. Der Kommissionierplatz hat einen Hub-/Senk-Drehtisch mit Rollenförderer, um einfache und schnelle Kommissionierung besonders der Regalpaletten zu gewährleisten, die i. d. R. nach artikelorientierter Ablauforganisation durchgeführt wird (Bild 11.29).

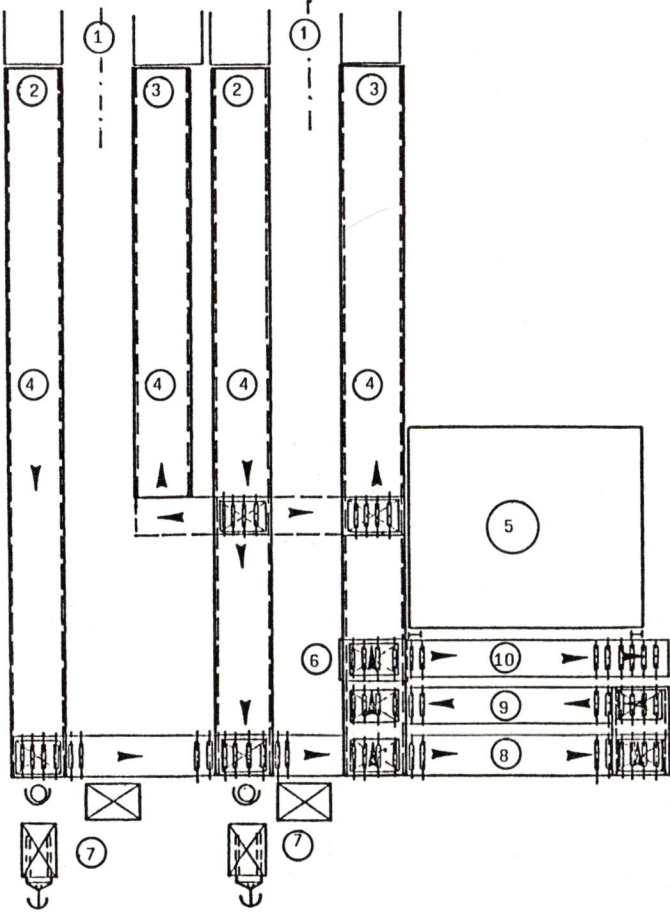

Bild 11.28
Grundriss der Vorlagerzone eines Einheiten-Hochregallagers (2 Gassen) mit Ein-/Auslagerung, I-Punkt und Kommissionierplätzen

1 RBG
2 Übergabeplatz Auslagerung
3 Übergabeplatz Einlagerung
4 Kettenförderer, getaktet
5 I-Punkt
6 Profilkontrolle
7 Kommissionierplatz
8 Leerpaletten-Auslagerung
9 Vollpaletten-Einlagerung
10 Ausschleusung Profilkontrolle

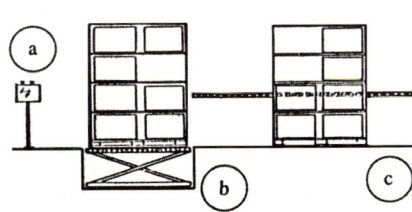

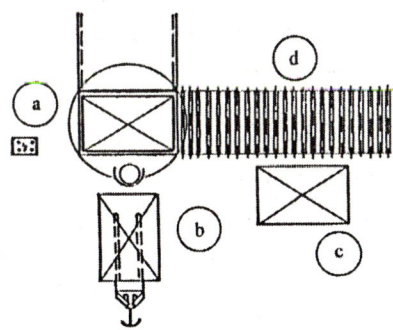

Bild 11.29 Kommissionierplatz mit Kommissionierpalette
a Steuerpult
b drehbarer Scherenhubtisch mit Rollenförderer
c Leergut-Regalpalette
d Staurollenförderer

11.7 VDI-Richtlinien

11.8 Beispiele, Fragen

Beispiele

Beispiel 11.1: Ermittlung der Durchschnittszeit für das Einfachspiel eines Hochregalstaplers beim Einsatz in einem Palettenhochregallager.

Die Durchschnittszeit für ein Einfachspiel wird benötigt, um bei bekannter Anzahl der Ein- und Auslagerungseinheiten (Paletten) pro Tag die Anzahl der einzusetzenden Hochregalstapler zu errechnen (vgl. Gleichungen 2.6 bis 2.9).

Lösung:

$$z = \frac{\dot{m}_{St}\, t_{ges}}{3600\, t_a} \qquad \text{Anzahl Hochregalstapler} \qquad (11.1)$$

$\dot{m}_{St}$ in Stück/Tag   Anzahl der ein- und auszulagernden Paletten

t_{ges} in s   Durchschnittszeit für ein Einfachspiel eines Hochregalstaplers

t_a in h/Tag   tägliche Arbeitszeit für einen Hochregalstapler.

Zur Lösung dieser Aufgabe ist die Kenntnis von t_{ges} erforderlich. Die Bestimmung von t_{ges} erfolgt mit Hilfe des Diagramms in Bild 11.30.

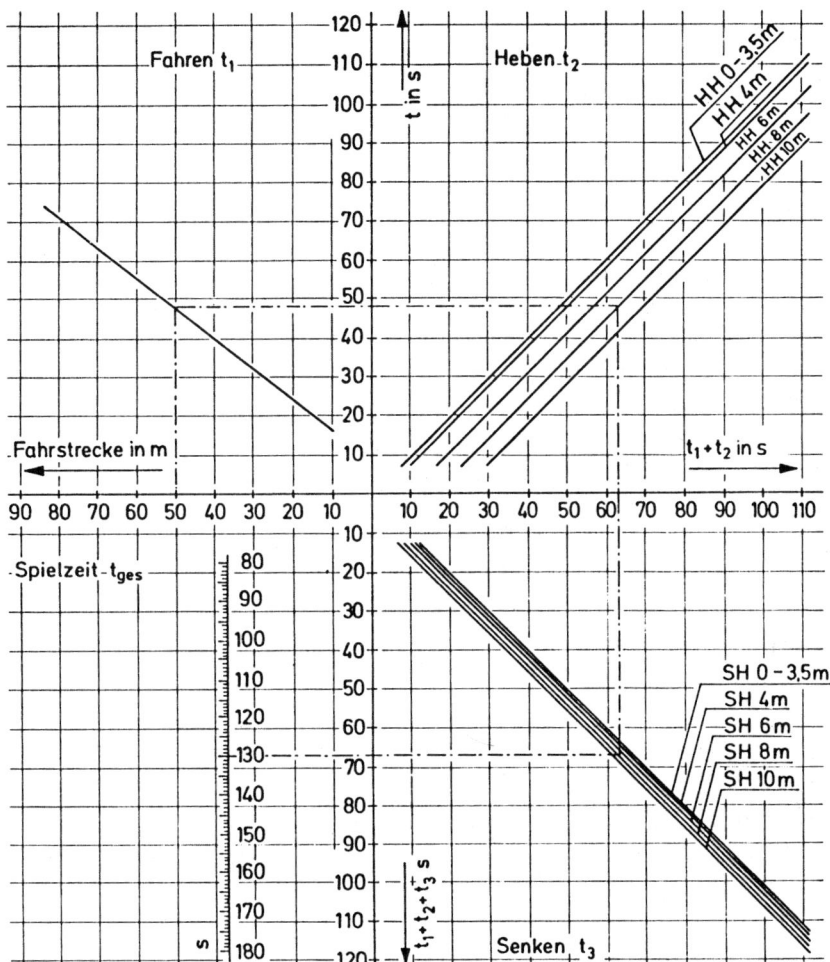

Bild 11.30 Diagramm für Einfachspielzeiten bei Hochregalstapler

Dort sind auf der linken Waagerechten des Koordinatenkreuzes die Fahrstrecke in m, auf der oberen Senkrechten die Fahrzeit t_1 in s für Hin- und Rückfahrt, auf der rechten Waagerechten die Summe von Fahr- und Hubzeit $t_1 + t_2$ und auf dem unteren Teil der Senkrechten die Addition mit dem Senkvorgang t_3, also $t_1 + t_2 + t_3$, angegeben. Parallel dazu ist die Spielzeitskala t_{ges} angeordnet, die auch die Zeiten für das Auf- und Absetzen sowie für das Manipulieren mit dem Lastaufnahmemittel enthält. Bei der Ermittlung für die Durchschnittszeit geht man für den Arbeitsweg von zwei Drittel der Regalganglänge und für die Einstapelhöhe von zwei Drittel der maximalen Hubhöhe aus. Im eingezeichneten Beispiel ergibt sich für einen Hochregalstapler bei einem Arbeitsweg (maximale Regalganglänge) von 75 m und einer maximalen Einstapelhöhe von 12 m eine Durchschnittszeit für das Einfachspiel von $t_{ges} = 130$ s.
Für das Beispiel im Diagramm bedeuten:

HH Hubzeitgeraden für mittlere Hubhöhe   (2/3 x 12 = 8 m)
SH Senkzeitgeraden für mittlere Senkhöhe (2/3 x 12 = 8 m)

Fahrstrecke 2/3 x 75 = 50 m

Für das Umsetzen des Staplers in einen anderen Regalgang sind ca. 20 s zu rechnen.

Beispiel 11.2: Lagergrundflächenvergleich

Wie viel umbaute Grundfläche ist zur Lagerung von 5.000 Paletten bei einer Paletten- und Ladungshöhe von zusammen 1.300 mm erforderlich? Es soll die jeweilige Fläche ermittelt werden bei Bedienung des Palettenregals mit

    a) einem Hochregalstapler oder Regalbediengerät gleicher Höhe

    b) einem Schubmaststapler

    c) einem Gabelstapler.

Um Platz zu sparen, wurde Längseinlagerung (Tiefe im Regal 1.200 mm) gewählt.

Lösung: Bei der Lösung dieser Aufgabe geht man von den unterschiedlichen Gangbreiten, den möglichen Hubhöhen der Transportmittel a bis c und von der Gesamthöhe einer beladenen Palette aus. Zu berücksichtigen sind bei Festlegung der Hallenhöhe: Freihöhe im Regalfach (100 mm) und Konstruktionshöhe der Traversen zur Auflage der Paletten (ca. 120 mm), bei Festlegung der Hallenbreite: Breite je Doppelregal = 2 x Palettenlänge (2.400 mm) plus 100 mm Konstruktionsbreite. Zum Datenvergleich wurden alle Werte in der Reihenfolge ihrer Ermittlung tabellarisch für die drei Transportmittel gegenübergestellt (Tab. 11.2). Die bildliche Darstellung des Flächenvergleiches ist Bild 11.31 zu entnehmen. Es ergeben sich an notwendigen Grundflächen für

- a : 1508 m^2; b : 3042 m^2; c : 4680 m^2.

Durch den erforderlichen Einbau einer Sprinkleranlage bei Fall a ergibt sich der große Unterschied zwischen Zeile 7 und 8 in Tab. 11.2.

Beispiel 11.3: Errechnung der Amortisationszeit für eine Lagerplanung

In einer 6 m hohen Fertigungshalle ist auf 325 m^2 ein Lager für Gussteile bestehend aus 2 m hohen Regalen und Bodenlagerung vorhanden. Es soll nachgerechnet werden, welche Einsparungen (Rationalisierungserfolg) durch ein Fachhochregal (5 m Höhe) und Bedienung mittels Regalbediengerätes erreicht werden und in welcher Zeit sich die Investitionen amortisiert haben. Die Planung hatte eine neue Lagerfläche von 65 m^2 ergeben. Von den drei Lagerbeschäftigten können durch die Neugestaltung zwei eingespart werden. Annahme: mittlere Auslastung des Regalbediengerätes.

Lösung: Die Lösung der Aufgabe erfolgt mit einer Kostenvergleichsrechnung (Tab. 11.3). Die jährlichen Betriebskosten des alten Lagers betragen 121.100 €, die des geplanten Lagers 51.371 €. Daraus errechnet man 69.789 € Einsparung pro Jahr. Bei der eingesetzten Investition von 85.000 € beträgt die Amortisationszeit 1,29 Jahre. Von Interesse sind in erster Linie die Differenzwerte der Tabelle 11.3.

Außerdem bewirkt solch eine Rationalisierung:

- Senkung der Lohn-, Miet- und Zinskosten
- Erhöhung der Umschlagleistung; kürzere Zugriffszeiten
- Reduzierung der Ermüdung durch sicheres und bequemes Arbeiten; bessere Ordnung und größere Übersicht; höheren Raumnutzungsgrad.

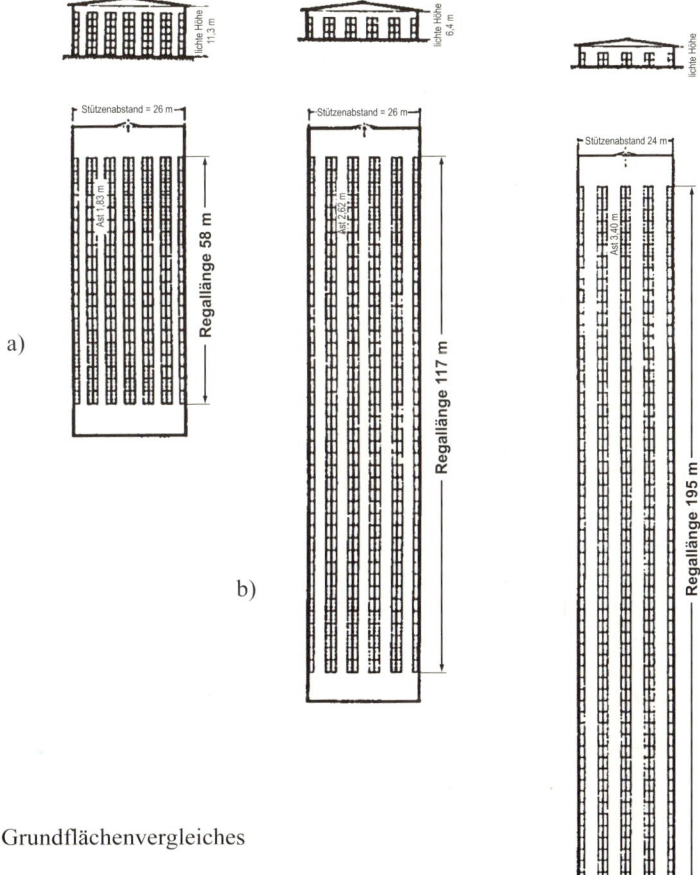

Bild 11.31   Darstellung des Grundflächenvergleiches

Tabelle 11.2   Zusammen- und Gegenüberstellung von Daten für einen
Grundflächenvergleich

Nr.	Planungsdaten	Fördermittel		
		a	b	c
1	Arbeitsgangbreite Ast in m	1,83	2,62	3,40
2	Anzahl der Regalgänge	6	5	4
3	Stützenabstand (Hallenbreite) in m	26	26	24
4	Regallänge in m	58	117	195
5	Fördermittelhubhöhe in m	9	4,5	3
6	Anzahl der gestapelten Paletten	7	4	3
7	Höhe der gestapelten Paletten in m	10,3	5,8	4,3
8	erforderliche Hallenhöhe in m	11,3	6,4	4,8
9	Anzahl der gelagerten Paletten	5040	5040	5040
10	benötigte Grundfläche in m² (nur für Regalfläche)	1508	3042	4680

	Alte Lösung	Neue Lösung
1. Personalkosten Lohn und Gemeinkosten (251 Arbeitstage pro Jahr; 8 Std. pro Arbeitstag) Personenzahl × 251 Tage × 8 Std.	€/a 9.360,-	€/a 30.120,-

2. Abschreibung
 10 % pro Jahr linear:
 a) Regalbediengerät
      € 40.000,- / 10
 b) Regale
      € 45.000.- / 10
	
	 1.000,-
		
		 4.000,-
		
		 4.500,-

3. Kapitalverzinsung
 10 % pro Jahr auf die Hälfte des durchschnittlich gebundenen Kapitals,
 a) Regalbediengerät
      € (40.000,- × 10) / (100 × 2)
 b) Regale
      € (45.000,- × 10) / (100 × 2)
	
	 1.000,-
		
		 2.000,-
		
		 2.250,-

4. Wartungskosten 5 % pro Jahr der Investitionssumme. Regalbediengerät (5 % × € 40.000,-) / 100		 2.000,-
5. Kalkulatorische Mietkosten € 180,- pro Quadratmeter im Jahr (einschließlich Heizung, Wartung, Reparatur, Reinigung) € 90,- × 325 (65) m^2	 58.500,-	 11.700,-
6. Betriebsabhängige Kosten Stromkosten bei Anschlusswerten von: 2.0 kW für Hubwerk und 0,5 kW für Fahrmotor 2,5 kW bei einem Strompreis von 0,10 €/kWh und 30 % ED (251 Tage × 8 Std. × 0,3 = 602,4 Std.) 2,5 kW × 0,10 € × 301,2 Std.		 151,-
Summen €/a	121.110,-	51.371,-

Tabelle 11.3   Tabellarische Ermittlung der Betriebskosten bei vorhandenem und geplantem Lager

	Betriebskosteneinschätzung mit Kennzahlermittlung für zwei Lagervarianten		
Investitionssumme: Blocklager 2,9 Mio € Hochregalla- 6,65 Mio € ger		Anzahl der einzulagernden Paletten: 20.000 Anzahl der pro Jahr umzuschlagenden Anzahl Paletten: 145.000	

		Angaben in €/a	
Nr.	Betriebskostenarten	Blocklager	Hochregallager
1	Instandhaltung Gebäude 1 % der Investitionssumme	29.000	66.500
2	Instandhaltung Transportgeräte 5 % der Investitionssumme	–	110.000
3	Instandhaltung und Ersatzbeschaffung Paletten 5,5 % der Investitionssumme	15.500	15.500
4	Instandhaltung und Ersatzbeschaffung Aufsteckrahmen 4 % der Investitionssumme	44.000	–
5	Betriebskosten E-Stapler	30.000	10.000
6	Personalkosten 15,- €/h	240.000	120.000
7	Zwischensumme	358.500	322.000
8	Zinsen 5 % der Investitionssumme	145.000	332.500
9	Zwischensumme	503.500	654.500
10	Abschreibung Gebäude 3 %	87.000	199.500
11	Abschreibung Transportgeräte 20 %	22.500	295.000
12	Abschreibung Transportanlagen 10 %	–	29.000
13	Abschreibung Paletten und Aufsteckrahmen 20 %	276.000	56.000
14	Abschreibung Regale 7 %	3.500	–
15	Summe Abschreibungen	392.000	475.000
16	Gesamtsumme der jährlichen Kosten	895.500	1.129.500
17	Lagerungskosten €/Palette und Monat [(Zeile 9-5-6) : 20.000 : 12]	0,97	2,19
18	Umschlagskosten €/Palette ein- und auslagern [(Zeile 5 + 6) : 145.000)	1,86	0.90

Tabelle 11.4   Kennzahlenermittlung Lager- und Umschlagkosten über Betriebskosten für Block- und Hochregallager

Beispiel 11.4: Kennzahlenermittlung bei Block- und Hochregallager. Bei der Neuplanung eines 20.000 Paletten fassenden Lagers wurden zwei Varianten erarbeitet: ein Block- und ein Hochregallager. Die Investitionen wurden für das Blocklager mit 2,9 Mio. € errechnet, für das Hochregallager mit 6,65 Mio. €. Über die Betriebskosten sollen zu Vergleichszwecken folgende Kennzahlen ermittelt werden:

a) Lagerungskosten in € pro Palette und Monat

b) Umschlagkosten in € pro Palette Ein- und Auslagerung

Lösung: Das Ergebnis wurde tabellarisch erarbeitet (Tab. 11.4). Für Kennzahl a ergeben sich Kosten für das Blocklager in Höhe von 0,97 €, für das Hochregallager 2,19 € pro Palette und Monat. An Umschlagkosten für eine Palette ein- und auszulagern, müssen beim Blocklager 1,86 € und beim Hochregallager 0,90 € aufgebracht werden. Für die Entscheidung, welches Lager gebaut werden soll, sind diese Kennzahlen mit ein Kriterium, denn sie gestatten über die Paletten-Umschlagzahlen pro Jahr, die Lagerkosten und die Manipulationskosten der Paletten zu ermitteln.

Beispiel 11.5: Lagerplanung bei vorgegebener Halle

Für eine Halle mit 4.100 m^3 Bruttolagerraum sollen in Abhängigkeit von verschiedenen Transportmitteln A – Gabelstapler, B – Stapelkran, C – Regalbediengerät in vergleichender Form ermittelt werden:

- die Anzahl der gelagerten Paletten
- der Nettolagerraum
- der Raumnutzungsgrad.

Lösung: s. Bild 11.32 und Tab. 11.5

Beispiel 11.6: RBG-Daten

Welche Daten beschreiben ein RBG für Paletten oder Behälter?

Lösung:

1. Technische Daten, wie z. B. Traglast, Gerätehöhe, Gangbreite, Gerätelänge, tiefste und höchste Lasttischstellung, Fahr- und Hubgeschwindigkeiten, Fahrerstandgröße, Umsetzgeschwindigkeit
2. Art des Lastaufnahmemittels, Tragfähigkeit
3. Art der Steuerung
4. Zusatzeinrichtungen, wie z. B. Feinpositionierung, Höhenvorwahl

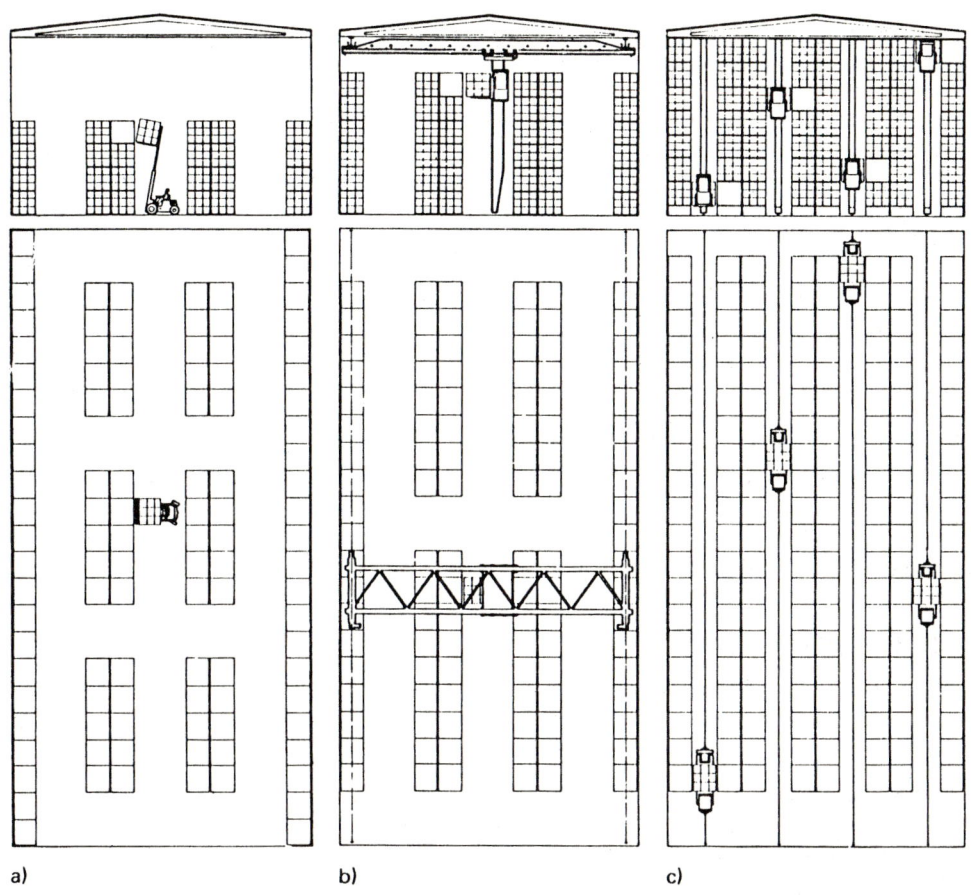

a)   b)   c)

Bild 11.32   Vergleich der Einlagerungskapazität in Abhängigkeit vom Lagerbediengerät bei Palettenlagerung
a) Gabelstapler   b) Stapelkran   c) Regalbediengerät

	Lagerbedienung		
	Gabelstapler	Stapelkran	Regalbediengerät
Bruttolagerraum in m³	4100	4100	4100
Einlagerungskapazität in %	100	150	265
Anzahl der eingelagerten Paletten	424	636	1120
Nettolagerraum in m³	825	1238	2180
Raumnutzungsgrad in %	20	30	53

Tabelle 11.5   Vergleich Gabelstapler, Stapelkran und Regalbediengerät bezüglich des Lagerraumes

Beispiel 11.7: Regalbediengeräte

Welche Transportmittel können zur Ein- und Auslagerung im Einheiten- und Kommissionierlager (bis 15 m Höhe) für Paletteneinheiten eingesetzt werden, wenn die Auslastung der sechs bestehenden Regalgänge jeweils unter 25 % der Schichtarbeitszeit liegt?

Lösung: Aus der Auslastung und der Anzahl der Regalgänge ergeben sich pro Schicht 1,5 Transportmittel. Als Transportmittel sind zwei Geräte einzusetzen, die mehrere Regalgänge bedienen. Möglich sind:

- Schmalgangstapler: Hochregalstapler oder Kommissionierstapler
- Stapelkran (2 × 3 Gassen hintereinander angeordnet)
- Regalbediengerät RBG: mit Umsetzwagen oder kurvengängige Ausführung.

Beispiel 11.8: Kommissionier-Hochregallager

In einem Ersatzteillager für Gabelstapler sind 12.000 Artikel in Lagersichtkästen mit 30 kg Ladegewicht in einem Fachbodenregal gelagert. Bis zu 500 Einlagerungen und bis zu 2.000 Auslagerungen pro Schicht müssen mit einem RBG durchgeführt werden. Es ist der Lagergrundriss und das Kommissioniergerät zu skizzieren.

Lösung: s. Bild 11.33. Über Rollenförderer wird der Zu- und Abtransport der Behälter mit Einheits- und Kommissionierware durchgeführt. Auf dem Tisch des RBG befindet sich eine Zählwaage, um Kleinmaterial schneller kommissionieren zu kennen.

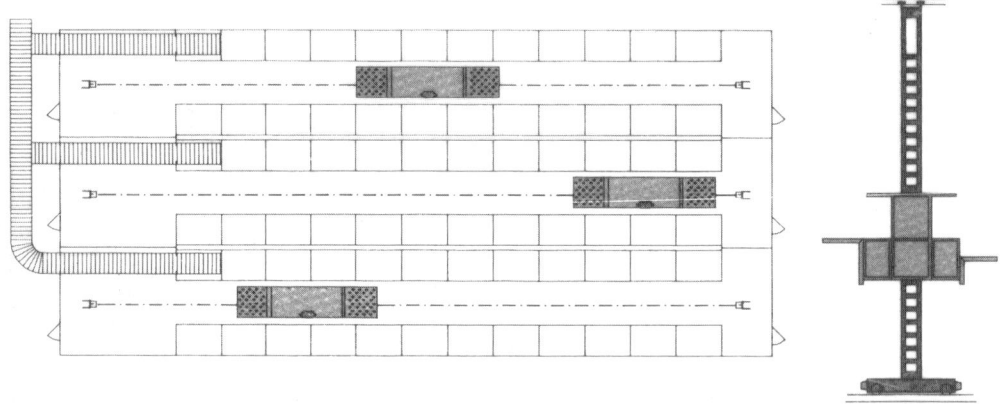

Bild 11.33   Grundriss Fachbodenhochregal, Ansicht Kommissionier-RBG

Beispiel 11.9: Kommissionierlager

In verschiedenen Beispielen sollen Kommissionierlager in unterschiedlichen Ausführungen zur Kommissionierung in einer oder mehreren Ebenen dargestellt werden.

Lösungen:

- Bild 11.34
- Durchlaufregal: Trennung von Ein- und Auslagerung
- Entnahme größerer Einheiten unten von Paletten, kleineren Artikeln oben aus Lagersichtkästen
- Kommissionieren in einer Ebene
- Bild 11.35
- Durchlaufregal: Trennung von Ein- und Auslagerung, Kornmissioniertunnel
- Kommissionierung in einer Ebene – Einheiten auf Paletten
- Kommissionierwagen für Auftrag
- Bild 11.36
- Paletten-Durchlaufregal: hier Durchlauf der quer liegenden Paletten zur besseren Kommissionierung
- Trennung von Ein- und Auslagerung
- durch hintereinander stehende Paletteneinheiten Verfügbarkeit sichergestellt, eindimensionale Kommissionierung
- Bedienung Einheitenlager und Beschickung Kommissionierlager mit RBG (auch möglich mit Kommissionier- oder Hochregalstapler)
- Kommissionierung in drei Ebenen
- Kommissionierlager für große Mengen je Artikel, hohe Artikelzahl und hohen Nachschub
- Bild 11.37
- horizontales Paletten-Durchlaufregal mit Staurollenförderern zum druckfreien Stauen der Paletten (Einheitenlager, FIFO)
- Bedienung durch RBG mit Rollenbahn als Lastaufnahmemittel
- durch kurze Wege hohe Umschlagsleistungen bis zu 100 Pal/h und RBG
- unterste Ebene: Kommissionierlager als Schwerkraft-Durchlaufregal, manuelles Kommissionieren auf Kommissionierwagen im Kommissioniertunnel.

Bild 11.34 Kombination von Behälter- und Palettendurchlaufregal zur Kommissionierung in einer Ebene

Bild 11.35 Kombination Einheiten- und Kommissionierlager mittels zweier übereinander angeordneten Paletten-Durchlaufregalen (Schwerkraftantrieb)

Bild 11.36 Räumliche Zuordnung von Hochregallager als Einheitenlager zur Bedienung des Kommissionierlagers in drei Ebenen

Beispiel 11.10: Flächenvergleich

Für die in den Grundrissen skizzierten Fachboden- und Durchlaufregale (Bild 11.38) ist der Flächenvergleich durchzuführen.

Lösung: Es ergibt sich eine Flächeneinsparung von 25 %. Die Wegzeit des Kommissioniervorganges reduziert sich um ca. 40 %.

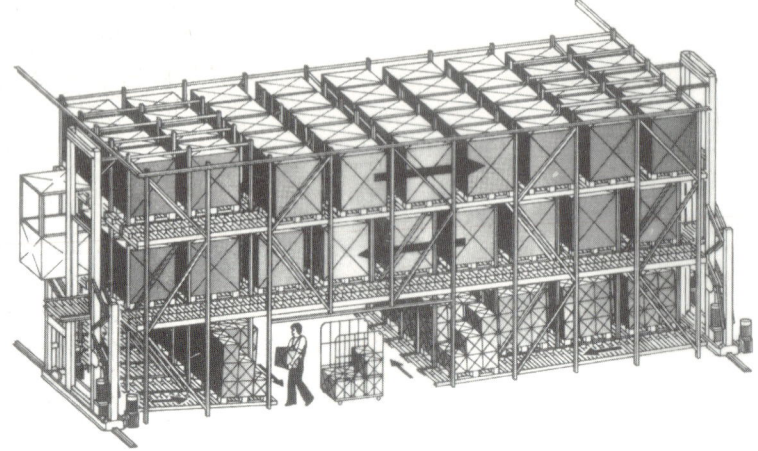

Bild 11.37 Kommissionierlager mit darüber liegenden Einheitenlager als horizontales Paletten-Durchlaufregal

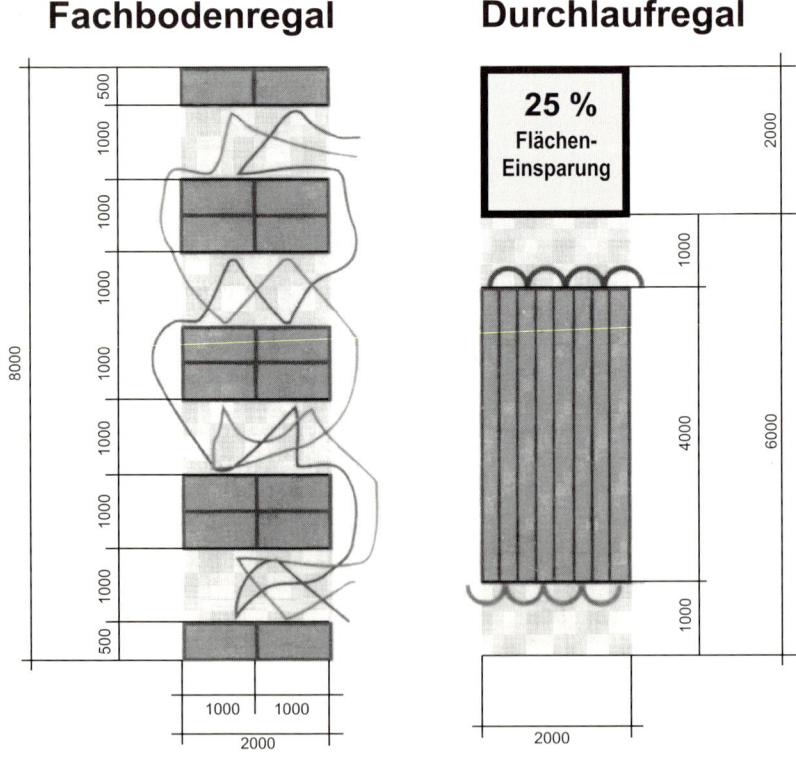

Bild 11.38 Gegenüberstellung von Fachboden- und Behälterdurchlaufregal

Beispiel 11.11: Wabenregal
Welche Entnahmemöglichkeiten gibt es für
die Langgutlagerung in einem Wabenregal?

Lösung: Bild 11.39 zeigt von oben nach unten
folgende Entnahmemöglichkeiten:

- Kran mit Traverse
- Gabelstapler mit Vorrichtung
- Regalstapelgerät
- verfahrbare Stütze
- verfahrbarer Hubtisch

Beispiel 11.12: Karussell-Regallager
Wie kann konstruktiv eine hohe Ein- und
Auslagerungsleistung mit einem Karussell-
Regallager erreicht werden?

Lösung: Eine hohe Ein- und Auslagerung
wird in der Regel durch konstruktive (techni-
sche) und organisatorische Maßnahmen er-
reicht, z. B. durch die Kombination eines
Karussell-Regals mit einem Aufzug. Das
Karussell-Regal besteht aus einer größeren
Anzahl von frei bewegbaren Ebenen, die im
Reversierbetrieb laufen können und einem
Speziallastenaufzug, der in der Lage ist,
gleichzeitig mehrere Behälter aus den ver-

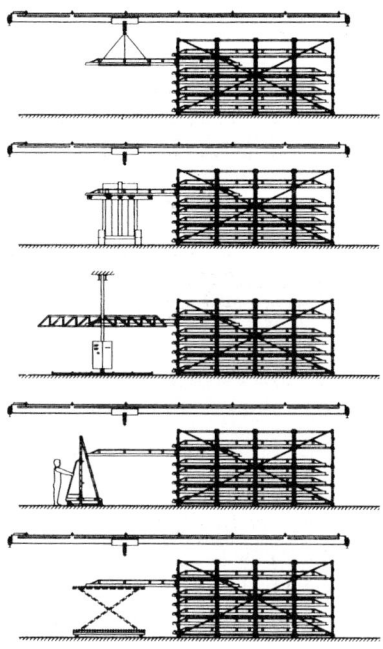

Bild 11.39
Entnahmemöglichkeiten für Wabenregal

schiedenen Karussellebenen aufzunehmen. In Abhängigkeit von der Anzahl der Karussellebenen (bis zu 20 Ebenen sind möglich), von der Verfügbarkeit der Anlage, von einer Sicherheits-
zeit (z. B. 4 Sekunden), von der Schleichfahrt des Aufzuges (z. B. 4 Sekunden), von der Sor-
tiergeschwindigkeit in den Karussellebenen (ca. 0,3 m/s), von dem Paternostertakt des Aufzuges (ca. 4 s/Ebene) und von der Pusherzeit für Ein- und Ausstoßen in/aus dem Aufzug (ca. 2 ×
204 Sekunden) ergibt sich eine bis zu 10-fach höhere Ein- und Auslagerungsleistung an Behältern (bis zu 700 Doppelspiele pro Stunde) gegenüber einem normalen Karussellregal. Die
Anwendung solch eines Karussellregals mit Aufzug erfolgt zur Bedienung von Kommissionierplätzen (Prinzip: Ware zum Mann) wie es im Bild 11.40 dargestellt ist oder zur Verteilung
von Behältern z. B. zu Verpackungszwecken.

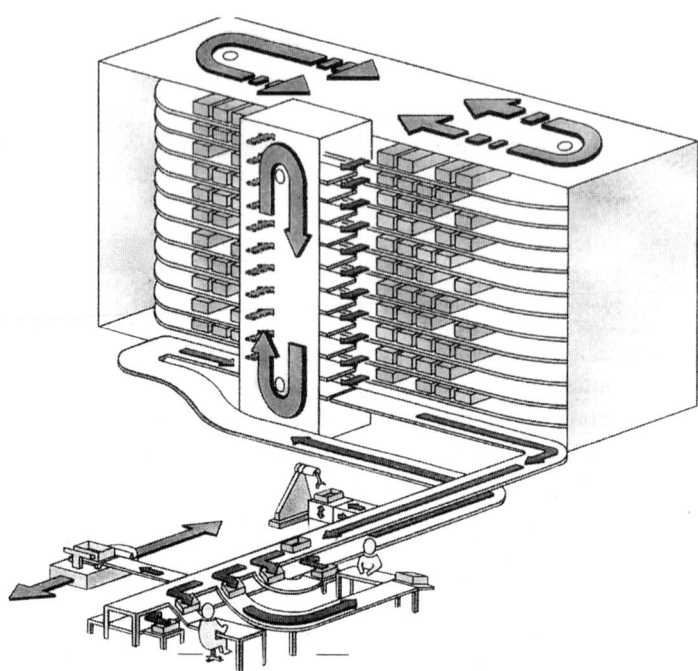

Bild 11.40
Karussellregallager zur Bedienung von Kommissionierplätzen mit Behälter

Beispiel 11.13: Palettenregal
Welche Bezeichnungen verwendet man an einem Palettenregal mit Mehrplatzlagerung?
Lösung: Bild 11.41

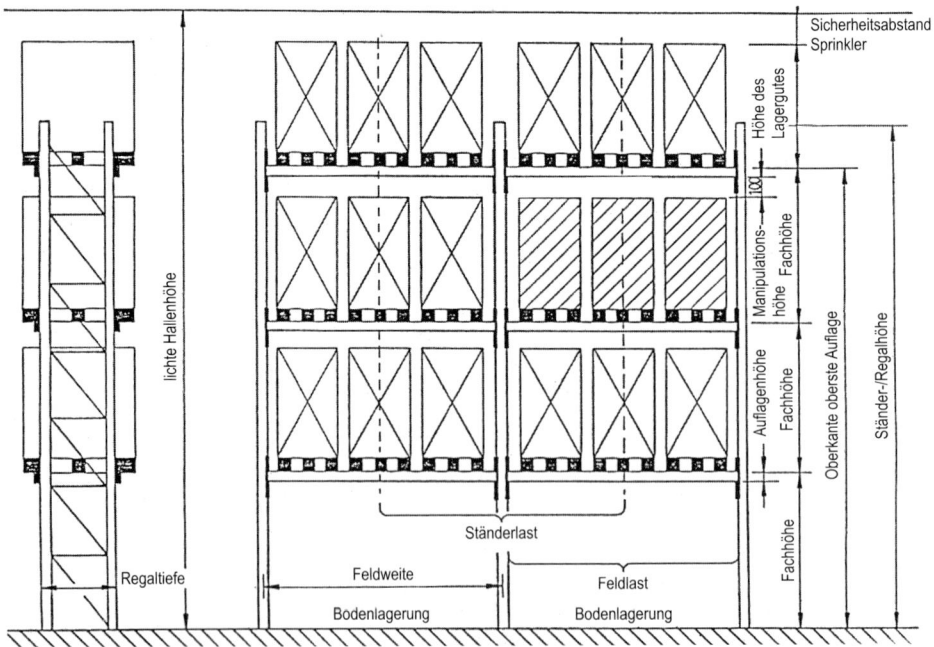

Bild 11.41   Bezeichnungen am Palettenregal

Beispiel 11.14: Stammdatenermittlung

Wozu dient die Stammdatenermittlung und wie wird sie durchgeführt?

Lösung: Die Stammdaten dienen z. B. zur Bestimmung der Versandkartongröße für einen Auftrag, für dessen Gewichtsbestimmung und damit auch der Optimierung der Versandkosten über die Gebührentabelle, so dass durchaus 2 kleine Pakete durch die EDV festgelegt werden statt einem großen Packstück. Die Artikelgewichte werden aber auch in der manuellen und automatischen Kommissionierung benötigt, um Fehler zu erkennen.

Die Vermessung der Artikelprofile, ihre Volumen- und Gewichtsbestimmung, sowie Ermittlung des Lagerbedarfs eines Artikels erfolgt mit dem Platzbedarfs-Messgerät (Bild 11.42).

Bild 11.42 Mobiles Platzbedarfs-Messgerät mit Gewichtsbestimmung auf einen Transportwagen mit autarker Stromversorgung

Beispiel 11.15: Berechnung der Kosten pro Palettenplatz eines Palettenregallagers

Es sind die Kosten pro Palettenplatz und Monat für ein Lager mit 7.000 m² Fläche und 6.500 Palettenstellplätzen aus den Mietkosten (4,00 €/m²/Monat), den Heizungskosten (0,40 €/m²/Monat), den Stromkosten (0,20 €/m²/Monat) und den Reparaturkosten (0,50 €/m²/Monat) zu berechnen.

Lösung: Die Flächenkosten pro Monat sind: 4,00 + 0.40 + 0,20 + 0,50 = 5,1 €/m²/Monat

Die Kosten für einen Palettenplatz ergeben sich zu:

7.000m² x 5,1 €/m²/Monat : 6.500 Palettenplätze = 5,49 €/Pal./Monat.

Beispiel 11.16: Lagerung Boxpalette (z. B. Gitterboxpalette)

Welche Möglichkeiten zur Linienlagerung von DIN- Boxpaletten bieten sich an?

Lösung: Drei Lösungen werden angegeben, bei denen sowohl Quer- wie auch Längseinlagerung der Boxpaletten möglich ist.

1. Paletten-/Behälterregal im Einplatzsystem
2. Palettenregal im Mehrplatzsystem mit Auflagewinkel
3. Großfachbodenregal.

Beispiel 11.17: Palettenregal: Längs-/Quereinlagerung
Welche prozentualen Kosten- und Flächenunterschiede sind beim Palettenregal einmal bei
Längseinlagerung, zum anderen bei Quereinlagerung vorhanden?

Lösung: Die Quereinlagerung verursacht im Verhältnis zur Längseinlagerung ca. 13 % Mehr-
kosten und benötigt ca. 17 % mehr Fläche.

Beispiel 11.18: Langgutlagerung
Es sind Beispiele für Kragarm- und Ständerregale in Bildform aufzuzeigen.

Lösung: Siehe Kapitel 10.3.1.3. Im Bild 11.43 wird ein Kragarmregal für Langgutwannen und
in den Bildern 11.44 a und b Ständerregale für Langgut und Kabeltrommeln abgebildet.

Bild 11.43 Doppelseitiges Kragarmregal
als Verschieberegal für Langgutwannen mit Vierwegstapler-Bedienung

a)

Bild 11.44 Ständerregale
a: für Langgut
b: für Kabeltrommeln   b)

Beispiel 11.19: Automatische Kommissionierung
Welche Kriterien bestimmen die automatische Kommissionierbarkeit und die Art des zu verwendeten automatischen Kommissioniersystems?

Lösung: Es handelt sich u. a. um folgende Kriterien:

• Geometrische, physikalische und chemische Eigenschaften wie z. B. Form, Oberflächenbeschaffenheit, s. Bild 3.2

- Spezifische Eigenschaften wie z. B. Erkennungsmöglichkeit, Stapelbarkeit s. Bild 3.2
- Verpackungszustand der Kommissionierartikel z. B. verpackt, unverpackt
- Bereitstellung der Artikel: s. Kap. 11.11
- Lagertyp: s. Bild 10.5
- Ordnungszustand der Artikel z. B. geordnet, ungeordnet
- Entnahmeeinheit wie Einzelpackung/-packstück: Schachtel, Behälter, Dose oder Sammelpackung: Gebinde, komplette Lage (s. Bild 3.10)
- Entnahmemöglichkeit z. B. mit Greifer (mechanisch, magnetisch, pneumatisch), Teleskoptisch/-gabel, Auswerfer, Handhabungsgerät
- Sortiment; Menge pro Artikel
- Nachschubmöglichkeit und -Organisation

Für die automatische Kommissionierung (s. Kap. 11.5) stehen zur Verfügung: Knickarm-Roboter, Flächenportal-Roboter, Palettier-Roboter, spezielle Kommissionier-Roboter, Schachtkommissionierer (s. Bild 11.11), Regalbediengeräte für Einheitenlager (s. Bild 10.26) und RBG im AKL (s. Kap. 11.6).

Beispiel 11.20: Gesamtlagersystem
Ein gesamtes Lagersystem soll in einem Übersichtsbild dargestellt werden.
Lösung: s. Bild 11.45.

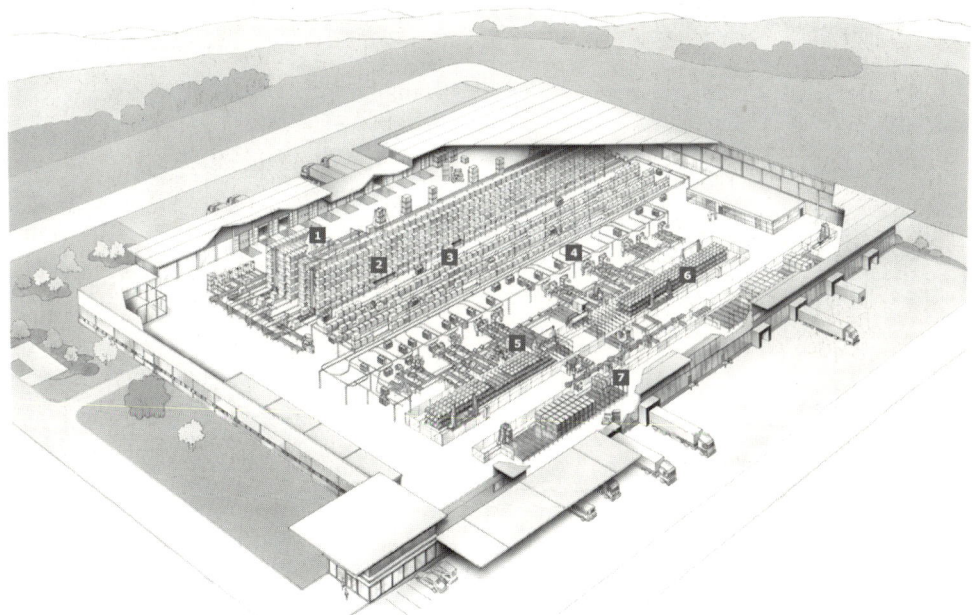

Bild 11.45 Übersichtsdarstellung eines Automobil-Zuliefer-Unternehmens: 1 Warenannahme; 2 Beschaffungslager; 3 Kommissionierbereich; 4 Montageplätze; 5 Prüfstationen; 6 Distributionslager; 7 Bereitstellung Aufträge; 8 Warenausgang

Beispiel 11.21: Kennzahlen für die Planung eines Palettenlagersystems

Für eine vorgegebene Halle sollen die Lagerkapazität bei bekannten Abmessungen und Gewichten von Lagereinheiten mit DIN-Paletten 800 x 1200 sowie die Investitionen für verschiedene Alternativen errechnet werden. Welche Kennzahlen sind dafür erforderlich?

Lösung: s. Tab. 11.6. Bei den in der Tabelle angegebenen Werten wird bei den Palettenregalen vom Mehrplatzprinzip ausgegangen: maximale Durchbiegung des Auflagebalkens (Traverse) kleiner einer Länge L/200. In der Regal kann für Fracht und Montage des Palettenregals 8 % der Investitionssumme eingesetzt werden; diese sind in den angegebenen Werten enthalten. Zuschläge von ca. 5 % sind für Sicherheitseinrichtungen und Zubehör, wie z. B. Durchschubsicherung, Rammschutz der Ständer und Abweisecken, sowie Futterbleche unter den Ständern und Dübel. Bei den angegebenen Leasingraten wird von einer Nutzungsdauer von 1210 Stunden pro Jahr – dies entspricht einer Schicht pro Tag: 220 Tage/Jahr x 5,5 Stunden/Tag – einer gesetzlich vorgeschrieben Abschreibung von 8 Jahren und einer Leasingzeit zwischen 39 und 84 Monaten. Bei 5 Jahren Leasing, einem Restwert von ca. 3.000 € aus einer Erfahrungsliste und bei einem Zinssatz von 6 % errechnet sich die monatliche Leasingrate für den Frontgabelstapler (Preis 19.000 €) zu 325 €/Monat. Dazu kommt noch eine Maschinenbruchversicherung z. B. durch Brand- oder Hochwasserschaden, so dass der Gesamtbetrag ca. 350 €/Monat und Stapler ausmacht (Stand 2003).

Lfd.-Nr.:	Regallagerung Regalart	Regalbedien-gerät	Investition €/ RBG[1]	Leasing €/Monat	Arbeits-gangbreite mm	€^{2} pro Pal.-Platz
1	2	3	4	5	6	7
1	Palettenregal	Frontgabel- 3-Rad stapler 4-Rad	19.000 25.000	350 450	3.200 3.600	20 20
2	Palettenregal	Schubmaststapler	30.000	450	2.800	20
3	Palettenregal	Schmalgangstapler	65.000	1.300	1.600	40
4	Palettenregal	RBG auf Schienen[3]	70.000	-	1.400	40
5	Verschieberegal	Schubmaststapler	30.000	450	2.800	100
6	Durchlaufregal[4]	Frontgabelstapler	25.000	450	3.600	200
7	Großfachboden-regal Gitterrost	Frontgabelstapler	19.000	350	3.200	45

Tabelle 11.6   Zusammenstellung von Planungsdaten für die Regallagerung von DIN-Paletten

[1] bezogen auf 1,2 t Tragfähigkeit bei 3-Rad-, 1,6 t bei 4-Rad-Ausführung; Hubhöhe ca. 5m /
[2] bei ca. 500 Palettenplätze, inkl. Fracht und Montage / [3] ohne Steuerung, für die ca. 150.000 € anzusetzen sind / [4] mit Schwerkraftantrieb

Beispiel 11.22: Angebotsvergleich Kommissionierstapler mittels Betriebskostenrechnung

In einer vorhandenen Lagerhalle mit Palettenhochregal von 10 m sollen der vorhandene 11 Jahre alte Kommissionierstapler durch einen neuen ersetzt werden. Dazu ist ein Angebotsvergleich mit drei Lieferanten in Form der Gegenüberstellung von Betriebskosten bei Kauf und Leasing durchzuführen. Außerdem sind weitere Größen und Staplereigenschaften, die für eine Auswahl von Bedeutung sind, aufzulisten. Für den Stapler mit den geringsten Kosten ist ein Barwertvergleich aufzustellen, ob Kauf oder Leasing wirtschaftlicher ist.

Lösung: s. Tab. 11.7. Weitere Größen zur Auswahlbegutachtung finden sich im Kap. 10.4.3 „Kommissionierstapler", sowie Zusatzausstattung, Zahlungs- und Lieferbedingungen, Lieferzeit, Gewährleistung.

Angebotsvergleich				
Lfd	Hersteller	A	B	C
Nr	Kommissionierstaplertyp	Typ X	Typ Y	Typ Z
1	2	3	4	5
1.1	Kaufpreis net. €	69.747	64.800	67.400
1.2	Montagekosten €	incl.	incl.	3.450
1.3	Führungsrollen €	incl.	incl.	810
1.4	**Investition net. €**	**69.747**	**64.800**	**71.660**
2.0	**Betriebskosten bei Kauf p.a.**	**17.257**	**16.524**	**18.898**
2.1	kalk. Abschreibungen € p.a.	8.718	8.100	8.425
2.2	kalk. Zinsen € p.a. bei 9%	3.139	2.916	3.033
2.3	Wartungsvertrag € p. a.	5.400	5.508	7.440
2.4	Ersatzteile €	incl.	incl.	incl.
3.0	**Betriebskosten bei Leasing p.a.**	**26.772**	**20.316**	**22.933**
3.1	Leasingrate €/Monat	2.231	1.203	1.291
3.2	(Kosten für Full-Service € p.a.)	incl.	5.880	7.440
3.3	Restwert €	0	1.450	2.020
3.4	Betriebsstunden € p.a.	800	1.200	1.200
3.5	Leasingart	Full-Service/ (60Monate)	Full-Service/ (60Monate)	Full-Service/ (60Monate)

Tabelle 11.7 Betriebskostenvergleich Kommissionierstapler

Aus der Tab. 11.7 ergibt sich, dass der Hersteller B mit dem Kommissionierstaplertyp Y die geringste Investition hat. Soll nun der Stapler gekauft oder geleast werden?

In der Betriebskostenvergleichsrechnung können Lohn-, Energie- und Instandhaltungskosten unberücksichtigt bleiben, da sie von der Finanzierungsart unabhängig sind. Danach ergeben sich die Betriebskosten aus Abschreibung und Zinskosten nach Tab. 11.8. Der große Unterschied ist die Nutzungsdauer von 8 Jahren bei Kauf und 5 Jahren bei Leasing.

Betriebskosten bei Kauf p.a.	**10.206**
line. kalk. Abschreibungen p.a. bei 8 Jahren	8.100
kalk. Zinsen p.a. bei 6,5 %[*]	2.106
Gesamtkosten bei Kauf nach 8 Jahren	81.648
Betriebskosten bei Leasing p.a.	**14.436**
Leasingkosten p.a. [€] bei 5 Jahren	14.436
Restwertzahlung t_5.[€]	1.450
Gesamtkosten bei Leasing nach 5 Jahren	73.630
*: interner Richtwert	alle Preise netto Euro

Tabelle 11.8 Kostenvergleichsrechnung Kommissionierstapler

Die Tab. 11.8 ist ein statischer Vergleich. Mit der Kapitalwertmethode ist es möglich, alle Ein- und Auszahlungen auf einen Zeitpunkt ab- bzw. aufzuzinsen. Diese auf einen Zeitpunkt abgezinste Zahlung heißt Barwert. Bei konstanten jährlichen Auszahlungen kann ein dynamischer Vergleich sich auf die Summe aller Barwerte von den Auszahlungen beschränken. Wird im vorliegenden Fall dies durchgeführt, ergibt sich Tab. 11.9.

Barwert der Zahlungen bei Kauf [€]	**62.142**
jährliche Kosten k [€]	10.472
int. Zinssatz i [%]	6,5
Restwert R_8 [€]	0
Nutzungsdauer n [a]	8
Barwert der Zahlungen bei Leasing [€]	**61.049**
jährliche Kosten k [€]	14.436
int. Zinssatz i [%]	6,5
Restwert R_5 [€]	1.450
Nutzungsdauer n [a]	5

Tabelle 11.9 Barwerte bei Kauf und Leasing

Der Vergleich zeigt, dass Leasing vorteilhafter ist. Voraussetzung dafür ist, dass nach Ablauf der Leasingzeit der Kommissionierstapler für den Restwert erworben wird und eine weitere Nutzung von drei Jahren erfolgt.

Beispiel 11.23: Betriebskostenvergleich Palettenregal und Verschieberegal

Für die Lagerung von 1.500 Euro-Paletten mit 1.800 mm Gesamthöhe und einem Gewicht von 800 kg pro LE kann ein Palettenregal oder ein Verschieberegal eingesetzt werden, da die Auslastung der 10 Gassen (Arbeitsgänge) ca. 10 % pro Gasse beträgt. Die Planung ergibt für das Palettenregal bei 5 Ebenen und Bedienung mit einem Schubmaststapler (Arbeitsgangbreite 3.000 mm) eine erforderliche Lagerfläche von 1.000 m². Für das Verschieberegal werden ca. 45 % Fläche = 450 m² eingespart. Die Abschreibung ist linear, für das Palettenregal beträgt sie 10 Jahre, für das Verschiebregal 8 Jahre. Es ist ein Betriebskostenvergleich zwischen beiden Regaltypen durchzuführen.

Lösung: Zunächst wird die Investition bestimmt (Tab. 11.10). Die Betriebskosten werden tabellarisch zusammengestellt (Tab. 11.11), Planung: vgl. Bild 10.19 oben.

Die Investitionen betragen:

Lfd.-Nr.:	Größe		Stationäres Palettenregal	Verschieberegal Paletten	Bemerkung
1	Palettenregal	€	30.000	–	20 €/Palettenplatz
2	Verschieberegal	€	–	120.000	80 €/Palettenplatz
3	Schubmaststapler	€	40.000	40.000	
4	10 % Unvorhergesehenes	€	7.000	16.000	
5	Summe	€	77.000	176.000	

Tabelle 11.10 Zusammenstellung der Investitionen (Basis: DIN Palette)

Aus den obigen Vorgaben lassen sich die Betriebskosten errechnen. Der Betriebskostenvergleich ergibt geringere Betriebskosten pro Jahr für das Verschieberegal aber erheblich höhere Investition.

Lfd.-Nr.:	Größe		Palettenregal Euro-Paletten	Verschieberegal Euro-Paletten	Bemerkungen
1	Miete (6 €/m²/Monat)	€/a	72.000	39.600	
2	Leasing Schubmaststapler	€/a	7.200	7.200	
3	Kalk. Abschreibung	€/a	3.000	15.000	Ohne Unvorhergesehenes
4	Kalk. Zinsen (8 %)	€/a	1.200	4.800	Ohne Unvorhergesehenes
5	Personalkosten 1,2 MA/a	€/a	36.000	36.000	30.000 €/a/MA
6	Summe	€/a	119.400	92.600	

Tabelle 11.11 Betriebskostenvergleich

Beispiel 11.24: Multi-Order-Picking mit Schlepper und Horizontalkommissionierer

Welche Systeme werden für Multi-Order-Picking mit Flurförderzeugen angeboten?

Lösung: Mittels Schlepper werden Anhänger gezogen, die für Multi-Order-Pickung konstruiert sind (s. Bild 11.15) z. B. eine Art Regalwagen besitzen. Für Horizontalkommissionierer sind Fahrzeuge mit und ohne hebbaren Bedienstand im Einsatz. Regalaufsätze mit und ohne Waagen, aber meist mit EDV-Anbindung besitzen Aufnahmemöglichkeiten z. B. für die Gabelzinken (Bild 11.46).

a)   b)

Bild 11.46   Horizontalkommissionierer mit aufgenommenen Kommissionierregal: a) mit bis 1 m hebbarem Bedienstand (s. Datamobil Bild 11.16) b) ohne hebbaren Bedienstand

•   **Fragen**

1.   Aus welchen Grundfunktionen besteht der Kommissioniervorgang?

2.   Welche Lagersysteme/Regaltypen haben dynamische Bereitstellung?

3.   Wie ist auftragsorientierte und artikelorientierte Kommissionierung aufgebaut?

4.   Es ist das beleglose Kommissionieren zu beschreiben.

5.   Aus welchen Zeitanteilen besteht die Kommissionierzeit eines Auftrages?

6.   Wie lassen sich die Zeitanteile der Wegzeit, Greifzeit und Totzeit reduzieren?

7.   Es ist die Einteilung von Horizontal- und Vertikalkommissionierer zu skizzieren.

8.   Wie ist der Arbeitsablauf bei der automatischen Schachtkommissionierung?

9.   Lagerungsmöglichkeiten für Langgut sind aufzuzeigen.

10.   Das AKL-System ist in den Vorteilen und dem Einsatz zu beschreiben.

11.   Welche Möglichkeiten einer automatischen Langgutlagerung gibt es?

12 Planungssystematik und Projektmanagement

12.1 Planungstechnische Grundlagen

12.1.1 Aufgaben und Bedeutung

In allen Industrieunternehmen haben erhebliche Investitionen im Materialfluss für Transport-, Lager- und Informationssysteme in den letzten Jahren stattgefunden. Der Mechanisierungs- und Automatisierungsgrad hat einen hohen Stand erreicht. Umfangreiche Planungen sind erforderlich, damit diese langfristig festgelegten Investitionen technisch, wirtschaftlich und organisatorisch richtig und vertretbar sind. Da Güter, Kapazitäten, Raum, Personal, Zeit und Kapital der Verteuerung und Verknappung unterliegen, müssen sie rationell eingesetzt werden. Dies wird nur durch Planung erreicht.

Planung will bestehende Betriebsstrukturen verbessern, zukünftige Strukturen entwickeln, will Fehlinvestitionen vermeiden, also die Zukunft aktiv beeinflussen. Nach Wöhe ist Planung „die gedankliche Vorwegnahme zukünftigen Handelns durch Abwägen verschiedener Handlungsalternativen und Entscheidung für den günstigsten Weg." Um dies so durchführen und erreichen zu können, muss eine *zukunftsgerichtete* Planung, *systematisch, methodisch, dynamisch, iterativ, flexibel, anpassungsfähig, genau, vollständig, eindeutig, kontinuierlich* und *wirtschaftlich* sein.

Planung ist als ein Instrument der Unternehmensführung zur Erreichung der Unternehmensziele zu verstehen. Sie stellt eine logistische Funktion dar (s. Kap. 1.2). So gesehen, muss aber die Unternehmensplanung eine bestimmte Stellung in der Unternehmensorganisation erhalten. Eine sinnvolle Gliederung besteht darin, die Langfristplanung als strategische Planung der Unternehmensleitung (Stabsfunktion) zuzuordnen und die Mittel- und Kurzfristplanung der Logistikabteilung einzugliedern.

12.1.2 Planungsursachen

Planungen werden durch interne Ursachen wie z. B. Sortimentserweiterung, Produktionsmengenerhöhung, Rationalisierungsmaßnahmen oder neue Produktionsverfahren ausgelöst sowie durch externe Vorgaben wie z. B. Sicherheitsbestimmungen, Beschaffungs- und Absatzmarktveränderungen. Interne Ursachen für eine Lagerplanung sind z. B. (s. Beispiel 12.1):

- Hohe Lagerhaltungskosten, viel Personal, große Lagerbestände, aufwändige Organisation
- Veraltete Lagertechnik, unübersichtliche Verhältnisse, Störungen
- Geringe Auslastung der Transport- und Lagermittel
- Einsparen von Miet-, Lager- und Bereitstellungsfläche
- Erhöhen des Mechanisierungs- und Automatisierungsgrades.

12.1.3 Planungsarten

Der Begriff Planung ist mehrdeutig und wurde unter 12.1.1 definiert. Die verschiedenen Planungsarten werden durch sach-, aufgaben- oder planungsbezogene Begriffe wiedergegeben, die auch etwas über die Verbindlichkeit der Planung aussagen. So differenziert man nach Verbindlichkeit und Aufgabe eine Planung z. B. in *Beratung, Stellungnahme, Studie, Untersu-chung* oder *Gutachten*. Eine sachliche und aufgabenspezifische Aussage sind Planungsbegrif-fe, wie z. B. *Neubau-, Erweiterungs-, Sanierungs- oder Rationalisierungsplanung*. Bezeich-nungen wie *Struktur-, System-, Ausführungs-, Grob- oder Feinplanung* sagen sowohl etwas über den Planungsschritt als auch über die Genauigkeit der Planung aus. Das Planungsgebiet wird ausgedrückt z. B. durch *Lager-, Transport- oder Materialflussplanung* (s. Kap. 2.6). Der zeitliche Aspekt in der Planung hat seinen Ausdruck durch *Kurzfrist-, Mittelfrist-* und *Lang-fristplanung* mit den dazugehörenden *Detaillierungsgraden hoch* und *gering*.

12.1.4 Einflussfaktoren

Die Einflussfaktoren auf eine Planung können in *externe* und *interne* Größen unterschieden werden. Die externen Faktoren kommen vom Umfeld des Unternehmens wie Gesetze, Vor-schriften, Normen, dazu zählen auch Größen wie Finanzierung, Vorgaben von Kunden und Lieferanten sowie Einflussgrößen der Technologie, wie z. B. neue Verfahren und Maschinen sowie Randbedingungen (s. Bild 1.1).

Gesetze, behördliche Auflagen sowie Vorschriften engen die Planung ein, können aber nicht übergangen werden. Sie haben großen Einfluss auf die Lösungen der Planung. Um keine Schwierigkeiten beim Genehmigungsverfahren, z. B. mit Baubehörden oder Gewerbeauf-sichtsämtern zu bekommen, ist eine frühzeitige Kontaktaufnahme mit den Behörden erforder-lich. Für eine Materialflussplanung sind z. B. an externen Einflussgrößen einzuhalten:

- *Vorschriften zum Schutz des Menschen*
  z. B. Arbeitsstättenverordnung, Unfallverhütungsvorschriften, Betriebsverfassungsgesetz

- *Vorschriften zum Schutz der Betriebsmittel*
  z. B. Empfehlungen für den Brandschutz in Hochregallagern, Flächen für die Feuerwehr, feuerbeständige Türen und Löschwasserleitungen

- *Vorschriften zum Schutz der Umwelt*
  z. B. Immissionsschutz, Verordnungen zur Bekämpfung des Lärms, Reinhaltung der Luft, Emissionsschutz sowie das Wasserhaushaltsgesetz.

Interne Einflussgrößen sind Vorgaben, Ziele und Strategien der Geschäftsführung (s. Bild 12.1), aber auch Randbedingungen, Fixpunkte und Restriktionen innerhalb des Unternehmens, wie z. B. Hallenabmessungen (Deckentragfähigkeit, Stützenraster, Türhöhen) oder große Ma-schinenfundamente.

12.1.5 Planungsgrundsätze

Planungsgrundsätze dienen dazu, dem Planer jederzeit die generellen Ziele vor Augen zu füh-ren und geben Anhaltspunkte, die Planungen auf die Einhaltung von Grundsätzen hin zu über-prüfen. Solche Planungsgrundsätze sind z. B.:

- Nachprüfen der Planungsnotwendigkeit
- Teilplanungen als Bestandteil einer ganzheitlichen Planung ansehen
- Zielsetzung und Aufgaben der Planung sich ständig bewusst machen
- Stufenweises Vorgehen; Alternativen und Lösungen auf Flexibilität hin überprüfen
- Planung produkt- und funktionsorientiert sowie wirtschaftlich durchführen
- Planung einfach, eindeutig, vollständig, klar, nachvollziehbar und genau gestalten.

Planungsziele sind z. B.:

- Vereinfachen der Fertigungs- und Montageprozesse; Minimieren von Transporten
- Ausnutzen von Raumvolumen; Achten auf humanisierte Arbeitsplätze
- Minimieren der menschlichen Arbeitskraft; Kleinhalten der Investitionen
- Erreichen hoher Auslastung von Einrichtungen und Anlagen; wirtschaftliche Planung

12.2 Planungsdaten

Verbindliche und richtige Planungsdaten sind die entscheidende Grundlage, auf der Strukturen, Systeme und Abläufe entwickelt, festgelegt und gefunden werden. Daher ist ihnen eine große Aufmerksamkeit zu widmen. Bei einer Planung ist das Erarbeiten, Ermitteln und Festlegen der Planungsdaten während der Analysenphase einer Systemplanung der zeitaufwändigste Teil, der bis zu 60 % der Gesamtplanungszeit betragen kann. Die Gesamtheit der Planungsdaten stellt das SOLL-Datenprofil(-gerüst) dar. Die SOLL-Daten ermitteln sich aus den IST-Daten und den Prognosen.

Die in eine Planung aufzunehmenden oder zu verwendenden Daten lassen sich nach verschiedenen Kriterien einteilen (Informationen werden oft als Daten bezeichnet; der Mensch verarbeitet Informationen, die Maschine Daten). Zu unterscheiden sind z. B.:

- Statische, dynamische, spezifische Daten; kurz-, mittel- und langfristige Daten
- Grunddaten / unternehmensspezifische Daten; Ziele, Strategien, Anforderungen
- Vergangenheits-, IST- und Zukunftsdaten; IST- und SOLL-Daten, Prognose-, Trenddaten
- Vorgaben, Fixpunkte, Randbedingungen, Restriktionen, Anforderungen; Stammdaten
- Kennzahlen, Verhältniszahlen; externe – interne Daten
- Saisonale Daten, Mittelwerte – maximale Werte
- Wertigkeit, Priorität und Gewichtung der Daten; repräsentative Daten.

Die Datenquantität und die Datenqualität weisen bei einer Lang-, Mittel- und Kurzfristplanung erhebliche Unterschiede auf. Wie sich Ziele, Strategien und Anforderung entwickeln, unter welchen Einflussgrößen sie stehen und für welche zeitlichen Planungen sie bestimmt sind, zeigt Bild 12.1. Das Datengerüst für die Planung eines Kommissionierlagers enthält u. a. folgende Daten:

Statische Daten:

- Artikelstruktur
  - Artikelsortiment
  - Abmessungen, Gewichte, Volumen
  - Mengenstruktur der Artikel
  - Umschlagshäufigkeit der Artikel
  - ABC-Analyse
  - Gewicht pro Entnahmeeinheit
- Lagereinheiten
  - Paletten, Behälter, Kästen
  - Abmessungen, Gewichte
  - Anzahl Lagereinheiten
- *Lagerkapazität*
  - Anzahl Lagerplätze
  - Abmessung Lagerplatz
  - Lagervolumen

Dynamische Daten:

- Bewegung Lagerbediengeräte
  - Anzahl Einlagerungen / AT
  - Anzahl Auslagerungen / AT
- Auftragsstruktur
  - Anzahl Aufträge / AT
  - Anzahl Positionen/Auftrag
  - Anzahl Entnahmeeinheiten/Position
  - Auftragsvolumen

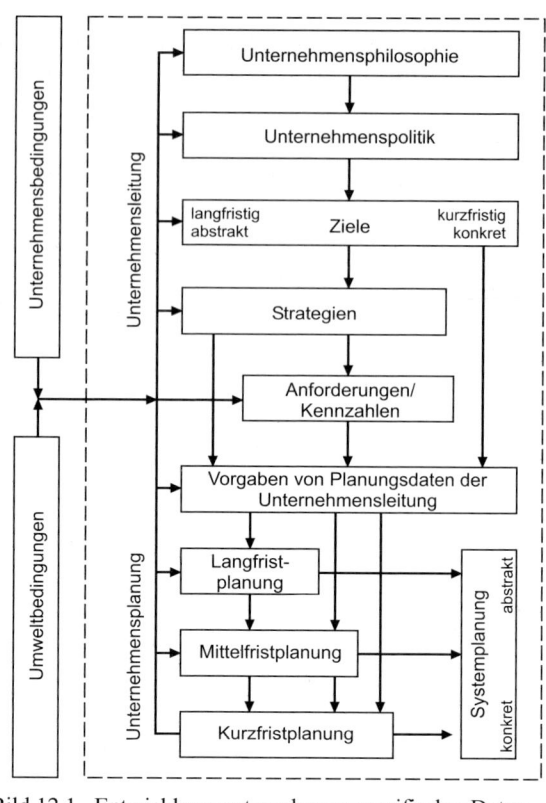

Bild 12.1   Entwicklung unternehmensspezifischer Daten

Spezifische Daten:

- für Werkzeuglager, Kraftfahrzeugersatzteillager
- für Kleinbehälterlager, Palettenlager
- für Kühlhauslager, Langgutlager
- Klimatisierung, Stapelbarkeit, Verderblichkeit

Restriktionen:

- Flächen- und Raumgrößen, Lagerhöhe
- Lage Wareneingang/Warenausgang
- Automatisierungsgrad
- Vorgaben, Kennzahlen, Strategien.

12.3 Planungssystematik

12.3.1 Iterationsprozess

Das Ergebnis jeder Planung sind mehrere alternative Lösungen, die nach quantitativen und qualitativen Kriterien beurteilt werden müssen, um die optimale Alternative zu ermitteln, d. h. diejenige Lösung herauszufiltern, die die Planungskriterien am besten erfüllt. Die Vielzahl von Lösungen für eine Planung resultiert aus der Kombination der verschiedenen Lösungsgrößen und der Fülle von angebotenen Systemen der Industrie. Entspricht eine der Lösungen einem vorgegebenen Erfüllungsgrad, so muss mit den Ergebnisgrößen der ersten Planung erneut der Planungsprozess durchlaufen werden.

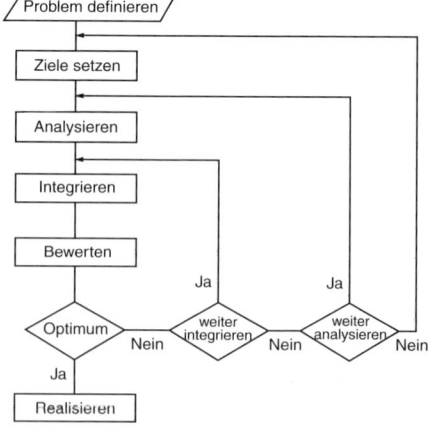

Bild 12.2 Iterationsprozess einer Planung

Dieser Iterationsprozess ist solange durchzuführen, bis der geforderte Erfüllungsgrad erreicht ist oder aus wirtschaftlichen Gründen die Planung abzubrechen ist (Bild 12.2).

12.3.2 Planungsablauf

Der Planungsablauf erfolgt systematisch in Planungsschritten von der Zielvorstellung bis zur Ausführungsreife. Die Anzahl der Planungsschritte ist abhängig von der Planungsaufgabe, dem Planungsumfang, der Planungsart und dem zeitlichen Aspekt der Planung, z. B. bei der Langfristplanung das Festlegen von Leitlinien und Rahmenbedingungen (s. VDI 3637). Planungsschritte sind z. B. System- und Ausführungsplanung.

Der Planungsablauf erfolgt methodisch durch Aufteilung jedes Planungsschrittes in aufeinanderfolgende Planungsphasen, z. B. teilt sich der Planungsschritt Systemplanung in die Planungsphasen *Vorbereitung, Zustandsanalyse, Entwicklung von Systemalternativen* und *Beurteilung* auf. Jede Planungsphase ist wiederum gegliedert in aufeinanderfolgende Abschnitte. So ist die Analysenphase untergliedert in *Aufnehmen, Auswerten, Darstellen und Bewerten* der Daten.

Eine auf sachlichen, zeitlichen und methodischen Aspekten aufgebaute Planungssystematik wird in Bild 12.3 wiedergegeben. Der Planungsprozess vollzieht sich vom Abstrakten zum Konkreten, von dem System zum Detail.

12.3.3 Projektorganisation

Ein Projekt hat eine klar definierte und zeitlich begrenzte Aufgabe. Durch externe und interne Abhängigkeiten und Einflussgrößen besitzt es eine Komplexität und muss unterschiedlichen Ansprüchen gerecht werden.

An einem Projekt sind Unternehmen, Institutionen und Planungsfirmen beteiligt, deren z.T. hierarchische Zuordnung durch die Projektorganisation festliegt (Bild 12.4). Das Projektmanagement steht im Mittelpunkt der Organisation.

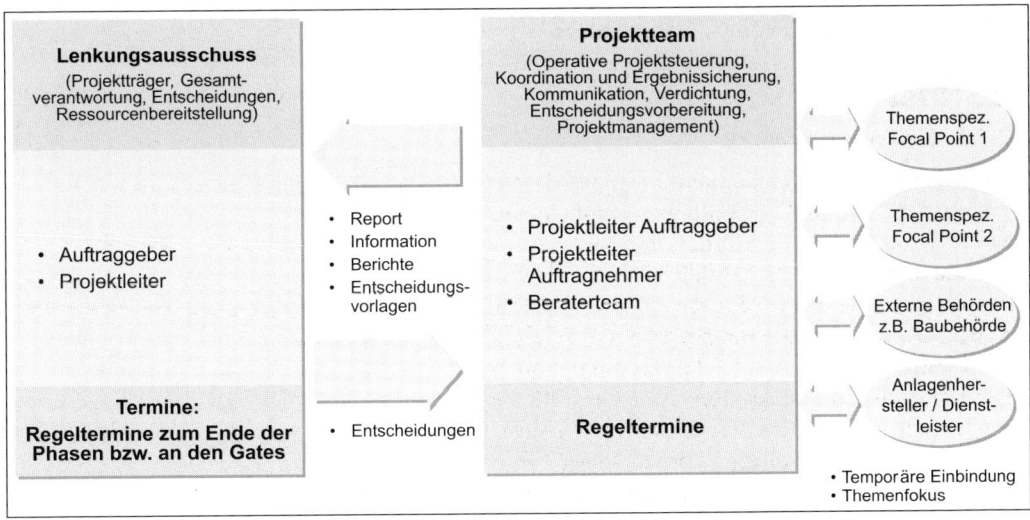

Bild 12.4 Projektorganisation

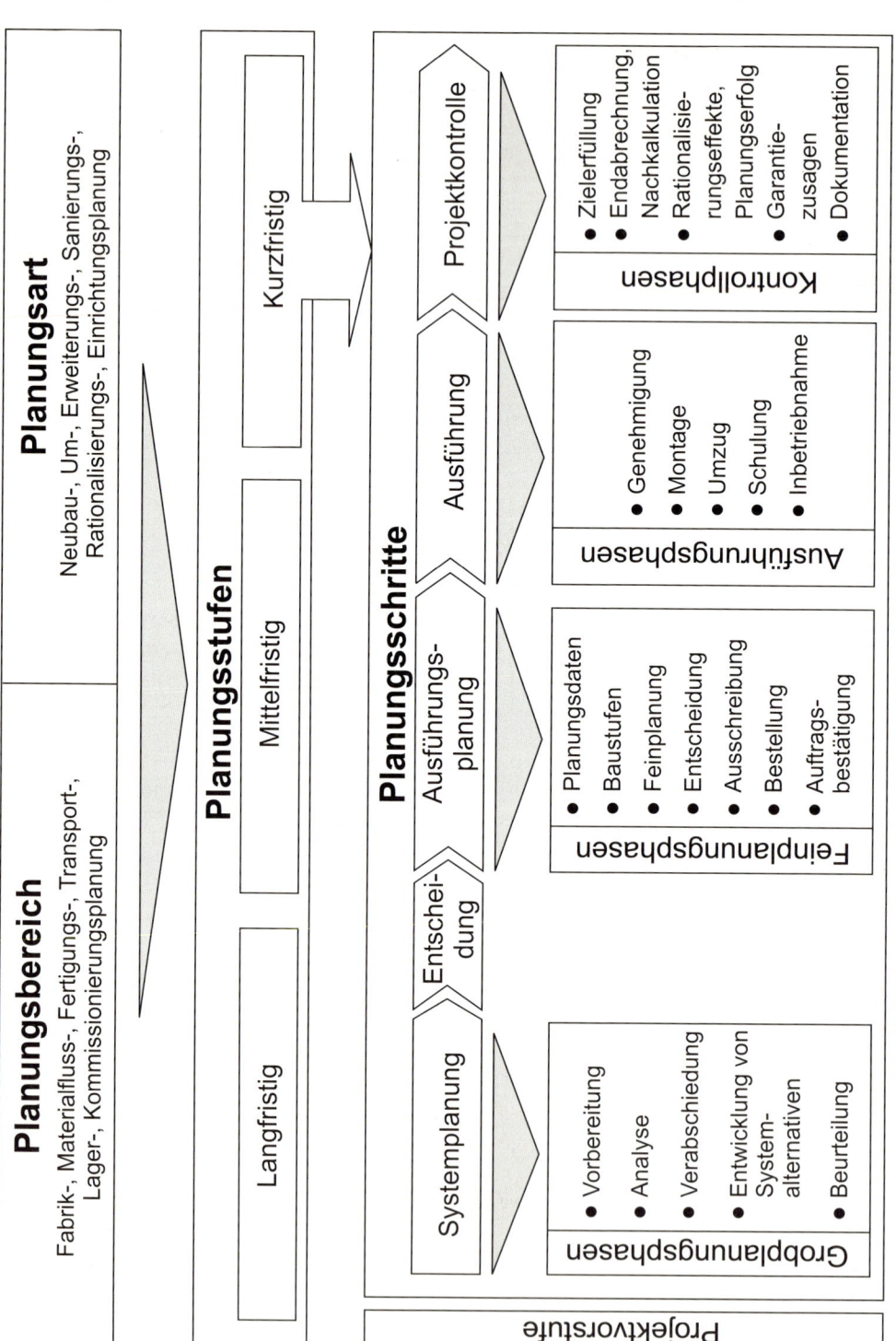

Bild 12.3   Planungssystematik

Aufgaben der Projektleitung sind:

- Koordination und Überwachung von Projektablauf, Kosten, Termin
- Führung des Projektteams, Steuerung und Kontrolle des Projektablaufs
- Auftragsvergabe im Namen des Auftraggebers, Abrechnung des Projektes.

Der Entscheidungs-(Lenkungs-)ausschuss kann ein der Unternehmensleitung unmittelbar unterstelltes Gremium sein, kann die Unternehmensleitung darstellen oder ist ein entscheidungsbefugtes Mitglied der Unternehmensleitung (Aufgabe des Entscheidungsausschusses, s. Kap. 12.5.6, Aufbau des Teams, s. Kap. 12.9.1).

12.4 Vorstudie

Im Folgenden wird näher auf die Kurzfristplanung eingegangen. Die Vorstudie – auch Feasibility Study oder Machbarkeitsstudie genannt – soll die Notwendigkeit einer Planung klären durch Abschätzen des Planungserfolges. Dazu ist die Planungsaufgabe zu formulieren durch:

- Problemdefinition, Problemstrukturierung und Problemabgrenzung
- Festlegen von Prioritäten und Planungszielen.

Weiterhin sind Grobuntersuchungen über die Planungsmaßnahmen, relevante Größen, Anforderungen und Entscheidungskriterien in Form von Analysen, groben Lösungen und Kostenrahmen zu erarbeiten, um eine Aussage über den Planungserfolg machen zu können. Das Ergebnis der Vorstudie dient der Entscheidung für oder gegen eine Planung.

12.5 Systemplanung

Die Systemplanung kann als Grobplanung bezeichnet werden. Ihre Aufgabe und Zielsetzung besteht in der Findung der Problemlösung. Dazu wird die Systemplanung in die folgenden Grobplanungsphasen unterteilt (s. Bild 12.3):

12.5.1 Vorbereitung der Planung

Diese Planungsphase soll vor Planungsbeginn alle relevanten Arbeiten zur Durchführung der eigentlichen Planung vorbereiten und kann als „Planung der Planung" bezeichnet werden. Zu den Aufgaben gehören:

- Formulieren von Planungsziel und –aufgabe; Abgrenzen des Planungsumfangs
- Entscheiden für Eigenbearbeitung oder für Planungsunternehmen
- Bestimmung des Planungsteams; Festlegen der Vorgehensweise
- Aufstellen der Terminplanung
- Bestimmen von Aufnahmeverfahren, Genauigkeitsgrad und eines repräsentativen Aufnahmezeitraums; Informieren der Beteiligten.

12.5.2 Analyse

Sie dient der Aufnahme, Auswertung, Darstellung und Beurteilung relevanter IST-Daten, ermittelt Schwachstellen und Prognosedaten und erstellt das SOLL-Daten-Gerüst für die Systemfindungsphase. Die Vorgehensweise der Zustandsanalyse (Bild 12.5) ist im Einzelnen:

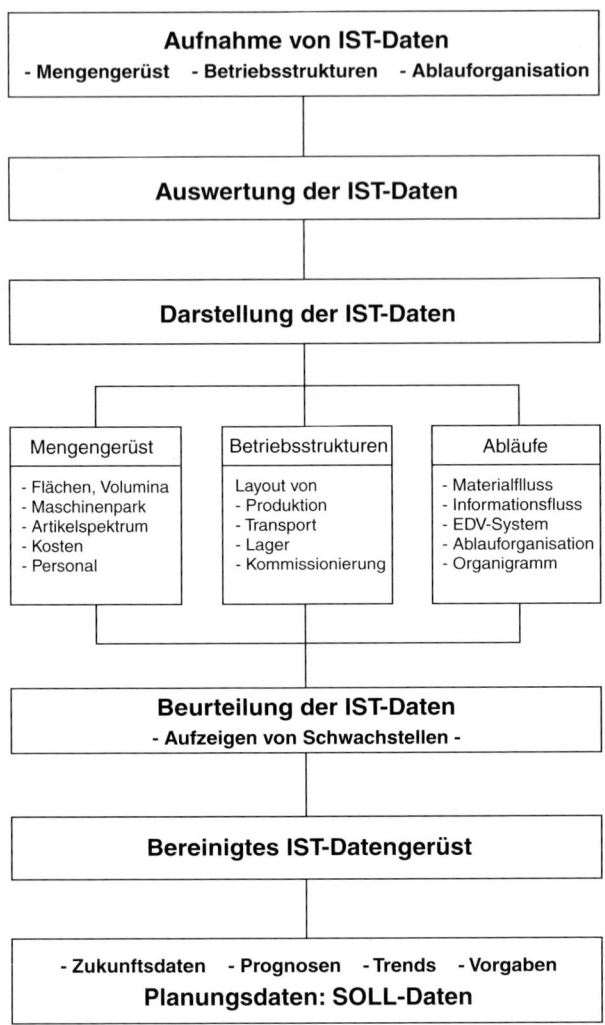

Bild 12.5   Vorgehensweise bei der Durchführung einer Analyse

- Aufstellen von Fragebögen und Erhebungsunterlagen, Ermitteln von Randbedingungen, Restriktionen, Fixpunkten, Vorgaben und Anforderungen
- Erfassen der IST-Daten durch Befragen, Beobachten, Aufnehmen; Sichten von Unterlagen
- Auswerten, Aufbereiten, Aufarbeiten und Zusammenstellen der Betriebsdaten
- Darstellen interessierender Größen mittels grafischer Darstellungsmethoden
- Beurteilen der Ergebnisse durch Vergleichen, Gegenüberstellen mit Kennzahlen, Bewertungsmaßstäben und Anforderungskriterien, Benchmark; Ermitteln von Schwächen, Stärken, Engpässen
- Erstellen des IST-Datengerüstes; Ermitteln der Zukunftsdaten durch Prognosen, Trendberechnung und erstellen des SOLL-Datengerüstes (Beispiel 12.3).

Soll z. B. für einen Auftrag das Versandvolumen bzw. die Versandkartongröße aus den Artikeldaten über die EDV errechnet werden, müssen die Stammdaten bekannt sein. Zur Stammdatenerfassung für die Lagerverwaltung und Versandvolumenbestimmung ist eine präzise Stückgutvermessung und Gewichtsbestimmung erforderlich. Dazu dient ein Platzbedarfs-Messgerät mit Gewichtserfassung, das direkt mit dem LVS verbunden ist und den Barcode erfasst. Das Messsystem steht auf einem Wagen als eine netzunabhängige Erfassungsstation. Aus den bereinigten IST-Daten werden mit den Trendgrößen die SOLL-Daten errechnet, die als Ergebnis der Analysenphase den Input der Systemfindungsphase bilden. Die Analyse stellt die entscheidende und mit über 50 % Zeitanteil die längste Phase der Systemplanung dar.

12.5.3 Verabschiedung

Die Analyse wird dem Auftraggeber vorgetragen und in einem Zwischenbericht dokumentiert, um ihm zu zeigen, wie das Planungsteam sich in das Problem eingearbeitet hat, wie es die Daten aufgenommen und bewertet hat. Ziel dieser Phase ist eine verbindliche Verabschiedung der bisherigen Ermittlungsarbeit, denn nur auf einer verbindlich verabschiedeten Analyse kann das Planungsteam effektiv weiterarbeiten.

12.5.4 Systemalternativen

Das Erarbeiten der Alternativen ist die kreativste und wichtigste Phase der Systemplanung. Es gilt, die SOLL-Planungsdaten in technische Lösungskonzepte umzusetzen. Zur Unterstützung der Systemfindung wird zunächst der ideale Funktionsablauf festgelegt und dann versucht, trotz Randbedingungen und Restriktionen möglichst nahe der Ideallösung zu kommen. Die Anforderungen sind zu realisieren, wobei sich unterschiedliche Systeme ergeben. Für diese Systemalternativen sind der Bedarf an Betriebsmitteln, Flächen, Personal und Kosten sowie die Transport- und Lagerkapazitäten zu ermitteln. Folgende Aktivitäten enthält die Phase zur Findung von Systemalternativen (s. Bild 12.3):

- Kontrolle und eventuell Ändern bzw. Ergänzen der SOLL-Planungsdaten bezüglich Mengen, Kapazitäten, Abläufen usw.; Durchführen von Systemuntersuchungen
- Erarbeiten des idealen Funktionsablaufes; Optimieren der Zuordnung von Abteilungen
- Festlegen von Fertigungs- und Montageprinzipien, von Lagerprinzipien und -strategien
- Finden von Teilsystemen und Systemen für Ladeeinheit, Transport, Lager, Fertigung
- Grobdimensionieren der Konzepte; Zeichnen des Grob-/ Blocklayouts (s. Bild 11.22)
- Abschätzen oder Errechnen der Investitionen und Betriebskosten sowie Kennzahlenbestimmung, z. B. Höhennutzungsgrad; Zusammenstellen der alternativen Systemlösungen
- Kontakte aufnehmen mit Genehmigungsbehörden
- Überprüfen der Einhaltung von Behördenauflagen, wie z. B. vorbeugender Brandschutz
- Erweiterungsmöglichkeiten aufzeigen.

Das Ergebnis der Systemalternativenphase ist die Darstellung verschiedener möglicher Lösungsalternativen, die als Groblayout im Maßstab 1:200 zu skizzieren sind.

12.5.5 Beurteilung

In der Beurteilungsphase (s. Bild 12.3) wird aus den gefundenen Lösungsvorschlägen mit Hilfe von Wirtschaftlichkeits-, Nutzwert- und Risikoanalyse oder einfacher Gegenüberstellung

die optimale Alternative ermittelt, d. h. es wird die Lösung gesucht, die den gewichteten Anforderungskriterien am nächsten kommt. Diese Lösung stellt einen Entscheidungsvorschlag
dar, der von der Geschäftsleitung des Unternehmens verabschiedet werden muss. Mögliche
Beurteilungskriterien, z. B. für den Materialflussbereich, können sein:

- Flexibilität, Anpassung an Produktionsschwankungen
- Zuordnung von Lager zur Fertigung; Mechanisierungsgrad, Automatisierungsgrad
- Durchlaufzeiten von Werkstücken; Übersichtlichkeit, Störanfälligkeit
- Investition und Betriebskosten; Personalbedarf
- Schnittstellenausbildung; Kreuzungen und Gegenverkehr
- Flächen-, Höhen- und Raumausnutzungsgrad; Auslastung von Transportmitteln
- Erweiterungsmöglichkeiten.

Der Ablauf in der Beurteilungsphase kann sein:

- Zusammenstellen der Bewertungskriterien
- Festlegen des Bewertungsverfahrens; Gewichten der Kriterien
- Gegenüberstellen von Vor- und Nachteilen
- Durchführen des technisch-wirtschaftlichen Systemvergleichs
- Aufstellen einer Bewertungsmatrix für qualitative und quantitative Kriterien
- Ermitteln der Rangreihe der Alternativen
- Vergleich von IST-Kennzahlen mit den SOLL-Kennzahlen der Alternativen.

Die Beurteilung der Systemalternativen geschieht durch die Planer nach technischen, wirt-
schaftlichen und organisatorischen Gesichtspunkten. Das Ergebnis der Beurteilung ist die
Ermittlung der optimalen Alternative, d. h. derjenigen Alternative, die am weitestgehenden die
Anforderungskriterien und Zielsetzungen der Aufgabe erfüllt.

12.5.6 Entscheidung

In dem Planungsschritt „Entscheidung" muss der Entscheidungsausschuss (vgl. Bild 12.4) die
auszuführende Alternative verabschieden und die Entscheidung zur Weiterplanung fällen oder
die Planung beenden.

Die Entscheidung wird hier nicht nur nach den Gesichtspunkten der Planer getroffen, sondern
in erster Linie nach unternehmenspolitischen Betrachtungen.

12.6 Ausführungsplanung

Ist die Entscheidung zur Weiterplanung gefallen, muss als erster Schritt der Ausführungsplanung nachgeprüft werden, ob die gesamte Systemplanung auf einmal oder in mehreren
Baustufen realisiert werden soll. Kriterien hierfür sind Finanzierbarkeit und Notwendigkeit.

Die Aufgaben der Ausführungsplanung sind einmal die Feinplanung der 1. Baustufe im Lay-
outmaßstab von 1:50 unter Berücksichtigung von Randbedingungen, Vorschriften und Auflagen, zum anderen die Durchführung des Ausschreibungs- und Bestellvorganges. Oftmals
liegen zwischen System- und Ausführungsplanung längere Zeiträume, in denen sich Aus-
gangssituation und Randbedingungen geändert haben. Der Handlungsablauf der Ausführungsplanung kann wie folgt zusammengefasst werden:

Planungsdaten:
- Überprüfen der Planungsdaten auf Aktualität
- Zusammenstellen aller Daten der ausgewählten Alternative
- Auflisten von Flächengrößen und Kosten der einzelnen Subsysteme.

Baustufen:
- Planen und Errechnen der Baustufenzahl nach Notwendigkeit und Finanzierbarkeit
- Entscheiden zur Planung der 1. Baustufe.

Feinplanung:
- Detaillieren der 1. Baustufe bezüglich Transport-, Lager-, Handhabungs-, Fertigungs- und Montagesysteme, Steuerung, Organisation
- Planen der Bauausführung (Halle, Fundament, Stützenraster)
- Entwickeln der Einrichtung von Abteilungen (Einrichtungsplanung, Layout)
- Überprüfen der Einhaltung von Vorschriften jeglicher Art
- Festlegen von Fremd- und Eigenleistung; Durchdenken der Schnittstellen
- Auflisten der Prüf- und Genehmigungsverfahren; Überprüfen der Erweiterungsrichtung.

Ausschreibung und Angebotsvergleich:
- Erstellen von Leistungsverzeichnis und Anfragen
- Auswählen der Anbieter durch Herstellervergleich, z. B. nach:
- Unterlieferanten, Referenzen; Ersatzteilversorgung, Serviceangebot
- Ruf des Herstellers, Zuverlässigkeit; Kulanz bei Reklamationen
- Verschicken der Anfragen (Ausschreibung); Vergleichen und Auswerten der Angebote
- Ermitteln der drei besten Anbieter für Auftragsverhandlungen; Absage an übrige Anbieter.

Bestellung:
- Durchführen von Auftragsverhandlungen mit ausgewählten Anbietern nach technischen, wirtschaftlichen und organisatorischen Gesichtspunkten (Finanzierung, Liefertermine)
- Klären aller Details; Aufstellen einer Rangordnung der drei Anbieter
- Erstellen der Bestellunterlagen mit:
- Auflisten der technischen (mechanischen, elektrischen, steuerungstechnischen) Mindestanforderungen, Durchsatz, Leistungen, Verfügbarkeit
- Festlegen der Abnahmemodalitäten z. B. Durchsatzermittlungen
- Einhalten der behördlichen Vorschriften
- Montageablauf, Personaleinweisung; Vollständigkeit, Funktionsfähigkeit, Gewährleistung
- Liefer- und Zahlungsbedingungen, Konventionalstrafe
- Terminieren der Auftragsbestätigung, Liefer- und Montagetermine
- Ersatzteilliste, Zeichnungsunterlagen, Betriebsanleitung
- Bestellung (= Auftragsvergabe, Kaufvertrag) an 1. Anbieter mit Terminierung der Auftragsbestätigung; Auftragsbestätigung; Absagen an die restlichen Anbieter.

Mit der Auftragsbestätigung ist der Planungsschritt „Ausführungsplanung" abgeschlossen.

12.7 Ausführung

Die *Ausführung* (*Realisierung*, *Implementierung*) des Projektes ist im eigentlichen Sinne keine Planung mehr, sondern hat in erster Linie mit Koordinierungs-, Überwachungs- und Prüfarbeiten zu tun. So befasst sich dieser Planungsschritt mit dem Aufbau und der Montage von Anlagen und Einrichtungen, die anschließend zu prüfen, zu kontrollieren und zu übernehmen sind.

Um Schwierigkeiten und Ärger aus dem Weg zu gehen, ist es ratsam, Besprechungsprotokolle über jede Sitzung des Projektteams mit Auftraggeber und Lieferanten anzufertigen und frühzeitig das Abnahmeprotokoll auszuarbeiten (s. Bild 12.3 und 12.26). Die Aufgaben der Ausführung sind u. a.:

Allgemeine Aufgaben:

- Kontakt aufnehmen und halten mit Herstellerfirma
- Kontrollieren und Abzeichnen von Genehmigungszeichnungen
- Abhalten von Baubesprechungen; Behördengenehmigung beantragen und einholen.

Montage:

- Koordinieren von Fremd- und Eigenleistung; Prüfen von Naht- und Schnittstellen
- Überwachen von Lieferungen nach Qualität und Quantität
- Kontrollieren von Montage und Aufbau; Überwachen von Termineinhaltung

Abnahme:

- Durchführen von Vorabnahmen, Teilabnahmen, Funktions- und Leistungskontrollen, Probeläufe
- Abnehmen der Anlage durch Behörden und mittels Abnahmeprotokolle.

Umzug und Schulung:

- Planen des Umzuges
- Schulen und Einarbeiten von Personal.

Inbetriebnahme:

- Inbetriebnahme der Anlage; Übernehmen der Anlage
- Festlegen von Wartungsarbeiten.

Mit der Übernahme der Anlage durch den Auftraggeber mit seinen eigenen Mitarbeitern ist das Projekt abgeschlossen. Im Nachhinein muss noch eine Projektkontrolle erfolgen.

12.8 Projektkontrolle

Nach Abschluss der Inbetriebnahme hat die Projektkontrolle die Aufgabe, die Kosten und den Planungserfolg zu ermitteln sowie den Erfahrungsbericht und die Dokumentation zu erstellen. Allerdings ist zu beachten, dass der Rationalisierungseffekt erst nach der Einarbeitungszeit des Personals und nach Behebung von „Kinderkrankheiten" der Anlage richtig bestimmt werden kann, und dies ist frühestens – je nach Projekt – drei bis zwölf Monate später der Fall. Im Einzelnen sind in der Projektkontrolle folgende Aktivitäten auszuführen:

- Überprüfen der Ziel-, Anforderungs- und Kriterienerfüllung
- Durchführen der Endabrechnung und Nachkalkulation
- Bestimmen des Rationalisierungseffektes, des Planungserfolges, der Verbesserungen
- Überwachen der Garantiezusagen
- Dokumentierung der Planung, Erstellen des Erfahrungsberichtes.

Der Aufbau eines Dokumentations- oder Planungsberichtes kann wie folgt sein:

1   Einführung
1.1   Zweck und Ziel der Planung
1.2   Abgrenzung

Der hier aufgezeigte Planungsablauf einer Kurzfristplanung kann bei Fabrikplanungen aber auch in Teilbereichen, wie z. B. einer Werkstätten- oder Materialflussplanung, unabhängig von der Branche benutzt werden. Die Vorgehensweise muss nur den jeweiligen Aufgaben angepasst, d. h. ergänzt oder entsprechend geändert werden. Es ist möglich, einzelne Handlungsschritte parallel durchzuführen; die Reihenfolge der Schritte kann nicht getauscht werden.

12.9 Planungsinstrumentarium

Als Planungsinstrumentarium wird normalerweise das „Handwerkszeug" eines Planers bezeichnet, das er in Form von Hilfsmitteln im Informations- und Koordinationsbereich benutzt und zu dem auch die Verfahren und Methoden zählen, die sowohl bei der Datenaufnahme, Datenverarbeitung und Datendarstellung wie auch bei der Systemfindung und Entscheidungsvorbereitung eingesetzt werden. Aufgabe und Zweck des Planungsinstrumentariums sind:

- Wiederholbarkeiten durch Standardisierung zu vermeiden
- die einzelnen Planungsphasen durch bewährte Arbeitstechniken zu unterstützen
- Einarbeitungszeit in Verfahren und Methoden durch Einfachheit und Verständlichkeit zu reduzieren, sowie Planungszeit durch Methoden und Organisation, durch Übersichtlichkeit und Rationalisierung einzusparen.

12.9.1 Koordinations- und Informationsmittel

Koordinationsmittel:

Dazu zählen das Planungsteam als wichtigstes „Koordinationsmittel", der Netzplan und der Balkenplan als Ablauf- und Terminplanungshilfsmittel sowie Projektbuch, Aktenordnung und Aktennotizen.

- *Planungsteam*: Zu unterscheiden sind betriebseigenes, externes und gemischtes Planungsteam. Ein Planer eines Planungsunternehmens hat gegen betriebseigene Planer, die neben ihrer normalen Tätigkeit die Planungsarbeit durchführen, folgende Vorteile:
  - an Teamarbeit gewöhnt; Erfahrungen aus vielen Projekten
  - eingearbeitet in methodisches und systematisches Vorgehen
  - bewährte Organisations- und Planungshilfsmittel stehen zur Verfügung
  - Unabhängigkeit, keine Schwierigkeiten beim Aufnehmen von Daten.

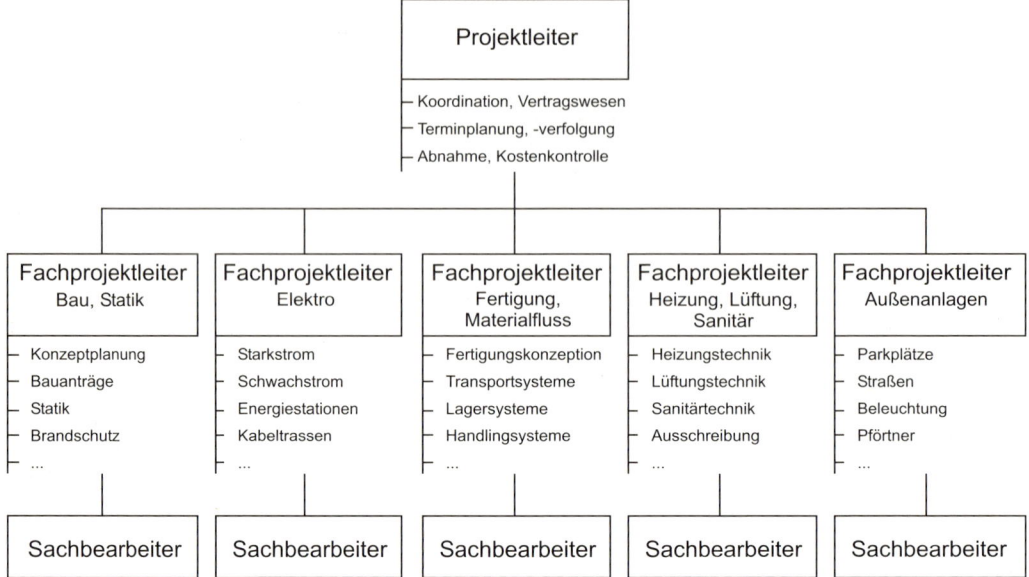

Bild 12.6   Aufbau eines Planungsteams

Ein Planungsteam ist hierarchisch aufgebaut (Bild 12.6). Es setzt sich zusammen in Abhängigkeit von der Aufgabenstellung, dem Planungsumfang und der zur Verfügung stehenden Planungszeit.

- *Netzplan*: Er wird in der Regel bei komplexen und großen Planungen benutzt und dient der
  Ablauf- und Terminplanung. Sein Vorteil besteht in seinem Formalismus, der zum gründ-
  lichen Denken zwingt und dabei das Vergessen von Tätigkeiten reduziert. Nachteilig sind die
  relativ hohen Erstellungskosten, die mittels PC-Einsatz wesentlich vermindert werden können.

- *Balkenplan*: Die Termin- und Ablaufplanung kann mittels Balkenplan schnell und einfach für
  Grob- und Feinübersichten aufgebaut werden (Bild 12.7 / 12.28). Durch SOLL- und IST-
  Darstellungen erhält man eine gute Übersicht über den Planungsstand.

- *Projektbuch*: Es stellt den Leitfaden der Planung dar. Alle für die Planung benötigten und
  wichtigen Unterlagen sind darin enthalten, wie z. B. Tabellen, Fragebögen, Institutionen,
  Behörden, Anbieter, Kosten, Aktenliste usw.

- *Aktenordnung*: Um schnell Unterlagen wieder zu finden, sollten alle vorhandenen Schrift-
  stücke und Zeichnungen nach bestimmten Gesichtspunkten in Akten abgelegt und verwaltet werden.

- *Aktennotiz*: Über jede Besprechung im Rahmen der Planung sollten Aktennotizen als Er-
  gebnisprotokolle angelegt werden, die fortlaufend zu nummerieren und allen Teilnehmern
  sowie relevanten Personen zuzuschicken sind. Dadurch werden Ärger, Unklarheiten und
  Fehler vermieden oder schnell ausgemerzt. Durch Erstellen eines Vordruckes mit einheitli-
  chem Kopf (Tag, Ort, Nummerierung, Teilnehmer, Verteiler, Thema) wird der Schreibauf-
  wand für den Protokollanten vereinheitlicht und vermindert.

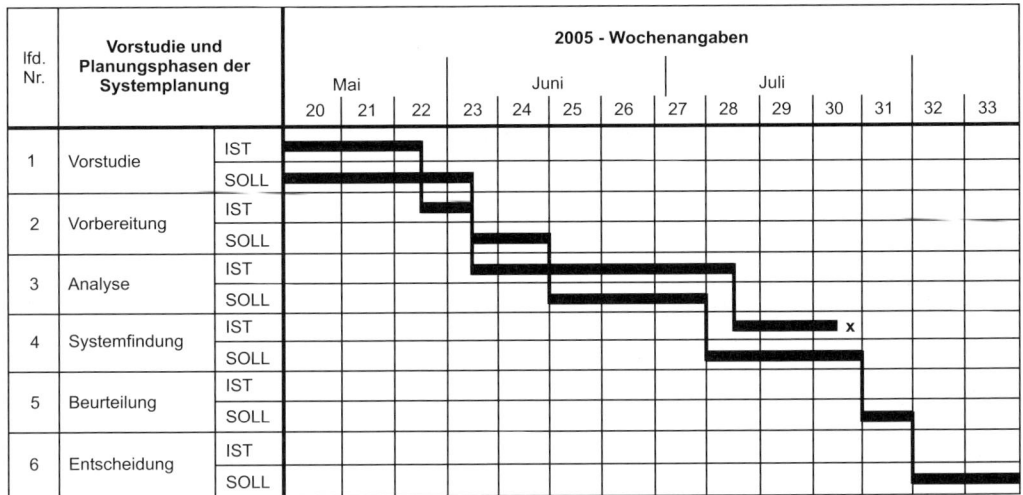

lfd. Nr.	Vorstudie und Planungsphasen der Systemplanung		2005 - Wochenangaben												
			Mai			Juni				Juli					
			20	21	22	23	24	25	26	27	28	29	30	31	32	33
1	Vorstudie	IST														
		SOLL														
2	Vorbereitung	IST														
		SOLL														
3	Analyse	IST														
		SOLL														
4	Systemfindung	IST											x			
		SOLL														
5	Beurteilung	IST														
		SOLL														
6	Entscheidung	IST														
		SOLL														

(x heute)

Bild 12.7   Balkenplan für Terminplanung und -überwachung in Wochenübersicht

Informationsmittel:
Planungsunternehmen bieten für ihre Mitarbeiter eine Reihe von Informationsmitteln an, um sich schnell und umfassend für eine anstehende Planung sachkundig zu informieren. Sie führen eine Dokumentation von externen Büchern und Periodika, sammeln interne Projekt- und Erfahrungsberichte, besitzen Dia- und Fotokartei und halten über Computer abrufbare Informationen aller Art bereit.

Dadurch wird Parallel- und Doppelarbeit reduziert, der Informationszeitaufwand verkürzt, die Planungsqualität erhöht und der neueste Stand der Technik berücksichtigt. Durch den Besuch von Seminaren, Messen und Ausstellungen erweitert der Planer sein Wissen, durch Werksbesichtigungen und Diskussionen mit Spezialisten eignet er sich spezifische Kenntnisse für seine Projektarbeiten an.

12.9.2 Daten-Ermittlungsmethoden

In der *Analyse* geht es um die Erarbeitung der Planungsdaten. Dazu sind Daten zu ermitteln, auszuwerten und relevante Daten darzustellen. Viele Methoden zur Aufnahme der Daten enthalten gleichzeitig eine Auswertungsmöglichkeit für die aufgenommenen Größen. Somit ist eine klare Trennung in Aufnahme- und Auswertungsverfahren nicht möglich. Bei den Daten selbst ist zu unterscheiden, ob es gegebene oder geforderte Vergangenheits-, IST- oder Zukunftsdaten sind.

Wichtig für die Auswahl der Ermittlungsmethode ist zu wissen, ob *Durchschnittswerte* oder *Spitzenwerte*, ob Einzelartikel oder Artikelgruppen aufzunehmen sind, wie saisonale Schwankungen behandelt werden und welche Größen als repräsentativ zu betrachten sind. Mögliche und sehr häufig benutzte Ermittlungsmethoden sind in Bild 12.8 zusammengestellt und in *direkte* und *indirekte* Analyse unterschieden. Befragungen können sich sowohl auf IST- als auch auf Vergangenheitsdaten beziehen. Die Prognose- und Trendwerte werden in der Regel von der Unternehmensleitung, z. B. über Marktanalysen, ermittelt und dem Planer vorgegeben.

Mit das universellste und anpassungsfähigste Datenaufnahmeverfahren ist der Erhebungs- oder Fragebogen (Bild 2.8).

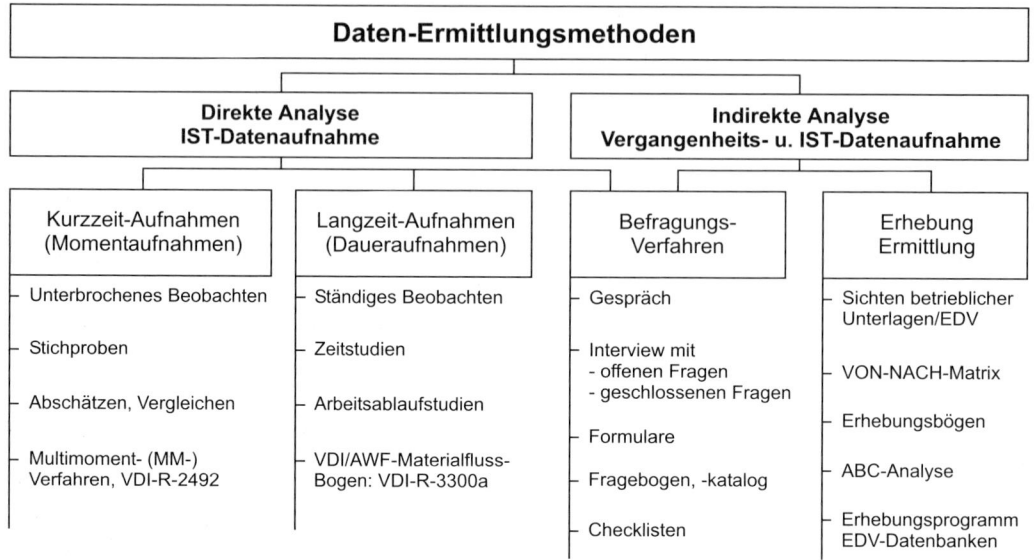

Bild 12.8   Gliederung von Daten-Ermittlungsmethoden (ohne Prognoseverfahren)

Bei seiner Erstellung sind folgende Punkte zu beachten:

- ständig das Ziel vor Augen halten
- prüfen, ob die geforderten Daten auch in der gewünschten Form vorliegen
- mit W-Fragen arbeiten, z. B. beim Transport- und Lagerbereich: wer, was, wie viel, woher, wohin, wann, wie lange, womit, wie soll bzw. wird transportiert und gelagert?
- bei Festlegung des Fragebogenkopfes: Zeilen- und Spaltennummerierung sowie Dimensionen der Daten nicht vergessen
- auf logischen Aufbau und Ablauf der aufzunehmenden und auszuwertenden Daten achten
- Probeaufnahmen mit Erhebungsbogen durchführen und gegebenenfalls ergänzen oder ändern
- ausgefüllte Musterfragebogen dem Erhebungsbogen beilegen.

Zur Gewinnung von Vorgabezeiten wie z. B. Erholungs-, Verteil- und Planzeiten werden i.d.R. Langzeitaufnahmen und von Kapazitätsauslastung und -kennzahlen sowie Schwachstellen- und Engpassanalysen werden Kurzzeitaufnahmen eingesetzt. Direkte Analysen von IST-Daten werden durchgeführt mit:

- Multimoment-Verfahren: Kap. 2.5.3.1
- VDI-AWF-Materialflussbogen: Kap. 2.5.3.2
- Erhebungs- und Fragebogen: Kap. 2.5.3.4

Indirekte Analyse von Vergangenheits- und IST-Daten werden erstellt mit:

- VON-NACH-Matrix: Kap. 2.5.3.3
- ABC-Analyse: Kap. 2.4.5.

12.9.3 Optimierungsverfahren

Um Zielsetzungen möglichst weitgehend zu erfüllen, werden Verfahren für quantifizierbare Größen benutzt. Zu unterscheiden sind dabei Maximierungs- und Minimierungsverfahren. Diese werden z. B. eingesetzt für Zuordnungsprobleme, um Transportwege und damit Transportkosten zu minimieren, für Schwachstellenprobleme, um maximale Auslastung von Anlagen zu erzielen und/oder für Engpassermittlungen, z. B. von Transportanlagen, um Redundanzen festzulegen.

12.9.3.1 Zuordnungsverfahren

Ein Industriebetrieb muss in Abhängigkeit von dem Produktionsablauf die einzelnen *Betriebsbereiche* wie Lager, Fertigung, Montage usw. nach organisatorischen, technischen und wirtschaftlichen Gesichtspunkten zueinander anordnen. Dies gilt ebenso für die *Betriebsmittel* in einer Abteilung, z. B. der Fertigung. Die Hauptzielsetzung besteht in der Minimierung der Materialflusskosten, d. h. das Produkt Tonne × Kilometer möglichst gering zu halten. Auf dieses Ziel sind alle Zuordnungsverfahren ausgerichtet. Zu unterscheiden sind das Kreis- und das Dreiecksverfahren.

Kreisverfahren: Es stellt eine einfache Methode dar, schnell die günstigste Zuordnung, z. B. von Abteilungen, zu erhalten. Zunächst werden mit Hilfe der VON-NACH-Matrix (s. Kap. 2.5.3.3) die Transportfrequenz und die Transportmengen ermittelt und auf Einheiten und Anzahl von Transporten zwischen den Abteilungen umgerechnet (Dreiecksmatrix). Die nummerierten Abteilungen werden auf einem Kreis in gleichem Abstand eingezeichnet, Verbindungslinien stellen Transporteinheiten pro Zeiteinheit zwischen den Abteilungen dar. Es entsteht ein ungeordnetes Kreisdiagramm (Bild 12.9 a). Dieses Diagramm wird in ein *geordnetes* Kreisdiagramm so umgeordnet, dass die Abteilungen, zwischen denen die größten Transportströme bestehen, nebeneinander zu liegen kommen. Danach kann unter Einhaltung von Fixpunkten das Zuordnungslayout erstellt werden, das die geringsten t × km enthält (Bild 12.9 b).

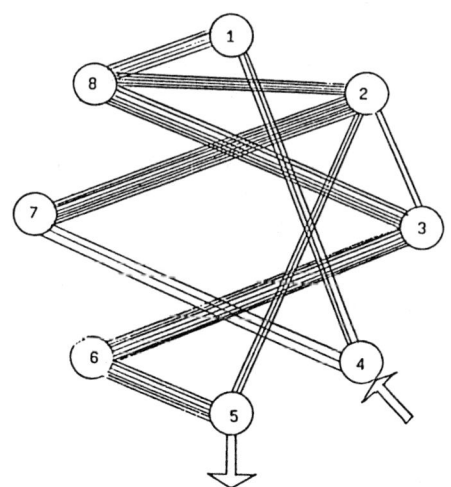
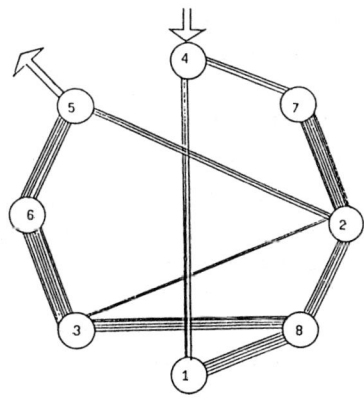

Bild 12.9 Kreisverfahren
a) ungeordnetes Kreisdiagramm

b) geordnetes Kreisdiagramm

Dreiecksverfahren: Das sehr aufwändige Dreiecksverfahren ist eine konstruktive Methode, bei der Abteilungen oder Betriebsmittel als Punkte aufgefasst werden. Ausgehend von einer VON-NACH-Matrix wird diese in eine Dreiecksmatrix umgewandelt, dann werden diejenigen Abteilungspaare gesucht, die die größten Beziehungen zueinander haben. Die Ausrechnung wird in einer Berechnungstabelle durchgeführt und die Ergebnisse in ein mit gleichseitigen Dreiecken versehenes Schema eingetragen. Für dieses Verfahren wird am besten ein EDV-Programm benutzt, das mittels Optimierungsprogramm für die verschiedensten Lösungen die wirtschaftlichste Zuordnung ermittelt.

12.9.3.2 Simulation

In Anlehnung an die VDI-Richtlinie 3633 versteht man unter der Simulation die Nachbildung eines realen oder geplanten Systems bzw. eines dynamischen Prozesses in einem Modell. Zielsetzung ist, Erkenntnisse und detaillierte Informationen über das abgebildete System zu erhalten, die auf die Wirklichkeit übertragbar sind. Damit ist die Simulation ein Instrument zur Entscheidungsvorbereitung. Die Ergebnisse haben direkten Einfluss auf die Planung und Ausführung. Die Bedeutung liegt darin, dass nicht auf Fachkenntnissen oder einer statischen Systemplanung eine Entscheidung beruht, sondern auf einem dynamischen Systemplanungsmodell. Eine Simulation liefert nicht die optimale Lösung, sie dient dem Aufspüren von Schwachstellen, der Vermeidung von Engpässen, Steigerung von Durchsatz und Auslastung, sowie dem Auffinden von Belastungsgrenzen bei Bewegungsabläufen. Simulation wird eingesetzt, um Anlagenkomponenten zu testen, Durchlaufzeiten zu ermitteln und zu reduzieren, das Störverhalten einer Anlage zu untersuchen oder Auslastungen und Wartezeiten zu erkennen, Investitionen abzusichern, und kürzere Inbetriebnahmezeiten zu erreichen. Komplexe Planungen können mittels Simulation getestet und optimiert werden.

Voraussetzung für eine erfolgreiche Simulation ist eine sorgfältige und exakte Erfassung der Analysedaten (s. Kap. 12.5.2 , Kap. 12.9.2) bzgl. der Daten des Material- und Informationsflusses, der Steuerung und Organisation sowie der Leistungen und der Prozessabläufe.

Die Ablaufschritte einer Simulation geschehen in 3 Phasen: Vorbereitung, Durchführung und Auswertung (Bild 12.10), wobei nach erfolgreicher Modellierung ein Kreislauf entsteht: Simulation – Bewertung – Optimierung – Modellierung – Simulation.

Nachteile einer Simulation sind hohe Kosten für Datenerfassung und Modellerstellung, Erlernen von Programmiersprachen; mögliche Fehlerquellen: Modell-, Daten-, Rechen-, System- und Interpretationsfehler, sowie keine Garantie optimaler Ergebnisse.

Vorteile einer Simulation sind zu sehen in Verkürzung der Planungszeit und Erhöhung der Planungsqualität; Anwendung bei komplexen Systemen. Planungsergebnisse werden durch Grafiken und Animation eindeutig dargestellt und Schwachstellen z. B. bei Prozessabläufen lassen sich exakt beurteilen.

An Simulationstypen können unterschieden werden:

– Zeit- oder ereignisorientiert   – Statisch oder dynamisch
– Diskret oder kontinuierlich   – Offen oder geschlossen
– Stochastisch oder deterministisch   – Präskriptiv oder deskriptiv.

Nach exakter Zielsetzung und detaillierter IST-Analyse erfolgt in der Vorbereitungsphase die Definition, Erstellung und Validierung des Modells. Sind die Kenngrößen festgelegt, bestimmen diese die Messgrößen, das sind z. B. in Prozessabläufen Zeiten und Mengen. Bei einer Materialflusssimulation können folgende Aufgaben zu erarbeiten sein: Bei einer Neuplanung die Ablaufstrategien, bei einer Änderungsplanung der Leitstand und bei einer Erweiterungsplanung die Anlagenanalyse mit den Betriebs- und Störungsverhalten. In der Validierung wird nach Implementierung des Simulationsprogrammes das Modell auf Widersprüche, Ausnahmen und Abläufe getestet.

In der Durchführungsphase findet die eigentliche Simulation statt. Eingangsparameter werden geändert und evtl. das Modell nachgebessert. Erneute Simulationsläufe mit einer oder mehrerer Variablen werden durchgeführt.

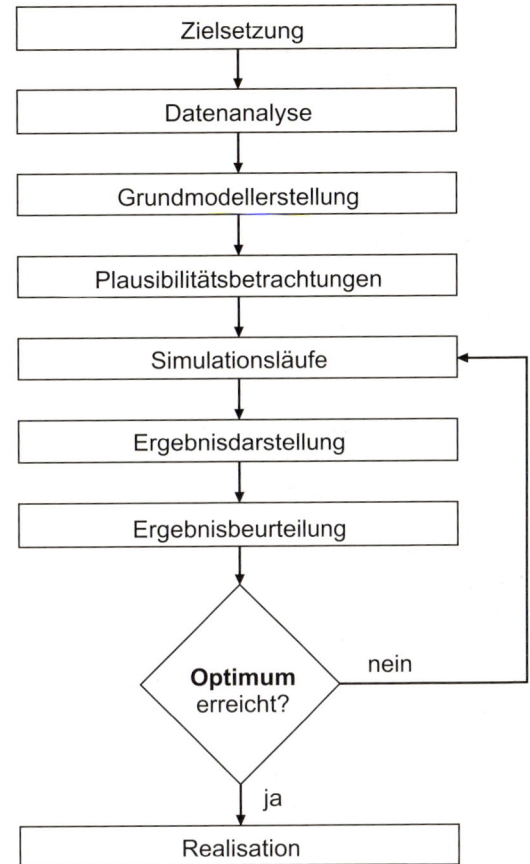

Bild 12.10
Ablauf einer Simulation

In der Ausführungsphase werden die gewonnenen Daten zur Entscheidungsfindung in die Planung eingesetzt. So kann z. B. im Materialfluss erkannt werden, ob sich ungewollte Lagerbereiche bilden oder Engpässe auftreten.

Die Simulationssoftware hat sich in den letzten Jahren stark entwickelt. Für den Materialfluss gibt es z. B. für eine grafische Modellierung das Softwareprogramm WITNESS, für Echtzeit-, Erweiterungs-, Anpassungs- und Integrationsaufgaben Programme wie z. B. iGrafx Procress, Enterprise Dynamics oder EM-Plant, SimPlan, Fastdesign, Pl@Net. Anforderungen an Tools der Softwareprogramme sind: Flexibilität, Performance, 3D-Animation, Schnittstellen, Prozessmanagement, Pufferoptimierung, Maschinenbelegung, statistische Auswertung.

12.9.4 Beurteilungs- und Entscheidungsmethoden

Die Beurteilungsmethoden haben das Ziel, auf der Basis der Zielsetzung und mittels gewichteter qualitativen und quantitativen Anforderungskriterien die optimale Alternative einer Planung herauszufiltern. Darunter ist diejenige Alternative/Variante zu verstehen, bei der die Anforderungskriterien den höchsten Erfüllungsgrad besitzen. Alle Methoden versuchen die subjektiven Beurteilungen zu objektivieren. Dies geschieht durch Teambewertung, durch paarweisen Kriterienvergleich und durch eine zweistufige Vorgehensweise.

12.9.4.1 Morphologischer Kasten

Um aus der Vielzahl von Kombinationsmöglichkeiten diverser Größen nur sinnvolle Lösungen zu untersuchen, bedient man sich des morphologischen Kastens. Dieser entspricht einer zwei-dimensionalen Matrix und filtert grob untersuchungswürdige Lösungen heraus (Bild 12.11). Die Anwendung des morphologischen Kastens geschieht in der Systemfindungsphase, um die Lösungsmöglichkeiten einzuschränken.

Lagerung \ Bedienungs-System	Gabelstapler	Stapelkran	RBG	Stetigförderer
Bodenlagerung im Block	●	◐	○	○
Ortsfeste Regale	◐	◐	●	○
Verschieberregale	◐	●	○	○
Durchlaufregale	◐	◐	●	◐

● zu untersuchende Lösung   ◐ technisch möglich, aber unzweckmäßig   ○ technisch nicht möglich

Bild 12.11   Morphologischer Kasten

12.9.4.2 Qualitative Verfahren

Liegen quantitative und qualitative Kriterien für die Beurteilung von Alternativen vor, so er-mitteln Bewertungsmethoden die beste Lösung von vorliegenden Alternativen. Dazu zählen z. B.

- Nutzwertanalyse; Entscheidungstabellentechnik
- Zweistufige Punktbewertung
- Risikoanalyse.

Besonders häufig und gern, weil zuverlässig und schnell sowie leicht verständlich, wird die zweistufige Punktbewertung benutzt, die im Folgenden kurz beschrieben werden soll. Ihre Vorgehensweise geschieht in den Schritten:

- Bewertungskriterien ermitteln und auflisten (s. Beispiel 12.4)
- Bewertungskriterien auswählen und auf 8 bis 12 begrenzen
- Gewichtungsmatrix erstellen
- Bewertungskriterien mittels Gewichtungsmatrix gewichten

- Benotungssystem als Punktsystem aufbauen, z. B. 10 Punkte stehen zur Verfügung, von schlecht gelöst (1 Punkt) über zufriedenstellend und gut bis sehr gut gelöst (10 Punkte)
- Bewertungsmatrix aufbauen
- Bewertung durchführen durch Benotung der einzelnen Kriterien in den einzelnen Alternativen
- Matrix ausrechnen
- Optimale Alternative über Rangreihe feststellen.

Den Aufbau einer *Gewichtungsmatrix* zeigt Bild 12.12. Die Kriterien werden horizontal und vertikal eingetragen, jedes Kriterium wird mit jedem anderen verglichen und bewertet, ob es mehr wert (1 Punkt), weniger wert (0 Punkte) oder gleichwertig (0,5 Punkte) ist. Nur der rechte Teil der Dreiecksmatrix ist zu bewerten, da sich die Werte der linken Hälfte durch Spiegelung an der Diagonalen ergeben ($0 \rightarrow 1$; $1 \rightarrow 0$; $0,5 \rightarrow 0,5$). Die Punkt- oder Prozent-Gewichtungen der Kriterien werden gewonnen durch waagerechte Summenbildung und prozentuales Aufteilen.

Lfd. Nr.	KRITERIEN	A	B	C	D	E	F	G	Gewichtung in Punkten (Summe)	Prozent (%)	Rang
1	2	3	4	5	6	7	8	9		10	11
1	Flexibilität A		1	0,5	0,5	1	0	0	3	~14	4
2	Übersichtlichkeit B	0		0,5	0,5	0	0	0	1	~5	7
3	Automatisierungsgrad C	0,5	0,5		0,5	0	1	1	3,5	~17	3
4	Zuordnung D	0,5	0,5	0,5		0,5	0	0	2	~10	6
5	Erweiterung E	0	1	1	0,5		0,5	0	3	~14	5
6	Flächenbedarf F	1	1	0	1	0,5		0,5	4	~19	2
7	Personalbedarf G	1	1	0	1	1	0,5		4,5	~21	1
8	Summe Punkte								21	100	

Bild 12.12   Gewichtungsmatrix

In der *Bewertungsmatrix* (Bild 12.13) sind die Kriterien mit ihrer Gewichtung einzutragen, und der Erfüllungsgrad jedes Kriteriums in jeder Alternative ist nach dem bereits festgelegten Benotungssystem zu bestimmen. Die Multiplikation von Note (Spalte 3) mit der Gewichtung (Spalte 2) ergibt die Punktzahl (Spalte 4). Die Summierung der Spalten vier, sechs und acht stellt die Punktsummen der einzelnen Alternativen dar. Die Alternative mit der höchsten Punktsumme ist die optimale Lösung, bezogen auf die benutzten Kriterien. Dieses zweistufige Verfahren versagt oder muss z. B. durch eine Kostenvergleichsrechnung ergänzt werden, wenn die Punktsummen der besten Lösungen dicht beieinander liegen.

Lfd. Nr.	Bewertungskriterien	Gewichtung G	Alternative I		Alternative II		Alternative III	
			N	N×G	N	N×G	N	N×G
1	2	3	4	5	6	7	8
1	Flexibilität	3	5	15	7	21	7	21
2	Übersichtlichkeit	1	6	6	6	6	5	5
3	Automatisierungsgrad	3,5	4	14	6	21	9	31,5
4	Zuordnung	2	6	12	6	12	7	14
5	Erweiterung	3	5	15	7	21	7	21
6	Flächenbedarf	4	6	24	10	40	8	32
7	Personalbedarf	4,5	6	27	8	36	10	45
8	Summe Punkte	–	–	113	–	157	–	169,5
9	Rang	–	–	III	–	II	–	I

Bild 12.13   Bewertungsmatrix

12.9.4.3 Quantitative Verfahren

Liegen quantifizierbare Daten, z. B. über anfallende Lohn-, Energie-, Instandhaltungs-, Abschreibungs-, Zinskosten usw. vor, dann stellen die Methoden der Investitionsrechnung eine Möglichkeit dar, die wirtschaftlichste Lösung von vorliegenden Alternativen zu finden. Investitionsrechnungen werden in *statische* und *dynamische* Verfahren unterteilt. Die erste Gruppe basiert auf Kosten-, Gewinn- oder Rentabilitätsvergleich, wobei der Zeitfaktor praktisch unberücksichtigt bleibt. Statische Verfahren sind (s. Kap. 4.8):

- Kostenvergleichsrechnung (s. Beispiel 11.4)
- Gewinn- und Betriebskostenvergleichsrechnung.(s. Beispiel 11.3; 11.22; 11.23)
- Rentabilitätsrechnung, Wirtschaftlichkeitsrechnung (s. Beispiele 1.9; 6.7-2)
- Amortisationsrechnung (s. Beispiele 4.8; 11.4).

Wird von den Einzahlungs- und Auszahlungsströmen während der wirtschaftlichen Nutzungsdauer ausgegangen, so können die dynamischen Verfahren benutzt werden wie:

- Kapitalwertmethode
- Annuitätenmethode
- Methode des internen Zinsfußes; Amortisationsrechnung (s. Beispiel 12.10).

Die dynamischen Verfahren gehen von den zeitlichen Unterschieden im Anfall der Einzahlungen und Auszahlungen bei einer Investition aus. So wird z. B. ein in Zukunft verfügbares Kapital durch Abzinsung auf den derzeitigen Wert berechnet. Eine Vereinfachung kann dadurch erreicht werden, dass mit *gleichen* jährlichen Rückflüssen in den Perioden gerechnet wird. Für die Investition wird über die Lebensdauer des Objektes die Verzinsung mittels der Einzahlungs- und Auszahlungsströme ermittelt. Unter der Rendite der Investition ist der Zinssatz zu verstehen, mit dem der Barwert aller Rückflüsse über Abzinsung berechnet wird. Der Barwert entspricht den für die Investition zu zahlenden Kosten. Alle einschlägigen Werke der Betriebswirtschaft geben Auskunft über Voraussetzungen, Vorgehensweise und Anwendungen der einzelnen Verfahren.

12.9.5 Darstellungsmethoden

Die aufgenommenen Daten und Größen müssen ausgewertet, ausgerechnet und dargestellt werden. Dies geschieht sowohl in der Analysenphase wie auch in der Systemfindungsphase

(s. Kap. 12.5). Dabei spielt die Darstellung eine große Rolle. Sie dient der Hervorhebung, Verdeutlichung und Gestaltung von Merkmalen, Verhältnissen und Abläufen, um z. B. aus dem prozentualen Vergleich von Größen, Gegebenheiten, Fakten oder Schwachstellen aufzuzeigen und leichter beurteilen zu können. Es gibt eine große Zahl von Darstellungsmethoden, wobei *grafische* und *gegenständliche* Darstellungen zu unterscheiden sind (Bild 12.14).

Beispiele für Darstellungsmethoden in Form von Diagrammen zeigen die Bilder 12.15 a bis i. Beispiele für Ablaufpläne sind das Sankey-Diagramm Bild 12.16, Balkenplan Bild 12.7, Materialflussplan und Blockschema Bild 2.10 bis 2.14, Säulendiagramm für SOLL-IST-Vergleich Bild 12.29 und Bild 2.22, Netzdiagramm Bild 1.15, Prozesschart Tabelle 2.7, Fishbone-Diagramm Bild 1.14 und Entscheidungsmatrix Bild 1.13.

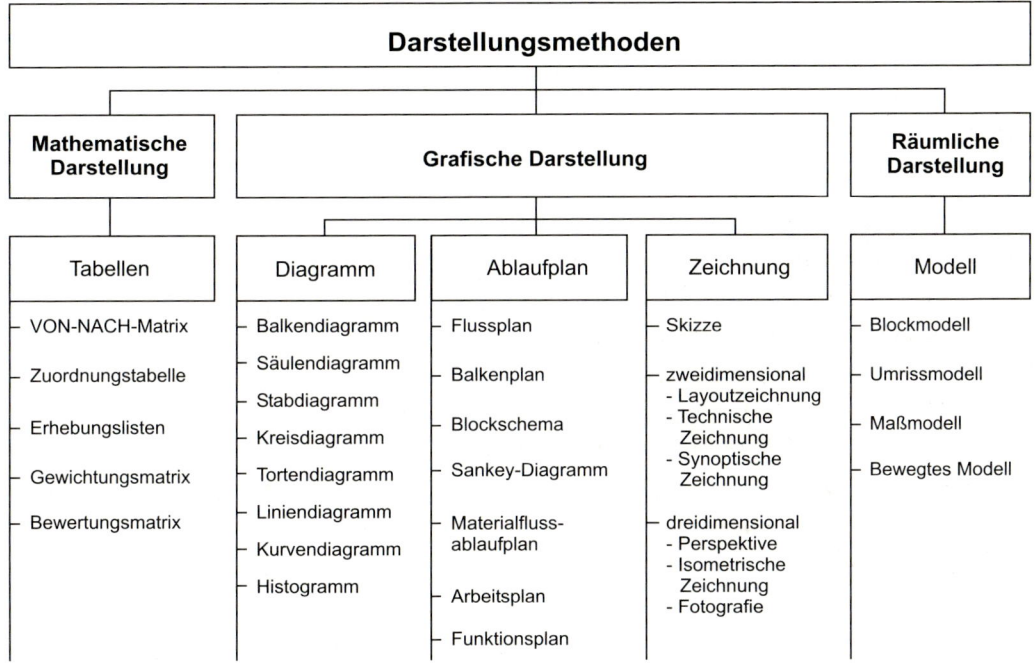

Bild 12.14 Gliederung der Darstellungsmethoden

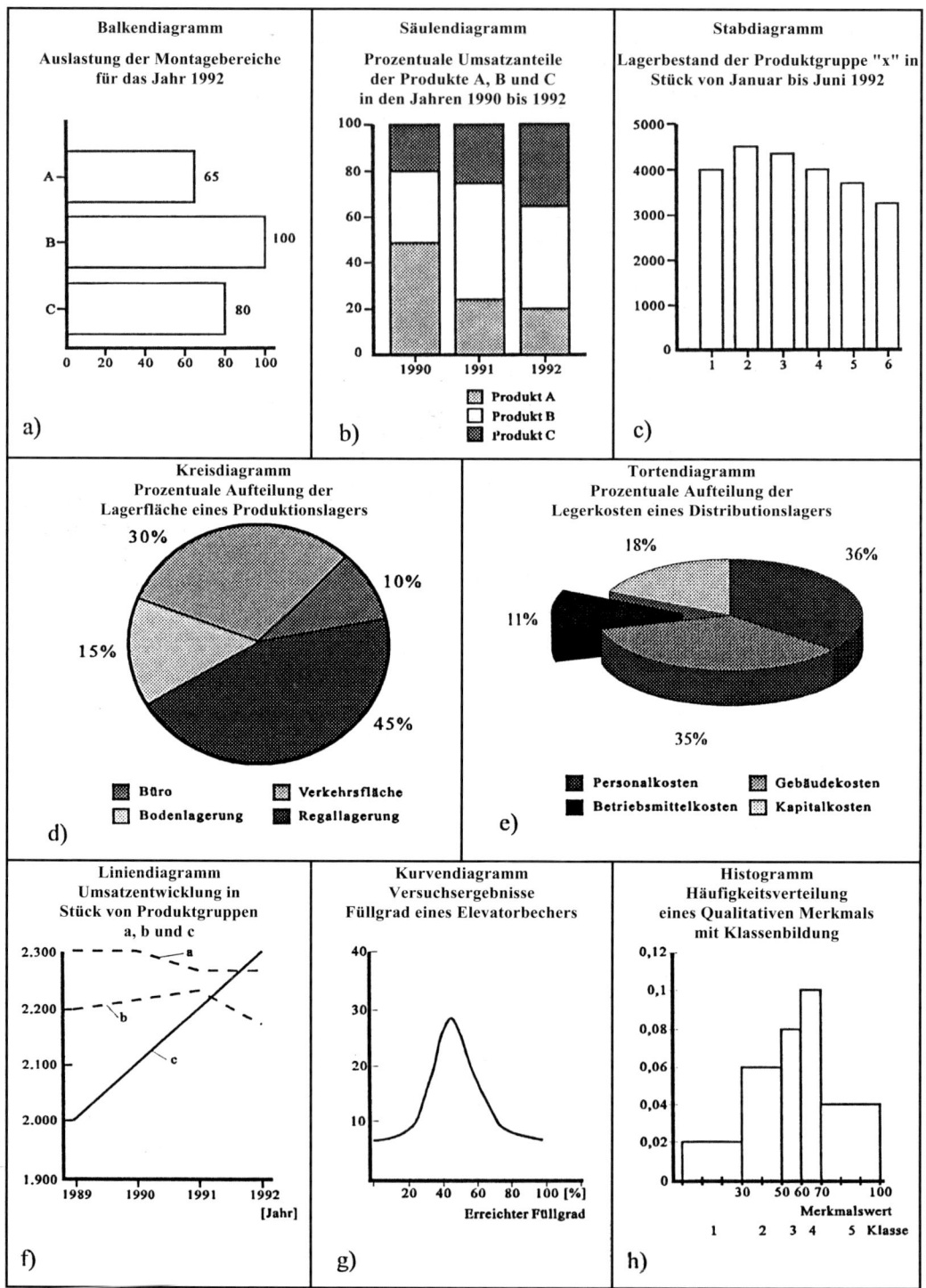

Bild 12.15 Grafische Darstellungen: Diagramme a) bis h)

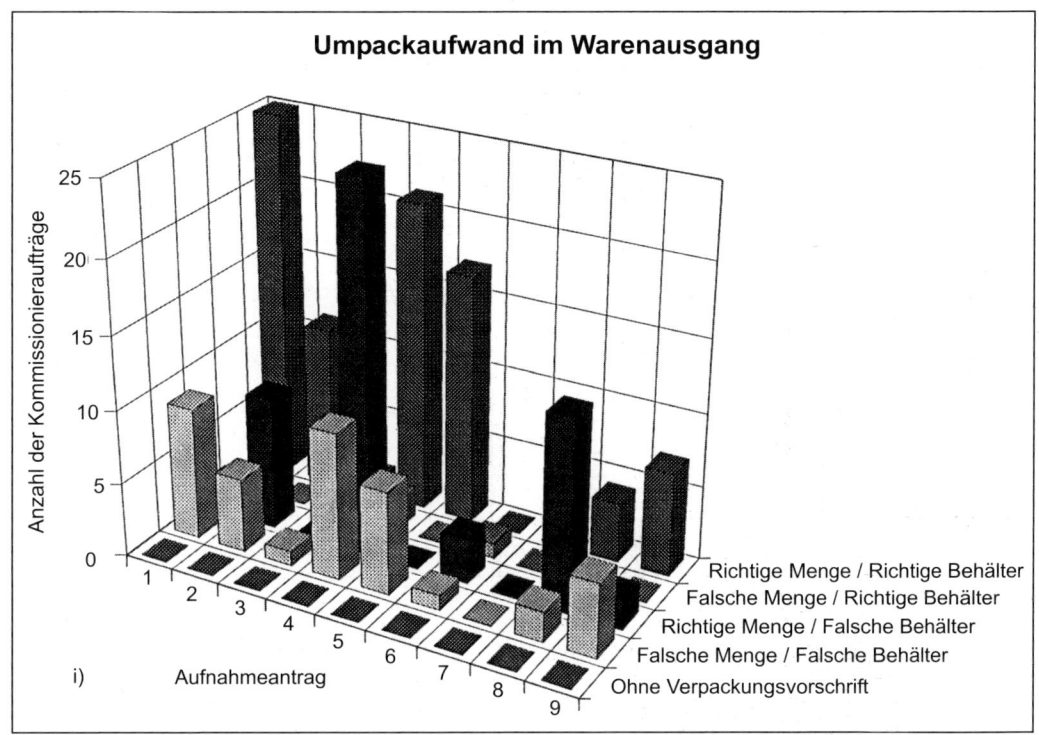

Bild 12.15 Grafische Darstellungen: i) Dreidimensionale Darstellung

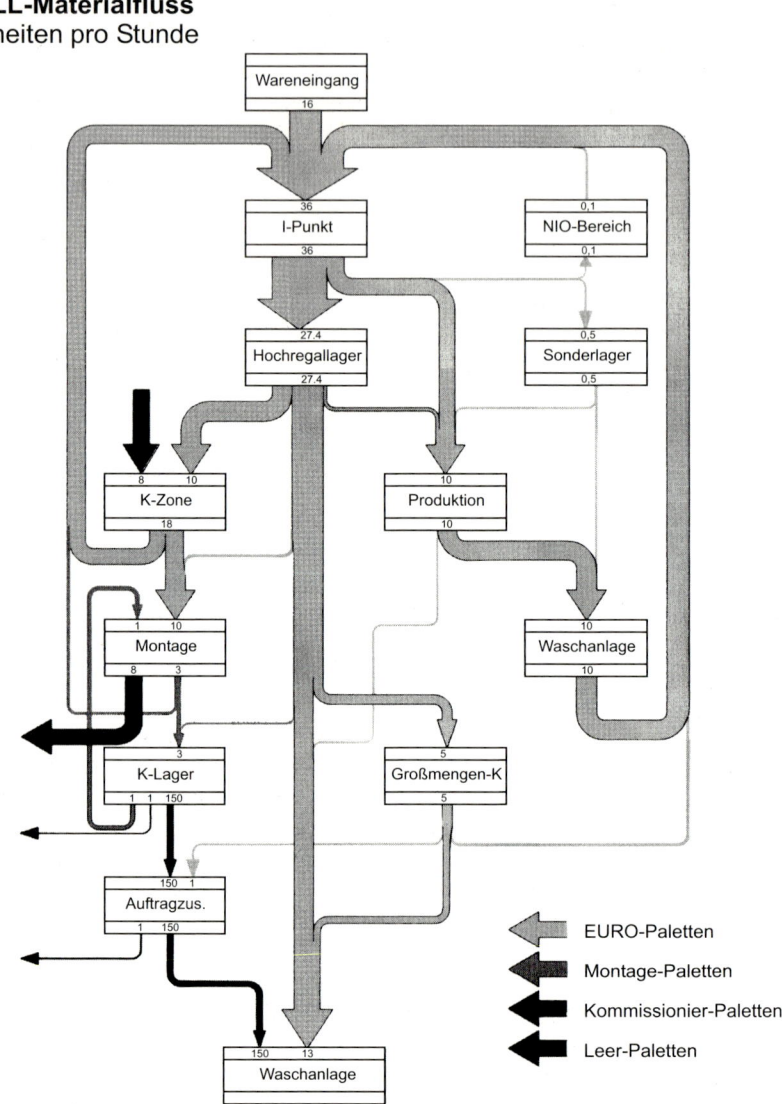

SOLL-Materialfluss
Einheiten pro Stunde

Bild 12.16   Sankeyplan, Ablaufplan für Ladeeinheiten

12.9.6 Präsentationstechniken

Zwischenberichte einer Analyse, sowie Projektergebnisse werden nicht nur in Form eines schriftlichen Berichtes wiedergegeben, sondern sind i. d. R. in einer Präsentation vorzutragen.

Bericht: Ein Bericht lebt von seiner Aufmachung, Form und grafischen Darstellung (s. Kap. 12.9.5). Der Einband spielt genauso eine Rolle wie die Wiedergaben der relevanten Erkenntnisse und Ergebnisse mittels Skizzen, Zeichnungen, Strukturbilder, Fotos und Klebeplänen in zweidimensionaler oder perspektivischer Form. Obwohl Farbgestaltung teuer ist, sollte man bei den wichtigsten Fakten diese Möglichkeit nutzen. Der Computer mit entsprechenden Text- und Grafikprogrammen bietet alle denkbaren Mittel, hier schnelle und wirkungsvolle Unterstützung zu liefern. Berichte werden von den Entscheidungspersonen aus Zeitgründen nur überflogen. Eingehend gelesen werden Zusammenfassungen, Ergebnisse, Lösungsvorschläge und Wirtschaftlichkeitsrechnungen, sodass der Gestaltung und Ausarbeitung dieser Größen besonderes Augenmerk zu widmen ist.

Vortrag: Die Präsentation ist gut vorzubereiten, nur auf das Wichtigste ist Bezug zu nehmen bzw. nur das Wichtigste ist darzustellen. Dazu dient eine Reihe von Möglichkeiten, die den Vortrag visuell unterstützen, wie z. B. Folien (Charts) für den Overheadprojektor, Planungshilfsmittel wie Steckbretter, Magnettafeln, Flipcharts, Modelle, evtl. ein Kurzvideo. Präsentationsmittel Nr. 1 ist der Beamer mit einer Power-Point-Präsention: Gestaltungsmerkmale sind: nicht zu viele Informationen auf einer Folie, farbig ist sie besonders wirksam. Gestaltungsmerkmale für Folien sind:

- Lesbarkeit: Schriftart, Schriftgröße
- Übersichtlichkeit: Aufbau, nicht zu viele Text- und Zahleninformationen
- Attraktivität: Tabellen- und Bildgestaltung, Farben.

12.10 Beispiele spezieller Planungen

12.10.1 Einrichtungslayout

Das Ergebnis einer Einrichtungsplanung wird als Einrichtungslayout wiedergegeben (Bild 12.17). Es enthält die Abteilungsbereiche, Maschinen, Anlagen, Lager, Transportmittel und die Arbeitsplätze. Der qualitative oder quantitative Grobmaterialfluss wird durch Linien und Pfeile, die unterschiedlichen Materialströme durch Farben dargestellt. Eine Legende gibt über Symbole Auskunft. Im Bild 12.17 sollen nur beispielhaft die qualitativen MF-Beziehungen aufgezeigt werden. Für Ausschreibungsunterlagen ist ein Maßstab von 1:50 erforderlich.

12.10.2 Bauleitplan

Der Bauleitplan (Generalbebauungsplan) stellt die verbindliche Nutzung eines Grundstückes dar. Jedes Unternehmen sollte solch einen Bauleitplan für das Betriebsgrundstück besitzen, um Erweiterungen, Veränderungen oder Umstrukturierungen nur im Rahmen dieses Planes durchzuführen. Für seine Erstellung sind die baurechtlichen Vorschriften einzuhalten. Aus dem Bauleitplan sind zu erkennen:

- In welcher Art das Grundstück genutzt werden kann (Gewerbegebict, Industriegebiet).
- An welche Baugebiete das Grundstück stößt
- Wie hoch das Maß der Nutzung des Grundstückes ist (Geschosszahl, Grundflächen- und Geschossflächenzahl, ...) und wie groß die Bodentragfähigkeit ist
- Wo und welche Erweiterungen möglich sind
- Wo Verkehrswege für Material und Personal anzuordnen und wo Parkplatzflächen entstehen können
- Wo Trassen für die Ver- und Entsorgung des Unternehmens mit Energie, Wasser und Abwasser anzulegen sind
- Wo Schnittstellen nach außen und innen auftreten (Anbindung an Straßen).

Bild 12.17   Einrichtungslayout einer Maschinenfabrik mit Materialflussdarstellung

Der Bauleitplan dient zur besseren Grundstücksausnutzung, zur Optimierung von Bauinvestitionen und zur Vorgabe von Baudaten. Für die Geschäftsleitung bedeutet er ein Planungsinstrumentarium für die Langfristplanung, um damit den Betrieb zu einem ganzheitlichen Produktions- und Verwaltungsunternehmen zu machen, und zwar durch Vorgaben von Weg- und Bebauungsrastern, Bauabschnitten, Bauhöhen usw. Die Geschäftsleitung kann den Bauleitplan zur Orientierung über alle Erweiterungs-, Umbau- und Ausbaumaßnahmen benutzen (s. Beispiel 12.2), weiterhin um

- die Infrastruktur für Verkehrs- und Versorgungsflächen aufzuzeigen
- die Zuordnung der Gebäude nach materialflusstechnischen Gesichtspunkten festzulegen
- die externe Anbindung an Straße, Schiene, Energie und Wasser auszuweisen.

Die Erstellung des Bauleitplans muss unter Beachtung der gesetzlichen Bauvorschriften (Tab. 12.1) erfolgen, wobei eine Reihe von Verordnungen und Gesetze einzuhalten ist. Als wichtigste Größen für einen Planer sind dabei die Angaben der Baunutzungsverordnung (Bau NVO) zu beachten, die sich in folgenden Gleichungen niederschlagen:

1. Grundstücksgröße (G) × Grundflächenzahl (GRZ) = Grundfläche aller baulichen Anlagen (GR)
2. Grundstücksgröße (G) × Geschossflächenzahl (GFZ) = Geschossfläche (GF)
3. Grundstücksgröße (G) × Baumassenzahl (BMZ) = Baumasse (BM).

Dazu gehört noch die Angabe über die Zahl der Vollgeschosse (Z). Vorgegeben sind je nach dem Baugebiet in der Baunutzungsverordnung die Größen: Z; GRZ; GFZ für Gewerbegebiete und GRZ und BMZ für Industriegebiete. Beträgt z. B. die Grundflächenzahl $GRZ = 0,8$ und ist die Grundstücksgröße 2000 m², dann ist die maximal zulässige Grundfläche aller Gebäude:

$$GR = 2000 \times 0,8 = 1.600 \text{ m}^2.$$

Beträgt die Baumassenzahl $BMZ = 9$, dann ist die zulässige Baumasse aller Gebäude:

$$BM = 2000 \times 9 = 18.000 \text{ m}^3.$$

Wird die Geschossflächenzahl mit $GFZ = 2$ angegeben, so betragen die zulässigen Geschossflächen insgesamt:

$$GF = 2000 \times 2 = 4000 \text{ m}^2.$$

Handelt es sich um ein zweigeschossiges Gebäude, so sind dies 2000 m^2 je Geschoss. Der kleinere Wert ist einzuhalten.

Besteht ein Unternehmen aus einer über Jahrzehnte gewachsenen Struktur von Werkshallen und Verwaltungsgebäuden, ist seine Grundstücksfläche ein unregelmäßiges Vieleck (Bild 12.18a), und beabsichtigt die Geschäftsleitung diese Mängel zu beseitigen ohne eine Betriebsverlagerung durchzuführen, so bieten sich einmal der Versuch an, die Grundstücksgrenzen zu begradigen, um Rechteckformen zu erhalten und zum anderen die Zuordnung der Abteilungen nach wirtschaftlichen Gesichtspunkten in zweckmäßigen Gebäuden durchzuführen.

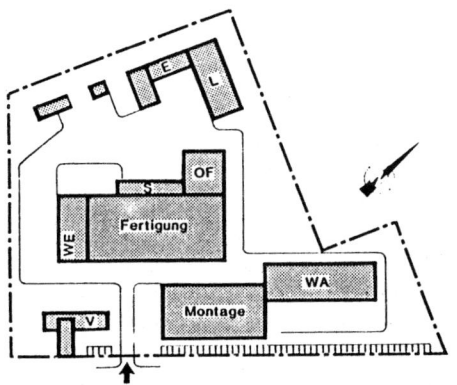

historisch gewachsenes Unternehmen

a) Gewachsene Werksstruktur eines Industrieunternehmens

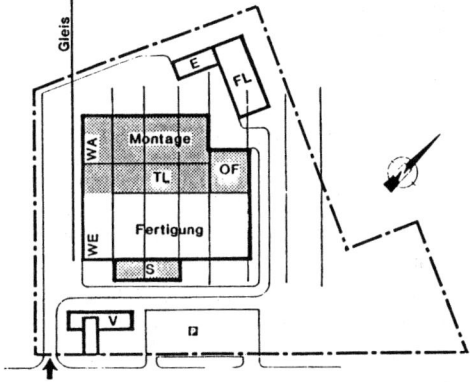

sukzessive Anpassung an zukünftige ablaufgerechte Strukturen

b) Baustufe I

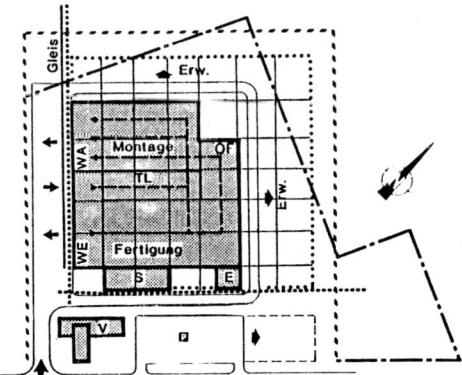

c) Realisierter Generalbebauungsplan (Baustufe II)

Bild 12.18
Umstrukturierung eines Werkes ohne
Betriebsverlagerung

Zunächst wird ein Bauleitplan für das Grundstück durchgeführt wird, als wenn es sich um eine Neubauplanung auf der „grünen Wiese" handelt, natürlich unter Berücksichtigung unabänderlicher Restriktionen. Anschließend wird die Gesamtplanung in Baustufen unterteilt (Bild 12.18b), umso entsprechend der Finanzierbarkeit nach 5, 10 oder 15 Jahren und nach geringster Störung für die Produktion ein modernes Werk auf altem Grundstück realisiert zu haben (Bild 12.18c).

Bau-Gesetz-Buch Bau GB	Baunutzungsordnung Bau NVO	Landesbauordnung Bau O

– Bauleitplanung
  - Flächennutzungsplan
  - Bebauungsplan
– Bauweise
– Überbaubare Grundstücksfläche
– Zulässige bauliche und sonstige
Anlagen
– Führen oberirdischer
Versorgungsanlagen
– Geh-, Fahr- und Leitungsrechte
– Freizuhaltende Schutzflächen
– Anpflanzen von Bäumen und
Sträuchern
	– Grundstücknutzungsart
	– Zahl der Vollgeschosse
	– Grundflächenzahl
	– Geschossflächenzahl
	– Baumassenzahl
	– Art der Bauweise
	  (offen / geschlossen)
	– Baulinie / Baugrenze
	– Bebauungstiefen
	– Art und Maß der baulichen
	Nutzung
		Unterschiedliche Bau O der
		einzelnen Länder
		Anordnung der baulichen Anlagen
		(Belichtung / Belüftung)
		Bewegungsfreiheit für Feuerlösch-
		und Rettungsgerät
		Fluchtweglängen
		Bauwich
		(Mindestabstand von Gebäuden zu
		Nachbar-Grundstücksgrenzen)
		Gebäudeabstände

Tabelle 12.1   Auszug aus den Vorschriften zur Bauleitplanung (Bundesrepublik Deutschland)

12.10.3 Standortuntersuchung

Soll ein Unternehmen verlagert, ein Zweigwerk aufgebaut oder ein neues Unternehmen gegründet werden, so ist als wichtige Größe eine Standortuntersuchung durchzuführen. Die Entscheidung für einen Standort ist nichts anderes als eine langfristige Investitionsentscheidung. Die Untersuchung geschieht durch die Bewertung von Standortfaktoren, die vorher zu gewichten sind (vgl. Kap. 12.9.4.2).
Sie können in überregionale, regionale und lokale Faktoren untergliedert werden.

Überregionale Standortfaktoren sind z. B.:
- Politische Stabilität, Steuern, Wirtschaftssystem, Wirtschaftspolitik, Tarifpartner
- Sprache, Bildungssystem, Lohnnebenkosten.

Durch diese Aufteilung kann der Untersuchungsaufwand dadurch reduziert werden, dass Standorte überregionale oder regionale Faktoren nicht erfüllen und damit ausscheiden (K.o.-Kriterien). Arbeitsmarkt, Lohnkosten und Steuern sind bereichsübergreifende, überregionale und regionale Standortfaktoren. Zusätzlich gehören noch zu den *regionalen* Faktoren:
- Transportkosten, Lieferservice, Infrastruktur, Kommunikationsnetze, Arbeitskosten
- Beschaffungsmärkte, Wirtschaftsförderung, Investitionshilfe; Klima.

Zu den *lokalen* Standortfaktoren sind zu zählen:
- Wirtschaftsförderung; Grundstückspreis
- Grundstücksqualität: Lage, Größe, Bodentragfähigkeit, Bodenbeschaffenheit, Grundwasserstand, Topografie, Erschließungsgrad, bisherige Nutzung, Geh-, Fahr- und Leitungsrechte, Abstandsflächen, Nutzungsart angrenzender Grundstücke, rechtskräftiger Flächennutzungsplan und Bebauungsplan der Gemeinde

- Verkehrsanbindungen: Straßenart und -breite, Lkw-Aufstellflächen, Wendemöglichkeiten, Lage- und Anschlussmöglichkeiten von Gleisen und Wasserstraßen
- Ver- und Entsorgung: Wasser, Gas, Strom, Abwasser, Abfall
- Umweltauflagen: Lärm, Reinhaltung der Luft, Abwasserzusammensetzung.

Bevor mit der Standortuntersuchung begonnen werden kann, sind bestimmte Planungsrichtdaten erforderlich, z. B.

- Flächenbedarf; Personalbedarf; Anforderungen an das Verkehrsnetz
- Spezifische Daten (z. B. bei einer Alu-Hütte: Energieversorgung, Strompreis, Wasserstraße).

Es ist davon auszugehen, dass durch notwendige Freiräume für Parkplätze, Verkehrswege, Gebäudeabstände usw. nur ca. 60 bis 70 % der Grundstücksfläche bebaubar sind. Der ausgerechnete Flächenbedarf für das Unternehmen ist daher mit dem Faktor 1,4 bis 1,6 zu multiplizieren, vor allem dann, wenn eingeschossige Bauweise durchgeführt werden soll. Außerdem ist noch eine Grundstücksreserve für zukünftige Erweiterungen (Freifläche oder Option) bei der Grundstücksgröße zu berücksichtigen. Somit erhöht sich die Gesamtgrundstücksgröße auf das 1,7- bis 2fache des Flächenbedarfes für das Raumprogramm. Die Grundstücksfläche ist die erste K.o.-Größe für angebotene Grundstücke bei der Standortuntersuchung. Nach der Standortuntersuchung der in die nähere Wahl gekommenen Grundstücke wird das optimale Grundstück beispielsweise durch eine zweistufige Punktbewertung (s. Kap. 12.9.4.2) ermittelt.

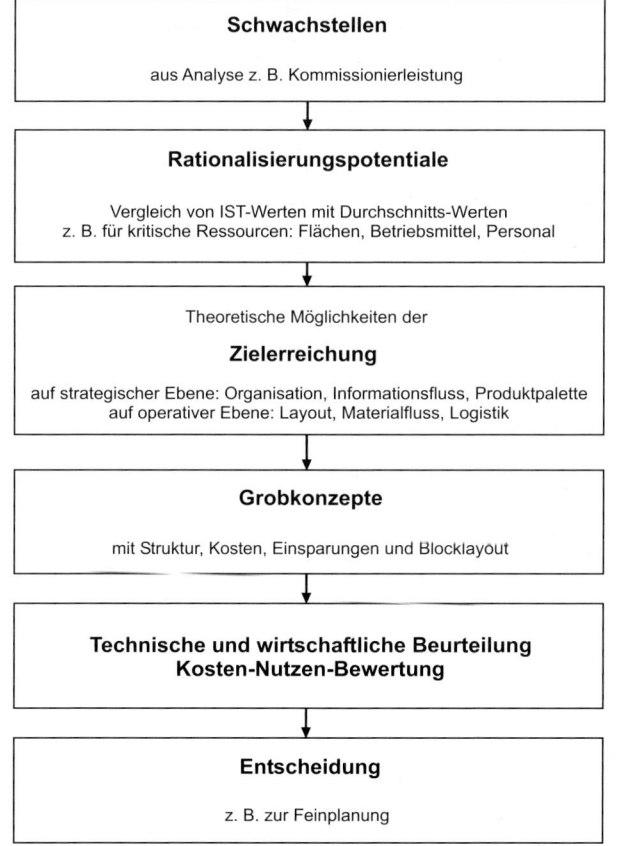

12.10.4 Lösungsfindung

Die kreativste Phase der Systemplanung ist die Suche nach Lösungen. Eine Hilfe ist dabei der ideale Funktionsablaufplan, der losgelöst von allen Randbedingungen und Restriktionen erstellt wird. Die Lösungsfindung hat aber oft die Beseitigung von Schwachstellen zur Aufgabe. Hier kann die Lösungsfindung durch die in Bild 12.19a wiedergegebene Vorgehensweise erreicht werden.

Eine Vorgehensweise zur Entwicklung und Bewertung von Verbesserungsmaßnahmen zeigt das Bild 12.19b.

Bild 12.19a
Vorgehensweise bei der Lösungsfindung

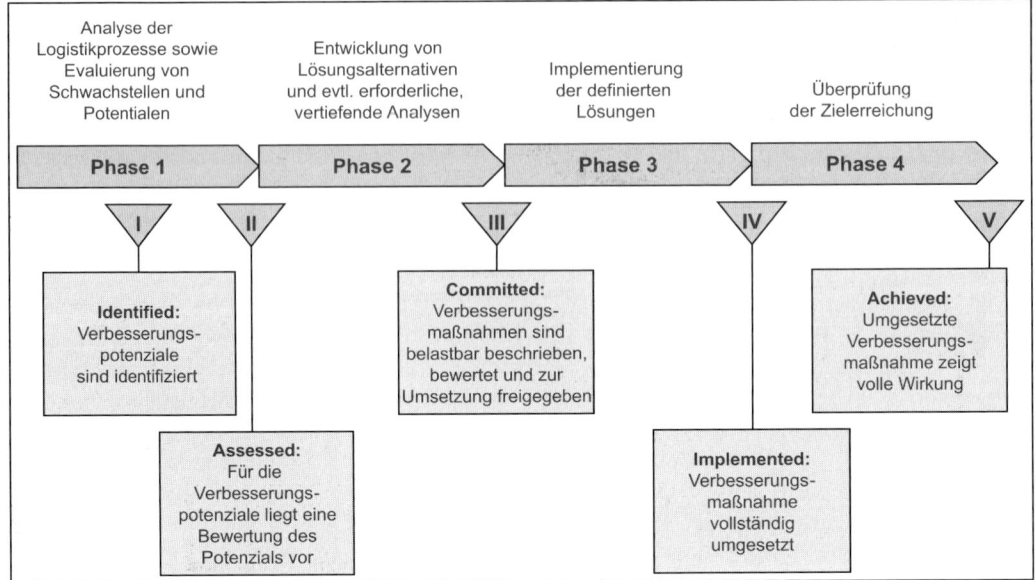

Bild 12.19b   Vorgehensweise zur Entwicklung und Bewertung von Verbesserungsmaßnahmen

12.10.5 Rechnergestützte Fabrikplanung

Um die Fabrikplanung sowie ihre Teilbereiche wie Lager-, Transport- und Materialflussplanung oder die Einrichtungs-(Lay-out-)planung möglichst effektiv, wirtschaftlich und ganzheitlich durchführen zu können, benutzt man rechnergestützte Planungssysteme. Diese entlasten nicht nur von Routinetätigkeiten, sondern erlauben durch Standardprogramme und entsprechende Datenbanken eine Unterstützung des kreativen Planungsprozesses.

Grundlage für eine rechnergestützte Fabrik- oder Materialflussplanung ist die Beschreibung der Daten von Betriebsmitteln, Prozessen, Produkten und Personal. Zunächst müssen die Objektgruppen des Projektes zusammengestellt werden. Für eine Fabrikplanung sind dies u. a.:

- Gebäude, Hallen, bauliche Anlagen
- Betriebsmittel für Fertigung und Montage
- Heizungs-, Lüftungs- und Sanitäranlagen.

Handelt es sich um eine Materialflussplanung, sind die Transport- und Lagersysteme die entscheidenden Größen, die sich wieder unterteilen in:

- Transportmittel z. B. Stetigförderer/Unstetigförderer
- Lagereinrichtungen, z. B. Regale, Lagerbediengeräte
- Transporthilfsmittel, z. B. Palette, Kasten, Behälter
- Ablauforganisation, z. B. zentral, dezentral.

Jedes dieser Betriebsmittel ist zu modellieren durch die Beschreibung seiner Eigenschaften.

Zur eindeutigen Charakterisierung der Betriebsmittel müssen eine Fülle von Informationen (Attribute) und zwei- bzw. dreidimensionale Grafiken aufgestellt und miteinander verknüpft werden (Bild 12.20).

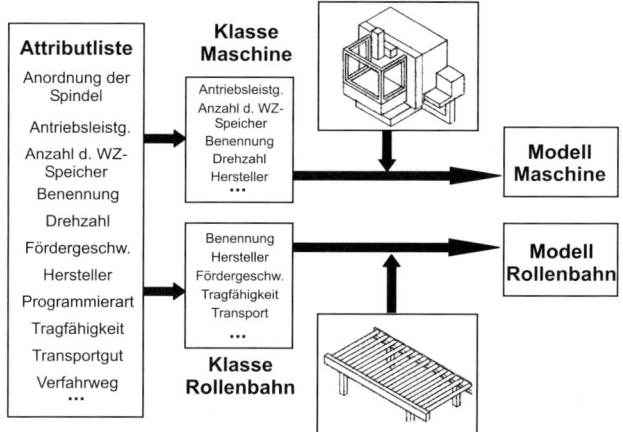

Bild 12.20
Zuordnung grafischer und alpha-
numerischer Daten

Um die so erzeugten Betriebsmittelmodelle verwalten und aktivieren zu können, ist eine Modell-
bibliothek anzulegen. Diese ist sinnvoller Weise
nach eindeutigen Gesichtspunkten zu strukturieren. Aus dieser Betriebsmittel-/Symbolbibliothek
kann jeder Planer sich mit denjenigen Modellen
bedienen, die er für sein Projekt benötigt (Bild
12.21). Mit Hilfe von CAD-Systemen, wie z. B.
CATIA (Computer Aided Three Dimensional
Interactive Application) der Firma Dassault, geschieht die Umsetzung der realen Objekte in die
Modellform.

Der nächste Schritt besteht in der Generierung
des Fabrik- oder Materialflusslayouts mit allen
dazugehörenden Betriebsmitteln und die Ver-
knüpfung über die Ablauforganisation durch die
Einbeziehung von prozessbezogenen zeitabhän-
gigen Größen. Wichtig ist, dass Untersuchungen
wie Simulation und Animation durchgeführt
werden können, um Engpässe, Kollisionsmög-
lichkeiten und Gefahrenpunkte im Layout zu
erkennen sowie Verbesserungen und Optimie-
rungen durchzuführen. Das Ergebnis der Lay-
outgenerierung sind zwei- und/oder dreidimensionale Darstellungen, die in verschiedenen Ebenen gedreht, von verschiedenen Seiten betrachtet
werden können (Bild 12.22 und 12.23).

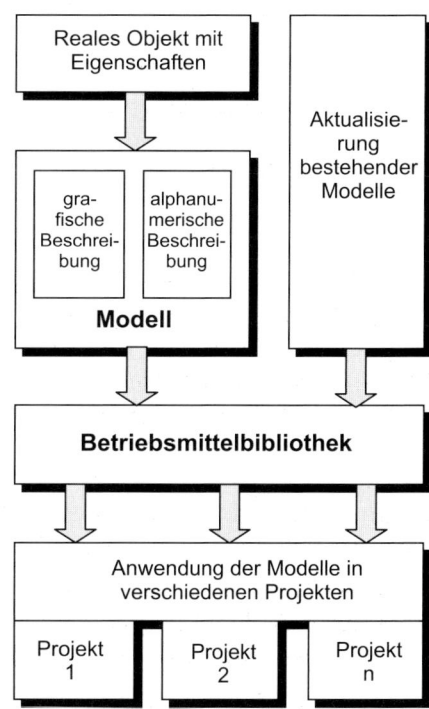

Bild 12.21
Strategie der Modellbeschreibung und
-verwaltung

Erweiterungsrichtung

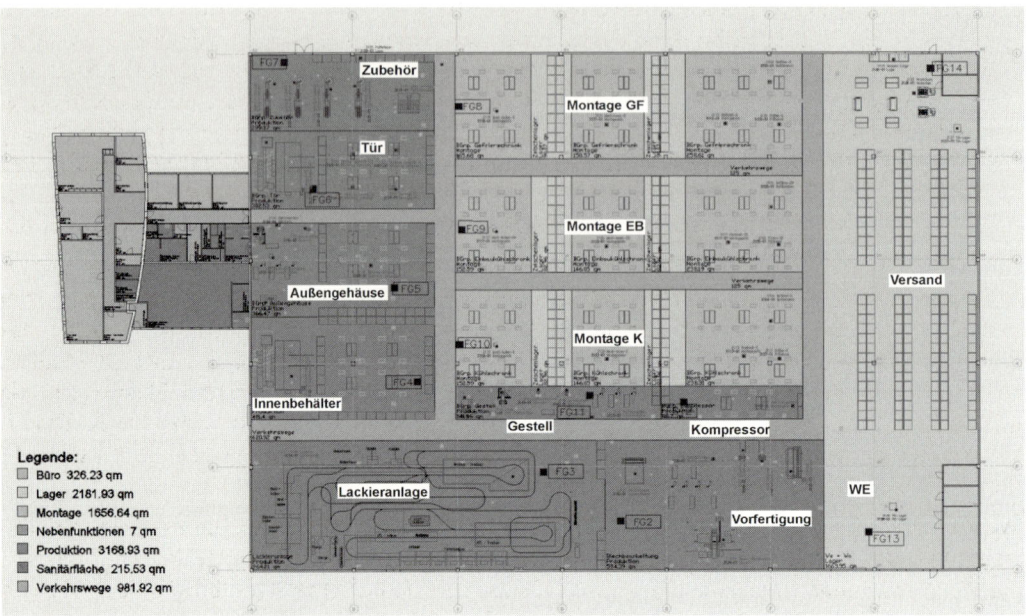

Bild 12.22   Ausdruck einer rechnergestützten Blocklayouterstellung

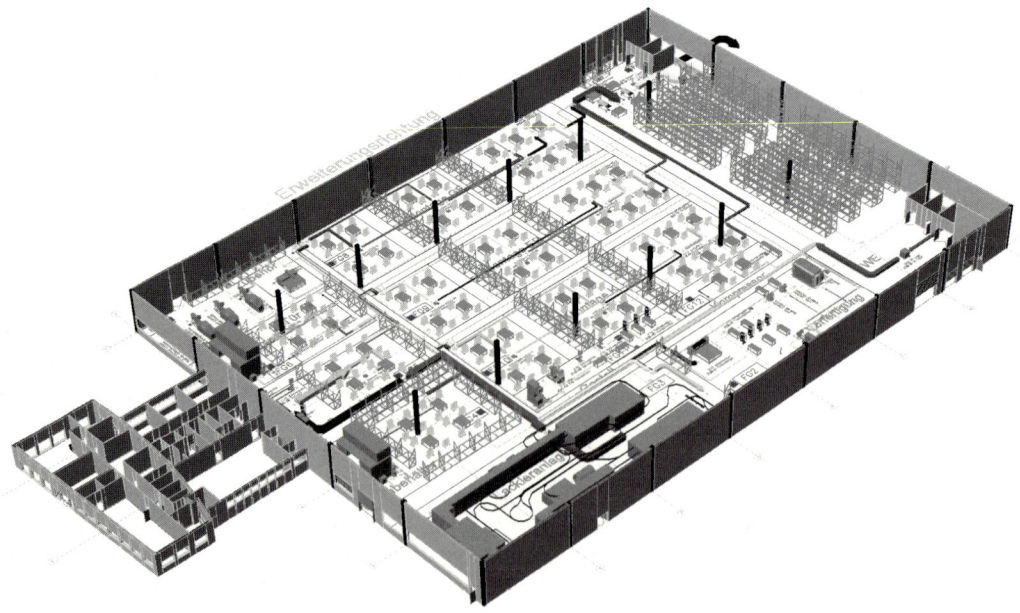

Bild 12.23   3D-Darstellung einer Maschinenfabrik mit Materialfluss

12.10.6 Vorbeugender Brandschutz

Ziel des vorbeugenden Brandschutzes in Industriebauten ist die Vermeidung eines Brandes, sowie im Brandfall die Ausbreitung des Brandes zu verhindern oder zu begrenzen. Im Vordergrund stehen dabei die in den Gebäuden arbeitenden Menschen, aber auch der Schutz von Sachwerten. Die Art der erforderlichen Brandschutzmaßnahmen werden in den jeweiligen Landesbauordnung (s. Tab. 12.1) gesetzlich festgelegt, nach der sich auch die Genehmigung zur Nutzung eines Industriebaues durch die zuständigen Bauaufsichtsbehörden richten. Die Grundlagen des baulichen Brandschutzes sind in der DIN 18 230 Teil 1 zu finden und für Güter sind sie in den Richtlinien des Verbandes der Sachversicherer (VdS in Köln) festgelegt.

Nach der DIN 18 230 wird durch die Bestimmung der Feuerwiderstandsdauer die *Brandschutzklasse* I bis V für Bauteile und Gebäude ermittelt. Die Feuerwiderstandsdauer errechnet sich aus Brandbelastung, Gebäudestruktur, Nutzungsart der Flächen und Einflussgrößen auf die Branddauer, um daraus die zulässige Größe der Brandbekämpfungsabschnitte zu erhalten. Die brandschutztechnische Ausstattung des Gebäudes z. B. mit Brandmeldeanlagen und Löscheinrichtungen, muss diesen Anforderungen entsprechen. So sind vorbeugende Brandschutzüberlegungen parallel zu den Planungsabschnitten durchzuführen, wie es das Bild 12.24 für eine Lagerplanung zeigt.

Wichtigste Komponente einer *Brandmeldeanlage* sind die Brandmelder, die auf unterschiedlichen physikalischen und/oder chemischen Reaktionen beruhen. Es sind z. B. Rauch-, Wärme-, Licht-, Funken- oder Druckmelder. Bei Rauchansaugsystemen genügen schon kleinste Mengen an Rauchpartikeln, um einen Brand im Entstehungsstadium zu erkennen. Je schneller ein Brand erkannt ist, um so schneller können die Brandbekämpfungsmaßnahmen ein.

Zu den *Löscheinrichtungen* zählen Sprinkler-, Sprühwasser-, Wassernebel-, Schaum-, CO_2- und Pulver-Löschanlagen. Jede dieser Löschanlagen hat besondere Einsatzgebiete und Restriktionen z. B. auf das Löschmittel durch dessen Auswirkungen auf Personen, Sachwerte und auf die Umwelt.

Sprinkler-Löschanlagen dienen der Begrenzung und der Löschung eines Brandherdes. Das Sprinklerelement ist i. d. R. ein Glasröhrchen gefüllt mit einer Flüssigkeit, die sich bei einer bestimmten Erwärmung so weit ausdehnt, dass sie das Glasröhrchen sprengt und den Weg für die unter Druck (bis 2 bar) stehende Löschflüssigkeit freigibt. Dabei trifft das austretende Löschmittel auf einen gezahnten Sprühteller, um gießkannenartig über eine größere Fläche verteilt zu werden. Regale bestehen aus vielen Ebenen, hier muss der Sprühteller über dem Röhrchen angeordnet sein, sonst würden bei oben liegenden Brandherden das Wasser die Röhrchen kühlen. Bei welcher Temperatur der Löschvorgang beginnen soll, hängt von der gewählten Flüssigkeit in dem Glasröhrchen ab (Farbgebung der Flüssigkeit entspricht einer bestimmten Ansprechtemperatur). Welches Löschmittel genommen wird, ist eine Frage des zu löschenden Gutes, i. d. R. ist es Wasser. Der Löschvorgang muss solange aufrechterhalten werden, bis die Feuerwehr eingetroffen ist. Die Menge der Löschwasservorhaltung, Art und Größe der Sprinkleranlage und die erforderliche Löschwassermenge pro Zeiteinheit werden bestimmt durch die Brandgefahrenklasse der vorhandenen Güter und die Zeitspanne bis zum Eintreffen der Feuerwehr.

Bild 12.25a zeigt eine Sprinklerzentrale, die den Löschvorgang steuert. Für frostgefährdete Bereiche in nicht beheizten Lagerhallen werden die Zuleitungsrohre von Sprinkleranlagen unter Pressluft gesetzt (Trockenanlagen). Druckabfall löst den Löschvorgang und versorgt die Rohre mit Wasser.

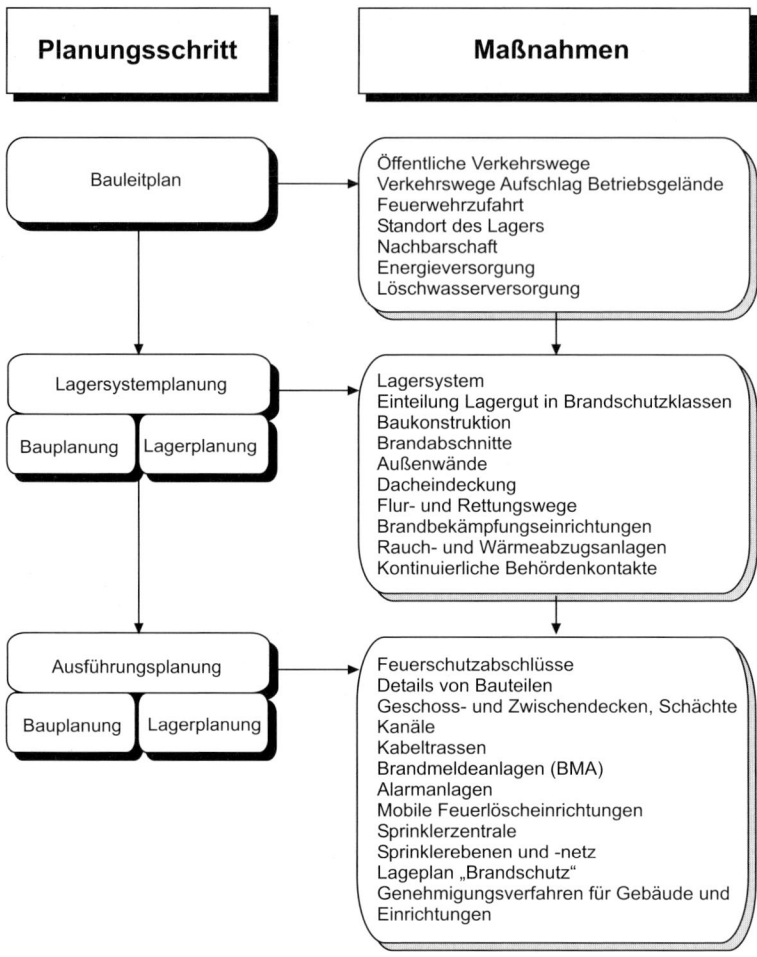

Bild 12.24 Zuordnung verschiedener Brandschutzmaßnahmen im Rahmen von Planungsschritten

CO_2-Löschanlagen beruhen auf der Tatsache, dass CO_2 schwerer als Luft sowie farb- und geruchlos ist. CO_2 verhält sich nicht leitend, neutral und löst sich rückstandsfrei auf. Seine Löschwirkung besteht im Verdrängen des Sauerstoffes. Besondere Vorsichtsmaßnahmen sind für den Menschen zu treffen, z. B. durch Warnsignale vor Öffnen des Hochdruckleitungssystems.

Pulver-Löschanlagen gelten als schnelle Löschanlagen für Flüssigkeiten oder brennbare Metalle. Sie beruhen auf einem schlagartig löschenden Strahl aus Treibgas und Pulver.

Der VdS teilt die Güter z. B. in einem Lager in Brandgefahrenklassen BG 1 bis BG 4 ein. Ein weiteres Unterteilungskriterium ist die Art des Produktionsbetriebes. Z. B. erhält ein Schaumstoffunternehmen, deren Güter auf Grund großer Brandbelastung und hoher Brennbarkeit in die Brandgefahrenklasse BG 3 eingeteilt sind, die Brandgefahrenklasse BG 3.2. Hierfür müssen dann Brandschutzvorschriften erfüllt werden.

Die VdS-Richtlinie 2341 ist ein Index über alle existierenden Richtlinien, welche kostenlos beim VdS bezogen werden können. Die Richtlinie 2178 beschreibt Allgemeines über Brandmeldeanlagen und die Richtlinie VdS 2095 beschäftigt sich mit automatischen Brandmeldeanlagen in Hochregallagern.

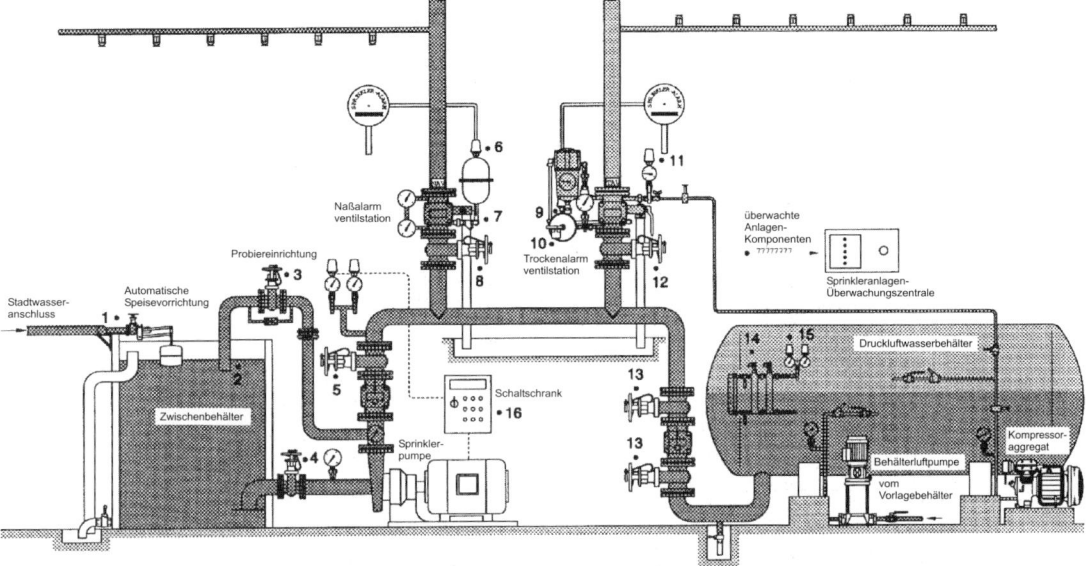

Bild 12.25a Funktionsschema einer Sprinkleranlage mit Überwachungseinrichtungen

Überwachungseinrichtungen für :

1 Druck- und Absperrarmaturen in der Zuleitung	10 Alarmabstellhahn / Probierhahn
2 Füllstand im Zwischenbehälter	11 Druck im Trockenrohrnetz
3 Absperrarmatur in der Pumpenprobierleitung	12 Absperrarmatur
4 Absperrarmatur in der Pumpensaugleitung	13 Absperrarmatur Druckluftwasserbehälter
5 Absperrleitung in der Pumpendruckleitung	14 Füllstand im Druckluftwasserbehälter
6 Alarmdruckschalter	15 Druck im Druckluftwasserbehälter
7 Alarmabstellhahn	16 Energieversorgung und Betriebszustand der
8 Absperrarmatur	Sprinklerpumpe
9 Alarmdruckschalter	

Große Hallen werden in Brandabschnitte von 1.600 m² Größe eingeteilt. Hier muss gewährleistet sein, dass von irgendeinem Ort der Fläche der Abstand bis zum nächsten Brandabschnitt nicht weiter als 40 m beträgt und dass es immer zwei Fluchtwege gibt. Ausnahmeregeln von dieser Vorschrift gibt es allerdings genug. Etwas anderes ist die versicherungstechnische Seite. Hält man sich nicht an die Vorschriften, verliert man Bonuspunkte oder es gibt keinen Versicherer.

Ein weiteres aktives Brandvermeidungssystem benutzt die Eigenschaft von Materialien, erst bei einem bestimmten Sauerstoffgehalt zu brennen. Kein selbständiges Brennen ist möglich, wenn der Sauerstoff-Volumengehalt der Luft z. B. unter 15 % bei Papier, unter 15,5 % bei Wellpappe und unter 16 % bei Holz liegt. Um dies zu erreichen, wird Stickstoff in den Schutzbereich mit der im Bild 12.25b dargestellten Anlage geblasen. Der Anwendungsbereich ist in Räumen mit wenig Publikumsverkehr z. B. in EDV-Anlagen, Archive, Bibliotheken, Gefahrstofflager, Tiefkühllager oder Telekommunikationsräumen. Für Menschen entspricht ein die Luft etwa einer Berghöhe von 2.500 m.

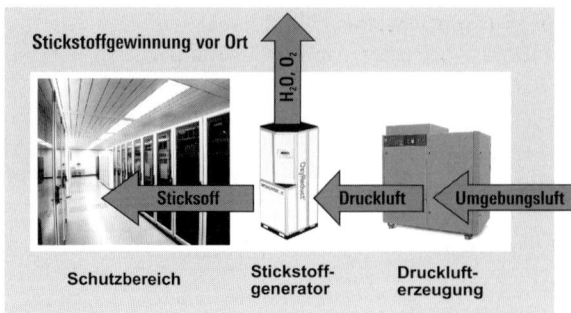

Bild 12.25b
Anlage zur Stickstoffgewinnung für
Schutzraum

Zu einer vollständigen Fabrikplanung gehören die Pläne: Feuerwehrpläne, Flucht- und Rettungspläne, Gefahrgutpläne, Schlüsselverwaltung und Schließpläne, Abfallentsorgungssystem, Gefahrgutpläne, Lärmkataster, Kanalkataster.

12.11 VDI-Richtlinien

2519	Vorgehensweisen von Lasten-/Pflichtenheft	12.01
2523	Projektmanagement für logistische Systeme der MF- und Lagertechnik	07.93
3564	Empfehlungen für den Brandschutz in Hochregallagern	08.02
3579	Ausschreibung und Vergabe von Lagersystemen	04.94
3580	Grundlagen zur Erfassung von Störungen an Hochregalanlagen	10.95
3581	Verfügbarkeit von Transport- und Lageranlagen	03.01
3595	Methoden zur materialflussgerechten Zuordnung von Betriebsbereichen	06.99
3633	Simulation von Logistik-, Materialfluss- und Produktionssystemen	03.00
3637	Datenermittlung für langfristige Fabrikplanungen	09.96

12.12 Beispiele, Fragen

Beispiele

Beispiel 12.1: Planungsursachen

Wie können externe und interne Planungsursachen gegliedert werden?

Lösung: Externe Ursachen (s. Kap 1.1) sind:

      Betriebsverlagerung,
- Neue Technologien, z. B. CAD, CIM, Automatisierungsmöglichkeiten, RFID
- Absatzmarkt, z. B. Konkurrenzprodukte, Produktmängel
- Behördliche Vorschriften, z. B. Umweltauflagen, Arbeitssicherheit
- Beschaffungsmarkt, z. B. Materialkosten, Personalkosten.

Interne Ursachen (s. Kap 2.5.1) sind:

- Unternehmerische Zielsetzungen, z. B. Erweiterung, neue Produkte
- Betriebssituation, z. B. Kosten, hohe Durchlaufzeiten, Betriebsumstellung
- Organisation, z. B. Gruppenarbeit

    – Technik, z. B. Fertigungs-, Lager- und Transportsysteme
    – Ablauforganisation, z. B. beleglose Kommissionierung, mobile Datenträger.

Beispiel 12.2: Bauleitplan

Welche Arten von Bauleitplänen sind zu unterscheiden?

Lösung: Zu unterscheiden sind:

1. der vorbereitende Bauleitplan, genannt Flächennutzungsplan
2. der rechtsverbindliche Bauleitplan, genannt Bebauungsplan.

Beispiel 12.3: Prognoseverfahren

Welches sind die gebräuchlichsten Prognoseverfahren?

Lösung: Um die zukünftige Unternehmensentwicklung in die Planung einzubeziehen, müssen die Mengen der Produkte und Produktgruppen sowie zukünftige Produkte vorausgesagt werden. Die Prognoseverfahren liefern wahrscheinliche Größen, mit denen das IST-Datengerüst der Analyse auf das SOLL-Datengerüst hochgerechnet wird. Solche Prognoseverfahren sind:

    – Zeitreihenanalyse (Mittelwertbildung, exponentiale Glättung, Trendextrapolation)
    – Delphi-Methode
    – Szenario-Technik.

Beispiel 12.4: Bewertungskriterien

Welche Möglichkeiten der Findung von Bewertungs-, Beurteilungs- und Anforderungskriterien gibt es?

Lösung: Methoden zur Findung von Kriterien und Ideen sind:

    – Brainstorming
    – Brainwriting
    – Morphologischer Kasten (s. Bild 12.11)
    – Synetik.

Beispiel 12.5: Verfügbarkeit und Zuverlässigkeit

Was ist unter Verfügbarkeit und Zuverlässigkeit zu verstehen, wozu dienen diese Begriffe?

Lösung: Verfügbarkeit und Zuverlässigkeit für Transport- und Lagersysteme sind Kenngrößen, die dazu dienen:

    – vertraglich bestimmte Werte festzulegen
    – vergleichbare Werte in Angeboten zu erhalten
    – nachzuweisende Werte zu definieren
    – im Laufe der Zeit sich ändernde Werte zu erfassen.

Verfügbarkeit und Zuverlässigkeit sagen für unstetig belastete und arbeitende Transportmittel, Anlagen und Systeme aus, welchen Anteil Ausfall- und Reparaturzeiten haben werden oder haben. Dazu wird der Quotient aus zu erwartenden oder gemessenen Ausfallzeiten und theoretisch möglichen Einsatzzeiten gebildet.

Mit Hilfe einer Störungsstatistik (Störungsprotokoll, s. VDI 3580) kann nach VDI 3581 die Zuverlässigkeit und Verfügbarkeit berechnet werden.

Die Verfügbarkeit ist ein Maß für die Wahrscheinlichkeit, eine Anlage im störungsfreien und funktionsfähigen Zustand anzutreffen.

Die Zuverlässigkeit ist ein Maß für die Wahrscheinlichkeit, dass eine Funktion störungsfrei durchgeführt wird. Beide Größen sind funktionell miteinander verbunden.

Die Verfügbarkeit η berechnet sich für eine Komponente eines Systems zu

$$\eta = \frac{(T_E - T_A)}{T_E} = 1 - \frac{T_A}{T_E}$$

T_E Einschaltzeitdauer
T_A Ausfallzeitdauer

Je nach serieller oder paralleler Struktur des Systems sind die Einzelverfügbarkeiten zu multiplizieren oder zu addieren.

Beispiel 12.6: Umsetzungsplanung

In grafischer Art ist einmal die Entwicklung eines Hallen-Layouts zu skizzieren und ein Umsetzungsplan an einem Beispiel aufzuzeigen.

Lösung: s. Bild 12.26 und 12.27.

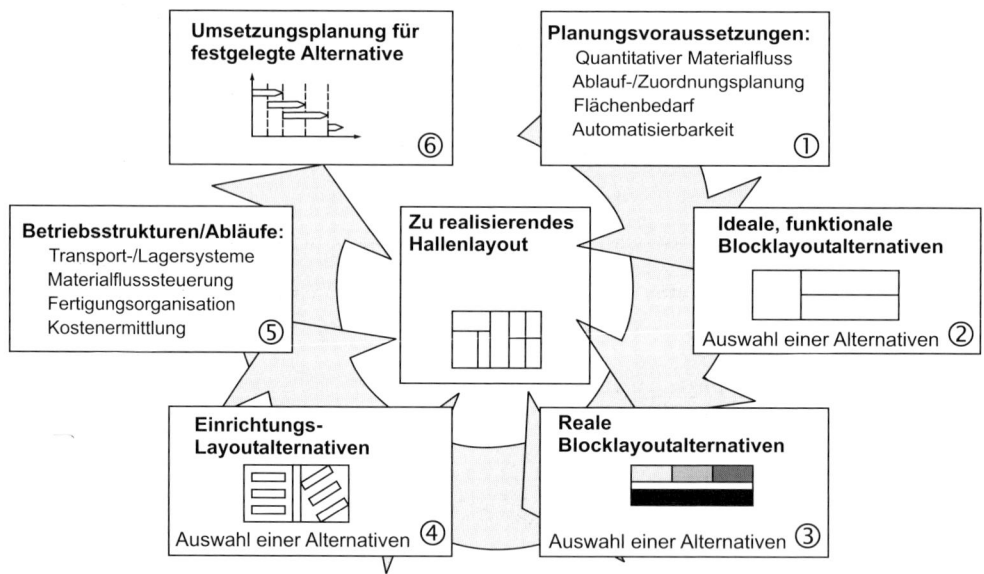

Bild 12.26   Ablauf einer Layoutplanung: Einrichtungsplanung einer Halle

Beispiel 12.7: Darstellung Projektablauf

Es ist für ein Projekt der Ablauf von Analyse bis Realisierung in einer anderen Form des Bildes 12.7 zu zeichnen.

Lösung: s. Bild 12.28.

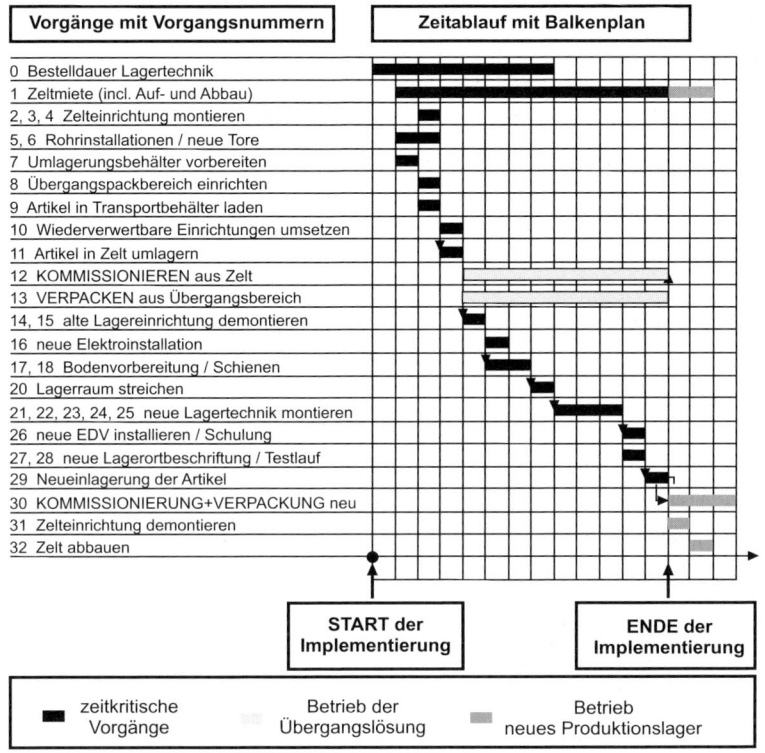

Vorgänge mit Vorgangsnummern	Zeitablauf mit Balkenplan
0 Bestelldauer Lagertechnik	
1 Zeltmiete (incl. Auf- und Abbau)	
2, 3, 4 Zelteinrichtung montieren	
5, 6 Rohrinstallationen / neue Tore	
7 Umlagerungsbehälter vorbereiten	
8 Übergangspackbereich einrichten	
9 Artikel in Transportbehälter laden	
10 Wiederverwertbare Einrichtungen umsetzen	
11 Artikel in Zelt umlagern	
12 KOMMISSIONIEREN aus Zelt	
13 VERPACKEN aus Übergangsbereich	
14, 15 alte Lagereinrichtung demontieren	
16 neue Elektroinstallation	
17, 18 Bodenvorbereitung / Schienen	
20 Lagerraum streichen	
21, 22, 23, 24, 25 neue Lagertechnik montieren	
26 neue EDV installieren / Schulung	
27, 28 neue Lagerortbeschriftung / Testlauf	
29 Neueinlagerung der Artikel	
30 KOMMISSIONIERUNG+VERPACKUNG neu	
31 Zelteinrichtung demontieren	
32 Zelt abbauen	

START der Implementierung   **ENDE der Implementierung**

■ zeitkritische Vorgänge   ▭ Betrieb der Übergangslösung   ▭ Betrieb neues Produktionslager

Bild 12.27   Umsetzungsplan für neue Lagertechnik im vorhandenen Lager

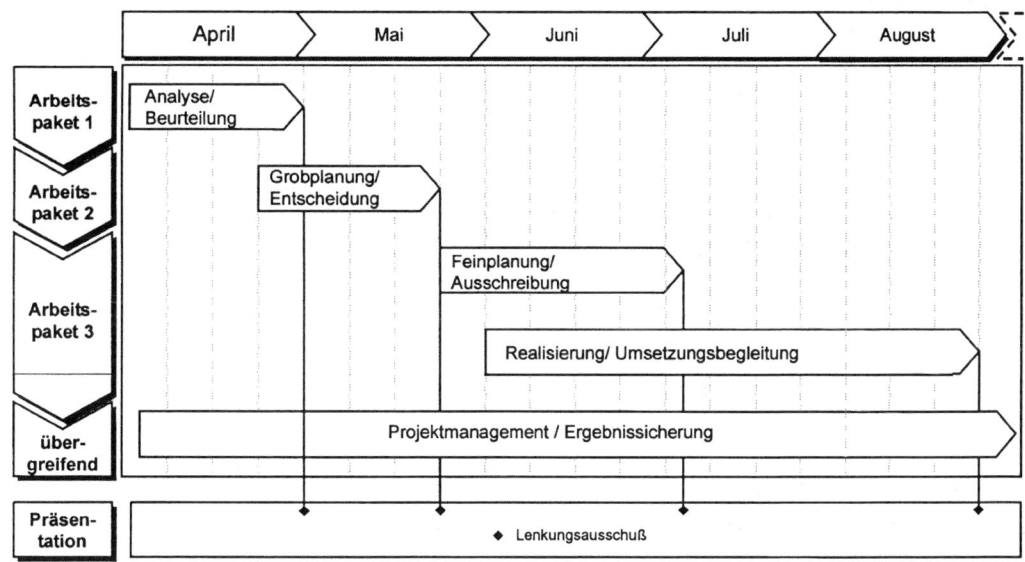

April	Mai	Juni	Juli	August

Arbeitspaket 1 — Analyse/ Beurteilung

Arbeitspaket 2 — Grobplanung/ Entscheidung

Arbeitspaket 3 — Feinplanung/ Ausschreibung — Realisierung/ Umsetzungsbegleitung

übergreifend — Projektmanagement / Ergebnissicherung

Präsentation — ◆ Lenkungsausschuß

Bild 12.28   Balkenplan für den Ablauf eines Projektes

Beispiel 12.8: Darstellung Lagerhaltungskosten / Zusammenstellung Logistikkosten

Nach Durchführung einer Analyse (IST-Zustand) und Systemplanung (SOLL-Zustand) sind die Einsparungen bei den Lagerhaltungskosten grafisch darzustellen, z. B. wie in Bild 12.29.

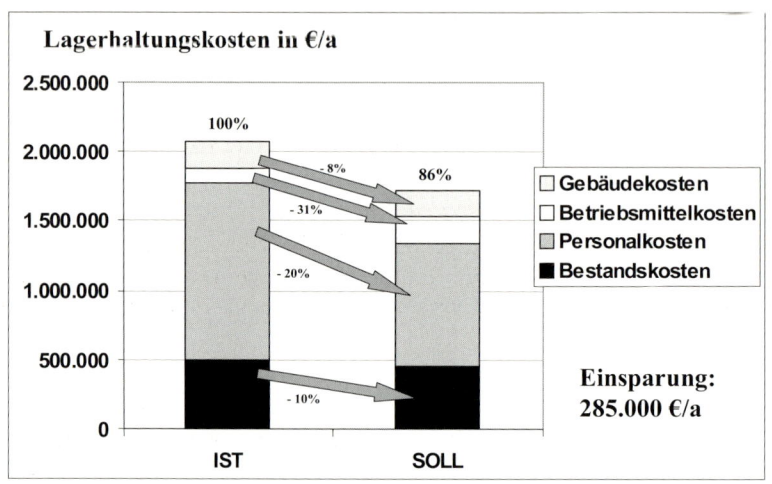

Bild 12.29   IST-/SOLL-Vergleich der Lagerhaltungskosten einer Systemplanung

Die Zusammenstellung der Logistikkosten zeigt Bild 12.30.

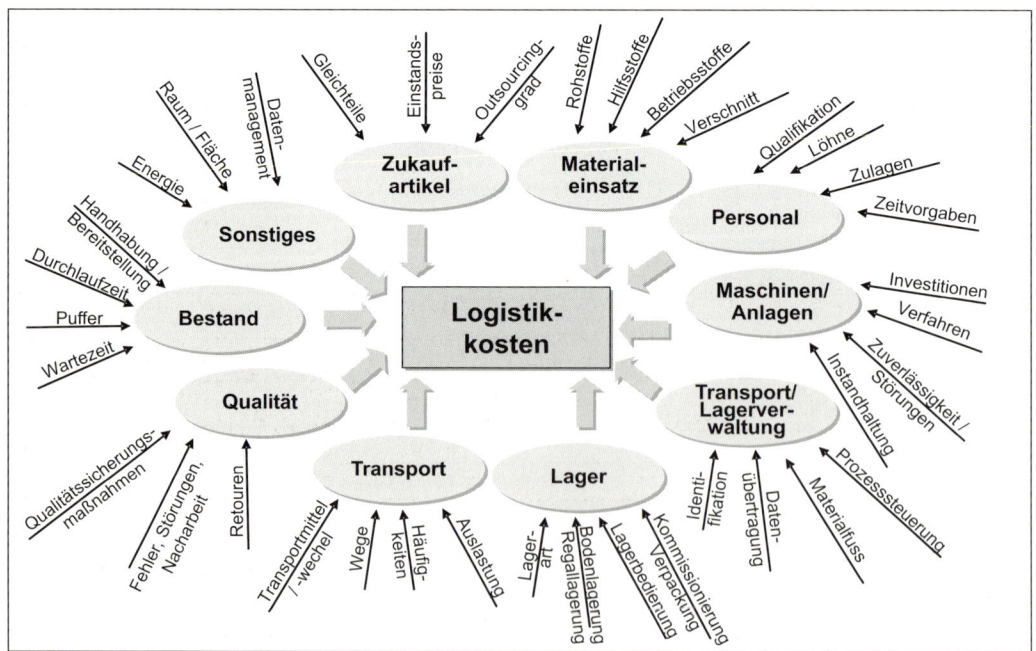

Bild 12.30   Zusammenstellung der Logistikkosten

Beispiel 12.9: Kontinuierlicher Verbesserungsprozess KVP, Qualitätsmanagement

Wodurch kann eine umgesetzte Planung weitere Rationalisierung erfahren?

Lösung:

a) Durch ständigen SOLL-IST-Vergleich und entsprechende Anpassung

b) Mit Hilfe von KVP und/oder Qualitätsmanagement.

Beide Methoden versuchen durch Einbeziehung der Mitarbeiter deren Erfahrung zu nutzen und gleichzeitig mehr Verantwortung an sie zu übertragen, um eine stärker Bindung an das Unternehmen zu erreichen. KVP und Qualitätsmanagement sind Möglichkeiten, ständige Optimierung von Prozessen, Produkten und der Organisation zu erzielen. Beide Methoden ergeben eine Verbesserung der Qualität der Produkte, eine Erhöhung der Produktivität und sinkende Kosten. Daraus resultieren zufriedene Kunden und Auftraggeber.

Eine ständige Verbesserung des Qualitätsmanagementsystems wird auch beschrieben in der DIN ISO 9001:2000, wobei in einem Qualitätskreislauf der Verbesserungsprozess bildlich dargestellt ist. Die Anforderungen und die Zufriedenheit der Kunden werden zur Grundlage des Verbesserungssystems gemacht.

Beispiel 12.10: Dynamische Amortisationsrechnung für einen Lageranbau mit WE

Ein Lageranbau soll mit WE inkl. Rampe und Überladebrücken erweitert werden. Der Anbau, die Erdarbeiten, Heizung und Elektroinstallation sollen 210.900 € kosten, die Rampen mit Überladebrücken 99.100 € und die EDV-Anbindung 15.600 €. Die errechneten Einsparungen durch Auflösung eines Mietlagers, im Personalbereich und im Transport betragen 232.200 €. Welche dynamische Amortisationszeit hat das Konzept X?

Lösung: Tab. 12.1

	Dynamische Amortisationsrechnung für das Konzept X: t_{dyn}=2,39 Jahre				
lfd. Nr.		1. Jahr	2.Jahr	3.Jahr	4.Jahr
1	Kapitalbindung (-) (von 7)		-212.328	-119.046	40.990
2	Auszahlungen (Investitionskosten in Euro)	-99.100 -210.900 -15.600	-68.100 0 -1.800	-58.000	
3	Kalk. Zinsen 8% (von Summe 1+2)	-26.048	-22.578	-14.164	0
4	Summe (1+2+3)	-351.648	-304.806	-191.210	40.990
5		Im 1.Jahr werden nur 60% der Einzahlungen wirksam	Im 2.Jahr werden nur 80% der Einzahlungen wirksam	Im 3.Jahr werden 100% der Einzahlungen wirksam	Im 4.Jahr werden 100% der Einzahlungen wirksam
6	Einsparungen (in Euro)	139.320	185.760	232.200	232.200
7	Übertrag in das nächste Jahr (6-4)	-212.328	-119.046	40.990	273.190
8	Kapitalrentabilität (6/4)	40%	61%	121%	

Tabelle 12.1 Berechnung der dynamischen Amortisationszeit eines Baukonzeptes

Im Gegensatz zur statischen Amortisationsrechnung gehen bei der dynamischen Amortisationsrechnung die jährlichen kalkulatorischen Zinsen der Investition in die Berechnung mit ein. Die errechnete Amortisationszeit beträgt 2,39 Jahre. Die Tabelle 12.1 zeigt, dass nach 3 Jahren die Kapitalrentabilität 121% beträgt. Die Gesamteinsparungen von 232.200 € werden erst nach drei Jahren in voller Höhe erreicht, da durch Lieferzeiten, Vorarbeiten, Umsetzungszeiten eine bestimmte Anlaufzeit erforderlich ist. Das Erreichen von 60% und 80% der Einsparungen im 1. bzw. 2. Jahr sind geschätzte Werte.

Beispiel 12.11: Bildung von Alternativen

In einem Unternehmen sind die Abteilungen VI, VII und VIII rationalisiert und optimiert werden. Für jede einzelne Abteilung sind zwei oder drei Planungs-Varianten zu entwickeln. Alternativen entstehen dann durch die Kombination verschiedener Varianten der einzelnen Abteilungen (Bild 12.31).

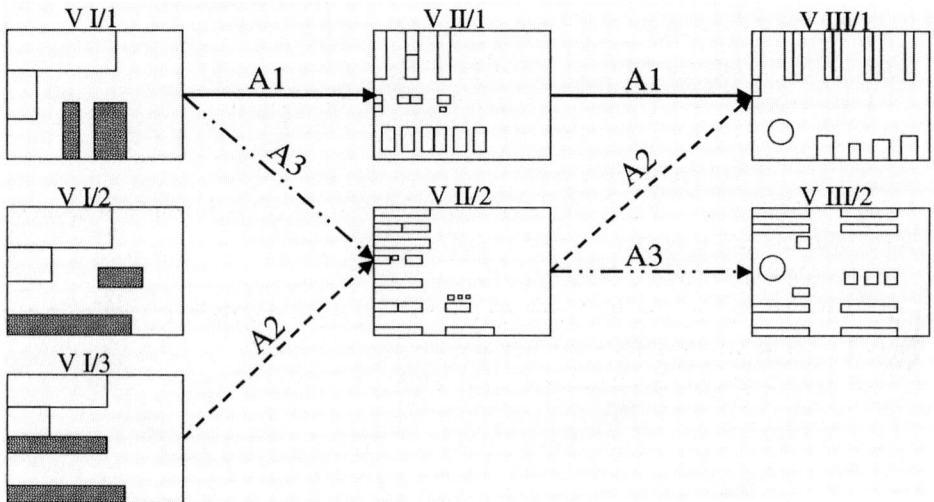

Bild 12.31 Systematik zur Bildung von Alternativen durch Kombination von Varianten

Beispiel 12.12: Lasten- und Pflichtenheft

Welche Inhalte besitzen Lasten- und Pflichtenhefte?

Lösung: Das qualitative, quantitative und funktionale Anforderungsprofil bezogen auf den Liefer- und Leistungsumfang z. B. eines Lagerverwaltungssystems wird in einem Lastenheft mit Hard- und Softwarekomponenten beschrieben. Das Lastenheft sollte als Inhalt die Beantwortung der Fragen „Was" und Wofür" haben. Es bildet die Grundlage des Pflichtenheftes bei einer Auftragsvergabe zur Erstellung der Programmierung.

Das Pflichtenheft beschreibt als Dokumentation, wie das System nach den Vorgaben des Lastenheftes ausgeführt werden soll. Es beantwortet die Fragen „Wie" und Womit" wird das Lastenheft realisiert. Das Pflichtenheft ist Bestandteil der Ausschreibungen und damit auch von Verträgen (s. VDI 2519).

Fragen

1. Wie kann „Planung" definiert werden und welche Merkmale besitzt sie?

2. Welche Ursachen können eine Planung auslösen?

3. Welche Faktoren wirken restriktiv auf eine Planung?

4. Es sollen sechs Planungsgrundsätze aufgezählt werden.

5. Nach welchen Kriterien können die Planungsdaten eingeteilt werden?

6. Ein mögliches Datenprofil ist für die Planung eines Kommissionierlagers aufzulisten.

7. Es ist schematisch ein Planungssystem zu skizzieren.

8. Welche Aufgaben hat das Projektmanagement?

9. Welche Aufgaben hat die Systemplanung? Was ist die Zielsetzung der Vorstudie?

10. Es ist schematisch der Ablauf einer Analyse anzugeben.

11. Welche Aufgaben hat die „Ausführung"?

12. Welche Faktoren gehören zum Planungsinstrumentarium?

13. Wie setzt sich das Planungsteam zusammen?

14. Wie teilt man Datenermittlungsmethoden ein?

15. Das Kreisverfahren ist als Zuordnungsmethode zu beschreiben.

16. Welche Zielsetzung hat die Simulation?

17. Wie ist der Ablauf der zweistufigen Punktbewertung?

18. Welche Darstellungsmethoden kennt man? Die Antwort ist in einer schematischen Darstellung wiederzugeben.

19. Welche Aufgaben hat der Bauleitplan?

20. Welche Vorschriften der Baunutzungsverordnung legen die flächen- und volumenmäßige Bebauung eines Grundstückes fest?

21. Es sind überregionale Standortfaktoren aufzuzählen.

13 Informationslogistik

Die operativen Funktionen der Informationslogistik sind das Erfassen, Speichern, Verarbeiten und Ausgeben von Daten, die für Steuerung und Überwachung des Material- und Informationsflusses in Transport- und Lagersystemen notwendig sind. Nach Bild 1.3 sind zwischen vorauseilenden, nacheilenden und begleitenden Materialflussinformationen zu unterscheiden.

Ein Informationssystem besteht aus den Komponenten

- Netzwerk ; Hardware
- Software
    o Datenbanken, Programmen (Verarbeitungslogik)
    o Betriebssystem (Steuerungslogik), Schnittstellenlogik,

d. h. ein Informationssystem umfasst alle Komponenten und Elemente zur Informationsspeicherung, -gewinnung, -bearbeitung und -optimierung. Ein logistisches Informationssystem hat einmal die Aufgabe, Material und Waren in der richtigen Menge und Qualität zum richtigen Zeitpunkt an den richtigen Ort bei unternehmensspezifischen Restriktionen bereitzustellen und zum andern Informationen über die bestehenden Prozesse zur Verfügung zu stellen.

Die Reihung von aufeinanderfolgenden Informationen wird als Informationsfluss bezeichnet. Zu unterscheiden ist zwischen Informations- und Belegfluss, wobei der Informationsfluss beleglos erfolgen kann. Daten sind quantifizierte Informationen, die sich durch Zeichen darstellen lassen.

Der Informationsfluss ergibt sich aus der hierarchischen Ebenenstruktur des Informationssystems. Die Organisation des Informationsflusses kann durch verschiedene Ebenen mit ihren Aufgaben veranschaulicht werden:

- Administrative/dispositive Ebene: Leitrechner – HOST/PPS. Kundenverwaltung, Produktionsplanung, Materialwirtschaft, Vertriebs- und Auftragsabwicklung, Summarische Bestandsführung

- Bestandsmanagementebene (Logistik-Leitebene): Lagerverwaltungssystem – Prozessrechner. Lagerplatz bezogene Bestandsführung, Lagerplatzzuordnung, Wareneingangsabwicklung, Einlagerung, Auslagerung, Nachschubsteuerung, Auftragsbearbeitung, Kommissionierung, Verpackung, Verladung

- Transportmanagementebene (MF-Leit- und Steuerungsebene): Transport-/Staplerleitsystem. Materialflussoptimierung, Transportauftragsverwaltung, Materialverfolgung, Statusinformationen

- Operative Ebene (Prozessebene): Geräte- und Antriebssteuerung. Zustandserfassen und Anzeige durch Sensoren von Informationen, Datenfunk, Terminals, Scanner. Prozessbeeinflussung durch Aktoren.

13.1 Identifikationsträger für Stückgut

In Produktions-, Lager- und Kommissioniersystemen sind Stückgüter (Produkte, Pakete, Behälter, Paletten), begleitfrei z. B. zwischen Betriebsmittel, im Lager- und Versandbereich zu transportieren, oder es sind Sortier- und Kommissionierungsaufgaben zu erfüllen. Solche Materialflussaufgaben beginnen mit der eindeutigen Kennzeichnung der Güter. Ein Identifikationssystem erkennt über Informationsträger oder Sensoren mit Hilfe von geeigneten Datenverarbeitungsgeräten die Objekte im Materialfluss und in der Produktion. Die Informationstechnik basiert auf unterschiedlichen physikalischen Grundprinzipien:

- *Mechanische* Informationsträger wie Lochstreifen, Stifte und Blechfahnen sind preiswert, robust, einfach zu handhaben, besitzen aber nur geringe Informationsdichte und können nur einmal beschrieben werden. Mit Hilfe von mechanischen oder induktiven Elementen sowie mittels Lichtschranken werden sie gelesen.

- *Magnetische* Informationsträger wie Magnetstreifen und Magnetkarten nutzen magnetische Felder oder Schichten zur Speicherung von Informationen, die berührungslos über Magnetköpfe oder Reedkontakte abgetastet werden. Magnetische Informationsträger zeichnen sich durch hohe Datenaufnahmekapazität aus, haben gute Lesefähigkeit und sind unempfindlich gegenüber Verschmutzungen. Gering sind Abtastentfernung und Führungstoleranz.

- *Optische/elektronische* Informationsträger benutzen Markierungen am Transportgut oder dessen Umrisse und werden mittels Lesestift, Laserscanner oder CCD-Kamera gelesen.

- Die *elektronischen/elektromagnetischen* Informationsträger sind die heute vorherrschenden Codierungen, bei denen berührungslos elektromagnetische Wellen die Informationen in elektronische Speicher übertragen. Zu unterscheiden sind festcodierte und frei programmierbare Datenträger. Festcodierte können nicht verändert, aber beliebig oft gelesen werden. Frei programmierbare Datenträger können dagegen beliebig oft geändert werden.

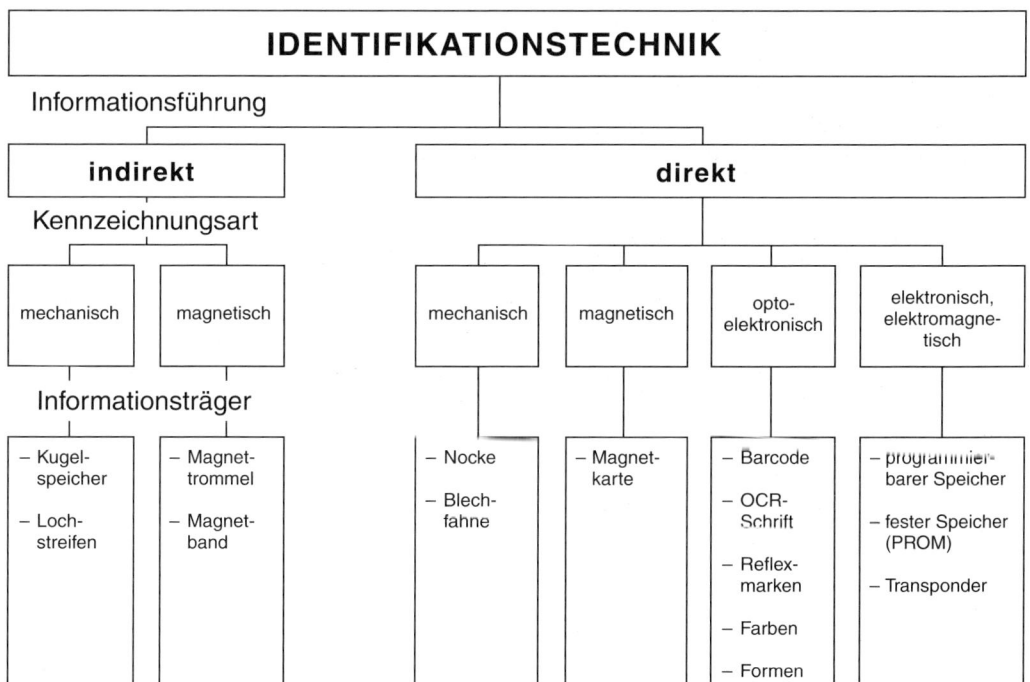

Bild 13.1 Grundstrukturen der Identifikationstechnik

13.1.1 Eindimensionaler Barcode

Die Identifikation ist das Bindeglied zwischen Transport- und Lagerprozessen und dem Stückgut. So werden hier besonders häufig der Strichcode-Datenträger (1D-Code, Barcode, Balkencode) als weitest verbreiteter maschinenlesbarer Informationsträger und in zunehmenden Maße auch der Mobile Datenspeicher (MDE) verwendet. Die Barcode-Technologie besteht aus Barcodedruckern und -Lesegeräten (Decodierungs- und Prüfeinrichtungen).

Der Strichcode-Datenträger gehört in die Gruppe der opto-elektronischen Informationsträger und ist aufgebaut aus parallelen dunklen Strichen auf hellem Hintergrund, wobei die Codierung einer Information durch unterschiedlich breite Striche und/oder Lücken erreicht wird. Dabei werden sowohl die Striche als auch die Lücken zur Aufnahme von Informationen benutzt. Gekennzeichnet ist ein Strichcode durch (Bild 13.2):

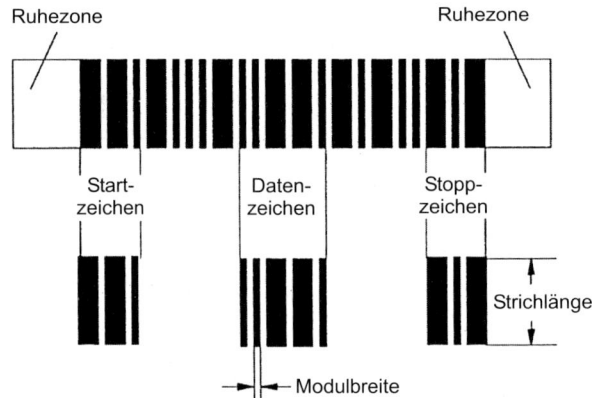

Bild 13.2
Strichcodeaufbau (aus ARNOLD,
Materialflusslehre, S. 265, Bild 7.5)

- Strich: dunkles Element und Lücke: helles Element; Strichlänge
- Modulbreite x: Breite des schmälsten Elementes in einem Code
- Start- und Stoppzeichen, vor Codebeginn und nach Codeende je eine Ruhezone R
- Trennelemente als Lücke zwischen den Strichen zweier Zeichen
- Klarschriftzone unter dem Strichcode: Klarschrift der verschlüsselten Information
- Informationsdichte: Anzahl Zeichen je mm Breite.

Die Struktur der Strichcodearten sind in den Bildern 13.3 bis 13.7 dargestellt. Bei einem Zweibreiten-Code treten die Striche und Lücken nur in zwei verschiedenen Breiten auf, beim Mehrbreiten-Code in mehr als zwei Breiten. Welche Strichcodeart angewendet wird, hängt von den Anforderungen der Aufgabe ab z. B.:

- der Informationsmenge; der für den Code vorhandenen Fläche auf den Stückgut
- der Flächenform des Anbringungsortes: flach, rund uneben (Schachtel, Behälter, Tube, Rolle, Dose, Tüte)
- den Umfeldbedingungen: Verschmutzung, Beschädigung, Temperatur
- der Art des Lesegerätes (Auflösungsverhältnis)
- dem Material des Strichcodeuntergrundes (Papier, PVC, Polyester...).

Hauptanwendungsbereiche für den Barcode sind:

- Reduzierung des Zeitaufwandes und Tippfehler bei der Datenerfassung
- Kontrolle und Bestätigung zusätzlicher Datenerfassung
- Vollautomatische Materialflusssteuerung
- Bearbeitung vollständiger Arbeitsprozesse.

Vorteile des Barcodes sind hohe Standardisierung, geringe Kosten, hohe Akzeptanz, gute Integration, Informationen unmittelbar vor Ort. Nachteile ergeben sich durch direkte Sichtverbindung, anfällig gegen Verschmutzung und keine Änderungsmöglichkeit.

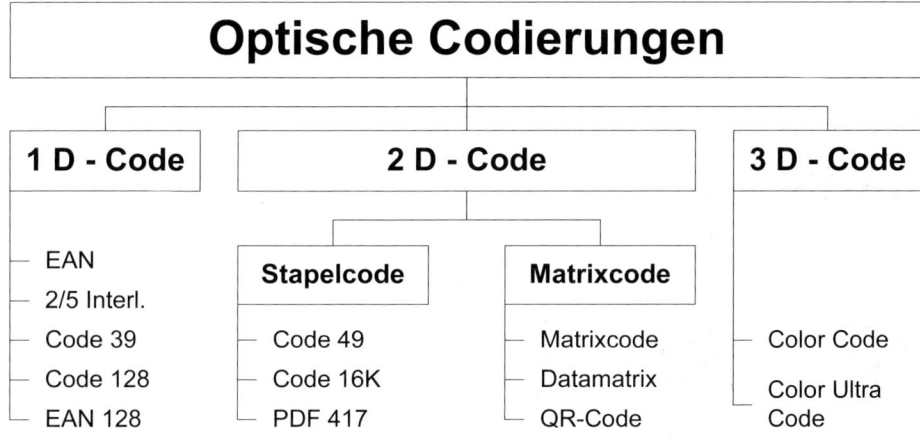

Bild 13.3   Übersicht Codierungsstrukturen mit Codearten

Bild 13.4   Beispiel der Kombination eines EAN-Codes für den Buchhandel (Preis, ISBN-Nr.) und eines 2 aus 5 Interleaved-Codes für den innerbetrieblichen Materialfluss (Steuercode, Lagerplatzdaten)

Codeart	Merkmale	Ausführung	Informationsdichte	Einsatzgebiete
2 aus 5 Interleaved	numerischer Code (0-9), jedes Zeichen ist aus 3 schmalen und 2 breiten Strichen bzw. Lücken aufgebaut	breite und schmale Striche bzw. Lücken/Zeichen	hoch	Fördertechnik
1234	fortlaufender Code	Ein Zeichen setzt sich aus 5 Strichen zusammen, das folgende Zeichen aus den 4 dazwischenliegenden Lücken und der auf den 5. Strich folgenden Lücke	Das Druckverhältnis liegt zwischen 1:2 und 1:3. Beispiel: Bei $x = 0,3$ mm und $V = 1:3$ beträgt die Informationsdichte 2, 7 mm/Ziffer. Da alle Lücken Informationen beinhalten, ist die Toleranz sehr klein (+/– 10 %)	
	selbstprüfend			
	Zweibreitencode			
EAN 4018 2735	numerisch (Ziffern 0 bis 9)	7 Module/Zeichen, aufgeteilt in 2 Striche und 2 Lücken, die jeweils 1, 2, 3 oder 4 Module breit sind. Alle Striche und Lücken tragen Information.	Hoch	im Handel (POS)
	fortlaufender Code		2,1 mm/Ziffer bei $x = 0,3$ mm	
	Es sind nur 8 oder 13 Zeichen darstellbar.	Die Toleranzen dürfen nur sehr klein sein.		
	Mehrbreitencode			

Bild 13.5   Beschreibung verschiedener Strichcodearten

13.1.2 Mehrdimensionaler Barcode

Um größere Datenmengen pro Flächeneinheit unterzubringen, wurden zweidimensionale (2D-Code) und dreidimensionale Farbcodes (3D-Code) entwickelt. Sie bestehen aus Gruppen von Datenzellen, die oft viereckig angeordnet sind und ein typisches Orientierungssymbol für den speziellen 2D-Barcode besitzen (Bild 13.6). Zu unterscheiden sind Stapel- und Matrixcode. Bildverarbeitungssysteme sind in der Lage, zweidimensionale Matrixcodes zu lesen.

Bewertet werden die Barcodes nach Flächenbedarf, Dichte, Kapazität, schnellem Finden und Decodieren sowie nach Anzahl der Zeichensätze. Der Code „Datamatrix" hat z. B. quadratische/ rechteckige Form, große Packungsdichte und Kapazität von ca. 10 bis 2.300 Zeichen. Er wird für die Produktmarkierung bei Kleinteilen eingesetzt. Der „Maxicode" dient z. B. der Paketsortierung und zum Online-Fahrkartenausdruck, er kann bis zu 100 Zeichen erfassen.

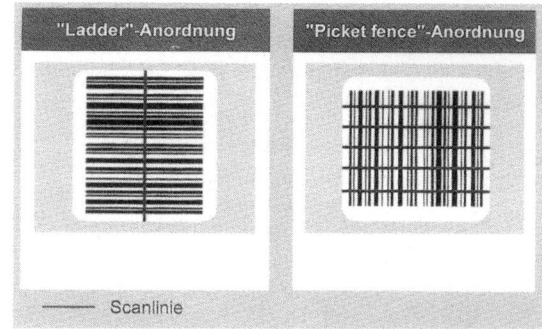

Bild 13.6
Verschiedene zweidimensionale Barcodes

Bild 13.7
Anordnungsmöglichkeiten von Barcodes

Bei diesen 2D-Codes gibt es auch Kombinationen, wie z. B. zwischen 1D- und 2D-Codes bei dem Composite Code UCC/EAN Composite. Beim 3D-Code wird die dritte Dimension durch die Farbe erzeugt, d. h. 1D, 2D und 3-D beziehen sich nicht auf geometrische Größen, sondern auf den Dateninhalt.

13.1.3 Anordnung der Datenträger

Welche Anordnungsmöglichkeiten von Barcodes werden in der Industrie für feststehende Scanner benutzt?

Zwei grundlegende transportrichtungsbezogene Anordnungsmöglichkeiten sind bei Barcodes zu unterscheiden (Bild 13.7):

1. Ladder-Anordnung: die Striche des Barcodes verlaufen parallel zur Transportrichtung, es wird in einer Scanlinie abgetastet.

2. Picket-fence-Anordnung: die Striche des Barcodes liegen rechtwinklig zu Transportrichtung, was „Picket-fence" genannt wird. Hier wird aus Sicherheitsgründen die Abtastung durch mehrere parallele Scanlinien durchgeführt, die zueinander versetzt sind.

13.1.4 Lesegeräte

Für 1D- bis 3D-Codes gibt es eine Vielzahl von Lesegeräten, die auf unterschiedlichen physikalischen Prinzipien aufgebaut sind oder nach verschiedenen Merkmalen eingeteilt werden können. Bei der optischen Identifikation können manuelle und stationäre Handhabung unterschieden werden. Dabei sind Handlesegeräte kabelgebunden oder -los bzw. mobil. Stationäre Geräte lesen halbautomatisch oder automatisch den Code. Die Abtasttechnologie der Lesegeräte basiert auf ihrer Beleuchtung (LED, Laser), auf dem verwendeten Sensor (Fotodiode, Zeilen-Sensor) und die Art des Abtastvorganges: sequentiell oder parallel, sowie auf der Auswertungsbasis (Linie oder Bild). Die Kombination dieser verschiedenen Größen ergeben dann die Ausführungsformen der Lesegeräte (s. Bild 11.6):

Laser-Scanner: Punkt- und Linien-Scanner; Sensor-Scanner: Zeilen- und Matrix-Scanner.

Omnidirektional arbeitende Laserscanner (Scanner = Gerät zur zeilenweise Abtastung einer Fläche) können den Strichcode auch lesen, wenn er nicht rechtwinklig und nicht in einer Ebene liegend an dem Lesegerät vorbeigezogen wird., d. h. sie strahlen gitterförmig und erlauben so das Lesen des Strichcodes richtungs- und strahlenunabhängig.

Bei handgeführten Lesegeräten können je nach System bis zu 70 Scans/s erfolgen, bei stationären bis zu 600/s. Der Leseabstand beträgt je nach Gerät bis zu 3 m.

13.1.5 Mobile Datenspeicher / RFID

Zu den elektronisch/elektromagnetisch arbeitende Informationsträger gehören die frei programmierbaren Datenträger, die mobil eingesetzt als mobile Datenspeicher (MDS) bezeichnet werden. Sie sind mittels Schreib- und Lesegerät (Programmiereinheit = Schreibeinheit) in der Lage, Daten und Informationen während des Materialflusses aufzunehmen, zu speichern und jederzeit zur Verfügung zu stellen. MDS gehört in die Gruppe der direkten Identifikationstechnik.

Der mobile Datenspeicher ist aktiv, d. h. seine Datenhaltung kann zentral oder dezentral sein. Die Anbringung des MDS erfolgt direkt oder indirekt am Stückgut. Die indirekte Anbringung wird entweder bei sehr kleinem oder billigem Stückgut benutzt; dazu wird der MDS am Transporthilfsmittel (Behälter, Rollwagen, Ladegestell) befestigt und kann ständig wiederverwendet werden. Beim Einsatz eines aktiven MDS kann das dazugehörige Stückgut ohne Hilfe des Lagersteuerrechners durch dezentrale Datenhaltung gesteuert werden.

Die Energieversorgung für die Datenspeicherung, Steuerung, Informationsabläufe und Kommunikation geschieht bei den programmierbaren MDS entweder über eine Batterie (MDS-Typ RAM) oder über das elektromagnetische Feld des Schreib-/Lesegerätes (MDS-Typ EEPROM = Electrically Erasable Programmable Read Only Memory).

Ein Identifikationssystem mit mobilem Datenspeicher, das eine Vielzahl von Stückgütern zu vorausbestimmten Zielen bringt, besteht aus:

- vielen mobilen Datenspeichern (MDS)
- einem oder mehreren Schreib-/Lesegeräte (SLG)
- einem oder mehreren Auswerteinheiten (AE).

  Ein Identifikationssystem setzt sich aus den Komponenten MDS, SLG, und AE zusammen, diese Komponenten bestehen wiederum aus verschiedenen Elementen, die systematisiert im Bild 13.8 dargestellt sind.

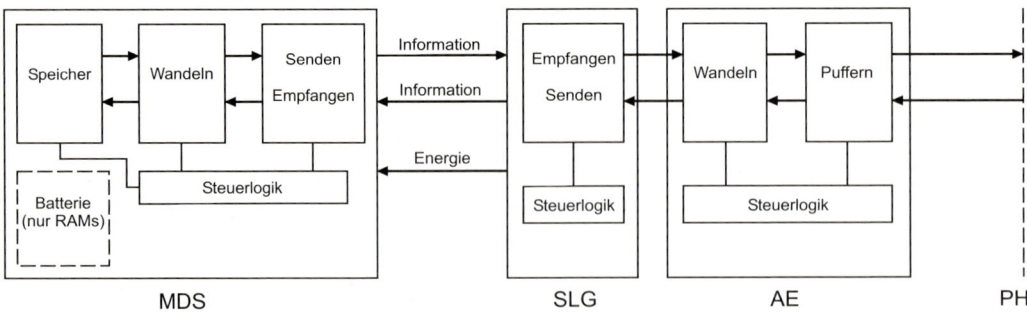

Bild 13.8   Schematischer Aufbau eines Identifikationssystems mit mobilem Datenspeicher MDS (SLG = Schreib-/Leseeinheit; AE = Auswerteinheit; PH = Peripherie, Host, SPS)

In einem Materialflusssystem übernimmt die SLG die Kommunikation zwischen Transportgut – ausgerüstet mit einem Mobilen Datenspeicher – und dem übergeordneten Steuerungssystem z. B. einem Leitrechner. Das SLG setzt die von einer AE erhaltenen Informationen zum Lesen oder Schreiben von Daten in elektromagnetische Wellen um. Die AEs stellen dabei die Schnittstelle zwischen SLG und dem Leitrechner dar. Trifft das Transportgut an ein SLG, wird es mit allen notwendigen Informationen je nach Aufgabe für Bearbeitung, Transport oder Lagerung versehen. Bei jeder Entscheidungsstelle können diese Daten gelesen und darauf aufbauend entweder Informationen übermittelt, Entscheidungen gefällt oder Daten verändert werden.

RFID / Transponder

RFID (Radio Frequency Identification) ist eine berührungslose Datenübertragung auf der Basis von Wechselfeldern mit einem Transponder (Synonym: Tag; Bild 13.9), auf dem Informationen gespeichert werden können, und der aus einem Chip und einer Antenne besteht, die zum Datenaustausch und zur Energieübertragung für den Chip dient.

Während beim Barcode optisch durch einen Scanner Informationen gelesen werden können, werden beim Transponder elektromagnetisch die Informationen mit einem Reader ausgelesen. Das elektromagnetische Prinzip gestattet gegenüber dem Barcode ein Auslesen der Daten ohne Sichtkontakt. Befindet sich der Transponder an einem Artikel, der gegen Feuchtigkeit, Wärme, Beschädigung oder Verschmutzung eingepackt ist, so können trotzdem alle Informationen gelesen werden. Durch die Anti-Kollisionstechnik ist es möglich, auf einmal mehrere Transponder gleichzeitig zu lesen.

| Energieübertragung durch Induktion | Rücksendung der Transponderdaten | Weiterverarbeitung der Daten |

Bild 13.9   Transpondersystem

Die Vorteile und Eigenschaften eines Transponders sind:

- Gleichzeitiges Lesen mehrer Transponder, Pulkerfassung, große Prozesssicherheit
- Identifizierung der Ware ohne Sichtverbindung mit sekundenschnellem Datenaustausch
- Variable Datenspeicherung , hohes Speichervolumen, hohe Datensicherheit
- Vollständige Automatisierung der Warenerfassung möglich; mehrfach neu beschreibbar.

Produkteigenschaften wie. z. B. hoher Wasseranteil (Kühlflüssigkeiten), hohe Dichte oder Vorhandensein von Metallteilen (Autoteile) erschweren die Funkübertragung. Außerdem nachteilig: Datenschutzbedenken; Standardisierung gering; Anbindung an EDV-Systeme; Probleme bei der Datenübertragung.

In Verbindung mit Etiketten kann der Transponder auf fast jedem Untergrund dauerhaft oder ablösbar, sichtbar oder versteckt angebracht werden. Sein Einsatz erfolgt bei Produktkennzeichnung und -verfolgung, Prozesssteuerung und -kontrolle sowie Warenschutz. Ein Anwendungsbeispiel für Transponder ergibt sich beim Mehrweg-Verpackungssystem (s. Beispiel 3.8). Ein Produzent versendet seine Produkte in einem zusammenklappbaren teuren Mehrwegbehälter (s. Bild 3.3f) zu den Kunden. Die an dem Mehrwegbehälter befestigte Transponderetikette enthält alle wichtigen Daten, wie z. B. Empfänger, Datum, Inhalt, Menge, Gewicht usw. Der Kunde sendet den leeren Mehrwegbehälter wieder an den Sender zurück, dieser vergleicht die Transponderdaten mit seinem Warenwirtschaftsystem, dokumentiert die Sendung als empfangen und löscht die Daten. Jetzt steht der Behälter für einen weiteren Transport wieder zur Verfügung.

Einteilung der RFID-Systeme in zwei Kategorien:

- 1-bit-Memory Tags; dem Lesegerät wird mitgeteilt, ob der Artikel da ist oder nicht (Artikelsicherung).

- N-bit-Memory Tags besitzen einen Speicherchip für Informationen und können auch Berechnungen durchführen, z. B. Zugangscode überprüfen. N-bit-Memory-Tags lassen sich in passive und aktive unterteilen. Währens aktive Tags eine Energiequelle haben, beziehen die passiven Tags ihre Energie durch Induktion aus den Funksignalen des Lesegerätes. Der passive Transponder nach ISO 15693 hat eine Betriebsfrequenz von 13,56 MHz, eine Reichweite von 1 m, z. Z. einen Preis unter 0,3 € und wird Smart Label genannt. Dieser wiederbeschreibbare Typ ist weltweit einsetzbar und wird überall da benutzt, wo der Lebenslauf von Artikel verfolgt werden muss, z. B. bei Lebensmitteln.

13.2 Datenübertragungstechnik

Bei der Übertragung von Daten ist zwischen einfachen binären Signalen und dem Austausch von Datentelegrammen zu unterscheiden. Einfache Elemente zur binären Datenübertragung sind Lichtschranke, Magnetschalter, Reed-Kontakte und Endschalter. Der Austausch von Datentelegrammen geschieht berührungslos mittels *Induktion, Funk und Infrarottechnik* (Bild 13.10a). Für eine punkt- und streckenbezogene Datenübertragung (Halle) werden in der Regel die Induktiv- und Infrarottechnik benutzt, bei flächenmäßiger Ausdehnung des Arbeitsgebietes (Freigelände) die Funk- und Infrarottechnik (s. VDI 3641). Mit dem Datenübertragungssystem wird die operative Ebene der innerbetrieblichen Logistik z. B. von Staplern und Kommissioniergeräten an eine übergeordnete Leitzentrale angebunden, die dispositive und administrative Aufgaben übernimmt.

13.2.1 Datenübertragung mit Induktionstechnik

Die induktive Datenübertragung benutzt die Wechselfelder im Bereich von 20 bis 100 kHz. Die Reichweite der Datenübertragung geht bis ca. 0,5 m: sie wird als leitungsnahe Technik oder auch als liniengestützte Technik bezeichnet und geschieht über Datenübertragungsschleifen bei punktbezogener Übertragung. Eine sichere Datenübertragung geht bis zu einer Rate von 10 Mbits/s.
Die streckenbezogene Datenübertragung kann erfolgen über

- den Leitdraht durch Modulation der Leitfrequenz
- einen separat zum Leitdraht verlegten Draht in der Bodenfuge mit eigener Trägerfrequenz.

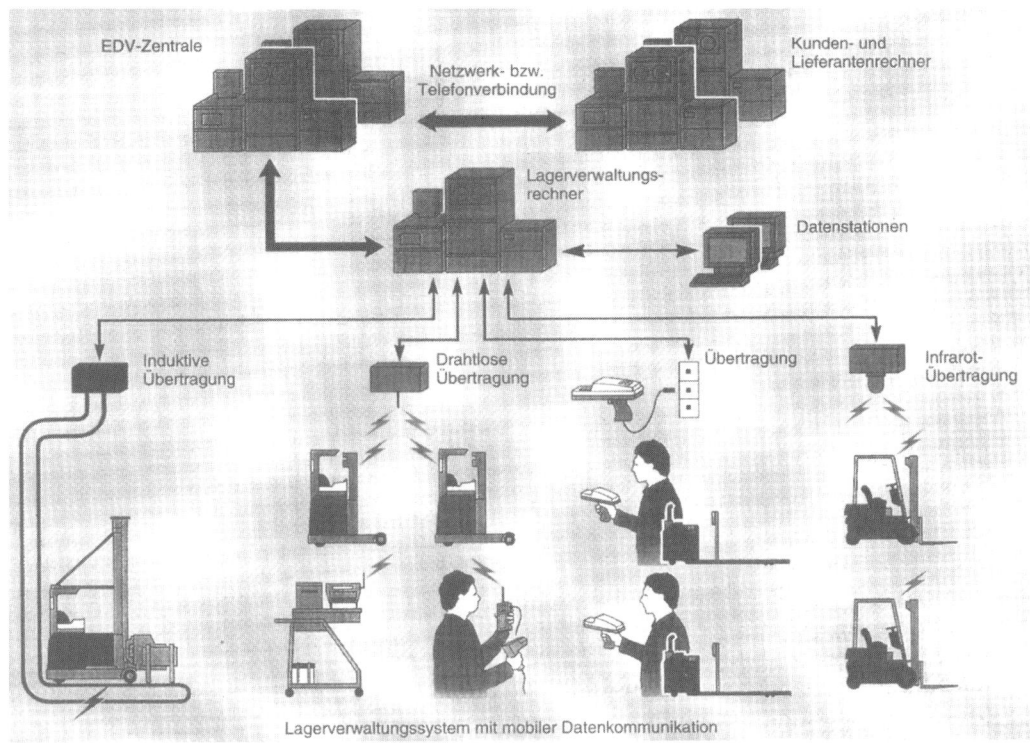

Bild 13.10a Schematische Darstellung verschiedener Datenübertragungstechniken bei einem Lagerverwaltungssystem mit mobiler Datenkommunikation

13.2.2 Datenübertragung mit Funktechnik

Zu unterscheiden sind der *Schmalbanddatenfunk* (Narrow Band; Bild 13.10b) und der *Breitbanddatenfunk* (Spread Spectrum). Es werden elektromagnetische Felder im Frequenzbereich 433 MHz bis 466 MHz beim Schmalband und 2,4 GHz beim Breitband benutzt mit Übertragungsraten von 4,8 bis 19,2 Kbps bzw. 2 bis 11 Mbps, im umgekehrten Verhältnis liegt die Reichweite: bis 1 Km beim Schmalband und bis 100 m beim Breitband. Durch die hohe Datenübertragungsrate beim Breitbanddatenfunk wird diese Funktechnik bei der beleglosen Kommissionierung, in Staplerleitsystemen und in drahtlosen Systemen in der Produktion eingesetzt, wobei i.d.R. mehrere Antennen nötig sind. Der Vorteil des Schmalbandfunkverfahrens liegt in der großen Übertragungsreichweite bis zu 1km, so dass das Anwendungsgebiet hier besonders im Freilager, auf der Hoffläche oder auf dem Containerterminal, aber auch der Hallenbereich ist. Oft ist nur eine Antenne erforderlich, das wird durch Austesten bestimmt, wobei auch Funkschatten erkannt werden. Zulassungspflichtig sind Schmalbanddatenfunkanlagen. Der Breitbandbereich wird mit zwei Verfahren genutzt: Direct-Sequence-Verfahren und Frequence-Hopping-Verfahren. Beim ersteren wird der Frequenzbereich in viele Kanäle unterteilt, die parallel arbeiten können, so dass eine große Übertragungsrate erzielt wird: 11 Mbits/s. Im zweiten Verfahren wird ständig zwischen den Kanälen gewechselt, was zu einer geringeren Übertragungsrate führt: 2 Mbps. Diese Verfahren ist unempfindlich gegen Funkstörungen und wird daher häufiger benutzt.

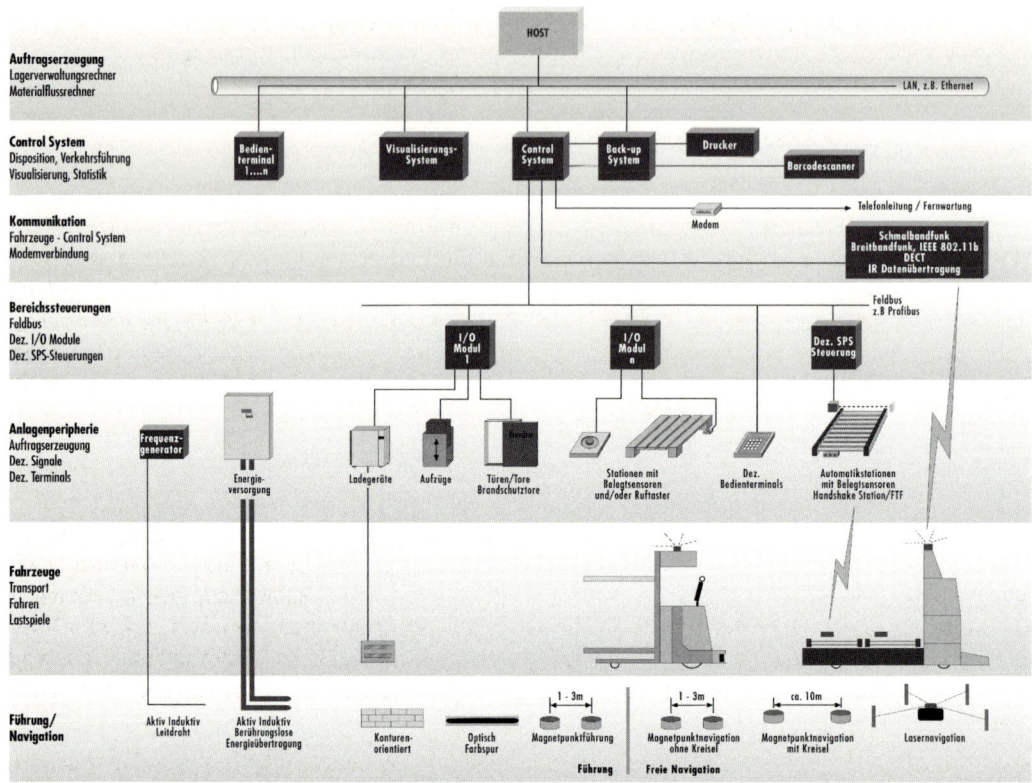

Bild 13.10b   Einsatz der Schmalband- und Breitbandfunktechnik bei FTS-Systemen

13.2.3 Datenübertragung mit Infrarottechnik

Mit Infrarot-Systemen ist die Übertragung von Daten punkt-, strecken- und flächenförmig möglich, die Übertragungsgeschwindigkeiten liegen zwischen 300 und 19000 Baud. Die Übertragungsrate liegt bei 56 Kbps bis zu 1,5 Mbps, der Frequenzbereich bei 950 nm. Voraussetzung zur Übertragung der Daten ist die Sichtverbindung zwischen Sender und Empfänger, wobei die Übertragungsreichweiten bis zu 100 m gehen. Einsatz dieses Systems ist der Hallenbereich, mittlere Entfernungen und Datendurchsatz. Störeinflüsse sind Sonnenlichtstrahlung, Beleuchtungsarten mit hohem Infrarotanteil, Infrarot-Fernbedienungen und Lichtschranken. Eine Genehmigung für die Datenübertragung mit Infrarot ist nicht erforderlich.

Datenübertragung wird im Lager- und Kommissionierbereich eingesetzt, z. B.:

- im Wareneingangsbereich zur Erfassung der Waren, zur Bestimmung des Lagerortes bei festgelegten Lagerstrategien, zur Durchführung der Einlagerung über das Staplerleitsystem usw.
- im Lagerbereich zur exakten Bestandsführung, zur Verwaltung der Lagerplätze, zur Lagerordnung mit freier Lagerplatzwahl usw.
- im Kommissionierbereich zur papierlosen Kommissionierung, zur Erzeugung von Kommissionieraufträgen, zur Durchführung von Nachschubaufträgen

- im Warenausgang zur Erstellung der Ladung, zur Überprüfung der Lieferung, zur kommunikativen Anbindung zwischen Transportfahrzeug und Leitstand, zur Rechnungserstellung.

13.3 Materialflusssteuerung und -verwaltung

Neben den „Hardwarekomponenten" Lagereinheit, Regal und RBG eines Regal-Lagersystems (s. Bild 10.6) hat die Softwarekomponente „Lagerprozess" einen erheblichen Anteil an der Wirtschaftlichkeit eines Lagers. Einheitenlager werden i. d. R. nach der freien Lagerplatzwahl gesteuert, wobei bestimmte Lagerstrategien einzuhalten sind, wie z. B. FIFO, Querverteilung der Güter oder kurze Fahrwege der Ein- und Auslagerungsgeräte für umschlaghäufige Güter. Die Steuerung der Ablauforganisation des Lagerprozesses ist in Abhängigkeit von der Lagergröße zu sehen. Da aber Hard- und Software von Lagerprozessrechnern preiswert zur Verfügung stehen, werden Einheitenlager weitgehend automatisiert gesteuert.

13.3.1 Offline-Betrieb

Unter dem Offline-Betrieb versteht man eine diskontinuierliche Datenübertragung zwischen einem Zentralrechner und einem Peripheriegerät. Die Kopplung dieser Anlagensteuerung zwischen Prozess und Prozessrechner kann über eine Leitung, z. B. Tastatur oder ohne Leitung z. B. mittels Diskette oder Datenfunk erfolgen. Daher bezeichnet man den Offline-Betrieb als indirekte Kopplung. Der Rechner wertet die eingegebenen Daten und Informationen aus und steuert daraufhin die Transportmittel der Vorlagerzone (s. Bild 9.2) sowie die Ein- bzw. Auslagerungsgeräte.

Die manuelle Steuerung des Materialflusses in einem Unternehmen durch manuelles Buchen, Verwalten und Abgleichen zeigt Bild 13.11.

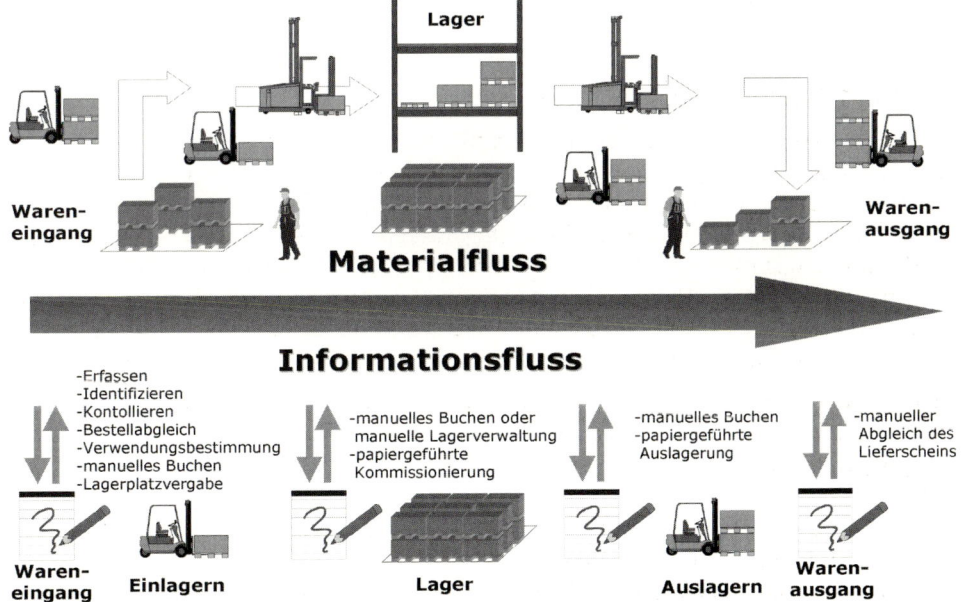

Bild 13.11 Offline-Materialflusssteuerung

13.3.2 Online-Betrieb

Der *Online-Betrieb* ist eine Anlagensteuerung, wobei Informationen und Daten zwischen Prozess und Prozessrechner (Peripheriegeräten und Rechner) über eine feste Verbindung auf Eingabe- und Ausgabeseite kontinuierlich übertragen und ständig kontrolliert werden. Man spricht dann von einer direkten *geschlossenen* Kopplung.

Als Beispiel wird die Anlagensteuerung in Offline-Betrieb mit zentraler Lochkartensteuerung angeführt und auf die in Bild 9.2 dargestellte Paletten-Regallagerung bezogen. Obwohl diese Steuerungsart veraltet ist und heute nicht mehr angewendet wird, erkennt man aber eindeutig die Tätigkeiten des Bedieners, die bei Online-Betrieb vom Rechner bzw. von der Software ausgeführt werden. Die Ein- und Ausgabe von Daten geschieht am Steuerpult im I-Punkt (Identifikationspunkt) eines Regallagersystems (s. Bild 9.2). An dieser Stelle entnimmt der Mitarbeiter beim Einlagerungsvorgang zwei der an der Palette klebenden dreifachen Palettenbegleitscheine und sucht in der Leerplatzkartei entsprechend Vorgaben, wie z. B. Umschlagshäufigkeit, Querverteilungsprinzip etc., einen leeren Lagerplatz durch Entnahme einer Lochkarte. Diese Lochkarte wird nach Einlesen in den Lochkartenleser zusammen mit dem Palettenbegleitschein (Lagergut) in eine gemeinsame Hülle gesteckt und z. B. nach der Artikelnummer in der Vollplatzkartei abgelegt. Beim Einlesen in den Lochkartenleser werden die Koordinaten des Lagerplatzes eingelesen und die Steuerung zur Einlagerung der Palette aktiviert (Bild 13.12). Bei der Vollplatzkartei kann das FIFO-Prinzip durch einfache Ordnung erreicht werden. Einlagerungen werden „hinten" im Artikelstapel eingeordnet, Auslagerungsbelege von „vorne" entnommen. Der Auslagerungsvorgang geschieht in umgekehrter Reihenfolge. Die Belege „1" werden gesammelt und in bestimmten Zeitabständen an die EDV gegeben, um die Bestände auf die richtigen Größen zu bringen. Ebenso geschieht es beim Auslagerungsvorgang mit dem Beleg „2". Der I-Punkt ist der einzige Punkt im Lagerbereich, wo Informationsfluss und Materialfluss räumlich zusammen sind. Statt mit Lochkarten zu arbeiten, wird heute z. B. mit Barcode und Scanner oder mit Magnetkarte und Leseeinrichtung die Datenübertragung durchgeführt.

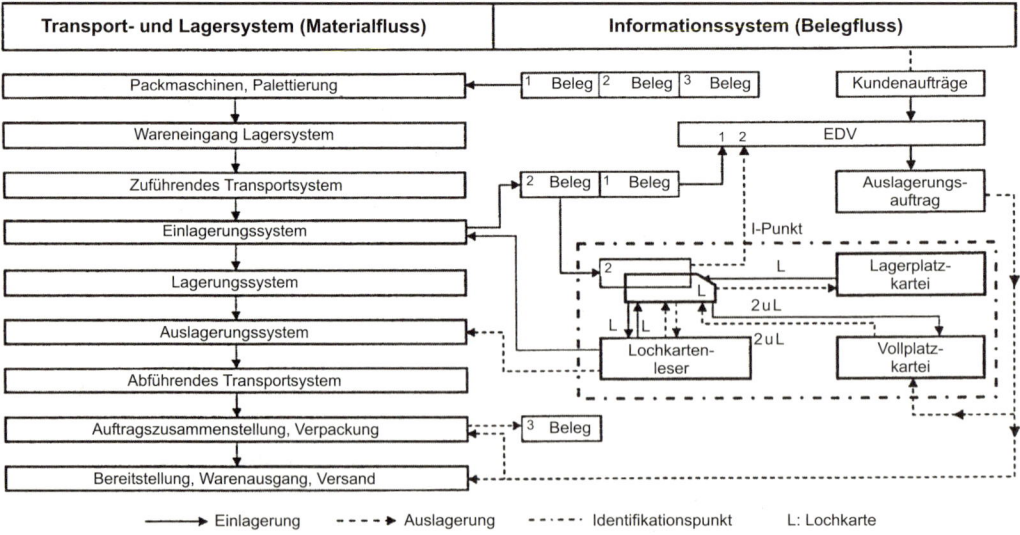

Bild 13.12   Schematische Darstellung des Offline-Informations- und Belegflusses in einem Lagersystem

Ziel der Online-Steuerung ist immer, die Transporte schneller und kostengünstiger zu machen. Dies wird erreicht durch

- Online-Buchung: ersetzt zeitaufwendige manuelle Offline-Buchungen, erreicht Dokumentation und Statistiken

- Termintreue: wird durch zeitnahes Abarbeiten der Aufgaben gewonnen

- Systemübersicht: gibt Auskunft über vergangene, momentane und zukünftige Transporte sowie über den derzeitigen Status der Betriebsmittel, transparenter Materialfluss

- Durchsatzsteigerung und Fehlerreduzierung: Reduzierung der Logistikkosten.

Die Kosteneinsparung beruht auf kurzen Reaktionszeiten, termingerechte Transportabwicklung, Verringerung von Leerfahrten z. B. durch Doppelspiel, Reduzierung von Lastfahrten durch Sammeltransporte und sinnvolle Koordination von Transportmittel.

Automatisches Buchen, Abgleichen und Verwalten eines Materialflusses zeigt Bild 13.13.

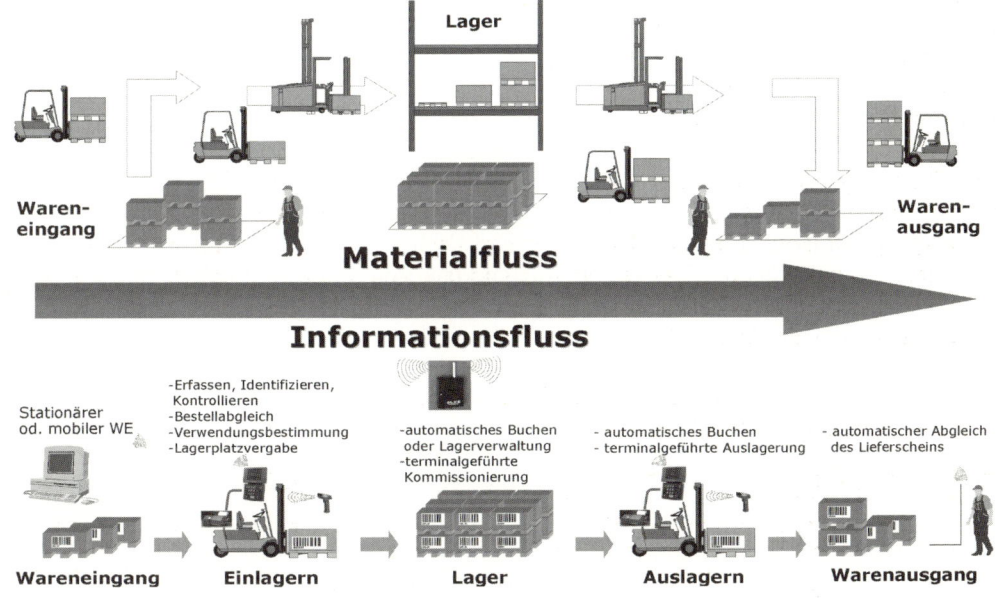

Bild 13.13 Online-Materialflusssteuerung

13.3.3 Lagerverwaltungssystem LVS

Das Lagerverwaltungssystem LVS unterstützt im Lager die Prozesse für Planung, Steuerung, Koordination und Kontrolle. Es übernimmt die

- Lagerstammdatenverwaltung (s. Beispiel 11.14), Lagerbewegungsdaten
- Wareneingangs- und Warenausgangssteuerung
- Warenbewegungen für Ein-, Um- und Auslagerung.

Die Aufgaben des LVS ist die Koordination und Verwaltung von Material- und Informationsflüsse. Das LVS stellt die Schnittstelle her zwischen Materialfluss und Informationsfluss
(s. Bild 1.3), wenn z. B. im Wareneingang ankommende Waren Prozesse zur Qualitätskontrolle, Einheitenbildung und Einlagerung auslösen. Zur Ausführung von Tätigkeiten ist es erforderlich, dass Informationen über die Waren am I-Punkt vorliegen müssen. Am K-Punkt wird
kontrolliert, ob der Auftrag richtig ausgeführt wurde. Zusammenfassend sind die Aufgaben des
LVS :

- Wareneingang, Wareneingangsüberwachung, Warenausgang (Kap. 9.4)
- Ein- und Auslagerungsoptimierung, Lagerstrategien z. B. FIFO, Doppelspielstrategie
- Auftragsabwicklung, Kommissionierung (Kap. 11.2), Umlagerungen
- Lagerverwaltung, -bestandsführung, Überwachung, Steuerung Protokollierung
- Nettobedarfsrechnung, Inventur, Sperren von Plätzen, Bypass-Optimierung
- Einteilung des Lagers auf dem Rechner in Plätze, Bereiche, Gänge, Regalzeilen
- Automatische Stellplatzvergabe, z. B. nach ABC-Zonung mit Lagerplatzoptimierung.

Das LVS ist oft in ein ERP-System integriert, kann aber auch autark sein. Es hat Subsysteme ,
wie z. B. Transportmittel, RBG und Roboter. Das LVS wird als Client-/Server-Architektur
konfiguriert (Bild 13.14), dabei läuft auf den Clients die Oberfläche und Teile der Verarbeitung. Der Server dient im Hintergrund zur Datenhaltung, zentralen Verarbeitungsprozessen
und Buchungen.

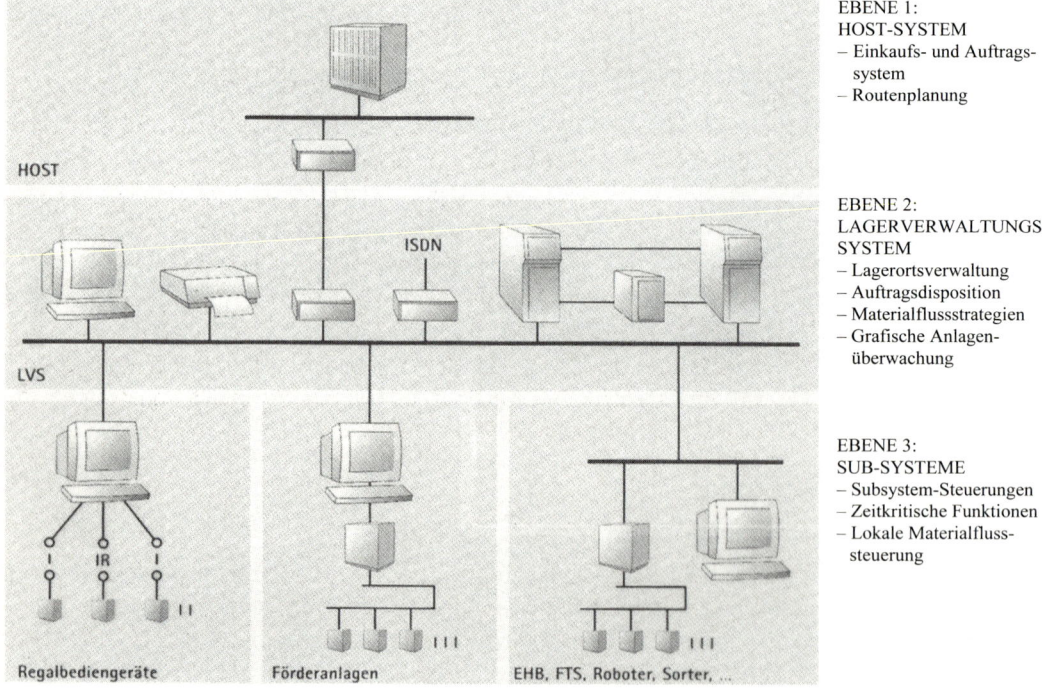

Bild 13.14   Architektur eines Lagerverwaltungssystems

Die Lagersteuerung besteht aus den Komponenten Leitrechner, Datenkommunikationssystem, mobiles Datenterminal und Eingabegeräte. Das Staplerleitsystem SLS und das Transportleitsystem TLS werden immer an ein übergeordnetes LVS gekoppelt, dass die auszuführenden Daten der Lagersteuerung übermittelt. Diese Leitstände ergänzen PPS-Systeme bei der Feinsteuerung und optimieren die Einsatzsteuerung (s. Kap.10.4.3).

Ein ERP (Enterprise Ressource Planning)-System ist ein betriebliches Planungs- und Steuerungssystem für Abläufe und Ressourcen. Durch die Integration von Administrations-, Dispositions- und Führungsfunktionen ergibt sich ein ganzheitliches System der Geschäftstätigkeiten eines Unternehmens, wobei der Geschäftsprozess im Vordergrund steht. ERP-Systeme setzen sich aus Modulen und Subsystemen zusammen. Subsysteme sind eigenständig. Sie besitzen aber an beiden Seiten (Dateneingang – Datenausgang) offene Schnittstellen. Sind Module und Subsysteme vollständig miteinander vernetzt, dann ist der ganzheitliche Informationsfluss im Unternehmen gewährleistet.

Die Informationen kommen aus einer allen Subsystemen und Modulen gemeinsamen Datenbasis. Sie setzt sich aus längerfristigen Stammdaten zusammen, z. B. den Kunden-, Lieferanten-, Artikel- und Betriebsmittelstammdaten. Stammdaten können wiederum unterteilt werden in

- Identifikations- und Ordnungsdaten
- Kalkulations-, Konstruktions- und Produktionsdaten
- Beschaffungs-, Dispositions- und Absatzdaten.

Identifikationsdaten erkennen z. B. über die Artikelnummer den Artikel. Ordnungsdaten fassen z. B. Artikel (= Datensätze) zusammen und erlauben Auswertung über alle Artikel einer Gruppe.

13.3.4 Konfiguration eines Materialfluss-Informationssystems

Zwei verschiedene Aufbaumöglichkeiten für eine Materialfluss-Informationssystem im Lager- und Vorzonenbereich wird in den Bildern 13.15 und 13.16 gezeigt.

Wichtig sind ein Sicherheitskonzept für das Materialflussinformationssystem, um dem Notfall vorzubeugen z. B. durch sichere Server, doppelte Netzteile und Reserveteile von Terminals und Scanner vor Ort. Notfallszenarien sind bei der Planung schon zu überlegen, wie z. B. bei Ausfall des Gesamtsystems (auf Back-up zurückgreifen, mit Belegen arbeiten), bei Ausfall von Funk, bei Ausfall des Terminal/der Scanner (Ersatz einsetzen).

Durchgeführt wird die Materialflusssteuerung und die Steuerung von Beständen mit verschiedenen Prinzipien, wie z. B. Pushprinzip, Pullprinzip, JIT, JIS, Kanban, Bestellpunkt- und Bestellmengenverfahren (s. Kap. 2.1, Beispiel 2.15 / Kap. 9.1, Bild 9.14).

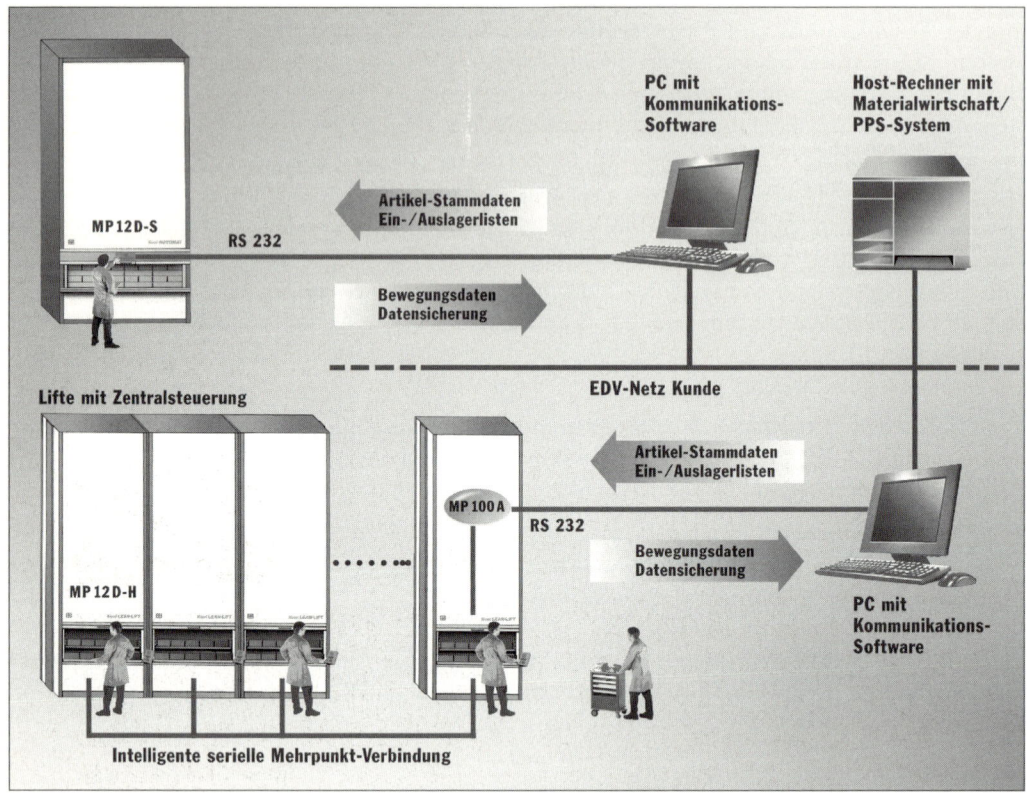

Bild 13.15   Systemkonfiguration einer Zentralsteuerung im Kommissionierbereich (Paternoster- und Turmregale)

13.3.5 Anbindung eines Lagers an die EDV

Soll ein bestehender Lagerbereich durch Datenfunk optimiert und an eine bestehende EDV angebunden werden, so ist zunächst die Entscheidung zu treffen, ob mit Schmalbandtechnik oder mit Breitbandtechnik gearbeitet werden soll. Die Schmalbandtechnik besitzt eine größere Reichweite bei geringerer Übertragungsrate, bei der Breitbandtechnik ist es genau umgekehrt: sie hat eine hohe Übertragungsrate aber geringere Reichweite (s. Kap. 13.2.2).

Bei der Anbindung des Lagerbereiches an die EDV oder an ein Warenwirtschaftssystem (WWS) sind u. a. zwei Wege möglich: einmal die direkte Anbindung an die EDV über die Endgeräte oder ein separates Lagerverwaltungssystem (LVS). Die Vorteile eines eigenen LVS liegen in der Entlastung des WWS, zwischen LVS und WWS sind nur Auftrags- und Bestanddaten zu übertragen und hier gibt es viele Möglichkeiten unternehmensspezifische Abläufe mit der Steuerung über den Datenfunk durchzuführen. Bei der Anbindung direkt z. B. an ein SAP WWS sind alle Dialoge auf dem Datenfunkterminal durchzuführen, was auf die Reaktionszeiten des WWS einen negativen Einfluss hat.

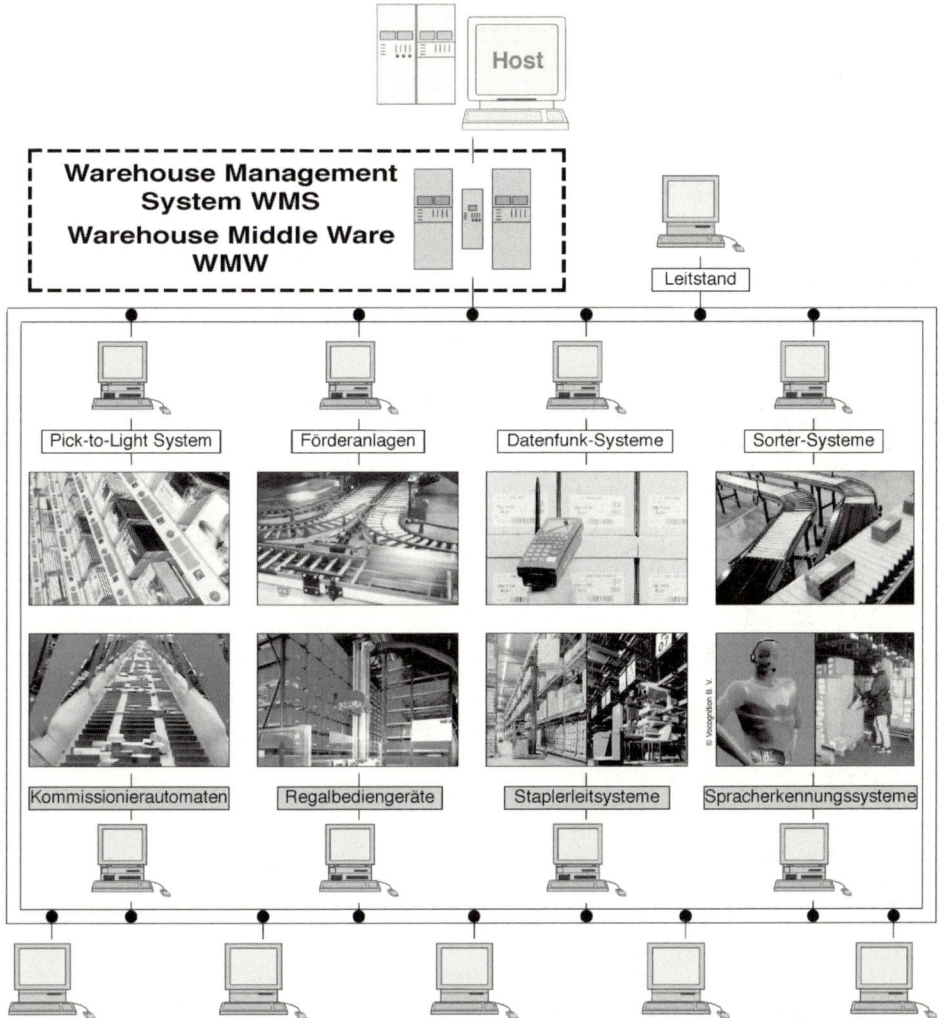

Bild 13.16 Hardwarestruktur eines Lagerverwaltungssystems

13.4 VDI-Richtlinien

Literaturverzeichnis

Bücher

[1]   Bartenschlager, Hebel, Schmidt: Handhabungstechnik mit Robotertechnik;
      Vieweg Verlag, Braunschweig/Wiesbaden 1998
[2]   Biedermann: Ersatzteillogistik; Springer, 2004
[3]   Fischer, Dittrich: Materialfluss und Logistik; Springer, 2004
[4]   Glaser, Kursawe: Mobiler Datenfunk in der Logistik; Huss-Verlag, München, 1998
[5]   Günther, Mattfeld, Suhl: Supply Chain Management und Logistik; Springer, 2005
[6]   Hesse, H. Schmidt, U. Schmidt: Manipulatorpraxis; Vieweg Verlag, 2001
[7]   Jodin, Sortier- und Verteilungssysteme; Springer 2006
[8]   Jünemann, Beyer: Steuerung von Materialfluss- und Logistiksystemen; Springer, 1998
[9]   Martin, Römisch, Weidlich: Materialflusstechnik; Vieweg Verlag, 2004
[10] Martin, Praxiswissen Materialflussplanung; Vieweg Verlag, 1999
[11] Pfohl: Logistiksysteme; Springer, 2000
[12] Schmidt, Klaus-Jürgen: Logistik; Vieweg Verlag, 1993
[13] VDI: VDI-Handbuch Materialfluss und Fördertechnik; Beuth-Verlag, Berlin
[14] Wanewetsch: Integrierte Materialwirtschaft und Logistik; Springer, 2004

Firmenpublikationen
[I]   Fa. Continental, Hannover: Technischer Ratgeber Industrie-Reifen 1994
[II]   IBM, München: Fachhochschulforum Baden-Baden 1994,
[III] Die Deutsche Bahn 12/1993: Umschlagsbahnhof Hamburg-Billwerder
[IV]   Hirt, Stefan, Diplomarbeit Supply Chain Management/FB WI, 2000

Fachzeitschriften
- Fördern und Heben   www.industrie-service.de
- Hebezeuge und Fördermittel   www.hebezeuge-foerdermittel.de
- ident   www.ident.de
- Logistik für Unternehmen   www.logistik-fuer-unternehmen.de
- Logistik Heute   www.logistik-heute.de
- Materialfluss   www.materialfluss.de
- SAPinsight   www.sap.de
- FM   www.FM-online.de
- Handling   www.handling.de
- Material Management   www.material-management.de
- dhf   www.dhf-magazin.de
- Logistikwelt   www.pslt.uni-hannover.de/logistikwelt

Quellennachweis für Bilder (B) und Tabellen (T)

- Agiplan GmbH, www.agiplan.de, 1.10 / 12.18a/b
- ALTEN Gerätebau GmbH, www.hafa.com; B: 7.5a/b / 7.14 / 7.22
- Alustahl Behälterbau GmbH, 28816 Brinkum, Tel.: 0421-874087, B: 3.9c
- AmbaFlex bv, Niederlande, www.ambaflex.com, B: 5.16c
- Bartels GmbH, www.bartel.info, B: 6.6.4b
- Beumer Maschinenfabrik GmbH, www.beumer.com, B: 3.11/ 3.14/ 3.17b/ 5.14b/ 5.14c/ 5.80b/ 7.6b
- BITO-Lagertechnik, www.bito.de, B: 3.23 / 9.3 / 9.10 b / 10.29 / 11.34 bis 11.36
- BT Deutschland GmbH, www.bt-deutschland.com, B: 6.6.4g / 6.6.5b / 6.6.16b / 6.6.17a/b / 10.39 / 10.40 / 6.6.32 /6.6.36 / 6.6.38 / 11.4 / 11.15
- Butzbach GmbH, www.butzbach.com, B: 7.14 b
- Chep Deutschland GmbH, www.chep.com, , B: 3.5 t
- Contimeta GmbH, www.contimeta.de, B: 3.20
- DAMBACH Lagersysteme GmbH, www.dambach.de, B: 6.5.3
- Demag Cranes & Components, www.demagcranes.com, B: 6.4.1a/b / 6.4.3 / 10.7b / 11.24
- DEMATIC GmbH &Co. KG; www.siemens-dematic.de, B: 2.21 / 3.5r, /s / 5.34a-c / 5.78 / 5.79 / 5.80a / 6.2.3 / 6.3.5 / 6.3.6 / 6.5.2a/b / 6.7.5 / 6.7.6 / 7.13 / 7.20 / 8.7 / 10.24b / c / 10.34 / 10.35 / 11.7 / 11.18a / b /11.25 / 11.27 / 11.33
- Deutsche Exide GmbH, www.exideworld.com, B: 4.17, T: 4.1
- Dexion GmbH, www.dexion.de, B: 10.25 / 11.44a/b
- DistriSort, Niederlande, www.distrisort.com, B: 5.82a
- Eilers & Kirf GmbH, www.eilers-kirf.de, B: 6.7.2a / 6.7.4b / 6.7.7 / 6.7.8 / 6.7.11a-f / 13.10b
- Eisenmann, www.eisenmann.de, B: 2.25a-c / 2.26 / 6.6.29 / 6.6.30
- Europa Systems, Polen, www.europasystems.pl, B: 5.14e
- Fastplan GmbH, Innovative Fabrikstrukturen, www.fastplan.de, B: 12.17 / 12.22 / 12.23
- Fechtel Transportgeräte GmbH, www.fetra.de, B: 6.6.4a
- Freimuth GmbH, 57392 Schmallenberg, B: 6.6.4g
- Galler Lager- und Regaltechnik GmbH, www.galler.de, Bild 10.41a/b
- GEFO-Verpackung, 59909 Bestwig, B: 3.16 / 3.17a
- GILGEN LOGISTICS AG, Schweiz, www.gilgen.com, B: 5.87
- Grässlin Automationssysteme GmbH, www.gepowercontrols.com, B: 8.2
- Habasit AG, Schweiz, www.habasit.ch; B: 5.13b/c / 5.14d / 5.88
- HAMBURGER HAFEN UND LOGISTIK AG, www.hhla.de, B: 6.7.11g / 7.17
- Hänel Büro- und Lagersysteme, www.hanel.de, B: 10.20 / 10.27 b / 13.24
- Hans Holger Wiese GmbH, Förderanlagen, 30938 Burgwedel, B: 6.2.4
- HaRo Anlagentechnik GmbH, www.haro-gruppe.de, B: 6.2.2
- HKG Fahrzeug und Anlagen GmbH, 36043 Fulda, B: 6.6.28
- Hoppecke, www.hoppecke.com, B: 4.5b
- Hörmann Logistik GmbH, www.hoermann-logistik.de, B: 11.45
- HSM Pressen GmbH, www.hsm-online.de, B: 1.16
- Hubtex Maschinenbau GmbH, 36041 Fulda, B: 10.21/ 10.22
- Humbert & van den Pol GmbH & Co.KG, www.humbertundpol.com, B: 5.16b
- IND Mobile Datensysteme GmbH, www.zetesIND.com, B: 11.6a/b / 11.7b / 13.9
- Industrieanlagen H. Block GmbH, 73240 Wendungen, B: 5.84
- Irion, Hub- und Fahrgeräte GmbH, Stuttgart, B: 6.6.21a/b
- J. Schmalz GmbH, Förder- und Handhabungstechnik, www.schmalz.de, B: 8.7c

- Joloda (International) Ltd, England, www.joloda.com, B: 7.21
- Jungheinrich AG, www.jungheinrich.de, B: 1.2 / 1.3 / 5.77 / 6.6.1 / 6.6.7a-c / 6.6.8 / 6.6.16a / 6.6.26a / 6.6.33 /6.6.37 / 6.7.3 / 9.5 / 9.9 / 9.10 / 9.13 / 9.16 / 9.18 / 10.37 / 10.38a,b / 11.3 / 11.26
- Kardex-Organisationssysteme GmbH, www.kardex.de, B: 10.27a / 11.32
- Kasto Maschinenbau GmbH, www,kasto.de, B: 10.14 / 10.27e / 11.26
- Knapp Logistik Automation GmbH, www.knapp.com, B: 11.11b / 11.18c / 11.20 / 11.42 / 13.16
- Kommissionier- und Handhabungstechnik, www.kht-online.de, B: 11.19a/b / 11.42
- Kooi Aap, www.kooiaap.com, B: 6.6.34 / 6.6.35
- Köttgen Lagertechnik GmbH, www.koettgen.de, B: 10.36
- Lager- und Betriebstechnik GmbH, info@LBL-viernheim.de, B: 11.39
- Linde AG, www.linde-stapler.de, B: 4.8a/b/ 6.6.2 / 6.6.5a./ 6.6.14 / 6.6.39 / 6.7.7 / 7.1 / 7.18a-e 13.10a / 13.12 / 13.14
- Lippert GmbH, www.lippert.de, B: 5.83
- Lischke Consulting, www.lischke.com, B: 12.28 in Anlehnung / / 12.4 / 12.19b / 12.30
- Louis Schierholz GmbH, www.schierholz.de, B: 5.22 bis 5.26./.5.86 / 6.6.31a/b
- MAFI Transport-Systeme, www.mafi.de, B: 6.5.1 / 7.15a
- Marzo Lift Fördertechnik GmbH, 41462 Neuss, B: 6.2.1
- Mauser-Werke GmbH, www.mauser-group.com, B: 3.3f
- Max Kettner, 81737 München, Tel.: 089-68008241, B: 7.8
- Megamat GmbH, www.megamat.com, B: 10.19 / 10.27c
- MEIKO Transport- und Lagersysteme, Schweiz, www.meikomeier.com, B: 5.82b / 6.3.7 / 6.3.8
- Minimax GmbH, Brandschutz, www.info@minimax.de, B: 12.25a
- MLOG Logistics GmbH, www.mlog-logistics.com, B: 10.16a/b
- MLR GmbH Systeme; www.mlr.de, B: 6.7.5
- Multiscience GmbH, www.multiscience.com, B: 3.25 / 3.26a / b
- NERAK GmbH FOERDERTECHNIK, www.nerak.de, B: 5.44
- Otto-Versand Haldesleben GmbH, www.otto.de, B: 9.17
- P@P Picking Systems GmbH, www.pp-systeme.com, B: 9.15 / 11.16 / 11.17a/b / 11.46a
- Phoenix Conveyor Belt Systems GmbH, www.phoenix-ag.com, B: 5.1b / 5.8b
- Plan-Industriefahrzeuge GmbH, www.planindustrie.de, B: 6.6.4 / 7.15
- Portec Flomaster, www.portec.com, B: 5.17c
- Prolog System GmbH, Bad Homburg, B: 8.1
- PSB GmbH Materialfluss + Logistik, www.psb-gmbh.de, B: 5.81 / 6.7.4a / 11.22a / 11.40
- Schmidt Handling, 71691 Freiberg / Necker, B: 8.4 / 8.5
- Schulte-Henke, Stabau, www.stabau.com, B: 6.6.13
- Schwab Maschinenbau GmbH, 86732 Oettingen, B: 10.23
- Seibert-Stinnes Lagersystemtechnik GmbH, 70597 Stuttgart, B: 10.18
- Solving Deutschland GmbH, www.solving-gmbh.de, B: 6.7.9 / 6.7.10
- SSI-Schäfer GmbH, www.ssi-schaefer.de, B: 3.24 / 3.3a bis e / 6.6.4c bis f / 10.9 / 10.10 / 10.11a/b / 10.13 / 10.27d / 10.28 /11.22a- c / 11.43
- Steiff Förder- und Automatisierungstechnik, www.steiff-foerdertechnik.de, B: 5.13a./5.14a
- Still GmbH, www.still.de, B: 6.6.5 / 6.6.6 / 6.6.12 c / 6.6.18 / 6.6.19./ 6.6.26b-d / 6.6.27 / 7.7 / 10.7a / 11.46b / 13.11 / 13.13, T: 6.6.3
- Stöcklin Logistik AG, www.stoecklin.com, B: 11.11a
- Strodter Handhabungstechnik GmbH, 59514 Welven/Scheidingen, B: 8.3
- Talleres Luna S.A., E-22080 Huesca, Spanien, Tel.: 0034-74-211020, B: 7.16
- TAWI GmbH, www.tawi.com, B: 8.7b/d/e

- Technische Anlagen Bohlen, Heinzmann und Becker GmbH, 04561 Bohlen, B: 6.6.20
- Thyssen – Behälter- und Lagertechnik, 58730 Fröndenberg, B: 3.5 b, m, n, o
- Ventilatorenfabrik Oelde GmbH, www., B: 5.85 / 5.86a /b
- WAGNER Alarm- und Sicherheitssysteme GmbH, www.wagner.de, B: 12.25b
- Westfalia GmbH, www.westfalia-net.com, B: 10.30a/b / 11.37
- WILTSCHE Fördersysteme, www.wiltsche.de, B: 5.39
- WITT Fördertechnik, Arnstadt/Thüringen, Tel.: 036285261, B: 5.32
-
- [I]   B: 4.8 c und d / 4.19 / T: 4.2
- [II]   B:12.20 / 12.21
- [III]   B: 7.19
- [IV]   B: 1.11 / 1.13 / / 11.8 in Anlehnung
- [4]   B: 1.5 / 1.12
- [9]   B: 3.6 / 6.3.3 / 6.6.3 / 10.2 / 10.3 / 10.4 / 10.8

Sachwortverzeichnis

Wir halten das Geschäft unserer Kunden in Bewegung.

Erfolg hat, wer seine Fertigungsprozesse schnell und effizient gestaltet. Ein entscheidender Erfolgsfaktor sind Krane und fördertechnische Komponenten von Demag Cranes &
Components. Mit Tempo und Effizienz, kompromissloser Qualität und intensivem Moni-
toring optimieren wir Wertschöpfungsketten, stellen die Lieferfähigkeit sicher und bieten
durch lückenlosen Service ein Höchstmaß an Investitionssicherheit und Wirtschaftlichkeit.

ERFOLGSFAKTOR